Jürgen Ackermann

Abtastregelung

Dritte Auflage

Mit 114 Abbildungen

Springer-Verlag Berlin Heidelberg New York
London Paris Tokyo 1988

Prof. Dr.-Ing. JÜRGEN ACKERMANN

Deutsche Forschungs- und Versuchsanstalt für Luft- und Raumfahrt e.V. (DFVLR)
Institut für Dynamik der Flugsysteme, Oberpfaffenhofen

Die 2. Auflage erschien 1983 als
Abtastregelung, Band I: Analyse und Synthese und
Abtastregelung, Band II: Entwurf Robuster Systeme

ISBN 3-540-50112-6 3. Aufl. Springer-Verlag Berlin Heidelberg New York
ISBN 0-387-50112-6 3rd ed. Springer-Verlag New York Heidelberg Berlin

ISBN 3-540-11915-9 2. Aufl. Springer-Verlag Berlin Heidelberg New York
ISBN 0-387-11915-9 2rd ed. Springer-Verlag New York Heidelberg Berlin

CIP-Kurztitelaufnahme der Deutschen Bibliothek
Ackermann, Jürgen:
Abtastregelung / Jürgen Ackermann. – 3. Aufl.
Berlin ; Heidelberg ; New York ; London ; Paris ; Tokyo : Springer, 1988
Engl. Ausg. u. d. T.: Ackermann, Jürgen: Sampled data control systems
ISBN 3-540-50112-6 (Berlin ...)
ISBN 0-387-50112-6 (New York ...)

Druck: Color-Druck, G. Baucke, Berlin; Bindearbeiten: Lüderitz & Bauer, Berlin
2160/3020-543210 – Gedruckt auf säurefreiem Papier.

Vorwort

Dieses Buch geht nun in neu bearbeiteter Form in die dritte Auflage. Die vorhergehende Auflage hatte als Neuerung zwei Kapitel über die Robustheit von Abtast-Regelungssystemen gebracht. Dadurch war die Aufteilung in zwei Bände erforderlich geworden. Ich habe diesen Weg nicht weiterverfolgt, da es mir heute wichtig erscheint, den Begriff der Robustheit nicht erst an später Stelle, sozusagen für den Fortgeschrittenen, einzuführen. Im vorliegenden Buch werden wichtige Aspekte der Robustheit in fast alle Kapitel integriert, z.B. parametrische Modelle mit gegebenem Unsicherheitsbereich der darin auftretenden Parameter, Maße für Stabilitätsgüte und Robustheit in der Eigenwertebene und im Frequenzbereich, sowie die Robustheitsanalyse. Damit war es möglich, das Buch wieder in einen Band zusammenzufassen. Für das Parameterraum-Verfahren zum Entwurf robuster Systeme steht weiterhin Band II der zweiten Auflage zur Verfügung.

Das Kapitel über Mehrgrößensysteme wurde neu gestaltet. Dabei wird die Darstellung noch konsequenter auf die Folgen mit endlicher Systemantwort (FES, Finite Effect Sequences) ausgerichtet. Diese Betrachtungsweise liefert eine anschauliche Parametrierung der Entwurfsmöglichkeiten, die bei Mehrgrößensystemen über die Polvorgabe weit hinausgehen. Die FES wird nun bereits in den Kapiteln über Eingrößensysteme eingeführt und benutzt, weil sie dort interessante systemtheoretische Einsichten und praktische Möglichkeiten der Modellverifikation durch ein Experiment mit maßgeschneiderten Eingangsgrößen liefert. Durch dieses schrittweise Heranführen wird dem Leser zugleich der Einstieg in den Mehrgrößenfall erleichtert.

Bereits in der englischen Ausgabe dieses Buchs von 1985 wurden numerische Aspekte der Verfahren unter Ausnutzung günstiger Eigenschaften der Hessenberg-Form behandelt und eine übersichtliche Zusammenstellung von regelungstechnisch wichtigen Ergebnissen der linearen Algebra gebracht. Beides steht hier nun auch in deutscher Sprache zu Verfügung.

Kapitel 1 führt in die Probleme der zeitdiskreten Systeme und Abtastsysteme anhand von Anwendungsbeispielen ein. Herausgearbeitet wird die regelungstechnische Darstellung von digitalen Reglern, die Analyse des Abtasters mit Halteglied, die spektrale Darstellung, aus der sich die Notwendigkeit von Anti-Aliasing-Filtern ergibt, sowie verschiedene Aspekte des Entwurfs von Abtast-Regelungssystemen.

Kapitel 2 rekapituliert die Modellbildung und Analyse kontinuierlicher Systeme im Zeit- und Frequenzbereich. Es sei dem Leser empfohlen, seinen Wissensstand bei einem Durchblättern dieses Kapitels kritisch zu prüfen und eventuelle Lücken zu schließen. Er sollte sich auf jeden Fall mit dem Beispiel der Verladebrücke vertraut machen, da dies in den folgenden Kapiteln immer wieder zur Veranschaulichung herangezogen wird. Abschnitt 2.7 über Zustands- und Ausgangsvektor-Rückführung enthält einiges neues Material, das in dieser Form sonst nicht zu finden ist.

Kapitel 3 behandelt den Übergang vom kontinuierlichen System mit Abtaster und Halteglied am Eingang zur Beschreibung des zeitdiskreten Systems durch Zustandsdarstellung und z-Übertragungsfunktion. Die Analyse von Abtast-Regelkreisen im Zeit- und Frequenzbereich wird auch für den Lösungsverlauf zwischen den Abtastzeitpunkten und für den Fall einer Stellglied-Nichtlinearität durchgeführt.

Im Kapitel 4 wird die Steuerbarkeit und Erreichbarkeit von Abtastsystemen eingeführt, ferner die Folgen mit endlicher Systemantwort und die Polvorgbe. In Verbindung mit einer Beschränkung der Stellamplitude ergeben sich Einsichten über Steuerbarkeitsgebiete und als wichtige praktische Konsequenz eine Faustregel zur Festlegung der Tastperiode.

Kapitel 5 behandelt die Beobachtbarkeit und Rekonstruierbarkeit, verschiedene Formen von Beobachtern mit den zugehörigen Separationssätzen sowie Störgrößenbeobachter und die Rekonstruktion einer Linearkombination von Zuständen, wie sie für die Zustandsvektor-Rückführung gebraucht wird.

Im sechsten Kapitel werden die vorher erarbeiteten Teilergebnisse zu einer Gesamtlösung des Problems der Regelkreissynthese zusammengefügt und die Berechnung des resultierenden Reglers vereinfacht.

Kapitel 7 handelt von Mehrgrößensystemen. Zunächst werden für den offenen Kreis Steuerbarkeitsindizes, Eingangs-Normierung und α- und β-Parameter eingeführt. Die dadurch definierte Struktur der FES bleibt aufgrund von Invarianzeigenschaften auch für den geschlossenen Kreis erhalten, die FES-Koeffizienten eignen sich daher besonders, um gewünschte Eigenschaften des geschlossenen Kreises zu spezifizieren, entsprechend, wie das im Eingrößenfall bei der Polvorgabe geschieht. Ein Abschnitt über den Riccati-Entwurf rundet das Kapitel ab.

In den Anhängen wird grundlegendes und ergänzendes Material übersichtlich und in einheitlicher Darstellung zusammengefaßt, das sonst nur verstreut zu finden ist. Beim Gebrauch des Buchs in Vorlesungen kann der Inhalt der Anhänge - soweit nicht durch vorangehende Vorlesungen bekannt - auszugsweise an passender Stelle eingeschoben werden. Die Anhänge erweisen sich besonders zum späteren Nachschlagen als hilfreich.

In Anhang A werden kanonische Formen der Zustandsdarstellung und zahlreiche für den Regelungstechniker nützliche Resultate der Matrizen-Theorie dargestellt. Die numerischen Vorteile der Hessenberg-Formen werden z.B. für die Steuerbarkeitsanalyse, Polvorgabe und FES-Vorgabe ausgenutzt.

Anhang B behandelt die Rechenregeln der z-Transformation, die vielen Lesern bereits bekannt sein werden und deshalb hier nur zum Nachschlagen dienen. Ist einem Leser die z-Transformation aber noch fremd, so sollte er diesen Anhang unbedingt vor dem Lesen von Kapitel 3 oder parallel dazu erarbeiten.

Im Anhang C werden verschiedene Methoden zum Stabilitätstest von Abtastsystemen zusammengestellt. Ganz neu ist der Abschnitt C.6 über die Stabilität von Intervall-Systemen.

Im Anhang D wurden Ergebnisse für spezielle Abtastprobleme zusammengefaßt, die in früheren Auflagen insbesondere im Kapitel 3 zu finden waren. Sie sind jedoch nicht zum Verständnis der weiteren Kapitel erforderlich. Sie sind wichtig für den Leser, der speziell mit Totzeitsystemen, Systemen mit mehreren - auch nichtsynchronen - Abtastern oder nichtidealer Abtastung zu tun hat oder nach Maßnahmen zur Glättung des Stellgrößenverlaufs sucht.

Das Literaturverzeichnis ist nach Erscheinungsjahren geordnet. Referenzen im Text stehen in eckigen Klammern, so bedeutet z.B. [49.2] die zweite Literaturstelle in der Sektion 1949 des Literaturverzeichnisses oder [1944] die einzige Literaturstelle aus dem Jahr 1944. Vorzugsweise habe ich auf Originalarbeiten verwiesen, bei Resultaten aus Nachbargebieten aber auch auf gut zugängliche neuere Darstellungen.

Die zahlreichen Anmerkungen im Text ergänzen den Haupttext, sind aber zum Verständnis des Nachfolgenden nicht erforderlich. Der Anfänger sollte sie besser überspringen.

Am Ende jedes Kapitels sind einige Übungsaufgaben angegeben. Hinweise zur Kontrollė der Ergebnisse sind nach Anhang D zu finden.

Die Stoffzusammenstellung und Art der Darstellung hat sich durch Vorlesungen an der TU München und Carl-Cranz-Lehrgänge weiterentwickelt. Ich möchte meinen Hörern für zahlreiche Anregungen und Fragen danken, die in die heutige Form des Buches eingeflossen sind. Herrn R. Finsterwalder danke ich für das Korrekturlesen, Frau G. Kieselbach für das Schreiben des Buches und Frau C. Bell für das Zeichnen der Bilder.

Oberpfaffenhofen — Jürgen Ackermann

Mai 1988

Inhaltsverzeichnis

1 Einführung

1.1 Abtastung, Abtastregler

Lieber Leser, Sie sind ein Abtastregler!

Wenn Sie sich beim Autofahren genau an eine Geschwindigkeits-Beschränkung halten wollen, müssen Sie dazu nicht unentwegt auf den Tachometer starren. Es genügt, daß Sie die kontinuierlich angezeigte Geschwindigkeit durch einen gelegentlichen Blick erfassen, und das ist **Abtasten.** Ebenso wird die kontinuierlich veränderliche Wählermeinung über die politischen Parteien alle paar Jahre durch eine Wahl abgetastet und ist dann für die folgende Legislaturperiode für die Zusammensetzung des Parlaments bestimmend. Die Börsenkurse einer Aktie werden an jedem Werktag bei der Einheitsnotiz festgestellt, die Fiebertemperatur eines Kranken mehrmals täglich.

Eine solche Abtastung tritt auch in verschiedenen technischen Regelungssystemen aufgrund des verwendeten **Meßverfahrens** auf. Ein Gas-Chromatograph ist ein chemisches Analysegerät, das eine gewisse Zeit zur Untersuchung einer Probe benötigt und danach erst die nächste Probe nehmen kann. Mit rotierenden Radarantennen wird ein Ziel nur einmal pro Umlauf vermessen. Entsprechendes gilt für Messungen, die von einem drallstabilisierten Satelliten aus gemacht werden. Auch die Radar-Entfernungsmessung ist ein Abtastproblem. Bei Sternsensoren für die Lagemessung von Satelliten rotiert ein Teil im optischen System, sie liefern nur einmal pro Umlauf dieses Teils den Winkel zwischen der optischen Achse und dem Zielstern. Bei der Registerregelung des Mehrfarbenrotationsdrucks kann der Registerfehler nur beim Eintreffen der Paßmarken erfaßt werden.

Es tritt auch der Fall auf, daß die **Stellgröße** in einem Regelungssystem nur zu bestimmten Zeitpunkten verändert werden kann. Bei der Verwendung von Stromrichtern kann in einer Phase nur einmal pro Periode der Zündwinkel bestimmt werden. Es handelt sich hier um eine spezielle Form der Pulsbreiten-Modulation. Die Lage eines drallstabilisierten Satelliten kann durch eine körperfeste Gasdüse um die beiden zur

Spinachse senkrechten Achsen geregelt werden. Dabei ist es nur einmal pro Umdrehung möglich, ein Moment in einer gewünschten raumfesten Richtung zu erzeugen.

Auch bei Systemen, die nicht aufgrund der verwendeten Meß- und Stellglieder bereits Abtastsysteme sind, können **Abtastregler** verwendet werden. Wahrscheinlich der älteste Abtastregler ist der 1897 angegebene GOUY-Regler zur Temperaturregelung eines Ofens [1897]. Dabei taucht ein periodisch auf und ab bewegter Metallstab je nach der Temperatur des Ofens kürzer oder länger in das Quecksilber eines Thermometers ein und schließt damit einen Stromkreis. Damit wird ein pulsbreiten-moduliertes Signal erzeugt, das zur Ein-und Ausschaltung der elektrischen Heizung benutzt wird. Ein weiteres historisches Beispiel ist der Fallbügelregler. Darin kann sich ein empfindliches Drehspulinstrument in einem kurzen Zeitintervall entsprechend dem aktuellen Wert einer Meßspannung einstellen. Ein periodisch bewegter Fallbügel arretiert dann in einem zweiten Zeitintervall die Anzeigenadel und liefert die Energie für die Betätigung eines Kontaktes für positive, negative oder Null-Spannung, je nach dem letzten Stand der Anzeigenadel. Der Fallbügelregler erzeugt ein pulsamplituden-moduliertes Signal mit Dreipunkt-Nichtlinearität, das über Relais-Schalter hoch verstärkt werden kann.

Eine Abtastung ist auch notwendig, wenn man ein teures Gerät gut ausnutzen will, indem man es verschiedene Aufgaben nacheinander ausführen läßt. Dieses **time-sharing** wird z.B. angewendet, wenn ein Digitalrechner als Regler für eine größere Zahl von Regelkreisen benutzt wird oder wenn ein Datenübertragungskanal, wie etwa eine Telemetrieverbindung zwischen einem Satelliten und der Erde, zur Übertragung vieler Meßgrößen im Zeitmultiplex-Betrieb verwendet wird.

Die weite Verbreitung der Abtastregelung ist durch die Entwicklung der Digitalrechnertechnik und Mikroprozessoren bedingt. In einem **digitalen Regler** wird das kontinuierliche Eingangssignal $e(t)$ zunächst durch einen Analog-Digital-Umsetzer mit einer Periode T abgetastet, quantisiert und verschlüsselt, d.h. in eine Folge von Binärzahlen verwandelt, die vom Digitalrechner verarbeitet werden kann. Als Ergebnis erscheint am Ausgang des Digitalrechners eine andere Folge von Binärzahlen, aus der in einem Digital-Analog-Umsetzer durch Entschlüsseln und Halten ein kontinuierliches Signal $u(t)$ erzeugt wird. Bild 1.1 zeigt die Reihenfolge der einzelnen Operationen.

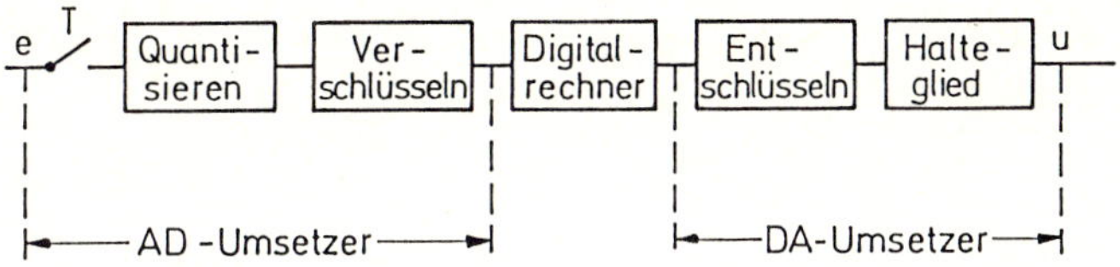

Bild 1.1 Digitalrechner mit AD- und DA-Umsetzer

Für die dynamischen Vorgänge sind die Operationen "Verschlüsseln" und "Entschlüsseln" lediglich deshalb von Bedeutung, weil eine gewisse Zeit dafür benötigt wird, die mit in die Rechenzeit T_R zur Berechnung eines neuen Wertes der Ausgangsfolge einbezogen werden kann. Damit ergibt sich das Blockschaltbild 1.2, in dem auch die Ergebnis-Abrundung durch eine zweite Quantisierung berücksichtigt ist.

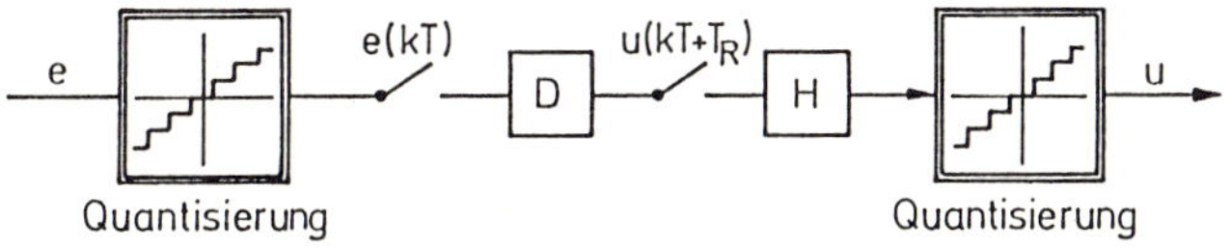

Bild 1.2 Blockschaltbild für die Anordnung nach Bild 1.1

Die **Quantisierungs-Nichtlinearitäten** werden beim Entwurf üblicherweise vernachlässigt. Sollten in der Simulation oder im Betrieb Grenzzyklen zwischen mehreren Quantisierungsstufen auftreten, so können diese mit Hilfe von Beschreibungsfunktionen [66.4] oder mit dem ZYPKIN-Verfahren [63.5, 63.6] analysiert und durch Korrektur des Entwurfs vermieden werden.

Das Digitalrechner-Programm wird durch ein D symbolisiert. Es muß **kausal** sein, d.h. zur Berechnung eines neuen Wertes $u(kT+T_R)$ der Ausgangsgröße können außer dem letzten vorliegenden Wert der Eingangsgröße $e(kT)$ nur gespeicherte frühere Werte von Ein- und Ausgang benutzt werden. Das allgemeinste kausale Programm ist also

$$u(kT+T_R) = f[e(kT),\ e(kT-T)\ldots,u(kT-T+T_R),\ u(kT-2T+T_R)\ldots] \quad (1.1.1)$$

Durch rekursive Ausrechnung für $k = 0,1,2\ldots$ wird damit die Ausgangsfolge erzeugt. Hierbei verarbeitet das Rechenprogramm nur eine endliche Anzahl m von zurückliegenden Ein- und Ausgangswerten. Die **Rechenzeit T_R** kann auch bei großem m vernachlässigbar klein gehalten werden, indem man die Abhängigkeit vom neuesten Eingangswert $e(kT)$ linear ansetzt, d.h.

$$u(kT) = f_1\begin{bmatrix} e(kT-T)\ldots e(kT-mT), \\ u(kT-T)\ldots u(kT-mT) \end{bmatrix} e(kT) + f_2\begin{bmatrix} e(kT-T)\ldots e(kT-mT), \\ u(kT-T)\ldots u(kT-mT) \end{bmatrix} \quad (1.1.2)$$

Die Funktionen f_1 und f_2 können bereits im Zeitintervall $kT-T < t < kT$ ausgerechnet werden. Bei Eintreffen des neusten Werts $e(kT)$ ist nur noch eine Multiplikation und eine Addition auszuführen. Die hierfür benötigte Rechenzeit T_R ist praktisch vernachlässigbar gegenüber der Tastperiode T. In künftigen Blockschaltbildern wird der zweite - nunmehr synchron arbeitende - Abtaster hinter dem Digitalrechner weggelassen. Die meisten Entwurfsverfahren für digitale Regler setzen weiterhin voraus, daß Regelstrecke, Regler und der geschlossene Regelkreis **linear** sind. Man setzt also einen linearen kausalen Regler der Ordnung m an als

$$\begin{aligned} u(kT) = d_m e(kT) &+ d_{m-1}e(kT-T) + \ldots + d_0 e(kT-mT) \\ &- c_{m-1}u(kT-T) - \ldots - c_0 u(kT-mT) \end{aligned} \quad (1.1.3)$$

Ein wichtiges Hilfsmittel zur Beschreibung solcher Ein-Ausgangs-Zusammenhänge ist die **z-Transformation**, mit der eine Folge f_k, $k = 0, 1, 2 \ldots$, $f_k = 0$ für $k < 0$, in eine Funktion

$$f_z(z) = \mathfrak{Z}\{f_k\} := \sum_{k=0}^{\infty} f_k z^{-k} \quad (1.1.4)$$

in der komplexen Variablen z transformiert wird. Die historischen Wurzeln der z-Transformation und damit verwandter Methoden sind zu finden in [1944, 47.1, 49.1, 51.1, 52.1, 52.2].

Nach dem Rechtsverschiebungssatz der z-Transformation, (B.3.1), ist

$$\mathfrak{Z}\{f_{k-n}\} = z^{-n}\mathfrak{Z}\{f_k\} \quad , \; i \geq 0$$

Angewendet auf (1.1.3)

$$\begin{aligned} u_z = d_m e_z &+ d_{m-1}z^{-1}e_z + \ldots + d_0 z^{-m}e_z - \\ &- c_{m-1}z^{-1}u_z - \ldots - c_0 z^{-m}u_z \end{aligned}$$

Man erhält damit die **z-Übertragungsfunktion** des Reglers

$$d_z(z) = \frac{u_z(z)}{e_z(z)} = \frac{d_m z^m + d_{m-1}z^{m-1} + \ldots + d_0}{z^m + c_{m-1}z^{m-1} + \ldots + c_0} \quad (1.1.5)$$

Die Kausalität des Übertragungsverhaltens gemäß (1.1.3) drückt sich darin aus, daß der Nennergrad der z-Übertragungsfunktion mindestens gleich ihrem Zählergrad ist, d.h. $d_z(\infty)$ ist endlich. Ein **Polüberschuß** (= Nennergrad - Zählergrad) von p, d.h. $d_m = d_{m-1} = \ldots = d_{m-p+1} = 0$ bedeutet gemäß (1.1.3), daß die Reaktion auf einen Eingang e erst um p Abtastschritte verzögert am Ausgang auftritt. Um unerwünschte Totzeiten im Regelkreis zu vermeiden, setzt man Regler stets mit gleichem Zähler- und Nennergrad an, d.h. $d_m \neq 0$.

1.2 Abtastsysteme, Abtaster mit Halteglied

Im ersten Abschnitt wurden einige Beispiele von Regelungssystemen genannt, in denen neben kontinuierlichen Zeitfunktionen f(t) auch Zahlenfolgen f_k, k = 0, 1, 2 ..., auftreten. Dabei wird ein Signal in einem Zeitintervall $t_k < t < t_{k+1}$ jeweils nur durch eine Zahl f_k charakterisiert. In den meisten Fällen ist das Zeitraster t_k, k = 0, 1, 2 ..., fest vorgegeben, typischerweise als äquidistante Teilung mit der Intervallänge T, d.h. $t_k = kT$.

Anmerkung 1.1
Wenn t_k von Signalen im Regelungssystem abhängt, spricht man von **signalabhängiger Abtastung**. Dieser schwierige nichtlineare Fall wird in diesem Buch nicht behandelt. Ein Beispiel ist eine vorgezogene Neuwahl vor Ablauf einer Legislaturperiode. □

Eine Zahlenfolge kann nur dann auf ein kontinuierliches System einwirken, z.B. als Stellgröße, wenn durch ein **Impulsformungsglied** daraus zunächst ein kontinuierliches Signal gebildet worden ist. Bild 1.3 zeigt zwei Beispiele für diese Impulsformung.

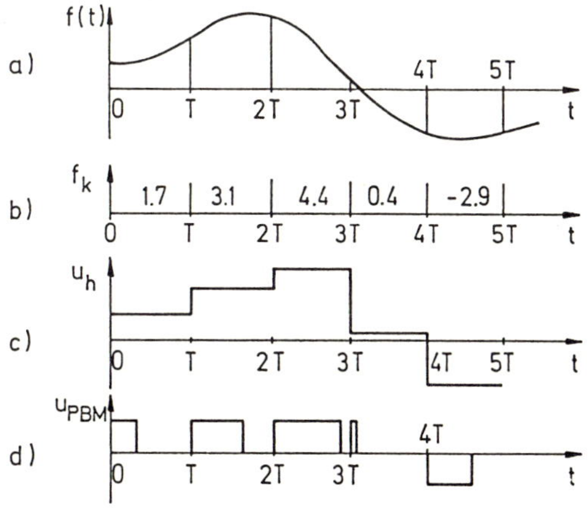

Bild 1.3
a) kontinuierliches Signal,
b) Abtastfolge,
c) pulsamplitudenmoduliertes Abtastsignal,
d) pulsbreitenmoduliertes Abtastsignal

Es wurde von dem kontinuierlichen Signal f(t) nach Bild 1.3.a ausgegangen. Die **Abtastfolge**, Bild 1.3.b, wird durch Abtasten der Amplitudenwerte $f_k = f_k = f(kT)$ erzeugt. Es sei hier angemerkt, daß die Zahlenfolge f_k auch auf andere Weise entstehen kann, z.B. durch die Berechnungsvorschrift (1.1.1). In Bild 1.3.c ist dann die Extrapolation durch ein **Halteglied** gezeigt, es ist

$$u_h(t) = f_k \quad \text{für} \quad kT < t < kT + T \tag{1.2.1}$$

In Bild 1.3.d geschieht die Impulsformung durch einen **Pulsbreiten-Modulator**, es ist

$$u_{PBM}(t) = \begin{cases} \operatorname{sgn} f_k & kT < t < kT + c \times |f_k| \\ 0 & kT + c \times |f_k| < t < kT + T \end{cases} \tag{1.2.2}$$

Sättigung tritt nicht auf, solange $|f_k|_{max} \leq T/c$.

Es gibt noch andere Impulsformungsglieder, z.B. Pulsfrequenz-Modulatoren oder Extrapolationsglieder höherer Ordnung. Das praktisch weitaus häufigste Impulsformungsglied ist jedoch das Halteglied, d.h. das Extrapolationsglied nullter Ordnung.

Die von einem Impulsformungsglied gebildeten Signale werden als **Abtastsignale** bezeichnet. Jedes dynamische System, in dem mindestens ein Abtastsignal vorkommt, heißt **Abtastsystem.** Systeme, in denen ausschließlich Abtastfolgen auftreten, heißen **Diskrete Systeme** (genauer: zeitdiskrete Systeme). Dieser Begriff wird auch gebraucht, wenn alle kontinuierlichen Signale f(t) diskretisiert betrachtet werden, d.h. wenn man sich nur für die Berechnung von Folgen $f_k = f(kT)$ interessiert.

Entsprechend den beiden Signalformen

- kontinuierliches Signal f(t)
- Abtastfolge oder diskretes Signal f_k

kann ein Abtastsystem vier Typen von Elementen enthalten, Beispiele sind in der folgenden Tabelle angegeben.

		Eingang: kontinuierlich	Eingang: diskret
Ausgang	kontinuierlich	Regelstrecke, beschrieben durch Zustandsdarstellung oder Übertragungsfunktion oder Impulsantwort	Impulsformungsglied (Halteglied, Pulsbreiten-Modulator)
	diskret	Abtaster, der Amplitudenwerte $f_k = f(kT)$ abtastet	Digitaler Regelalgorithmus nach (1.1.1)

Auf den Abtaster kann auch unmittelbar das Halteglied folgen. Diese besonders wichtige Kombination **Abtaster mit Halteglied** soll nun im Frequenzbereich untersucht werden.

Ein Abtaster mit Halteglied ist ein Übertragungsglied, das von seinem Eingangssignal f(t) zu den Zeitpunkten t = kT die Proben f(kT) abgreift und jeweils bis zur nächsten Abtastung hält, Bild 1.4.

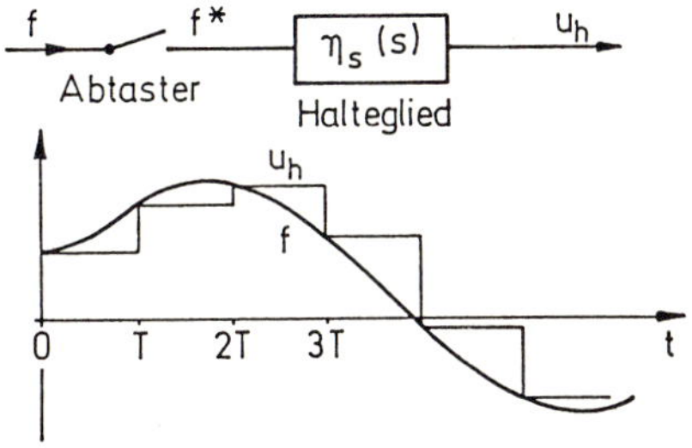

Bild 1.4
Abtaster mit Halteglied

Das treppenförmige Ausgangssignal ist also

$$u_h(t) = f(kT) \text{ für } kT < t < kT + T, \; K = 0, \pm 1, \pm 2 \ldots \qquad (1.2.3)$$

Anmerkung 1.2
Wenn das Eingangssignal f(t) an der Stelle t = kT einen Sprung macht, so soll der rechtsseitige Grenzwert f(kT+0) abgetastet werden. Das stimmt in manchen Fällen nicht mit der technischen Ausführung eines Abtasters mit Halteglied (z.B. Fallbügelregler) überein, bei der f(kT-0) abgetastet wird. Die Vereinbarung wird jedoch getroffen, um

mit der in der Literatur über Abtastsysteme allgemein üblichen Darstellung in Übereinstimmung zu bleiben. Dort wird z.B. bei der Abtastung einer Sprungfunktion

$$1(t) := \begin{cases} 0 & \text{für} \quad t < 0 \\ 1 & \text{für} \quad t > 0 \end{cases} \tag{1.2.4}$$

für t = 0 die Ausgangsgröße $u_h(0) = 1$ angenommen. Die hiermit begründete Rechnung stimmt mit dem Verhalten der technischen Ausführung des Abtasters mit Halteglied überein, wenn die sprungförmige Eingangsgröße irgendwann im Intervall $-T < t < 0$ eingeschaltet wird. Wenn man das exakt gleichzeitige Auftreten von Sprung und Abtastung untersuchen will, muß man die Dynamik der Abtast- und Haltevorrichtung sehr genau ohne Vernachlässigungen und Idealisierungen analysieren. Dieser Fall hat jedoch nur geringe praktische Bedeutung. Zur Schreibvereinfachung wird im folgenden stets geschrieben:

$$f(kT+0) = f(kT) \tag{1.2.5}$$

Man beachte, daß die inverse LAPLACE-Transformierte $\mathcal{L}^{-1}\{1/s\} = 1(t)$ an der Stelle $t = 0$ den Wert $[1(+0) + 1(-0)]/2 = 1/2$ darstellt [63.1].

□

Das Ausgangssignal $u_h(t)$ des Abtasters mit Halteglied kann man mit Hilfe der in (1.2.4) definierten Sprungfunktion zerlegen in Funktionen $f(kT)[1(t-kT) - 1(t-kT-T)]$, die im k-ten Intervall den Wert $f(kT)$ haben und sonst Null sind. Setzt man $f(kT) = 0$ für $k < 0$ voraus, so ist das gesamte Ausgangssignal

$$u_h(t) = \sum_{k=0}^{\infty} f(kT)[1(t-kT) - 1(t-kT-T)] \tag{1.2.6}$$

Die Summe ist konvergent, da für jedes t genau ein Summand ungleich Null ist. Die LAPLACE-Transformierte lautet

$$u_s(s) = \mathcal{L}\{u_h(t)\} = \sum_{k=0}^{\infty} f(kT)\left[\frac{1}{s}\, e^{-kTs} - \frac{1}{s}\, e^{-(k+1)Ts}\right]$$

$$= \frac{1-e^{-Ts}}{s} \sum_{k=0}^{\infty} f(kT)\, e^{-kTs} \tag{1.2.7}$$

In dieser Darstellung wird durch die Abtastung ein Signal $f^*(t)$ mit der LAPLACE-Transformierten

$$f^*(s) := \sum_{k=0}^{\infty} f(kT)e^{-kTs} \tag{1.2.8}$$

erzeugt, das auf den Eingang des Haltegliedes mit der Übertragungsfunktion

$$\eta_s(s) := \frac{1-e^{-Ts}}{s} \tag{1.2.9}$$

gegeben wird, Bild 1.4. Man beachte, daß in dieser Darstellung

$$f^*(t) = \mathcal{L}^{-1}\{f_s^*(s)\} = \sum_{k=0}^{\infty} f(kT)\delta(t-kT) \tag{1.2.10}$$

ein Signal aus Deltafunktionen ist, das durch die Folge f(kT) eindeutig charakterisiert ist. Es dient der Rechenvereinfachung, es tritt jedoch nicht im realen System auf. Der Abtaster ist also kein realer Schalter.

Anmerkung 1.3
Mit der Substitution $z = e^{Ts}$ wird aus (1.2.8) die

z-Transformierte $f_z(z) = \sum_{k=0}^{\infty} f(kT)z^{-k}$, also

$$f_s^*(s) = f_z(e^{Ts}) \tag{1.2.11}$$

□

Das Halteglied bewirkt eine Phasenverzögerung, die man aus seinem Frequenzgang bestimmen kann. Er ist nach (1.2.9) mit $s = j\omega$

$$\eta_s(j\omega) = \frac{1 - e^{-j\omega T}}{j\omega} = \frac{e^{j\omega T/2} - e^{-j\omega T/2}}{j\omega} e^{-j\omega T/2} = \frac{2\sin \omega T/2}{\omega} e^{-j\omega T/2} \tag{1.2.12}$$

Die Phasenverzögerung beträgt $\omega T/2$, d.h. sie entspricht einer Totzeit von einer halben Abtastperiode. □

Ein Abtaster mit Halteglied kann mit Hilfe der Schaltung nach Bild 1.5 näherungsweise realisiert werden. Sie wird auch bei der Simulation von Abtastsystemen am Analogrechner benutzt.

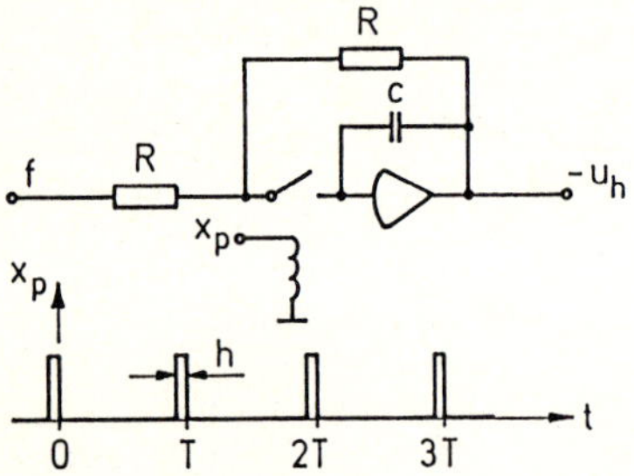

Bild 1.5
Schaltung für einen Abtaster mit Halteglied

Während der kurzen Schließungsdauer h des Schalters wird der Kondensator C mit der Zeitkonstanten RC auf den Wert f(kT) aufgeladen. Bei geöffnetem Schalter ist der Verstärker als Integrator geschaltet, dessen Ausgang konstant bleibt. R wird so klein gewählt, wie es die Belastbarkeit des Verstärkers zuläßt. Bei der Dimensionierung von h und C muß ein Kompromiß gewählt werden, so daß einerseits $RC \ll h \ll T$, andererseits aber C im Halteintervall T nicht merklich entladen wird.

Anmerkung 1.4
Wenn man bestimmte Eigenschaften des Signals kennt, läßt sich die Extrapolation verbessern. Kennt man z.B. das Spektrum des Signals, so kann man die Extrapolation optimal im Sinne des kleinsten mittleren Fehlerquadrates ausführen. Es ist dann jedoch sinnvoller, das Gesamtsystem zu optimieren und nicht das Extrapolationsglied allein [68.1].

Häufig wird die Annahme gemacht, daß sich das Signal durch ein Polynom $s_h(t) = c_0 + c_1 t + \ldots + c_m t^m$ annähern läßt. Die Koeffizienten c_i werden so bestimmt, daß die Polynomkurve durch die Abtastwerte f(kT), f(kT-T) ... f(kT-mT) verläuft. m bezeichnet die Ordnung des Extrapolationsgliedes. Das Extrapolationsglied nullter Ordnung ist das Halteglied. Bei m = 1 wird linear extrapoliert, es ist

$$u_h(t) = f(kT) + [f(kT) - f(kT-T)](t-kT)/T, \quad kT < t < kt + T \qquad (1.2.13)$$

Der Polynomansatz ist jedoch bei vielen in Regelungssystemen auftretenden Signalen, wie Sprungfunktionen oder stochastischen Signalen, unvorteilhaft. Bei einem sinusförmigen Signal wächst die Phasenverschiebung mit der Ordnung des Extrapolationsgliedes [58.2, 59.1], das ist nachteilig für die Stabilität eines Regelkreises. Da außerdem die technische Ausführung komplizierter wird, werden praktisch überwiegend Halteglieder angewendet. Die Glättung des Halteglied-Ausgangs durch einen Integrator wird in Anhang D.2 behandelt. □

1.3 Abtast-Spektrum, Anti-Aliasing-Filter

(1.2.10) kann als Pulsamplituden-Modulation gedeutet werden. Diese Interpretation liefert einen Zusammenhang zwischen dem Spektrum $f_s(j\omega)$ des kontinuierlichen Signals und dem Spektrum $f_s^*(j\omega)$ des abgetasteten Signals ($s = \sigma + j\omega$, $j := \sqrt{-1}$).

Nach einem Satz aus der Distributionstheorie [60.1, 63.1] ist

$$f(kT)\delta(t-kT) = f(t)\delta(t-kT) \qquad (1.3.1)$$

Aus (1.2.10) folgt also

$$f^*(t) = \sum_{k=0}^{\infty} f(kT)\delta(t-kT) = f(t)\sum_{k=0}^{\infty}\delta(t-kT)$$

und mit $f(t) = 0$ für $t < 0$

$$f^*(t) = f(t)\sum_{k=-\infty}^{\infty}\delta(t-kT) \qquad (1.3.2)$$

Die Summe stellt einen periodischen Puls aus δ-Funktionen dar. Er wird durch $f(t)$ in der Amplitude moduliert. Der Puls wird nun durch seine FOURIER-Reihe ausgedrückt [60.1]

$$f^*(t) = f(t) \times \sum_{m=-\infty}^{\infty} e^{-jm\omega_A t}, \quad \omega_A = 2\pi/T \qquad (1.3.3)$$

Die zugehörige FOURIER-Transformierte ist

$$f_s^*(j\omega) = \int_{-\infty}^{\infty} f^*(t)e^{-j\omega t}dt = \frac{1}{T}\sum_{m=-\infty}^{\infty}\int_{-\infty}^{\infty} f(t)e^{-j(\omega+m\omega_A)t}dt$$

$$f_s^*(j\omega) = \frac{1}{T}\sum_{m=-\infty}^{\infty} f_s(j\omega+jm\omega_A) \qquad (1.3.4)$$

wobei $f_s(j\omega)$ die FOURIER-Transformierte des nicht getasteten Signals $f(t)$ ist. Aus (1.3.4) geht hervor, wie durch die Pulsamplitudenmodulation die Seitenbandfrequenzen zu den ganzzahligen Vielfachen der Abtastfrequenzen ω_A entstehen. Bild 1.6 veranschaulicht ein Beispiel für den Betrag von $f_s(j\omega)$ und $f_s^*(j\omega)$. Die gezeichneten Teilspektren in $f^*(j\omega)$ können unter Berücksichtigung des Phasenwinkels addiert werden.

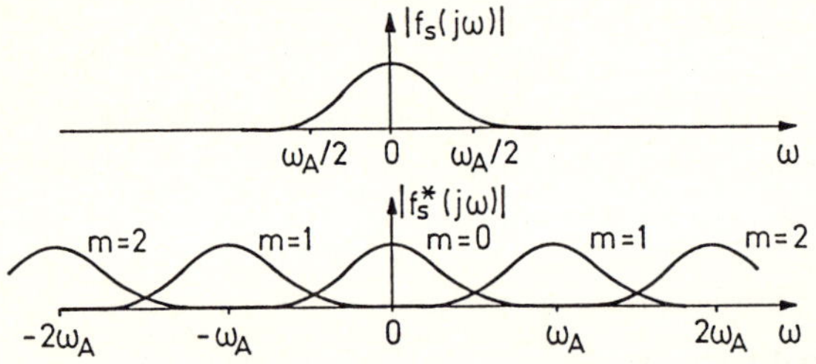

Bild 1.6 Spektrum von f(t) und vom abgetasteten Signal f*(t).

Bei stabilen, kontinuierlichen, zeitinvarianten, linearen Übertragungsgliedern, die periodisch angeregt werden, treten am Ausgang nach Abklingen der Einschwingvorgänge nur die gleichen Frequenzen wie am Eingang auf. Ein grundsätzlicher Unterschied beim Abtaster besteht darin, daß am Ausgang zusätzliche Frequenzen auftreten. Bei zeitinvarianten, kontinuierlichen Systemen ist ein ähnlicher Effekt nur bei nichtlinearen Übertragungsgliedern in Form von harmonischen Frequenzen, d.h. ganzzahligen Vielfachen der Anregungsfrequenz, zu beobachten. Der Abtaster ist jedoch ein zeitvariables lineares Übertragungsglied und die zusätzlichen Seitenband-Frequenzen müssen nicht in ganzzahligem Verhältnis stehen.

Betrachten wir nun einen Abtastregelkreis gemäß Bild 1.7.

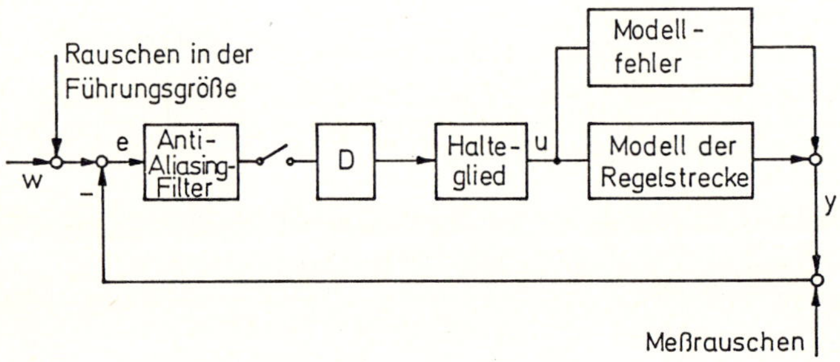

Bild 1.7 Höherfrequente Störungen in e müssen durch ein Anti-Aliasing-Filter unterdrückt werden.

In der Regelabweichung e können höherfrequente Störsignale enthalten sein z.B. vom Rauschen, das mit den Meß- und Führungsgrößen in den Regelkreis eintritt. Auch im Modell der Regelstrecke werden oft höherfrequente Eigenschwingungsformen vernachlässigt, wie sie z.B. durch elastische Strukturschwingungen entstehen. Wird e ungefiltert abgetastet, so werden solche Störungen in das Grundband $|\omega| < \omega_A/2$, siehe Bild 1.6, hineingespiegelt. Sie sind damit nicht mehr vom gewünschten

Nutzsignal unterscheidbar. Man setzt deshalb vor dem Abtaster - z.B. im AD-Wandler - ein analoges Anti-Aliasing-Filter ein. Dies ist z.B. ein BUTTERWORTH-Tiefpaßfilter mit der Bandbreite $\omega_B = \omega_A/2$, mit der Übertragungsfunktion

$$\frac{\omega_B}{s+\omega_B} \quad \text{oder} \qquad (1.3.5)$$

$$\frac{\omega_B^2}{s^2+\sqrt{2}\omega_B s+\omega_B^2} \quad \text{oder} \qquad (1.3.6)$$

$$\frac{\omega_B^3}{(s^2+\omega_B s+\omega_B^2)(s+\omega_B)} \qquad (1.3.7)$$

Bei diesen Filtern tritt keine Resonanzüberhöhung im Betrag des Frequenzgangs auf. Im Durchlaßbereich ist der Betrag fast Eins und zwar umso genauer, je höher die Filterordnung ist. Damit wächst allerdings auch die Phasenverzögerung. Man wird deshalb praktisch versuchen, mit einem Filter niedriger Ordnung auszukommen. Beim Entwurf des digitalen Reglers kann das analoge Filter mit zur Regelstrecke gerechnet werden, um sicherzustellen, daß die zusätzliche Phasenverzögerung im digitalen Regelalgorithmus kompensiert wird und damit nicht destablisierend wirkt.

Für Signale von einem digitalen Sensor kann ein analoges Anti-Aliasing-Filter nicht verwendet werden. Wenn der Sensor mit höherer Abtastfrequenz arbeitet als der Regler, kann allerdings ein digital realisiertes Tiefpaßfilter eingesetzt werden.

Anmerkung 1.5
Es sei hier auf den Zusammenhang mit dem Abtast-Theorem von SHANNON [49.2] hingewiesen. Es besagt: Wenn für die FOURIER-Transformierte $F(j\omega)$ = eines Signals $f(t)$ gilt: $F(j\omega) = 0$ für $|\omega| \geq \omega_m$, dann ist $f(t)$ eindeutig durch die Proben $f(kT)$, $k = 0, \pm 1, \pm 2 \ldots$ mit $T \leq \pi/\omega_m$ d.h. $\omega_A \geq 2\omega_m$ bestimmt. Wie man in Bild 1.6 sieht, überlappen sich die Teilspektren in $F(j\omega)$ dann nicht mehr; das mit dem Eingangsspektrum identische Grundband kann also durch einen idealen Tiefpaß mit dem Frequenzgang

$$F_T(j\omega) = \begin{cases} 1 & |\omega| < \omega_m \\ 0 & |\omega| \geq \omega_m \end{cases} \qquad (1.3.8)$$

herausgefiltert werden. Ein solcher Tiefpaß kann jedoch nicht als kausales Übertragungsglied realisiert werden. Man sieht das z.B., wenn man die inverse FOURIER-Transformierte des Frequenzgangs $F_T(j\omega)$ bildet. Man erhält damit die Gewichtsfunktion, d.h. die Antwort des Systems auf einen Impuls $\delta(t)$, als

$$f_T(t) = \mathcal{F}^{-1}\{F_T(j\omega)\} = \frac{\sin \omega_m t}{\omega_m t} \tag{1.3.9}$$

Die Antwort beginnt bereits bei $t = -\infty$, d.h. ein solches System ist nicht kausal. Dieses Filter ist zur Interpolation einer Folge $f(kT)$ geeignet, nicht aber für die in Regelungssystemen benötigte Extrapolation mit einem kausalen Filter.

1.4 Entwurfsaspekte

Der Zweck des Regelungssystems von Bild 1.7 ist es, die Regelabweichung $e(t)$ in einem näher zu spezifizierenden Sinne klein zu halten, d.h. die Regelgröße $y(t)$ möglichst der Führungsgröße $w(t)$ nachfolgen zu lassen, jedenfalls innerhalb der Bandbreite des Regelkreises, die kleiner ist als $\omega_A/2$. Im Vergleich mit einer Steuerung, bei der y nicht zurückgeführt wird, hat die Regelung drei Vorteile:

1. Die Aufgabe kann auch bei instabiler Regelstrecke gelöst werden, wenn die Rückführung den Regelkreis stabilisiert (Stabilisierung).

2. Der Einfluß unbekannter Störgrößen, die auf die Regelstrecke einwirken, kann vermindert werden (Störgrößenkompensation, Filterung).

3. Die Aufgabe kann auch bei nicht genau bekanntem mathematischen Modell der Regelstrecke gelöst werden (Robuste Regelung).

Es können auch andere Regelkreis-Strukturen angesetzt werden, z.B. Beobachter und Zustandsvektor-Rückführung. Gemeinsam ist allen, daß die Meßgröße y zurückgeführt wird. Die bekannten Verfahren zum Entwurf von kontinuierlichen Reglern können sinngemäß auf den Entwurf von Abtastreglern übertragen werden. Bei Zustandsraum-Verfahren ergibt sich die Reglerordnung aus dem Verfahren und wächst mit der Ordnung der Regelstrecke. Bei grafischen Frequenzbereichs-Verfahren (Wurzelortskurven, BODE-, NYQUIST-, NICHOLS-Diagramme) kann versucht werden, befriedigende Lösungen auch mit Reglern niedrigerer Ordnung zu finden, indem z.B. in Bild 1.7 ein Regler gemäß (1.1.3) bzw. (1.1.5) mit kleiner Ordnung m angesetzt wird. Der Aufwand für einen Regler hängt nur geringfügig von seiner Ordnung ab. Die Kosten für die Implementierung eines Regelalgorithmus nach (1.1.3) mit heutiger Mikroelektronik sind klein gegen andere Kosten, etwa zuverlässige Sensoren und Wandler oder Arbeitsaufwand für den Entwurf. Der Wunsch nach geringem Entwurfsaufwand - auch bei Problemen mit vielen verschiedenartigen Entwurfsanforderungen - legt es allerdings nahe, nicht unnötig viele freie Parameter im Regleransatz vorzusehen. Diese Parameter können z.B. durch Optimierung vektorieller Gütekriterien [79.4] oder Parameterraum-Verfahren [80.6] bestimmt werden.

Die Zustandsraum-Betrachtung führt zu Erkenntnissen über die bei Abtastsystemen besonders kritische Kürzung von Polen und Nullstellen und liefert Ansätze für die Regler-Struktur, durch die das Führungs-Übertragungsverhalten und das Stör-Übertragungsverhalten wenigstens teilweise unabhängig voneinander festgelegt werden kann. Außerdem ist die Verallgemeinerung auf Mehrgrößensysteme einfacher und der Einfluß von Stellgrößenbeschränkungen läßt sich besser analysieren. Andererseits bietet die Untersuchung im Frequenzbereich Einsichten (z.B. Integralanteil des Reglers, zulässige Modellierungs-Ungenauigkeit der Regelstrecke bei hohen Frequenzen, Anti-Aliasing-Filter, zulässige Sektor-Nichtlinearität des Stellglieds und Rechenvorteile beim Rechnen mit Polynomen und Polynom-Matrizen). Daher wird in den folgenden Kapiteln von beiden Darstellungsweisen Gebrauch gemacht.

Bei den Entwurfsanforderungen spielt neben der stationären Genauigkeit ($\lim_{t \to \infty} e(t)$) das Einschwingverhalten eine besonders wichtige Rolle. Hierfür kann die Simulation - z.B. der Sprungantwort des geschlossenen Kreises - herangezogen werden oder indirektere aber schneller zu berechnende Maße für die Stabilitätsgüte. Stabilitätsreserven, die sich aus der Lage der Eigenwerte ergeben, entsprechen nicht direkt Stabilitätsreserven, die sich aus dem Frequenzgang ergeben. Bei den meisten Entwurfsverfahren wird eines der beiden Gütemaße primär im Entwurf verwendet, das andere muß dann überprüft werden. In diesem Buch liegt die Betonung auf Verfahren, die die Lage der Eigenwerte primär zur Beurteilung heranziehen.

Die Struktur des Regelungssystems hängt wesentlich davon ab,

a) welche Größen gemessen werden können,
b) ob w und y getrennt zur Verfügung stehen oder ob nur die Regelabweichung $e = w-y$ gemessen wird,
c) welche Stellgrößen zur Verfügung stehen,
d) ob eine Aufschaltung gemessener oder rekonstruierter Störgrößen möglich ist,

e) ob ein Integralanteil des Reglers oder ein anderes internes Modell von Eingangsgrößen-Generatoren vorgesehen werden soll.

Die Wahl der Tastperiode erfolgt unter den Gesichtspunkten

a) Geringer Verlust an Steuerbarkeit und Beobachtbarkeit durch die Abtastung,
b) Bandbreite des geschlossenen Kreises,
c) Stellgrößenbeschränkungen.

Für die günstige Festlegung der freien Reglerparameter kommt es schließlich darauf an,

a) in welcher Form das mathematische Modell der Regelstrecke und seine Parameter-Unsicherheit gegeben ist,
b) welche Beschränkungen für die Stellgrößen und Zustandsgrößen bestehen,
c) was über den Typ der Führungs- und Störgrößen bekannt ist (z.B. Sprung, Impuls, periodische Anregung, stochastisches Signal),
d) in welcher Form die Entwurfs-Anforderungen formuliert sind.

Für strukturelle Untersuchungen und symbolische Rechnungen mit unsicheren Streckenparametern empfiehlt sich die Analyse und Festlegung der Reglerstruktur anhand des Modells der kontinuierlichen Regelstrecke, es folgt dann die Festlegung der Tastperiode T so, daß die gewünschten Eigenschaften des Regelungssystems nicht wesentlich gegenüber dem kontinuierlichen Fall verschlechtert werden. Durch die Diskretisierung und den zusätzlichen Parameter T werden in der diskreten Darstellung parametrische Abhängigkeiten meist sehr unübersichtlich, so daß hier nur noch die numerische Analyse und Synthese infrage kommt.

Anmerkung 1.6
Bisweilen stellt sich die Aufgabe, eine bisher analog geregelte Regelstrecke auf digitale Regelung umzustellen. Man möchte dann Erfahrungen in der Einstellung von Reglerparametern auf den diskreten Fall übertragen. Es sei z.B. eine günstige Einstellung eine PID-Reglers

$$PID(s) = K_P + \frac{K_I}{s} + \frac{K_D s}{1+T_1 s} \tag{1.4.1}$$

bekannt. Eine diskrete Approximation dazu ist

$$PID(z) = K_P + K_I \frac{T(z+1)}{2(z-1)} + K_D \frac{z-1}{Tz} \tag{1.4.2}$$

Es wäre nun aber nicht sinnvoll, die Tastperiode T allein unter dem Gesichtspunkt zu wählen, daß sich der digitale Regelkreis nur unwesentlich gegenüber dem analogen verschlechtert. Dies würde zu einem extrem kleinen T führen.

Sinnvoller ist es, den diskreten Regler von (1.4.2) nur als Startwert für eine Verbesserung der Güte des Abtastregelkreises zu nehmen. Der Regler von (1.4.2) kann hierzu auch in der folgenden Form geschrieben werden:

$$PID(z) = \frac{d_2 z^2 + d_1 z + d_0}{(z-1)z} \tag{1.4.3}$$

mit den Startwerten

$$d_2 = K_P + K_I T/2 + K_D/T$$

$$d_1 = -K_P + K_I T/2 - 2K_D/T$$

$$d_0 = K_D/T$$

In der Tendenz müssen bei der Diskretisierung die Gewichte von K_I und K_P weg zu K_D hin verlagert werden, damit der so entstehende Vorhalt die Phasenverzögerung durch das Halteglied ausgleicht.

□

1.5 Übungen

1.1 Bestimmen Sie die z-Übertragungsfunktion eines diskreten Integrators
   a) mit Rechteck-Näherung,
   b) mit Trapez-Näherung.
   In welcher Beziehung stehen die beiden z-Übertragungsfunktionen zueinander und wie wirkt sich dies in (1.4.2) aus?

1.2 Bestimmen Sie die z-Übertragungsfunktion eines diskreten Differenzierers
   a) durch Bildung des Differenzenquotienten,
   b) durch Inversion des Trapez-Integrierers nach 1.1b.
   Wie machen sich die beiden unterschiedlichen Ansätze in (1.4.3) bemerkbar?

1.3 Zeichnen Sie die Ortskurve des Frequenzgangs des Haltegliedes für T = 1.

2 Kontinuierliche Systeme

Dieses Kapitel soll einem dreifachen Zweck dienen:

1. Es wird das Beispiel einer Verladebrücke eingeführt, für die in den folgenden Kapiteln zahlreiche weitere Übungsaufgaben gestellt werden, die schließlich zum Entwurf eines digitalen Reglers mit dynamischer Ausgangsvektor-Rückführung hinführen. Es wird dem Leser sehr empfohlen, diese Serie von Übungsaufgaben zur Vertiefung des theoretisch behandelten Stoffes zu bearbeiten.

2. Die Analyse kontinuierlicher Systeme, die an sich in diesem Buch als bekannt vorausgesetzt wird, wird kurz rekapituliert, und es werden zur späteren Bezugnahme die wesentlichen Beziehungen und Schreibweisen zusammengestellt. Auf Beweisführungen wird dabei verzichtet, diese sind in der Literatur über lineare Systeme zu finden, z.B. [55.1, 63.1, 69.1, 70.3, 71.1, 71.8, 80.2].

3. Für die Regelung der Verladebrücke mit allgemeinen Parametern lassen sich einige generelle Einsichten gewinnen, die, nach der Diskretisierung nur schwieriger zu finden sind.

Leser, die mit der Analyse kontinuierlicher Eingrößen-Systeme vertraut sind, können das Kapitel 2 relativ schnell überfliegen, um im Kapitel 3 zum Hauptthema des Buchs zu kommen. Wenn Sie aber in Kapitel 2 auf Dinge stoßen, die Ihnen noch fremd sind, wird dringend empfohlen, diese Abschnitte zuerst zu erarbeiten, um die Entsprechungen, aber auch Unterschiede, zwischen kontinuierlichen Systemen und Abtastsystemen voll verstehen zu können.

2.1 Modellbildung, Linearisierung

Das mathematische Modell der Regelstrecke kann auf zwei Weisen bestimmt werden:

a) aus Messungen der Ein- und Ausgangsgrößen, wobei man die Regelstrecke als "schwarzen Kasten" ansieht, über dessen innere Struktur nichts bekannt ist,

b) aus den Beziehungen für die Dynamik einzelner Komponenten und deren Zusammenwirken in einer bekannten Struktur.

Oft müssen auch beide Möglichkeiten kombiniert werden, indem b) die Struktur des mathematischen Modells liefert (z.B. für die Dynamik eines Flugzeugs) und die Zahlenwerte der darin auftretenden Parameter durch Messungen ermittelt werden müssen (z.B. Windkanal- oder Flugversuche). Ein Vorteil von b), den wir im folgenden ausnutzen wollen, ist, daß damit Variablen mit einer anschaulichen praktischen Bedeutung als Zustandsgrößen eingeführt werden, z.B. Position und Geschwindigkeit eines Massenpunktes, Strom in einer Induktionsspule, Spannung an einem Kondensator, Temperatur, Druck, Lagerbestand usw. Der Weg b) erfordert eine genauere Analyse der jeweiligen Regelstrecke und kann daher hier nur für ein Beispiel durchgeführt werden. Wir werden eine elementare Herleitung der nichtlinearen Differentialgleichung der Verladebrücke nach Bild 2.1 geben.

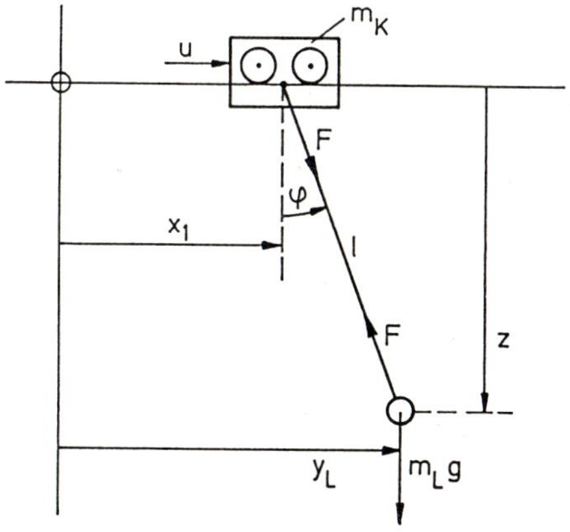

Bild 2.1 Verladebrücke

Zur Vereinfachung wird angenommen, daß

- keine Reibung zwischen Laufkatze und Brücke auftritt,
- die Seillänge ℓ während eines Bewegungsvorgangs konstant ist,
- das Seil weder Masse noch Elastizität hat und
- die Dynamik von Motor und Getriebe zur Erzeugung der Eingangsgröße vernachlässigt werden kann.

Eingangsgröße ist die Kraft u, die die Laufkatze beschleunigt, Ausgangsgröße y_L die Position der Last. Die physikalischen Parameter der Verladebrücke sind

m_K = Masse der Laufkatze, einschließlich des über die Getriebe-Übersetzung umgerechneten Motor-Trägheitsmoments

m_L = Masse der Last

ℓ = Seillänge

g = Gravitationskonstante.

Unter Benutzung der Variablen x_1 (Laufkatzen-Position), φ (Seilwinkel, z (Vertikalabstand Laufkatze - Last) und F (Seilkraft) lauten die Differentialgleichungen für

a) Laufkatze, horizontal

$$m_K\ddot{x}_1 = u + F\sin\varphi \qquad (2.1.1)$$

b) Last, horizontal

$$m_L\ddot{y}_L = -F\sin\varphi \qquad (2.1.2)$$

c) Last, vertikal

$$m_L\ddot{z} = -F\cos\varphi + m_L g \qquad (2.1.3)$$

Durch Elimination der Seilkraft F erhält man für $m_L \neq 0$

$$m_K\ddot{x}_1 + m_L\ddot{y}_L = u \qquad (2.1.4)$$

$$\ddot{y}_L\cos\varphi - \ddot{z}\sin\varphi = -g\sin\varphi \qquad (2.1.5)$$

Bei konstanter Seillänge ℓ ist

$$z = \ell\cos\varphi \qquad y_L = x_1+\ell\sin\varphi$$

$$\dot{z} = -\ell\dot{\varphi}\sin\varphi \qquad \dot{y}_L = \dot{x}_1+\ell\dot{\varphi}\cos\varphi$$

$$\ddot{z} = -\ell\ddot{\varphi}\sin\varphi-\ell\dot{\varphi}^2\cos\varphi \qquad \ddot{y}_L = \ddot{x}_1+\ell\ddot{\varphi}\cos\varphi-\ell\dot{\varphi}^2\sin\varphi$$

Eingesetzt in (2.1.4) und (2.1.5)

$$(m_L + m_K)\ddot{x}_1 + m_L\ell(\ddot{\varphi}\cos\varphi - \dot{\varphi}^2\sin\varphi) = u \tag{2.1.6}$$

$$\ddot{x}_1\cos\varphi + \ell\ddot{\varphi} = -g\sin\varphi \tag{2.1.7}$$

Dies ist ein lineares Gleichungssystem in $\ddot{x}_1$ und $\ddot{\varphi}$, dessen Koeffizienten von φ, $\dot{\varphi}$ und u abhängen. Die Lösung ergibt

$$\ddot{x}_1 = \frac{u + (g\cos\varphi + \ell\dot{\varphi}^2)m_L\sin\varphi}{m_K + m_L\sin^2\varphi} \tag{2.1.8}$$

$$\ddot{\varphi} = -\frac{u\cos\varphi + (g+\ell\dot{\varphi}^2\cos\varphi)m_L\sin\varphi + gm_K\sin\varphi}{\ell(m_K + m_L\sin^2\varphi)} \tag{2.1.9}$$

Der **Zustand x** eines Systems ist der Teil der Vorgeschichte des Systems, der für sein künftiges Verhalten bestimmend ist. Genauer gesagt: $\mathbf{x}(t_1)$ für ein beliebiges $t_1 > t_0$ muß eindeutig durch $\mathbf{x}(t_0)$ und $u(t)$, $t_0 \le t \le t_1$, bestimmt sein. Alle früheren Eingangsgrößen $u(t)$, $t < t_0$ sind unbedeutend, da ihr Einfluß in $\mathbf{x}(t_0)$ erfaßt ist. Die Dimension des Zustandsraums, in dem der Vektor **x** lebt, wird mit n bezeichnet.

Für das System (2.1.8) und (2.1.9) sind die Variablen x_1, $\dot{x}_1$, φ und $\dot{\varphi}$ geeignete Zustandsgrößen. Wir definieren als Zustandsvektor

$$\mathbf{x} = \begin{bmatrix} x_1 \\ x_2 \\ x_3 \\ x_4 \end{bmatrix} := \begin{bmatrix} x_1 \\ \dot{x}_1 \\ \varphi \\ \dot{\varphi} \end{bmatrix} \tag{2.1.10}$$

Damit lauten (2.1.8) und (2.1.9)

$$\dot{\mathbf{x}} = \begin{bmatrix} x_2 \\ \dfrac{u + (g\cos x_3 + \ell x_4^2)m_L\sin x_3}{m_K + m_L\sin^2 x_3} \\ x_4 \\ -\dfrac{u\cos x_3 + (g + \ell x_4^2\cos x_3)m_L\sin x_3 + gm_K\sin x_3}{\ell(m_K + m_L\sin^2 x_3)} \end{bmatrix} \tag{2.1.11}$$

Allgemein müssen die Zustandsgrößen so gewählt werden, daß auf der rechten Seite keine Ableitungen nach der Zeit stehen. Die nichtlineare Differentialgleichung wird kurz geschrieben

$$\dot{\mathbf{x}} = \mathbf{f}(\mathbf{x}, u) \tag{2.1.12}$$

Dieses Streckenmodell kann für die Simulation zugrundegelegt werden sowie für rechnergestützte Probierverfahren zum Reglerentwurf. Die meisten Analyse- und Synthesemethoden setzen allerdings ein lineares Streckenmodell voraus: Man erhält dies, indem man (2.1.12) für kleine Abweichungen von einer Ruhelage ($\mathbf{x}_0$, u_0) oder Solltrajektorie ($\mathbf{x}_0(t)$, $u_0(t)$) **linearisiert:**

$$\dot{\mathbf{x}} = \mathbf{F}\mathbf{x} + \mathbf{g}u \quad \text{mit } \mathbf{F} = \left.\frac{\partial \mathbf{f}}{\partial \mathbf{x}}\right|_{\mathbf{x}_0, u_0}, \quad \mathbf{g} = \left.\frac{\partial \mathbf{f}}{\partial u}\right|_{\mathbf{x}_0, u_0} \tag{2.1.13}$$

Der Entwurf eines Reglers wird dann für das lineare System durchgeführt und häufig in einer Simulation des nichtlinearen Systems (2.1.12) (gegebenenfalls vervollständigt durch Reibung, Stellglieddynamik etc.) überprüft oder verfeinert. Wenn der Regler das System trotz Störungen gut in seiner Ruhelage hält, dann ist damit nachträglich eine Rechtfertigung für die Linearisierung gegeben.

Bei der Verladebrücke ist die Ruhelage durch den Seilwinkel $x_3 = 0$ und die Seilwinkelgeschwindigkeit $x_4 = 0$ gekennzeichnet. In der Umgebung dieser Ruhelage ist

$$\begin{aligned} \cos x_3 &\approx 1, \ \sin x_3 \approx x_3 \\ \sin^2 x_3 &\approx 0 \\ x_4^2 \sin x_3 &\approx 0 \end{aligned} \tag{2.1.14}$$

Damit wird (2.1.11)

$$\dot{\mathbf{x}} = \begin{bmatrix} 0 & 1 & 0 & 0 \\ 0 & 0 & f_{23} & 0 \\ 0 & 0 & 0 & 1 \\ 0 & 0 & f_{43} & 0 \end{bmatrix} \mathbf{x} + \begin{bmatrix} 0 \\ g_2 \\ 0 \\ g_4 \end{bmatrix} u \tag{2.1.15}$$

$$f_{23} = \frac{m_L}{m_K} g \qquad g_2 = \frac{1}{m_K}$$

$$f_{43} = -\frac{(m_L + m_K) g}{m_K \ell} \qquad g_4 = \frac{-1}{m_K \ell}$$

Betrachtet man die Position y_L der Last als Regelgröße, so kommt noch die Ausgangsgleichung

$$y_L = x_1 + \ell \sin x_3 \tag{2.1.16}$$

bzw. linearisiert

$$y_L = [1 \quad 0 \quad \ell \quad 0]\mathbf{x} = \mathbf{c}_L'\mathbf{x} \tag{2.1.17}$$

hinzu. Wird z.B. die Laufkatzenposition x_1 und der Seilwinkel x_3 gemessen, so lautet die Meßgleichung

$$\mathbf{y} = \begin{bmatrix} 1 & 0 & 0 & 0 \\ 0 & 0 & 1 & 0 \end{bmatrix}\mathbf{x} = \mathbf{C}\mathbf{x} \tag{2.1.18}$$

(Man beachte, daß in der üblichen Schreibweise die Matrix **C** nicht als Transponierte geschrieben wird im Gegensatz zu **c'** bei nur einer Meßgröße.)

2.2 Basis des Zustandsraums

Wir gehen von der folgenden Zustandsdarstellung aus:

$$\begin{aligned} \dot{\mathbf{x}} &= \mathbf{F}\mathbf{x} + \mathbf{g}u \\ y &= \mathbf{c}'\mathbf{x} + du \end{aligned} \tag{2.2.1}$$

Es wird hier eine skalare Meßgröße y angenommen, die auch durch einen direkten Durchgriff du vom Eingang aus beeinflußt wird. n sei die Dimension des Zustandsraums, in dem der Vektor **x** lebt.

Mit der Aufstellung der Zustandsgleichungen aus physikalischen Gesetzmäßigkeiten wurde eine Basis aus physikalisch gegebenen Koordinaten im Zustandsraum festgelegt, im Kran-Beispiel durch die Wahl der Zustandsgrößen in (2.1.10). Man kann den Zustandsvektor auch bezüglich eines anderen Koordinatensystems im Zustandsraum ausdrücken, indem das System (2.2.1) durch eine nichtsinguläre **lineare Transformation**

$$\mathbf{x}^* = \mathbf{T}\mathbf{x} \quad , \quad \det\mathbf{T} \neq 0 \tag{2.2.2}$$

in eine vorteilhaftere Form

$$\begin{aligned} \dot{\mathbf{x}}^* &= \mathbf{F}^*\mathbf{x}^* + \mathbf{g}^*u \quad , \quad \mathbf{F}^* = \mathbf{T}\mathbf{F}\mathbf{T}^{-1} \quad , \quad \mathbf{g}^* = \mathbf{T}\mathbf{g} \\ y &= \mathbf{c}^{*\prime}\mathbf{x}^* + du \quad , \quad \mathbf{c}^{*\prime} = \mathbf{c}'\mathbf{T}^{-1} \end{aligned} \tag{2.2.3}$$

gebracht wird. Die n^2 Koeffizienten von **T** können so gewählt werden, daß n^2 Elemente von $\mathbf{F}^*$, $\mathbf{g}^*$, $\mathbf{c}^{*\prime}$ in einer kanonischen Form zu Null oder Eins festgelegt werden. Die wichtigsten kanonischen Formen und die zugehörigen Transformations-Matrizen werden im Anhang A dargestellt. Bild 2.2 illustriert die lineare Transformation durch ein Blockschaltbild. Stellt man sich dies als ein Analog-Schaltbild vor, so wird ersichtlich, daß durch die lineare Transformation lediglich, anstelle von $\dot{\mathbf{x}}$, n andere Variablen $\dot{\mathbf{x}}^* = \mathbf{T}\dot{\mathbf{x}}$ integriert werden, aus denen dann wieder $\mathbf{x} = \mathbf{T}^{-1}\mathbf{x}^*$ gebildet wird.

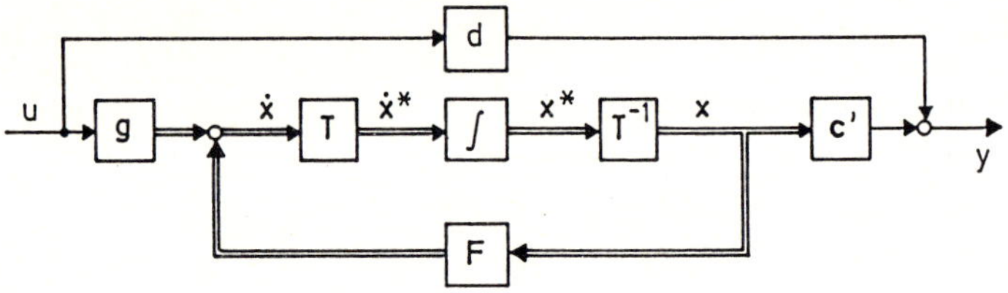

Bild 2.2 Transformation der Zustandsdarstellung

In kanonischen Formen können manche Rechnungen vereinfacht werden, es können auch strukturelle Eigenschaften von Systemen veranschaulicht werden. Zur Interpretation müssen die Resultate dann wieder in die interessierenden physikalischen Variablen zurücktransformiert werden ($\mathbf{x} = \mathbf{T}^{-1}\mathbf{x}^*$).

Im Falle der Verladebrücke empfiehlt es sich, die Block-Dreiecksform (2.1.15) in eine Block-Diagonalform zu bringen, da dann alle folgenden Rechnungen mit zwei 2×2 Matrizen anstatt mit einer 4×4 Matrix ausgeführt werden können. Dies gelingt, indem anstelle der Laufkatzenposition und -geschwindigkeit die Position x_1^* und Geschwindigkeit x_2^* des gemeinsamen Schwerpunkts von Laufkatze und Last eingeführt werden. (Übung 2.1)

2.3 Systemeigenschaften

Durch lineare Transformationen kann ein System (2.2.1) viele Gestalten annehmen. In diesem Abschnitt werden einige Größen und Eigenschaften eines Systems behandelt, die nicht von der gewählten Basis des Zustandsraums abhängen. Dies sind insbesondere das charakteristische Polynom und damit die Stabilität, die Übertragungsfunktion, die Steuerbarkeit und Beobachtbarkeit.

2.3.1 Eigenwerte, Stabilität

Das charakteristische Polynom von $\mathbf{F}^*$ ist

$$\begin{aligned} Q(s) &= \det(s\mathbf{I}-\mathbf{F}^*) = \det[\mathbf{T}(s\mathbf{I}-\mathbf{F})\mathbf{T}^{-1}] \\ &= \det\mathbf{T}\det(s\mathbf{I}-\mathbf{F})\det\mathbf{T}^{-1} \\ &= \det(s\mathbf{I}-\mathbf{F}) \end{aligned} \tag{2.3.1}$$

Die Ausrechnung und Faktorisierung ergibt

$$Q(s) = q_0 + q_1 s + \ldots + q_{n-1}s^{n-1} + s^n = (s-s_1)(s-s_2)\ldots(s-s_n)$$

Die Nullstellen s_i von $Q(s)$ sind die **Eigenwerte** von $\mathbf{F}$ bzw. $\mathbf{F}^*$. Das System $\dot{\mathbf{x}} = \mathbf{F}\mathbf{x}$ ist **asymptotisch stabil**, wenn seine Lösung $\mathbf{x}(t_0)$ beschränkt ist und asymptotisch gegen Null geht. Diese Eigenschaft ist genau dann gegeben, wenn alle Eigenwerte von $\mathbf{F}$ einen negativen Realteil haben. Man nennt $Q(s)$ dann ein **HURWITZ-Polynom.**

Beispiel: Verladebrücke

$$Q(s) = s^2(s^2-f_{43}) = s^2(s^2+\omega_L{}^2) \quad , \quad \omega_L{}^2 = \frac{(m_L+m_K)g}{m_K\ell} \tag{2.3.2}$$

Eigenwerte $s_{1,2} = 0$, $s_{3,4} = \pm j\omega_L$, nicht asymptotisch stabil.

□

Für größere, numerisch gegebene Matrizen können die Eigenwerte mit dem QR-Algorithmus [65.1, 76.2] berechnet werden. Auch ohne Faktorisierung kann geprüft werden, ob Q(s) ein HURWITZ-Polynom ist. Notwendige und hinreichende Bedingungen hierfür werden im Anhang C angegeben.

2.3.2 Übertragungsfunktion

Durch Anwendung der LAPLACE-Transformation auf (2.2.1) erhält man

$$\begin{aligned} \mathcal{L}\{\dot{x}(t)\} &= \mathcal{L}\{\mathbf{F}\mathbf{x}(t)+\mathbf{g}u(t)\} \\ s\mathbf{x}_s(s) - \mathbf{x}(0) &= \mathbf{F}\mathbf{x}_s(s) + \mathbf{g}u_s(s) \\ \mathbf{x}_s(s) &= (s\mathbf{I}-\mathbf{F})^{-1}\mathbf{x}(0) + (s\mathbf{I}-\mathbf{F})^{-1}\mathbf{g}u_s(s) \qquad (2.3.3) \\ y_s(s) &= \mathbf{c}'\mathbf{x}_s(s) + du_s(s) \\ &= \mathbf{c}'(s\mathbf{I}-\mathbf{F})^{-1}\mathbf{x}(0) + [\mathbf{c}'(s\mathbf{I}-\mathbf{F})^{-1}\mathbf{g} + d]u_s(s) \qquad (2.3.4) \end{aligned}$$

y setzt sich additiv zusammen aus einer **homogenen Lösung** (oder "Null-Eingangs-Lösung"), die nur vom Anfangszustand $\mathbf{x}(0)$ abhängt und einer **inhomogenen Lösung** (oder "Null-Zustands-Lösung"), die nur vom Eingangssignal u abhängt und damit das Übertragungsverhalten von u nach y beschreibt. Es ergibt sich mit dem Anfangszustand $\mathbf{x}(0) = \mathbf{0}$

$$y_s(s) = g_s(s)u_s(s) \tag{2.3.5}$$

Dabei ist

$$g_s(s) = \frac{y_s(s)}{u_s(s)} = \mathbf{c}'(s\mathbf{I}-\mathbf{F})^{-1}\mathbf{g} + d \tag{2.3.6}$$

die **Übertragungsfunktion** des Systems. Die Pole der ungekürzten Übertragungsfunktion sind die Wurzeln von $\det(s\mathbf{I}-\mathbf{F}) = 0$, d.h. die Eigenwerte von $\mathbf{F}$. Die Übertragungsfunktion ist invariant unter einer Basistransformation im Zustandsraum, (2.2.2); es ist

$$g_s(s) = \mathbf{c}^{*\prime}(s\mathbf{I}-\mathbf{F}^*)^{-1}\mathbf{g}^* + d = \mathbf{c}'(s\mathbf{I}-\mathbf{F})^{-1}\mathbf{g} + d \tag{2.3.7}$$

Für die symbolische Berechnung von $(s\mathbf{I}-\mathbf{F})^{-1}$ ist der **LEVERRIER-Algorithmus** besonders geeignet [65.3], der eine eingebaute Kontrolle enthält. Die **Resolvente** $(s\mathbf{I}-\mathbf{F})^{-1}$ ergibt sich damit in der Form

$$(s\mathbf{I}-\mathbf{F})^{-1} = \frac{\mathbf{D}_{n-1}s^{n-1}+\mathbf{D}_{n-2}s^{n-2}+\ldots+\mathbf{D}_0}{s^n+q_{n-1}s^{n-1}+\ldots+q_0} = \frac{\mathbf{D}(s)}{Q(s)} \tag{2.3.8}$$

Die Matrizen $\mathbf{D}_i$ und die Koeffizienten q_i des charakteristischen Polynoms folgen aus (A.7.36) mit der Substitution $\mathbf{A} = \mathbf{F}$, $a_i = q_i$, $\lambda = s$.

Aus (2.3.6) und (2.3.8) folgt

$$g_s(s) = \frac{\mathbf{c}'\mathbf{D}(s)\mathbf{g}}{Q(s)} + d \tag{2.3.9}$$

Beispiel: Verladebrücke nach (2.1.15)

$$\mathbf{D}_3 = \mathbf{I}$$

$$q_3 = 0 \qquad \mathbf{D}_2 = \begin{bmatrix} 0 & 1 & 0 & 0 \\ 0 & 0 & f_{23} & 0 \\ 0 & 0 & 0 & 1 \\ 0 & 0 & f_{43} & 0 \end{bmatrix}$$

$$q_2 = -f_{43} \qquad D_1 = \begin{bmatrix} -f_{43} & 0 & f_{23} & 0 \\ 0 & -f_{43} & 0 & f_{23} \\ 0 & 0 & 0 & 0 \\ 0 & 0 & 0 & 0 \end{bmatrix}$$

$$q_1 = 0 \qquad D_0 = \begin{bmatrix} 0 & -f_{43} & 0 & f_{23} \\ 0 & 0 & 0 & 0 \\ 0 & 0 & 0 & 0 \\ 0 & 0 & 0 & 0 \end{bmatrix}$$

$$q_0 = 0 \qquad "D_{-1}" = \mathbf{0}$$

$$(s\mathbf{I}-\mathbf{F})^{-1} = \frac{\mathbf{D}(s)}{Q(s)} = \frac{1}{s^2(s^2-f_{43})} \begin{bmatrix} s^3-f_{43}s & s^2-f_{43} & f_{23}s & f_{23} \\ 0 & s^3-f_{43}s & f_{23}s^2 & f_{23}s \\ 0 & 0 & s^3 & s^2 \\ 0 & 0 & f_{43}s^2 & s^3 \end{bmatrix}$$

$$\mathbf{D}(s)\mathbf{g} = \begin{bmatrix} (s^2-f_{43})g_2+f_{23}g_4 \\ (s^3-f_{43}s)g_2+f_{23}sg_4 \\ s^2g_4 \\ s^3g_4 \end{bmatrix} = \begin{bmatrix} (s^2+g/\ell)/m_K \\ s(s^2+g/\ell)/m_K \\ -s^2/m_K\ell \\ -s^3/m_K\ell \end{bmatrix} \tag{2.3.10}$$

Die Übertragungsfunktion hängt von der gewählten Ausgangsgröße ab.

a) Ausgang Lastposition

$$y_L = \mathbf{c}_L'\mathbf{x} \quad , \quad \mathbf{c}_L' = [1 \quad 0 \quad \ell \quad 0]$$

$$g_s = \frac{y_{Ls}}{u_s} = \frac{\mathbf{c}_L'\mathbf{D}(s)\mathbf{g}}{Q(s)} = \frac{g/\ell m_K}{s^2(s^2+\omega_L^2)} \tag{2.3.11}$$

b) Ausgang Laufkatzenposition

$$x_1 = \mathbf{c}_1'\mathbf{x} \quad , \quad \mathbf{c}_1' = [1 \quad 0 \quad 0 \quad 0]$$

$$g_s = \frac{x_{1s}}{u_s} = \frac{\mathbf{c}_1'\mathbf{D}(s)\mathbf{g}}{Q(s)} = \frac{(s^2+g/\ell)/m_K}{s^2(s^2+\omega_L^2)} \tag{2.3.12}$$

Bild 2.3 zeigt die Pole und Nullstellen. Die Nullstellen bei $\pm j\sqrt{g/\ell}$ entsprechen den Eigenwerten des freien Pendels bei festgehaltenem x_1 (d.h. $m_K \to \infty$).

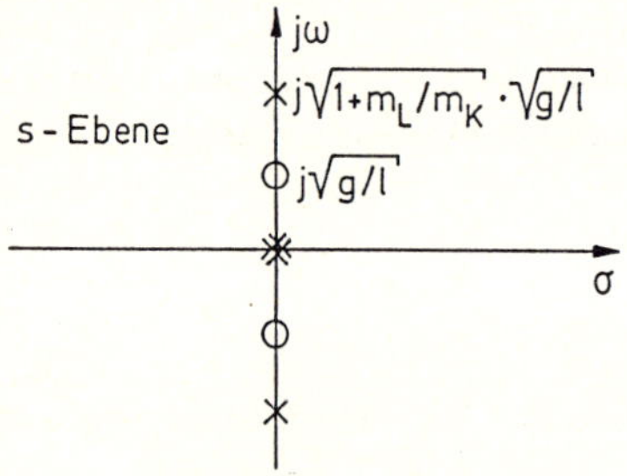

Bild 2.3
Pole und Nullstellen der Übertragungsfunktion von der Kraft zur Position der Laufkatze

c) Ausgang Seilwinkel

$$x_3 = \mathbf{c}_3'\mathbf{x} \quad , \quad \mathbf{c}_3' = [0 \quad 0 \quad 1 \quad 0]$$

$$g_s = \frac{x_{3s}}{u_s} = \frac{\mathbf{c}_3'\mathbf{D}(s)\mathbf{g}}{Q(s)} = \frac{-s^2/m_K\ell}{s^2(s^2+\omega_L^2)}$$

Wenn s^2 gekürzt wird, verbleibt die Übertragungsfunktion zweiter Ordnung

$$g_s = -\frac{1}{m_K\ell(s^2+\omega_L^2)} \tag{2.3.13}$$

□

Anmerkung 2.1
Im Beispiel der Verladebrücke lassen sich die Übertragungsfunktionen noch leicht aus einer Blockschaltbild-Darstellung von (2.1.15) bestimmen.

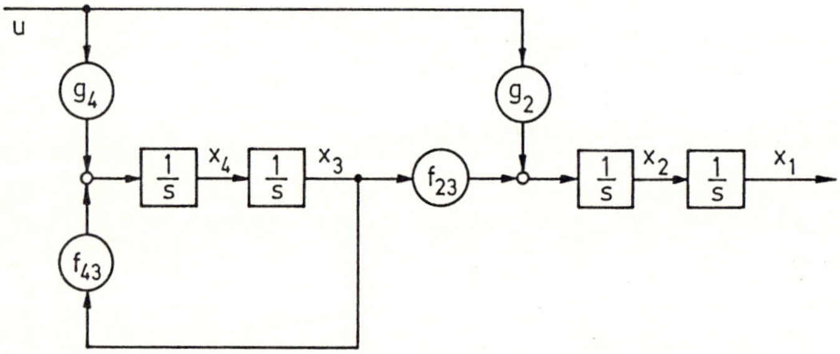

Bild 2.4 Blockschaltbild der Verladebrücke

Bei stärker besetzter Matrix **F** ist jedoch das systematische Vorgehen über den LEVERRIER-Algorithmus weniger fehleranfällig. □

Für die numerische Berechnung der Übertragungsfunktion empfiehlt sich die Transformation von **F** in HESSENBERG-Form [78.1], siehe Anhang A.5. Eine andere Möglichkeit soll im folgenden gezeigt werden. Dabei wird die Bestimmung des Zählerpolynoms auf ein Eigenwert-Problem zurückgeführt, das mit dem QR-Algorithmus gelöst werden kann. Der Einfachheit halber setzen wir d = 0 und betrachten die beiden Darstellungen

$$g_s(s) = \mathbf{c}'(s\mathbf{I}-\mathbf{F})^{-1}\mathbf{g} =: \frac{B(s)}{Q(s)} \tag{2.3.14}$$

Bild 2.5 zeigt die beiden Darstellungen, jeweils mit einer Rückführverstärkung α.

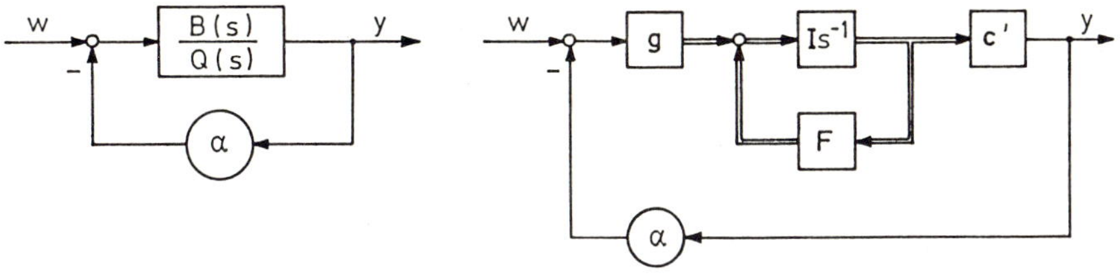

a) b)

Bild 2.5 Skalare Rückführung α um das System
a) in Übertragungsfunktions-Darstellung
b) in Zustands-Darstellung

Die beiden charakteristischen Polynome des geschlossenen Kreises sind untereinander gleich, d.h.

$$P(s) = Q(s)+\alpha B(s) = \det(s\mathbf{I}-\mathbf{F}+\alpha\mathbf{g}\mathbf{c}') \tag{2.3.15}$$

Darin wird $Q(s) = \det(s\mathbf{I}-\mathbf{F})$ ausgerechnet und $B(s)$ ergibt sich zu

$$B(s) = \frac{1}{\alpha}\left[\det(s\mathbf{I}-\mathbf{F}+\alpha\mathbf{g}\mathbf{c}') - \det(s\mathbf{I}-\mathbf{F})\right] \text{ für alle } \alpha$$

oder

$$g_s(s) = \frac{1}{\alpha}\left[\frac{\det(s\mathbf{I}-\mathbf{F}+\alpha\mathbf{g}\mathbf{c}')}{\det(s\mathbf{I}-\mathbf{F})} - 1\right] \text{ für alle } \alpha \tag{2.3.16}$$

Für $\alpha = 1$ wurde diese Beziehung von BROCKETT [65.4, 70.4] hergeleitet. α ist der Verstärkungsparameter einer Wurzelortskurve, siehe Abschnitt A.7.12. Die Eigenwerte von $\mathbf{F}-\alpha\mathbf{g}\mathbf{c}'$ gehen für $\alpha \to 0$ in die Pole über und für $\alpha \to \infty$ gehen sie in die Nullstellen über, dies sind die Nullstellen von $B(s)$ und Nullstellen im Unendlichen, deren Anzahl gleich dem Polüberschuß ist. Um gute Genauigkeit zu erreichen, sollte ein mittlerer Wert von α verwendet werden, ein zweiter α-Wert liefert eine Kontrolle.

Wenn ein Eigenwert durch Schließung des Kreises über α nicht verändert wird, dann ist er entweder nicht beobachtbar oder nicht steuerbar und kürzt sich aus der Übertragungsfunktion heraus, siehe Abschnitt 2.3.7.

2.3.3 Steuerbarkeit

Ein zeitinvariantes, kontinuierliches System $\dot{\mathbf{x}} = \mathbf{F}\mathbf{x}+\mathbf{g}u$ ist **steuerbar**, wenn jeder Anfangszustand $\mathbf{x}(t_0)$ durch ein geeignetes Eingangssignal $u(t)$, $t_0 \leq t \leq t_1$, in den Nullzustand $\mathbf{x}(t_1) = \mathbf{0}$ überführt werden kann. Diese Eigenschaft ist genau dann gegeben, wenn

$$\det \mathbf{S} \neq 0 \tag{2.3.17}$$

Darin ist $\mathbf{S} := [\mathbf{g},\ \mathbf{F}\mathbf{g}\ \ldots\ \mathbf{F}^{n-1}\mathbf{g}]$ die Steuerbarkeitsmatrix.

Beispiel: Verladebrücke
Die Steuerbarkeitsmatrix ist

$$[\mathbf{g},\ \mathbf{F}\mathbf{g},\ \mathbf{F}^2\mathbf{g},\ \mathbf{F}^3\mathbf{g}] = \begin{bmatrix} 0 & g_2 & 0 & g_4f_{23} \\ g_2 & 0 & g_4f_{23} & 0 \\ 0 & g_4 & 0 & g_4f_{43} \\ g_4 & 0 & g_4f_{43} & 0 \end{bmatrix} \tag{2.3.18}$$

Aufgrund der Struktur kann nur die erste und dritte Spalte oder die zweite und vierte Spalte linear abhängig werden. Beides tritt gleichzeitig auf für

$$g_4(g_2f_{43}-g_4f_{23}) = g/\ell^2 m_K{}^2 = 0.$$

Die Steuerbarkeit kann danach nur unter Schwerelosigkeit verlorengehen. Man beachte aber, daß für die Last $m_L = 0$ die bei der Herleitung der Gl. (2.1.5) vorgenommene Kürzung durch m_L nicht zulässig ist. Dieser Fall tritt daher nicht in der Steuerbarkeitsmatrix in Erscheinung, er führt zu einer Reduktion auf ein System zweiter Ordnung, bei dem das masselose Pendel nicht steuerbar ist.

□

Für das transformierte System (2.2.3) ist die Steuerbarkeitsmatrix

$$\begin{aligned} \mathbf{S}^* &= [\mathbf{g}^*,\ \mathbf{F}^*\mathbf{g}^* \ldots \mathbf{F}^{*n-1}\mathbf{g}^*] \\ &= \mathbf{T}[\mathbf{g},\ \mathbf{F}\mathbf{g} \ldots \mathbf{F}^{n-1}\mathbf{g}] \\ &= \mathbf{T}\mathbf{S} \end{aligned} \tag{2.3.19}$$

Da **T** nichtsingulär ist, gilt

$$\text{Rang } \mathbf{S}^* = \text{Rang } \mathbf{S} \tag{2.3.20}$$

d.h. die Eigenschaft der Steuerbarkeit hängt nicht von der gewählten Basis im Zustandsraum ab. Diese Tatsache kann zu einem numerisch günstigen Steuerbarkeitstest ausgenutzt werden, indem nämlich das System in HESSENBERG-Form transformiert wird, siehe Anhang A.5.

2.3.4 Steuerbare Eigenwerte

Der Rang der Steuerbarkeitsmatrix gibt an, welche Ordnung das steuerbare Teilsystem hat. Dies ist ersichtlich, wenn **F** in Diagonal- oder JORDAN-Form vorliegt [68.5], siehe Anhang A.2. In der Diagonalform ist

$$\dot{\mathbf{x}} = \begin{bmatrix} \lambda_1 & 0 & \cdot & \cdot & 0 \\ 0 & \lambda_2 & & & \\ \cdot & & \cdot & & \\ \cdot & & & \cdot & \\ 0 & & & & \lambda_n \end{bmatrix} \mathbf{x} + \begin{bmatrix} g_1 \\ \cdot \\ \vdots \\ g_n \end{bmatrix} u \tag{2.3.21}$$

$$\mathbf{S} = \begin{bmatrix} g_1 & 0 & \cdot & \cdot & 0 \\ 0 & g_2 & & & \\ \cdot & & \cdot & & \\ \cdot & & & \cdot & \\ 0 & & & & g_n \end{bmatrix} \begin{bmatrix} 1 & \lambda_1 & \cdot & \cdot & \lambda_1^{n-1} \\ 1 & \lambda_2 & \cdot & \cdot & \lambda_n^{n-1} \\ \cdot & & & & \\ \cdot & & & & \\ 1 & \lambda_n & \cdot & \cdot & \lambda_n^{n-1} \end{bmatrix} \tag{2.3.22}$$

Der Rang der Steuerbarkeits-Matrix kann auf zwei Weisen kleiner als n werden:

a) $g_i = 0$, d.h. das Teilsystem mit dem Eigenwert λ_i ist nicht mit dem Eingang u verbunden,

b) $\lambda_i = \lambda_j$, zwei identische Teilsysteme sind parallel geschaltet. Sie können in ein steuerbares Teilsystem mit dem Summen-Eingang $g_i + g_j$ und ein nicht steuerbares mit Null-Eingang transformiert werden.

Zur Verallgemeinerung wird nun ein Eigenwert λ der Diagonalform durch einen JORDAN-Block ersetzt, und ein zugehöriger Eingangsvektor eingeführt, d.h.

$$\mathbf{J}_i = \begin{bmatrix} \lambda & 1 & & & 0 \\ 0 & \lambda & \cdot & & \\ & & \cdot & \cdot & \\ & & & \cdot & 1 \\ 0 & & & 0 & \lambda \end{bmatrix}, \quad \mathbf{b}_i = \begin{bmatrix} b_1 \\ b_2 \\ \cdot \\ \cdot \\ b_r \end{bmatrix}$$

Die Steuerbarkeits-Matrix für dieses Teilsystem lautet

$$\mathbf{S}_i = [\mathbf{b}_i, \mathbf{J}_i\mathbf{b}_i \ldots \mathbf{J}_i^{r-1}\mathbf{b}_i] = \begin{bmatrix} b_1 & b_2 & & b_r \\ b_2 & & \cdot & 0 \\ \cdot & \cdot & & \\ \cdot & b_r & & \\ b_r & 0 & & 0 \end{bmatrix} \begin{bmatrix} 1 & \lambda & \lambda^2 & \cdot & \lambda^{r-1} \\ 0 & 1 & 2\lambda & \cdot & \cdot \\ & & \cdot & \cdot & \cdot \\ & & & \cdot & (r-1)\lambda \\ 0 & & & & 1 \end{bmatrix}$$

(2.3.23)

Sie ist genau dann nichtsingulär, wenn $b_r \neq 0$. Falls $b_r = 0$, $b_{r-1} \neq 0$ so ist der Rang r-1 und die letzte Komponente x_{ir} des zugehörigen Zustandsvektors ist nicht steuerbar. Für diesen Fall gilt das Blockschaltbild 2.6.

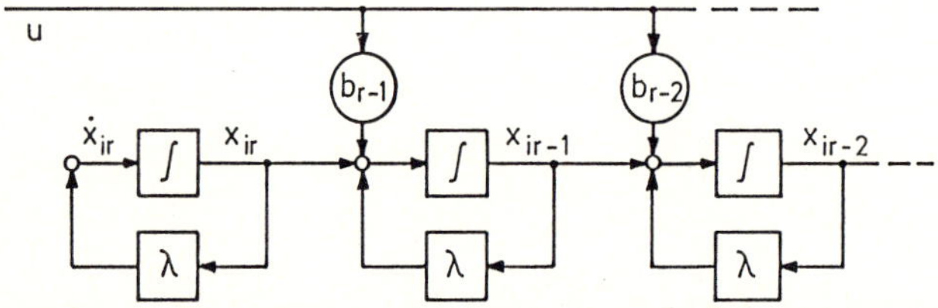

Bild 2.6 Blockschaltbild eines JORDAN-Blocks mit einer nicht steuerbaren Zustandsgröße x_{ir}

Allgemein ist rang $\mathbf{S}_i$ die Ordnung des steuerbaren Teils des JORDAN-Blocks mit dem Eigenwert λ. Die Zusammenfügung mehrerer JORDAN-Blöcke soll nun an einem Beispiel illustriert werden:

$$\mathbf{F} = \left[\begin{array}{ccc|cc} \lambda_1 & 1 & & & \\ & \lambda_1 & 1 & & \\ & & \lambda_1 & & \\ \hline & & & \lambda_2 & 1 \\ & & & & \lambda_2 \end{array}\right], \quad \mathbf{g} = \left[\begin{array}{c} b_1 \\ b_2 \\ b_3 \\ \hline c_1 \\ c_2 \end{array}\right]$$

$$\mathbf{S} = \left[\begin{array}{ccc|cc} b_1 & b_2 & b_3 & 0 & 0 \\ b_2 & b_3 & 0 & 0 & 0 \\ b_3 & 0 & 0 & 0 & 0 \\ \hline 0 & 0 & 0 & c_1 & c_2 \\ 0 & 0 & 0 & c_2 & 0 \end{array}\right] \left[\begin{array}{ccccc} 1 & \lambda_1 & \lambda_1^2 & \lambda_1^3 & \lambda_1^4 \\ 0 & 1 & 2\lambda_1 & 3\lambda_1^2 & 4\lambda_1^3 \\ 0 & 0 & 1 & 3\lambda_1 & 6\lambda_1^2 \\ \hline 1 & \lambda_2 & \lambda_2^2 & \lambda_2^3 & \lambda_2^4 \\ 0 & 1 & 2\lambda_2 & 3\lambda_2^2 & 4\lambda_2^3 \end{array}\right] \qquad (2.3.24)$$

Das System ist steuerbar für $\lambda_1 \neq \lambda_2$, $b_3 \neq 0$, $c_2 \neq 0$. Im Falle $\lambda_1 = \lambda_2$, $b_3 \neq 0$ ist nur ein Teilsystem dritter Ordnung steuerbar. Eine Matrix, deren zugehörige JORDAN-Form nur JORDAN-Blöcke mit voneinander verschiedenen Eigenwerten hat, heißt **zyklisch**, siehe auch Anhang A.7. Man kann die Definition auch auf die obige Steuerbarkeitsuntersuchung beziehen: Eine Matrix $\mathbf{F}$ ist zyklisch, wenn ein Vektor $\mathbf{g}$ existiert, so daß $(\mathbf{F}, \mathbf{g})$ steuerbar ist.

In der JORDAN-Form erkennt man unmittelbar die Eigenwerte des steuerbaren bzw. nicht steuerbaren Teilsystems. Man spricht auch von steuerbaren bzw. nicht steuerbaren Eigenwerten. Die Steuerbarkeit eines Eigenwertes kann ohne Transformation in die JORDAN-Form mit dem **HAUTUS-Kriterium** [69.7, 72.2] geprüft werden.

> Ein Eigenwert λ_i von $\mathbf{F}$ ist genau dann steuerbar,
> wenn rang $[\mathbf{F}-\lambda_i\mathbf{I}, \mathbf{G}] = n$ (2.3.25)
>
> Im hier behandelten Fall einer Eingangsgröße ist $\mathbf{G} = \mathbf{g}$.

Eine wesentliche Bedeutung der Eigenschaft der Steuerbarkeit liegt darin, daß alle steuerbaren Eigenwerte durch eine Zustandsvektor-Rückführung

$$u = -\mathbf{k}'\mathbf{x} \qquad (2.3.26)$$

beliebig verschoben werden können. Dieser Zusammenhang wurde für den Eingrößenfall in [60.5, 62.1] und für den Mehrgrößenfall in [64.2, 64.3, 67.1] bewiesen. Man kann diese Eigenschaft zur Steuerbarkeitsprüfung benutzen. Man läßt sich durch einen Zufallszahlen-Generator einen Vektor $\mathbf{k}'$ erzeugen und vergleicht die Eigenwerte von $\mathbf{F}$ und $\mathbf{F}-\mathbf{gk}'$. Die Eigenwerte, die beiden Matrizen gemeinsam sind, sind fast sicher nicht steuerbar [78.4, 81.4].

Ein Paar $(\mathbf{F},\mathbf{g})$ ist **stabilisierbar**, wenn alle instabilen Eigenwerte von $\mathbf{F}$ steuerbar sind, sie können dann nämlich durch eine Zustandsvektor-Rückführung (2.3.26) in die linke s-Halbebene verschoben werden.

2.3.5 Linare Abhängigkeiten in der Steuerbarkeitsmatrix

Es sei Rang $\mathbf{S} = r < n$. Man kann dann das System in die folgende Form transformieren

$$\begin{bmatrix}\dot{\mathbf{z}}_1\\ \dot{\mathbf{z}}_2\end{bmatrix} = \begin{bmatrix}\mathbf{F}_{11} & \mathbf{F}_{12}\\ \mathbf{0} & \mathbf{F}_{22}\end{bmatrix}\begin{bmatrix}\mathbf{z}_1\\ \mathbf{z}_2\end{bmatrix} + \begin{bmatrix}\mathbf{g}_1\\ \mathbf{0}\end{bmatrix}u \quad \text{mit } (\mathbf{F}_{11}, \mathbf{g}_1) \text{ steuerbar,} \tag{2.3.27}$$

wobei $\mathbf{z}_1$ ein Vektor in einem r-dimensionalen steuerbaren Unterraum ist und $\mathbf{z}_2$ ein Vektor in dem komplementären nicht steuerbaren Unterraum der Dimension n-r [63.2, 63.3]. Die Form (2.3.27) ist nicht eindeutig, da für jeden der beiden Unterräume die Basis noch gewählt werden kann. Numerisch effizient erzeugt man die Form (2.3.27) über eine HESSENBERG-Transformation, (A.5.1).

Das steuerbare Teilsystem ist

$$\dot{\mathbf{z}}_1 = \mathbf{F}_{11}\mathbf{z}_1 + \mathbf{g}_1 u + \mathbf{F}_{12}\mathbf{z}_2 \tag{2.3.28}$$

und das nicht steuerbare

$$\dot{\mathbf{z}}_2 = \mathbf{F}_{22}\mathbf{z}_2 \tag{2.3.29}$$

Die Steuerbarkeitsmatrizen von (2.3.27) und von der ursprünglichen Systemdarstellung $(\mathbf{F},\mathbf{g})$ stehen in dem Zusammenhang (2.3.19)

$$\mathbf{S}^* = \mathbf{T}\mathbf{S} \quad , \det\mathbf{T} \neq 0$$

$$\begin{bmatrix}\mathbf{g}_1 & \mathbf{F}_{11}\ldots\mathbf{F}_{11}^{n-1}\mathbf{g}_1\\ \mathbf{0} & \mathbf{0} \quad\quad \mathbf{0}\end{bmatrix} = \mathbf{T}[\mathbf{g},\ \mathbf{F}\mathbf{g}\ldots\mathbf{F}^{n-1}\mathbf{g}] \tag{2.3.30}$$

Zwischen den Spalten der beiden Steuerbarkeitsmatrizen müssen die gleichen linearen Abhängigkeiten bestehen. Eine solche lineare Abhängigkeit ergibt sich aus dem Satz von **CAYLEY-HAMILTON** [65.3], (A.7.30):

> Jede quadratische Matrix erfüllt ihre eigene charakteristische Gleichung, d.h. wenn
>
> $$Q(s) = \det(s\mathbf{I}-\mathbf{F}) = q_0 s^0 + q_1 s^1 + \ldots + q_{n-1}s^{n-1} + s^n = 0 \tag{2.3.31}$$

die charakteristische Gleichung von $\mathbf{F}$ ist, dann gilt

$$Q(\mathbf{F}) = q_0\mathbf{I} + q_1\mathbf{F} + \ldots + q_{n-1}\mathbf{F}^{n-1} + \mathbf{F}^n = \mathbf{0} \tag{2.3.32}$$

Man wendet diesen Satz auf $\mathbf{F}_{11}$ an, d.h. aus

$$\det(s\mathbf{I}-\mathbf{F}_{11}) = p_0 + p_1 s + \ldots + p_{r-1}s^{r-1} + s^r \tag{2.3.33}$$

folgt

$$p_0\mathbf{I} + p_1\mathbf{F}_{11} + \ldots + p_{r-1}\mathbf{F}_{11}^{r-1} + \mathbf{F}_{11}^{r} = \mathbf{0} \tag{2.3.34}$$

In (2.3.30) gilt daher

$$\left[\begin{array}{ccc:c} \mathbf{g}_1 \ldots & \mathbf{F}_{11}^{r}\mathbf{g}_1 & & \ldots \mathbf{F}^{n}\mathbf{g}_1 \\ \mathbf{0} & \mathbf{0} & & \mathbf{0} \end{array}\right] \begin{bmatrix} p_0 \\ p_1 \\ \vdots \\ p_{n-1} \\ 1 \\ \hline \mathbf{0} \end{bmatrix} = \mathbf{T}\left[\begin{array}{c:c} \mathbf{g} \ldots \mathbf{F}^{r}\mathbf{g} & \ldots \mathbf{F}^{n}\mathbf{g} \end{array}\right] \begin{bmatrix} p_0 \\ p_1 \\ \vdots \\ p_{n-1} \\ 1 \\ \hline \mathbf{0} \end{bmatrix} = \mathbf{0} \tag{2.3.35}$$

Man kann also das charakteristische Polynom des steuerbaren Teilsystems aus der ursprünglichen Zustands-Darstellung $(\mathbf{F},\mathbf{g})$ wie folgt gewinnen: Man prüft die Spalten $\mathbf{g}$, $\mathbf{Fg}$ usw. der Steuerbarkeits-Matrix auf lineare Abhängigkeit. Die erste linear abhängige Spalte kann geschrieben werden als

$$\mathbf{F}^r\mathbf{g} = -p_0\mathbf{g} - p_1\mathbf{F}\mathbf{g} - \ldots - p_{r-1}\mathbf{F}^{r-1}\mathbf{g} \tag{2.3.36}$$

Die p_i sind dann die Koeffizienten des charakteristischen Polynoms des steuerbaren Teilsystems. Das Polynom mit den Koeffizienten p_i wird auch als "annihilierendes Polynom" von $(\mathbf{F},\mathbf{g})$ bezeichnet [65.3].

2.3.6 Beobachtbarkeit

Ein zeitinvariantes kontinuierliches System

$$\begin{aligned} \dot{\mathbf{x}} &= \mathbf{F}\mathbf{x} + \mathbf{g}u \\ y &= \mathbf{c}'\mathbf{x} \end{aligned} \tag{2.3.37}$$

ist **beobachtbar**, wenn der Zustand $\mathbf{x}(t_0)$ aus der Kenntnis von $u(t)$ und $y(t)$ in einem endlichen Intervall $t_0 \leqq t \leqq t_1$ ermittelt werden kann. Diese Eigenschaft ist genau dann gegeben, wenn

$$\det \mathcal{B} \neq 0 \tag{2.3.38}$$

Darin ist

$$\mathcal{B} := \begin{bmatrix} \mathbf{c}' \\ \mathbf{c}'\mathbf{F} \\ \cdot \\ \cdot \\ \cdot \\ \mathbf{c}'\mathbf{F}^{n-1} \end{bmatrix} \tag{2.3.39}$$

die Beobachtbarkeitsmatrix. Algebraisch handelt es sich um die gleiche Art von Eigenschaft wie die Steuerbarkeit. Es ist nämlich

$$\det \mathcal{B} = \det \mathcal{B}' = \det[\mathbf{c}, \mathbf{F}'\mathbf{c}, \; \ldots \; \mathbf{F}'^{n-1}\mathbf{c}] \tag{2.3.40}$$

Das bedeutet: $(\mathbf{c}', \mathbf{F})$ ist genau dann beobachtbar, wenn $(\mathbf{F}', \mathbf{c})$ steuerbar ist. Aufgrund dieser Dualität können alle Ergebnisse der vorhergehenden Abschnitte unmittelbar auf die Beobachtbarkeit übertragen werden.

Beispiel 1: Verladebrücke mit der Meßgröße Laufkatzenposition x_1
Die Zeilen der Beobachtbarkeitsmatrix sind

$$\begin{aligned} \mathbf{c}' &= [1 \quad 0 \quad 0 \quad 0\,] \\ \mathbf{c}'\mathbf{F} &= [0 \quad 1 \quad 0 \quad 0\,] \\ \mathbf{c}'\mathbf{F}^2 &= [0 \quad 0 \quad f_{23} \quad 0\,] \\ \mathbf{c}'\mathbf{F}^3 &= [0 \quad 0 \quad 0 \quad f_{23}] \end{aligned} \tag{2.3.41}$$

Der Rang ist vier, die Strecke ist beobachtbar. Man beachte allerdings, daß $f_{23} = m_L g/m_K$ für $m_L \to 0$ gegen Null geht und damit nur noch ein Teilsystem zweiter Ordnung, nämlich die Laufkatze, beobachtbar ist. Für eine gut gedämpfte Positionierung des leeren Lasthakens ist daher ein zusätzlicher Sensor für den Seilwinkel x_3 erforderlich.

□

Beispiel 2: Verladebrücke mit der Meßgröße Seilwinkel x_3
Die Zeilen der Beobachtbarkeitsmatrix sind

$$
\begin{aligned}
\mathbf{c}' &= [0 \quad 0 \quad 1 \quad 0\ ] \\
\mathbf{c}'\mathbf{F} &= [0 \quad 0 \quad 0 \quad 1\ ] \\
\mathbf{c}'\mathbf{F}^2 &= [0 \quad 0 \quad f_{43} \quad 0\ ] \\
\mathbf{c}'\mathbf{F}^3 &= [0 \quad 0 \quad 0 \quad f_{43}]
\end{aligned} \tag{2.3.42}
$$

Es ist $\det \mathfrak{B} = 0$, das System ist nicht beobachtbar. Wegen $\operatorname{rang} \mathfrak{B} = 2$ ist ein Teilsystem zweiter Ordnung beobachtbar. (2.3.36) hat hier die Form $\mathbf{c}'\mathbf{F}^2 = -q_0\mathbf{c}' - q_1\mathbf{c}'\mathbf{F} = f_{43}\mathbf{c}'$, also $q_0 = -f_{43}$, $q_1 = 0$. Das charakteristische Polynom des beobachtbaren Teilsystems lautet $s^2 - f_{43}$. □

Die duale Form zu (2.3.27) ist

$$
\begin{bmatrix} \dot{\mathbf{z}}_1 \\ \dot{\mathbf{z}}_2 \end{bmatrix} = \begin{bmatrix} \mathbf{F}_{11} & \mathbf{0} \\ \mathbf{F}_{21} & \mathbf{F}_{22} \end{bmatrix} \begin{bmatrix} \mathbf{z}_1 \\ \mathbf{z}_2 \end{bmatrix} + \begin{bmatrix} \mathbf{g}_1 \\ \mathbf{g}_2 \end{bmatrix} u \tag{2.3.43}
$$

$$
y = [\mathbf{c}_1' \quad \mathbf{0}\ ] \begin{bmatrix} \mathbf{z}_1 \\ \mathbf{z}_2 \end{bmatrix}, \quad (\mathbf{c}_1', \mathbf{F}_{11}) \text{ beobachtbar}
$$

Dabei ist

$$
\begin{aligned}
\dot{\mathbf{z}}_1 &= \mathbf{F}_{11}\mathbf{z}_1 + \mathbf{g}_1 u \\
y &= \mathbf{c}_1'\mathbf{z}_1
\end{aligned} \tag{2.3.44}
$$

das beobachtbare Teilsystem.

Beispiel: Fortsetzung des Verladebrücken-Beispiels 2
Mit $\mathbf{c}' = [0 \quad 0 \quad 1 \quad 0]$ und (2.1.15) ist das System, abgesehen von einer Umnumerierung der Zustandsgrößen, bereits in der Form (2.3.43). Das beobachtbare Teilsystem ist das Pendel

$$
\begin{bmatrix} \dot{x}_3 \\ \dot{x}_4 \end{bmatrix} = \begin{bmatrix} 0 & 1 \\ f_{43} & 0 \end{bmatrix} \begin{bmatrix} x_3 \\ x_4 \end{bmatrix} + \begin{bmatrix} 0 \\ g_4 \end{bmatrix} u
$$

$$
y = [1 \quad 0] \begin{bmatrix} x_3 \\ x_4 \end{bmatrix}
$$

Die Laufkatze mit den Zustandsgrößen x_1 und x_2 ist dagegen nicht beobachtbar. □

2.3.7 Kanonische Zerlegung, Pol-Nullstellen-Kürzungen

Wie KALMAN [63.2] und GILBERT [63.3] gezeigt haben, kann jedes konstante, endlich-dimensionale, lineare Mehrgrößen-System

$$\dot{\mathbf{x}} = \mathbf{F}\mathbf{x} + \mathbf{G}\mathbf{u}$$
$$\mathbf{y} = \mathbf{C}\mathbf{x} \qquad (2.3.45)$$

in vier Teilsysteme mit den folgenden Eigenschaften zerlegt werden:

A: steuerbar, nicht beobachtbar

B: steuerbar, beobachtbar

C: nicht steuerbar, beobachtbar

D: nicht steuerbar, nicht beobachtbar.

D.h. es gibt eine Transformation

$$\begin{bmatrix} \mathbf{x}_A \\ \mathbf{x}_B \\ \mathbf{x}_C \\ \mathbf{x}_D \end{bmatrix} = \mathbf{T}\mathbf{x} \quad , \det\mathbf{T} \neq 0 \qquad (2.3.46)$$

so daß

$$\begin{bmatrix} \dot{\mathbf{x}}_A \\ \dot{\mathbf{x}}_B \\ \dot{\mathbf{x}}_C \\ \dot{\mathbf{x}}_D \end{bmatrix} = \begin{bmatrix} \mathbf{F}_{11} & \mathbf{F}_{12} & \mathbf{F}_{13} & \mathbf{F}_{14} \\ \mathbf{0} & \mathbf{F}_{22} & \mathbf{F}_{23} & \mathbf{0} \\ \mathbf{0} & \mathbf{0} & \mathbf{F}_{33} & \mathbf{0} \\ \mathbf{0} & \mathbf{0} & \mathbf{F}_{43} & \mathbf{F}_{44} \end{bmatrix} \begin{bmatrix} \mathbf{x}_A \\ \mathbf{x}_B \\ \mathbf{x}_C \\ \mathbf{x}_D \end{bmatrix} + \begin{bmatrix} \mathbf{G}_1 \\ \mathbf{G}_2 \\ \mathbf{0} \\ \mathbf{0} \end{bmatrix} \mathbf{u}$$
$$\mathbf{y} = [\mathbf{0} \quad \mathbf{C}_2 \quad \mathbf{C}_3 \quad \mathbf{0}] \begin{bmatrix} \mathbf{x}_A \\ \mathbf{x}_B \\ \mathbf{x}_C \\ \mathbf{x}_D \end{bmatrix} \qquad (2.3.47)$$

wobei $(\mathbf{F}_{11}, \mathbf{G}_1)$ und $(\mathbf{F}_{22}, \mathbf{G}_2)$ steuerbar und $(\mathbf{C}_2, \mathbf{F}_{22})$ und $(\mathbf{C}_3, \mathbf{F}_{33})$ beobachtbar sind. Die Gln. (2.3.27) und (2.3.43) sind hierin als Spezialfälle enthalten. Bild 2.7 veranschaulicht die Gl.(2.3.47).

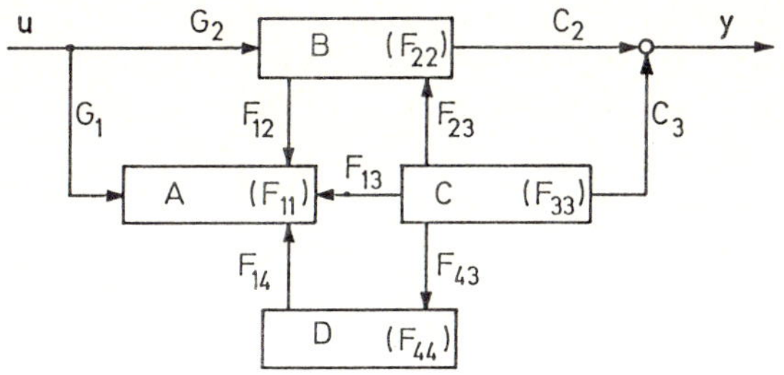

Bild 2.7 Kanonische Zerlegung

Nur der steuerbare und beobachtbare Teil B geht in das Übertragungsverhalten von $\mathbf{u}$ nach $\mathbf{y}$ ein, es ist

$$\mathbf{y}_s = \mathbf{G}_s\mathbf{u}_s$$

$$\mathbf{G}_s = \mathbf{C}(s\mathbf{I}-\mathbf{F})^{-1}\mathbf{G} = \mathbf{C}_2(s\mathbf{I}-\mathbf{F}_{22})^{-1}\mathbf{G}_2 \tag{2.3.48}$$

Beispiel
Verladebrücke mit Ausgang Seilwinkel x_3. In der Übertragungsfunktion, (2.3.13), kürzen sich die beiden Pole bei $s = 0$ heraus. Sie gehören zu dem nicht beobachtbaren Teilsystem Laufkatze, siehe auch Bild 2.4.
□

Durch eine Rückführung von $\mathbf{y}$ nach $\mathbf{u}$ können nur die Eigenwerte des Teilsystems B geändert werden. Beim Entwurf eines Reglers ist man daher daran interessiert, zunächst die Teilsysteme A, C und D aus der Beschreibung der Regelstrecke zu entfernen, so daß nur eine minimale Realisierung B des Übertragungsverhaltens von u nach y dem Entwurf zugrundegelegt wird. Dies ist allerdings nur sinnvoll, wenn C stabil ist und A und D nicht durch eine interne Instabilität in gefährliche Zustände geraten können. Die praktische Ausführung der kanonischen Zerlegung kann dadurch geschehen, daß man B die Eigenwerte zuordnet, die bei einer beliebig gewählten Rückführung $\mathbf{u} = -\mathbf{K}\mathbf{y}$ geändert worden sind [78.4]. Es gibt hierbei allerdings numerisch kritische Fälle [81.4]. Numerische Aspekte werden auch in [81.7] behandelt. Bei der Behandlung des Reglerentwurfs in diesem Buch wird stets vorausgesetzt, daß diese Abspaltung nötigenfalls vorher erfolgt ist. Es wird also Steuerbarkeit und Beobachtbarkeit der zu regelnden Strecke vorausgesetzt. Für die Übertragungsfunktion bedeutet dies, daß Zähler und Nenner teilerfremd sind. Wenn ein Eigenwert nicht steuerbar oder nicht beobachtbar ist, kürzt er sich in der Übertragungsfunktion und es verbleibt nur das Teilsystem B von Bild 2.7.

Bei zusammengesetzten Systemen können sich Kürzungen von Polen und Nullstellen ergeben, die zu einer Verminderung der Ordnung der Übertragungsfunktion gegenüber der Summe der Ordnungen der Teilsysteme führen. In diesen Fällen ist in Bild 2.7 ein Teilsystem vom Typ A, C oder D entstanden, dessen Eigenwerte gleich den gekürzten Polen sind. Teilsystem B wird durch die gekürzte Übertragungsfunktion beschrieben. Bild 2.8 zeigt drei typische Fälle bei Systemen mit einem Eingang und einem Ausgang.

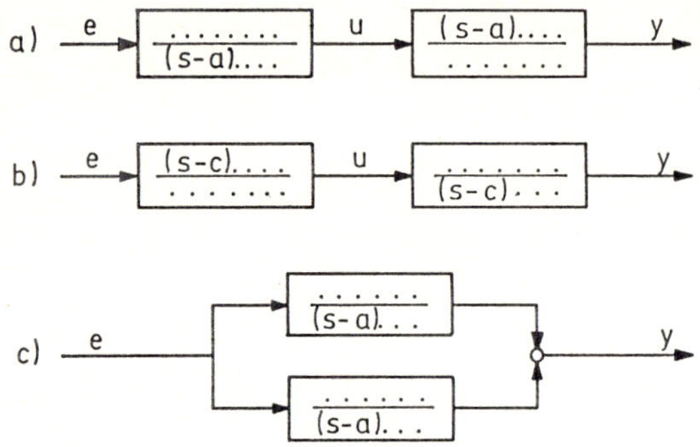

Bild 2.8 Pol-Nullstellen-Kürzungen

Im Fall a) ist der Eigenwert s = a steuerbar, aber aufgrund der Kürzung nicht von y aus beobachtbar (Typ A). Im Fall b) ist der Eigenwert s = c beobachtbar, aber nicht von e aus steuerbar (Typ C). Im Fall c) können durch Partialbruchzerlegung zwei Teilsysteme erster Ordnung mit dem Eigenwert s = d erzeugt werden. Die Differenz ihrer Zustandsgrößen ist weder steuerbar noch beobachtbar (Typ D).

In Frequenzbereichs-Entwurfsverfahren wird zur Vereinfachung manchmal von Kürzungs-Kompensationen Gebrauch gemacht. In Bild 2.8 ist dann das erste Teilsystem der Regler, das zweite die Regelstrecke und der Kreis wird über e = w-y geschlossen. Bei solchen Kürzungskompensationen werden alle gekürzten Pole zu Eigenwerten des geschlossenen Kreises. Kürzungen von instabilen Polen führen also zu einem instabilen Gesamtsystem und sind daher unzulässig. Weiter ist zu beachten:

1. Wenn ein Streckenpol durch eine Regler-Nullstelle gekürzt wird, dann hat das Gesamtsystem einen entsprechenden beobachtbaren aber nicht steuerbaren Eigenwert. Er kann durch Rückführung von y nach e nicht verschoben werden. Er kann aber durch Anfangsbedingungen der Regelstrecke oder Störgrößen angeregt werden. Bei langsamen

und ungenügend gedämpften Einschwingvorgängen führt dies zu einem schlechten Störverhalten, obwohl das gekürzte Führungsverhalten sehr gut sein kann.

2. Wenn eine Strecken-Nullstelle durch einen Reglerpol gekürzt wird, dann hat das Gesamtsystem einen entsprechenden steuerbaren aber nicht beobachtbaren Eigenwert. Er kann durch Rückführung von y nach e ebenfalls nicht verschoben werden. Wird er durch die Führungsgröße oder durch Meßrauschen angeregt, so tritt er im Verlauf der Stellgröße u deutlich in Erscheinung. Dies kann zu unerwünscht starker Stellglied-Aktivität und damit zu unnötigem Verschleiß und Energieverbrauch führen. Durch Stellgliedsättigung ist überdies die angenommene Linearität nicht mehr gegeben.

2.4 Lösungen der Differentialgleichung

2.4.1 Allgemeine Lösung

Die Differentialgleichung

$$\dot{\mathbf{x}}(t) = \mathbf{F}\mathbf{x}(t) + \mathbf{g}u(t) \qquad (2.4.1)$$

mit dem Anfangszustand $\mathbf{x}(t_0)$ und gegebener Eingangsgröße $u(t)$, $t \geq t_0$, hat stets eine eindeutige Lösung; diese ist, siehe z.B. [55.1, 63.1]:

$$\mathbf{x}(t) = e^{\mathbf{F}(t-t_0)}\mathbf{x}(t_0) + \int_{t_0}^{t} e^{\mathbf{F}(t-\tau)}\mathbf{g}u(\tau)d\tau \qquad (2.4.2)$$

Wir setzen darin den Anfangszeitpunkt $t_0 = 0$

$$\mathbf{x}(t) = e^{\mathbf{F}t}\mathbf{x}(0) + \int_{0}^{t} e^{\mathbf{F}(t-\tau)}\mathbf{g}\, u(\tau)d\tau \qquad (2.4.3)$$

und vergleichen mit der Lösung im Frequenzbereich von (2.3.3)

$$\mathbf{x}_s(s) = (s\mathbf{I}-\mathbf{F})^{-1}\mathbf{x}(0) + (s\mathbf{I}-\mathbf{F})^{-1}\mathbf{g}u_s(s) \qquad (2.4.4)$$

Die Anwendung der inversen LAPLACE-Transformation ergibt

$$\mathbf{x}(t) = \mathcal{L}^{-1}\{(s\mathbf{I}-\mathbf{F})^{-1}\}\mathbf{x}(0) + \mathcal{L}^{-1}\{(s\mathbf{I}-\mathbf{F})^{-1}\mathbf{g}u_s(s)\} \qquad (2.4.5)$$

Für $u \equiv 0$ ergibt sich aus dem homogenen Lösungsanteil

$$e^{\mathbf{F}t} = \mathcal{L}^{-1}\{(s\mathbf{I}-\mathbf{F})^{-1}\} \tag{2.4.6}$$

$e^{\mathbf{F}t}$ wird als **Transitionsmatrix** bezeichnet. Für $\mathbf{x}(0) = \mathbf{0}$ erhält man aus dem inhomogenen Lösungsanteil, bezogen auf ein Ausgangssignal $y = \mathbf{c}'\mathbf{x}+du$

$$y = \int_0^t \mathbf{c}'e^{\mathbf{F}(t-\tau)}\mathbf{g}u(\tau)d\tau+du(t) = \mathcal{L}^{-1}\{[\mathbf{c}'(s\mathbf{I}-\mathbf{F})^{-1}\mathbf{g}+d]u_s(s)]\} \tag{2.4.7}$$

Das Faltungsintegral im Zeitbereich kann über die LAPLACE-Transformation ausgerechnet werden; im Frequenzbereich ist nur ein Produkt der beiden Transformierten zu bilden. Es fällt allerdings dabei die Berechnung der inversen LAPLACE-Transformierten $y(t) = \mathcal{L}^{-1}\{y_s(s)\}$ an. Zur Ausführung der inversen LAPLACE-Transformation kann der gegebene Ausdruck zunächst in Partialbrüche zerlegt werden, für die dann einzeln die inverse Transformation anhand der Tabelle in Anhang B ausgeführt wird. In der homogenen Lösung sind die Nenner der Partialbrüche die Nullstellen von $\det(s\mathbf{I}-\mathbf{F})$, also die Eigenwerte, in der inhomogenen Lösung kommen noch die Pole von $u_s(s)$ hinzu. Jedem Eigenwert bei s_i entspricht ein Lösungsterm $e^{s_i t}$, bei einem doppelten Eigenwert kommt noch $te^{s_i t}$ hinzu usw. Konjugiert komplexe Eigenwerte bei $\sigma+j\omega$ werden zu einem reellen Lösungsterm $e^{\sigma t}\times\sin(\omega t+\varphi)$ zusammengefaßt.

Praktisch werden meist numerische Integrationsverfahren zur Berechnung der Lösung im Zeitbereich bevorzugt. Für lineare Differentialgleichungen mit konstanten Koeffizienten haben sich implizite Mehrschrittverfahren [79.7] auch bei Systemen hoher Ordnung bewährt. Integrationsverfahren liefern unmittelbar den Lösungsverlauf, wie er z.B. auf einem Bildschirm dargestellt werden kann. Bei der inversen LAPLACE-Transformation müßten dagegen nach Ausführung der symbolischen Berechnung von $y(t)$ erst noch Zahlenwerte für t eingesetzt werden. Die Berechnung der Lösung über die Transitionsmatrix ist vorteilhaft bei Eingangsgrößen $u(t)$ mit Unstetigkeiten zu unbekannten Zeitpunkten, da bei numerischen Integrationsverfahren hier Schwierigkeiten überwunden werden müssen. Der in diesem Buch interessierende Fall der Abtastsysteme gehört aber nicht dazu, da die Abtastzeitpunkte, an denen $u(t)$ Unstetigkeiten aufweist, vorher bekannt sind. Für konstantes Abtastintervall T wird nur der Wert $e^{\mathbf{F}T}$ der Transitionsmatrix benötigt. Auf diesen Fall werden wir im dritten Kapitel zurückkommen.

Einige Möglichkeiten zur Berechnung von $e^{\mathbf{F}t}$ sind die folgenden:

a) Inverse LAPLACE-Transformation gemäß (2.4.6), wobei $(s\mathbf{I}-\mathbf{F})^{-1}$ z.B. mit dem LEVERRIER-Algorithmus berechnet wird. Nur für Systeme niedriger Ordnung.

b) Transformation von $\mathbf{F}$ in JORDAN-Form, siehe Anhang A.2 über

$\mathbf{J} = \mathbf{TFT}^{-1}$ mit

$$\mathbf{J} = \begin{bmatrix} \mathbf{J}_1 & & & \mathbf{0} \\ \mathbf{0} & \mathbf{J}_2 & & \\ & & \cdot & \\ & & & \cdot \\ \mathbf{0} & & & \mathbf{J}_m \end{bmatrix}, \quad \mathbf{J}_i = \begin{bmatrix} s_i & 1 & & 0 \\ 0 & s_i & \cdot & \\ & & \cdot & \cdot \\ & & \cdot & 1 \\ 0 & & 0 & s_i \end{bmatrix} \tag{2.4.8}$$

Es ist dann

$$e^{\mathbf{J}t} = \begin{bmatrix} e^{\mathbf{J}_1 t} & & & \mathbf{0} \\ & \cdot & & \\ & & \cdot & \\ & & & \cdot \\ \mathbf{0} & & & e^{\mathbf{J}_m t} \end{bmatrix}, \quad e^{\mathbf{J}_i t} = e^{s_i t} \begin{bmatrix} 1 & t & t^2/2! & \cdot & t^{r-1}/(r-1)! \\ 0 & 1 & t & \cdot & \cdot \\ & & \cdot & \cdot & \cdot \\ & & & \cdot & t \\ 0 & & & 0 & 1 \end{bmatrix}$$

$$e^{\mathbf{F}t} = \mathbf{T}^{-1} e^{\mathbf{J}t} \mathbf{T} \tag{2.4.9}$$

Empfehlenswert, wenn mehrfache Eigenwerte aufgrund ihrer physikalischen Ursache bekannt sind und abgespalten werden können. Es bleibt dann nur der einfache Fall der Diagonalform.

c) Nach (A.7.39) existieren Koeffizienten c_i, so daß

$$e^{\mathbf{F}t} = \sum_{i=0}^{n-1} c_i(t) \mathbf{F}^i \tag{2.4.10}$$

Die c_i werden aus der Bedingung bestimmt, daß (2.4.10) nicht nur von der Matrix $\mathbf{F}$, sondern auch von ihren Eigenwerten s_j erfüllt wird. Bei einfachen Eigenwerten erhält man die n Gleichungen

$$e^{s_j t} = \sum_{i=0}^{n-1} c_i s_j^{\,i} \quad (j = 1,\ 2 \ldots n) \tag{2.4.11}$$

Wenn ein Eigenwert s_j p-fach auftritt, wird (2.4.11) (p-1) mal nach s_j differenziert:

$$te^{s_j t} = \sum_{i=1}^{n-1} c_i i s_j^{i-1}$$

$$\vdots$$

$$t^{p-1} e^{s_j t} = \sum_{i=p-1}^{n-1} c_i i(i-1) \ldots (i-p+2) s_j^{i-p+1} \tag{2.4.12}$$

d) Eine Methode, die im Gegensatz zu den vorhergehenden keine Berechnung der Eigenwerte erfordert, basiert auf der Definition der Matrixfunktion $e^{\mathbf{F}t}$ über die Reihe, die auch im skalaren Fall gilt:

$$e^{\mathbf{F}t} := \mathbf{I} + \mathbf{F}t + \mathbf{F}^2 t^2/2 + \ldots = \sum_{i=0}^{\infty} \frac{(\mathbf{F}t)^i}{i!} \tag{2.4.13}$$

Diese Reihe mit einem geeigneten Abbruchkriterium kann zur numerischen Berechnung der Transitionsmatrix für einen kleinen Wert von $t = t_1$ benutzt werden, wo die Reihe gut konvergiert. Für größere t wird das Ergebnis mehrfach multipliziert, z.B. für $t_2 = 2t_1 : e^{\mathbf{F}2t_1} = (e^{\mathbf{F}t_1})^2$.

e) Weitere Verfahren sind in [78.3] zu finden.

2.4.2 Impuls- und Sprungantwort

In (2.4.2) wird $x(t_0) = 0$ und $t_0 = 0$ gesetzt und die Antwort $\mathbf{x}(t)$ auf typische Eingangsgrößen u(t) untersucht. Dabei wird eine Ausgangsbeziehung $y = \mathbf{c}'\mathbf{x} + du$ angenommen. Die **Impulsantwort** ergibt sich mit $u(t) = \delta(t)$ zu

$$g(t) = \mathbf{c}' e^{\mathbf{F}t} \mathbf{g} + d\delta(t) \tag{2.4.14}$$

g(t) wird auch als **Gewichtsfunktion** bezeichnet. Damit kann die Antwort auf ein beliebiges u(t) gemäß (2.4.2) ausgedrückt werden durch das Faltungsintegral

$$y(t) = \int_0^t g(t-\tau) u(\tau) d\tau \tag{2.4.15}$$

Mit dieser Darstellung kann auch das Übertragungsverhalten linearer nichtrationaler Übertragungssysteme beschrieben werden, die nicht durch eine gewöhnliche Differentialgleichung beschreibbar sind. In diesem Buch werden außer rationalen Systemen lediglich Totzeitsysteme behandelt, bei denen $g(t) = 0$ für $0 < t < T_t$. Solche Systeme treten bei Transportvorgängen auf.

Die LAPLACE-Transformierte der Gewichtsfunktion ist die Übertragungsfunktion. Aus den Gln. (2.4.14) und (2.4.7) folgt nämlich

$$g_s(s) = \mathcal{L}\{g(t)\} = \mathbf{c}'\mathcal{L}\{e^{\mathbf{F}t}\}\mathbf{g}+d\ \mathcal{L}\{\delta(t)\} = \mathbf{c}'(s\mathbf{I}-\mathbf{F})^{-1}\mathbf{g}+d \qquad (2.4.16)$$

also die Übertragunsfunktion nach (2.3.6). Allgemeiner auch für nichtrationale Systeme, ergibt die Anwendung des Faltungssatzes der LAPLACE-Transformation auf (2.4.15)

$$y_s(s) = g_s(s)u_s(s) \qquad (2.4.17)$$

Für ein Totzeitsystem mit $y(t) = u(t-T_t)$ erhält man mit dem Verschiebungssatz

$$y_s(s) = u_s(s)e^{-sT_t} \qquad (2.4.18)$$

Als **Sprungantwort** (auch "Übergangsfunktion") bezeichnet man die Antwort auf einen Einheitssprung

$$1(t) = \begin{cases} 0 & t < 0 \\ 1 & t > 0 \end{cases} \qquad (2.4.19)$$

Nach (2.4.15) ist die Sprungantwort

$$y_{sprung}(t) = \int_0^t g(t-\tau)d\tau = \int_0^t g(v)dv = \mathbf{c}'\int_0^t e^{\mathbf{F}v}dv\mathbf{g}+d \qquad (2.4.20)$$

und für $\det\mathbf{F} \neq 0$

$$y_{sprung}(t) = \mathbf{c}'(e^{\mathbf{F}t}-\mathbf{I})\mathbf{F}^{-1}\mathbf{g}+d \qquad (2.4.21)$$

2.4.3 Frequenzgang

Der **Frequenzgang** eines linearen Übertragungssystems ist der Wert der Übertragungsfunktion $g_s(s)$ auf der imaginären Achse $s = j\omega$, also $g_s(j\omega)$. Bei einem rationalen System mit der Zustands-Darstellung

$$\dot{\mathbf{x}} = \mathbf{F}\mathbf{x} + \mathbf{g}u$$
$$y = \mathbf{c}'\mathbf{x} + du \tag{2.4.22}$$

ist der Frequenzgang also mit (2.3.6)

$$g_s(j\omega) = \mathbf{c}'(j\omega\mathbf{I}-\mathbf{F})^{-1}\mathbf{g}+d \tag{2.4.23}$$

Der Frequenzgang ist deshalb von Interesse, weil er bei stabilen Systemen experimentell bestimmt werden kann durch Anregung des Systems mit sinusförmigen Eingangsgößen

$$u(t) = ae^{j\omega t} + a^{*}e^{-j\omega t}, \; t \geq 0 \tag{2.4.24}$$

für genügend viele Frequenzen ω. Der Stern bezeichnet den konjugiert komplexen Wert. $u(t)$ ist also ein reelles sinusförmiges Signal der Frequenz ω, dessen Amplitude und Phasenlage durch a, a^* festgelegt ist. Die Amplitude geht aufgrund der Linearität nicht in das Übertragungsverhalten ein, die Phasenlage bleibt aufgrund der Zeitinvarianz des Systems ohne Einfluß.

Mit dem Anfangszustand $\mathbf{x}(0) = \mathbf{0}$ und der Eingangsgröße (2.4.24) wird im Frequenzbereich

$$y_s(s) = g_s(s)u_s(s)$$
$$= g_s(s)\left(\frac{a}{s-j\omega} + \frac{a^*}{s+j\omega}\right) \tag{2.4.25}$$

Wenn $g_s(s)$ bei s_i $(i = 1 \ldots m)$ Pole der Vielfachheit p_i hat, dann ergibt die Partialbruchzerlegung

$$y_s(s) = \frac{ag_s(j\omega)}{s-j\omega} + \frac{a^*g_s^*(j\omega)}{s+j\omega} + \sum_i \left(\frac{c_{i1}}{s-s_i} + \ldots + \frac{c_{ip_i}}{(s-s_i)^{p_i}}\right) \tag{2.4.26}$$

Bei einem stabilen System haben alle s_i einen negativen Realteil und den unter der Summe stehenden Termen entsprechen exponentiell abklingende Zeitfunktionen. Im eingeschwungenen Zustand bleibt

$$y_\infty(t) = ag_s(j\omega)e^{j\omega t} + a^*g_s^*(j\omega)e^{-j\omega t} \tag{2.4.27}$$

Der Frequenzgang wird durch Betrag $M(\omega)$ und Phase $\varphi(\omega)$ ausgedrückt gemäß

$$g_s(j\omega) = M(\omega)e^{j\varphi(\omega)} \tag{2.4.28}$$

Damit ist nach Abklingen der Einschwingvorgänge

$$y_\infty(t) = M(\omega)\left(ae^{j[\omega t+\varphi(\omega)]} + a^*e^{-j[\omega t+\varphi(\omega)]}\right) \tag{2.4.29}$$

$$= M(\omega)u[t + \varphi(\omega)/\omega]$$

Nach genügend langer Wartezeit tritt am Ausgang eines stabilen Systems (2.4.22) als Antwort auf eine sinusförmige Anregung der Frequenz ω ein Sinus-Signal der gleichen Frequenz ω auf, dessen Amplitude mit dem Faktor $M(\omega)$ multipliziert und dessen Phasenwinkel um $\varphi(\omega)$ gegenüber dem Eingangssignal verschoben ist, wobei

$$M(\omega) = |g_s(j\omega)| \quad \text{und} \quad \varphi(\omega) = \arctan\frac{\mathrm{im}\,g_s(j\omega)}{\mathrm{re}\,g_s(j\omega)} \tag{2.4.30}$$

Diese Aussage gilt unverändert, wenn das stabile, lineare, zeitinvariante System nicht rational ist, z.B. ein Totzeitsystem ist.

Für ein unbekanntes System ist eine Modellbildung durch Frequenzgangmessung möglich. Dabei wird das System sinusförmig mit der Frequenz ω angeregt und nach Abklingen des Einschwingvorgangs das Amplitudenverhältnis $M(\omega)$ und die Phasenverschiebung $\varphi(\omega)$ zwischen Ausgang und Eingang bestimmt. Dieser Versuch wird für genügend viele Frequenzen ω wiederholt und die Ergebnisse werden als Ortskurve aufgetragen, d.h. der Betrag $M(\omega)$ wird unter dem Winkel $\varphi(\omega)$ gegenüber der positiv reellen Achse aufgetragen. Diese Ortskurve stellt die konforme Abbildung der imaginären Achse der s-Ebene in die $g_s(j\omega)$-Ebene dar.

Bei instabilen Systemen kann sie nicht experimentell bestimmt werden, sie läßt sich aber bei bekannter Zustandsdarstellung oder Übertragungsfunktion als $g_s(j\omega)$, z.B. über (2.4.23) berechnen. Mit grafischen Frequenzgangmethoden (NYQUIST-Ortskurve, NICHOLS-Diagramm, BODE-Diagramm) kann der Frequenzgang des geschlossenen Kreises aus dem des offenen Kreises konstruiert werden [70.6, 80.8].

2.5 Struktur des Regelungssystems

2.5.1 Steuerung

In den vorhergehenden Abschnitten wurden wesentliche Eigenschaften der Regelstrecke analysiert. Bei der betrachteten Differentialgleichung kann es sich aber ebensogut um die Beschreibung eines Reglers handeln oder um die eines geschlossenen Regelkreises.

Ein Ziel regelungstechnischer Bemühungen ist es, die Regelgröße y am Ausgang der Regelstrecke möglichst gut einer externen Führungsgröße w folgen zu lassen. Die einfachste Struktur für diesen Zweck ist die in Bild 2.9 dargestellte Steuerung.

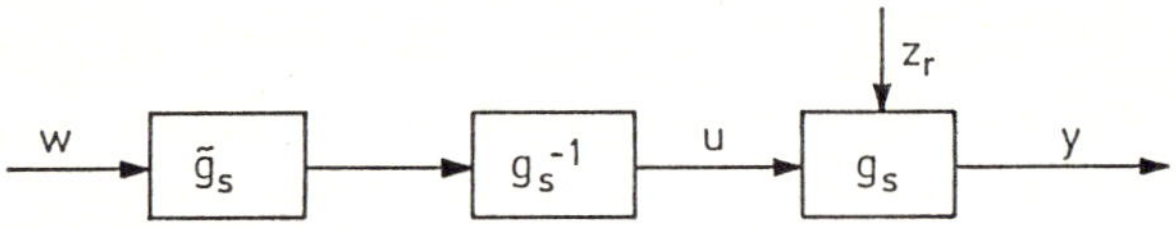

Bild 2.9 Steuerung

Das Produkt $g_s^{-1}g_s$ ergibt das ideale Übertragungsverhalten Eins. Da g_s^{-1} oft nicht realisierbar ist oder zu große Stellamplituden u verlangt, kann man eine gewünschte Übertragungsfunktion $\tilde{g}_s$ vorgeben, derart, daß $\tilde{g}_s g_s^{-1}$ realisierbar ist. Wie wir in Abschnitt 2.3.7 gesehen haben, werden die Pole von g_s damit nicht geändert. Die Nullstellen von g_s treten jetzt zusätzlich als Pole von g_s^{-1} auf. Wenn einer dieser Eigenwerte des Gesamtsystems einem schwach gedämpften oder sehr trägen oder gar instabilen Lösungsverlauf entspricht, dann machen sich diese Lösungsterme an irgendeiner Stelle im System unangenehm bemerkbar, wenn sie nur durch eine Anregung angestoßen werden. Eine Verschiebung der Eigenwerte im Sinne einer Stabilisierung ist nur durch eine Rückführung möglich.

Selbst wenn alle Pole und Nullstellen von g_s günstig liegen, bleiben zwei Probleme bei der Steuerung von Bild 2.9:

a) Die Wirkung einer unbekannten Störgröße z_r auf die Regelstrecke kann nicht vermindert werden.

b) Invertiert wird die nominale Übertragungsfunktion g_s, die sich aber z.B. durch geänderte Betriebsbedingungen verändert haben kann.

2.5.2 Einfacher Regelkreis

Alle drei Forderungen (Stabilisierung, Störgrößenkompensation und Robustheit) können durch eine Regelung nach Bild 2.10 besser erfüllt werden, bei der y gemessen und zurückgeführt wird. h_s heißt **Regler** (oder **Kompensator**).

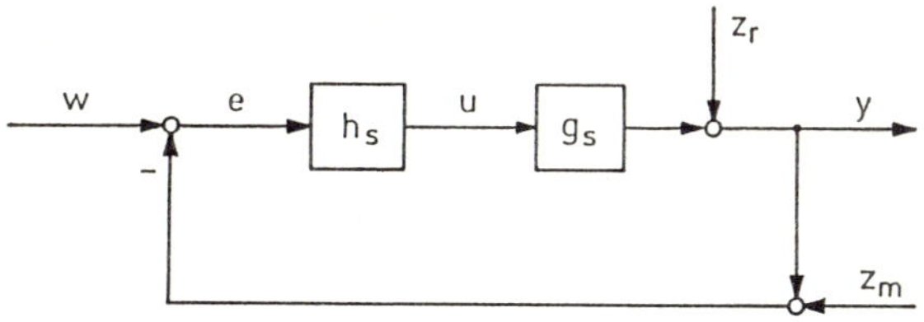

Bild 2.10 Einfacher Regelkreis

Die Störgrößen, die auf die Regelstrecke einwirken, wurden hier zu einer Größe z_r zusammengefaßt, die am Ausgang der Regelstrecke angreift. Durch die Verwendung einer Rückführung handelt man sich allerdings zwei neue Probleme ein:

a) es kann ein Meßrauschen z_m auftreten,

b) Parameteränderungen, die die Regelstrecke für sich noch nicht instabil machen, können den geschlossenen Regelkreis instabil machen.

Der Regelkreis von Bild 2.10 soll nun anhand seiner Übertragungsfunktionen analysiert werden. Dabei wird zunächst noch der Einfluß des Meßrauschens untersucht. Es ist

$$y_s = z_{rs} + g_s h_s (w_s - z_{ms} - y_s) \tag{2.5.1}$$

und aufgelöst nach y_s

$$y_s = \frac{g_s h_s}{1+g_s h_s}(w_s - z_{ms}) + \frac{1}{1+g_s h_s} z_{rs} \tag{2.5.2}$$

Darin ist

$$s_s = \frac{1}{1+g_s h_s} \quad \begin{array}{l}\text{die Empfindlichkeitsfunktion}\\ \text{oder Störübertragungsfunktion}\end{array} \tag{2.5.3}$$

$$T_s = \frac{g_s h_s}{1+g_s h_s}$$ die komplementäre Empfindlichkeitsfunktion oder Übertragungsfunktion des geschlossenen Kreises (2.5.4)

T_s und S_s stehen in dem Zusammenhang

$$T_s + S_s = 1 \tag{2.5.5}$$

(2.5.2) zeigt, daß S_s den Einfluß von Störgrößen beschreibt und T_s den Einfluß des Meßrauschens. Aus (2.5.5) ergibt sich, daß ein Einfluß immer nur auf Kosten des anderen verkleinert werden kann. Oft kann man annehmen, daß das Meßrauschen bei höheren Frequenzen auftritt. Dann sollte $|T_s(j\omega)|$ bei 1 beginnend mit wachsender Frequenz abnehmen und $|S_s(j\omega)|$ entsprechend zunehmen. Die Frequenz, bei der $|T_s(j\omega)| = |S_s(j\omega)| = 0{,}5$ ist, wird als **Bandbreite** des Regelkreises bezeichnet.

Zur Stabilitätsuntersuchung schreiben wir Regler und Regelstrecke mit Hilfe ihrer Zähler und Nennerpolynome:

$$g_s = \frac{B}{A} \quad , \quad h_s = \frac{D}{C} \tag{2.5.6}$$

Damit wird

$$T_s = \frac{BD}{BD+AC} \quad , \quad S_s = \frac{AC}{BD+AC} \tag{2.5.7}$$

Der Nenner von T_s und S_s ist das charakteristische Polynom des geschlossenen Kreises

$$P(s) = B(s)D(s) + A(s)C(s) \tag{2.5.8}$$

Der Regelkreis ist genau dann stabil, wenn alle Nullstellen des charakteristischen Polynoms in der linken s-Halbebene liegen. Die Führungs-Übertragungsfunktion wird $T_s(s) = B(s)D(s)/P(s)$. Die Pole in P(s) können beliebig vorgegeben werden, z.B. durch Ansatz von h_s mit der Zähler- und Nennerordnung n-1, Koeffizientenvergleich in (2.5.8) und Auflösung nach den Koeffizienten von C(s) und D(s). Wenn man von Kürzungen absieht, erhält der geschlossene Kreis die Nullstellen von B(s) und D(s).

Als nächstes wird die Robustheit der Stabilität gegenüber Parameteränderungen betrachtet. Man unterscheidet zwischen strukturierter und unstrukturierter Unsicherheit.

Bei einer **strukturierten** Parameter-Unsicherheit ist die Form des mathematischen Modells bekannt, für die darin auftretenden Parameter ist ein zulässiger Bereich gegeben. Ein Beispiel ist die Verladebrücke nach (2.1.15). Hier kann man z.B. annehmen, daß von den vier physikalischen Parametern zwei bekannt sind, nämlich die Masse m_K der Laufkatze und die Gravitationskonstante g. Die beiden anderen Parameter Seillänge ℓ und Lastmasse m_L seien während eines Transportvorgangs konstant, sie können aber bei jedem neuen Betriebsfall neue Werte annehmen. Bekannt ist lediglich ein Bereich

$$\begin{aligned} m_{Lmin} &\leqq m_L \leqq m_{Lmax} \\ \ell_{min} &\leqq \ell \leqq \ell_{max} \end{aligned} \tag{2.5.9}$$

m_{Lmin} ist die Masse des leeren Lasthakens, m_{Lmax} die Tragkraft der Verladebrücke. Verfahren zum simultanen Entwurf eines Reglers für eine solche Familie von Regelstrecken werden z.B. im zweiten Band der zweiten Auflage dieses Buches behandelt, siehe Vorwort und [80.6].

Bei einer **unstrukturierten** Unsicherheit geht man von einer Beschreibung der Regelstrecke als **schwarzer Kasten** aus. Dieses Problem ergibt sich z.B., wenn das Modell der Regelstrecke aus Ein-Ausgangs-Messungen für nur einen Betriebsfall ermittelt wurde und keine Anhaltspunkte vorliegen, wie sich das Modell mit dem Betriebsfall ändert. Auch Modell-Unsicherheiten bei hohen Frequenzen gehören hierher, wie sie z.B. durch vernachlässigte Stellglieddynamik oder mechanische Strukturschwingungen auftreten.

Die Polvorgabe erfolgte für eine nominale Strecke $B_0(s)/A_0(s)$. Wenn sich nun die Übertragungsfunktion der Regelstrecke darstellt als

$$g_s(s) = \frac{B_0(s)+\Delta B(s)}{A_0(s)+\Delta A(s)} \tag{2.5.10}$$

dann ist nach KWAKERNAAK [85.1] eine hinreichende Bedingung für die Stabilität des geschlossenen Kreises

$$\left| S_0(j\omega)\,\frac{\Delta A(j\omega)}{A_0(j\omega)} + T_0(j\omega)\,\frac{\Delta B(j\omega)}{B_0(j\omega)} \right| < 1 \text{ für alle } \omega \tag{2.5.11}$$

S_0 und T_0 sind gemäß (2.5.7) für die Nominalwerte gebildet. Auch hier zeigt sich die Notwendigkeit zu einem Kompromiß: Bei Frequenzen mit großer Unsicherheit ΔA des Nenners wird man S_0 klein wählen, bei Frequenzen mit großer Unsicherheit ΔB des Zählers wählt man T_0 klein. Praktisch wirken sich allerdings Parameteränderungen oft in Zähler und Nenner zugleich aus.

Für die Berücksichtigung strukturierter und unstrukturierter Unsicherheit im Entwurf hat sich der Begriff **robuste Regelung** eingeführt.

Wenn man keine Probleme mit unsicherem Zählerpolynom B(s) und Meßrauschen hat, läge es nahe, für eine große Bandbreite $|T_s(j\omega)| \approx 1$ und $|S_s(j\omega)| \approx 0$ anzustreben. Dies erfordert nach den Gln. (2.5.3) und (2.5.4) ein großes $|h_s(j\omega)|$. Aufgrund des Zusammenhangs

$$|u_s(j\omega)| = \frac{|h_s(j\omega)|}{|1+g_s(j\omega)h_s(j\omega)|} \Rightarrow \frac{1}{|g_s(j\omega)|} \text{ für } |h_s(j\omega)| \Rightarrow \infty \qquad (2.5.12)$$

wird hier versucht, das typischerweise vorhandene Tiefpaßverhalten der Regelstrecke durch eine mit der Frequenz anwachsende Stellenergie zu kompensieren, was zu technisch unvernünftigen Lösungen führt. Auch von der Bandbreite und Amplitudenbeschränkung des Stellgliedes her ergibt sich also die Notwendigkeit, die Bandbreite nicht zu hoch zu wählen.

2.5.3 Vorfilter

Wenn Führungsgröße w und Regelgröße y in Bild 2.10 einzeln zur Verfügung stehen, kann man die Struktur durch ein Vorfilter $f_s = F(s)/E(s)$ bei w erweitern, Bild 2.11. h_s heißt weiterhin Kompensator.

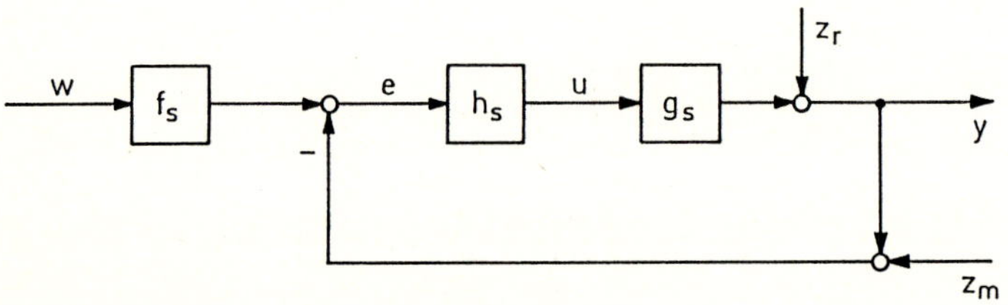

Bild 2.11 Regelkreis mit Vorfilter f_s

Die Führungs-Übertragungsfunktion von w nach y ändert sich damit in

$$T_s f_s = \frac{g_s h_s f_s}{1+g_s h_s} = \frac{B(s)D(s)F(s)}{[B(s)D(s)+A(s)C(s)]E(s)} \qquad (2.5.13)$$

während die Stör-Übertragungsfunktion (2.5.4) unverändert bleibt. Unverändert ist auch das charakteristische Polynom des Kreises gemäß (2.5.8), es kommen lediglich die Pole von f_s als Eigenwerte des Gesamtsystems hinzu. Das Vorfilter ändert nichts an dem notwendigen Kompromiß zwischen Störgrößen z_r und Nennerunsicherheit von g_s einerseits und Meßrauschen z_m, Zählerunsicherheit von g_s und Stellgrößenbeschränkungen für die beiden Störeingänge andererseits. Es erlaubt aber, die Führungs-Übertragungsfunktion teilweise unabhängig davon festzulegen. So kann z.B. die Antwort von u und y auf einen Sprung der Führungsgröße w durch das Vorfilter wesentlich verändert werden.

Das Vorfilter kann auch in die Rückführung verschoben werden. Dort steht dann f_s^{-1} und im Vorwärtszweig $f_s h_s$. Da $f_s h_s$ gemeinsam realisiert wird, entfallen gekürzte Nullstellen von h_s ganz aus $f_s h_s$. Eine solche Kürzung ist sogar in der rechten s-Halbebene zulässig. In der Führungs-Übertragungsfunktion (2.5.13) handelt es sich hier um Kürzungen zwischen D(s) und E(s).

2.5.4 Zustands- und Ausgangsvektor-Rückführung

Man geht hier in den folgenden drei Schritten vor:

1. Man nimmt an, man könne den Zustand $\mathbf{x}$ messen (in manchen Fällen ist das tatsächlich möglich, die Schritte 2 und 3 können dann entfallen) und man bestimmt eine Zustandsvektor-Rückführung

$$u = -\mathbf{k}'\mathbf{x} + d_w w \tag{2.5.14}$$

Siehe gestrichelte Rückführung in Bild 2.12.

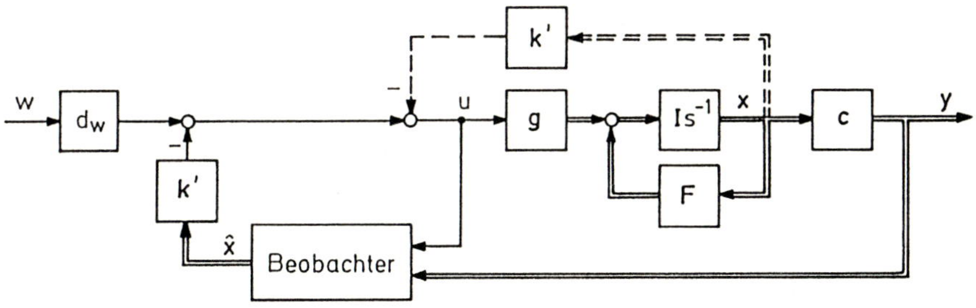

Bild 2.12 Regelungssystem mit Beobachter und Zustandsvektor-Rückführung

Durch **Polvorgabe** wird **k'** so bestimmt, daß der geschlossene Kreis gewünschte Eigenwerte erhält:

$$\dot{\mathbf{x}} = \mathbf{F}\mathbf{x} + \mathbf{g}u = (\mathbf{F}-\mathbf{g}\mathbf{k}')\mathbf{x} + \mathbf{g}d_w w \tag{2.5.15}$$

$$P(s) = \det(s\mathbf{I}-\mathbf{F}+\mathbf{g}\mathbf{k}') \tag{2.5.16}$$

P(s) kann beliebig vorgegeben werden. Wenn (**F**,**g**) steuerbar ist, läßt sich (2.5.16) eindeutig nach **k'** auflösen, siehe Abschnitt 2.7.

2. Es können mehrere Meßgrößen $y_1, y_2 \ldots y_s$ vorhanden sein, die zu einem Vektor $\mathbf{y} = [y_1 \; \ldots \; y_s]'$ zusammengefaßt werden. **y** und u werden in einem dynamischen System, genannt **Beobachter** [64.8, 66.2, 71.7, 76.1], verarbeitet, der einen Näherungswert $\hat{\mathbf{x}}$ für den Zustand rekonstruiert. Die Zustandsvektor-Rückführung wird nun ersetzt durch eine Rückführung

$$u = -\mathbf{k}'\hat{\mathbf{x}} + d_w w \qquad (2.5.17)$$

Die Beobachtergleichungen werden für diskrete Systeme in Kapitel 5 hergeleitet. Im wesentlichen wird ein frei wählbares charakteristisches Polynom Q(s) vorgegeben.

3. Mit dem **Separationssatz**, siehe Abschnitt 6.3, wird gezeigt, daß das charakteristische Polynom des Gesamtsystems P(s)Q(s) ist, d.h. die Eigenwerte werden durch Verwendung des Regelgesetzes (2.5.17) anstelle von (2.5.14) nicht verändert.

Eine wichtige Eigenschaft der Struktur mit Beobachter und Zustandsvektor-Rückführung ist, daß die Eigenwerte in Q(s) von w aus nicht steuerbar sind und damit nicht in die Führungs-Übertragungsfunktion von w nach **y** eingehen. Bei der Vorgabe eines gewünschten Führungsverhaltens braucht man also nur die Ordnung n der Regelstrecke zu berücksichtigen und man braucht nur **k** als freie Reglerparameter zu betrachten. Die Führungs-Übertragungsfunktion kann wieder durch ein Vorfilter bei w beeinflußt werden. Die Beobachterpole gehen nur in die Stör-Übertragungsfunktionen ein.

Allen Regelkreisstrukturen ist gemeinsam, daß die Eigenwerte durch die Rückführung geändert werden können, nicht aber die Nullstellen. Nullstellen kann man allenfalls durch Kürzung unwirksam machen.

2.5.5 Integralregler

Nach dem Endwertsatz der LAPLACE-Transformation ist bei einem stabilen Regelkreis

$$\lim_{t\to\infty} e(t) = \lim_{s\to 0} s e_s(s) \qquad (2.5.18)$$

Bei dem Regelkreis von Bild 2.10 also

$$\lim_{t\to\infty} e(t) = \lim_{s\to 0} \frac{s}{1+g_s(s)h_s(s)} w_s(s) \tag{2.5.19}$$

Für eine sprungförmige Führungsgröße $w_s(s) = 1/s$ erhält man den Positionsfehler

$$e_p = \frac{1}{1+g_s(0)h_s(0)} \tag{2.5.20}$$

Er wird zu Null, wenn entweder die Regelstrecke oder der Regler einen Pol bei $s = 0$ haben. Entsprechend ist bei einer rampenförmigen Führungsgröße $w_s(s) = 1/s^2$ der Geschwindigkeitsfehler

$$e_g = \frac{1}{\lim\limits_{s\to 0} s g_s(s)h_s(s)} \tag{2.5.21}$$

Er wird zu Null, wenn $g(s)h(s)$ eine doppelte Integration enthält.

Auch sprung- bzw. rampenförmige Störgrößen, die nach den Integrationen in g_s angreifen, werden stationär vollständig ausgeregelt, wenn die entsprechende Anzahl von Integrationen vorhanden ist.

Durch den Integrator wird bei der Frequenz $\omega = 0$ eine unendliche Kreisverstärkung und damit $T_s(0) = 1$, $S_s(0) = 0$ erreicht. Bei Verwendung eines Vorfilters f_s ist darauf zu achten, daß es die stationäre Verstärkung Eins hat, also $\lim\limits_{s\to 0} f_s(s) = 1$, damit e tatsächlich die stationäre Regelabweichung wird.

Ein Integralanteil des Reglers kann auch in Verbindung mit einer Zustandsvektor-Rückführung angesetzt werden, Bild 2.13.

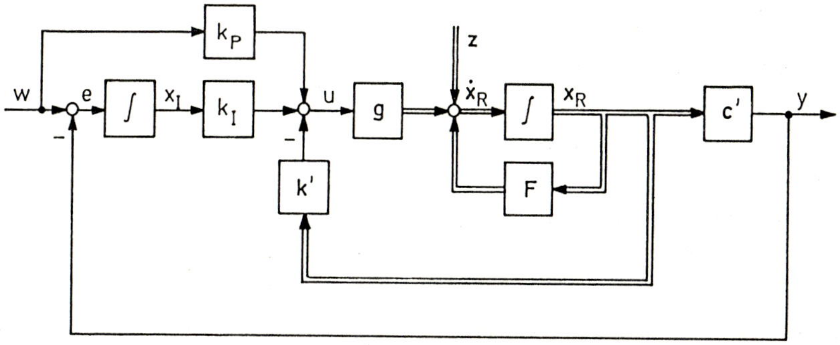

Bild 2.13 PI-Regler mit Zustandsvektor-Rückführung

Der Regleransatz

$$u = k_I x_I + k_p w - \mathbf{k}'\mathbf{x} \tag{2.5.22}$$

entspricht einer Zustandsvektor-Rückführung

$$u = [-\mathbf{k}' \quad k_I] \begin{bmatrix} \mathbf{x} \\ x_I \end{bmatrix} + k_p w \tag{2.5.23}$$

für das um einen Integrator erweiterte System

$$\begin{bmatrix} \dot{\mathbf{x}} \\ \dot{x}_I \end{bmatrix} = \begin{bmatrix} \mathbf{F} & \mathbf{0} \\ -\mathbf{c}' & 0 \end{bmatrix} \begin{bmatrix} \mathbf{x} \\ x_I \end{bmatrix} + \begin{bmatrix} \mathbf{g} \\ 0 \end{bmatrix} u + \begin{bmatrix} \mathbf{I} \\ 0 \end{bmatrix} \mathbf{z} + \begin{bmatrix} \mathbf{0} \\ 1 \end{bmatrix} w \tag{2.5.24}$$

Die Rückführverstärkungen $\mathbf{k}'$ und k_I werden so bestimmt, daß das System stabilisiert wird. Für konstantes $\mathbf{z}$ und w wird damit stationär x_I konstant und damit

$$\lim_{t\to\infty} \dot{x}_I(t) = \lim_{t\to\infty} [w(t)-y(t)] = 0 \tag{2.5.25}$$

Die Eigenschaft, daß der stationäre Fehler zu Null wird, ist robust gegenüber Änderungen der Regelstrecke, solange der Kreis stabil bleibt. Dies gilt auch für nichtlineare Regelstrecken.

2.6 Spezifikationen für den geschlossenen Kreis

2.6.1 Sprungantwort und Lage der Pole und Nullstellen

Zur Beurteilung der Güte eines Regelkreises wird häufig die Antwort $y(t)$ und $u(t)$ auf einen Führungsgrößensprung $w(t) = 1(t)$ herangezogen. Der Einschwingvorgang vom Nullzustand zum stationären Wert $\dot{\mathbf{x}} = \mathbf{0}$ wird bewertet oder spezifiziert nach Merkmalen wie:

a) Überschwingen, z.B. $\max y_{sprung}(t) \le 1{,}1$; d.h. höchstens 10 % Überschwingen,

b) Zeit t_1, ab der die Regelabweichung $e(t) = 1-y_{sprung}(t)$ dem Betrage nach kleiner als 5 % bleibt, $\min \{t_1 \mid |1-y_{sprung}(t)| \le 0{,}05$ für $t \ge t_1\}$,

c) Vermeidung schwach gedämpfter höherfrequenter Lösungsanteile, d.h. wenige Vorzeichenwechsel in $u(t)$,

d) Geringer Bedarf an Stellamplitude $\max_t |u(t)|$. Bei proportionaler Rückführung tritt dieses Maximum häufig bei $t = +0$ (rechtsseitiger Grenzwert) auf. Es genügt daher oft, im Entwurf zunächst $u(0)$ genügend klein zu halten. Die Anfangsspitze in $u(t)$ kann auch durch eine verzögerte Rückführung des Proportionalanteils erreicht werden, d.h. durch einen Regleransatz

$$\alpha k_p + \frac{(1-\alpha)k_p}{1+T_1 s} = k_p \frac{1+\alpha T_1 s}{1+T_1 s} \qquad 0 < \alpha < 1 \tag{2.6.1}$$

anstelle von k_p ($\alpha = 1$), bzw. ein entsprechendes Vorfilter.

Wir haben in Abschnitt 2.4 gesehen, daß sich die Sprungantwort additiv aus Termen wie $e^{s_i t}$, $te^{s_i t}$, $e^{\sigma t}\cos(\omega t+\varphi)$ zusammensetzt, die durch die Eigenwerte des geschlossenen Kreises bei s_i (einfach, bzw. doppelt) und $\sigma \pm j\omega$ bestimmt sind. Die Amplituden dieser Terme und die Phasenlage φ hängen dann noch von den Nullstellen ab, sie ändern sich allerdings auch mit dem Anfangszustand oder durch Störgrößen, die auf die Regelstrecke einwirken. Es ist daher nicht empfehlenswert, unerwünschte Lösungsterme, die zu langsam oder zu schwach gedämpft sind, durch Kürzungen in der Sprungantwort $y(t)$ zum Verschwinden zu bringen. Sie würden dann entweder an anderer Stelle im Regelkreis bemerkbar werden oder durch Störgrößen angeregt. Wenn man dagegen die Eigenwerte des geschlossenen Kreises so wählt, daß keine unerwünschten Terme in der Sprungantwort enthalten sind, dann gilt das für alle Lösungen, die im geschlossenen Kreis auftreten können, unabhängig davon, wie sie angeregt werden oder an welcher Stelle des Systems sie betrachtet werden.

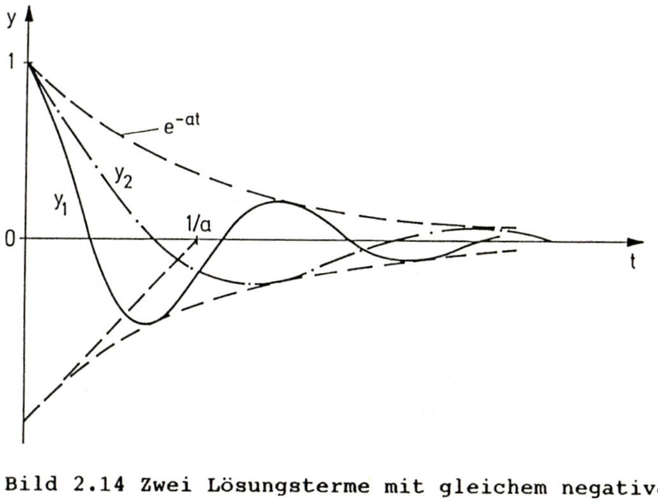

Bild 2.14 Zwei Lösungsterme mit gleichem negativem Realteil $\sigma = -a$.

Gibt man vor, daß alle Eigenwerte links von einer Parallelen zur imaginären Achse der s-Ebene bei $\sigma = -a$ liegen, so klingen alle Lösungsterme mindestens wie e^{-at} ab. Bild 2.14 zeigt zwei Beispiele.

y_1 und y_2 in Bild 2.14 haben den gleichen negativen Realteil $\sigma = -a$ des Eigenwerts, Terme vom Typ y_1 sind jedoch weniger erwünscht, da ein größeres Überschwingen und stärkere Oszillationen innerhalb der Einhüllenden e^{-at} auftreten als bei y_2, das eine niedrigere Frequenz ω_2 hat. Bei höheren Frequenzen sollten also die Eigenwerte noch weiter links in der s-Ebene liegen. Dies wird durch die Vorgabe eines Mindestwerts für die Dämpfung ζ erreicht. Ein konjugiert komplexes Eigenwertpaar $\sigma_i \pm j\omega_i$ kann als ein Faktor zweiten Grades im charakteristischen Polynom des geschlossenen Kreises geschrieben werden:

$$P_i(s) = (s-\sigma_i-j\omega_i)(s-\sigma_i+j\omega_i) = s^2-2\sigma_i s+\sigma_i^2+\omega_i^2 = s^2+2\zeta\omega_n s+\omega_n^2 \quad (2.6.2)$$

$\omega_n = \sqrt{\sigma_i^2+\omega_i^2}$ ist die **natürliche Frequenz**, die sich als Abstand des Eigenwerts vom Nullpunkt der s-Ebene darstellt, und $\zeta = -\sigma_i/\omega_n$ die **Dämpfung**. Aufgelöst nach σ_i und ω_i ergibt sich $\sigma_i = -\zeta\omega_n$, $\omega_i = \omega_n\sqrt{1-\zeta^2}$. Bild 2.15 illustriert diese Zusammenhänge in der s-Ebene.

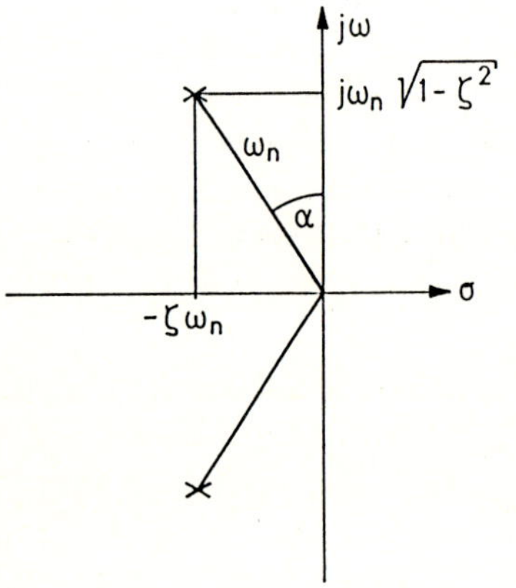

Bild 2.15
Natürliche Frequenz ω_n und Dämpfung ζ eines konjugiert komplexen Polpaares

Einem Wert ζ der Dämpfung entspricht ein Winkel α gegenüber der imaginären Achse mit

$$\tan\alpha = \frac{\zeta}{\sqrt{1-\zeta^2}} \quad (2.6.3)$$

Der Lösungsterm lautet damit im Zeitbereich

$$y_i(t) = e^{-\zeta\omega_n t}\cos(\sqrt{1-\zeta^2}\,\omega_n t+\varphi) \quad \text{für } |\zeta| < 1 \tag{2.6.4}$$

ω_n tritt nur im Produkt mit t auf, kann also als Skalierung der Zeit interpretiert werden. Wir berechnen als Beispiel Sprungantworten des Systems

$$g_s(s) = \frac{\omega_n^2}{s^2+2\zeta\omega_n s+\omega_n^2} \tag{2.6.5}$$

für verschiedene Dämpfungswerte. Mit $\omega_n = 1$ und $u_s(s) = 1/s$ ist

$$y_s(s) = \frac{1}{(s^2+2\zeta s+1)s} = \frac{1}{s} - \frac{(s+\zeta)+\zeta}{(s+\zeta)^2+(1-\zeta^2)}$$

Nach der Tabelle im Anhang B erhält man die inverse LAPLACE-Transformierte

$$y(t) = 1-e^{-\zeta t}\left(\cos\sqrt{1-\zeta^2}\,t + \frac{\zeta}{\sqrt{1-\zeta^2}}\sin\sqrt{1-\zeta^2}\,t\right) \tag{2.6.6}$$

Die Verläufe für $\zeta = 0.5$, $\zeta = 1/\sqrt{2} \sim 0.7$ und $\zeta = 0.9$ sind in Bild 2.16 dargestellt.

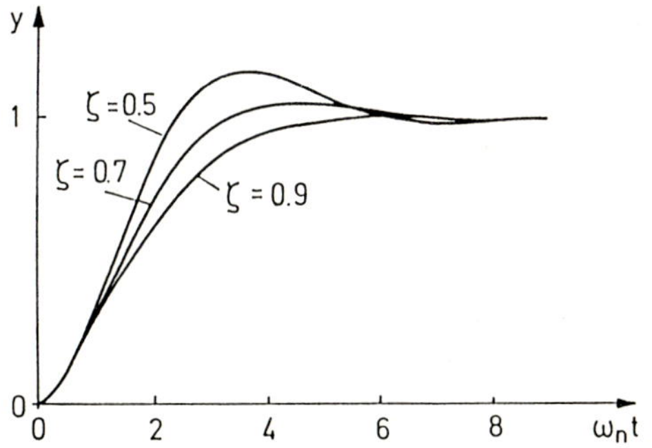

Bild 2.16 Sprungantworten des Systems nach (2.6.5)

Die Sprungantwort für $\zeta = 1/\sqrt{2} \approx 0.7$ wird als besonders günstig angesehen. Es tritt ein maximales Überschwingen von 4,3 % bei $\omega_n t = 4{,}4$ auf. Der Wert $\zeta = 1/\sqrt{2}$ ist dadurch ausgezeichnet, daß der Betrag des Frequenzgangs $|g_s(j\omega)|$ nur bei kleineren Dämpfungen ein Maximum, und zwar bei der Resonanzfrequenz $\omega_n = \sqrt{1-2\zeta^2}$ hat, d.h. für größere Dämpfungen tritt keine Resonanz mehr auf. In Bild 2.11 wird bei diesem Wert $\alpha = 45^\circ$.

Wir geben dem System nun eine Nullstelle bei $s = -b\omega_n$

$$g_s(s) = \frac{\omega_n^2(1+s/b\omega_n)}{s^2+2\zeta\omega_n s+\omega_n^2} \tag{2.6.7}$$

Die Sprungantwort ist

$$y(t) = 1-e^{-\zeta\omega_n t}[\cos\sqrt{1-\zeta^2}\omega_n t+\frac{\zeta-1/b}{\sqrt{1-\zeta^2}}\sin\sqrt{1-\zeta^2}\omega_n t] \tag{2.6.8}$$

Für $\zeta = 1/\sqrt{2}$ und einige Werte von b ist in Bild 2.17 die Lage der Pole und Nullstellen und die Sprungantwort angegeben. Dabei ist $\omega_n t$ die skalierte Zeit.

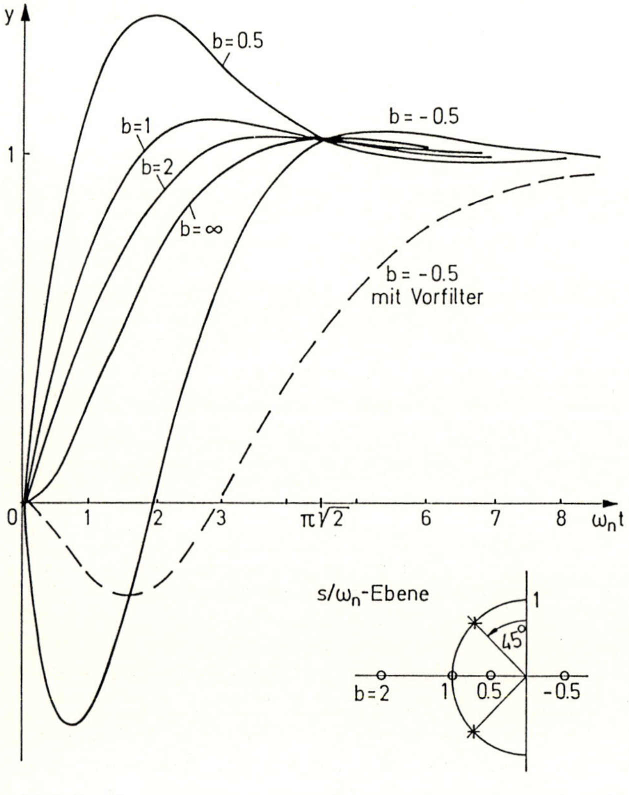

Bild 2.17 Sprungantwort des Systems von Gl. (2.6.7) für verschiedene Lagen b der Nullstelle

Alle Kurven schneiden sich bei $\omega_n t = \pi\sqrt{2} = 4{,}44$, da hier der Sinus-Term in (2.6.8) verschwindet, der als einziger von b abhängt. Die Kurve für $b = \infty$ entspricht der mittleren Kurve von Bild 2.16. Sie ist die einzige mit Polüberschuß zwei, so daß nach dem Anfangswertsatz der LAPLACE-Transformation die Sprungantwort mit der Steigung Null beginnt. Die Nullstelle $b = 2$ ändert den Kurvenverlauf noch nicht wesentlich. Selbst $b = 1$ ergibt noch einen günstigen Verlauf. Liegt die Nullstelle aber näher am Ursprung als die Pole, so tritt ein starkes Überschwingen auf (40,7 % bei $b = 0{,}5$). Es kann in der Sprungantwort durch Kürzung der Nullstelle bei $s = -0{,}5$ beseitigt werden. Wenn man die Kürzung vermeiden will, kann man den Betrag ω_n der Eigenwerte vermindern (dies verkleinert auch die Bandbreite) oder man kann ihre Dämpfung erhöhen. Für $b = 0$ (nicht gezeichnet) ist das Regelungssystem unbrauchbar, da der Lösungsterm $1/s$ verschwindet und das System nicht den stationären Wert Eins erreicht. Für negative b hat das System Allpaßverhalten, die Sprungantwort beginnt in negativer Richtung. Eine Kürzung ist hier nicht möglich, da sie dem System einen instabilen Eigenwert geben würde. Man kann aber das hier besonders störende **Unterschwingen** wesentlich mildern, indem man die an der imaginären Achse gespiegelte Nullstelle kürzt, d.h. ein Vorfilter $1/(1-s/b\omega_n)$ verwendet. Im Beispiel ist dies $0{,}5/(s+0{,}5)$. Die Sprungantwort mit diesem Vorfilter ist gestrichelt in Bild 2.17 eingetragen, sie verläuft nun deutlich langsamer.

Als nächstes soll nun die gegenseitige Beeinflussung von Polen untersucht werden. Hierzu wird das System von (2.6.7) durch einen Tiefpaß mit einem Pol bei $-a\omega_n$ erweitert.

$$g_s(s) = \frac{a\omega_n^3}{(s^2+2\zeta\omega_n s+\omega_n^2)(s+a\omega_n)} \tag{2.6.9}$$

Die Sprungantwort ist

$$y(t) = 1 - \frac{1}{a^2-2a\zeta+1}\left\{ e^{-a\omega_n t} + e^{-\zeta t}\left[a(a-2\zeta)\cos\sqrt{1-\zeta^2}\,\omega_n t + \frac{a(1+a\zeta-2\zeta^2)}{\sqrt{1-\zeta^2}}\sin\sqrt{1-\zeta^2}\,\omega_n t\right]\right\} \tag{2.6.10}$$

Wir setzen eine geringere Dämpfung an, da der zusätzliche Pol einer Resonanz im Betrag des Frequenzgangs entgegenwirkt. Gewählt wurde

ζ = 0,5, so daß das BUTTERWORTH-Filter dritter Ordnung nach (1.3.7) als Spezialfall mit a = 1 enthalten ist. Für a = ∞, d.h. ohne den zusätzlichen Pol, ergibt sich die Kurve ζ = 0,5 aus Bild 2.16. Bild 2.18 zeigt einige typische Sprungantworten.

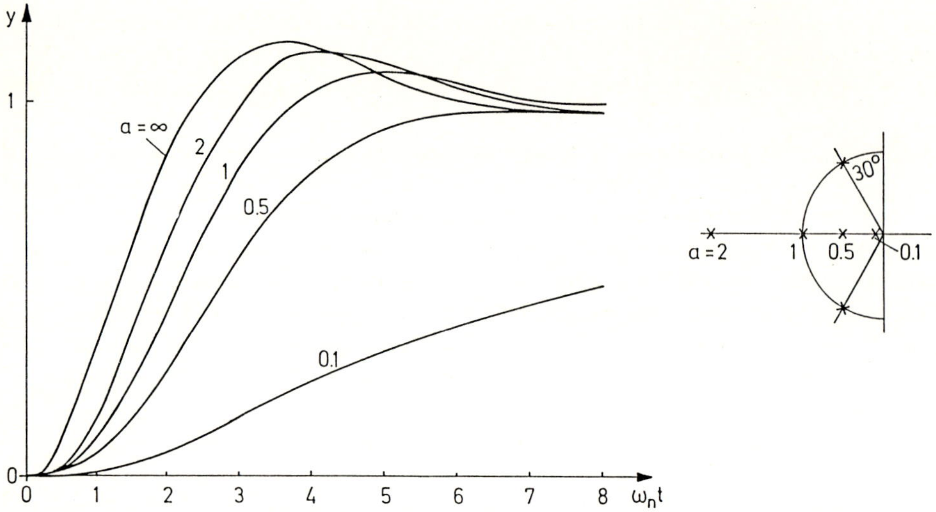

Bild 2.18 Beeinflussung der Sprungantwort durch einen Pol bei s = -a

Der Einfluß des Pols mit a = 2 ist noch gering. Bei a = 1 ist das Überschwingen reduziert von 15,5 % auf 8,1 %. Gleichzeitig wird die Lösung umso langsamer, je weiter der Pol nach rechts wandert. Schließlich dominiert der reelle Pol und die beiden komplexen haben nur noch geringen Einfluß.

Zusammenfassung:

Die Frage, wann die Sprungantwort den stationären Wert erreicht, hängt nur von den dominanten Polen mit dem geringsten Abstand vom Ursprung s = 0 ab. Weiter entfernte Pole und Nullstellen (etwa ab doppeltem Abstand) haben nur einen Einfluß auf den Anfangsverlauf der Sprungantwort, sie sind weitgehend abgeklungen, bevor die Lösung auf den stationären Wert einschwingt. Sie können aber einen starken Einfluß auf die anfänglichen Stellamplituden nehmen. Nullstellen in der linken s-Halbebene vermindern die Dämpfung und machen den Lösungsverlauf schneller. Man kann ihren Einfluß durch Kürzung im Vorfilter oder im geschlossenen Kreis vermindern.

Der ungünstige Einfluß von Nullstellen in der rechten s-Halbebene kann durch Kürzung der an der imaginären Achse gespiegelten Nullstelle vermindert, aber nicht beseitigt werden.

Es empfiehlt sich, die dominierenden Pole des geschlossenen Kreises in etwa gleichem Abstand vom Ursprung vorzusehen. Je mehr Pole zum dominanten Verhalten beitragen, desto geringer darf die Dämpfung des am schwächsten gedämpften Polpaars sein.

2.6.2 Stabilitätsreserve im Frequenzbereich

Im vorhergehenden Abschnitt wurde nur der geschlossene Kreis mit seinen Polen, Nullstellen und Sprungantworten diskutiert. Bei der Festlegung der Pole spielt aber auch eine Rolle, wo die Pole des offenen Kreises liegen, in welcher Weise sie also verschoben werden. Solche Zusammenhänge lassen sich gut anhand von Frequenzgängen untersuchen, da dabei einfache Beziehungen zwischen offenem und geschlossenem Kreis bestehen.

Frequenzbereichsverfahren spielen eine wichtige Rolle bei unstrukturierten Parameter-Unsicherheiten. Man setzt dann eine Struktur der Unsicherheit an, die sich gut behandeln läßt. Man nimmt nämlich an, daß der Frequenzgang der Regelstrecke anstelle des nominalen Wertes $g_s(j\omega)$ den gestörten Wert

$$g_s(j\omega)\varkappa e^{\pm j\varphi} \tag{2.6.11}$$

annimmt, und untersucht Robustheit der Stabilität gegenüber den hiermit eingeführten Parametern $\varkappa$ und φ. Wir nehmen an, daß der Kompensator h_s so bestimmt wurde, daß der mit dem nominalen g_s geschlossene Kreis stabil ist. Der Frequenzgang des offenen Kreises nimmt nun aufgrund der Parameterunsicherheit den Wert

$$f(j\omega) = g_s(j\omega)h_s(j\omega)\varkappa e^{j\varphi} \tag{2.6.12}$$

an. Ändert man $\varkappa$ und φ gegenüber ihren Nominalwerten $\varkappa_0 = 1$ und $\varphi_0 = 0$ so wird schließlich die Stabilitätsgrenze erreicht. Dort liegen ein oder mehrere Pole des geschlossenen Kreises auf der imaginären Achse. Es gibt also Werte der Frequenz ω für die

$$1 + f(j\omega) = 0 \quad , \quad \text{d.h.} \quad f(j\omega) = -1 \tag{2.6.13}$$

bzw. in logarithmischer Darstellung

$$\ell n f(j\omega) = j(2k+1)\pi \quad , \quad k = 0, \pm 1, \pm 2 \ldots \tag{2.6.14}$$

Schreibt man die Frequenzgänge mit Betrag und Phase

$$g_s(j\omega) = G(\omega)e^{jg(\omega)} \quad , \quad h_s(j\omega) = H(\omega)e^{jh(\omega)} \tag{2.6.15}$$

so erhält man aus (2.6.14) die logarithmische Betrags-Beziehung

$$\ell n G(\omega) + \ell n H(\omega) + \ell n \varkappa = 1 \tag{2.6.16}$$

und die Phasen-Beziehung

$$g(\omega) + h(\omega) + \varphi = (2k+1)\pi \quad , \quad k = 0, \pm 1, \pm 2 \ldots \tag{2.6.17}$$

Die graphische Darstellung dieser beiden Funktionen von ω ist das **BODE-Diagramm.** Man kann darin z.B. die Frequenz $\omega = \omega_1$ ablesen, bei der (2.6.17) für $\varphi = 0$ erfüllt ist. Daraus bestimmt man die **Amplitudenreserve** $\varkappa$ mit

$$\ell n \varkappa = 1 - \ell n G(\omega_1) - \ell n H(\omega_1) \tag{2.6.18}$$

Entsprechend kann man im Betragsdiagramm die Frequenz ω_2 ablesen, bei der (2.6.16) mit $\ell n \varkappa = 0$ erfüllt ist und daraus die **Phasenreserve**

$$\varphi = (2k+1)\pi - g(\omega_2) - h(\omega_2) \quad , \quad k = 0, \pm 1, \pm 2 \ldots \tag{2.6.19}$$

bestimmen. Entsprechend könnte man weitere $(\varkappa,\varphi)$-Paare auf der Stabilitätsgrenze bestimmen und so das Stabilitätsgebiet in der $\varkappa$-φ-Ebene ermitteln. Anschaulicher ist hierfür die NYQUIST-Ortskurve, d.h. die graphische Darstellung von $f(j\omega) = -1$ bzw.

$$g_s(j\omega)h_s(j\omega) = \frac{-1}{\varkappa}\, e^{\pm j\varphi} \tag{2.6.20}$$

Die NYQUIST-Ortskurve $g_s(j\omega)h_s(j\omega)$ des nominalen offenen Kreises mit Kompensator hat bei stabilisierendem Kompensator die richtige Umschlingungszahl um den kritischen Punkt -1, die sich bei Parameteränderung nicht ändern darf. Anstatt die durch $\varkappa$ und φ modifizierte Ortskurve zu zeichnen, ist es einfacher, die nominale Ortskurve für $g_s(j\omega)h_s(j\omega)$ gemäß (2.6.20) mit einer Umgebung des Punktes -1 zu vergleichen, die sich bei Variation von $\varkappa$ und φ auf der rechten Seite von (2.6.20) ergibt. Es ist üblich, einen Kreis mit Radius ρ um den Punkt -1 in der NYQUIST-Ebene zu wählen. Es ist dann

$$\rho^2 = (1 - \frac{1}{\varkappa} e^{-j\varphi})(1 - \frac{1}{\varkappa} e^{j\varphi}) = 1 - \frac{2}{\varkappa} \cos\varphi + \frac{1}{\varkappa^2}$$

In Bild 2.19a sind zwei solche Kreise mit den Radien $\rho = 0{,}5$ bzw. $\rho = 1$ eingezeichnet, Bild 2.19b zeigt die entsprechenden zulässigen Unsicherheitsbereiche in der $\varkappa$-φ-Ebene um den Punkt $\varkappa = 1$, $\varphi = 0$, die über den geometrischen Zusammenhang

$$\varkappa_{1,2} = \frac{1}{\cos\varphi \pm \sqrt{\cos^2\varphi - 1 + \rho^2}} \qquad (2.6.21)$$

abgebildet wurden. Der Punkt A z.B. liefert $\varphi = 60^\circ$ Phasenreserve für $\varkappa = 1$ usw. Wenn die NYQUIST-Ortskurve von $g_s(j\omega)h_s(j\omega)$ die Kreisscheibe für $\rho = 1$ ganz vermeidet (s. gestricheltes Beispiel), dann ist damit 60° Phasenreserve und eine Amplitudenreserve von $0{,}5 < \varkappa < \infty$ garantiert.

Mit Bild 2.19b haben wir also rückwärts konstruiert, welche Annahmen über die Amplituden-und Phasen-Unsicherheit einfach zu behandeln sind. Im Gegensatz zu dieser Betrachtungsweise strebt man bei der robusten Regelung für strukturierte Parameterunsicherheiten einen Reglerentwurf für gegebene Unsicherheitsbereiche der Streckenparameter an.

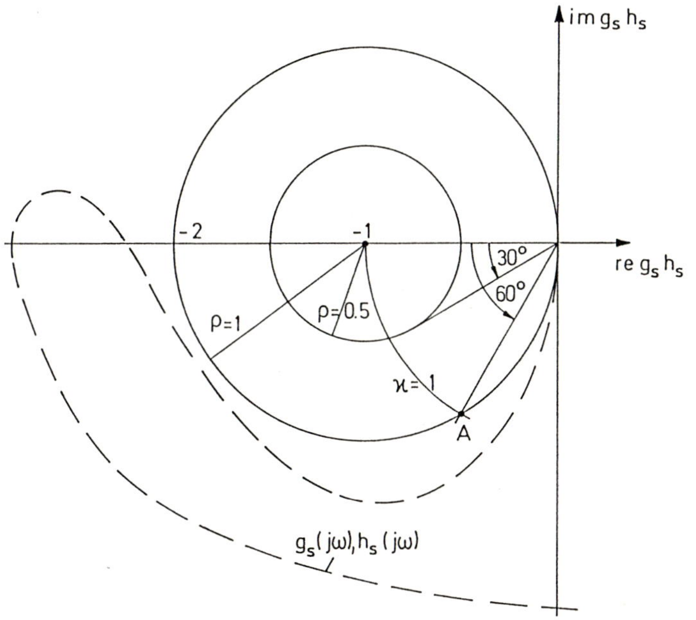

Bild 2.19a Stabilitätsreserven in der NYQUIST-Ebene

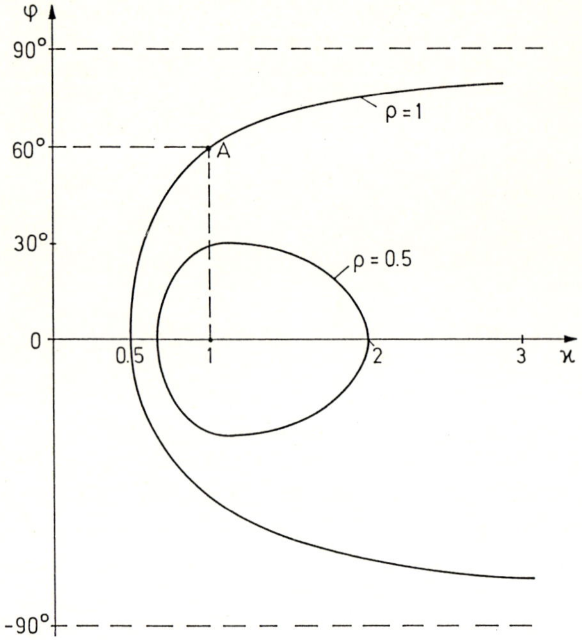

Bild 2.19b Zulässige Unsicherheitsbereich in der $\varkappa$-φ-Ebene, die den Kreisen um -1 in der NYQUIST-Ebene entsprechen

Anmerkung 2.2

Der Kreis mit $\rho = 1$ spielt eine wichtige Rolle in der regelungstechnischen Literatur. Man kann nämlich zeigen, daß eine Zustandsvektor-Rückführung $u = -\mathbf{k}'\mathbf{x}$, die über einen RICCATI-Entwurf bestimmt wurde, zu einer NYQUIST-Ortskurve führt, die den Kreis für $\rho = 1$ vermeidet. Dabei wird $\mathbf{k}$ so bestimmt, daß das folgende Gütefunktional minimiert wird

$$J = \int_0^\infty (\mathbf{x}'\mathbf{Q}\mathbf{x} + u^2)dt \qquad (2.6.22)$$

mit $\mathbf{Q} = \mathbf{H}\mathbf{H}'$ positiv semidefinit. Außerdem muß $(\mathbf{F},\mathbf{g})$ steuerbar und $(\mathbf{F},\mathbf{H})$ beobachtbar sein.

Ein solcher Entwurf führt zu einer Übertragungsfunktion des offenen Kreises, die wie $1/s$ gegen Unendlich geht. Daher läuft die NYQUIST-Ortskurve wie $1/j\omega = -j/\omega$ von der negativ imaginären Richtung in den Nullpunkt. Hier müssen Korrekturen des Entwurfsverfahrens vorgenommen werden [81.15], wenn die Übertragungsfunktionen von u zu den verwendeten Sensoren einen Polüberschuß größer als Eins haben. □

Man kann nun eine **Stabilitätsreserve** ρ_m definieren als den geringsten Abstand der NYQUIST-Ortskurve $g_s(j\omega)h(j\omega)$ vom Punkt -1, d.h.

$$\rho_m := \min_{\omega} |1+g_s(j\omega)h_s(j\omega)| \tag{2.6.23}$$

Anders ausgedrückt: ρ_m ist der Radius der größten Kreisscheibe um den Punkt -1, der von der NYQUIST-Ortskurve vermieden wird, siehe Bild 2.20. Ein Entwurfsziel ist ein großes ρ_m, es kann maximal Eins werden.

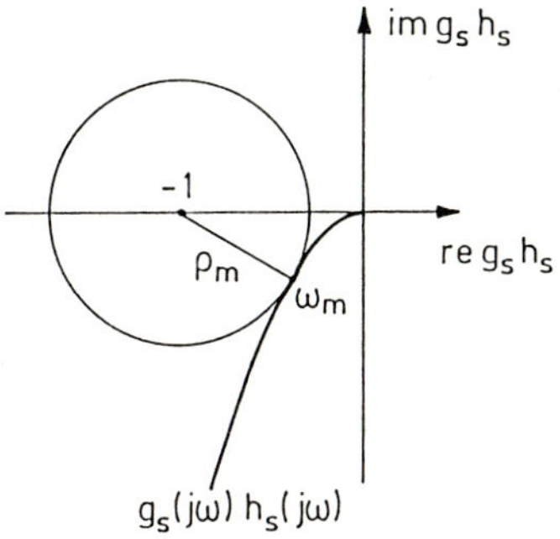

Bild 2.20
Die Stabilitätsreserve ρ_m ist der Radius der größten Kreisscheibe, die von der Nyquist-Ortskurve des offenen Kreises vermieden wird.

Mit Hilfe der Zähler- und Nennerpolynome, wie in (2.5.6) definiert, und (2.5.8) ist

$$1+g_s h_s = \frac{AC+BD}{AC} = \frac{P}{AC} \tag{2.6.24}$$

$$= \frac{\text{charakteristisches Polynom des geschlossenen Kreises}}{\text{charakteristisches Polynom des offenen Kreises}}$$

und die Stabilitätsreserve kann berechnet werden über

$$\rho_m = \min_{\omega} \frac{|P(j\omega)|}{|A(j\omega)||C(j\omega)|} \tag{2.6.25}$$

Beispiel
Gegeben sei die Regelstrecke

$$g_s(s) = \frac{B(s)}{A(s)} = \frac{10}{s(s-10)} \tag{2.6.26}$$

Der Regler wird angesetzt als

$$h_s(s) = \frac{D(s)}{C(s)} = \frac{d_0+d_1 s}{c_0+s}$$

Für den geschlossenen Kreis wird das charakteristische Polynom

$$P(s) = (s+1)(s^2+s+1) \tag{2.6.27}$$

vorgegeben mit dem Eigenwertmuster nach Bild 2.18 mit a = 1. Es ist

$$P(s) = A(s)C(s) + B(s)D(s)$$

$$s^3 + 2s^2 + 2s + 1 = (s^2-10s)(c_0+s) + 10(d_0+d_1 s).$$

Der Koeffizientenvergleich liefert den Kompensator

$$h_s(s) = \frac{0{,}1+12{,}2s}{12+s}$$

Die Stabilitätsreserve ist

$$\rho_m = \min_{\omega} \frac{|j\omega+1| \times |-\omega^2+j\omega+1|}{|j\omega| \times |j\omega-10| \times |12+j\omega|}$$

$$= \min_{\omega} \sqrt{\frac{(\omega^2+1)[(1-\omega^2)^2+\omega^2]}{\omega^2(\omega^2+100)(144+\omega^2)}}$$

$$= 0{,}0114 \text{ bei } \omega_m = 0{,}9$$

Sie ist also sehr schlecht. Der Grund ist, daß die Pole des geschlossenen Kreises viel näher am Ursprung s = 0 und an der imaginären Achse liegen als die des offenen, so daß die Nennerterme für kleiner ω weit überwiegen.

Wir versuchen die Stabilitätsreserve zu verbessern, indem wir die Eigenwerte auf der negativ reellen Achse verteilen. Die Wahl von

$$P(s) = (s+1)(s+2)(s+50) \tag{2.6.28}$$

führt auf

$$h_s(s) = \frac{10+78{,}2s}{63+s}$$

und $\rho_m = 0{,}671$ bei $\omega_m = 1{,}9$. Dieser Wert sieht günstig aus, führt aber zu einem sehr trägen Einschwingvorgang, der durch den dominanten Pol bei s = -1 geprägt ist. Außerdem ist der Übergang von $T_s \approx 1$ auf

$S_s \approx 1$ in (2.5.5) über ein breites Frequenzband verteilt, was den Kompromiß zwischen Störgröße und Meßrauschen erschwert. Parameter-Unsicherheiten bis zu einer Frequenz $\omega = 50$ werden eventuell nur ungenügend unterdrückt.

Halten wir dagegen den Betrag des Eigenwertes bei $|s| = 10$ auch für den geschlossenen Kreis ein, d.h. vergrößern wir das Eigenwertmuster von (2.6.27) im Maßstab 1:10, so wird

$$P(s) = (s+10)(s^2+10s+100) \qquad (2.6.29)$$

$$h_s(s) = \frac{100+50s}{30+s} \qquad (2.6.30)$$

und $\rho_m = 0{,}316$ bei $\omega_m = 10$. ρ_m ist nur halb so groß wie im Falle von (2.6.28). Trotzdem ist diese Lösung günstiger. Wenn man die Kompensator-Nullstelle bei $s = -2$ in die Rückführung verlegt, erhält man die in Bild 2.18 für $a = 1$ angegebene Sprungantwort, die bei etwa $\omega_n t = 8$, d.h. $t = 0{,}8$ sec bereits ungefähr den stationären Wert erreicht.

□

Das Beispiel sollte verdeutlichen, daß die Stabilitätsreserve im Frequenzbereich zwar einerseits Fehler aufdecken kann, die bei einer allzu formalen Polvorgabe entstehen können, daß sie aber andererseits auch über die Güte eines Reglerentwurfs irreführen kann. Auch eine Pol-Nullstellen-Kürzung nahe der imaginären Achse tritt in ρ_m nicht in Erscheinung, führt aber zu schlecht gedämpften Einschwingvorgängen im Regelungssystem, die entweder im Verlauf von u stören (Kürzung einer Strecken-Nullstelle) oder durch Störgrößen angeregt werden können (Kürzung eines Streckenpols).

In diesem Buch wird die Lage der Eigenwerte als primäres Entwurfskriterium genommen. Die Stabilitätsreserve ρ_m nach (2.6.25) sollte aber zur Analyse des Entwurfs herangezogen werden. Für die Polvorgabe gilt, daß man den Betrag der Eigenwerte des offenen Kreises durch die Schließung nicht wesentlich ändern sollte. Eine Grundregel des Entwurfs lautet: Man soll ein schnelles System schnell lassen und ein langsames langsam lassen.

2.6.3 Stabilitätsreserve im Raum der Reglerparameter

In (2.6.12) macht es keinen Unterschied, ob sich die unsicheren Parameter $\varkappa$ und φ auf die Regelstrecke $g_s(j\omega)$ oder auf den Regler $h_s(j\omega)$ beziehen. Die Struktur des Regleransatzes ist jedoch bekannt und es ist naheliegend, Stabilitätsreserven direkt im Raum der Reglerparameter darzustellen anstatt in der $\varkappa$-φ-Ebene von Bild 2.19b. Bei einer zweidimensionalen grafischen Darstellung ist man allerdings genauso wie bei den $\varkappa$-φ-Parametern auf zwei freie Reglerparameter beschränkt. Heutige Rechnergrafik, beispielsweise auf einem PC, bietet jedoch die Möglichkeit, solche zweidimensionalen Darstellungen in Bruchteilen von Sekunden zu zeichnen, so daß man weitere Reglerparameter on-line ändern kann, um ihren Einfluß schnell überblicken zu können. Wir beschränken uns daher hier in der Darstellung von Stabilitätsreserven in einer k_1-k_2-Ebene, wobei k_1 und k_2 Reglerparameter sind. In dieser Ebene kann man per D-Zerlegung [47.2, 48.2] z.B. das Stabilitätsgebiet darstellen, man kann aber auch Stabilitätsreserven in Form von Abständen der Eigenwerte von der imaginären Achse einführen. Man definiert hierzu ein Gebiet Γ in der linken s-Halbebene, in dem die Eigenwerte des geschlossenen Kreises liegen sollen, Bild 2.21 zeigt ein Beispiel.

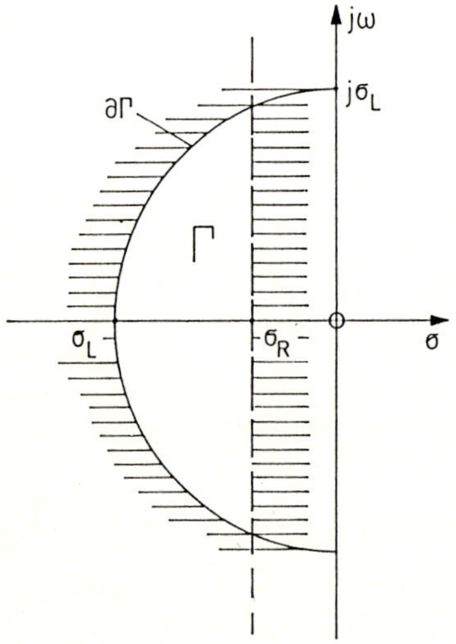

Bild 2.21 Beispiel für ein Polgebiet Γ, in dem die Eigenwerte des geschlossenen Kreises liegen sollen.

Das dargestellte Gebiet Γ ergibt sich aus den Forderungen, daß alle Eigenwerte einen Realteil kleiner als σ_R haben sollen und daß für Frequenzen $\omega > \sigma_L$ in (2.5.5) $T_s(j\omega) \approx 0$ und $S_s(j\omega) \approx 1$ wird, so daß Meßrauschen und Modell-Unsicherheiten bei höheren Frequenzen als $\omega = \sigma_L$ nur noch geringen Einfluß haben.

Bei der Polgebietsvorgabe wird die Berandung $\partial\Gamma$ in die k_1-k_2-Ebene abgebildet. Man erhält damit die zulässige Menge der Reglerparameter, die den Kreis **Γ-stabilisiert**. Die Berandungskurven ergeben sich aus den beiden reellen Grenzen $P(\sigma_R) = 0$ und $P(\sigma_L) = 0$ und aus der komplexen Grenze, die hier stückweise definiert ist.

Beispiel

Wir setzen das Beispiel von (2.6.26) fort mit dem Regleransatz

$$h_s(s) = \frac{d_0+d_1s}{c_0+s} = d_1 + \frac{d_0-d_1c_0}{c_0+s}$$

Bei einem Führungsgrößen-Sprung $w(t) = 1(t)$ ist nach dem Anfangswertsatz der LAPLACE-Transformation, (B.7.2), $u(+0) = d_1$. Bei der letzten Lösung (2.6.30) war $d_1 = 50$. Wir verfolgen nun das Entwurfsziel, diesen Wert zu verkleinern. Die Einhüllende der Lösung soll dabei nicht langsamer abklingen, d.h. wir wählen $\sigma_R = -5$ wie in (2.6.29). Für σ_L geben wir den Wert -20 vor. Damit ist Γ nach Bild 2.21 spezifiziert. Dieses Gebiet Γ soll nun in die d_0-d_1-Ebene abgebildet werden. Für den dritten Reglerparameter c_0 übernehmen wir den Wert 30 aus dem vorhergehenden Entwurfsschritt. Das charakteristische Polynom lautet damit

$$\begin{aligned} P(s) &= A(s)C(s) + B(s)D(s) \\ &= s(s-10)(s+30) + 10(d_0+d_1s) \\ &= s^3 + 20s^2 + (10d_1-300)s + 10d_0 \end{aligned} \qquad (2.6.31)$$

Die rechte reelle Grenze ist

$$P(-5) = -125 + 500 - 50d_1 + 1500 + 10d_0 = 0$$

Dies ergibt die Gerade

$$d_1 = 37{,}5 + 0{,}2d_0 \qquad (2.6.32)$$

Für die linke reelle Grenze P(-20) erhält man entsprechend

$$d_1 = 30 + 0{,}05d_0 \qquad (2.6.33)$$

Auf der komplexen Grenze enthält $P(s)$ einen Faktor $(s-j\omega-\sigma)(s+j\omega-\sigma) = s^2 - 2\sigma s + \sigma^2 + \omega^2$ mit Wertepaaren (σ,ω) auf $\partial\Gamma$. Da wir es hier mit einem System dritter Ordnung zu tun haben, verbleibt noch ein Restpolynom ersten Grades, d.h.

$$P(s) = (s^2-2\sigma s+\sigma^2+\omega^2)(s+r)$$

$$= s^3 + (r-2\sigma)s^2 + (\sigma^2+\omega^2-2\sigma r)s + (\sigma^2+\omega^2)r \qquad (2.6.34)$$

Auf der Parallelen zur imaginären Achse ist $\sigma = -5$ und ω^2 frei in dem Intervall $0 \le \omega^2 \le 20^2-5^2 = 375$ (Spitze von $\partial\Gamma$ in Bild 2.21).

$$P(s) = s^3 + (r+10)s^2 + (25+\omega^2+10r)s + (25+\omega^2)r$$

Der Koeffizientenvergleich mit (2.6.31) ergibt

$$r + 10 = 20 \rightarrow r = 10$$

$$25 + \omega^2 + 10r = 10d_1 - 300 \quad , \quad d_1 = 42{,}5 + 0{,}1\omega^2$$

$$(25+\omega^2)r = 10d_0 \quad , \quad d_0 = 25 + \omega^2$$

Allgemein erhält man eine solche parametrische Kurvendarstellung $d_0(\omega^2)$, $d_1(\omega^2)$. In diesem einfachen Beispiel kann man noch ω^2 eliminieren und erhält das Geradenstück

$$d_1 = 40 + 0{,}1d_0 \quad , \quad 25 \le d_0 \le 400 \qquad (2.6.35)$$

Für den Bandbreitenkreis als Teil der komplexen Grenze gilt $\sigma^2 + \omega^2 = 400$ und (2.6.34) lautet mit σ als freiem Parameter in dem Intervall $-20 \le \sigma \le -5$

$$P(s) = s^3 + (r-2\sigma)s^2 + (400-2\sigma r)s + 400r$$

Der Vergleich mit (2.6.34) ergibt

$$r - 2\sigma = 20 \quad , \quad r = 20 + 2\sigma$$

$$400 - 2\sigma r = 10d_1 - 300$$

$$400r = 10d_0$$

Die Abbildung der Grenze ist also

$$d_0 = 800 + 80\sigma \quad , \quad d_1 = 70 - 4\sigma - 0{,}4\sigma^2 \quad , \quad -20 \le \sigma \le -5 \qquad (2.6.36)$$

In Bild (2.22) sind die vier Teile der Begrenzung abgebildet. Auf der Grenze $P(\sigma_L) = 0$ liegt ein Pol bei $s = -20$, bei A ist es ein doppelter Pol und die Bandbreitengrenze zweigt ab. Bei B trifft sie auf die

Parallele zur imaginären Achse. Diese erreicht bei C einen doppelten Pol bei s = -5 und damit die reelle Grenze $P(\sigma_R) = 0$. Die Eigenwerte liegen genau dann in Γ, wenn (d_0, d_1) aus K_Γ gewählt wird. Der vorhergehende Entwurfsschritt hatte den Punkt E ergeben ($d_1 = 50$, $d_0 = 100$). Das kleinste d_1 ist 42,5 mit $d_0 = 25$.

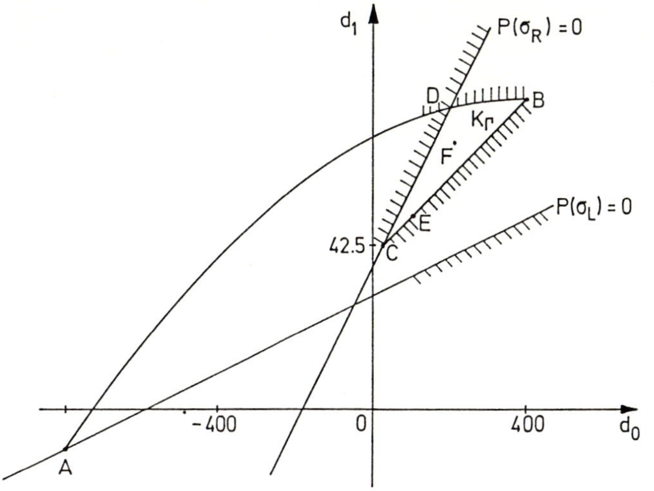

Bild 2.22 D-Zerlegung in der Ebene der Reglerparameter d_0 und d_1

Als nächstes wollen wir den Reglerpol bei $-c_0 = -30$ variieren, um seinen Einfluß auf die Lage der Ecke C zu untersuchen. Aus

$$P(s) = s(s-10)(s+c_0) + 10(d_0+d_1 s) = (s+5)^2(s+\alpha)$$

folgt $d_1 = 22{,}5+2\alpha$, $d_0 = 2{,}5\alpha$, $c_0 = 20+\alpha$. Im zulässigen Intervall $5 \leq \alpha \leq 20$ wird das Minimum von d_1 erreicht mit $\alpha = 5$, $d_1 = 32{,}5$, $d_0 = 12{,}5$, $c_0 = 25$. Man kann also mit einem Regler erster Ordnung ein minimales $u(+0) = d_1 = 32{,}5$ erreichen. Der geschlossene Kreis hat dann einen dreifachen Eigenwert bei s = -5. Dies ist lokal ein sehr empfindlicher Punkt, wie man z.B. anhand der Wurzelortskurve in der Umgebung dieses Verzweigungspunktes sieht.

Auch in der D-Zerlegung ist zu erkennen, daß mit der Minimierung von d_1 andere Spielräume verschwinden. Der Winkel bei C in Bild 2.22 wird durch die Änderung auf $c_0 = 25$ zu Null. Entlang der Geraden $d_1 = 30 + 0{,}2d_0$ erhält man einen reellen und zwei komplexe Pole auf der Grenze $\sigma = -5$. Dabei ist $d_1 = 0{,}1\omega^2 + 32{,}5$. Wählt man für das komplexe Paar z.B. eine Dämpfung $1/\sqrt{2}$, so ist $\omega^2 = 50$, $d_1 = 37{,}5$, $d_0 = 37{,}5$. Hiermit wird $u(+0) = 37{,}5$ und, wenn man die Nullstelle bei $s = -1$ und den Pol bei $s = -25$ aus dem Vorwärtszweig herausnimmt, verbleibt die Antwort auf einen Sprung der Führungsgröße nach Bild 2.16, mittlere Kurve mit $\omega_n = \sqrt{50} = 7.07$.

Eine Stabilitätsreserve wird durch die Wahl des Gebiets Γ festgelegt. Man könnte ebensogut eine modifizierte NYQUIST-Ortskurve für Werte $\sigma + j\omega$ auf der Berandung $\partial\Gamma$ berechnen. Wenn diese Kurve zusätzlich noch eine Stabilitätsreserve ρ als Mindestabstand vom kritischen Punkt 1 haben soll, darf man den Regler nicht auf der Berandung von K_Γ wählen. In Bild 2.22 drückt sich eine Amplitudenreserve $\varkappa$ in einem gemeinsamen Faktor von d_0 und d_1, also im Abstand vom Ursprung, aus. Eine Phasenänderung entspricht einer Änderung der Lage der Regler-Nullstelle bei $-d_0/d_1$. Die Phase ändert sich also nicht auf einem Strahl vom Ursprung, aber stark auf einem Kreisbogen. Man kann durch Wahl eines inneren Punktes die zusätzliche Stabilitätsreserve im Frequenzbereich beeinflussen, günstig wäre in diesem Sinne etwa der Punkt F in Bild 2.22. Auch der Effekt von ungenauer Implementierung von d_0 und d_1 im Regler ist im Punkt F besonders gering.

Anmerkung 2.3
Die Polgebietsvorgabe erlaubt es, für eine Familie von Regelstrecken einen simultanen Entwurf durchzuführen. Bei der strukturierten Parameter-Unsicherheit der Laufkatze nach (2.5.9) kann man z.B. einen simultanen Entwurf für die vier Extremkombinationen von Seillänge ℓ und Lastmasse m_L durchführen. Für jeden Betriebsfall ergibt sich ein anderes K_Γ, deren Schnittmenge beschreibt alle simultanen Γ-Stabilisierer, siehe hierzu den zweiten Band der zweiten Auflage dieses Buchs.

Anmerkung 2.4
Eine D-Zerlegung läßt sich auch im Raum der Streckenparameter durchführen. Für die Verladebrücke mit einem simultan Γ-stabilisierenden Regler zum Beispiel kann man eine Robustheitsanalyse in der m_L-ℓ-Ebene durchführen, indem man $\partial\Gamma$ in diese Ebene abbildet und mit dem durch (2.5.9) beschriebenen rechteckigen Betriebsbereich vergleicht [87.3].

2.6.4 Der Eigenwert-Schwerpunkt

Das System

$$\dot{\mathbf{x}} = \mathbf{F}\mathbf{x} + \mathbf{g}u \tag{2.6.37}$$

hat das charakteristische Polynom

$$\begin{aligned} P(s) &= \det(s\mathbf{I}-\mathbf{F}) \\ &= p_0 + p_1 s + \ldots + p_{n-1}s^{n-1} + s^n \\ &= (s-s_1)(s-s_2)\ \ldots\ (s-s_n) \end{aligned} \tag{2.6.38}$$

Der Eigenwert-Schwerpunkt ist definiert als

$$s_{sp} = \frac{1}{n}(s_1+s_2+\ldots+s_n) \tag{2.6.39}$$

Aus (2.6.38) folgt

$$s_{sp} = -\frac{1}{n}p_{n-1} = \frac{1}{n}\,\mathrm{spur}\,\mathbf{F} \tag{2.6.40}$$

Der Eigenwert-Schwerpunkt spielt bei der Polvorgabe deshalb eine Rolle, weil er in bestimmten Situationen nicht verändert werden kann. Betrachten wir etwa die Zustandsdarstellung einer Regelstrecke (2.6.37), bei der u durch ein Stellglied mit dem Zustandsvektor $\mathbf{x}_S$ erzeugt wird.

$$\begin{bmatrix}\dot{\mathbf{x}}\\ \dot{\mathbf{x}}_S\end{bmatrix} = \begin{bmatrix}\mathbf{F} & \mathbf{g}\mathbf{c}_S' \\ \mathbf{0} & \mathbf{F}_S\end{bmatrix}\begin{bmatrix}\mathbf{x}\\ \mathbf{x}_s\end{bmatrix} + \begin{bmatrix}0\\ \mathbf{g}_S\end{bmatrix}u \tag{2.6.41}$$

Oft werden nur die Zustandsgrößen $\mathbf{x}$ der Regelstrecke zurückgeführt, also

$$u = -[\mathbf{k}' \quad 0]\begin{bmatrix}\mathbf{x}\\ \mathbf{x}_S\end{bmatrix}$$

$$\begin{bmatrix}\dot{\mathbf{x}}\\ \dot{\mathbf{x}}_S\end{bmatrix} = \begin{bmatrix}\mathbf{F} & \mathbf{g}\mathbf{c}_S' \\ -\mathbf{g}_S\mathbf{k}' & \mathbf{F}_S\end{bmatrix}\begin{bmatrix}\mathbf{x}\\ \mathbf{x}_S\end{bmatrix} \tag{2.6.42}$$

Die Spur der neuen Dynamik-Matrix und damit der Eigenwert-Schwerpunkt wird durch $\mathbf{k}'$ nicht verändert. Er kann nur geändert werden, wenn auch $\mathbf{x}_S$ zurückgeführt wird. Hat man andererseits die Stellglieddynamik vernachlässigt und versucht, den Schwerpunkt der Eigenwerte der Regelstrecke weit nach links zu schieben, so werden die Stellgliedeigenwerte entsprechend weit nach rechts verschoben und können zu trägem oder gar instabilem Verhalten führen.

Der gleiche Effekt zeigt sich bei der Darstellung durch Übertragungsfunktionen, wenn die Regelstrecke einen Polüberschuß von zwei hat, also

$$g_s(s) = \frac{B(s)}{A(s)} = \frac{b_0+\ldots+b_{n-2}s^{n-2}}{a_0+\ldots+a_{n-1}s^{n-1}+s^n} \tag{2.6.43}$$

Der Regler wird angesetzt als

$$h_s(s) = \frac{D(s)}{C(s)} = \frac{d_0+\ldots+d_m s^m}{c_0+\ldots+c_{m-1}s^{m-1}+s^m} \tag{2.6.44}$$

das charakteristische Polynom des offenen Kreises ist A(s)C(s), sein Eigenwertschwerpunkt liegt bei

$$s_{sp} = \frac{-1}{n+m}(a_{n-1}+c_{m-1}) \tag{2.6.45}$$

Er bleibt unverändert bei Schließung des Kreises, denn dessen charakteristisches Polynom lautet

$$P(s) = A(s)C(s) + B(s)D(s)$$

$$= s^{n+m} + (a_{n-1}+c_{m-1})s^{n+m-1} + (a_{n-2}+a_{n-1}c_{m-1}+c_{n-2}+b_{n-2}d_m)s^{n+m-2} + \ldots \tag{2.6.46}$$

Dies hatte im vorher behandelten Beispiel dazu geführt, daß ein weit links liegender Reglerpol bei $s_3 = -c_0 = -25$ erforderlich wurde, um den Gesamt-Schwerpunkt nach

$$s_{sp} = \frac{0+10-25}{3} = -5$$

zu legen. Der Reglerpol bei $c_0 = -25$ bewirkt, daß die anfängliche Spitze von u(+0) sehr rasch abklingt, aber dafür in der Amplitude umso größer wird. Mit einem Regler zweiter Ordnung mit doppeltem Pol $(s+c)^2 = s^2 + 2c + c^2$, $c_{m-1} = c_1 = 2$, erhielte man den unveränderten Eigenwertschwerpunkt bei -5 aus

$$s_{sp} = \frac{0+10-2c}{4} = -5$$

zu c = 15.

Entsprechend wie p_{n-1} die Summe der Eigenwerte beschreibt, stellt p_0 deren Produkt dar, es ist nämlich

$$p_0 = \det(-\mathbf{F}) = (-1)^{n+1}\det\mathbf{F} = (-1)^{n+1}s_1 s_2 \ldots s_n \qquad (2.6.47)$$

Bei der Schließung des Kreises gemäß (2.6.46) ist

$$p_0 = a_0 c_0 + b_0 d_0 \qquad (2.6.48)$$

Das Produkt aller Eigenwerte des offenen Kreises ist $(-1)^{n+m+1}a_0c_0$, es wird bei Schließung des Kreises um $(-1)^{n+m+1}b_0d_0$ verändert.

2.7 Zustands- und Ausgangsvektor-Rückführung

In Abschnitt 2.5.4 wurde bereits eine Regelkreisstruktur mit Beobachter und Zustandsvektor-Rückführung diskutiert. Bei mehreren Meßgrößen kommt auch eine proportionale Ausgansvektor-Rückführung ohne Dynamik infrage. Die bei solchen Regelkreisstrukturen benötigten Zusammenhänge zwischen Eigenwerten und Rückführ-Verstärkungen werden in diesem Kapitel zusammengestellt und auf die Verladebrücke angewendet. Die Herleitung dieser Beziehungen erfolgt an späterer Stelle für den Fall diskreter Zeit.

2.7.1 Berechnung des charakteristischen Polynoms

Bei einem System

$$\dot{\mathbf{x}} = \mathbf{F}\mathbf{x} + \mathbf{g}u \qquad (2.7.1)$$

wird der Ausgangsvektor

$$\mathbf{y} = \mathbf{C}\mathbf{x} \qquad (2.7.2)$$

gemessen und über

$$u = -\mathbf{k}_y'\mathbf{y} + w \qquad (2.7.3)$$

auf den Eingang u zurückgeführt, d.h. es wird

$$\dot{\mathbf{x}} = (\mathbf{F}-\mathbf{g}\mathbf{k}_y'\mathbf{C})\mathbf{x} + \mathbf{g}w \qquad (2.7.4)$$

Für das charakteristische Polynom des geschlossenen Kreises wird die Schreibweise

$$P(s) = p_0 + p_1 s + \ldots + p_{n-1}s^{n-1} + s^n = [\mathbf{p}' \quad 1]\mathbf{s}_n \qquad (2.7.5)$$

$$\mathbf{p}' = [p_0 \quad p_1 \ldots p_{n-1}]\ , \ \mathbf{s}_n' = [1 \quad s \ldots s^n]$$

eingeführt. Damit wird ein Polynom durch seinen Koeffizientenvektor $\mathbf{p}'$ charakterisiert.

Im offenen Kreis ist

$$Q(s) = \det(s\mathbf{I}-\mathbf{F}) = [\mathbf{q}' \quad 1]\mathbf{s}_n \qquad (2.7.6)$$

und im geschlossenen

$$P(s) = \det(s\mathbf{I}-\mathbf{F}+\mathbf{g}\mathbf{k}_y'\mathbf{C}) = [\mathbf{p}' \quad 1]\mathbf{s}_n \qquad (2.7.7)$$

Der Zusammenhang $\mathbf{p} = \mathbf{p}(\mathbf{k}_y)$ wird in diesem Abschnitt betrachtet. Für numerisch gegebene $\mathbf{F}$, $\mathbf{g}$, $\mathbf{k}_y$ und $\mathbf{C}$ können die Eigenwerte in $p(s) = (s-s_1)(s-s_2) \ldots (s-s_n)$ über ein Eigenwert-Rechenprogramm ermittelt werden. Dabei geht jedoch die Einsicht in die Zusammenhänge verloren.

Führt man die Determinanten-Berechnung symbolisch für unbestimmtes $\mathbf{k}_y$ aus, so treten zunächst nichtlineare Terme aus Produkten von Elementen von $\mathbf{k}_y$ auf, die schließlich alle wieder herausfallen, da der Zusammenhang zwischen $\mathbf{p}$ und $\mathbf{k}_y$ linear ist. Einfacher ist es, von der Übertragungsfunktion des in der Rückführung noch offenen Kreises gemäß Bild 2.23 auszugehen.

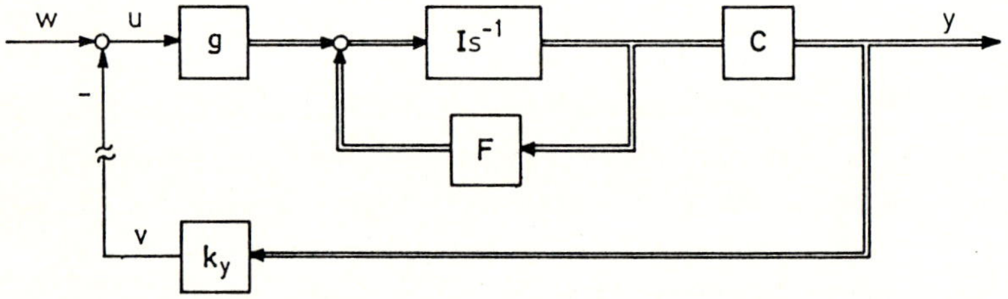

Bild 2.23 Zur Schließung des Regelkreises in der skalaren Rückführung v

Die Übertragungsfunktion des offenen Kreises von u nach v ist

$$f_{0s} = \mathbf{k}_y'\mathbf{C}(s\mathbf{I}-\mathbf{F})^{-1}\mathbf{g} \qquad (2.7.8)$$

Die Resolvente $(s\mathbf{I}-\mathbf{F})^{-1}$ kann wie in (2.3.8), z.B. mit dem LEVERRIER-Algorithmus, ausgerechnet werden als $(s\mathbf{I}-\mathbf{F})^{-1} = \mathbf{D}(s)/Q(s)$.

Damit ist

$$f_{0s} = \frac{1}{Q(s)} \mathbf{k}_y'\mathbf{C}\mathbf{D}(s)\mathbf{g} \tag{2.7.9}$$

Bei Schließung des Kreises über $u_s = w_s - v_s = w_s - f_{0s}u_s$ wird

$$u_s = \frac{1}{1+f_{0s}} w_s = \frac{Q(s)}{Q(s)+\mathbf{k}_y'\mathbf{C}\mathbf{D}(s)\mathbf{g}} w_s \tag{2.7.10}$$

$$y_s = \frac{\mathbf{C}\mathbf{D}(s)\mathbf{g}}{Q(s)+\mathbf{k}_y'\mathbf{C}\mathbf{D}(s)\mathbf{g}} w_s$$

Die Nullstellen von $\mathbf{C}\mathbf{D}(s)\mathbf{g}$ werden durch die Schließung nicht beeinflußt (allenfalls durch Kürzung). Die Pole ergeben sich aus dem charakteristischen Polynom des geschlossenen Kreises

$$P(s) = Q(s) + \mathbf{k}_y'\mathbf{C}\mathbf{D}(s)\mathbf{g} \tag{2.7.11}$$

Hierin tritt die folgende Matrix auf

$$\mathbf{D}(s)\mathbf{g} = [\mathbf{D}_0\mathbf{g},\ \mathbf{D}_1\mathbf{g}\ \ldots\ \mathbf{D}_{n-1}\mathbf{g}]\mathbf{s}_{n-1} =: \mathbf{W}\mathbf{s}_{n-1} \tag{2.7.12}$$

In Koeffizientenvektoren geschrieben erhält (2.7.11) die Gestalt

$$[\mathbf{p}'\quad 1]\mathbf{s}_n = [\mathbf{q}'\quad 1]\mathbf{s}_n + \mathbf{k}_y'\mathbf{C}\mathbf{W}\mathbf{s}_{n-1}$$

Nach Elimination von $s^n = s^n$ verbleibt

$$\mathbf{p}'\mathbf{s}_{n-1} = \mathbf{q}'\mathbf{s}_{n-1} + \mathbf{k}_y'\mathbf{C}\mathbf{W}\mathbf{s}_{n-1}$$

Und der Koeffizientenvergleich ergibt

$$\mathbf{p}' = \mathbf{q}' + \mathbf{k}_y'\mathbf{C}\mathbf{W} \tag{2.7.13}$$

Bei gegebenem charakteristischem Polynom des offenen Kreises, d.h. $\mathbf{q}'$, und gegebenem $\mathbf{C}\mathbf{W}$ kann damit zu jedem Rückführvektor $\mathbf{k}_y'$ das charakteristische Polynom des geschlossenen Kreises, d.h. $\mathbf{p}'$, auf einfache Weise berechnet werden. (2.7.13) zeigt, daß die Beziehung zwischen $\mathbf{k}_y$ und $\mathbf{p}$ affin ist, d.h. sie besteht aus einer Nullpunkts-Verschiebung $\mathbf{q}$ und einer linearen Transformation $\mathbf{C}\mathbf{W}$.

Der Fall der Zustandsvektor-Rückführung $u = -\mathbf{k}'\mathbf{x}$ ist in (2.7.13) enthalten mit $\mathbf{C} = \mathbf{I}$. Es wird dann

$$\mathbf{p}' = \mathbf{q}' + \mathbf{k}'\mathbf{W} \tag{2.7.14}$$

Beispiel: Verladebrücke

$\mathbf{Ws}_{n-1} = \mathbf{D}(s)\mathbf{g}$ wurde bereits in (2.3.10) ausgerechnet zu

$$\mathbf{D}(s)\mathbf{g} = \begin{bmatrix} (s^2+g/\ell)/m_K \\ s(s^2+g/\ell)/m_K \\ -s^2/m_K\ell \\ -s^3/m_K\ell \end{bmatrix} = \frac{1}{\ell m_K} \begin{bmatrix} g & 0 & \ell & 0 \\ 0 & g & 0 & \ell \\ 0 & 0 & -1 & 0 \\ 0 & 0 & 0 & -1 \end{bmatrix} \begin{bmatrix} 1 \\ s \\ s^2 \\ s^3 \end{bmatrix}$$

LEVERRIER's Algorithmus liefert zugleich

$$\mathbf{q}' = [0 \quad 0 \quad \omega_L^2 \quad 0]\ , \quad \omega_L^2 = \frac{(m_L+m_K)g}{m_K\ell}$$

Der charakteristische Polynomkoeffizienten-Vektor des geschlossenen Kreises wird nach (2.7.14)

$$\mathbf{p}' = [0 \quad 0 \quad \omega_L^2 \quad 0] + \mathbf{k}' \begin{bmatrix} g & 0 & \ell & 0 \\ 0 & g & 0 & \ell \\ 0 & 0 & -1 & 0 \\ 0 & 0 & 0 & -1 \end{bmatrix} \frac{1}{\ell m_K} \tag{2.7.15}$$

Wenn der geschlossene Kreis stabil sein soll, dann muß $P(s) = [\mathbf{p}' \quad 1]\mathbf{s}_n$ ein HURWITZ-Polynom sein. Eine notwendige Bedingung hierfür ist, daß alle Koeffizienten positiv sind. Für die Verladebrücke ergibt sich

Koeffizient	Notwendige Stabilitätsbedingung
$p_0 = k_1 g/\ell m_K$	$k_1 > 0$
$p_1 = k_2 g/\ell m_K$	$k_2 > 0$
$p_2 = [(m_L+m_K)g+k_1\ell-k_3]/\ell m_K$	$k_3 < (m_L+m_K)g+k_1\ell$
$p_3 = (k_2\ell-k_4)/\ell m_K$	$k_4 < k_2\ell$ (2.7.16)

Nach den Gln. (C.1.6) und (C.1.8) ist eine notwendige und hinreichende Stabilitätsbedingung, daß zusätzlich zu den obenstehenden Bedingungen noch $\Delta_3 > 0$ gilt.

$$\Delta_3 = \begin{vmatrix} p_1 & p_3 & 0 \\ p_0 & p_2 & 1 \\ 0 & p_1 & p_3 \end{vmatrix} = p_1p_2p_3 - p_0p_3^2 - p_1^2 > 0$$

$$\Delta_3 = \frac{g}{\ell^3 m_K^3} \left\{ k_2[(m_L+m_K)g+k_1\ell-k_3](k_2\ell-k_4) - k_1(k_2\ell-k_4)^2 - k_2^2 g\ell m_K \right\} > 0 \tag{2.7.17}$$

Wenn die Zustandsvektor-Rückführung für den Fall des leeren Lasthakens $m_L = m_{Lmin}$ stabil ausgelegt ist, dann ist sie auch für alle größeren Lasten stabil, da eine Vergrößerung von m_L wegen $k_2 > 0$ zur Vergrößerung von Δ_3 beiträgt.

In der Form der Stabilitätsbedingungen (2.7.16) und (2.7.17) läßt sich der Einfluß der Rückführverstärkungen erkennen. Wir hatten bereits in Abschnitt 2.3.6 festgestellt, daß zur Beobachtbarkeit des Systems ein Sensor für x_1 erforderlich ist. Dieser wird zur Stabilisierung über ein positives k_1 zurückgeführt.

Zur Stabilisierung ist außerdem $k_2 > 0$ erforderlich, um den Eigenwert-Schwerpunkt des Teilsystems Laufkatze nach links verschieben zu können. Dabei kann die Laufkatzengeschwindigkeit $x_2 = \dot{x}_1$ entweder gemessen oder über einen Differenzierer oder einen Beobachter aus x_1 rekonstruiert werden kann. Wenn nur x_1 zur Verfügung steht, ist also ein Regler mindestens erster Ordnung zur Stabilisierung erforderlich. Sein Pol muß genügend weit links liegen, damit der Eigenwert-Schwerpunkt nach links verschoben wird. Auf die Rückführung von k_3 und k_4 kann verzichtet werden. Für $k_3 = k_4 = 0$ vereinfacht sich die Stabilitätsbedingung (2.7.17) zu

$$\Delta_3 = \frac{k_2^2 g^2 m_L}{\ell^2 m_K^3} > 0 \qquad (2.7.18)$$

Sie ist also stets erfüllt und $u = -[k_1 \quad k_2 \quad 0 \quad 0]$ mit $k_1 > 0$, $k_2 > 0$ stabilisiert alle Verladebrücken. Es zeigt sich aber, daß für $m_L \to 0$ auch $\Delta_3 \to 0$, es lassen sich also für den leeren Lasthaken nur geringe Stabilitätsreserven erreichen. Dies folgte bereits aus (2.3.41) nach der x_3 und x_4 und damit die beiden imaginären Eigenwerte für $m_L \to 0$ die Beobachtbarkeit von x_1 und x_2 aus verlieren. Es empfiehlt sich also, x_3 oder x_4 zurückzuführen. Beide Größen beobachten sich gegenseitig, siehe Bild 2.4. Verwenden wir nur x_3, d.h. $k_4 = 0$, so vereinfacht sich die Bedingung (2.7.17) zu

$$k_3 < m_L g \qquad (2.7.19)$$

Da wir gerade an Stabilitätsreserven für $m_L \to 0$ interessiert sind, muß $k_3 < 0$ gewählt werden. Damit wird auch die Bedingung (2.7.16) erfüllt.

Verwendet man andererseits nur x_4, d.h. $k_3 = 0$, so ergibt sich aus (2.7.17) die nichtlineare Bedingung

$$k_2[(m_L+m_K)g+k_1\ell](k_2\ell-k_4) - k_1(k_2\ell-k_4)^2 - k_2^2 g\ell m_K > 0 \qquad (2.7.20)$$

Der erste Term ist positiv mit $k_4 < k_2\ell$; wird k_4 aber stark negativ gemacht, so dominiert in (2.7.20) schließlich der Term $-k_1k_4^2$, der zur Instabilität führt.

Auch bei Verwendung von k_3 und k_4 bringt es keine Vorteile, k_4 negativer zu machen, als den Wert bei dem $\Delta_3(k_4)$ sein Maximum erreicht. Zusammen mit (2.7.16) ergibt sich als sinnvolles Intervall

$$0 < k_2\ell-k_4 < \frac{k_2}{2k_1}\,[(m_K+m_L)g+k_1\ell-k_3]$$

Anmerkung 2.5

(2.7.16) könnte eine Verstärkungs-Anpassung für die unterschiedlichen Lasten m_L nahelegen. Wenn m_L vor dem jeweiligen Transportvorgang gewogen wird, kann man $k_3 = k_{30}+m_Lg$ bilden, damit sind die p_i und die Eigenwerte des geschlossenen Kreises unabhängig von m_L. Ein solcher Entwurf würde aber unserer Grundregel widersprechen, daß man ein schnelles System schnell und ein langsames System langsam lassen soll.

Anmerkung 2.6

Auch wenn in späteren Abschnitten ein digitaler Regler angesetzt wird, empfiehlt es sich, die Voruntersuchungen zur Reglerstruktur, verwendeten Sensoren und Stellgliedern und sinnvollen Parameterbereichen anhand des analogen Reglers zu untersuchen. Nach der Diskretisierung kommt als zusätzlicher Parameter die Tastperiode T hinzu und alle Zusammenhänge werden unübersichtlicher, so daß man viel früher gezwungen ist, numerische Werte für die Strecken- und Reglerparameter einzusetzen bzw. zu bestimmen. Die Ergebnisse des vorhergehenden Beispiels liefern uns also auch wichtige Einsichten für den Abtastregelkreis.

□

Die numerische Berechnung von **W** kann mit Hilfe eines Eigenwertprogramms erfolgen. Für die n Rückführverstärkungen

$$\begin{bmatrix} \mathbf{k}'_{(1)} \\ \mathbf{k}'_{(2)} \\ \vdots \\ \mathbf{k}'_{(n)} \end{bmatrix} = \begin{bmatrix} 1 & 0 & & \\ 0 & 1 & & \\ & & \ddots & \\ & & & 1 \end{bmatrix} = \mathbf{I}$$

berechnet man jeweils numerisch $\mathbf{p}_i'\mathbf{s}_n = \det[s\mathbf{I}-\mathbf{F}+\mathbf{g}\mathbf{k}'_{(i)}]$. Dann ist

$$\begin{bmatrix} p'_{(1)} \\ \vdots \\ p'_{(n)} \end{bmatrix} = \begin{bmatrix} q' \\ \vdots \\ q' \end{bmatrix} + \mathbf{IW} \quad , \quad \mathbf{W} = \begin{bmatrix} p'_{(1)} - q \\ \vdots \\ p'_{(n)} - q \end{bmatrix} \tag{2.7.21}$$

Die Analyse der Eigenwerte zeigt, ob es Eigenwerte gibt, die durch keine der Rückführungen wesentlich verschoben werden können, d.h. bei der Polvorgabe nicht stark verändert werden.

Die vereinfachte Berechnung des charakteristischen Polynoms nach Bild 2.23 kann auch auf Mehrgrößensysteme übertragen werden. Man schneidet den Kreis bei dem Signal mit den wenigsten Komponenten auf, meist ist das beim Stellglied der Fall. Wenn dies r Signale sind, ist eine Berechnung einer $r \times r$-Determinante erforderlich anstelle einer $n \times n$-Determinante. Für $r = 2$ und $\mathbf{k}_y = [\mathbf{k}_{y1}, \mathbf{k}_{y2}]$ beispielsweise ergibt sich ein Zusammenhang

$$\mathbf{p}' = \mathbf{q}' + \mathbf{k}'_{y1}\mathbf{CW}_1 + \mathbf{k}'_{y2}\mathbf{CW}_2 + \mathbf{k}'_{y1}\mathbf{CW}_3\mathbf{C}'\mathbf{k}_{y2} \tag{2.7.22}$$

2.7.2 Berechnung des Rückführvektors durch Inversion

Wir wollen nun die Frage untersuchen, wann die Beziehung (2.7.13) invertiert werden kann, d.h. wann es zu jedem gewünschten $\mathbf{p}$ ein passendes $\mathbf{k}'_y$ gibt. Das ist offenbar genau dann der Fall, wenn $\mathbf{C}$ und $\mathbf{W}$ invertierbar sind. $\mathbf{C}$ invertierbar heißt, daß n linear unabhängige Sensoren vorhanden sind. Man kann die Zustandsgrößen dann so wählen, daß $\mathbf{C} = \mathbf{I}$, d.h. es liegt eine Zustandsvektor-Rückführung mit $\mathbf{k}_y = \mathbf{k}$ vor.

Wie (A.7.49) zeigt, hat $\mathbf{W}$ den gleichen Rang wie die Steuerbarkeitsmatrix $\mathbf{S}$. D.h. $\mathbf{W}$ ist genau dann invertierbar, wenn $(\mathbf{F},\mathbf{g})$ steuerbar ist. Für ein steuerbares System kann (2.7.14) invertiert werden, d.h.

$$\mathbf{k}' = (\mathbf{p}' - \mathbf{q}')\mathbf{W}^{-1} \tag{2.7.23}$$

Kleine Rückführverstärkungen $\mathbf{k}'$ können erwartet werden, wenn nur kleine Veränderungen $\mathbf{p}' - \mathbf{q}'$ des charakteristischen Polynoms bewirkt werden sollen. Für schlecht steuerbare Systeme ist $\mathbf{W}$ nahezu singulär und große Verstärkungen $\mathbf{k}$ treten auf [67.1, 68.5].

Eine Interpretation der (2.7.23) kann mit Hilfe der Regelungs-Normalform, (A.3.8), gegeben werden. $\mathbf{W}$ transformiert mit $\mathbf{x}_R = \mathbf{W}^{-1}\mathbf{x}$ das System aus der gegebenen Darstellung $\dot{\mathbf{x}} = \mathbf{F}\mathbf{x} + \mathbf{g}u$ in die Regelungsnormalform

$$\begin{aligned} \dot{\mathbf{x}}_R &= \mathbf{F}_R\mathbf{x}_R + \mathbf{g}_R u \\ y &= \mathbf{c}_R'\mathbf{x}_R \end{aligned} \tag{2.7.24}$$

mit

$$\mathbf{F}_R = \begin{bmatrix} 0 & 1 & 0 & & 0 \\ & & 1 & & \\ & & & \cdot & \\ & & & \cdot & \\ & & & & 1 \\ -q_0 & -q_1 & \cdot & \cdot\ \cdot & -q_{n-1} \end{bmatrix}, \quad \mathbf{g}_R = \begin{bmatrix} 0 \\ \cdot \\ \cdot \\ \cdot \\ \cdot \\ 1 \end{bmatrix}$$

$$\mathbf{c}_R' = [r_0 \quad r_1 \quad \cdot\ \cdot\ \cdot \quad r_{n-1}]$$

mit der Übertragungsfunktion

$$\frac{y_s}{u_s} = \frac{r_0 + r_1 s + \ldots + r_{n-1}s^{n-1}}{q_0 + q_1 s + \ldots + q_{n-1}s^{n-1} + s^n} \tag{2.7.25}$$

Eine Zustandsvektor-Rückführung $u = -\mathbf{k}_R'\mathbf{x}_R + w$ bringt das System in die Form

$$\dot{\mathbf{x}}_R = (\mathbf{F}_R - \mathbf{g}_R\mathbf{k}_R')\mathbf{x}_R + \mathbf{g}_R w$$

mit

$$\mathbf{F}_R = \begin{bmatrix} 0 & 1 & & & 0 \\ & & \cdot & & \\ & & & \cdot & \\ & & & & 1 \\ (-q_0 - k_{R1}) & (-q_1 - k_{R2}) & \cdot & \cdot & (-q_{n-1} - k_{Rn}) \end{bmatrix} \tag{2.7.26}$$

Das neue charakteristische Polynom ist

$$\begin{aligned} P(s) &= (q_0 + k_{R1}) + (q_1 + k_{R2})s + \ldots + (q_{n-1} + k_{Rn})s^{n-1} + s^n \\ &= Q(s) + \mathbf{k}_R'\mathbf{s}_{n-1} \end{aligned} \tag{2.7.27}$$

und die Übertragungsfunktion des geschlossenen Kreises

$$\frac{y_s}{w_s} = \frac{r_0+r_1s+\ldots+r_{n-1}s^{n-1}}{p_0+p_1s+\ldots+p_{n-1}s^{n-1}+s^n} \tag{2.7.28}$$

Wir stellen fest:

a) Die Nullstellen der Übertragungsfunktion werden durch Zustandsvektor-Rückführung nicht verändert.

b) Zustandsvektor-Rückführung ändert den charakteristischen Polynomkoeffizienten-Vektor in

$$\mathbf{p}' = \mathbf{q}' + \mathbf{k}_R' \tag{2.7.29}$$

Transformiert man das Regelgesetz auf die ursprünglichen Zustandsgrößen, d.h. $u = -\mathbf{k}_R' = -\mathbf{k}_R'\mathbf{W}^{-1}\mathbf{x} = -\mathbf{k}'\mathbf{x}$, so erhält man $\mathbf{k}_R' = \mathbf{kW}$ und (2.7.29) wird

$$\mathbf{p}' = \mathbf{q}' + \mathbf{k}'\mathbf{W}$$

Diese Beziehung ist mit (2.7.14) identisch, dort wurde der Beweis aber auch für nicht steuerbare Systeme mit $\det \mathbf{W} = 0$ geführt.

Die Möglichkeit einer beliebigen Vorgabe des charakteristischen Polynoms über die Transformation in die Regelungs-Normalform wurde vermutlich zuerst von RISSANEN [60.5] gezeigt.

2.7.3 Berechnung des Rückführvektors über ACKERMANNs Formel

Wir wollen noch eine Alternative zur (2.7.23)

$$\mathbf{k}' = (\mathbf{p}' - \mathbf{q}')\mathbf{W}^{-1} \tag{2.7.30}$$

behandeln, die den Zusammenhang zwischen den Eigenwerten $s_1, s_2 \ldots s_n$ des geschlossenen Kreises und dem Rückführvektor $\mathbf{k}' = \mathbf{k}'(s_1, s_2 \ldots s_n)$ aufzeigt. Es handelt sich um die Lösung von (2.5.16) nach $\mathbf{k}$.

$$P(s) = \det(s\mathbf{I}-\mathbf{F}+\mathbf{gk}') = (s-s_1)(s-s_2)\ \ldots\ (s-s_n) \tag{2.7.31}$$

Wie der Autor gezeigt hat [72.1], ist die eindeutige Lösung dieser Gleichung

$$\mathbf{k}' = \mathbf{e}'\mathbf{P}(\mathbf{F}) \tag{2.7.32}$$

$$\mathbf{e}' := [0 \ \dots \ 0 \quad 1][\mathbf{g}, \mathbf{F}\mathbf{g} \dots \mathbf{F}^{n-1}\mathbf{g}]^{-1}$$

(2.7.32) wird in der Literatur als **ACKERMANNs Formel** bezeichnet. Ein Beweis wird im Anhang A gegeben.

Der **Polvorgabevektor e'** ist die letzte Zeile der invertierten Steuerbarkeitsmatrix. Möglichkeiten zu seiner numerischen Berechnung werden ebenfalls im Anhang A dargestellt. **P(F)** ist das Matrixpolynom, das durch Einsetzen der Dynamikmatrix **F** der Regelstrecke anstelle von s in das gewünschte charakteristische Polynom P(s) entsteht. P(s) kann dabei in beliebiger Form vorgegeben werden, z.B.

$$P(s) = (a_1+b_1s+s^2)(a_2+b_2s+s^2) \ \dots \ (c+s) \tag{2.7.33}$$

wobei der Term (c+s) nur bei ungeradem n auftritt. Es ist dann

$$\mathbf{k}' = \mathbf{e}'(a_1\mathbf{I}+b_1\mathbf{F}+\mathbf{F}^2)(a_2\mathbf{I}+b_2\mathbf{F}+\mathbf{F}^2) \ \dots \ (c\mathbf{I}+\mathbf{F}) \tag{2.7.34}$$

$\mathbf{k}' = \mathbf{k}'(a_i, b_i, c)$ in der Parameterisierung von (2.7.34) mit $a_i > 0$, $b_i > 0$, $i = 1, 2 \dots$, $c > 0$ stellt die Menge aller stabilisierenden Zustandsvektor-Rückführungen dar.

(2.7.34) erlaubt es zum Beispiel, in einem Entwurfsschritt n-2 Eigenwerte festzuhalten und nur den Einfluß eines Polpaars auf **k'** zu untersuchen. Das charakteristische Polynom des offenen Kreises (bzw. das beim vorhergehenden Entwurfsschritt erreichte) sei

$$Q(s) = \det(s\mathbf{I}-\mathbf{F}) = R(s)(w_0+w_1s+s^2) \tag{2.7.35}$$

R(s) soll festgehalten werden, das charakteristische Polynom des geschlossenen Kreises sei

$$P(s) = R(s)(v_0+v_1s+s^2) \tag{2.7.36}$$

Nach (2.7.32) ist

$$\mathbf{k}' = \mathbf{e}'\mathbf{P}(\mathbf{F}) = \mathbf{e}'\mathbf{R}(\mathbf{F})(v_0\mathbf{I}+v_1\mathbf{F}+\mathbf{F}^2)$$

Wir berechnen $\mathbf{e}'_R = \mathbf{e}'\mathbf{R}(\mathbf{F})$ und erhalten

$$\mathbf{k}' = \mathbf{e}'_R(v_0\mathbf{I}+v_1\mathbf{F}+\mathbf{F}^2)$$

$$= [v_0 \quad v_1 \quad 1] \begin{bmatrix} \mathbf{e}'_R \\ \mathbf{e}'_R\mathbf{F} \\ \mathbf{e}'_R\mathbf{F}^2 \end{bmatrix} \tag{2.7.37}$$

Die Zeilen $\mathbf{e}_R'$, $\mathbf{e}_R'\mathbf{F}$ und $\mathbf{e}_R'\mathbf{F}^2$ sind dabei linear abhängig, denn aufgrund der Eindeutigkeit der Polvorgabe muß $\mathbf{k} = \mathbf{0}$ sein, wenn $v_0 = w_0$, $v_1 = w_1$.

$$\mathbf{0}' = [w_0 \quad w_1 \quad 1] \begin{bmatrix} \mathbf{e}_R' \\ \mathbf{e}_R'\mathbf{F} \\ \mathbf{e}_R'\mathbf{F}^2 \end{bmatrix} \tag{2.7.38}$$

Man löst nach $\mathbf{e}_R'\mathbf{F}^2$ auf und setzt in (2.7.37) ein.

$$\mathbf{k}' = [v_0-w_0 \quad v_1-w_1] \begin{bmatrix} \mathbf{e}_R' \\ \mathbf{e}_R'\mathbf{F} \end{bmatrix} \tag{2.7.39}$$

Die beiden Vektoren $\mathbf{e}_R'$ und $\mathbf{e}_R'\mathbf{F}$ spannen den Unterraum des $\mathbf{k}$-Raums auf, in dem R(s) nicht verändert werden kann, d.h. die in R(s) enthaltenen Eigenwerte sind über die Rückführgröße $\mathbf{k}'\mathbf{x}$ nicht beobachtbar. Die Berechnung von zwei Vektoren in der durch $\mathbf{e}_R'$ und $\mathbf{e}_R'\mathbf{F}$ aufgespannten Ebene über die Transformation in SCHUR-Form wird in [81.12, 82.1] behandelt.

Beispiel: Verladebrücke
Den Polvorgabevektor **e'** erhält man aus

$$\mathbf{e}'[\mathbf{g}, \mathbf{F}\mathbf{g}, \mathbf{F}^2\mathbf{g}, \mathbf{F}^3\mathbf{g}] = [0 \quad 0 \quad 0 \quad 1]$$

mit der Steuerbarkeitsmatrix nach (2.3.18)

$$[e_1 \quad e_2 \quad e_3 \quad e_4] \begin{bmatrix} 0 & g_2 & 0 & g_4 f_{23} \\ g_2 & 0 & g_4 f_{23} & 0 \\ 0 & g_4 & 0 & g_4 f_{43} \\ g_4 & 0 & g_4 f_{43} & 0 \end{bmatrix} = [0 \quad 0 \quad 0 \quad 1]$$

$$e_1 = \frac{-1}{f_{43}g_2 - f_{23}g_4} = \ell m_K/g \quad , \quad e_2 = 0$$

$$e_3 = \frac{g_2/g_4}{f_{43}g_2 - f_{23}g_4} = \ell^2 m_K/g \quad , \quad e_4 = 0$$

$$\mathbf{e}' = \frac{\ell m_K}{g} [1 \quad 0 \quad \ell \quad 0] \tag{2.7.40}$$

Im offenen Kreis ist

$$\det(s\mathbf{I}-\mathbf{F}) = s^2(s^2+\omega_L^2) \quad , \quad \omega_L^2 = \frac{(m_L+m_K)g}{m_K\ell}$$

Der doppelte Eigenwert bei s^2 soll im ersten Entwurfsschritt noch nicht verändert werden, also ist $R(s) = s^2$ und

$$\mathbf{e}_R' = \mathbf{e}'\mathbf{F}^2 = [0 \quad 0 \quad -\ell m_K \quad 0]$$

$$\mathbf{e}_R'\mathbf{F} = \mathbf{e}'\mathbf{F}^3 = [0 \quad 0 \quad 0 \quad -\ell m_K]$$

Die Rückführung

$$\mathbf{k}' = (v_0-\omega_L^2)\mathbf{e}_R' + v_1\mathbf{e}_R'\mathbf{F}$$

$$= [0 \quad 0 \quad (\omega_L^2-v_0)\ell m_K \quad -v_1\ell m_K]$$

verschiebt das Polpaar von der imaginären Achse zu den Nullstellen von $v_0 + v_1 s + s^2 = \omega_0^2 + 2\zeta\omega_0 s + s^2$

Unter Verwendung der Dämpfung ζ und der natürlichen Frequenz ω_0 also

$$\mathbf{k}' = [0 \quad 0 \quad (\omega_L^2-\omega_0^2)\ell m_K \quad -2\zeta\omega_0\ell m_K] \qquad (2.7.41)$$

Mit $k_3 = (\omega_L^2-\omega_0^2)\ell m_K$ wird nur die natürliche Frequenz gegenüber ω_L verändert. Für $k_3 = 0$ ist $\omega_0^2 = \omega_L^2$ und $k_4 = -2\zeta\omega_L\ell m_K = -2\zeta\sqrt{(m_L+m_K)m_K g\ell}$. Bild 2.24 illustriert die Wirkung von k_3 und k_4 auf das komplexe Polpaar.

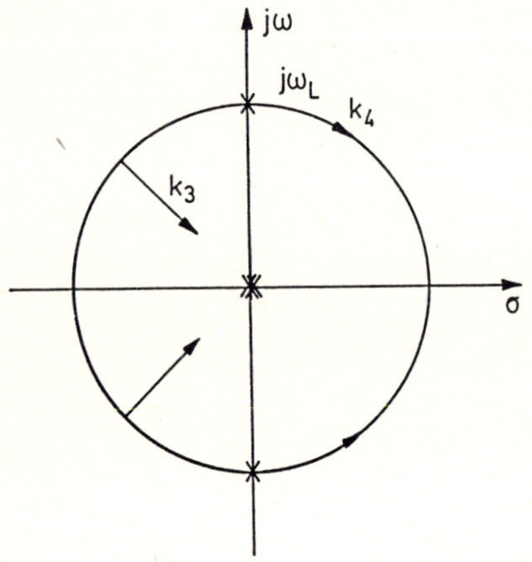

Bild 2.24
Einfluß der Rückführverstärkungen k_3 und k_4 auf die Lastpendel-Schwingung der Verladebrücke

Da wir nicht an einer Frequenzänderung interessiert sind, setzen wir $k_3 = 0$. Wählen wir eine Dämpfung $\zeta = 0{,}5$, so erhalten wir

$$\mathbf{k}'_{(1)} = [0 \quad 0 \quad 0 \quad -\omega_L \ell m_K] \tag{2.7.42}$$

Im nächsten Schritt betrachten wir das System mit dieser Rückführung

$$\mathbf{F}_{(2)} = \mathbf{F} - \mathbf{g}\mathbf{k}'_{(1)} = \begin{bmatrix} 0 & 1 & 0 & 0 \\ 0 & 0 & f_{23} & -g_2 k_4 \\ 0 & 0 & 0 & 1 \\ 0 & 0 & f_{43} & -g_4 k_4 \end{bmatrix} \tag{2.7.43}$$

Wie in (A.7.65) gezeigt wird, ist der Polvorgabevektor $\mathbf{e}'$ rückführungsinvariant, er braucht also nicht neu berechnet zu werden.

Es soll nun das vorher verschobene Polpaar in $R(s) = (\omega_L^2 + \omega_L s + s^2)$ festgehalten werden, während der Doppelpol von $s = 0$ verschoben wird. Es ist mit $\omega_L^2 = (m_L + m_K)g/m_K\ell$

$$\mathbf{e}'_R = \mathbf{e}'R(\mathbf{F}_{(2)}) = \omega_L^2 \mathbf{e}' + \omega_L \mathbf{e}'\mathbf{F}_{(2)} + \mathbf{e}'\mathbf{F}_{(2)}^2$$

$$= [\omega_L^2 \quad \omega_L \quad 1] \begin{bmatrix} 1 & 0 & \ell & 0 \\ 0 & 1 & 0 & \ell \\ 0 & 0 & -g & 0 \end{bmatrix} \frac{\ell m_K}{g}$$

$$\mathbf{e}'_R = \left[(m_L + m_K) \quad \frac{\ell m_K}{g}\omega_L \quad m_L \ell \quad \frac{\ell^2 m_K}{g}\omega_L \right]$$

$$\mathbf{e}'_R \mathbf{F}_{(2)} = [0 \quad (m_L + m_K) \quad -m_K \ell \omega_L \quad \ell m_L]$$

Für den Doppelpol bei $s = 0$ ist $w_0 = w_1 = 0$, er wird verschoben nach den Wurzeln von $v_0 + v_1 s + s^2$ mit der Rückführung

$$\mathbf{k}'_{(2)} = v_0 \mathbf{e}'_R + v_1 \mathbf{e}'_R \mathbf{F}_{(2)} \tag{2.7.44}$$

Wenn wir uns bei dem Realteil der Eigenwerte am Teilsystem Lastpendel mit $\sigma_R = -0{,}5\omega_L$ orientieren, muß $v_1 = \omega_L$ und $v_0 > \omega_L^2/4$ gewählt werden. Damit wird

$$\mathbf{k}_{(2)} = \begin{bmatrix} v_0(m_L + m_K) \\ \omega_L(m_L + m_K + v_0 \ell m_K/g) \\ v_0 m_L \ell - (m_L + m_K)g \\ \omega_L \ell (m_L + v_0 m_K \ell/g) \end{bmatrix} \tag{2.7.45}$$

Wir sind daran interessiert, k_1 nicht zu groß werden zu lassen. Es ist nämlich bei einem typischen Transportvorgang $\mathbf{x}'(0) = [1 \quad 0 \quad 0 \quad 0]$ und das System soll in den Nullzustand gebracht werden. Dabei ist $u(+0) = -\mathbf{k}'\mathbf{x}(0) = -k_1$. Um die anfängliche Kraft $u(+0)$ nicht zu groß werden zu lassen, wählen wir den Minimalwert $v_0 = \omega_L^2/4$, der zu einem Doppelpol bei $s = -0{,}5\omega_L$ führt.

$$\mathbf{k}_{(2)} = (m_L+m_K)\begin{bmatrix} (m_L+m_K)g/4\ell m_K \\ 5\omega_L/4 \\ -g(1-m_L/4m_K) \\ \omega_L\ell(5m_L+m_K)/4(m_L+m_K) \end{bmatrix} \tag{2.7.46}$$

Diese zweite Rückführung kann schließlich mit der ersten von (2.7.42) zusammengefaßt werden zu

$$\mathbf{k} = \mathbf{k}_{(1)}+\mathbf{k}_{(2)} = (m_L+m_K)\begin{bmatrix} (m_L+m_K)g/4\ell m_K \\ 5\omega_L/4 \\ -g(1-m_L/4m_K) \\ \omega_L\ell(5m_L-3m_K)/4(m_L+m_K) \end{bmatrix} \tag{2.7.47}$$

Die mit diesem Regler entstehende Polkonfiguration ist in Bild 2.25 dargestellt.

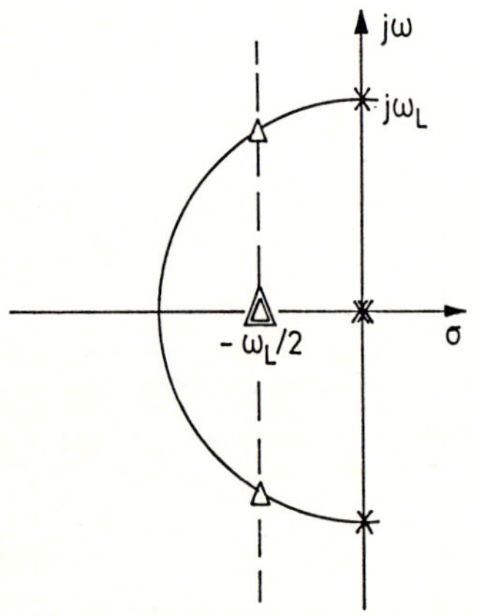

Bild 2.25
Die Pole der Verladebrücke (x) werden durch die Zustandsvektor-Rückführung (2.7.47) so verschoben (Δ), daß sie einen Realteil von $-\omega_L/2$ erhalten.

□

Auf eine andere Form der Gl. (2.7.32) kommt man, indem man das Polynom P(s) zunächst ausmultipliziert. Es sei aber darauf hingewiesen, daß bei weit vom Ursprung entfernten Polen sehr große Unterschiede in den Größenordnungen der p_i auftreten (Beispiel: $P(s) = (s+10)^{10}$). Dadurch entstehende numerische Schwierigkeiten werden vermieden, wenn man nach

(2.7.34) schrittweise vorgeht. Für kleinere Beispiele und bei symbolischem Rechnen ist das Ausmultiplizieren jedoch anwendbar. (2.7.32) läßt sich dann schreiben

$$\mathbf{k}' = \mathbf{e}'(p_0\mathbf{I}+p_1\mathbf{F}+\ldots+p_{n-1}\mathbf{F}^{n-1}+\mathbf{F}^n)$$

$$= [\mathbf{p}' \quad 1]\mathbf{E} \quad , \quad \mathbf{E} := \begin{bmatrix} \mathbf{e}' \\ \mathbf{e}'\mathbf{F} \\ \vdots \\ \mathbf{e}'\mathbf{F}^n \end{bmatrix} \tag{2.7.48}$$

Die Vektoren $\mathbf{e}'$, $\mathbf{e}'\mathbf{F}$, $\mathbf{e}'\mathbf{F}^2\ldots$ werden nacheinander durch jeweils n Multiplikationen berechnet und nicht etwa $\mathbf{F}$, $\mathbf{F}^2$, $\mathbf{F}^3$ durch jeweils n^2 Multiplikationen.

E wird als **Polvorgabematrix** bezeichnet. **E** ist durch ein steuerbares Paar $(\mathbf{F},\mathbf{g})$ eindeutig bestimmt. Umgekehrt kann aus **E** auch das Paar $(\mathbf{F},\mathbf{g})$ realisiert werden und zwar über die Transformation mit **W** aus der Regelungs-Normalform. Der Zusammenhang mit (2.7.30) ergibt sich aus

$$\mathbf{k}' = (\mathbf{p}' - \mathbf{q}')\mathbf{W}^{-1} = [\mathbf{p}' \quad 1]\begin{bmatrix} \mathbf{W}^{-1} \\ -\mathbf{q}'\mathbf{W}^{-1} \end{bmatrix} = [\mathbf{p}' \quad 1]\mathbf{E} \tag{2.7.49}$$

Einige Eigenschaften der Polvorgabematrix werden in Anhang A.7.11 hergeleitet.

Beispiel: Verladebrücke
Mit dem Polvorgabevektor **e** nach (2.7.40) wird die Polvorgabegleichung (2.7.48)

$$\mathbf{k}' = [\mathbf{p}' \quad 1]\begin{bmatrix} \ell m_K/g & 0 & \ell^2 m_K/g & 0 \\ 0 & \ell m_K/g & 0 & \ell^2 m_K/g \\ 0 & 0 & -\ell m_K & 0 \\ 0 & 0 & 0 & -\ell m_K \\ 0 & 0 & (m_K+m_L)g & 0 \end{bmatrix} \tag{2.7.50}$$

2.7.4 Zusammenfassung der Beziehungen zur Polvorgabe

Im Abschnitt 2.7 wurden die Zusammenhänge der Eigenwerte $\{s_i\}$, des charakteristischen Polynomkoeffizientenvektors **p** und der Zustands- bzw. Ausgangsvektor-Rückführung **k** bzw. $\mathbf{k}_y$ gemäß der Gleichung

$$\det(s\mathbf{I}-\mathbf{F}+\mathbf{g}\mathbf{k}') = [\mathbf{p}' \quad 1]\mathbf{s}_n = \prod_{i=1}^{n}(s-s_i) \qquad (2.7.51)$$

bzw. $\mathbf{k}' = \mathbf{k}_y'\mathbf{C}$ untersucht.

Die wichtigsten Zusammenhänge sind in Bild 2.26 dargestellt.

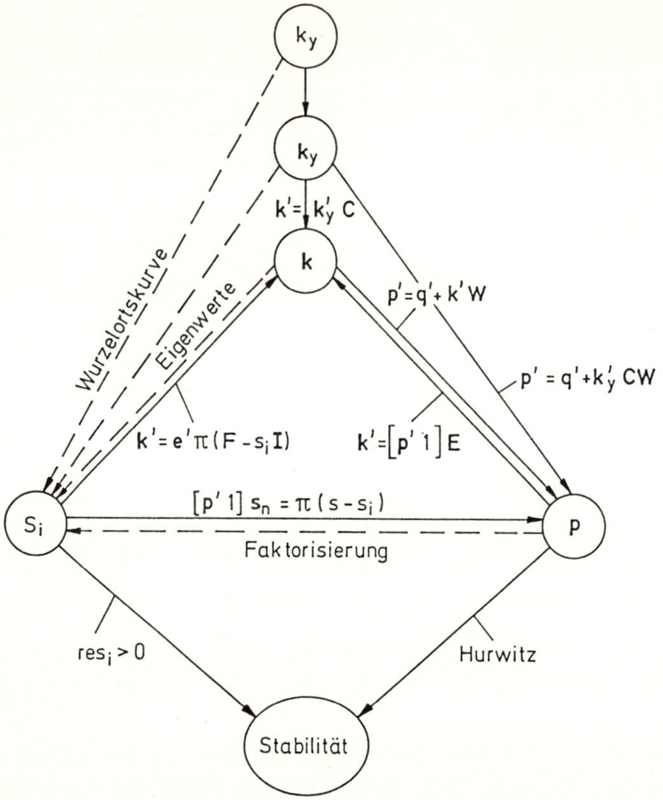

Bild 2.26 Beziehungen zwischen den Größen von (2.7.51). Gestrichelt dargestellte Zusammenhänge können nur numerisch ausgewertet werden.

Die Verallgemeinerung auf Mehrgrößensysteme ($\mathbf{F}$, $\mathbf{G}$) mit einer Zustandsvektor-Rückführung

$$\mathbf{u} = -\mathbf{K}\mathbf{x} \qquad (2.7.52)$$

wird in Kapitel 7 behandelt. Hier wird nur die einfache Möglichkeit behandelt, die zusätzlichen Freiheitsgrade zu verschenken und sich mit Polvorgabe zu begnügen. Bei zyklischer **F**-Matrix ist fast jedes Paar $(\mathbf{F},\mathbf{g}) = (\mathbf{F},\mathbf{G}\boldsymbol{\gamma})$ mit beliebig gewähltem $\boldsymbol{\gamma}$ steuerbar. Man kann also den Stellgrößenvektor **u** aus linear abhängigen Elementen

$$\mathbf{u}[k] = \boldsymbol{\gamma} v[k] \tag{2.7.53}$$

bilden und nur die skalare Eingangsgröße v[k] zur Polvorgabe verwenden, Bild 2.27.

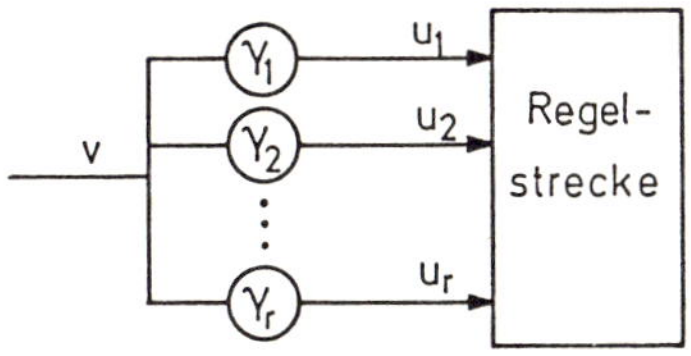

Bild 2.27
Linear abhängige Stellgrößen

Dieser Ansatz wurde in [64.3] gemacht. Ist die Voraussetzung **F** zyklisch nicht erfüllt, so kann vorab eine beliebige Rückführung (2.7.52) verwendet werden. Fast jede solche Rückführung macht $\mathbf{F} - \mathbf{GK}$ zyklisch.

Der Ansatz (2.7.53) hat jedoch den Nachteil, daß alle Stellgrößen $u_1 \ldots u_r$ zum gleichen Zeitpunkt ihre maximale Amplitude haben, dies ist von der Gesamt-Stell-Leistung her nicht wünschenswert und von der Dynamik der Regelstrecke her eine nicht sinnvolle Forderung.

2.8 Übungen

2.1 Transformieren Sie die Zustandsdarstellung (2.1.15) der Verladebrücke und die Meßgleichung (2.1.18) in eine Block-Diagonalform durch Einführen von Position x_1^* und Geschwindigkeit x_2^* des gemeinsamen Schwerpunktes von Laufkatze und Last anstelle der Zustandsgrößen x_1 und x_2.

2.2 Transformieren Sie die Zustandsdarstellung der Verladebrücke, (2.1.15) mit der Lastposition y_L als Ausgang gemäß (2.1.17) in die Beobachtbarkeits-Normalform, s. Anhang A. Welche physikalische Bedeutung haben die neuen Zustandsgrößen?

2.3 Berechnen Sie für die Verladebrücke die Übertragungsfunktion von u zur Laufkatzengeschwindigkeit x_2. Wie lautet das charakteristische Polynom des beobachtbaren Teilsystems?

2.4 Berechnen Sie die Transitionsmatrix der Verladebrücke über die Block-Diagonalform nach Übung 2.1.

2.5 Nehmen Sie bei der Verladebrücke eine konstante Windkraft an, die parallel zu u auf die Last wirkt. Setzen Sie einen Regler an, der eine stationär genaue Positionierung der Last erlaubt. Stellen Sie die Polvorgabe-Formel für dieses System auf.

3 Modellbildung und Analyse von Abtastsystemen

3.1 Diskretisierung der Regelstrecke

3.1.1 Zustandsgleichung des diskreten Systems

Die Regelstrecke sei ein kontinuierliches System, das durch die vektorielle Differentialgleichung

$$\dot{\mathbf{x}}(t) = \mathbf{F}\mathbf{x}(t) + \mathbf{g}u(t) \tag{3.1.1}$$

und die Meßgleichung

$$y(t) = \mathbf{c}'\mathbf{x}(t) \tag{3.1.2}$$

beschrieben werden kann. Die Stellgröße u(t) wird durch ein Halteglied erzeugt, d.h. es ist

$$u(t) = u(kT), \quad kT < t < kT + T \tag{3.1.3}$$

Die Lösung der Differentialgleichung (3.1.1) lautet allgemein

$$\mathbf{x}(t) = e^{\mathbf{F}(t-t_0)}\mathbf{x}(t_0) + \int_{t_0}^{t} e^{\mathbf{F}(t-\tau)}\mathbf{g}u(\tau)d\tau \tag{3.1.4}$$

und für das Intervall, in dem u(τ) nach (3.1.3) konstant ist

$$\mathbf{x}(kT+T) = e^{\mathbf{F}T}\mathbf{x}(kT) + \int_{kT}^{kT+T} e^{\mathbf{F}(kT+T-\tau)}d\tau\mathbf{g}u(kT) \tag{3.1.5}$$

oder mit der Substitution $v = kT+T - \tau$

$$\mathbf{x}(kT+T) = e^{\mathbf{F}T}\mathbf{x}(kT) + \int_{0}^{T} e^{\mathbf{F}v}dv\mathbf{g}u(kT) \tag{3.1.6}$$

Dies ist eine vektorielle Differenzengleichung von der Form

$$\mathbf{x}(kT+T) = \mathbf{A}(T)\mathbf{x}(kT) + \mathbf{b}(T)u(kT) \tag{3.1.7}$$

Auf die geeignete Wahl des Abtastintervalls T wird an späterer Stelle eingegangen. Hier wird T als gegeben betrachtet und die Schreibweise von (3.1.2) und (3.1.7) vereinfacht zu

$$\begin{aligned} \mathbf{x}[k+1] &= \mathbf{A}\mathbf{x}[k] + \mathbf{b}u[k] \\ y[k] &= \mathbf{c}'\mathbf{x}[k] \end{aligned} \tag{3.1.8}$$

Diese Zustandsgleichung des diskreten Systems wird illustriert durch Bild 3.1.

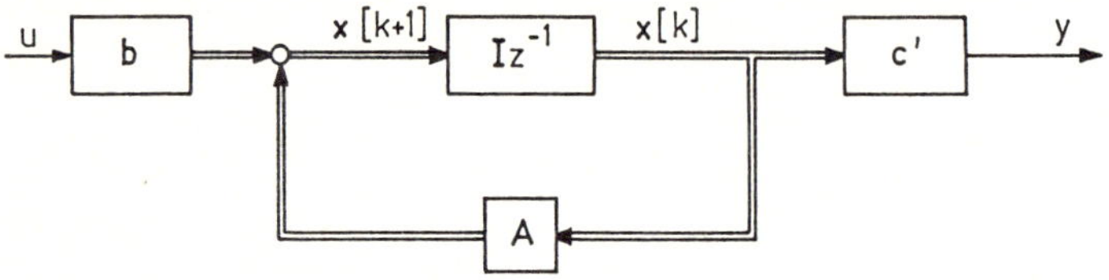

Bild 3.1 Zustandsdarstellung des diskreten Systems

$\mathbf{I}z^{-1}$ bezeichnet n parallele Speicherelemente, die ihre Eingangsfolge, d.h. die Komponenten des Vektors $\mathbf{x}$, um ein Abtastintervall verzögern.

Entsprechend wie bei kontinuierlichen Systemen ist der Typ der Lösungen der Differenzengleichung (3.1.8) durch die Eigenwerte von $\mathbf{A}$ bestimmt, d.h. die Wurzeln des charakteristischen Polynoms $P(z) = \det(z\mathbf{I}-\mathbf{A})$. Für die Dynamikmatrix $\mathbf{A}$ des diskreten Systems gilt nach (3.1.6)

$$\mathbf{A}(T) = e^{\mathbf{F}T} \tag{3.1.9}$$

Daraus folgt, daß jedem Eigenwert s_i der Matrix $\mathbf{F}$ ein Eigenwert von $\mathbf{A}$ bei

$$z_i = e^{s_i T} \tag{3.1.10}$$

mit der gleichen Vielfachheit entspricht. Dies läßt sich einfach zeigen, wenn $\mathbf{F}$ in JORDAN-Form vorliegt, siehe (2.4.8).

Beispiel: Verladebrücke
Der doppelte Eigenwert von **F** bei $s_{1,2} = 0$ bildet sich ab in einen doppelten Eigenwert von **A** bei $z_{1,2} = e^0 = 1$. Das imaginäre Polpaar $s_{3,4} = \pm j\omega_L$ bildet sich ab in ein konjugiert komplexes Paar $z_{3,4} = e^{\pm j\omega_L T}$, d.h. auf dem Einheitskreis unter einem Winkel von $\pm\,\omega_L T$ gegenüber der positiv reellen Achse, siehe Bild 3.2.

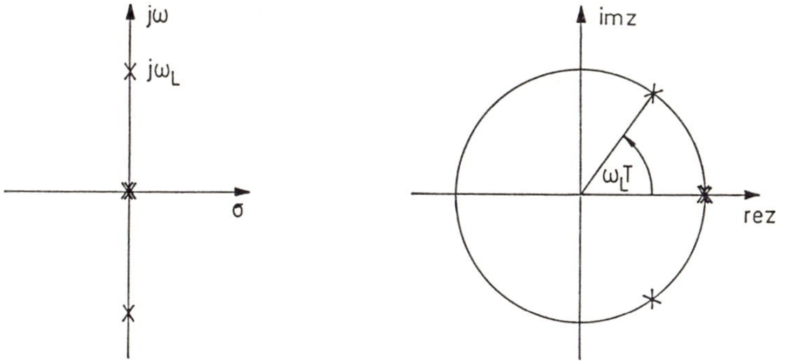

Bild 3.2 Abbildung der Eigenwerte der Verladebrücke über $z = e^{Ts}$.

□

Man beachte, daß die Lage der Eigenwerte in der z-Ebene von der Tastperiode T abhängt. Läßt man $T \to 0$ gehen, so ziehen sich alle Eigenwerte in dem Punkt $z = e^0 = 1$ zusammen.

3.1.2 Berechnung von Dynamik- und Eingangsmatrix

Die diskrete Zustandsdarstellung (3.1.8) wird bestimmt durch die Ausrechnung von **A** und **b**. Diese kann erfolgen durch die Berechnung von **A**(T) nach (3.1.9) und anschließende Integration

$$\mathbf{R} = \int_0^T \mathbf{A}(v)\,dv\,, \quad \mathbf{b} = \mathbf{R}\mathbf{g} \tag{3.1.11}$$

Wird **A** über den Polynomansatz (2.4.10) berechnet, d.h.

$$\mathbf{A} = e^{\mathbf{F}T} = \sum_{i=0}^{n-1} c_i(T)\mathbf{F}^i \tag{3.1.12}$$

so können direkt die Koeffizienten c_i integriert werden

$$\mathbf{R} = \int_0^T e^{\mathbf{F}v}dv = \sum_{i=0}^{n-1} \int_0^T c_i(v)\,dv\,\mathbf{F}^i \tag{3.1.13}$$

Beispiel

$$\dot{\mathbf{x}} = \begin{bmatrix} 0 & 1 \\ 0 & -1 \end{bmatrix}\mathbf{x} + \begin{bmatrix} 0 \\ 1 \end{bmatrix}u \qquad (3.1.14)$$

$$y = [1 \quad 0]\mathbf{x}$$

$$\det(s\mathbf{I}-\mathbf{F}) = s(s+1)$$

Es handelt sich um ein System mit der Übertragungsfunktion $1/s(s+1)$. Nach (2.4.10) existieren c_0 und c_1, so daß

$$e^{\mathbf{F}t} = c_0\mathbf{I} + c_1\mathbf{F}$$

Diese Beziehung wird nicht nur von der Matrix **F**, sondern auch von ihren Eigenwerten s_i erfüllt, d.h.

$$e^{s_i t} = c_0 + c_1 s_i$$

$$\left.\begin{array}{lll} s_1 = 0 & \rightarrow & 1 = c_0 \\ s_2 = -1 & \rightarrow & e^{-t} = c_0 - c_1 \end{array}\right\} c_1 = 1 - e^{-t}$$

$$\mathbf{A} = e^{\mathbf{F}T} = \mathbf{I} + (1-e^{-T})\mathbf{F} = \begin{bmatrix} 1 & 1-e^{-T} \\ 0 & e^{-T} \end{bmatrix}$$

$$\mathbf{R} = \int_0^T e^{\mathbf{F}v}dv = \int_0^T dv\mathbf{I} + \int_0^T (1-e^{-v})dv\mathbf{F}$$

$$= T\mathbf{I} + (T+e^{-T}-1)\mathbf{F} = \begin{bmatrix} T & T+e^{-T}-1 \\ 0 & 1-e^{-T} \end{bmatrix}$$

$$\mathbf{b} = \mathbf{Rg} = \begin{bmatrix} T+e^{-T}-1 \\ 1-e^{-T} \end{bmatrix}$$

und mit T = 1 Zeiteinheit

$$\mathbf{x}[k+1] = \begin{bmatrix} 1 & 0{,}632 \\ 0 & 0{,}368 \end{bmatrix}\mathbf{x}[k] + \begin{bmatrix} 0{,}368 \\ 0{,}632 \end{bmatrix}u[k]$$

□

Für die numerische Berechnung bei Systemen höherer Ordnung ist es vorteilhaft, von der Definition der Matrix-Exponentialfunktion über die Reihe, (2.4.13), auszugehen und die Reihenberechnung geeignet abzubrechen. Da wir zur Berechnung von **b** nach (3.1.11) auch das Integral **R** benötigen, ist es zweckmäßiger, dieses zuerst zu bestimmen.

$$\mathbf{R} = \int_0^T e^{\mathbf{F}v} dv$$

$$= \int_0^T \sum_{m=0}^{\infty} \frac{1}{m!} \mathbf{F}^m v^m dv$$

$$= \sum_{m=0}^{\infty} \frac{1}{m!} \mathbf{F}^m \int_0^T v^m dv$$

$$= T \sum_{m=0}^{\infty} \frac{1}{(m+1)!} \mathbf{F}^m T^m \qquad (3.1.15)$$

Die Matrix **A** erhält man dann aus

$$\mathbf{FR} = \int_0^T \mathbf{F} e^{\mathbf{F}v} dv = e^{\mathbf{F}v} \Big|_0^T = e^{\mathbf{F}T} - \mathbf{I} = \mathbf{A} - \mathbf{I}$$

d.h. die Zustandsdarstellung folgt aus **R** mit

$$\mathbf{A} = \mathbf{I} + \mathbf{FR} \quad , \quad \mathbf{b} = \mathbf{Rg} \qquad (3.1.16)$$

Nach (3.1.15) kommutieren die Matrizen **F** und **R**. Man kann also auch $\mathbf{A} = \mathbf{I} + \mathbf{RF}$ schreiben.

Die numerische Berechnung von **R** erfolgt durch Abbruch der Reihe

$$\mathbf{R} \approx \mathbf{R}_N = T \sum_{m=0}^{N} \frac{1}{(m+1)!} \mathbf{F}^m T^m$$

$$= T \left(\mathbf{I} + \frac{\mathbf{F}T}{2!} + \frac{\mathbf{F}^2 T^2}{3!} + \ldots\ldots \frac{\mathbf{F}^N T^N}{(N+1)!} \right)$$

$$= T \left(\mathbf{I} + \frac{\mathbf{F}T}{2} \left(\mathbf{I} + \frac{\mathbf{F}T}{3} \left(\mathbf{I} + \ldots\ldots \left(\mathbf{I} + \frac{\mathbf{F}T}{(N+1)} \right) \right) \right) \ldots \right) \qquad (3.1.17)$$

Zur Berechnung von $e^{\mathbf{F}T}$ hat KÄLLSTRÖM [73.2] numerisch geeignete Verfahren untersucht. Dabei wird zur Verbesserung der Konvergenz zunächst ein kürzeres Abtastintervall $\tau = T/2^p$ zugrundegelegt und im Ergebnis dann

$$\mathbf{A}(T) = e^{\mathbf{F}T} = \left[e^{\mathbf{F}T/2^p}\right]^{2^p} = \underbrace{\left[\ldots\left[[e^{\mathbf{F}\tau}]^2\right]^2\ldots\right]^2}_{p\ \text{mal}} \tag{3.1.18}$$

gebildet. Nach den Untersuchungen von KÄLLSTRÖM hat es sich bewährt, die Anzahl der Reihenglieder auf N = 8 festzulegen und p so zu wählen, daß

$$\|(\mathbf{F}/2^p)^N/N!\| \le \epsilon \quad , \quad \|(\mathbf{F}/2^{p-1})^N/N!\| > \epsilon$$

wobei ϵ die Maschinengenauigkeit ist. In den in [73.2] untersuchten Beispielen mit regelungstechnisch sinnvoll gewählter Tastperiode T (siehe Abschnitt 4.3) ergab sich p = 3 oder 4.

Eine solche Intervallteilung ist auch bei der Berechnung von $\mathbf{R}(T)$ möglich. Es ist nämlich

$$\mathbf{R}(T) = \int_0^T e^{\mathbf{F}v}dv = \int_0^{T/2} e^{\mathbf{F}v}dv + \int_{T/2}^T e^{\mathbf{F}v}dv$$

$$= \int_0^{T/2} e^{\mathbf{F}v}dv + \int_0^{T/2} e^{\mathbf{F}(v+T/2)}dv$$

$$= (\mathbf{I}+e^{\mathbf{F}T/2})\int_0^{T/2} e^{\mathbf{F}v}dv$$

$$= [\mathbf{I}+\mathbf{A}(T/2)]\mathbf{R}(T/2)$$

Darin ist nach (3.1.16) $\mathbf{A}(T/2) = \mathbf{I}+\mathbf{F}\mathbf{R}(T/2)$, also

$$\mathbf{R}(T) = [2\mathbf{I}+\mathbf{F}\mathbf{R}(T/2)]\mathbf{R}(T/2) \tag{3.1.19}$$

Dies kann mehrfach wiederholt werden, schließlich wird $\mathbf{R}(T/2^m)$ mit (3.1.17) berechnet, worin T durch $T/2^m$ ersetzt wird.

Praktisch benutzt man ein Programm zur Berechnung von **A** und **b**, wie es in üblichen Software-Bibliotheken enthalten ist.

Anmerkung 3.1
Aus der JORDAN-Form von (2.4.8) ist zu ersehen, daß det **A** > 0. Es ist nämlich

$$\det \mathbf{A} = \det e^{\mathbf{F}T} = \Pi e^{s_i T} = e^{\Sigma s_i T} = e^{\mathrm{spur}\,\mathbf{F}T} > 0 \tag{3.1.20}$$

da die Spur von **F**, d.h. die Summe der Eigenwerte von **F** reell ist. Beschreibt (3.1.8) einen Regelalgorithmus oder einen geschlossenen Regelkreis, so kann det **A** auch negativ sein. Besonderheiten treten nur im singulären Fall det **A** = 0 auf, siehe Abschnitt 4.1.

Anmerkung 3.2
Läßt man das Abtastintervall T gegen Null gehen, so nähert sich die Treppenfunktion (3.1.3) einer kontinuierlichen Eingangsgröße und die Differenzengleichung (3.1.7) geht in eine Differentialgleichung über:

$$\mathbf{x}(kT+T) - \mathbf{x}(kT) = (\mathbf{A}(T)-\mathbf{I})\mathbf{x}(kT) + \mathbf{b}(T)u(kT)$$

und mit kT = t und T → 0

$$\lim_{T\to 0} \frac{1}{T} [\mathbf{x}(t+T) - \mathbf{x}(t)] = \lim_{T\to 0} \frac{1}{T} [\mathbf{A}(T)-\mathbf{I}]\mathbf{x}(t) + \lim_{T\to 0} \frac{1}{T} \mathbf{b}(T)u(t)$$

Der Grenzübergang T → 0 liefert

$$\dot{\mathbf{x}}(t) = \mathbf{F}\mathbf{x}(t) + \mathbf{g}u(t)$$

Also

$$\mathbf{F} = \lim_{T\to 0} \frac{1}{T} [\mathbf{A}(T) - \mathbf{I}] \tag{3.1.21}$$

$$\mathbf{g} = \lim_{T\to 0} \frac{1}{T} \mathbf{b}(T) \tag{3.1.22}$$

□

3.2 Homogene Lösung: Eigenwerte und Lösungsfolgen

3.2.1 Allgemeine Lösung

Die Differenzengleichung (3.1.8) ist unmittelbar für die rekursive Ausrechung von $\mathbf{x}[k]$ und $y[k]$ aus dem Anfangszustand $\mathbf{x}[0]$ und einer numerisch gegebenen Eingangsfolge $u[j]$, $j = 0, 1, 2 \ldots k-1$, geeignet.

Die allgemeine Lösung erhält man durch Einsetzen wie folgt

$$\begin{aligned}
\mathbf{x}[1] &= \mathbf{A}\,\mathbf{x}[0] + \mathbf{b}u[0] \\
\mathbf{x}[2] &= \mathbf{A}\,\mathbf{x}[1] + \mathbf{b}u[1] \\
&= \mathbf{A}^2\mathbf{x}[0] + \mathbf{A}\mathbf{b}u[0] + \mathbf{b}u[1] \\
&\vdots \\
\mathbf{x}[k] &= \mathbf{A}^k\mathbf{x}[0] + \mathbf{A}^{k-1}\mathbf{b}u[0] + \mathbf{A}^{k-2}\mathbf{b}u[1] + \ldots + \mathbf{b}u[k-1]
\end{aligned} \tag{3.2.1}$$

(3.2.1) kann als Faltungssumme geschrieben werden:

$$\mathbf{x}[k] = \mathbf{A}^k\mathbf{x}[0] + \sum_{i=0}^{k-1} \mathbf{A}^{k-i-1}\mathbf{b}u[i] \tag{3.2.2}$$

Mit einer Ausgangs-Gleichung $y[k] = \mathbf{c}'\mathbf{x}[k] + du[k]$

$$y[k] = \mathbf{c}'\mathbf{A}^k\mathbf{x}[0] + \sum_{i=0}^{k-1} \mathbf{c}'\mathbf{A}^{k-i-1}\mathbf{b}u[i] + du[k] \tag{3.2.3}$$

Entsprechend wie bei der Lösung von Differentialgleichungen erhalten wir eine homogene Lösung $\mathbf{c}'\mathbf{A}^k\mathbf{x}[0]$, die nur vom Anfangszustand abhängt und eine inhomogene Lösung, die von der Eingangsfolge $u[i]$ abhängt.

In diesem Abschnitt wird die homogene Lösung behandelt, insbesondere der Zusammenhang zwischen der Lage der Eigenwerte und dem zeitlichen Verlauf der entsprechenden Lösungsfolgen. Damit können die Untersuchungen zur wünschenswerten Lage der Eigenwerte des geschlossenen Kreises von kontinuierlichen Regelkreisen (Kapitel 2) auf Abtast-Regelkreise übertragen werden.

Wenn die Differenzengleichung ein offenes Abtastsystem mit explizit berechnetem $\mathbf{A}(T) = e^{\mathbf{F}T}$ beschreibt, ist

$$\mathbf{A}^k(T) = \mathbf{A}(kT) \tag{3.2.4}$$

einfach durch Ersetzen von T durch kT in **A** zu bestimmen. Bei beliebigem **A** wird $\mathbf{A}^k$ numerisch berechnet, indem k als Dualzahl $k = a_0 2^0 + a_1 2^1 + a_2 2^2 + \ldots + a_N 2^N$, $a_i \in \{0,1\}$, ausgedrückt wird. Für die Ausrechung von

$$\mathbf{A}^k = \mathbf{A}^{a_0} \times \mathbf{A}^{2a_1} \times \mathbf{A}^{2^2 a_2} \ldots \mathbf{A}^{2^N a_N} \tag{3.2.5}$$

brauchen nur durch Quadrieren die Potenzen $\mathbf{A}$, $\mathbf{A}^2$, $\mathbf{A}^4$, $\mathbf{A}^8$, $\mathbf{A}^{16}$ ... gebildet zu werden.

3.2.2 Beispiele von Lösungsfolgen

Einige Beispiele von Lösungen der homogenen Differenzengleichung

$$\mathbf{x}[k+1] = \mathbf{A}\mathbf{x}[k] \tag{3.2.6}$$

mögen den Zusammenhang von Eigenwerten und Lösungsfolgen illustrieren. Die Beispiele sind von erster und zweiter Ordnung. Beispiele höherer Ordnung kann man durch Transformation in JORDAN-Form in einfache Teilsysteme zerlegen.

Beispiel 1: n = 1

$$\begin{aligned} x[k+1] &= z_1 x[k] \\ x[k] &= z_1^k x[0] \end{aligned} \tag{3.2.7}$$

Für $z_1 > 0$ kann dies z.B. ein offenes Abtastsystem mit kontinuierlichem Teil

$\dot{x} = s_1 x \quad , \quad z_1 = e^{s_1 T}$

beschreiben. Bild 3.3 zeigt die Eigenwerte und den zugehörigen Verlauf von x[k] für x[0] = 1 und

a) $z_1 = 1{,}2$; b) $z_1 = 1$; c) $z_1 = 0{,}8$.

Für $z_1 < 0$ treten die entsprechenden Folgen mit alternierendem Vorzeichen auf:

d) $z_1 = -0{,}8$; e) $z_1 = -1$.

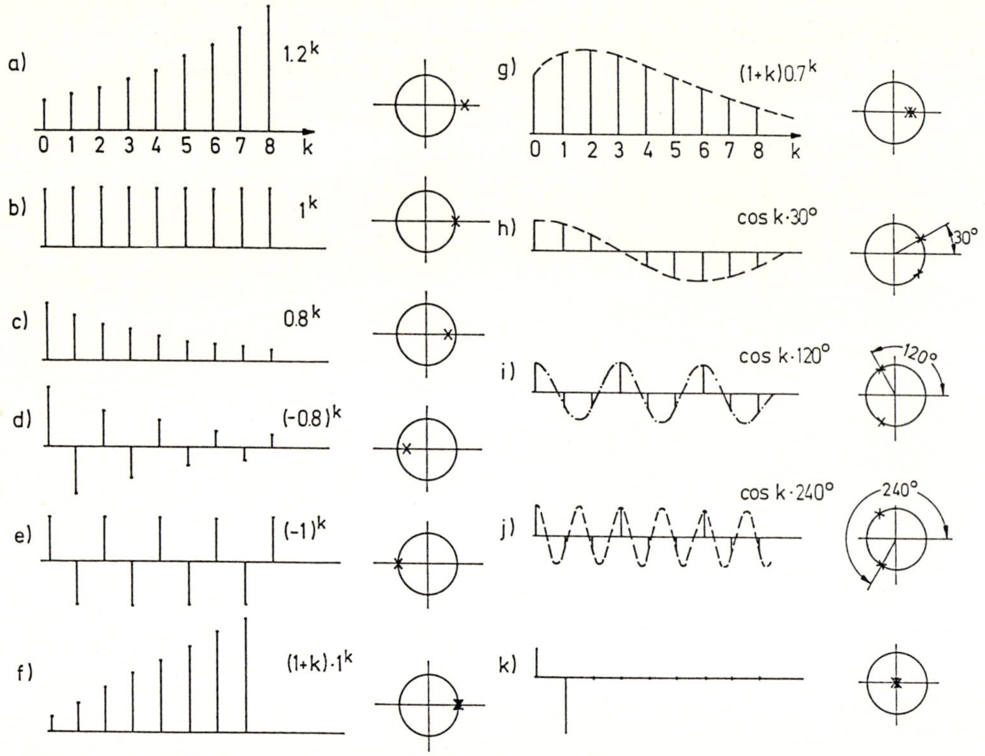

Bild 3.3 Homogene Lösungen und zugehörige Eigenwerte

Beispiel 2: n = 2, doppelter Eigenwert

a) ein JORDAN-Block

Kontinuierlicher Teil

$$\dot{\mathbf{x}} = \begin{bmatrix} s_1 & 1 \\ 0 & s_1 \end{bmatrix} \mathbf{x}$$

$$\mathbf{x}[k+1] = z_1 \begin{bmatrix} 1 & T \\ 0 & 1 \end{bmatrix} \mathbf{x}[k] \quad , \quad z_1 = e^{s_1 T} \tag{3.2.8}$$

$$\mathbf{x}[k] = z_1^k \begin{bmatrix} 1 & kT \\ 0 & 1 \end{bmatrix} \mathbf{x}[0]$$

$$x_1[k] = z_1^k x_1[0] + kTz_1^k x_2[0]$$

Außer dem Lösungsterm z_1^k tritt bei doppeltem Eigenwert ein Term kTz_1^k auf, entsprechend bei dreifachem Eigenwert zusätzlich $(kT)^2 z_1^k$ usw.

Für $\mathbf{x}[0] = [1 \quad 1]'$ wird $x_1[k] = (1+kT)z_1^k$. Bild 3.3 zeigt $x_1[k]$ für $T = 1$ und f) $z_1 = 1$, g) $z_1 = 0{,}7$. Für $z_1 < 0$ treten die entsprechenden Fälle mit alternierendem Vorzeichen auf.

b) Zwei JORDAN-Blöcke

Kontinuierlicher Teil

$$\dot{\mathbf{x}} = \begin{bmatrix} s_1 & 0 \\ 0 & s_1 \end{bmatrix} \mathbf{x}$$

Es treten zwei JORDAN-Blöcke mit gleichem Eigenwert auf, d.h. $\mathbf{F}$ ist nicht zyklisch. Dies bedeutet, daß es keinen Vektor $\mathbf{c}'$ gibt, so daß $(\mathbf{F}, \mathbf{c}')$ beobachtbar ist.
Hier

$$\text{rang} \begin{bmatrix} \mathbf{c}' \\ \mathbf{c}'\mathbf{F} \end{bmatrix} .= \text{rang} \begin{bmatrix} c_1 & c_2 \\ c_1 s_1 & c_2 s_1 \end{bmatrix} = 1 \tag{3.2.9}$$

Es handelt sich um zwei identische Teilsysteme erster Ordnung. Aus einem Ausgangssignal $y[k] = \mathbf{c}'\mathbf{x}[k]$ können die beiden Zustände x_1 und x_2 nicht mehr unterschieden werden. Das System kann auf ein System erster Ordnung reduziert werden. Entsprechend treten Lösungsverläufe wie in den Bildern 3.3 a, b und c auf.

Beispiel 3: $n = 2$, komplexe Eigenwerte

Kontinuierlicher Teil

$$\dot{\mathbf{x}} = \begin{bmatrix} \sigma_1 + j\omega_1 & 0 \\ 0 & \sigma_1 - j\omega_1 \end{bmatrix} \mathbf{x}$$

$$y = [\ 1 \quad 1\ ] \mathbf{x}$$

$$\mathbf{x}[k+1] = e^{\sigma_1 T} \begin{bmatrix} e^{j\omega_1 T} & 0 \\ 0 & e^{-j\omega_1 T} \end{bmatrix} \mathbf{x}[k] \tag{3.2.10}$$

$$\mathbf{x}[k] = e^{\sigma_1 kT} \begin{bmatrix} e^{j\omega_1 kT} & 0 \\ 0 & e^{-j\omega_1 kT} \end{bmatrix} \mathbf{x}[0]$$

Die Eigenwerte $z_{1,2} = e^{\sigma_1 T} \times e^{\pm j\omega_1 T}$ haben den Betrag $e^{\sigma_1 T}$ und den Winkel $\omega_1 T$ zur positiv reellen Achse der z-Ebene. Für $\mathbf{x}[0] = [0,5 \quad 0,5]'$ wird $y(kT) = e^{\sigma_1 kT} \cos\omega_1 kT$. In Bild 3.3 sind einige Fälle mit $\sigma_1 = 0$ illustriert, für $\sigma_1 > 0$ ($\sigma_1 < 0$) ergeben sich die entsprechenden aufklingenden (abklingenden) Schwingungsformen. Gezeigt wird:
h) $\omega_1 T = \pi/6 = 30^\circ$, i) $\omega_1 T = 2\pi/3 = 120^\circ$, j) $\omega_1 T = 4\pi/3 = 240^\circ$.

Die Fälle i) und j) haben die gleichen Eigenwerte und die gleiche diskrete Ausgangsgröße $y(kT)$. Ein solcher eindeutiger Zusammenhang gilt jedoch nicht für die gestrichelt gezeichneten kontinuierlichen Ausgangsgrößen $y(t)$, sie haben verschiedene Frequenzen. Praktisch wählt man bei gegebenem ω_1 die Abtastperiode T stets so, daß $\omega_1 T < \pi$, siehe Abschnitt 4.5.

Eine Besonderheit des Beispiels (3.2.10) stellt der Fall $\omega_1 T = \pi = 180^\circ$ dar. Hier unterscheiden sich zwar die Eigenwerte $\sigma_1 \pm j\omega_1$ des kontinuierlichen Systems, d.h. $\mathbf{F}$ ist zyklisch, aber die Eigenwerte des diskreten Systems fallen bei $z_1 = -e^{\sigma_1 T}$ zusammen, $\mathbf{A}$ ist nicht zyklisch. Es treten Lösungen wie in den Bildern 3.3 d und e auf.

Beispiel 4: Eigenwerte bei $z = 0$
Das charakteristische Polynom eines Systems sei

$$P_A(z) = \det(z\mathbf{I}-\mathbf{A}) = z^n \tag{3.2.11}$$

Nach CAYLEY-HAMILTON, (A.7.30), ist dann $\mathbf{A}^n = \mathbf{0}$ und damit

$$\mathbf{x}[n] = \mathbf{A}^n \mathbf{x}[0] = \mathbf{0} \tag{3.2.12}$$

für alle Anfangszustände $\mathbf{x}[0]$. Eine solche Lösung kann im offenen Regelkreis mit $\mathbf{A} = e^{\mathbf{F}T}$ nicht auftreten, sie wird jedoch im geschlossenen Regelkreis beim Entwurf auf endliche Einschwingvorgänge (engl. "**deadbeat control**") angestrebt. Als Beispiel ist in Bild 3.3 eine Lösung für

$$\mathbf{x}[k+1] = \begin{bmatrix} 2 & -4 \\ 1 & -2 \end{bmatrix} \mathbf{x}[k] \tag{3.2.13}$$

mit $\mathbf{x}[0] = [1 \quad 1]'$, $y = [1 \quad 0]\mathbf{x}$ dargestellt. Hier ist $y[0] = 1$, $y[1] = -2$, $y[k] = 0$ für $k = 2, 3, 4 \ldots$ □

Aus der Form der verschiedenen Lösungsterme ist ersichtlich, daß die Lösungen genau dann asymptotisch gegen Null gehen, wenn alle Eigenwerte dem Betrage nach kleiner als Eins sind. Mit anderen Worten: Eine notwendige und hinreichende Bedingung für die asymptotische Stabilität des diskreten Systems $\mathbf{x}[k+1] = \mathbf{Ax}[k]$ ist, daß sämtliche Nullstellen des charakteristischen Polynoms

$$P_A(z) = \det(z\mathbf{I}-\mathbf{A}) = a_0 + a_1 z + \ldots + a_{n-1}z^{n-1} + z^n \qquad (3.2.14)$$

innerhalb des Einzeitskreises in der z-Ebene liegen. Ein solches Polynom nennt man **SCHUR-Polynom.** Algebraische Tests für die Prüfung des Polynoms werden im Anhang C gegeben.

3.2.3 Eigenwert-Spezifikationen für Abtast-Regelkreise

Die Beispiele in Bild 3.3 zeigen, daß bei Fällen mit Eigenwerten in der rechten z-Halbebene die Verbindung der Abtastwerte durch eine glatte Kurve naheliegt. Diese Kurven entsprechen den Lösungstermen, wie sie bei kontinuierlichen Systemen auftreten. Man kann in diesem Fall alle Spezifikationen aus der s-Ebene unmittelbar über $z = e^{Ts}$ in die z-Ebene abbilden. Problematischer ist das bei den Lösungen mit Eigenwerten in der linken z-Halbebene. Dort wird man allerdings auch keine Eigenwerte des geschlossenen Kreises vorgeben. Die dort auftretenden stark oszillierenden oder alternierenden Lösungsfolgen treten im geschlossenen Kreis auch bei der Stellgröße u auf. Sie führen dort zu unnötigem Verschleiß und Energieverbrauch. Man bevorzugt auch bei u die glatten Lösungen mit wenig unnötigen Schwingungen.

Eine Besonderheit bei Abtastsystemen stellt der Fall dar, daß Eigenwerte nach $z = 0$ geschoben werden. Wenn dies mit allen Eigenwerten geschieht, spricht man von einer **Deadbeat-Regelung.** Wie in (3.2.12) gezeigt, sind in einem solchen System alle Einschwingvorgänge nach n Abtastintervallen beendet. Das sieht sehr gut aus, bringt aber auch Nachteile mit sich. Man kann sich diese durch einen Grenzübergang für $T \to 0$ veranschaulichen. Die Steuerfolge u(kT) bekommt dabei immer größere Amplituden, um das System in der kurzen Zeit nT in den stationären Zustand zu überführen. Im Grenzfall entstehen daraus δ-Funktionen und deren Ableitungen. Nur diese wären nämlich theoretisch in der Lage, ein kontinuierliches System schlagartig in einen neuen Zustand zu bringen. Die Deadbeat-Regelung kommt daher nur bei relativ großen Tastperioden T infrage. Man kann sie insbesondere bei Systemen mit reellen Eigenwerten oder mit Totzeit einsetzen, wie sie z.B. bei Wärmeübergangs- oder Transportprozessen der Verfahrenstechnik auftreten.

Bei schwingungsfähigen Systemen, wie unserer Verladebrücke, sind der Tastperiode obere Grenzen gesetzt durch den dann eintretenden Verlust an Steuerbarkeit. Hierauf werden wir im vierten Kapitel zurückkommen.

Selbst wenn die erforderlichen großen Kräfte zur Verfügung stehen, ist die Deadbeat-Regelung für die Verladebrücke nicht geeignet. Sie würde zu sehr großen Pendelausschlägen führen, die die Voraussetzungen für die Linearisierung (2.1.14) verletzen.

Immerhin stellt die Deadbeat-Regelung einen eindeutig zu berechnenden, im Endlichen liegenden Idealfall dar, so daß man andere Lösungen (z.B. die dafür benötigten Stellamplituden) daran messen kann.

Auch in der Polvorgabe stellt das charakteristische Polynom $P(z) = z^n$ einen Idealfall dar, dem man sich durch Pole mit kleinem Betrag $|z_i|$ annähern kann. Es empfiehlt sich, die Pole rechts vom Nullpunkt als reelle oder konjugiert komplexe Pole vorzugeben. Dort kann man von der wünschenswerten Lage der Pole des kontinuierlichen Systems in der s-Ebene ausgehen und sie über $z = e^{Ts}$ in die z-Ebene abbilden.

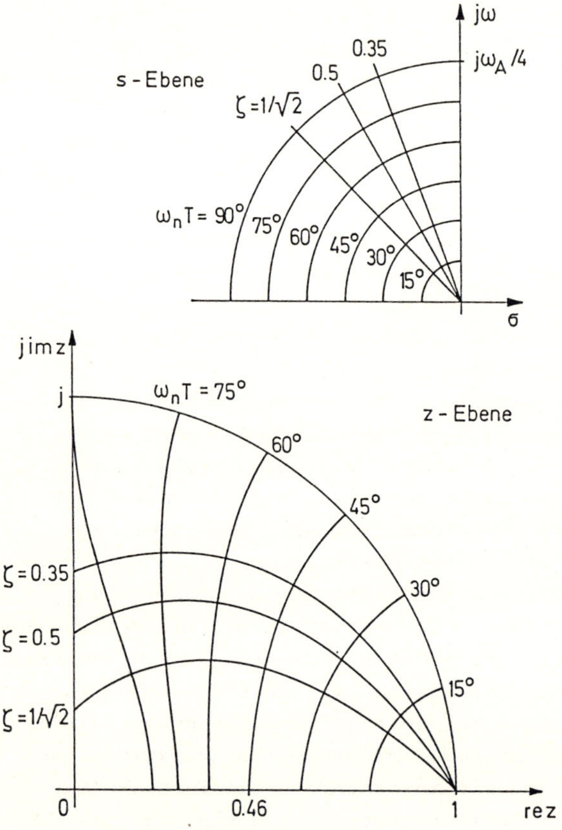

Bild 3.4 Abbildung der Linien konstanter Dämpfung und der Kreise mit konstanter natürlicher Frequenz ω_n aus der s-Ebene in die z-Ebene. Nicht abgebildet sind Parallelen zur imaginären s-Achse bei $\sigma = a$. Sie bilden sich in Kreise um $z = 0$ mit dem Radius e^{aT} ab.

Bild 3.4 zeigt Linien konstanter Dämpfung für $\zeta = 1/\sqrt{2}$, $\zeta = 0{,}5$ (kommt in BUTTERWORTH-Polkonfigurationen zweiter und dritter Ordnung vor) und $\zeta = 0{,}35$ (kommt in Spezifikationen für die Flugzeug-Regelung vor), sowie Kreise für Werte der natürlichen Frequenz ω_n. Sie sind hier mit der Abtastperiode T normiert und für $0 \leq \omega_n T \leq 90^o$ dargestellt. Der größte Kreis mit $\omega_n T = 90^o$ entspricht einem Viertel der Abtast-Kreisfrequenz ω_A, für $\omega_A/4 = 2\pi/4T = \omega_n$ ist nämlich $\omega_n T = \pi/2$.

Die Abtastperiode T spielt bereits bei der Lage der Eigenwerte des offenen Kreises eine Rolle, wie wir am Beispiel von Bild 3.2 gesehen haben. Wir werden im Kapitel 4 anhand von Überlegungen zur Steuerbarkeit von Systemen mit komplexen Eigenwerten die Faustregel begründen, bei den wesentlichen Eigenwerten (d.h. denjenigen, die wir durch die Regelung verschieben wollen) nicht über $\omega_n T = 45^o$ hinauszugehen, d.h. ein oder mehrere Eigenwerte des offenen Kreises liegen auf der Kurve für $\omega_n T = 45^o$ (bei instabilen Systemen auch außerhalb des Einheitskreises), alle anderen näher am Punkt $z = 1$. Bezogen auf die s-Ebene läßt sich diese Faustregel wie folgt zusammenfassen: Man schlägt den kleinstmöglichen Kreis um $s = 0$, der alle Eigenwerte enthält, die durch die Regelung verändert werden sollen; sein Radius sei r. Man wähle $\omega_A = 2\pi/T = 8r$. Für reelle Eigenwerte bedeutet dies, daß man sie nicht näher als $z = 0{,}46$ an den Ursprung $z = 0$ heranbringt. Gemäß Bild 3.3c ist dann die entsprechende Exponentialfunktion jeweils auf den 0,46-fachen Wert abgeklungen ist, wenn sie erneut abgetastet wird. Bringt man die Eigenwerte des offenen Kreises durch Wahl von T näher an $z = 0$ heran, so wird die Eigenbewegung des kontinuierlichen Systems zu selten abgetastet. Diese Beschleunigung im Abklingen der Abtastfolge hat also nichts damit zu tun, das System schneller zu machen. Letzteres kann nur durch eine Rückführung geschehen, die die Eigenwerte in Richtung größerer $\omega_n T$ verschiebt. Wenn man bei schwingungsfähigen Systemen gleichzeitig für mehr Dämpfung sorgen muß, bedeutet dies, daß die Eigenwerte in Richtung auf $z = 0$ zu verschoben werden. Der Forderung bei kontinuierlichen Systemen, den Abstand dominanter Pole vom Punkt $s = 0$ nicht wesentlich zu ändern, entspricht hier die Forderung, den Abstand vom Punkt $z = 1$ nicht wesentlich zu ändern.

Eine Parallele zur imaginären Achse der s-Ebene bei $\sigma = a$ bildet sich in einen Kreis um $z = 0$ mit dem Radius e^{aT} ab.

Die Regeln für die Vorgabe günstiger Pole können also direkt auf Abtastsysteme übertragen werden. Soweit in diesen Regeln die Nähe zu Nullstellen oder deren Kürzung vorkommen, ist aber zu beachten, daß sich die Nullstellen nicht über e^{Ts} abbilden. Wir werden darauf bei der Behandlung der z-Übertragungsfunktion zurückkommen.

3.3 Inhomogene Lösungen: Impuls- und Sprungantwort, z-Übertragungsfunktion

Wir untersuchen das System

$$\begin{aligned} \mathbf{x}[k+1] &= \mathbf{A}\mathbf{x}[k] + \mathbf{b}u[k] \\ y[k] &= \mathbf{c}'\mathbf{x}[k] + du[k] \end{aligned} \tag{3.3.1}$$

Hier ist auch ein direkter Durchgriff d des Eingangs auf den Ausgang vorhanden, wie er bei Reglern stets angenommen wird.

In diesem Abschnitt wird der inhomogene Lösungsanteil untersucht, der sich beim Anfangszustand $\mathbf{x}[0] = \mathbf{0}$ allein als Wirkung der Eingangsfolge u[k] ergibt. Die Gesamtlösung ist gemäß (3.2.3) die Summe aus homogener und inhomogener Lösung.

3.3.1 Impulsantwort

Eine elementare Lösung der Differenzengleichung ist die Antwort auf einen diskreten Impuls

$$u[k] = \Delta[k] = \begin{cases} 0 & k \neq 0 \\ 1 & k = 0 \end{cases} \tag{3.3.2}$$

Durch rekursives Einsetzen in (3.3.1) erhält man:

$$\begin{aligned} &\mathbf{x}[0] = \mathbf{0} && y[0] = d \\ &\mathbf{x}[1] = \mathbf{A}\times\mathbf{0} + \mathbf{b}\times 1 = \mathbf{b} && y[1] = \mathbf{c}'\mathbf{b} \\ &\mathbf{x}[2] = \mathbf{A}\mathbf{x}[1] = \mathbf{A}\mathbf{b} && y[2] = \mathbf{c}'\mathbf{A}\mathbf{b} \\ &\mathbf{x}[3] = \mathbf{A}\mathbf{x}[2] = \mathbf{A}^2\mathbf{b} && y[3] = \mathbf{c}'\mathbf{A}^2\mathbf{b} \end{aligned}$$

Die **Impulsantwort** ist also

$$y[k] = h[k] = \begin{cases} 0 & k < 0 \quad \text{(Kausalität)} \\ d & k = 0 \\ \mathbf{c}'\mathbf{A}^{k-1}\mathbf{b} & k > 0 \end{cases} \tag{3.3.3}$$

Mit Hilfe dieser Impulsantwort kann (3.2.3) mit $\mathbf{x}(0) = \mathbf{0}$ auch geschrieben werden als

$$y[k] = \sum_{i=0}^{k} h[k-i]u[i] \qquad (3.3.4)$$

(3.3.4) ist das diskrete Gegenstück zum Faltungsintegral, (2.4.15). Entsprechend wird die rechte Seite von (3.3.4) als **Faltungssumme** und h[k] als **Gewichtsfolge** bezeichnet.

Anmerkung 3.3
(3.3.4) erlaubt auch die Darstellung des Übertragungsverhaltens allgemeiner, diskreter linearer Systeme, die nicht notwendigerweise durch eine vektorielle Differenzengleichung beschreibbar sind; z.B. kann die Gewichtsfolge h(k) numerisch gegeben sein. □

In (3.3.4) werden unendlich viele Werte h[k] zur Beschreibung des Übertragungsverhaltens benutzt. Wenn wir wissen, daß es für das System eine Beschreibung in Form einer diskreten Zustandsdarstellung (3.3.1) der Ordnung n gibt, dann läßt sich das Übertragungsverhalten auch durch 2n+1 unabhängige Parameter beschreiben wie im folgenden gezeigt wird.

Das charakteristische Polynom des Systems (3.3.1) ist

$$P_A(z) = \det(z\mathbf{I}-\mathbf{A}) = a_0 + a_1 z + \ldots + a_{n-1}z^{n-1} + z^n \qquad (3.3.5)$$

und nach CAYLEY-HAMILTON, (A.7.30), gilt

$$P_A(\mathbf{A}) = a_0\mathbf{I} + a_1\mathbf{A} + \ldots + a_{n-1}\mathbf{A}^{n-1} + \mathbf{A}^n = \mathbf{0} \qquad (3.3.6)$$

Multipliziert man diese Gleichung von links mit $\mathbf{c}'\mathbf{A}^{k-n-1}$, $k > n$ und von rechts mit $\mathbf{b}$, so ergibt sich

$$a_0\mathbf{c}'\mathbf{A}^{k-n-1}\mathbf{b} + a_1\mathbf{c}'\mathbf{A}^{k-n}\mathbf{b} + \ldots + a_{n-1}\mathbf{c}'\mathbf{A}^{k-2}\mathbf{b} + \mathbf{c}'\mathbf{A}^{k-1}\mathbf{b} =$$

$$= a_0 h[k-n] + a_1 h[k-n+1] + \ldots + a_{n-1}h[k-1] + h[k] = 0, \; k > n \qquad (3.3.7)$$

Mit anderen Worten: Kennt man außer h[0] = d die Werte h[1], h[2] ... h[n] der Gewichtsfolge und die charakteristische Gleichung, so läßt sich daraus die gesamte Gewichtsfolge berechnen. Umgekehrt läßt sich aus einer gemessenen Impulsantwort h[k] über (3.3.7) das charakteristische Polynom und eine Zustandsdarstellung finden. Hierzu eignet sich die Steuerbarkeits-Normalform (A.3.3), und die Beobachtbarkeits-Normalform, (A.3.16). Zu diesem Problem der minimalen Realisierung siehe auch [66.3, 71.3, 71.4, 79.5].

3.3.2 Sprungantwort

Für die Ermittlung eines mathematischen Modells aus einer Testmessung am System ist besonders der Einheitssprung geeignet, da er durch den Abtaster mit Halteglied nicht verändert wird. Damit braucht also bei der Testmessung die Entscheidung über die Wahl der Abtastperiode noch nicht gefallen zu sein. Mit $\mathbf{x}(0) = \mathbf{0}$ und

$$u[k] = 1[k] = \begin{cases} 0 & k < 0 \\ 1 & k \geq 0 \end{cases} \tag{3.3.8}$$

erhält man aus (3.3.4)

$$y_{sprung}[k] = \sum_{i=0}^{k} h[k-i] \tag{3.3.9}$$

d.h. die Sprungantwort ist die Summe der Impulsantworten. Umgekehrt ist

$$h[k] = h(kT) = y_{sprung}(kT) - y_{sprung}(kT-T) \tag{3.3.10}$$

Aus der Sprungantwort $y_{sprung}(t)$ des kontinuierlichen Teilsystems kann also für jedes gewählte Abtastintervall T die Impulsantwort h(kT) bestimmt werden.

Der Zusammenhang (3.3.10) kann auch anhand des kontinuierlichen Systems ohne Abtaster mit Halteglied interpretiert werden. Dessen Eingangsgröße sei die Impulsantwort von Abtaster und Halteglied gemäß Bild 3.5a.

Die Antwort des kontinuierlichen Systems ist die Summe von zwei gegeneinander verschobenen Sprungantworten $v(t) = \mathcal{L}^{-1}\{g_s(s)/s\}$ mit entgegengesetzten Vorzeichen, siehe Bild 3.5b.

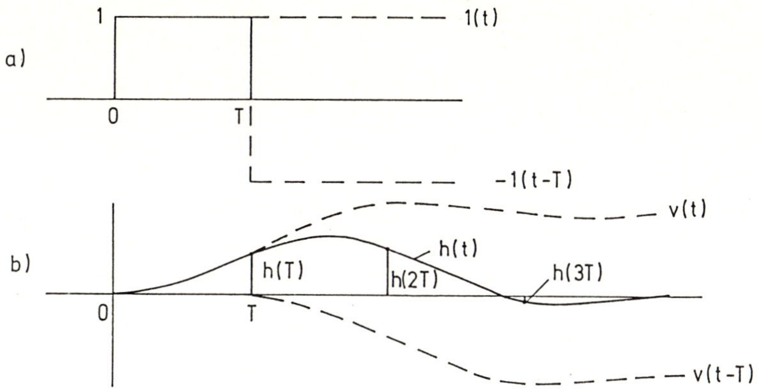

Bild 3.5 a) Impuls am Ausgang des Haltegliedes
b) Antwort des kontinuierlichen Teils als Summe von zwei Sprungantworten

3.3.3 z-Übertragungsfunktion aus der Zustands-Darstellung

Wenn in der Differenzengleichung

$$\begin{aligned} \mathbf{x}[k+1] &= \mathbf{A}\mathbf{x}[k] + \mathbf{b}u[k] \\ y[k] &= \mathbf{c}'\mathbf{x}[k] + du[k] \end{aligned} \tag{3.3.11}$$

die Eingangsfolge u nicht numerisch gegeben ist, sondern analytisch, z.B. als Sinus-Folge, dann empfiehlt sich die Anwendung der z-Transformation. Sie ist definiert durch

$$f_z(z) = \mathfrak{Z}\{f[k]\} := \sum_{k=0}^{\infty} f[k]z^{-k} \tag{3.3.12}$$

Ihre Rechenregeln werden im Anhang B hergeleitet. Mit dem Linksverschiebungssatz (B.4.1) wird aus (3.3.11)

$$z\{\mathbf{x}_z(z) - \mathbf{x}[0]\} = \mathbf{A}\mathbf{x}_z(z) + \mathbf{b}u_z(z)$$

$$(z\mathbf{I}-\mathbf{A})\mathbf{x}_z(z) = z\mathbf{x}[0] + \mathbf{b}u_z(z)$$

$$\mathbf{x}_z(z) = z(z\mathbf{I}-\mathbf{A})^{-1}\mathbf{x}[0] + (z\mathbf{I}-\mathbf{A})^{-1}\mathbf{b}u_z(z) \tag{3.3.13}$$

Für die Null-Eingangslösung ($u \equiv 0$) ergibt der Vergleich mit (3.2.2) den Zusammenhang

$$\mathfrak{Z}\{\mathbf{A}^k\} = z(z\mathbf{I}-\mathbf{A})^{-1}$$
$$\mathbf{A}^k = \mathfrak{Z}^{-1}\{z(z\mathbf{I}-\mathbf{A})^{-1}\} \qquad (3.3.14)$$

Zur praktischen Ausrechnung ist allerdings (3.2.5) vorteilhafter.

Die Ausgangsbeziehung lautet nun

$$y_z(z) = \mathbf{c}'\mathbf{x}_z(z) + du_z(z)$$
$$= z\mathbf{c}'(z\mathbf{I}-\mathbf{A})^{-1}\mathbf{x}[0] + [\mathbf{c}'(z\mathbf{I}-\mathbf{A})^{-1}\mathbf{b} + d]u_z(z) \qquad (3.3.15)$$

Der Ausdruck

$$h_z(z) := \mathbf{c}'(z\mathbf{I}-\mathbf{A})^{-1}\mathbf{b} + d \qquad (3.3.16)$$

wird als **z-Übertragungsfunktion** bezeichnet. Beim Anfangszustand $x[0] = 0$ gilt

$$y_z(z) = h_z(z)u_z(z) \qquad (3.3.17)$$

d.h. im z-Bereich wird aus der Faltungssumme ein viel einfacher auszurechnendes Produkt. Zur Bestimmung der Ausgangsfolge $y[k]$ muß dann aber noch die inverse z-Transformation

$$y[k] = \mathfrak{Z}^{-1}\{y_z(z)\} \qquad (3.3.18)$$

ausgeführt werden. Der Nenner von $h_z(z)$ ist $\det(z\mathbf{I}-\mathbf{A})$, d.h. die Eigenwerte der Matrix $\mathbf{A}$ sind die Pole der ungekürzten z-Übertragungsfunktion. Damit ist die Rechtfertigung gegeben, warum zwischen z als Eigenwert von $\mathbf{A}$, und z als komplexer Variabler der z-Transformation nicht unterschieden wird.

Die z-Übertragungsfunktion ist die z-Transformierte der Gewichtsfolge. Nach (3.3.14) ist nämlich

$$(z\mathbf{I}-\mathbf{A})^{-1} = z^{-1}\mathfrak{Z}\{\mathbf{A}^k\} = \sum_{k=0}^{\infty} \mathbf{A}^k z^{-k-1} = \sum_{m=1}^{\infty} \mathbf{A}^{m-1} z^{-m}$$

Einsetzen in (3.3.16) ergibt

$$h_z(z) = d + \sum_{m=1}^{\infty} \mathbf{c}'\mathbf{A}^{m-1}\mathbf{b}z^{-m} = \mathfrak{Z}\{h[m]\} \tag{3.3.19}$$

Diese Beziehung zeigt, daß sich der Polüberschuß von $h_z(z)$ direkt aus dem Zeitpunkt ergibt, zu dem der erste von Null verschiedene Wert der Impulsantwort auftritt. Ist $h[0] = d \neq 0$, so hat $h_z(z)$ gleichen Zähler-und Nennergrad. Ist $h[0] = 0$, $h[1] = \mathbf{c}'\mathbf{b} \neq 0$, so ist der Polüberschuß Eins. Dies ist bei Regelstrecken ohne Totzeit der Normalfall.

Beispiel
Für das System von Beispiel (3.1.14) wird die z-Übertragungsfunktion bestimmt.

$$\mathbf{x}(kT+T) = \begin{bmatrix} 1 & 1-e^{-T} \\ 0 & e^{-T} \end{bmatrix} \mathbf{x}(kT) + \begin{bmatrix} T+e^{-T}-1 \\ 1-e^{-T} \end{bmatrix} u \tag{3.3.20}$$

$$y(kT) = [1 \quad 0]\mathbf{x}(kT)$$

$$(z\mathbf{I}-\mathbf{A})^{-1} = \begin{bmatrix} z-1 & e^{-T}-1 \\ 0 & z-e^{-T} \end{bmatrix}^{-1} = \frac{1}{(z-1)(z-e^{-T})} \begin{bmatrix} z-e^{-T} & 1-e^{-T} \\ 0 & z-1 \end{bmatrix}$$

$$h_z(z) = \mathbf{c}'(z\mathbf{I}-\mathbf{A})^{-1}\mathbf{b}$$

$$= \frac{z(T-1+e^{-T}) + (1-e^{-T}-Te^{-T})}{(z-1)(z-e^{-T})} \tag{3.3.21}$$

In den folgenden Abschnitten wird dieses Beispiel mit der Tastperiode $T = 1$ noch mehrfach herangezogen. Seine Zustandsdarstellung ist

$$\mathbf{x}[k+1] = \begin{bmatrix} 1 & 0{,}632 \\ 0 & 0{,}368 \end{bmatrix} \mathbf{x}[k] + \begin{bmatrix} 0{,}368 \\ 0{,}632 \end{bmatrix} u[k]$$

$$y[k] = [1 \quad 0]\mathbf{x}[k] \tag{3.3.22}$$

und seine z-Übertragungsfunktion

$$h_z = \frac{0{,}368z + 0{,}264}{(z-1)(z-0{,}368)} \tag{3.3.23}$$

Ebenso wie die s-Übertragungsfunktion, (2.3.7), ist auch die z-Übertragungsfunktion invariant gegenüber einer Basistransformation $\mathbf{x}^* = \mathbf{T}\mathbf{x}$ im Zustandsraum. Die z-Übertragungsfunktion

$$h_z(z) = \frac{b_0 + b_1 z + \ldots + b_{n-1} z^{n-1} + b_n z^n}{a_0 + a_1 z + \ldots + a_{n-1} z^{n-1} + z^n} \qquad (3.3.24)$$

$$= b_n + \frac{(b_0 - a_0 b_n) + (b_1 - a_1 b_n) z + \ldots + (b_{n-1} - a_{n-1} b_n) z^{n-1}}{a_0 + a_1 z + \ldots + a_{n-1} z^{n-1} + z^n}$$

hat 2n+1 Zähler- und Nennerkoeffizienten. Wenn Zähler und Nenner teilerfremd sind, bilden sie ein vollständiges System von Invarianten unter $\mathbf{T}$, denn sie definieren eindeutig eine steuerbare und beobachtbare Realisierung in einer kanonischen Form, z.B. in der Regelungs-Normalform (A.3.8)

$$\mathbf{x}[k+1] = \begin{bmatrix} 0 & 1 & & 0 \\ & & \ddots & \\ & & & 1 \\ -a_0 & -a_1 & \cdots & -a_{n-1} \end{bmatrix} \mathbf{x}[k] + \begin{bmatrix} 0 \\ \vdots \\ 0 \\ 1 \end{bmatrix} u[k] \qquad (3.3.25)$$

$$y[k] = [b_0 - a_0 b_n \quad b_1 - a_1 b_n \quad \ldots \quad b_{n-1} - a_{n-1} b_n] \mathbf{x}[k] + b_n u[k]$$

Alle anderen Realisierungen der Ordnung n gehen daraus durch Basistransformationen mit beliebigem nichtsingulärem $\mathbf{T}$ hervor. Für eventuell mögliche Kürzungen in h_z gelten entsprechende Zusammenhänge, wie sie in Abschnitt 2.3.7 für kontinuierliche Systeme diskutiert wurden. Wir kommen darauf in Zusammenhang mit der Steuerbarkeit und Beobachtbarkeit von Abtastsystemen zurück.

3.3.4 z-Übertragungsfunktion aus der s-Übertragungsfunktion

Liegt für den kontinuierlichen Teil eine Frequenzbereichs-Beschreibung durch die s-Übertragungsfunktion vor, so ist es nicht erforderlich, den Umweg über eine Zustandsdarstellung zu gehen. Einfacher ist es dann, die Impulsantwort von Halteglied und Regelstrecke über die LAPLACE-Transformation zu bestimmen. h(t) ist die Antwort des kontinuierlichen Teils $g_s(s)$ auf die Impulsantwort des Haltegliedes, siehe Bild 3.5a. Sie hat nach (1.2.9) die LAPLACE-Transformierte

$$\eta_s(s) = \frac{1 - e^{-Ts}}{s} \qquad (3.3.26)$$

Also

$$h_s(s) = \eta_s(s) g_s(s) = \frac{1-e^{-Ts}}{s} g_s(s)$$

$$h(t) = \mathcal{L}^{-1}\left\{\frac{1-e^{-Ts}}{s} g_s(s)\right\}$$

Mit der Sprungantwort der Regelstrecke

$$v(t) := \mathcal{L}^{-1}\{g_s(s)/s\} \tag{3.3.27}$$

wird $h(t) = v(t) - v(t-T)$.

Damit lautet die z-Übertragungsfunktion

$$h_z(z) = \mathfrak{Z}\{h(kT)\} = \mathfrak{Z}\{v(kT)\} - \mathfrak{Z}\{v(kT-T)\}$$

und nach dem Rechtsverschiebungssatz (B.3.1)

$$h_z(z) = (1-z^{-1})\mathfrak{Z}\{v(kT)\}$$

$$h_z(z) = \frac{z-1}{z} \mathfrak{Z}\{\mathcal{L}^{-1}\{g_s(s)/s\}_{t=kT}\} \tag{3.3.28}$$

Für die in (3.3.28) auftretende Operation wird die Schreibweise

$$f_z(z) = \mathcal{Z}\{f_s(s)\} := \mathfrak{Z}\{\mathcal{L}^{-1}\{f_s(s)\}_{t=kT}\} \tag{3.3.29}$$

eingeführt, also

$$h_z(z) = \frac{z-1}{z} \mathcal{Z}\{g_s(s)/s\} \tag{3.3.30}$$

Das Diagramm in Bild 3.6 zeigt noch einmal zusammengefaßt die Beziehungen zwischen den verschiedenen Systemdarstellungen.

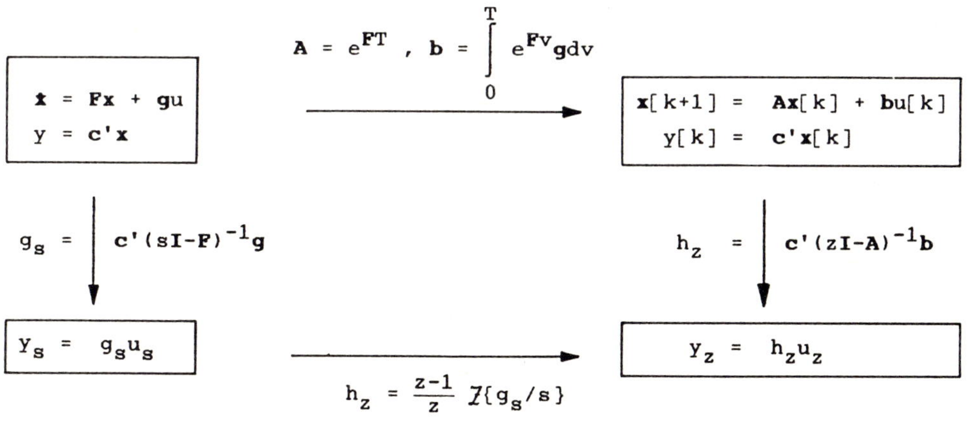

Bild 3.6 Zusammenhang der kontinuierlichen und diskreten Systemdarstellungen

Mit der Beziehung (3.3.30) kann man die z-Übertragungsfunktion in einfachen Fällen unmittelbar aus der Tabelle in Abschnitt B.14 ablesen.

Beispiel
Das System von Beispiel (3.1.14)

$$\dot{\mathbf{x}} = \begin{bmatrix} 0 & 1 \\ 0 & -1 \end{bmatrix} \mathbf{x} + \begin{bmatrix} 0 \\ 1 \end{bmatrix} u$$

$$y = [1 \quad 0]\mathbf{x}$$

hat die Übertragungsfunktion

$$g_s(s) = \mathbf{c}'(s\mathbf{I}-\mathbf{F})^{-1}\mathbf{g} = \frac{1}{s(s+1)}$$ □

Wir nehmen nun an, das System sei in dieser Form gegeben, siehe Bild 3.7.

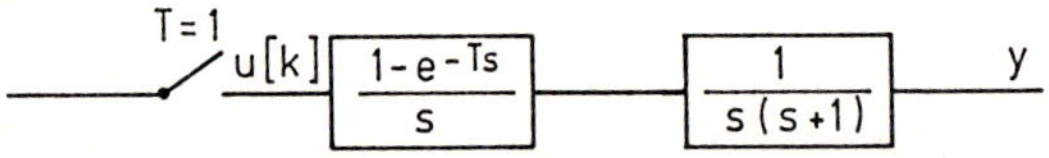

Bild 3.7 Bestimmung der z-Übertragungsfunktion

$$\frac{g_s(s)}{s} = \frac{1}{s^2(s+1)}$$

In der Tabelle im Anhang B.14 findet man die Zeile

f(t)	$f_s(s)$	$f_z(z)$
$at - 1 + e^{-at}$	$\frac{a^2}{s^2(s+a)}$	$\frac{(aT - 1 + e^{-aT})z^2 + (1 - aTe^{-aT} - e^{-aT})z}{(z-1)^2(z-e^{-aT})}$

mit a = 1 wird also die z-Übertragungsfunktion

$$h_z(z) = \frac{z-1}{z} f_z(z) = \frac{(T - 1 + e^{-T})z + (1 - Te^{-T} - e^{-T})}{(z - 1)(z - e^{-T})}$$

Dieser Ausdruck stimmt mit der Lösung (3.3.21) überein, die aus der diskreten Zustandsdarstellung gewonnen wurde. □

Bei komplizierteren s-Übertragungsfunktionen findet man den gesuchten Ausdruck nicht mehr in der Tabelle. Man könnte dann $g_s(s)/s$ in Partialbrüche zerlegen, die in der Tabelle enthalten sind. Aufgrund des s im Nenner entsteht ein Term $z - 1$ im Nenner der z-Transformierten, der sich gegen den entsprechenden Term im Halteglied kürzt. Es empfiehlt sich, diese Kürzung vorab vorzunehmen, da sie bei numerischem Rechnen unter Umständen übersehen wird. Man zerlegt dazu $g_s(s)$ in Partialbrüche. Wenn nur einfache Pole auftreten, ist

$$g_s(s) = \sum_{i=1}^{n} \frac{R_i}{s+a_i} \qquad (3.3.31)$$

und nach (3.3.30)

$$h_z(z) = \frac{z-1}{z} \sum_{i=1}^{n} \mathcal{Z} \left\{ \frac{R_i}{s(s+a_i)} \right\}$$

$$= \frac{z-1}{z} \sum_{i=1}^{n} \frac{R_i(1-e^{-a_iT})z}{a_i(z-1)(z-e^{-a_iT})}$$

$$h_z(z) = \sum_{i=1}^{n} \frac{R_i(1-e^{-a_iT})}{a_i(z-e^{-a_iT})} \qquad (3.3.32)$$

Bei integrierender Regelstrecke ist ein $a_i = 0$ und der entsprechende Term wird

$$\lim_{a_i \to 0} \frac{R_i(1-e^{-a_iT})}{a_i(z-e^{-a_iT})} = \frac{R_iT}{z-1} \qquad (3.3.33)$$

Diese und weitere Korrespondenzen für mehrfache und konjugiert komplexe Pole sind in Tabelle 3.1 enthalten.

Man kann also die Diskretisierung der Regelstrecke ganz im Frequenzbereich vornehmen. Bei einer Ausführung im Rechner muß ein Programm zur Partialbruchzerlegung mit der abgespeicherten Tabelle 3.1 kombiniert werden. Die einzelnen Terme müssen schließlich durch Ausmultiplizieren auf einen gemeinsamen Nenner gebracht werden, um damit das Zählerpolynom und dessen Nullstellen zu erhalten.

$g_s(s)$	$h_z(z) = \frac{z-1}{z} \mathcal{Z}\{g_s(s)/s\}$
$\frac{1}{s}$	$\frac{T}{z-1}$
$\frac{1}{s^2}$	$\frac{T^2(z+1)}{2(z-1)^2}$
$\frac{1}{s^3}$	$\frac{T^3(z^2+4z+1)}{6(z-1)^3}$
$\frac{1}{s+a}$	$\frac{1-e^{-aT}}{a(z-e^{-aT})}$
$\frac{1}{(s+a)^2}$	$\frac{z(1-e^{-aT}-aTe^{-aT}) + e^{-aT}(aT-1+e^{-aT})}{a^2(z-e^{-aT})^2}$
$\frac{1}{(s+a)^2+\omega^2}$	$\frac{z(1-e^{-aT}\cos\omega T - \frac{a}{\omega}e^{-aT}\sin\omega T)+e^{-aT}(e^{-aT}-\cos\omega T + \frac{a}{\omega}\sin\omega T)}{(a^2+\omega^2)(z^2-2ze^{-aT}\cos\omega T+e^{-2aT})}$
$\frac{s}{(s+a)^2+\omega^2}$	$\frac{(z-1)e^{-aT}\sin\omega T}{\omega(z^2-2ze^{-aT}\cos\omega T+e^{-2aT})}$

Tabelle 3.1 z-Übertragungsfunktionen zu $g_s(s)$ mit Abtaster und Halteglied

Jedem Pol von $g_s(s)$ bei s_i entspricht ein Pol der ungekürzten z-Übertragungsfunktion $h_z(z)$ bei $z = e^{s_i T}$ mit der gleichen Vielfachheit. Diese Aussage entspricht der in (3.1.10) formulierten Aussage für die Zustandsdarstellungen.

Für stabile Systeme erhält man eine teilweise Kontrolle der ausgerechneten z-Übertragungsfunktionen über den Vergleich des stationären Verhaltens des kontinuierlichen und diskreten Systems. In (3.3.27) und (3.3.28) ist dann

$$\lim_{t\to\infty} v(t) = \lim_{k\to\infty} v(kT) \tag{3.3.34}$$

Nach dem Endwertsatz der LAPLACE-Transformation gilt für die Sprungantwort des kontinuierlichen Systems

$$\lim_{t\to\infty} v(t) = \lim_{s\to 0} s v_s(s) = \lim_{s\to 0} g_s(s) = g_s(0)$$

Nach dem Endwertsatz der z-Transformation, (B.8.1), und (3.3.28) ist andererseits

$$\lim_{k\to\infty} v(kT) = \lim_{z\to 1}(z-1)v_z(z) = \lim_{z\to 1} h_z(z) = h_z(1)$$

Für stabile Systeme existieren beide limes und es ist

$$g_s(0) = h_z(1) \tag{3.3.35}$$

Eine andere Frage, die hier interessiert, ist die, ob zwischen den Nullstellen von $g_s(s)$ und den Nullstellen von $h_z(z)$ ein einfacher Zusammenhang besteht. Die Antwort ist: Nein. Die Beispiele aus Tabelle 3.1 zeigen, daß $h_z(z)$ auch dann eine Nullstelle haben kann, wenn $g_s(s)$ keine Nullstelle hat. Die Anzahl der Nullstellen von kontinuierlichem und abgetastetem System muß also nicht gleich sein. Nicht einmal die Phasenminimum-Eigenschaft, d.h. alle Nullstellen von $g_s(s)$ in der linken s-Halbebene, überträgt sich sinngemäß auf die Lage der Nullstellen der z-Übertragungsfunktion, relativ zum Einheitskreis, wie die beiden folgenden Beispiele zeigen. Siehe hierzu auch [81.9, 81.10, 84.1].

Beispiel 1

Die s-Übertragungsfunktion

$$g_s(s) = 1/s^3 \tag{3.3.36}$$

hat keine Nullstellen in der rechten s-Halbebene, die entsprechende z-Übertragungsfunktion

$$h_z(z) = \frac{T^3(z^2+4z+1)}{6(z-1)^3}$$

hat jedoch eine Nullstelle bei $z = -3{,}732$ außerhalb des Einheitskreises.

Beispiel 2

Der kontinuierliche Teil sei

$$g_s(s) = \frac{0{,}5-s}{(1+s)^2} \tag{3.3.37}$$

Er hat eine Nullstelle in der rechten s-Halbebene, ist also nicht phasenminimal. Seine Sprungantwort ist

$$v_s(s) = \frac{g_s(s)}{s} = \frac{0,5-s}{s(1+s)^2} = \frac{0,5}{s} - \frac{0,5}{1+s} - \frac{1,5}{(1+s)^2}$$

$$v(t) = 0,5 - 0,5\, e^{-t} - 1,5\, te^{-t}$$

Sie ist in Bild 3.8 dargestellt.

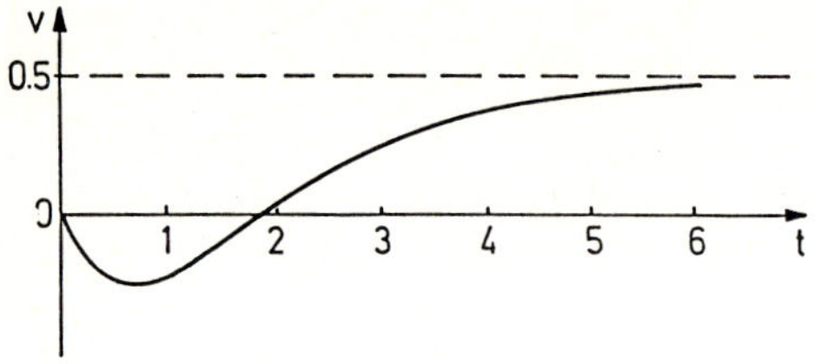

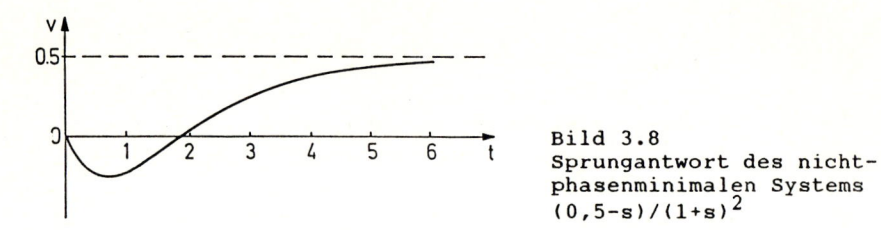

Bild 3.8
Sprungantwort des nichtphasenminimalen Systems $(0,5-s)/(1+s)^2$ □

Nach (3.3.28) lautet die z-Übertragungsfunktion

$$h_z(z) = \frac{z-1}{z}\,[v(0) + v(T)z^{-1} + v(2T)z^{-2} + \dots]$$

Es ist $v(0) = 0$ und $v(T) \neq 0$ für $T \neq 1,904$, d.h. $h_z(z)$ hat einen Polüberschuß (= Nennergrad minus Zählergrad) von eins bis auf die spezielle Wahl der Tastperiode $T = 1,904$, wo der Polüberschuß zwei wird, d.h. eine Nullstelle durch Unendlich wandert. Es ist nach (3.3.30)

$$h_z(z) = \frac{z-1}{z}\,\mathcal{Z}\left\{\frac{0,5}{s} - \frac{0,5}{1+s} - \frac{1,5}{(1+s)^2}\right\}$$

$$= \frac{z-1}{z}\left[\frac{0,5z}{z-1} - \frac{0,5z}{z-e^{-T}} - \frac{1,5Tze^{-T}}{(z-e^{-T})^2}\right]$$

$$= 0,5\,\frac{z(1-e^{-T}-3Te^{-T}) + e^{-T}(e^{-T}-1+3T)}{(z-e^{-T})^2}$$

Die Lage der Nullstelle bei

$$z = \frac{e^{-T}(1-3T-e^{-T})}{1-(1+3T)e^{-T}}$$

ist in Bild 3.9 dargestellt. Beginnend bei $z = 1$ für $T = 0$ wandert sie nach rechts, geht bei $T = 1{,}9$ durch Unendlich, d.h. sie kommt von links zurück und dringt bei $T = 2{,}84$ in den Einheitskreis ein. Für $T \to \infty$ geht die Nullstelle gegen $z = 0$. Bei sehr langsamer Abtastung ist also die nichtphasenminimale Eigenschaft der Sprungantwort nach Bild 3.8 aus den Abtastwerten nicht mehr erkennbar.

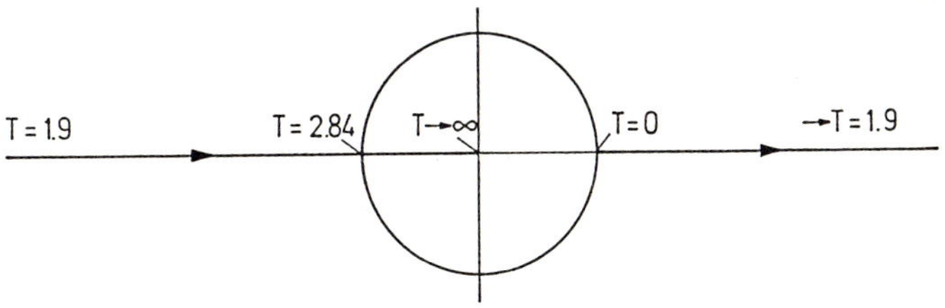

Bild 3.9 Lage der Nullstelle in Abhängigkeit von der Tastperiode T

□

Die beiden Beispiele illustrieren, wie unübersichtlich der Zusammenhang der Nullstellen der z-Übertragungsfunktion mit Polen und Nullstellen der s-Übertragungsfunktion ist. Es bleibt praktisch nur die Möglichkeit, sie numerisch aus dem Zählerpolynom zu berechnen.

3.4 Schließung des Regelkreises

3.4.1 Darstellung durch z-Übertragungsfunktionen

Ein einfacher Regelkreis mit dem digitalen Regler

$$d_z(z) = \frac{D(z)}{C(z)} = \frac{d_m z^m + d_{m-1} z^{m-1} + \ldots + d_0}{z^m + c_{m-1} z^{m-1} + \ldots + c_0} \tag{3.4.1}$$

ist in Bild 3.10 dargestellt.

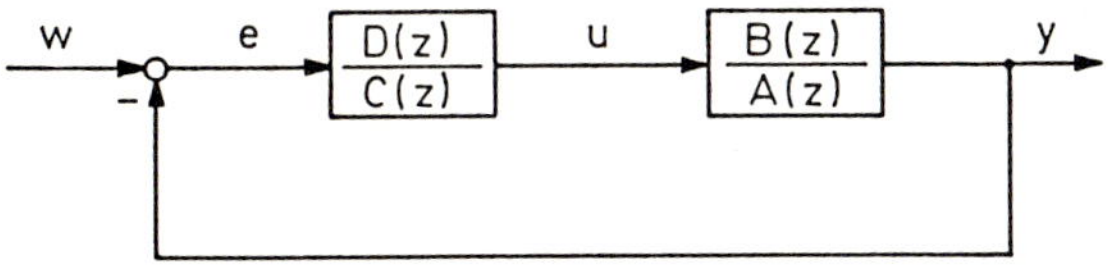

Bild 3.10 Einfacher Regelkreis

Die Regelgröße y wird mit der Führungsgröße w verglichen, die Differenz ist die Regelabweichung e = w - y. Aus e wird durch den digitalen Regler die Stellgröße u erzeugt, deren Aufgabe es ist, e klein zu halten.

Der Zusammenhang der z-Transformierten ergibt sich aus

$$e_z = w_z - \frac{BD}{AC} e_z \tag{3.4.2}$$

$$\left(1 + \frac{BD}{AC}\right) e_z = w_z$$

$$e_z = \frac{AC}{AC+BD} w_z \tag{3.4.3}$$

$$y_z = \frac{BD}{AC+BD} w_z \tag{3.4.4}$$

Es ergeben sich für den geschlossenen Abtast-Regelkreis also entsprechende Beziehungen wie für den kontinuierlichen Kreis nach Abschnitt 2.5.2. Der Nenner der ungekürzten Übertragungsfunktion (3.4.3) ist das charakteristische Polynom des geschlossenen Kreises

$$P(z) = A(z)C(z) + B(z)D(z) \tag{3.4.5}$$

Bei Kürzungs-Kompensation gibt man D Nullstellen, die in A enthalten sind oder man gibt C Nullstellen, die in B enthalten sind. In beiden Fällen werden die gekürzten Nullstellen damit Wurzeln von P, also Eigenwerte des geschlossenen Kreises.

Alle Verfahren zur Analyse und Synthese des Regelkreises können von kontinuierlicher in diskrete Zeit übertragen werden. Dies gilt z.B. für Wurzelortskurven, NYQUIST-Ortskurven, NICHOLS- und BODE-Diagramme.

Beispiel
Für den Regelkreis nach Bild 3.11 soll mit Hilfe der Wurzelortskurve ein günstiger k_y-Wert bestimmt werden.

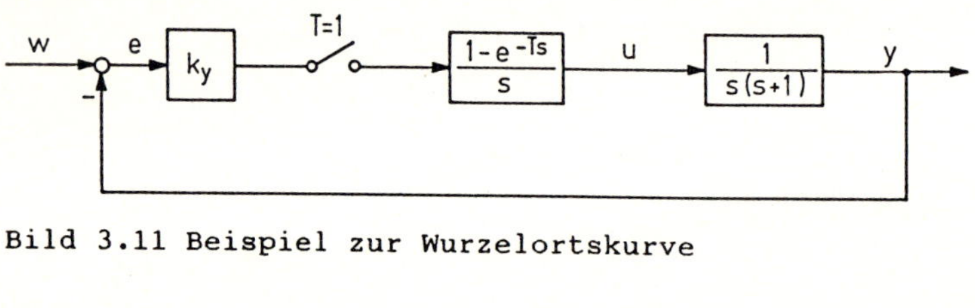

Bild 3.11 Beispiel zur Wurzelortskurve

Nach (3.3.23) ist

$$h_z(z) = \frac{0,368z + 0,264}{(z-1)(z-0,368)} \qquad (3.4.6)$$

Die Wurzelortskurve stellt die Phasenbedingung dar für

$$k_y h_z(z) = 0,368k_y \frac{z + 0,718}{(z-1)(z-0,368)} = -1 \qquad (3.4.7)$$

Sie besteht aus den Teilen $0,368 < z < 1$ und $z < -0,718$ der reellen Achse und einem Kreis um die Nullstelle bei $z = -0,718$. Der Kreis ist festgelegt durch die Verzweigungspunkte. Dort ist

$$\frac{dh_z(z)}{dz} = 0,368 \frac{-z^2-1,436z+1,350}{(z-1)^2(z-0,368)^2} = 0 \qquad (3.4.8)$$

Die Verzweigungspunkte liegen bei $z_{1,2} = -0,718 \pm 1,368$, d.h. der Radius des Kreises beträgt 1,368. Bild 3.12 zeigt die Wurzelortskurve für $k_y > 0$. Die Kurve für Dämpfung $\zeta = 1/\sqrt{2}$ aus Bild 3.4 ist ebenfalls eingezeichnet. Beim Schnittpunkt ergibt sich der Wert $k_y = 0,326$.

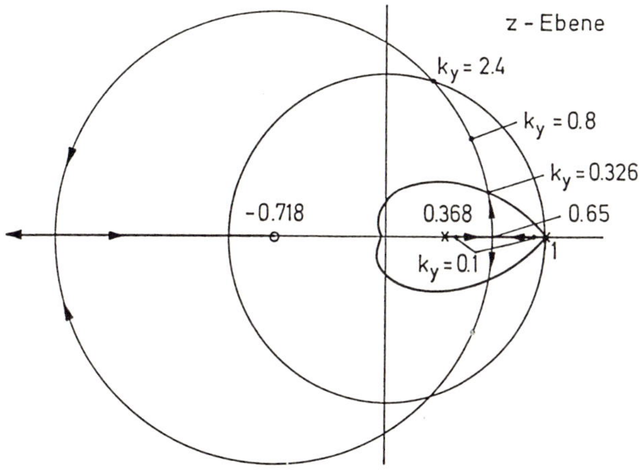

Bild 3.12 Wurzelortskurve für den Regelkreis nach Bild 3.11. Günstiger Wert der Verstärkung $k_y = 0,326$. □

Die Übertragungsfunktion des geschlossenen Kreises nach (3.4.4) hat die im Vorwärtszweig liegenden Nullstellen von B und D. Wenn y separat als Messung zur Verfügung steht, kann wie bei kontinuierlichen Systemen eine Regelkreisstruktur gewählt werden, in der D(z) nicht im Vorwärtszweig auftritt. Die Nullstellen der Regelstrecke, d.h. von B(z) können jedoch nicht verändert werden, sie können allenfalls durch Kürzung vom diskreten Ausgang y(kT) aus unsichtbar gemacht werden. Da sie dann aber immer noch zwischen den Abtastzeitpunkten den Verlauf von y(t) bestimmen, ist eine solche Kürzung nur bei Nullstellen nahe bei $z = 0$ sinnvoll.

3.4.2 Polvorgabe durch Koeffizientenvergleich

Dem Regelkreis von Bild 3.10 mit der z-Übertragungsfunktion der Regelstrecke

$$h_z = \frac{B(z)}{A(z)} = \frac{b_{n-1}z^{n-1} + b_{n-2}z^{n-2} + \ldots + b_0}{z^n + a_{n-1}z^{n-1} + \ldots + a_0} \tag{3.4.9}$$

h_z teilerfremd, können stets durch einen Regler der Ordnung $m = n - 1$ beliebige gewünschte Pole z_i, $i = 1, 2 \ldots 2n-1$, gegeben werden, also ein charakteristisches Polynom

$$P(z) = \prod_{i=1}^{2n-1} (z-z_i) = z^{2n-1} + p_{2n-2}z^{2n-2} + \ldots + p_0 \tag{3.4.10}$$

Es wird angesetzt

$$d_z = \frac{D(z)}{C(z)} = \frac{d_{n-1}z^{n-1} + d_{n-2}z^{n-2} + \ldots + d_0}{z^{n-1} + c_{n-2}z^{n-2} + \ldots + c_0} \tag{3.4.11}$$

Durch Ausmultiplizieren der Gl. (3.4.5) und Koeffizientenvergleich mit (3.4.10) erhält man das lineare Gleichungssystem

$$2n-1\left\{\underbrace{\left[\begin{array}{cccc|cccc} a_0 & 0 & & 0 & b_0 & 0 & & 0 \\ a_1 & a_0 & & & b_1 & b_0 & & \\ & \cdot & \cdot & & & & \cdot & \\ & & \cdot & a_0 & & & \cdot \quad \cdot & 0 \\ a_{n-1} & & & a_1 & b_{n-1} & & \cdot & b_0 \\ 1 & \cdot & & & 0 & \cdot & & b_1 \\ 0 & \cdot & \cdot & & & & \cdot & \\ & & \cdot & a_{n-1} & & & \cdot & \\ 0 & & & 1 & 0 & & & b_{n-1} \end{array}\right]}_{n-1 \qquad\qquad n}\right. \begin{bmatrix} c_0 \\ \cdot \\ \cdot \\ c_{n-2} \\ \hline d_0 \\ \cdot \\ \cdot \\ \cdot \\ d_{n-1} \end{bmatrix} = \begin{bmatrix} p_0 \\ \cdot \\ \cdot \\ p_{n-2} \\ \hline p_{n-1}-a_0 \\ \cdot \\ \cdot \\ \cdot \\ p_{2n-2}-a_{n-1} \end{bmatrix} \tag{3.4.12}$$

Die (2-1)×(2n-1)-Matrix ist genau dann regulär, wenn die Polynome A(z) und B(z) teilerfremd sind [65.3].

Diese Berechnung eines Kompensators zur Polvorgabe ist zwar sehr einfach, garantiert aber nicht, daß die Pole und Nullstellen des Reglers im Einheitskreis liegen. Dies wird aber aus anderen Gründen als nur der Polvorgabe oft gewünscht.

Beispiel

Bei der Regelstrecke nach Bild 3.7 und (3.3.23) ist

$$h_z = \frac{B(z)}{A(z)} = \frac{0{,}368z + 0{,}264}{z^2 - 1{,}368z + 0{,}368} = 0{,}368 \, \frac{z + 0{,}718}{(z-1)(z-0{,}368)} \tag{3.4.13}$$

Der Regler der Ordnung n - 1 wird angesetzt als

$$d_z = \frac{d_1 z + d_0}{z + c_0}$$

(3.4.12) lautet also hier

$$\begin{bmatrix} 0{,}368 & 0{,}264 & 0 \\ -1{,}368 & 0{,}368 & 0{,}264 \\ 1 & 0 & 0{,}368 \end{bmatrix} \begin{bmatrix} c_0 \\ d_0 \\ d_1 \end{bmatrix} = \begin{bmatrix} p_0 \\ p_1 - 0{,}368 \\ p_2 + 1{,}368 \end{bmatrix}$$

$$\begin{bmatrix} c_0 \\ d_0 \\ d_1 \end{bmatrix} = \begin{bmatrix} 0{,}536 & -0{,}385 & 0{,}276 \\ 3{,}039 & 0{,}536 & -0{,}385 \\ -1{,}457 & 1{,}046 & 1{,}967 \end{bmatrix} \begin{bmatrix} p_0 \\ p_1 - 0{,}368 \\ p_2 + 1{,}368 \end{bmatrix}$$

a) Regler 1 (Echter Deadbeat-Regler)

Sollen z.B. alle drei Pole nach z = 0 gelegt werden, d.h. $P(z) = z^3$, $p_0 = p_1 = p_2 = 0$, so wird

$$d_z = \frac{2{,}306z - 0{,}724}{z + 0{,}520} = 2{,}306 \, \frac{z - 0{,}314}{z + 0{,}520} \tag{3.4.14}$$

Die Führungs-z-Übertragungsfunktion wird damit

$$f_z = \frac{0{,}848z^2 + 0{,}343z - 0{,}191}{z^3} \tag{3.4.15}$$

b) Regler 2 (Deadbeat-Regler mit Polkürzung)

Man kann auch eine Kürzung des Pols bei $z = 0{,}368$ vornehmen, er wird damit Eigenwert des geschlossenen Kreises:

$P(z) = z^2(z-0{,}368)$, $p_0 = p_1 = 0$, $p_2 = -0{,}368$.

Damit wird

$$d_z = \frac{1{,}582z - 0{,}582}{z + 0{,}418} = 1{,}582\,\frac{z - 0{,}368}{z + 0{,}418} \tag{3.4.16}$$

$$f_z = \frac{0{,}582z + 0{,}418}{z^2} \tag{3.4.17}$$

□

Auf weitere Regler mit Kürzungen der Nullstellen werden wir in Abschnitt 3.5.3 zurückkommen.

Die Synthesegleichung (3.4.12) bietet einen direkteren Weg zur Erzeugung einer gewünschten Pollage als die Wurzelortskurve. Wir wollen aber die Wirkung des Reglers (3.4.16) mit Hilfe der Wurzelortskurve interpretieren.

Bild 3.13 zeigt die entsprechende Wurzelortskurve mit einem Verzweigungspunkt bei $z = 0$.

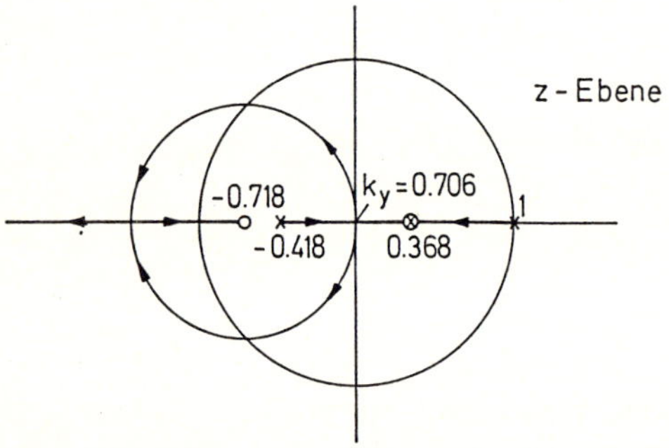

Bild 3.13
Wurzelortskurve des kompensierten Systems

In der Umgebung eines Verzweigungspunktes ist die Lage der Eigenwerte sehr empfindlich gegenüber kleinen Parameteränderungen im charakteristischen Polynom.

3.4.3 Integralregler

Das stationäre Verhalten des Regelkreises kann durch den stationären Wert der Regelabweichung e bei Führungsgrößen wie Sprung oder Rampe ausgedrückt werden. Nach dem Endwertsatz der z-Transformation (B.8.1) ist bei einem stabilen Regelkreis mit (3.4.3)

$$\lim_{k\to\infty} e(kT) = \lim_{z\to 1}(z-1)e_z(z)$$

$$= \lim_{z\to 1} \frac{(z-1)A(z)C(z)}{A(z)C(z) + B(z)D(z)} w_z(z) \tag{3.4.18}$$

Bei sprungförmiger Führungsgröße $w(t) = 1(t)$, $w_z(z) = z/(z-1)$

$$\lim_{k\to\infty} e(kT) = \frac{A(1)C(1)}{A(1)C(1) + B(1)D(1)} \tag{3.4.19}$$

Dieser **Positions-Fehler** wird zu Null, wenn $A(1) = 0$ oder $C(1) = 0$, d.h. wenn der offene Kreis eine Integration enthält.

Bei rampenförmiger Führungsgröße $w(t) = t$, $w_z(z) = Tz/(z-1)^2$ ist

$$\lim_{k\to\infty} e(kT) = \lim_{z\to 1} \frac{TA(z)C(z)}{(z-1)[A(1)C(1) + B(1)D(1)]} \tag{3.4.20}$$

Dieser **Geschwindigkeits-Fehler** (auch "Schleppfehler") wird zu Null, wenn der offene Kreis einen doppelten Pol bei $z = 1$ enthält, also $A(1)C(1) = 0$ und $d[A(z)C(z)]/dz\big|_{z=1} = 0$.

Entsprechende Beziehungen ergeben sich, wenn eine sprung- oder rampenförmige Störgröße, z.B. am Ausgang der Regelstrecke, angenommen wird. Wirkt die Störgröße an anderer Stelle auf die Regelstrecke ein, so kommt es darauf an, ob sie vor oder nach der Integration in der Regelstrecke angreift. Wird die Störgröße nicht mit integriert, so ändert sich an den vorhergehenden Überlegungen nichts, z.B. wenn die Störgröße eine Kraft ist, die ebenso auf ein mechanisches System einwirkt, wie ein integrierend wirkendes hydraulisches Stellglied. Integrationen, die nach der Angriffsstelle der Störgröße liegen, dürfen allerdings nicht im offenen Kreis mitgezählt werden, z.B. eine Kraft, die zusammen mit dem Stellglied eine Masse beschleunigt (bei der Verladebrücke etwa eine geneigte Schiene, auf der die Laufkatze läuft, oder eine Windkraft). Bezogen auf den stationären Fehler im Führungsverhalten ist es gleichgültig, ob die Integration im Regler oder in der Regelstrecke erfolgt.

Ergibt sich aus den Forderungen an das stationäre Verhalten, daß der Regler einen Integralanteil erhalten muß, so wird anstelle von (3.4.11) angesetzt

$$d_z = \frac{d_n z^n + d_{n-1} z^{n-1} + \ldots + d_0}{(z^{n-1} + c_{n-2} z^{n-2} + \ldots + c_0)(z-1)} \qquad (3.4.21)$$

Wir müssen hier voraussetzen, daß die Regelstrecke kein rein differenzierendes Verhalten hat, d.h. keine Nullstelle bei $z = 1$ (wie etwa in der letzten Zeile von Tabelle 3.1). Dann kann der Term $z - 1$ im Regler (3.4.21) formal zur Regelstrecke geschlagen werden. Diese erhält damit den Nenner $\bar{A}(z) = (z-1)A(z) = \bar{a}_0 + \bar{a}_1 z + \ldots \bar{a}_n z^n + z^{n+1}$. Die Synthesegleichung (3.4.12) wird nun mit den Koeffizienten $\bar{a}_i$ und b_i gebildet, wobei eine letzte Zeile für $p_{2n-1} - \bar{a}_n$ als zusätzliche Gleichung und eine letzte Spalte für d_n als zusätzlicher freier Parameter hinzukommt.

Beispiel

Die Regelstrecke von (3.4.13) soll einer rampenförmigen Führungsgröße $w(t)$ ohne Geschwindigkeitsfehler folgen. Eine solche Forderung tritt z.B. bei der Nachführung einer Antenne auf, die auf einen Satelliten ausgerichtet bleiben soll. Der Vorgang beginnt jeweils beim Aufgang des Satelliten über dem Horizont. Da $h_z(z)$ nur eine Integration enthält, muß eine zweite im Regler vorgesehen werden, er wird angesetzt zu

$$d_z(z) = \frac{d_2 z^2 + d_1 z + d_0}{(z+c_0)(z-1)}$$

Damit wird

$$\bar{A}(z) = (z-1)^2(z-0{,}368) = z^3 - 2{,}368z^2 + 1{,}736z - 0{,}368$$

Das charakteristische Polynom des geschlossenen Kreises ist

$$P(z) = (z^3 - 2{,}368z^2 + 1{,}736z - 0{,}368)(z+c_0) + \\ + (0{,}368z + 0{,}264)(d_2 z^2 + d_1 z + d_0)$$

Der Koeffizientenvergleich ergibt

$$\begin{bmatrix} -0{,}368 & 0{,}264 & 0 & 0 \\ 1{,}736 & 0{,}368 & 0{,}264 & 0 \\ -2{,}368 & 0 & 0{,}368 & 0{,}264 \\ 1 & 0 & 0 & 0{,}368 \end{bmatrix} \begin{bmatrix} c_0 \\ d_0 \\ d_1 \\ d_2 \end{bmatrix} = \begin{bmatrix} p_0 \\ p_1 + 0{,}368 \\ p_2 - 1{,}736 \\ p_3 + 2{,}368 \end{bmatrix} \qquad (3.4.22)$$

□

Wenn die Führungsgröße w und die Regelgröße y einzeln zur Verfügung stehen, kann die Regelkreisstruktur nach Bild 3.14 benutzt werden.

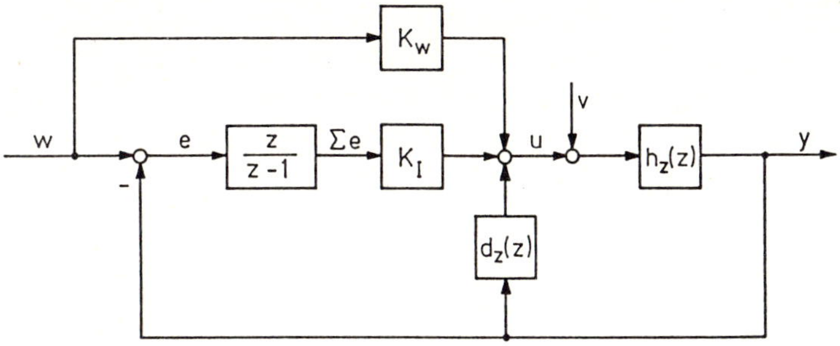

Bild 3.14 Integralregler-Ansatz bei einzeln meßbaren Größen w und y

d_z ist nach wie vor von der Ordnung n-1. Die Ordnung des charakteristischen Polynoms des Regelkreises hat sich um 1 auf 2n erhöht und es steht ein zusätzlicher freier Reglerparameter K_I zur Verfügung. K_w geht nur in den Zähler der Führungs-Übertragungsfunktion ein, nicht aber in die charakteristische Gleichung. K_w kann auch als dynamisches System mit der z-Übertragungsfunktion $K_w(z)$ ausgeführt werden. Wird durch $d_z(z)$ und K_I ein stabiles charakteristisches Polynom erzeugt, so geht in der stationären Sprungantwort die aufsummierte Regelabweichung $\Sigma e(k)$ gegen eine Konstante und e[k] gegen Null und zwar auch dann, wenn eine konstante Störgröße v auf die Regelstrecke wirkt.

3.4.4 Zustandsdarstellung von Regler und Regelkreis

Der Regelkreis von Bild 3.10 soll nun im Zustandsraum dargestellt werden.

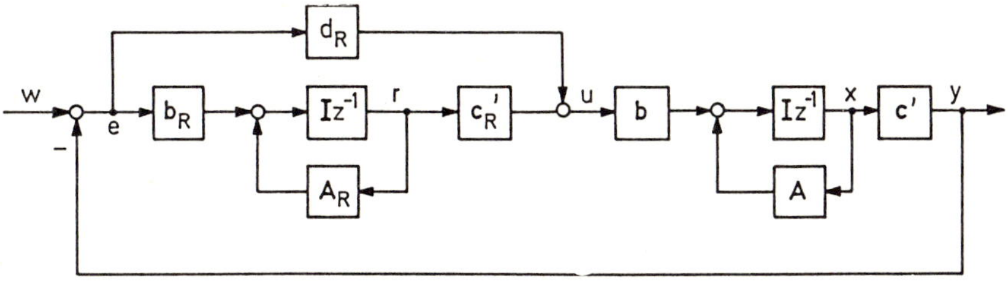

Bild 3.15 Zustandsdarstellung des Regelkreises von Bild 3.10

Der Regler der Ordnung m nach (3.4.1) kann in einer beliebigen Zustandsdarstellung realisiert werden. Zustände des Reglers sind die Inhalte von Speichern im Rechner, die ihre Eingangsfolge um ein Abtastintervall verzögert wieder als Ausgangsfolge abgeben, also die Übertragungsfunktion z^{-1} haben. Die Bilder A.2 bis A.5 zeigen verschiedene Möglichkeiten für Reglerrealisierungen der Form

$$\begin{aligned} \mathbf{r}[k+1] &= \mathbf{A}_R \mathbf{r}[k] + \mathbf{b}_R e[k] \\ u[k] &= \mathbf{c}_R' \mathbf{r}[k] + d_R e[k] \end{aligned} \tag{3.4.23}$$

Von den $(m+1)^2$ Koeffizienten in (3.4.23) werden m^2 durch die Wahl der kanonischen Form zu Null oder Eins festgelegt, so daß 2m+1 unabhängige freie Entwurfsparameter verbleiben.

Die JORDAN-Form der Realisierung erhält man durch Partialbruchzerlegung von $d_z(z)$. Bei Reglern höherer Ordnung mit Koeffizienten sehr unterschiedlicher Größenordnung empfiehlt sich die Faktorisierung von $d_z(z)$ in Terme zweiter Ordnung und gegebenenfalls einen erster Ordnung

$$d_z(z) = \frac{d_{12}z^2 + d_{11}z + d_{10}}{z^2 + c_{11}z + c_{10}} \times \frac{d_{22}z^2 + d_{21}z + d_{20}}{z^2 + c_{21}z + c_{20}} \cdots \frac{d_{i1}z + d_{i0}}{z + c_{i0}} \tag{3.4.24}$$

Hier werden also entsprechend viele Realisierungen zweiter und erster Ordnung hintereinandergeschaltet, um die Schwierigkeiten bei Reglerkoeffizienten extrem unterschiedlicher Größenordnung zu vermeiden.

Die Zustandsdarstellung des geschlossenen Kreises erhält man nun, indem man die Zustände von Regelstrecke ($\mathbf{x}$) und Regler ($\mathbf{r}$) zu einem Zustandsvektor zusammenfaßt

$$\begin{bmatrix} \mathbf{x}[k+1] \\ \mathbf{r}[k+1] \end{bmatrix} = \begin{bmatrix} \mathbf{A} & \mathbf{0} \\ \mathbf{0} & \mathbf{A}_R \end{bmatrix} \begin{bmatrix} \mathbf{x}[k] \\ \mathbf{r}[k] \end{bmatrix} + \begin{bmatrix} \mathbf{b} \\ \mathbf{0} \end{bmatrix} u[k] + \begin{bmatrix} \mathbf{0} \\ \mathbf{b}_R \end{bmatrix} e[k]$$

Regler und Regelstrecke werden über $u[k] = \mathbf{c}_R' \mathbf{r}[k] + d_R e[k]$ verbunden

$$\begin{bmatrix} \mathbf{x}[k+1] \\ \mathbf{r}[k+1] \end{bmatrix} = \begin{bmatrix} \mathbf{A} & \mathbf{b}\mathbf{c}_R' \\ \mathbf{0} & \mathbf{A}_R \end{bmatrix} \begin{bmatrix} \mathbf{x}[k] \\ \mathbf{r}[k] \end{bmatrix} + \begin{bmatrix} \mathbf{b}d_R \\ \mathbf{b}_R \end{bmatrix} e[k]$$

und mit der Schließungsbedingung $e[k] = w[k] - \mathbf{c}'\mathbf{x}[k]$ erhält man die Differenzengleichung des geschlossenen Kreises

$$\begin{bmatrix} \mathbf{x}[k+1] \\ \mathbf{r}[k+1] \end{bmatrix} = \begin{bmatrix} \mathbf{A} - \mathbf{b}\mathbf{c}'d_R & \mathbf{b}\mathbf{c}_R' \\ -\mathbf{b}_R\mathbf{c}' & \mathbf{A}_R \end{bmatrix} \begin{bmatrix} \mathbf{x}[k] \\ \mathbf{r}[k] \end{bmatrix} + \begin{bmatrix} \mathbf{b}d_R \\ \mathbf{b}_R \end{bmatrix} w[k] \tag{3.4.25}$$

Hiermit lassen sich die Antworten

$$\begin{bmatrix} y[k] \\ u[k] \end{bmatrix} = \begin{bmatrix} \mathbf{c}' & 0 \\ -d_R\mathbf{c}' & \mathbf{c}_R' \end{bmatrix} \begin{bmatrix} \mathbf{x}[k] \\ \mathbf{r}[k] \end{bmatrix} + \begin{bmatrix} 0 \\ d_R \end{bmatrix} w[k] \tag{3.4.26}$$

auf interessierende Führungsgrößen $w[k]$ berechnen. Dabei braucht $w[k]$ nur numerisch gegeben zu sein.

Die Zustandsdarstellung ist insbesondere vorteilhaft, wenn mehrere Größen im Regelkreis in der Simulation verfolgt werden sollen und bei Regelkreisstrukturen mit mehreren Meßgrößen, die unabhängig von der Führungsgröße zur Verfügung stehen. Wir werden darauf in den folgenden Kapiteln zurückkommen.

3.5 Lösungen im Zeitbereich

Ob ein Regelungssystem als gut beurteilt wird, entscheidet sich meist im Zeitbereich, z.B. an der Antwort auf einen Sprung der Führungsgröße. Diese soll weder zuviel überschwingen noch zu langsam kriechend den Endwert erreichen. Die maximale Stellamplitude, die häufig im ersten Abtastintervall bei der größten Regelabweichung auftritt, soll gegebene Schranken einhalten. Nur die Forderungen an das stationäre Verhalten können exakt im Frequenzbereich berücksichtigt werden, z.B. durch einen Integralanteil des Reglers oder eine hohe Kreisverstärkung. Ob die anderen genannten Forderungen eingehalten sind, kann exakt nur beurteilt werden durch Ausrechnung von Lösungen im Zeitbereich. In den älteren Entwurfsverfahren wird große Mühe darauf verwandt, solche Forderungen für Systeme zweiter Ordnung in den Frequenzbereich zu übertragen und für Systeme höherer Ordnung mit einem **dominanten Polpaar** näherungsweise anzuwenden. Mit den heute verfügbaren Rechnern und Grafik-Terminals ist es kein Problem mehr, sich die Lösungen anzusehen und zu beurteilen. Oft liegt sogar ein recht genaues Simulationsmodell vor, das zum Entwurf zu komplex ist. Man führt dann zum Entwurf eine Linearisierung, Annäherung von verteilten Parametern durch konzentrierte Parameter oder Ordnungsreduktion, durch.

Zur Bewertung des Entwurfs kann man dann mit Hilfe des komplexeren Simulationsmodells Lösungen erzeugen, die dem realen Verhalten der Regelstrecke sehr viel näher kommen, und es erlauben, den linearen Reglerentwurf in der Simulation empirisch zu verfeinern. Auf diese Probleme wird in diesem Buch nicht eingegangen. Es soll jedoch die Erzeugung von Lösungen für den geschlossenen Kreis mit linearem Entwurfsmodell plus linearem Regler behandelt werden. Dabei gibt es neben der in Anhang B.9 dargestellten allgemeinen Inversion der z-Transformation zwei für numerische Rechnungen vorteilhafte Wege.

1. die rekursive Ausrechnung der skalaren Differenzengleichung, die der z-Übertragungsfunktion entspricht, und

2. die rekursive Ausrechnung der Zustandsgleichungen.

3.5.1 Lösung der skalaren Differenzengleichung

In den Gleichungen (1.1.3) bis (1.1.5) hatten wir den Zusammenhang zwischen einer skalaren Differenzengleichung und der entsprechenden z-Übertragungsfunktion hergestellt. Die Differenzengleichung erlaubt die rekursive Ausrechnung der Lösung.

Beispiel
Für den Regelkreis von Bild 3.11 soll die Antwort $y[k]$ auf die Führungsgröße $w[k]$ berechnet werden und zwar mit dem anhand der WOK von Bild 3.12 gewählten Wert $k_y = 0{,}326$. Das Übertragungsverhalten des geschlossenen Kreises ist gemäß (3.4.4)

$$y_z = \frac{k_y B(z)}{A(z) + k_y B(z)} w_z(z)$$

$$= \frac{0{,}326 \times 0{,}368(z + 0{,}718)}{(z-1)(z-0{,}368) + 0{,}326 \times 0{,}368(z+0{,}718)} w_z$$

$$= \frac{0{,}120z + 0{,}0861}{z^2 - 1{,}248z + 0{,}454} w_z$$

$$= \frac{0{,}120z^{-1} + 0{,}0861z^{-2}}{1 - 1{,}248z^{-1} + 0{,}454z^{-2}} w_z$$

Die entsprechende skalare Differenzengleichung ist

$$y[k] = 1{,}248y[k-1] - 0{,}454y[k-2] + 0{,}120w[k-1] + 0{,}0861w[k-2]$$

$$= -a_1 y[k-1] - a_0 y[k-2] + b_1 w[k-1] + b_0 w[k-2] \qquad (3.5.1)$$

Diese Gleichung läßt sich für beliebige Eingangsfolgen w[k] leicht auf einem programmierbaren Taschenrechner lösen. Es werden vier Speicherplätze benötigt, deren Belegung vor der Rechnung in der ersten Spalte der Tabelle 3.2 angegeben ist.

Speicherplatz	Belegung vor der Berechnung von y[k]	Belegung nach der Berechnung von y[k]
1	y[k-1]	y[k]
2	y[k-2]	y[k-1]
3	w[k-1]	neuer Eingang w[k]
4	w[k-2]	w[k-1]

Tabelle 3.2 Zur Programmierung der skalaren Differenzengleichung (3.5.1)

Die Berechnung erfolgt in der Reihenfolge

1. $-a_0 y[k-2]$,

2. Aufruf y[k-1], Speichern auf Platz 2,

3. $-a_1 y[k-1]$, Addition,

4. $b_0 w[k-2]$, Addition,

5. Aufruf w[k-1], Speichern auf Platz 4,

6. $b_1 w[k-1]$, Addition,

7. y[k], speichern auf Platz 1, Ausgabe y[k],

8. Eingabe des neuen Eingangswerts w[k] auf Platz 3.

Damit sind alle Speicher richtig belegt für die Berechnung von y[k+1] nach dem gleichen Algorithmus, siehe zweite Spalte von Tabelle 3.2.

Setzt man z.B. den Anfangszustand $y[k-1] = y[k-2] = 0$ und gibt einen Einheitssprung $w[-2] = w[-1] = 0$, $w[k] = 1$ für $k \geq 0$, auf das System so ergibt sich

k	y[k]	u[k] = 0,326(1-y[k])
0	0	0,326
1	0,120	0,278
2	0,356	0,210
3	0,596	0,132
4	0,788	0,069
5	0,919	0,026
6	0,995	0,002
7	1,031	-0,010
8	1,041	-0,013
9	1,037	-0,012
10	1,028	-0,009
11	1,018	-0,006
12	1,010	-0,003
13	1,004	-0,001
14	1,001	-0,0003
15	0,999	0,0002
16	0,999	0,0004

Tabelle 3.3 Berechnete Werte der Sprungantwort des Regelkreises von Bild 3.12 mit $k_y = 0,326$

Bei Benutzung eines Taschenrechners ohne Speicher müssen die Zahlen in der vollen berechneten Stellenzahl wieder eingegeben werden, da sich sonst Rundungsfehler stark akkumulieren können.

Anmerkung 3.5

y[k] kann auch durch inverse z-Transformation $y[k] = \mathfrak{Z}^{-1}\{y_z(z)\}$ berechnet werden. Die allgemeine Inversion wird in Anhang B behandelt. Bei der numerischen Inversion wird $y_z(z)$ in eine Reihe in z^{-1} entwickelt, d.h.

$$y_z(z) = \sum_{k=0}^{\infty} y[k]z^{-k} = y[0] + y[1]z^{-1} + y[2]z^{-2} + \ldots \qquad (3.5.2)$$

Bringt man also einen rationalen Ausdruck $y_z(z)$ durch Ausdividieren mit dem üblichen Divisionsschema auf diese Form, so bilden die Koeffizienten die gesuchte Folge y[k]. Die Ausrechnung entspricht weitgehend dem Rechengang bei der rekursiven Lösung der skalaren Differenzengleichung. Dort kann jedoch eine beliebige Eingangsfolge w[k] vorgegeben werden, für die keine geschlossene Form der z-Transformierten vorliegen muß. Die Ausrechnung nach der Differenzengleichung, z.B. gemäß Tabelle 3.2, erlaubt eine Simulation für beliebige Eingangsgrößen und ist daher vielseitiger.

□

Beispiel (Fortsetzung)
Die Sprungantwort nach Tabelle 3.3 ist in Bild 3.16 dargestellt ($k_y = 0{,}326$). Es werden außerdem Sprungantworten für weitere Werte von k_y gezeigt, die auch in der WOK von Bild 3.12 angegeben sind. Im Bild wurden die für die Abtastzeitpunkte berechneten Werte stetig verbunden. Die Ausrechnung des Lösungsverlaufs zwischen den Abtastzeitpunkten wird in Abschnitt 3.5.3 behandelt.

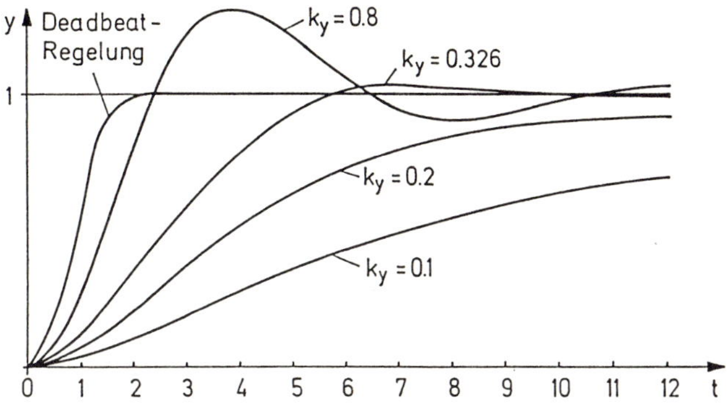

Bild 3.16 Sprungantworten des Regelkreises nach Bild 3.11.

Bei $k_y = 0{,}1$ liegt einer der beiden reellen Eigenwerte nahe bei $z = 1$ und führt zu einem langsam kriechenden Eingschwingvorgang. Dieser sieht schon besser aus für $k_y = 0{,}2$, d.h. für zwei Eigenwerte nahe beim Verzweigungspunkt $z = 0{,}65$. Dämpfung $1/\sqrt{2}$ hatte in der WOK zu dem günstigen Wert $k_y = 0{,}326$ geführt. $k_y = 0{,}8$ ist der optimale Wert, wenn $\sum_{k=0}^{\infty} e^2[k]$ minimiert wird, er führt bereits zu einem erheblichen Überschwingen, da die quadratische Gewichtung $e^2[1]$ zum dominierenden Term macht und nur diesen zu reduzieren sucht. Bei $k_y = 2{,}4$ wird die Stabilitätsgrenze erreicht, wie die WOK in Bild 3.12 zeigt. Der maximale Wert von $u[k]$ tritt jeweils im ersten Abtastintervall auf und ist gleich k_y. □

Bei der Simulation eines Regelkreises nach Bild 3.10 interessiert man sich insbesondere für die Verläufe von $y[k]$ und $u[k]$ für gegebenes $w[k]$. Im vorhergehenden Beispiel wurde u durch einen Proportionalregler gebildet als $u = k_y e = k_y(w-y)$, so daß die Berechnung von u einfach war. Bei einem dynamischen Regler könnte man die Berechnung von u und y nacheinander ausführen, entsprechend

$$u_z = \frac{AD}{AC+BD} w_z \quad , \quad y_z = \frac{BD}{AC+BD} w_z \tag{3.5.3}$$

Die beiden Rechnungen lassen sich jedoch effizienter zusammen ausführen. Man kann z.B. die skalare Differenzengleichung für y_z lösen und die berechneten Werte von y sofort in eine skalare Differenzengleichung geben, die

$$u_z = \frac{D}{C} (w_z - y_z) \tag{3.5.4}$$

entspricht.

Beispiel

Bei dem vorher untersuchten Regelkreis wird k_y durch den Deadbeat-Regler mit Polkürzung nach (3.4.16) ersetzt. Nach (3.4.17) ist

$$y_z = \frac{0,582z + 0,418}{z^2} w_z = (0,582z^{-1} + 0,418z^{-2}) w_z$$

$$y[k] = 0,582w[k-1] + 0,418w[k-2]$$

und (3.5.4) lautet hier

$$u_z = \frac{1,582z - 0,582}{z + 0,418} (w_z - y_z)$$

$$u[k] = -0,418u[k-1] + 1,582(w[k] - y[k]) - 0,582(w[k-1] - y[k-1])$$

Die Sprungantwort ergibt sich mit $y[-1] = u[-1] = 0$, $w[-1] = 0$, $w[k] = 1$ für $k \geq 0$.

k	y[k]	u[k]
0	0	1,582
1	0,582	-0,582
≥ 2	1	0

Tabelle 3.4 Sprungantwort des Regelkreises mit Deadbeat-Regler mit Polkürzung

Die Sprungantwort y[k] ist in Bild 3.16 dargestellt. Die maximale Stellgröße 1,582 ist 4,85 mal so groß wie bei der **sanften** Regelung mit $k_y = 0{,}326$, bei der der Einschwingvorgang (auf < 5 % Restfehler) allerdings dreimal so lang dauert. □

Anmerkung 3.6

Die dargestellte numerische Lösung kann auch bei der Berechnung kontinuierlicher Systeme benutzt werden. Man approximiert dabei das kontinuierliche System durch ein entsprechendes Abtastsystem mit genügend kleiner Abtastperiode T. Die Glättung des abgetasteten Signals braucht nicht durch ein Extrapolationsglied, d.h. durch ein kausales Glied mit der damit verbundenen Phasenverzögerung, zu erfolgen, sondern kann durch Interpolation geschehen. Ein linearer Interpolator hat die in Bild 3.17 gezeigte Antwort auf einen Impuls

$$y[k] = \begin{cases} 0 & k \neq 0 \\ 1 & k = 0 \end{cases} \tag{3.5.5}$$

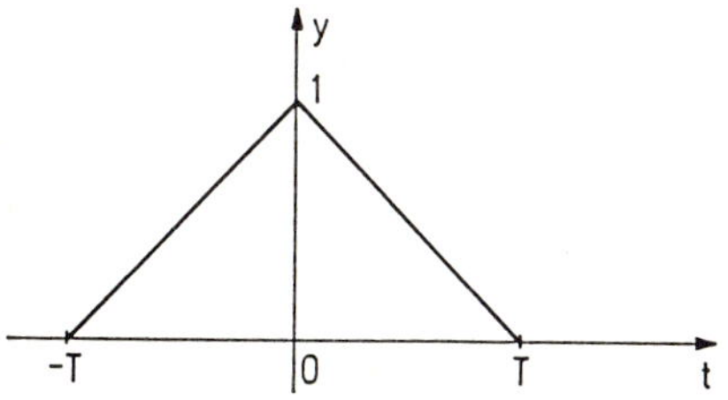

Bild 3.17
Impulsantwort des linearen Interpolators

$$y(t) = \frac{1}{T}\left[(t+T)\times 1(t+T) - 2t\times 1(t) + (t-T)\times 1(t-T)\right]$$

$$y(s) = \frac{1}{T}\left[\frac{1}{s^2}e^{sT} - \frac{2}{s^2} + \frac{1}{s^2}e^{-sT}\right]$$

$$y_s(s) = \frac{(1-e^{-sT})^2 e^{sT}}{Ts^2} \tag{3.5.6}$$

Ein Abtaster mit einem Interpolator mit dieser Übertragungsfunktion liefert eine Approximation des Eingangssignals durch einen Sehnenzug. Man setzt ihn an einer Stelle in den Regelkreis ein, wo ein möglichst geglättetes, tiefpaßgefiltertes Signal ansteht, d.h. möglichst unmittelbar vor der Stelle, an der externe Stör- oder Führungsgrößen angreifen. Zur Berechnung der Antwort auf einen Sprung der Führungsgröße ist dies die Konfiguration nach Bild 3.18.

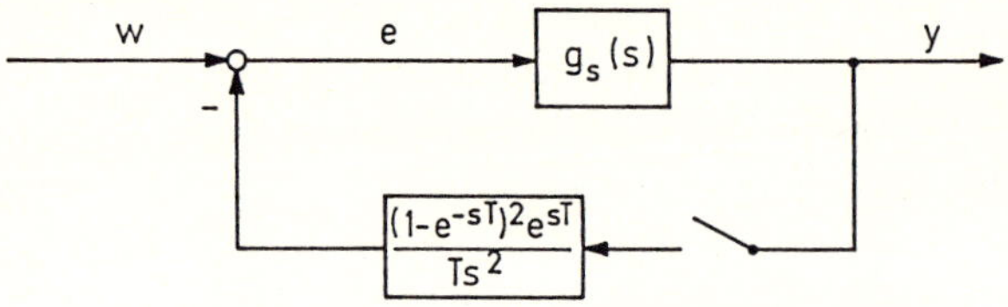

Bild 3.18
Ersatzschaltbild für die numerische Berechnung der Sprungantwort kontinuierlicher Regelkreise

Zu den Abtastzeitpunkten ist $e[kT] = w[kT] - y[kT]$, also $e_z = w_z - y_z$ mit

$$y_z(z) = \mathcal{Z}\{w_s g_s\} - \frac{(z-1)^2}{Tz} \mathcal{Z}\{g_s/s^2\} y_z(z) \qquad (3.5.7)$$

Der Vorteil dieser numerischen Methode ist besonders überzeugend bei Totzeit-Regelstrecken, siehe Anhang D. □

3.5.2 Lösung der vektoriellen Differenzengleichung

Die Zustandsdarstellung des Regelkreises, z.B. nach (3.4.25) und (3.4.26) ist direkt auf die Ausrechung mit dem Digitalrechner zugeschnitten. Im Vergleich mit der skalaren Differenzengleichung werden dabei wegen der Matrix-Vektor-Multiplikationen mehr Rechenoperationen und mehr Speicherplatz benötigt. Der Vorteil dieser genaueren Buchführung über alle Zustandsgrößen ist jedoch, daß nicht nur y und u berechnet werden. Es ist z.B. leicht eine Überwachung einzelner Zustandsgrößen auf Einhaltung zulässiger Grenzwerte möglich (Beispiel: Temperatur in einem Triebwerk). Weiter können ohne Schwierigkeiten mehrere Stellgrößen, zusätzliche Störgrößen und Anfangszustände berücksichtigt werden.

Beispiel

Für den Regler (3.4.16) ergibt sich aus

$$d_z = \frac{1{,}582z - 0{,}582}{z + 0{,}418} = 1{,}582 - \frac{1{,}243}{z + 0{,}418}$$

eine Zustandsdarstellung des Reglers, z.B. in Beobachter-Normalform (A.3.23)

$$\begin{aligned} r[k+1] &= -0{,}418 r[k] - 1{,}243 e[k] \\ u[k] &= r[k] + 1{,}582 e[k] \end{aligned} \qquad (3.5.8)$$

Zusammen mit der Regelstrecke nach (3.3.22) lautet (3.4.25)

$$\begin{bmatrix} x_1[k+1] \\ x_2[k+1] \\ r[k+1] \end{bmatrix} = \begin{bmatrix} 0{,}418 & 0{,}632 & 0{,}368 \\ -1 & 0{,}368 & 0{,}632 \\ 1{,}243 & 0 & -0{,}418 \end{bmatrix} \begin{bmatrix} x_1[k] \\ x_2[k] \\ r[k] \end{bmatrix} + \begin{bmatrix} 0{,}582 \\ 1 \\ -1{,}243 \end{bmatrix} w[k] \qquad (3.5.9)$$

$$\begin{bmatrix} y[k] \\ u[k] \end{bmatrix} = \begin{bmatrix} 1 & 0 & 0 \\ -1{,}582 & 0 & 1 \end{bmatrix} \begin{bmatrix} x[k] \\ r[k] \end{bmatrix} + \begin{bmatrix} 0 \\ 1{,}582 \end{bmatrix} w[k]$$

Für den Anfangszustand $x_1[0] = r[0] = 0$, $x_2[0] = a$ und einen Sprung der Führungsgröße $w[k] = 1[k]$ erhält man durch rekursives Einsetzen

k	$y = x_1[k]$	$x_2[k]$	$r[k]$	$u[k]$
0	0	a	0	1,582
1	0,582 + 0,632a	1 + 0,368a	-1,243	-0,582 - a
2	1 + 0,497a	-0,497a	0,786a	0
3	1 + 0,497a×0,368	-0,497a×0,368	0,786a×0,368	0
4	1 + $0{,}497a \times 0{,}368^2$	$-0{,}497a \times 0{,}368^2$	$0{,}786a \times 0{,}368^2$	0
⋮	⋮	⋮	⋮	⋮

Tabelle 3.5 Sprungantwort wie in Tabelle 3.4, jedoch mit Anfangszustand $x_2[0] = a$.

Für a = 0 wird in zwei Abtastschritten der stationäre Zustand $x_1 = 1$, $x_2 = r = u = 0$ erreicht. Damit ist $y[k] = 1$ für $k \geq 2$, wie bereits in Tabelle 3.4 berechnet wurde. Aufgrund der in dem Regler nach (3.4.16) vorgenommenen Kürzung des Streckenpols bei z = 0,368 tritt dieser im Übertragungsverhalten von w nach y nicht in Erscheinung, er ist von w aus nicht steuerbar. Wird dieser Eigenwert jedoch durch eine Störung angeregt, z.B. durch eine vor k = 0 einwirkende Störung, die zum Anfangszustand $x_2[0] = a \neq 0$ geführt hat, so tritt ein entsprechender asymptotisch abklingender Lösungsterm $0{,}368^k$ auf.

Ein endlicher Einschwingvorgang nach allen Störungen und bei beliebigen Anfangswerten ergibt sich nur, wenn sämtliche Eigenwerte nach z = 0 gelegt werden, wie bei dem echten Deadbeat-Regler nach (3.4.14).

$$d_z = \frac{2{,}306z - 0{,}724}{z + 0{,}520} = 2{,}306 - \frac{1{,}922}{z + 0{,}520}$$

Eine Zustandsgleichung für diesen Regler ist

$$\begin{aligned} r[k+1] &= -0{,}520r[k] - 1{,}922e[k] \\ u[k] &= r[k] + 2{,}306e[k] \end{aligned} \tag{3.5.10}$$

Die Zustandsdarstellung des Regelkreises ist damit

$$\begin{aligned} \begin{bmatrix} x_1[k+1] \\ x_2[k+1] \\ r[k+1] \end{bmatrix} &= \begin{bmatrix} 0{,}152 & 0{,}632 & 0{,}368 \\ -1{,}457 & 0{,}368 & 0{,}632 \\ 1{,}922 & 0 & -0{,}520 \end{bmatrix} \begin{bmatrix} x_1[k] \\ x_2[k] \\ r[k] \end{bmatrix} + \begin{bmatrix} 0{,}848 \\ 1{,}457 \\ -1{,}922 \end{bmatrix} w[k] \\ \begin{bmatrix} y[k] \\ u[k] \end{bmatrix} &= \begin{bmatrix} 1 & 0 & 0 \\ -2{,}306 & 0 & 1 \end{bmatrix} \begin{bmatrix} \mathbf{x}[k] \\ r[k] \end{bmatrix} + \begin{bmatrix} 0 \\ 2{,}306 \end{bmatrix} w[k] \end{aligned} \tag{3.5.11}$$

Wir berechnen wieder die Sprungantwort beim Anfangszustand

$x_1[0] = r[0] = 0, \; x_2[0] = a$

k	$y = x_1[k]$	$x_2[k]$	$r[k]$	$u[k]$
0	0	a	0	2,306
1	0,848 + 0,632a	1,457 + 0,368a	-1,922	-1,572 - 1,457
2	1,191 + 0,329a	-0,457 - 0,786a	0,707 + 1,215a	0,266 + 0,457
≥ 3	1	0	0	0

Tabelle 3.6 Sprungantwort des Regelkreises mit echtem Deadbeat-Regler

In diesem Fall ist die Dynamik-Matrix in (3.5.11) so bestimmt worden, daß sie nilpotent ist, d.h. daß eine Potenz dieser Matrix $\tilde{\mathbf{A}}$ gleich der Nullmatrix ist. Es ist nämlich $\det(z\mathbf{I}-\tilde{\mathbf{A}}) = z^3$. Nach CAYLEY-HAMILTON ist dann $\tilde{\mathbf{A}}^3 = \mathbf{0}$ und mit $w[k] \equiv 0$ ergibt sich $\tilde{\mathbf{x}}[k+3] = \tilde{\mathbf{A}}[3]\tilde{\mathbf{x}}[0] = \mathbf{0}$ für jeden Anfangszustand $\tilde{\mathbf{x}}[0]$ ($\tilde{\mathbf{x}} = [x_1 \quad x_2 \quad r]'$). Die Sprungantwort sieht bei dieser Lösung recht unvorteilhaft aus, im Vergleich mit der Sprungantwort des Systems (3.5.9) werden drei statt zwei Abtastintervalle benötigt, außerdem vergrößert sich die maximale Stellamplitude von 1,582 auf 2,306. Dieser Nachteil ist jedoch allein durch die unvorteilhafte Grundform des Regelkreises nach Bild 3.10 bedingt. In vielen Fällen stehen y und w separat zur Verfügung und können auch getrennt in einer Struktur mit zwei **Freiheitsgraden** [63.7] verarbeitet werden. Wir werden später eine Reglerstruktur mit Beobachter-Zustandsvektor-Rückführung behandeln, bei der die Reglerdynamik nicht von w aus steuerbar ist und damit nicht in das Führungsverhalten eingeht. Das System

(3.5.11) wird dabei durch einen geeigneteren Angriffspunkt der Führungsgröße w so abgewandelt, daß es die gleiche Sprunganwort wie das System (3.5.9) erhält, aber nach wie vor einen dreifachen Eigenwert bei $z = 0$ hat.

3.5.3 Lösung zwischen den Abtastzeitpunkten

Wir haben uns bisher damit begnügt, die Lösungen zu den Abtastzeitpunkten zu berechnen. Das reicht in den meisten Fällen auch aus. Die Werte von Tabelle 3.3 kann man z.B. problemlos durch eine stetige Kurve verbinden. Es gibt jedoch einige Fälle, für die man Zwischenpunkte berechnen möchte:

a) man möchte z.B. die Deadbeat-Lösung von Tabelle 3.4 (d.h. $y[0] = 0$, $y[1] = 0{,}582$, $y[2] = 1$) genauer zeichnen, als es durch die Stützpunkte möglich ist, oder man interessiert sich für den exakten Wert des maximalen Überschwingens einer Sprungantwort,
b) es gibt mehrere Abtaster im System, die nicht synchron miteinander arbeiten oder es gibt eine Totzeit in der Regelstrecke, die kein ganzzahliges Vielfaches der Abtastperiode T ist. Diese Fälle werden im Anhang D behandelt,
c) man möchte zeigen, was bei Kürzung von Strecken-Nullstellen passiert.

Zur Berechnung der gesamten Lösung $y(t)$ schreibt man

$$t = kT+\gamma T \quad , \; 0 \le \gamma < 1 \tag{3.5.12}$$

In (3.1.1) bis (3.1.7) wurde der Übergang von der Differentialgleichung

$$\dot{\mathbf{x}} = \mathbf{F}\mathbf{x} + \mathbf{g}u \quad , \quad u = u(kT) \quad \text{für} \quad kT < t < kT+T \tag{3.5.13}$$

zur Differenzengleichung

$$\mathbf{x}(kT+T) = \mathbf{A}\mathbf{x}(kT) + \mathbf{b}u(kT) \tag{3.5.14}$$

ausgeführt. Es wird jetzt wiederum die Lösung

$$\mathbf{x}(t) = \mathbf{e}^{\mathbf{F}(t-t_0)}\mathbf{x}(t_0) + \int_{t_0}^{t} \mathbf{e}^{\mathbf{F}(t-\tau)}\mathbf{g}u(\tau)d\tau \tag{3.5.15}$$

der Differentialgleichung (3.5.13) betrachtet und $t_0 = kT$, $t = kT+\gamma T$ eingesetzt

$$\mathbf{x}(kT+\gamma T) = e^{\mathbf{F}\gamma T}\mathbf{x}(kT) + \int_{kT}^{kT+\gamma T} e^{\mathbf{F}(kT+\gamma T-\tau)} d\tau \mathbf{g} u(kT)$$

$$\mathbf{x}(kT+\gamma T) = \mathbf{A}_\gamma \mathbf{x}(kT) + \mathbf{b}_\gamma u(kT) \tag{3.5.16}$$

mit

$$\mathbf{A}_\gamma = e^{\mathbf{F}\gamma T} \quad , \quad \mathbf{b}_\gamma = \int_0^{\gamma T} e^{\mathbf{F}v} dv \times \mathbf{g} \tag{3.5.17}$$

Offenbar ist für $\gamma = 1$, $\mathbf{A} = \mathbf{A}_{\gamma=1}$ und $\mathbf{b} = \mathbf{b}_{\gamma=1}$.

Der **Zustand** des Systems enthält alle Information über die Vorgeschichte des Systems, die in den künftigen Verlauf der Lösung eingeht. Hierzu gehört zum Zeitpunkt $t = kT + \gamma T$, $0 < \gamma < 1$ offenbar auch der Inhalt des Haltegliedes $u(kT+\gamma T) = u(kT)$. Diese Gleichung kann mit (3.5.16) zu einer für $0 < \gamma < 1$ gültigen Zustandsbeschreibung zusammengefaßt werden:

$$\begin{bmatrix} \mathbf{x}(kT+\gamma T) \\ u(kT+\gamma T) \end{bmatrix} = \begin{bmatrix} \mathbf{A}_\gamma & \mathbf{b}_\gamma \\ \mathbf{0}' & 1 \end{bmatrix} \begin{bmatrix} \mathbf{x}(kT) \\ u(kT) \end{bmatrix} \quad , \quad 0 < \gamma < 1 \tag{3.5.18}$$

Für $\gamma = 0$ und $\gamma = 1$ ist u unstetig. u(kT) bezeichnet den rechtsseitigen Grenzwert an der Unstetigkeitsstelle. Die Ausgangsgleichung

$$y(t) = \mathbf{c}'\mathbf{x}(t) + du(t)$$

wird

$$y(kT+\gamma T) = [\mathbf{c}' \quad d] \begin{bmatrix} \mathbf{x}(kT+\gamma T) \\ u(kT+\gamma T) \end{bmatrix} \tag{3.5.19}$$

Für die Auslesung von $y(kT+\gamma T)$ aus der Differenzengleichung (3.5.14) werden (3.5.18) und (3.5.19) vereinigt zu

$$y(kT+\gamma T) = \mathbf{c}_\gamma'\mathbf{x}(kT) + d_\gamma u(kT) \tag{3.5.20}$$

mit $\mathbf{c}_\gamma' = \mathbf{c}'\mathbf{A}_\gamma$, $d_\gamma = \mathbf{c}'\mathbf{b}_\gamma + d$

Beispiel

Wir betrachten die Regelstrecke nach (3.1.14). Zur Berechnung von $\mathbf{A}_\gamma$ und $\mathbf{b}_\gamma$ muß T durch γT ersetzt werden, es ist wieder T = 1. (3.5.18) lautet hier

$$\begin{bmatrix} x_1(kT+\gamma T) \\ x_2(kT+\gamma T) \\ u\ (kT+\gamma T) \end{bmatrix} = \begin{bmatrix} 1 & 1-e^{-\gamma} & \gamma+e^{-\gamma}-1 \\ 0 & e^{-\gamma} & 1-e^{-\gamma} \\ 0 & 0 & 1 \end{bmatrix} \begin{bmatrix} x_1(kT) \\ x_2(kT) \\ u\ (kT) \end{bmatrix} \tag{3.5.21}$$

Wird u(kT) durch den Deadbeat-Regler (3.5.8) erzeugt, so ist **x**(kT), u(kT) durch die Lösung von (3.5.9) gegeben. Beim Anfangszustand Null ist

t	k	γ	$y(t) = x_1(t)$	$x_2(t)$	u(t)
0	0	0	0	0	1,582
0,25	0	0,25	0,046	0,350	1,582
0,5	0	0,5	0,168	0,623	1,582
0,75	0	0,75	0,352	0,847	1,582
1	1	0	0,582	1	-0,582
1,25	1	0,25	0,786	0,650	-0,582
1,5	1	0,5	0,914	0,377	-0,582
1,75	1	0,75	0,980	0,165	-0,582
2	2	0	1	0	0
2,25	2	0,25	1	0	0

Tabelle 3.7 Sprungantwort wie in Tabelle 3.4 jedoch mit Werten zwischen den Abtastzeitpunkten

Böse Überraschungen können zwischen den Abtastzeitpunkten in zwei Fällen passieren:

1. Im abgetasteten Signal sind höherfrequente periodische Anteile enthalten, z.B. von Strukturschwingungen der Regelstrecke oder von Netzbrummen in der Messung. Abhilfe schafft hier das in Abschnitt 1.3 behandelte Anti-Aliasing-Filter.
2. Es ist eine Strecken-Nullstelle durch einen Reglerpol gekürzt worden. Dieser Eigenwert ist dann zwar von y(kT) aus nicht beobachtbar, wohl aber von $y(kT+\gamma T)$, $\gamma \neq 0$, aus und auch von u[k] aus. Der genann-te Fall ist leicht auszuschließen, indem man die genannte Kürzungskompensation vermeidet. Sie sieht allerdings auf den ersten Blick verlockend aus: In dem Regelkreis von Bild 3.10 hat B(z)/A(z) - von Ausnahmen abgesehen - einen Polüberschuß Eins. Wenn B(z) nur Nullstellen im Einheitskreis hat und die Pole in A(z) im Einheitskreis oder als einfacher Pol bei z = 1 liegen, läßt sich durch Kürzung

$$\frac{D(z)B(z)}{C(z)A(z)} = \frac{1}{z-1} \tag{3.5.22}$$

und damit die Führungs-Übertragungsfunktion $f_z = z^{-1}$ erreichen, d.h. zu den Abtastzeitpunkten folgt y mit einem Abtastintervall verzögert exakt der Führungsgröße w. Vor diesem verblüffend einfachen Entwurfsrezept muß jedoch gewarnt werden, wie das folgende Beispiel zeigt:

Beispiel

Für das Beispiel von (3.4.13) ergibt die Kürzung des Streckenpols bei $z = 0{,}368$ und der Strecken-Nullstelle bei $z = -0{,}718$ sowie Vorgabe eines Pols bei $z = 0$

$$P(z) = z(z + 0{,}718)(z - 0{,}368)$$

$$p_0 = 0\ ,\ p_1 = -0{,}264\ ,\ p_2 = 0{,}350$$

c) Regler 3 (Deadbeat-Regler mit Nullstellen-Kürzung)

$$d_z = \frac{2{,}718z - 1}{z + 0{,}718} = 2{,}718\,\frac{z - 0{,}368}{z + 0{,}718} = 2{,}718 - \frac{2{,}952}{z + 0{,}718} \qquad (3.5.23)$$

Dieser Regler könnte einfacher berechnet werden aus $d_z h_z = 1/(z-1)$; es sollte hier aber auch illustriert werden, wie diese Kürzung bei der Polvorgabe genau auf eine Nullstelle der Regelstrecke entsteht. Eine Zustandsdarstellung des Regler ist

$$r[k+1] = -0{,}718r[k] - 2{,}952e[k]$$

$$u[k] = r[k] + 2{,}718e[k]$$

Zusammen mit der Regelstrecke lautet die Zustandsdarstellung des geschlossenen Kreises nach (3.4.25) und (3.3.22)

$$\begin{bmatrix} x_1[k+1] \\ x_2[k+1] \\ r[k+1] \end{bmatrix} = \begin{bmatrix} 0 & 0{,}632 & 0{,}368 \\ -1{,}718 & 0{,}368 & 0{,}632 \\ 2{,}952 & 0 & -0{,}718 \end{bmatrix} \begin{bmatrix} x_1[k] \\ x_2[k] \\ r[k] \end{bmatrix} + \begin{bmatrix} 1 \\ 1{,}718 \\ -2{,}952 \end{bmatrix} w[k]$$

$$\begin{bmatrix} y[k] \\ u[k] \end{bmatrix} = \begin{bmatrix} 1 & 0 & 0 \\ -2{,}718 & 0 & 1 \end{bmatrix} \begin{bmatrix} x_1[k] \\ x_2[k] \\ r[k] \end{bmatrix} + \begin{bmatrix} 0 \\ 2{,}718 \end{bmatrix} w[k]$$

Die Lösung zu den Abtastzeitpunkten für einen Führungsgrößen-Sprung $w[k] = 1[k]$ beim Anfangszustand Null ist in Tabelle 3.8 angegeben.

k	$y[k] = x_1[k]$	$x_2[k]$	$r[k]$	$u[k]$
0	0	0	0	2,718
1	1	1,718	-2,952	-2,952
2	1	-1,234	2,120	2,120
3	1	0,886	-1,522	-1,522
4	1	-0,636	1,093	1,093
5	1	0,457	-0,785	-0,785
6	1	-0,328	0,564	0,564

Tabelle 3.8 Lösung bei Kürzungskompensation

Es ist hier bereits sichtbar, daß zwar $y[k] = 1$ für $k \geq 1$ erreicht wird, das System damit aber keineswegs in einem stationären Zustand ist. Der Reglereigenwert bei $z = -0{,}718$ ist von w aus steuerbar, aber von $y[k]$ aus nicht beobachtbar und daher unverändert im charakteristischen Polynom des geschlossenen Kreises enthalten. Der Verlauf von $u[k]$ entspricht daher dem in Bild 3.3.d.

Der Verlauf von $y(t)$ zwischen den Abtastzeitpunkten kann über die erste Zeile von (3.5.21) ausgelesen werden, also

$$y(kT+\gamma T) = x_1(kT+\gamma T)$$

$$= [1 \quad 1-e^{-\gamma} \quad \gamma+e^{-\gamma}-1] \begin{bmatrix} x_1(kT) \\ x_2(kT) \\ u(kT) \end{bmatrix}$$

Damit ergibt sich der Lösungsverlauf von Bild 3.19.

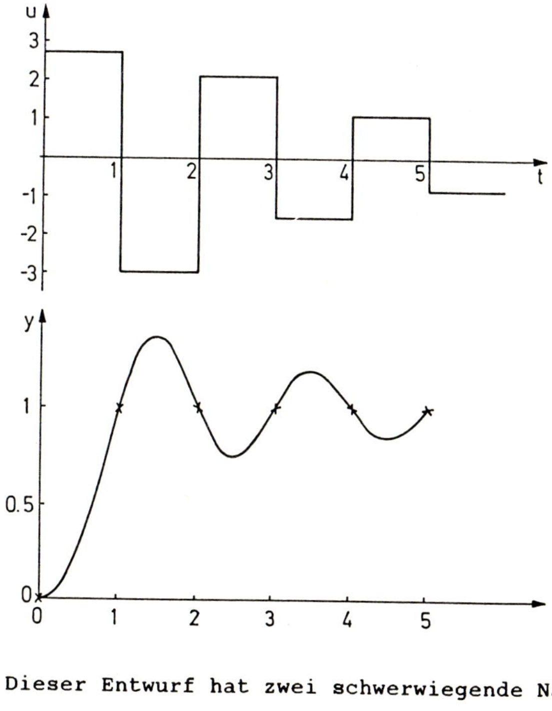

Bild 3.19
Stellgröße u und Sprungantwort y eines Regelkreises mit Kürzung der Strecken-Nullstelle

Dieser Entwurf hat zwei schwerwiegende Nachteile:

1. Es treten große Stellamplituden u auf und zwar über viele Abtastintervalle hinweg.

2. Die große Stell-Leistung wird hauptsächlich benötigt, um die Lösung y durch die Punkte y(kT) = 1, k = 1, 2, 3 ... zu zwingen. Der dazwischenliegende Verlauf von y(t) ist sehr unvorteilhaft, es tritt etwa 37 % Überschwingen auf. Der Verlauf von u und y ist durch den Reglerpol bei z = -0,718 bestimmt, der in $y_z(z)$ durch die Kürzung gegen die entsprechende Nullstelle der Regelstrecke nicht in Erscheinung tritt.

Anmerkung 3.7
Die Ausgangsgröße $y(t) = y(kT+\gamma T)$ kann auch im Frequenzbereich als z-Transformierte einer um γT verschoben abgetasteten Folge berechnet werden, siehe Anhang B.13. □

3.6 Frequenzgangverfahren

3.6.1 Diskreter Frequenzgang

Der diskrete Frequenzgang ist der Wert der z-Übertragungsfunktion auf dem Einheitskreis, d.h. für $z = e^{j\omega T}$. Bei stabilen Systemen kann er ähnlich wie der Frequenzgang des kontinuierlichen Systems gemessen werden, siehe Abschnitt 2.4.3.

Eine sinusförmige Eingangsfolge u(kT) in beliebiger Phasenlage relativ zu den Abtastzeitpunkten wird ausgedrückt als

$$u(kT) = ae^{jk\omega T} + a^*e^{-jk\omega T} \quad , \quad k = 0, 1, 2 \ldots \tag{3.6.1}$$

Der Stern bezeichnet den konjugiert komplexen Wert. Die z-Transformierte des Ausgangssignals ist

$$y_z(z) = h_z(z)u_z(z) = h_z(z)\left[\frac{az}{z-e^{j\omega T}} + \frac{a^*z}{z-e^{-j\omega T}}\right] \tag{3.6.2}$$

Durch Partialbruchzerlegung von $y_z(z)/z$ erhält man

$$y_z(z) = \frac{h_z(e^{j\omega T})az}{z-e^{j\omega T}} + \frac{h_z^*(e^{j\omega T})a^*z}{z-e^{-j\omega T}} + \frac{\text{Polynom in } z}{\text{Nenner von } h_z(z)} \tag{3.6.3}$$

Bei einem stabilen System $h_z(z)$ ergibt der letzte Term nach Rücktransformation eine Folge, die für k gegen Unendlich gegen Null geht. Nach Beendigung dieses Einschwingvorgangs mißt man also die stationäre Lösung

$$y_\infty(kT) = h_z(e^{j\omega T})ae^{jk\omega T} + h_z^*(e^{j\omega T})a^*e^{-jk\omega T} \tag{3.6.4}$$

Mit der Schreibweise

$$h_z(e^{j\omega T}) = M(\omega T)e^{j\Phi(\omega T)} \tag{3.6.5}$$

wird daraus

$$\begin{aligned} y_\infty(kT) &= M(\omega T)\{ae^{j[k\omega T + \Phi(\omega T)]} + a^*e^{-j[k\omega T + \Phi(\omega T)]}\} \\ &= M(\omega T)u[kT + \Phi(\omega T)] \end{aligned} \tag{3.6.6}$$

Man erhält also wie bei kontinuierlichen Systemen den Betrag des diskreten Frequenzgangs als Verhältnis der Amplituden und die Phase als Phasenverschiebung der sinusförmigen Ausgangsfolge gegenüber der Eingangsfolge. Durch Messung bei verschiedenen Frequenzen bestimmt man numerische Werte für den diskreten Frequenzgang $h_z(e^{j\omega T})$ nach (3.6.5), die in der h_z-Ebene als Ortskurve dargestellt und zur Stabilitätsuntersuchung benutzt werden können.

Wurde bereits der Frequenzgang der kontinuierlichen Regelstrecke gemessen, so läßt sich daraus näherungsweise $h_z(e^{j\omega T})$ konstruieren. Gemäß (1.3.4) und (1.2.11) besteht zwischen dem Frequenzgang $g_s(j\omega)$ eines kontinuierlichen Systems und dem diskreten Frequenzgang des gleichen Systems mit vorgeschaltetem Abtaster mit Halteglied der Zusammenhang

$$h_z(e^{j\omega T}) = \frac{1}{T}\sum_{m=-\infty}^{\infty} h_s(j\omega + jm\omega_A) \tag{3.6.7}$$

wobei

$$h_s(j\omega) = \frac{1-e^{-j\omega T}}{j\omega}\, g_s(j\omega) \tag{3.6.8}$$

Zunächst wird $h_s(j\omega)$ aus dem gemessenen Frequenzgang $g_s(j\omega)$ und dem Frequenzgang des Haltegliedes nach (1.2.12) durch Multiplikation der Beträge und Addition der Phasenwinkel jeweils bei den gleichen Frequenzen bestimmt. Dann wird die Summe gemäß (3.6.7) gebildet. Da Regelstrecken häufig Tiefpaßcharakter haben, d.h. $|g_s(j\omega)|$ mit wachsendem ω wie $1/\omega$ oder gar $1/\omega^2$ abnimmt, genügt es, $h_z(e^{j\omega T})$ durch wenige Summanden anzunähern

$$h_z(e^{j\omega T}) \approx \frac{1}{T} \sum_{m=-N}^{N} h_s(j\omega + jm\omega_A) \tag{3.6.9}$$

Damit kann die Ortskurve von $h_z(e^{j\omega T})$ z.B. graphisch durch Addition der rechts stehenden Werte konstruiert werden [59.1].

Der diskrete Frequenzgang $h_z(e^{j\omega T})$ hat die folgenden Eigenschaften:

1. Aus (3.6.7) folgt

$$h_z[e^{j(\omega T+2\pi)}] = \frac{1}{T} \sum_{m=-\infty}^{\infty} h_s\left[\frac{j}{T}(\omega T+2\pi+2m\pi)\right]$$

$$= \frac{1}{T} \sum_{m=-\infty}^{\infty} h_s\left[\frac{j}{T}(\omega T+2m\pi)\right]$$

$$= h_z(e^{j\omega T}) \tag{3.6.10}$$

   $h_z(e^{j\omega T})$ ist also periodisch mit der Periode $\omega T = 2\pi$.

2. $h_z(e^{-j\omega T})$ ist konjugiert komplex zu $h_z(e^{j\omega T})$, d.h. die Ortskurve des diskreten Frequenzgangs ist symmetrisch zur reellen Achse. Es genügt also, die Kurve für $0 \le \omega T \le \pi$ zu bestimmen.

3. Für $\omega T = 0$ und $\omega T = \pi$ ist $h_z(e^{j\omega T}) = h_z(\pm 1)$ reell. Die Ortskurve beginnt und endet also auf der reellen Achse.

3.6.2 NYQUIST-Kriterium

Mit Hilfe der Ortskurve des diskreten Frequenzganges $h_z(e^{j\omega T})$ kann nun das Stabilitätskriterium von NYQUIST in der Version für Abtastsysteme erklärt werden.

Bei dem rationalen Ausdruck

$$R(z) = \frac{(z-z_{01}) \; \dots \; (z-z_{0m})}{(z-z_1) \; \dots \; (z-z_n)} \tag{3.6.11}$$

wird zunächst angenommen, daß kein Pol und keine Nullstelle auf dem Einheitskreis liegen. Wir betrachten nun die Änderung des Phasenwinkels Φ_R, wenn sich z, bei -1 beginnend, einmal im Gegenuhrzeigersinn auf dem

Einheitskreis herumbewegt. Für jede Nullstelle im Einheitskreis ändert sich Φ_R um 2π, für jeden Pol im Einheitskreis um -2π. Pole und Nullstellen außerhalb des Einheitskreises liefern - bezogen auf den ganzen Umlauf - keinen Beitrag. Wenn R(z) also p_g Nullstellen und p_0 Pole im Einheitskreis hat, ändert sich der Phasenwinkel Φ_R bei einem Umlauf auf dem Einheitskreis $(-\pi < \omega T < \pi)$ um

$$\Delta\Phi[R(e^{j\omega T})] = (p_g - p_0)2\pi \qquad (3.6.12)$$

Wir setzen nun

$$R(z) = 1 + h_z(z) = 1 + \frac{B(z)}{A(z)} = \frac{A(z) + B(z)}{A(z)} = \frac{P(z)}{A(z)}$$

Darin ist A(z) das charakteristische Polynom des offenen Kreises und P(z) das charakteristische Polynom des über eine Einheitsrückführung geschlossenen Kreises. Dann ist p_g die Zahl der Pole des geschlossenen Kreises im Einheitskreis und p_0 die Zahl der Pole des offenen Kreises im Einheitskreis.

Das System ist stabil, wenn alle Pole des geschlossenen Kreises im Einheitskreis liegen, d.h. $p_g = n$. In diesem Fall muß sich der Phasenwinkel bei einem Umlauf um

$$\Delta\Phi[1 + h_z(e^{j\omega T})] = (n - p_0)2\pi \qquad (3.6.13)$$

ändern. Diese Stabilitätsbedingung wird besonders einfach, wenn der offene Kreis $h_z(z)$ stabil ist. Dann ist $p_0 = n$ und das System ist stabil, wenn die Phasenwinkeländerung Null ist.

Man könnte die Phasenwinkeländerung bestimmen, indem man $1 + h_z(e^{j\omega T})$ für $-\pi < \omega T < \pi$ in der $(1 + h_z)$-Ebene aufträgt und die Zahl der Umläufe dieser Kurve um den Nullpunkt bestimmt. Gebräuchlicher ist es, die NYQUIST-Ortskurve $h_z(e^{j\omega T})$ für $-\pi < \omega T < \pi$ in der h_z-Ebene zu zeichnen und die Zahl der Umläufe um den **kritischen Punkt** $h_z = -1$ abzulesen. Wenn der offene Kreis stabil ist, dann darf der Punkt -1 nicht von der NYQUIST-Ortskurve $h_z(e^{j\omega T})$ umschlungen werden, wenn der Kreis stabil sein soll. Hat der offene Kreis p_0 Pole im Einheitskreis, so wird der kritische Punkt bei stabilem Kreis $(n-p_0)$-mal von $h_z(e^{j\omega T})$ umlaufen.

Bisher waren Pole des offenen und geschlossenen Kreises auf dem Einheitskreis ausgenommen. Liegt ein Pol des geschlossenen Kreises auf dem Einheitskreis, so läuft die NYQUIST-Ortskurve durch den kritischen Punkt $h_z = -1$. Liegt ein Pol des offenen Kreises auf dem Einheitskreis, so geht $h_z(e^{j\omega T})$ nach unendlich und kehrt mit einer Phasenwinkeldrehung von $\pm\pi$, d.h. aus der entgegengesetzten Richtung, aus dem Unendlichen zurück. Hier muß nun eine Festlegung getroffen werden, ob diese Winkeländerung als $+\pi$ oder $-\pi$ gezählt werden soll. Es gibt zwei gleichwertige Möglichkeiten. Man umgeht den Pol durch einen kleinen Halbkreis nach außen (innen). Die Abbildung dieses Halbkreises in die $h_z(z)$-Ebene ist ein großer Kreis, der den Winkel $-\pi(+\pi)$ durchläuft. Der Pol wird als innenliegender (außenliegender) Pol gezählt.

Beispiel

Im offenen Regelkreis nach Bild 3.11 erhält man mit $k_y = 1$ durch Partialbruchzerlegung von (3.4.6)

$$h_z(z) = \frac{1}{z-1} - \frac{0,632}{z-0,368}$$

$$= \frac{z^{-1}-1}{(z-1)(z^{-1}-1)} - \frac{0,632(z^{-1}-0,368)}{(z-0,368)(z^{-1}-0,368)}$$

$$= \frac{z^{-1}-1}{2-z-z^{-1}} - \frac{0,632(z^{-1}-0,368)}{1,135-0,368(z+z^{-1})}$$

$$h_z(e^{j\omega T}) = \frac{\cos\omega T - j\sin\omega T - 1}{2(1-\cos\omega T)} - \frac{0,632(\cos\omega T - j\sin\omega T - 0,368)}{1,135-0,736\cos\omega T}$$

$$= \left(-\frac{1}{2} - \frac{0,632\cos\omega T - 0,232}{1,135-0,736\cos\omega T}\right) + j\left(\frac{-1}{2(1-\cos\omega T)} + \frac{0,632}{1,135-0,736\cos\omega T}\right)\sin\omega T$$

In Bild 3.20 ist die Ortskurve dargestellt sowie die z-Ebene mit der Wurzelortskurve, in diesem Fall ein Kreis um die Nullstelle bei $z = -0,718$ und Teile der reellen Achse. Der Pol bei $z = 1$ wurde hier rechts umgangen, also als innenliegender Pol behandelt, d.h. $p_0 = n = 2$. Entsprechend wird die NYQUIST-Ortskurve nach rechts abbiegend durch einen großen Kreis (gestrichelt angedeutet) geschlossen. Sie umschließt also den kritischen Punkt -1 nicht, d.h. es ist $\Delta\Phi = 0$ und Bedingung (3.6.13) ist erfüllt. Beide Pole des geschlossenen Kreises liegen im Einheitskreis, das System ist stabil.

Für $k_y \neq 1$ wäre es unpraktisch, die Ortskurve in geändertem Maßstab nochmals zu zeichnen. Man schreibt vielmehr (3.4.7)

$$h_z(z) = -1/k_y \qquad (3.6.14)$$

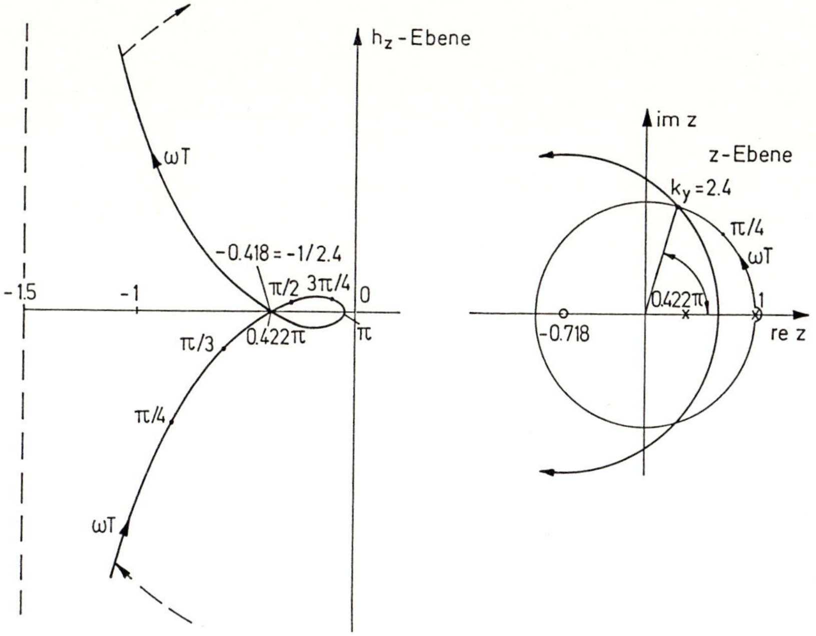

Bild 3.20 NYQUIST-Ortskurve und Wurzelortskurve für den Regelkreis von Bild 3.11

Man braucht also die in Bild 3.20 gezeichnete Ortskurve nicht zu ändern, sondern nur $-1/k_y$ als den kritischen Punkt zu betrachten. Die Stabilitätsgrenze ist erreicht, wenn $-1/k_y = -0{,}418$, d.h. $k_y = 2{,}4$ wird. Bei dieser Verstärkung überschreitet auch die Wurzelortskurve den Einheitskreis und zwar bei einem Winkel $\omega T = 0{,}422\pi$. Dieser Winkel, bzw. mit $T = 1$ diese Frequenz ω, tritt an der Ortskurve beim Schnitt mit der negativ reellen Achse auf. $h_z(z)$ bildet den Einheitskreis aus der z-Ebene in die NYQUIST-Ortskurve und die Wurzelortskurve in die negativ reelle Achse in der h_z-Ebene ab. Stabilität entscheidet sich an der relativen Lage dieser beiden Kurven. □

Durch einen Regler mit dem diskreten Frequenzgang $d_z(e^{j\omega T})$ kann der Verlauf der NYQUIST-Ortskurve von $f_{0z}(e^{j\omega T}) = d_z(e^{j\omega T})h_z(e^{j\omega T})$ in günstigem Sinne verändert werden. Wir verfolgen diese Möglichkeit des Entwurfs hier jedoch nicht weiter, sondern empfehlen die Frequenzgangverfahren nur für die Analyse der Phasenreserven und des zulässigen Sektors, in dem die Kennlinie eines nichtlinearen Elements (z.B. Stellglied) liegen darf, ohne daß die Stabilität verlorengeht. D.h.

wir betrachten die Ortskurve $f_{0z}(e^{j\omega T})$ des bei der Stellgröße aufgeschnittenen Kreises, der auf andere Weise (z.B. durch Polvorgabe) entworfen wurde.

3.6.3 Stabilitätsreserven im Frequenzbereich

Entsprechend wie in (2.6.23) für kontinuierliche Systeme kann auch für das Abtastsystem eine Stabilitätsreserve ρ_m als der geringste Abstand der NYQUIST-Ortskurve $f_{0z}(e^{j\omega T})$ vom kritischen Punkt -1 definiert werden, d.h.

$$\rho_m := \min_{\omega} |1 + f_{0z}(e^{j\omega T})| \tag{3.6.15}$$

Für den Regelkreis nach Bild 3.10 ergibt sich z.B.

$$1 + f_{0z} = \frac{AC+BD}{AC} = \frac{P}{AC}$$

$$= \frac{\text{charakteristisches Polynom des geschlossenen Kreises}}{\text{charakteristisches Polynom des offenen Kreises}}$$

$$\rho_m = \min_{\omega} \frac{|P(e^{j\omega T})|}{|A(e^{j\omega T})| \times |C(e^{j\omega T})|}$$

Beispiel

Für die Regelstrecke nach Bild 3.7 lautet die z-Übertragungsfunktion

$$h_z(z) = 0,368 \frac{z + 0,718}{(z-1)(z-0,368)} \tag{3.6.16}$$

a) bei Schließung über einen Proportionalregler $k_y = 0,326$ wie in Bild 3.11 ergibt sich für die mit k_y multiplizierte NYQUIST-Ortskurve von Bild 3.20 als Mindestabstand vom kritischen Punkt $\rho_m = 0,724$ bei $\omega T = 37^o$. Das charakteristische Polynom des geschlossenen Kreises ist $P(z) = z^2 - 1,248z + 0,454$;

b) wie a) mit $k_y = 0,1$, $\rho_m = 0,894$ bei $\omega T = 26^o$, $P(z) = (z-0,886)(z-0,445)$;

c) mit dem Regler 1 von (3.4.14) ist $\rho_m = 0,541$ bei $\omega T = 114^o$, $P(z) = z^3$;

d) mit dem Regler 2 von (3.4.16) ist ρ_m = 0,643 bei ωT = 102°,
$P(z) = z^2(z-0{,}368)$;

e) mit dem Regler 3 von (3.5.23) ist ρ_m = 0,5 bei ωT = 180°,
$P(z) = z(z-0{,}368)(z+0{,}718)$.

Am günstigsten erscheint Fall b) mit ρ_m = 0,894, hier ist die Lösung jedoch aufgrund des Pols bei z = 0,886 sehr träge, siehe Bild 3.16, Fall k_y = 0,1. Fall a) mit k_y = 0,326 wird als günstig angezeigt, ebenso Fall d), beide sind auch nach der Eigenwertlage günstig. Fall c) mit dreifachem Eigenwert bei z = 0 ist ungünstiger. Mehrfache Eigenwerte ändern sich sehr empfindlich bei kleinen Änderungen der Koeffizienten des charakteristischen Polynoms. Man sollte sich bei der Deadbeat-Lösung also nicht durch den maximalen Abstand aller Eigenwerte vom Einheitskreis täuschen lassen, Polvorgaben wie in a) und d) sind unempfindlicher und ergeben eine größere Stabilitätsreserve im Frequenzbereich. Auffallend ist aber, daß der völlig unbrauchbare Fall e) in ρ_m kaum ungünstiger als Fall c) erscheint. Die sehr nachteilige Kürzung der Strecken-Nullstelle, siehe Bild 3.19, tritt in $f_{0z}(z) = d_z(z)h_z(z)$ nicht mehr in Erscheinung und die Stabilitätsreserve ergibt keine Warnung vor diesem Fall. □

Als Entwurfsziel ist die Maximierung von ρ_m nicht gut geeignet. Wir verwenden primär die Eigenwertlage; es ist aber sinnvoll, bei der Analyse des Entwurfs auch ρ_m zu berechnen und den Entwurf bei kleinem $\rho_m \ll 1$ nochmals zu überprüfen.

3.6.4 Stabilitätsreserve bei Stellglied-Nichtlinearität

Eine wichtige Anwendung der Stabilitäts-Untersuchung mit Hilfe der NYQUIST-Ortskurve bezieht sich auf Regelkreise mit einer Nichtlinearität.

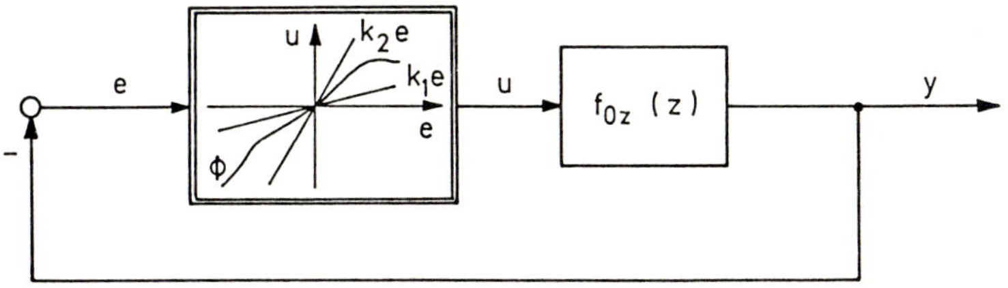

Bild 3.21 Regelkreis mit Nichtlinearität in einem Sektor

Außer den linearen Übertragungsgliedern, die zu der z-Übertragungsfunktion $f_{0z}(z)$ des offenen Kreises zusammengefaßt sind, enthält der Regelkreis ein nichtlineares Glied, das durch eine Kennlinie $u = \Phi(e)$ charakterisiert ist. In vielen Anwendungen ist dies eine Nichtlinearität des Stellgliedes. Über die Nichtlinearität sei lediglich bekannt, daß sie in einem Sektor

$$k_1 < \Phi(e)/e < k_2 \tag{3.6.17}$$

verläuft. Man bezeichnet den Regelkreis als **absolut stabil bezüglich des Sektors (k_1, k_2)**, wenn er für alle Kennlinien, die der Bedingung (3.6.17) genügen, asymptotisch stabil im großen ist.

Für $k_1 = 0$, $k_2 = k$, $f_{0z}(z)$ stabil, hat ZYPKIN [63.5, 63.6] die folgende hinreichende Stabilitätsbedingung bewiesen: Der Regelkreis nach Bild 3.21 ist absolut stabil bezüglich des Sektors (0, k_2), wenn für den Realteil von f_{0z} gilt

$$\mathrm{re} f_{0z}(e^{j\omega T}) > -1/k \quad \text{für} \quad 0 \leq \omega T \leq \pi \tag{3.6.18}$$

Anschaulich bedeutet dies, daß die NYQUIST-Ortskurve rechts von einer Parallelen zur imaginären Achse durch den Punkt $f_{0z}(z) = -1/k$ verlaufen muß. Damit ist grafisch leicht der größte Wert k zu bestimmen, für den sich noch absolute Stabilität nachweisen läßt, indem man diese Gerade so wählt, daß sie die NYQUIST-Ortskurve berührt, siehe Bild 3.22.

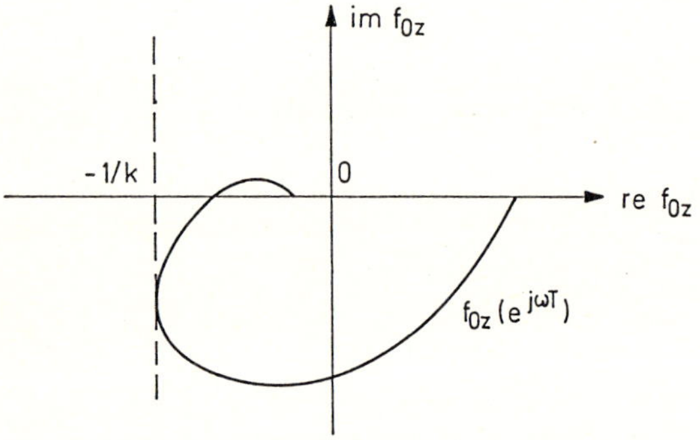

Bild 3.22
Bestimmung des größten Sektors der absoluten Stabilität

Ist die Regelstrecke instabil oder ist $k_1 > 0$, so läßt sich das Problem auf das vorher gelöste zurückführen, indem man die in Bild 3.23 dargestellte Umrechnung von Nichtlinearität und linearem dynamischen System vornimmt.

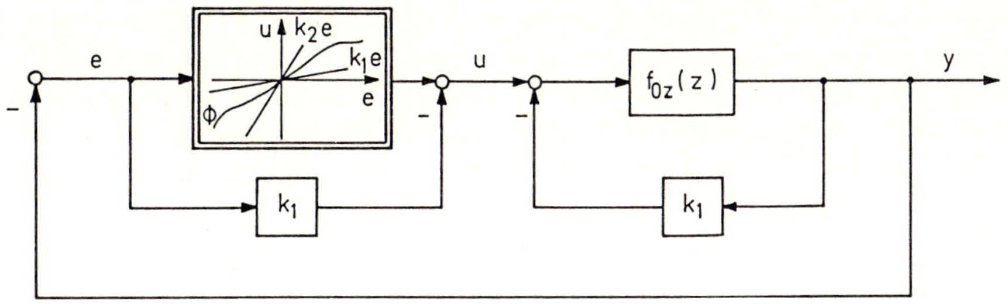

Bild 3.23 Verdrehung des Sektor um $k_1 e$

Die beiden zusätzlichen Verbindungen mit der Verstärkung k_1 heben sich in ihrer Wirkung gerade auf. Von e nach u entsteht eine neue Nichtlinearität im Sektor $(0, k_2-k_1)$. Die z-Übertragungsfunktion des offenen Kreises ist

$$g_{0z}(z) = \frac{f_{0z}(z)}{1+k_1 f_{0z}(z)} \tag{3.6.19}$$

Ist $g_{0z}(z)$ stabil, so kann das Ergebnis von ZYPKIN auf die Ortskurve von $g_{0z}(e^{j\omega T})$ angewendet werden. Die Bedingung (3.6.18) lautet hier

$$\operatorname{re} g_{0z}(e^{j\omega T}) > \frac{-1}{k_2-k_1} \quad \text{für} \quad 0 \le \omega T \le \pi \tag{3.6.20}$$

Damit die NYQUIST-Ortskurve nicht umgerechnet und neu gezeichnet werden muß, kann die Bedingung (3.6.20) auf $f_{0z}(e^{j\omega T})$ zurückgerechnet werden. Das Ergebnis wird durch Bild 3.24 illustriert.

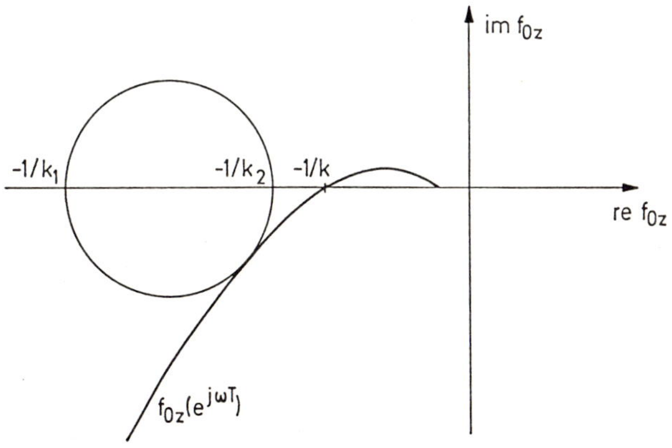

Bild 3.24 Hinreichende Bedingung für absolute Stabilität bezüglich des Sektors (k_1, k_2)

Eine hinreichende Stabilitätsbedingung für die absolute Stabilität des Regelkreises von Bild 3.21 ist, daß die Umschließungsbedingung des NYQUIST-Kriteriums, (3.6.13), nicht nur bezüglich des kritischen Punktes -1 erfüllt ist, sondern auch bezüglich der Kreisscheibe mit Mittelpunkt auf der reellen Achse und Achsen-Schnittpunkten bei $-1/k_1$ und $1/k_2$ (Kreiskriterium).

Bild 3.24 zeigt, daß verschiedene Sektoren (k_1, k_2) gewählt werden können. Je mehr sich k_2 der Stabilitätsgrenze k des linearen Systems nähert, umso kleiner wird der Kreis und damit der Sektor (k_1, k_2).

Anmerkung 3.8
Die Untersuchung von Beschreibungsfunktionen [66.4] zeigt, daß diese im Gegensatz zu kontinuierlichen Systemen bei eindeutiger Kennlinie komplex sind. Sie erstrecken sich ebenfalls von $-1/k_1$ bis $-1/k_2$, erreichen aber in der imaginären Richtung nur eine geringere Ausdehnung als der Kreis im Bild 3.24. Mit anderen Worten: Wenn das Kreiskriterium erfüllt ist, zeigt auch die Beschreibungsfunktion keinen Grenzzyklus an. Die Beschreibungsfunktion kommt im Fall spezieller gegebener nichtlinearer Kennlinien näher an die tatsächliche Stabilitätsgrenze heran, sie zeigt auch gegebenenfalls Frequenz und Amplitude eines Grenzzyklus an. Da ihre Anwendung aber wesentlich aufwendiger ist als die Anwendung des Kreiskriteriums, wird hier nicht näher darauf eingegangen.

3.7 Stabilitätsreserven im Raum der Reglerparameter

3.7.1 Stabilitätsgrad in der z-Ebene

Entsprechend wie in Abschnitt 2.6.3 soll auch für Abtastregelkreise ein gewünschtes Gebiet Γ, in dem die Eigenwerte des geschlossenen Kreises liegen sollen, in eine Ebene von zwei Reglerparametern abgebildet werden. Außer dem Einheitskreis interessiert hier gemäß Bild 3.4 ein Gebiet in der rechten z-Halbebene, das umso näher an den Nullpunkt heranreicht, je schneller und besser gedämpft die Eigenbewegungen sein sollen. Einen Extremfall stellt dann die Deadbeat-Lösung mit allen Eigenwerten bei $z = 0$ dar. Wir wollen ein skalares Maß r für den Grad der Stabilität einführen, das den Einheitskreis und den Ursprung als Spezialfälle enthält. Konzentrische Kreise um $z = 0$ eignen sich nicht, da z.B. ein Lösungsterm $0{,}8^k$ wesentlich mehr erwünscht ist als ein Lösungsterm $(-0{,}8)^k$, siehe hierzu Bild 3.3 c) und d). Während der Kontraktion vom Einheitskreis zum Ursprung sollte das Gebiet also nach rechts verschoben sein.

Nehmen wir etwa in der s-Ebene ein Gebiet $\Gamma_{0,707}$ nach Bild 3.25. Die Grenze für den Realteil bei $\sigma = a$ bildet sich in einen Kreis um $z = 0$ mit dem Radius e^{aT} ab, gewählt wurde $aT = -0,43$, für die Dämpfung $\zeta = 0,707$ erhält man die logarithmische Spirale wie in Bild 3.4. Mit $\zeta = 0,5$, $aT = -0,14$ ergibt sich ein geringerer Stabilitätsgrad in der s- und z-Ebene ($\Gamma_{0,5}$). Als geringster Stabilitätsgrad wurde schließlich $\zeta = 0,35$, $aT = 0$ gewählt und in die z-Ebene abgebildet ($\Gamma_{0,35}$).

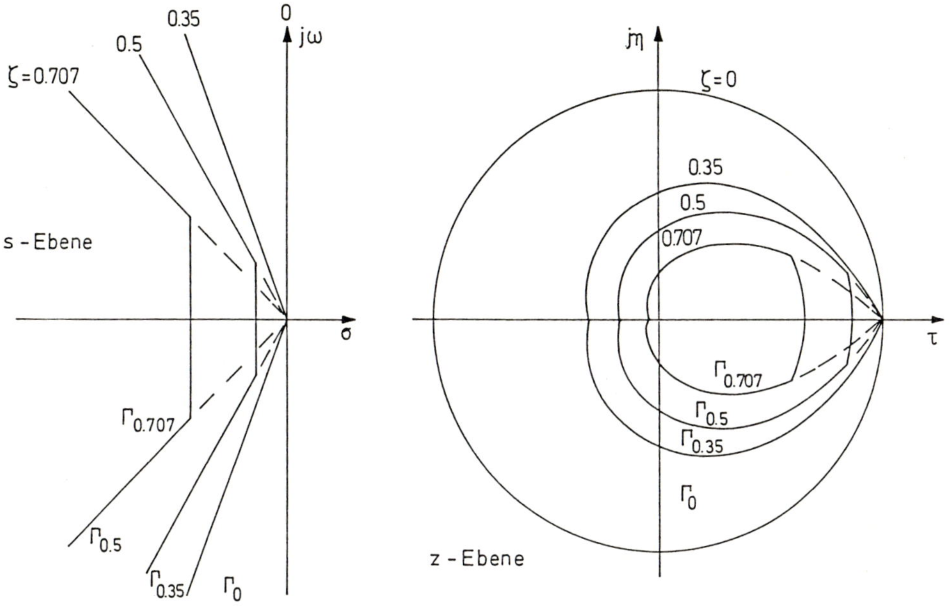

Bild 3.25 Abbildung wünschenswerter Polgebiete aus der s-Ebene in die z-Ebene

Da es sich hier ohnehin nur um eine Faustregel für die wünschenswerte Lage der Eigenwerte handelt, kann man die Schar von Grenzkurven in der z-Ebene auch durch einfacher handhabbare Kreise annähern. Eine günstige Approximation insbesondere für den wichtigeren rechts gelegenen Teil der Grenze ist die Kreisschar mit Mittelpunkt τ_0 und Radius r, wobei

$$\tau_0(1-\tau_0) = r(1-r) \qquad 0 \le \tau_0 \le 0,5\ , \quad 0 \le r \le 1 \tag{3.7.1}$$

$$\text{d.h. } \tau_0 = \begin{cases} r & 0 \le r \le 0,5 \\ 1-r & 0,5 \le r \le 1 \end{cases} \tag{3.7.2}$$

Diese Kreisschar ist in Bild 3.26 dargestellt. Dabei entsprechen sich folgende Gebiete näherungsweise:

Γ	r	τ_0
Γ_0	1	0
$\Gamma_{0,35}$	0,5	0,5
$\Gamma_{0,5}$	0,44	0,44
$\Gamma_{0,707}$	0,33	0,33

Zur Approximation der Gebiete von Bild 3.25

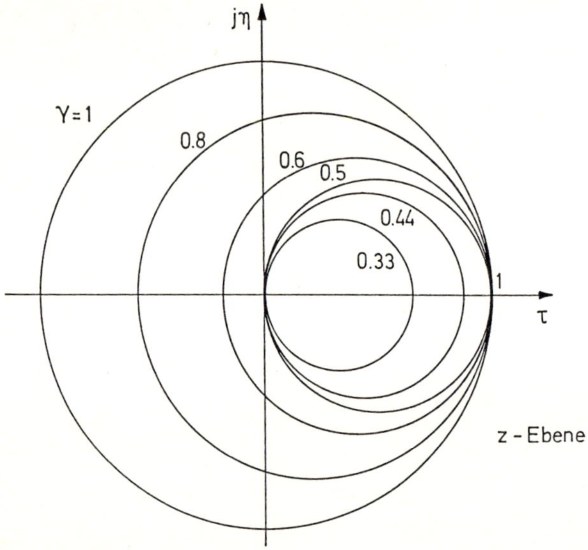

Bild 3.26
Approximation der Polgebiete aus Bild 3.25 durch eine Kreisschar mit dem Parameter r (= Kreisradius)

Anmerkung 3.9
Die Kreise haben gemeinsame Punkte bei z = 1 bzw. z = 0. Wenn eine strenge Kontraktion erreicht werden soll, bei der sich die Kreise nicht mehr berühren, so kann (3.7.1) leicht modifiziert werden zu

$$\tau_0(1-\tau_0) = 0{,}99\, r(1-r) \quad , \quad 0 \le \tau_0 \le 0{,}45 \quad , \quad 0 \le r \le 1 \qquad (3.7.3)$$

□

Für das instabile Gebiet außerhalb des Einheitskreises kann die Kreisschar durch Kreise mit Radius r und Mittelpunkt z = 0 ergänzt werden. Damit kann für jedes lineare Abtastsystem sein Stabilitätsgrad durch r eindeutig angegeben werden.

Bei allen instabilen oder ungenügend gedämpften oder träge reagierenden Systemen ist die Verbesserung des Stabilitätsgrades, d.h. Verkleinerung von r ein primäres Ziel beim Entwurf einer Rückführung. Dazu werden die Eigenwerte in Richtung kleinerer r verschoben. Bei r = 1 ist die Stabilitätsgrenze erreicht. Bei Verkleinerung von r bis 0,5 werden zunächst die unvorteilhaften Einschwingvorgänge mit alternierendem Vorzeichen ausgeschlossen, die Eigenwerten in der linken z-Halbebene entsprechen.

Bei weiterer Verkleinerung von r werden träge Einschwingvorgänge, die von reellen Eigenwerten nahe z = 1 herrühren, verhindert und es wird die Dämpfung vergrößert. Für die meisten Regelungsvorgänge reicht eine Reduzierung auf r = 0,33 völlig aus. Eine weitere Kontraktion bis zum Punkt z = 0 ist in Fällen sinnvoll, in denen Stellglied-Beschränkungen keine Rolle spielen oder bei Regelstrecken mit nur reellen Eigenwerten. Bei Regelstrecken mit Totzeit hat bereits der offene Kreis Eigenwerte bei z = 0 (siehe Anhang D), die man nicht unnötig weit nach rechts schieben wird.

3.7.2 Polgebietsvorgabe im Raum der Reglerparameter

Die Berandungskurve $\partial\Gamma$ eines beliebigen gewünschten Polgebiets kann in den Raum der Reglerparameter abgebildet werden [83.5]. Es ist z.B. möglich, die in Bild 3.25 gezeigten Gebiete abzubilden, deren Berandung aus einer logarithmischen Spirale und einem Kreisbogen besteht. Diese Abbildung wird jedoch für Kreise besonders einfach und wir behandeln hier nur diesen einfachen Fall, da darin generelle Erkenntnisse für den Entwurf von Abtastregelkreisen auf eine übersichtlichere Weise gewonnen werden können, als wenn sie durch unnötige Details verdeckt werden, die im Rahmen einer Faustformel für das erwünschte Polgebiet ohnehin von untergeordneter Bedeutung sind. Wir behandeln hier also nur die Abbildung eines Kreises mit reellem Mittelpunkt τ_0 und Schnittpunkten τ_L und τ_R mit der reellen Achse, siehe Bild 3.27.

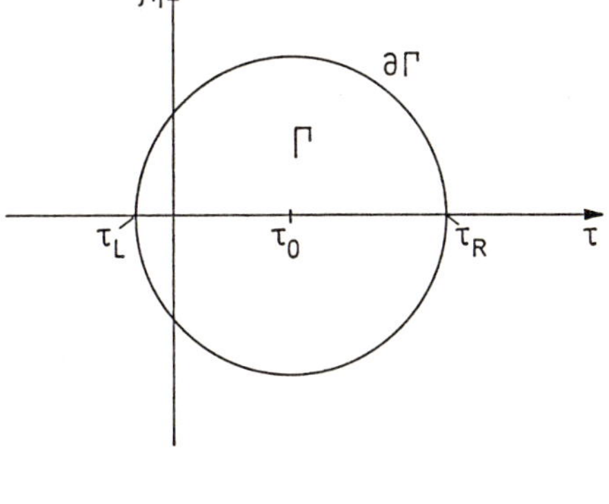

Bild 3.27
Kreisförmiges Polgebiet
in der z-Ebene

Seine Gleichung ist

$$(\tau-\tau_0)^2 + \eta^2 = r^2 \quad , \quad \tau_0 = \frac{\tau_R+\tau_L}{2} \quad , \quad r = \frac{\tau_R-\tau_L}{2}$$

und damit

$$\eta^2 = -(\tau-\tau_R)(\tau-\tau_L) \tag{3.7.4}$$

Gedanklich kann man die Abbildung von $\partial\Gamma$ in einen Raum der Reglerparameter in zwei Schritten vollziehen:

1. Abbildung von $\partial\Gamma$ in den Raum der Koeffizienten des charakteristischen Polynoms

$$P(z) = [\mathbf{p}' \quad 1]\mathbf{z}_n = \prod_{i=1}^{n}(z-z_i) \tag{3.7.5}$$

$$\mathbf{p}' = [p_0 \quad p_1 \cdots p_{n-1} \quad 1] \quad , \quad \mathbf{z}_n' = [1 \quad z \quad z^2 \ldots z^n]$$

   Man erhält ein Gebiet P_Γ. $\mathbf{p} \in P_\Gamma$ ist die notwendige und hinreichende Bedingung für $z_i \in \Gamma$ für alle i.

2. Abbildung von P_Γ in ein Gebiet K_Γ im Raum der Reglerparameter, derart, daß $\mathbf{k} \in K_\Gamma$ genau dann, wenn $\mathbf{p} \in P_\Gamma$.

Der erste Schritt hat noch nichts mit dem Regelungssystem zu tun, er behandelt nur ein Polynom und seine Nullstellen gemäß (3.7.4). Die Berandung $\partial\Gamma$ bildet sich in Flächen im **p**-Raum ab, auf denen Polynome mit Nullstellen auf $\partial\Gamma$ liegen. Es gibt drei Fälle:

a) P(z) hat eine Nullstelle bei $z = \tau_R$, wir erhalten die Hyperebene

$$P(\tau_R) = 0 \tag{3.7.6}$$

b) P(z) hat eine Nullstelle bei $z = \tau_L$, wir erhalten die Hyperebene

$$P(\tau_L) = 0 \tag{3.7.7}$$

c) P(z) hat ein konjugiert komplexes Nullstellenpaar auf dem Kreis $\partial\Gamma$, d.h. P(z) kann dargestellt werden als

$$P(z) = (a + bz + z^2)(c + dz + z^2) \ldots \underbrace{(q + z)}_{\text{für n ungerade}} \tag{3.7.8}$$

wobei die Nullstellen von $a + bz + z^2$ auf $\partial\Gamma$ liegen, d.h.

$$(a + bz + z^2) = (z - \tau + j\eta)(z - \tau - j\eta)$$
$$= z^2 - 2\tau z + \tau^2 + \eta^2 \qquad (3.7.9)$$

wobei die Kontur $\partial\Gamma$ als $\eta^2 = \eta^2(\tau)$ beschrieben werden kann. Im Beispiel des Kreises von Bild 3.27 und (3.7.4)

$$a + bz + z^2 = z^2 - 2\tau z + \tau(\tau_R + \tau_L) - \tau_R\tau_L$$
$$a = \tau(\tau_R + \tau_L) - \tau_R\tau_L \qquad (3.7.10)$$
$$b = -2\tau \quad , \quad \tau_L \le \tau \le \tau_R$$

Das resultierende Gebiet in der a-b-Ebene wird zunächst für den Einheitskreis gezeichnet, d.h. für $\tau_L = -1$, $\tau_R = 1$, $a = 1$, $b = -2\tau$.

Die komplexe Grenze ist die Strecke mit $a = 1$ und $-2 \le b \le 2$. Reelle Grenzen sind die Geraden

$$P(1) = a + b + 1 = 0 \quad , \quad b = -1 - a$$
$$P(-1) = a - b + 1 = 0 \quad , \quad b = 1 + a$$

Bild 3.28 zeigt die Grenzen in der a-b-Ebene

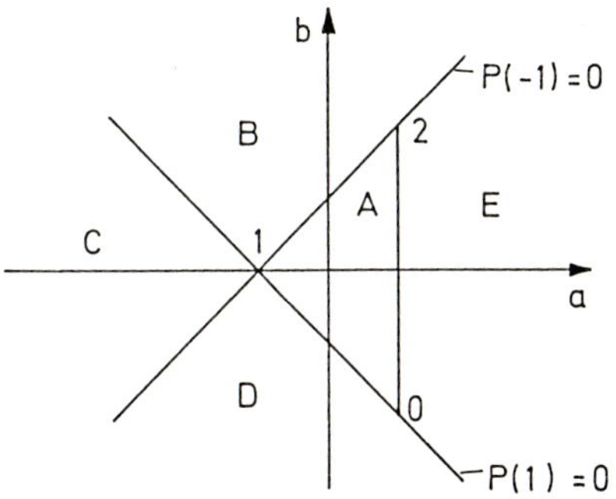

Bild 3.28
Parzellierung der Polynomkoeffizientenebene a, b

Die Grenzen unterteilen die a-b-Ebene in die folgenden 5 Parzellen (EW = Eigenwert, EK = Einheitskreis):

A: Beide EW im EK, dies ist das gesuchte P_Γ,
B: Ein EW im EK, einer links davon,
C: Ein EW links, einer rechts vom EK,

D: Ein EW im EK, einer rechts davon,

E: Beide EW außerhalb, entweder als komplexes Paar oder beide links oder beide rechts. (Man beachte, daß diese Fälle durch stetige Änderung von a und b ineinander überführbar sind, ohne daß der EK überschritten wird.)

Die komplexe Grenze schneidet die Grenze $P(1) = 0$ im Punkt 0 für den Fall einer Doppelwurzel bei $z = 1$, also $a + bz + z^2 = (z - 1)^2$. Entsprechend erhält man den Punkt 2 für den Fall einer Doppelwurzel bei $z = -1$, also $a + bz + z^2 = (z + 1)^2$. Im Punkt 1 ist $P(1) = P(-1) = 0$, also $(a + bz + z^2) = (z - 1)(z + 1)$.

Das gesuchte Stabilitätsgebiet A ist das Dreieck 012. Es ist die einzige beschränkte Parzelle, alle anderen Parzellen erstrecken sich bis ins Unendliche, entsprechend der Wanderung einer Wurzel in der z-Ebene ins Unendliche.

Auch für andere Werte von τ_L und τ_R erhält man ein Dreieck, das von den Geraden $a + b\tau_L + \tau_L^2 = 0$, $a + b\tau_R + \tau_R^2 = 0$ und gemäß (3.7.10) $a = -b(\tau_R + \tau_L)/2 - \tau_R\tau_L$ begrenzt wird. Seine Ecken sind die drei Polynome mit Nullstellen in $\{\tau_L, \tau_R\}$, also

$$(a_0 + b_0 z + z^2) = (z-\tau_R)^2 \quad , \quad a_0 = \tau_R^2 \; , \quad b_0 = -2\tau_R$$

$$(a_1 + b_1 z + z^2) = (z-\tau_R)(z-\tau_L) \; , \quad a_1 = \tau_R\tau_L \; , \quad b_1 = -(\tau_R+\tau_L)$$

$$(a_2 + b_2 z + z^2) = (z-\tau_L)^2 \quad , \quad a_2 = \tau_L^2, \quad b_2 = -2\tau_L \qquad (3.7.11)$$

Für die in Bild 3.26 dargestellten Kreise erhält man die Werte nach Tabelle 3.10

r	τ_L	τ_R	a_0	b_0	a_1	b_1	a_2	b_2
1	-1	1	1	-2	-1	0	1	2
0,8	-0,6	1	1	-2	-0,6	-0,4	0,36	1,2
0,6	-0,2	1	1	-2	-0,2	-0,8	0,04	0,4
0,5	0	1	1	-2	0	-1	0	0
0,44	0	0,88	0,77	-1,76	0	-0,88	0	0
0,33	0	0,66	0,44	-1,32	0	-0,66	0	0
0	0	0	0	0	0	0	0	0

Tabelle 3.10 Zur Abbildung der Kreise von Bild 3.26

Die entsprechenden Dreiecke sind in Bild 3.29 dargestellt.

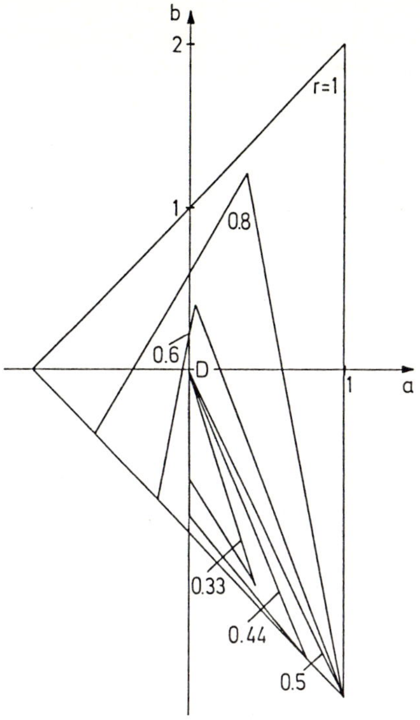

Bild 3.29 Abbildung der kreisförmigen Polgebiete von Bild 3.26 in die a-b-Ebene

Anmerkung 3.10
In der faktorisierten Form des charakteristischen Polynoms von (3.7.8) müssen die Koeffizienten jedes quadratischen Terms in dem Dreieck der Γ-Stabilität liegen und bei Systemen von ungerader Ordnung muß $\tau_L < q < \tau_R$ sein. Bei Strecken- und Reglerparametern, die noch nicht zahlenmäßig festgelegt sind, hat man jedoch das charakteristische Polynom nicht in faktorisierter Form vorliegen, sondern in der Polynomform von (3.7.5). Im **p**-Raum ist das gesuchte P_Γ begrenzt durch die die beiden Hyperebenen gemäß (3.7.6) und (3.7.7) sowie durch eine komplexe Grenzfläche. Konvexe Hülle von P_Γ ist das Polyeder mit n+1 Ecken die den Polynomen mit Nullstellen in $\{\tau_L, \tau_R\}$ entsprechen [78.6].

□

Nach der Abbildung $\Gamma \rightarrow P_\Gamma$ folgt nun die Abbildung $P_\Gamma \rightarrow K_\Gamma$ im Raum der Reglerparameter **k**. Diese Abbildung läßt sich einfach gestalten, indem man die Struktur des Reglers so ansetzt, daß seine Parameter linear in die Koeffizienten des charakteristischen Polynoms eingehen. Dies ist z.B. der Fall bei dem Kompensator-Ansatz gemäß Bild 3.10, siehe (3.4.5). Auch bei der Zustands- oder Ausgangsvektor-Rückführung geht der Rückführvektor **k** gemäß (2.7.14) bzw. (2.7.13) linear in den Koeffizientenvektor **p** ein ($\mathbf{p}' = \mathbf{q}' + \mathbf{k}'\mathbf{W}$). Genauer gesagt ist die Abbildung affin, d.h. zu der linearen Abbildung mit **W** kommt noch eine Nullpunkts-Verschiebung **q** hinzu. Unter einer affinen Abbildung $P_\Gamma \to K_\Gamma$ bleiben Geraden Geraden, d.h. ein Dreieck kann abgebildet werden, indem nur die drei Ecken über die Polvorgabe-Formel (2.7.48) abgebildet werden.

Beispiel

Für unser Standard-Beispiel ist nach (3.3.22)

$$\mathbf{x}[k+1] = \mathbf{A}\mathbf{x}[k] + \mathbf{b}u[k]$$

$$\mathbf{A} = \begin{bmatrix} 1 & 0{,}632 \\ 0 & 0{,}368 \end{bmatrix} \qquad \mathbf{b} = \begin{bmatrix} 0{,}368 \\ 0{,}632 \end{bmatrix}$$

Der Regelkreis wird durch eine Zustands-Vektor-Rückführung

$$u = -[k_1 \quad k_2]\mathbf{x} \tag{3.7.12}$$

geschlossen, d.h. es ist $P(z) = [\mathbf{p}' \quad 1]\mathbf{z}_n = \det(z\mathbf{I} - \mathbf{A} + \mathbf{b}\mathbf{k}')$

Nach (2.7.48) ist die Lösung dieser Gleichung

$$\mathbf{k}' = [\mathbf{p}' \quad 1] \begin{bmatrix} \mathbf{e}' \\ \mathbf{e}'\mathbf{A} \\ \mathbf{e}'\mathbf{A}^2 \end{bmatrix}$$

mit $\mathbf{e}'[\mathbf{b}, \mathbf{A}\mathbf{b}] = [0 \quad 1]$

$$[e_1 \quad e_2] \begin{bmatrix} 0{,}368 & 0{,}767 \\ 0{,}632 & 0{,}233 \end{bmatrix} = [0 \quad 1]$$

$$[k_1 \quad k_2] = [p_0 \quad p_1 \quad 1] \begin{bmatrix} 1{,}582 & -0{,}921 \\ 1{,}582 & 0{,}661 \\ 1{,}582 & 1{,}243 \end{bmatrix} \tag{3.7.13}$$

Die Ecken 0, 1 und 2 der Dreiecke nach Tabelle 3.10 mit $p_0 = a$, $p_1 = b$ werden damit abgebildet wie in Tabelle 3.11 angegeben und in Bild 3.30 dargestellt

r	k_{10}	k_{20}	k_{11}	k_{21}	k_{12}	k_{22}
1	0	-1	0	2,16	6,33	1,64
0,8	0	-1	0	1,53	4,05	1,70
0,6	0	-1	0	0,90	2,28	1,47
0,5	0	-1	0	0,58	1,58	1,24
0,44	0,02	-0,63	0,19	0,66	1,58	1,24
0,33	0,19	-0,04	0,54	0,81	1,58	1,24
0	1,58	1,24	1,58	1,24	1,58	1,24

Tabelle 3.11 Zur Abbildung der Dreiecke nach Tabelle 3.10 für das Beispiel (3.7.12)

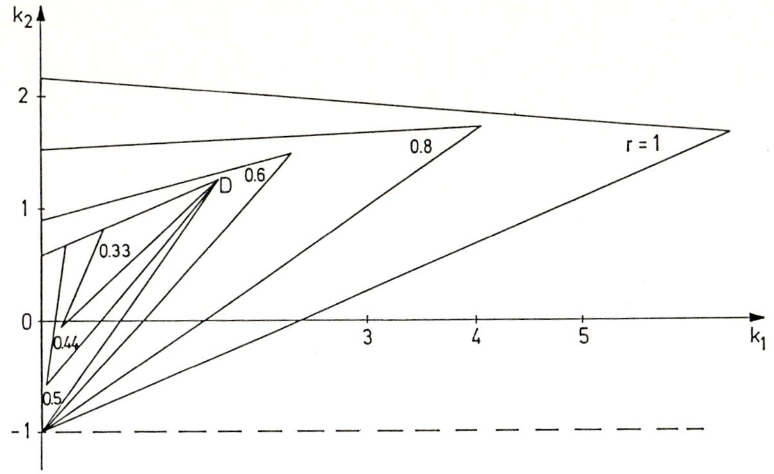

Bild 3.30 Γ-stabile Gebiete in der k_1-k_2-Ebene

Aus Bild 3.30 lassen sich einige interessante Schlüsse ziehen:

1. Vergleicht man mit dem Regelkreis ohne Abtaster und Halteglied, also einer Zustandsvektor-Rückführung für das System (3.1.14), so ergibt sich dort aus $P(s) = k_1 + (1 + k_2)s + s^2$ das Stabilitätsgebiet $k_1 > 0$ und $k_2 > -1$ (gestrichelt in Bild 3.30). Durch den Abtaster mit Halteglied wird dieses Stabilitätsgebiet auf das Dreieck für $r = 1$ verkleinert. Eine unendliche Stabilitätsreserve wie bei RICCATI-Reglern für kontinuierliche Systeme, siehe (2.6.22), ist bei Abtastsystemen prinzipiell nicht möglich. Die erreichbaren Stabilitätsreserven in k_1, k_2 oder a mit $\mathbf{k}' = a[k_1 \; k_2]$ können aus Bild 3.30 abgelesen werden.

2. Beim Abtastsystem gibt es - im Gegensatz zum kontinuierlichen System - in Form des Deadbeat-Punktes D mit $\mathbf{k}' = [1{,}582 \quad 1{,}243]$ einen im Endlichen liegenden Idealfall. Es ist nicht sinnvoll, mit k_1 und k_2 über diese Werte hinauszugehen, man würde größere Stellamplituden und zugleich schlechtere Einschwingvorgänge erhalten.

3. Für die Stellamplituden $|u|$ gilt bei Zustandsvektor-Rückführung

$$|u| \leq \|\mathbf{k}\| \times \|\mathbf{x}\| \tag{3.7.14}$$

Der ungünstigste Fall des Gleichheitszeichens gilt, wenn **k** und **x** parallel sind. Nimmt man z.B. an, daß die möglichen Anfangszustände gleichmäßig über die Einheitskugel verteilt sind, so ist im ungünstigsten Fall $|u| = \|k\| = \sqrt{k_1^2 + k_2^2}$.

Im Hinblick auf Stellgrößenbeschränkungen wird man also aus dem zulässigen Gebiet einen Punkt wählen, der dem Ursprung $\mathbf{k} = \mathbf{0}$ nahe liegt. Dies ist in Bild 3.31 für einen kleineren Bildausschnitt aus Bild 3.30 und zusätzliche r-Werte ausgeführt. Dargestellt sind nur Dreiecke für $r \leq 0{,}5$, da erst bei diesen Werten der Eigenwert bei $z = 1$ durch Verkleinerung von r nach links geschoben wird.

Für $r = 0{,}44$ ergibt sich der geringste Abstand von $\mathbf{k} = \mathbf{0}$ im Punkt A, auf dieser Grenze liegt ein einfacher Eigenwert bei τ_R. Für $r = 0{,}34$ ergibt sich entsprechend der Punkt C. Für $r \leq 0{,}33$ ist die linke untere Ecke des Dreiecks die Minimum-$\|k\|$-Lösung. Hier liegt ein Doppelpol bei τ_R. Das kleinste $\|k\|$, mit dem r reduziert wird, ergibt sich von hier an auf der Kurve der Doppelpole $P(z) = (z-\tau_R)^2 = (z-2r)^2 = z^2-4r+4r^2$, also

$$[k_1 \quad k_2] = [4r^2 \quad -4r \quad 1] \begin{bmatrix} 1{,}582 & -0{,}921 \\ 1{,}582 & 0{,}661 \\ 1{,}582 & 1{,}243 \end{bmatrix} \tag{3.7.15}$$

Bei der Kontraktion von r ergibt sich die stark ausgezogene Kurve in Bild 3.31 für die Lösungen mit minimalem $\|\mathbf{k}\|$. Dies ist also der im Hinblick auf den Bedarf an Stellamplituden effizienteste Wanderweg von $\mathbf{k} = \mathbf{0}$ zum Deadbeat-Punkt D. Dabei wandern die beiden Eigenwerte bei $z = 1$ und $z = 0{,}368$ zunächst aufeinander zu, vereinigen sich zu einem Doppelpol bei $z = 0{,}68$ und wandern dann gemeinsam in den Ursprung. Für den Entwurf von Regelungen mit Stellglied-Beschränkungen ist es hilfreich, sich die gleichzeitige Wanderung von **k**, beginnend bei $\mathbf{k} = \mathbf{0}$ und von den Eigenwerten, beginnend bei den Eigenwerten des offenen Kreises, vorzustellen.

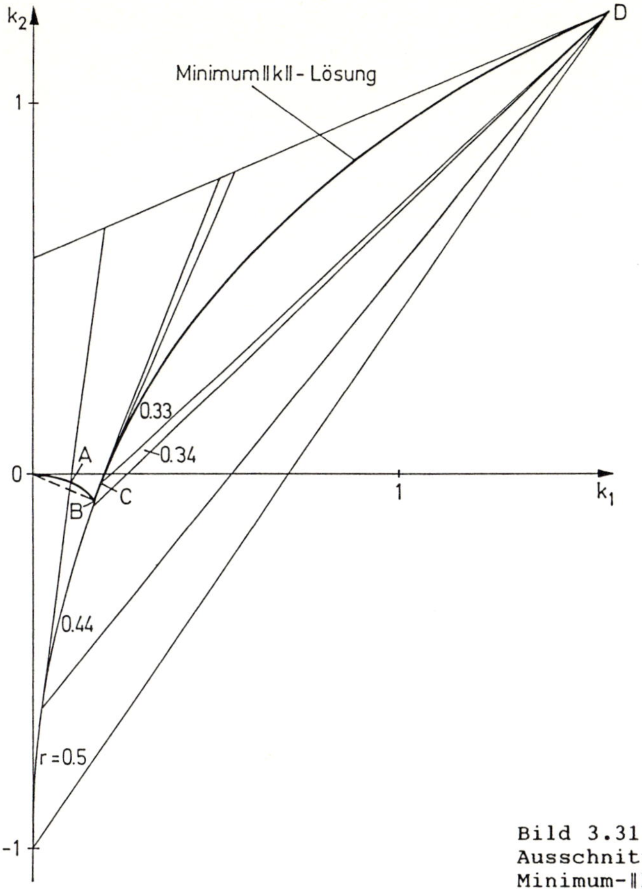

Bild 3.31
Ausschnitt aus Bild 3.31 mit Minimum-‖k‖-Lösung

4. Die Wurzelortskurve in Bild 3.12 hat sich mit $k_2 = 0$ bei einer Wanderung auf der k_1-Achse in Bild 3.31 ergeben. Auf dieser Wanderung wird das minimale r = 0,32 bei $k_1 = 0,21$ erreicht, die Sprungantwort entspricht also etwa der Kurve $k_y = 0,2$ in Bild 3.16.

5. Beurteilt man die Lösungsverläufe allein anhand der Sprungantwort, so ergibt sich häufig die maximale Stellamplitude im ersten Abtastintervall. Wir wollen aber zeigen, daß das nicht immer so sein muß. In unserem Beispiel wird die Führungsgröße ausgeführt als

$$u = -[k_1 \quad k_2] \begin{bmatrix} x_1 - w \\ x_2 \end{bmatrix}$$

und beim Anfangszustand $\mathbf{x} = \mathbf{0}$ wird $u[0] = k_1 w = k_1$. Entnimmt man z.B. aus Bild 3.31 für r = 0,44 die Lösung mit minimalem k_1, d.h. $\mathbf{k}' = [0{,}02 \quad -0{,}63]$, so erhält man zwar einen kleinen Wert u[0] = 0,02, danach treten jedoch größere u-Werte auf, die auch benötigt werden, um das System tatsächlich wie $k \times 0{,}88^k$ abklingen zu lassen.

□

Anmerkung 3.11
Das Parameterraum-Verfahren [80.6], das wir hier für ein einfaches Beispiel eingeführt haben, ist ausführlich im Band 2 der zweiten Auflage dieses Buches [83.5] dargestellt. Es ist besonders geeignet, um Parameteränderungen der Regelstrecke in einer bekannten Modellstruktur zu untersuchen. Als Beispiel sei die Verladebrücke von Abschnitt 2.1 genannt, bei der z.B. die Seillänge ℓ und die Lastmasse m_L innerhalb eines vorgegebenen Intervalls unsicher sind. Der zweite Abbildungsschritt $P_\Gamma \rightarrow K_\Gamma$ hängt dann von solchen Streckenparametern ab und die simultan Γ-stabilisierenden Regler können in der Schnittmenge der verschiedenen K_Γ gefunden werden.

Anmerkung 3.12
Das Parameterraumverfahren wurde hier nur für den einfachsten Fall eingeführt. Allgemeiner können beliebige Polgebiete Γ abgebildet werden. Bei Systemen der Ordnung n ist der **k**-Raum n-dimensional. Wenn nicht alle Zustände zurückgeführt werden, wird nur ein Unterraum entsprechend niedrigerer Dimension betrachtet. Er kann mit Hilfe durchfahrender zweidimensionaler Schnitte erkundet werden.

3.8 Übungen

3.1 Bestimmen Sie die diskrete Zustands-Darstellung der Verladebrücke, (2.1.15). Hinweis: Vereinfachung durch Benutzung des Ergebnisses von Übung 2.1.

3.2 Bestimmen Sie für die Verladebrücke die Tastperiode T so, daß die komplexen Eigenwerte des diskreten Systems bei einem Winkel $\omega T = 45°$ zur positiv reellen Achse liegen. Wieviel mal pro Periode der Pendelschwingung wird damit abgetastet? Berechnen und skizzieren Sie den Lösungsverlauf für $\mathbf{x}(0) = \mathbf{0}$ und einen Einheitssprung $u(kT) = 1(kT)$ als Eingangsgröße.

3.3 Berechnen Sie die z-Übertragungsfunktion $h_z(z)$ der Verladebrücke mit Eingang u und Ausgang x_1 = Position der Laufkatze.

3.4 Die Verladebrücke habe die Parameterwerte $m_K = 1$ t (= 1000 kg), $m_L = 3$ t, $\ell = 10$ m, $g = 10$ ms^{-2}, $T = \pi/8$ Sekunden.

Berechnen Sie die z-Übertragungsfunktion $\mathbf{h}_z(z)$

zum Ausgang $\mathbf{y} = \begin{bmatrix} 1 & 0 & 0 & 0 \\ 0 & 0 & 1 & 0 \end{bmatrix} \mathbf{x}$

a) aus der Zustandsdarstellung

b) aus den s-Übertragungsfunktionen (2.3.12) und (2.3.13).

3.5 Berechnen Sie die z-Übertragungsfunktion des folgenden Systems

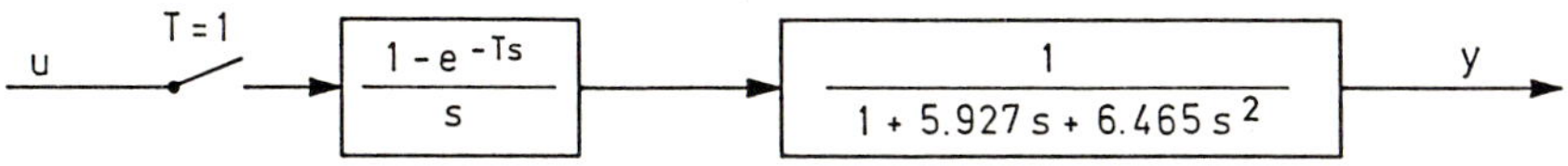

Bild 3.32 Berechnung der z-Übertragungsfunktion

3.6 Bestimmen Sie für die Regelstrecke nach Bild 3.32 einen Regler, der sämtliche Eigenwerte nach $z = 0$ legt und die stationäre Abweichung der Sprungantwort zu Null macht.

3.7 Für die Verladebrücke mit der Ausgangsgröße x_1 = Laufkatzenposition und den Parameterwerten $m_K = 1$ t (= 1000 kg), $m_L = 3$ t, $\ell = 10$ m, $g = 10$ m/sec^2, $T = \pi/8$ Sekunden, soll die Wurzelortskurve gezeichnet werden

a) für $k_y h_z(z) = -1$. Gibt es ein k_y, für das der geschlossene Regelkreis stabil ist?

b) mit einem Regler

$$k_y \times \frac{z - 0{,}9}{z + 0{,}5}$$

Ermitteln Sie daraus einen günstig erscheinenden Wert $k_y = k_1$.

3.8 Berechnen Sie die Sprungantwort des Regelkreises nach Übung 3.7 für $e_z = w_z - x_{1z}$, $u_z = e_z k_1 (z - 0{,}9)/(z + 0{,}5)$ mit $k_1 = 7$ kNm^{-1} (kN = Kilo-Newton) für die Abtastzeitpunkte.

3.9 Berechnen Sie die Sprungantwort gemäß Übung 3.8 auch zu den Zeitpunkten $kT + \gamma T$, $\gamma = 1/3$ und $\gamma = 2/3$.

3.10 Zeichnen Sie die NYQUIST-Ortskurve für den Regelkreis nach Übung 3.7b und bestimmen Sie die Stabilitätsreserve ρ. Geben Sie einen Sektor (k_1, k_2) mit $1/k_1 + 1/k_2 = 2$ an, in dem eine Stellglied-Nichtlinearität liegen darf, die den Regelkreis nicht instabil macht.

3.11 Gegeben ist das System

$$\mathbf{x}[k+1] = \begin{bmatrix} 0 & 1 \\ -2 & 2 \end{bmatrix} \mathbf{x}[k] + \begin{bmatrix} 0 \\ 1 \end{bmatrix} u[k]$$

$$u[k] = -[k_1 \quad k_2]\mathbf{x}[k]$$

Berechnen Sie den Minimum-$\|\mathbf{k}\|$-Weg in der k_1-k_2-Ebene, der sich bei Kontraktion der Kreisschar von Bild 3.26 ergibt.

4 Steuerbarkeit, Steuerfolgen, Polvorgabe und Wahl der Tastperiode

In diesem Kapitel wird die Systemeigenschaft der Steuerbarkeit für diskrete Systeme eingeführt und mit der Steuerbarkeit des kontinuierlichen Teilsystems in Beziehung gesetzt. Die Steuerbarkeit wird sowohl bei der Berechnung von Steuerfolgen als auch bei der Polvorgabe vorausgesetzt. Bei Berücksichtigung von Beschränkungen der Stellamplituden ergeben sich Gebiete im Zustandsraum, aus denen ein Anfangszustand in vorgegebener Zeit in den Nullzustand überführt werden kann. Die Größe dieser Gebiete dient als Maß für die Wahl der Tastperiode.

4.1 Steuerbarkeit und Erreichbarkeit

Gegeben sei das diskrete System

$$\mathbf{x}[k+1] = \mathbf{A}\mathbf{x}[k] + \mathbf{b}u[k] \tag{4.1.1}$$

mit dem Anfangszustand $\mathbf{x}[0]$. Durch rekursives Einsetzen erhält man

$$\begin{aligned}
\mathbf{x}[1] &= \mathbf{A}\mathbf{x}[0] + \mathbf{b}u[0] \\
\mathbf{x}[2] &= \mathbf{A}^2\mathbf{x}[0] + \mathbf{A}\mathbf{b}u[0] + \mathbf{b}u[1] \\
&\;\vdots \\
\mathbf{x}[N] &= \mathbf{A}^N\mathbf{x}[0] + \mathbf{A}^{N-1}\mathbf{b}u[0] + \ldots + \mathbf{A}\mathbf{b}u[N-2] + \mathbf{b}u[N-1]
\end{aligned} \tag{4.1.2}$$

Zur Schreibvereinfachung definieren wir einen Vektor aus aufeinanderfolgenden Stellgrößen als

$$\mathbf{u}_N := \begin{bmatrix} u[N-1] \\ u[N-2] \\ \vdots \\ u[0] \end{bmatrix} \tag{4.1.3}$$

Damit kann (4.1.2) geschrieben werden als

$$\mathbf{x}[N] = \mathbf{A}^N\mathbf{x}[0] + [\mathbf{b}, \mathbf{Ab} \ldots \mathbf{A}^{N-1}\mathbf{b}]\mathbf{u}_N \tag{4.1.4}$$

Ein Zustand $\mathbf{x}[0]$ ist steuerbar, wenn es ein N und eine Steuerfolge $\mathbf{u}_N$ gibt, so daß $\mathbf{x}[N] = \mathbf{0}$. Gilt diese Eigenschaft für jeden Anfangszustand $\mathbf{x}[0]$, so bezeichnet man das System (4.1.1) als **steuerbar.**

Geeignete Steuerfolgen $\mathbf{u}_N$ sind nach (4.1.4) alle Lösungen von

$$\mathbf{A}^N\mathbf{x}[0] = -[\mathbf{b}, \mathbf{Ab} \ldots \mathbf{A}^{N-1}\mathbf{b}]\mathbf{u}_N \tag{4.1.5}$$

Wenn das System (4.1.1) durch Abtastung eines kontinuierlichen Systems $\dot{\mathbf{x}} = \mathbf{Fx} + \mathbf{b}u$ entstanden ist, dann ist mit (2.4.9)

$$\mathbf{A} = e^{\mathbf{F}T} = \mathbf{T}^{-1}e^{\mathbf{J}T}\mathbf{T} \tag{4.1.6}$$

wobei $\mathbf{J}$ die JORDAN-Form von $\mathbf{F}$ ist und $\mathbf{T}$ die entsprechende Transformationsmatrix. Damit wird

$$\det\mathbf{A} = \det e^{\mathbf{J}T} = \prod_{i=1}^{n} e^{s_iT} = e^{\Sigma s_iT} = e^{\mathrm{spur}\mathbf{F}T} > 0 \tag{4.1.7}$$

In diesem Standardfall kann $\mathbf{A}^N$ in (4.1.5) also invertiert werden.

$$\mathbf{x}[0] = -[\mathbf{A}^{-N}\mathbf{b}, \mathbf{A}^{1-N}\mathbf{b} \ldots \mathbf{A}^{-1}\mathbf{b}]\mathbf{u}_N \tag{4.1.8}$$

Es sind alle Zustände $\mathbf{x}[0]$ steuerbar, die in dem von den Vektoren $\mathbf{A}^{-N}\mathbf{b}, \mathbf{A}^{1-N}\mathbf{b} \ldots \mathbf{A}^{-1}\mathbf{b}$ aufgespannten Unterraum liegen. Wenn dieser die Dimension n hat, dann sind alle Anfangszustände und damit das System steuerbar. Dies ist genau dann der Fall, wenn

$$\mathrm{rang}[\mathbf{b}, \mathbf{Ab} \ldots \mathbf{A}^{N-1}\mathbf{b}] = n \tag{4.1.9}$$

ist. Offensichtlich kann (4.1.9) für $N < n$ nicht erfüllt werden. Es wird nun behauptet, daß (4.1.9) für $N = n$ erfüllt ist, wenn sie überhaupt für irgendein $N \geq n$ erfüllbar ist. Zum Beweis wird angenommen, ein Vektor $\mathbf{A}^i\mathbf{b}$ sei linear abhängig von den Vektoren $\mathbf{b}, \mathbf{Ab} \ldots \mathbf{A}^{i-1}\mathbf{b}$, d.h.

$$\mathbf{A}^i\mathbf{b} = \sum_{j=0}^{i-1} c_j\mathbf{A}^j\mathbf{b} \tag{4.1.10}$$

Durch Multiplikation mit $\mathbf{A}$ von links folgt für den nächsten Vektor

$$\mathbf{A}^{i+1}\mathbf{b} = \sum_{j=0}^{i-1} c_j\mathbf{A}^{j+1}\mathbf{b} = \sum_{j=0}^{i-2} c_j\mathbf{A}^{j+1}\mathbf{b} + c_{i-1}\sum_{j=0}^{i-1} c_j\mathbf{A}^j\mathbf{b} \tag{4.1.11}$$

$\mathbf{A}^{i+1}\mathbf{b}$ ist somit linear abhängig von **b**, **Ab** ... $\mathbf{A}^{i-1}\mathbf{b}$. Das gleiche gilt für alle weiteren Vektoren $\mathbf{A}^k\mathbf{b}$, $k > i$. Die Folge von Vektoren **b**, **Ab**, $\mathbf{A}^2\mathbf{b}$ ... , die auch als **Bahn** (Orbit) des Vektors **b** bezüglich der Matrix **A** bezeichnet wird, ist also so aufgebaut, daß, nachdem ein linear abhängiger Vektor aufgetreten ist, alle weiteren ebenfalls linear abhängig sind.

Wenn das System steuerbar ist, dann ist es also auch in n Abtastschritten steuerbar und die Steuerbarkeitsbedingung (4.1.9) kann geschrieben werden als

$$\det[\mathbf{b}, \mathbf{Ab} \ldots \mathbf{A}^{n-1}\mathbf{b}] \neq 0 \tag{4.1.12}$$

Für n Abtastschritte ist die Steuerfolge, die das System in den Nullzustand überführt, eindeutig gegeben durch

$$\mathbf{u}_n = -[\mathbf{b}, \mathbf{Ab} \ldots \mathbf{A}^{n-1}\mathbf{b}]^{-1}\mathbf{A}^n\mathbf{x}[0] \tag{4.1.13}$$

Algebraisch ist also die Steuerbarkeitsbedingung für ein Paar (**A**,**b**) identisch mit der Steuerbarkeitsbedingung für ein Paar (**F**,**g**) nach (2.3.17). Damit kann auch das HAUTUS-Kriterium nach (2.3.25) auf das Paar **A**, **b** angewandt werden:

> Ein Eigenwert z_i von **A** ist genau dann steuerbar,
> wenn $\operatorname{rang}[\mathbf{A} - z_i\mathbf{I}, \mathbf{B}] = n$ (4.1.14)

Im hier betrachteten Eingrößenfall ist $\mathbf{B} = \mathbf{b}$.

Anmerkung 4.1: Erreichbarkeit [69.1]
Ein Zustand $\mathbf{x}[N]$ in (4.1.4) ist erreichbar, wenn es eine Steuerfolge $\mathbf{u}_N$ gibt, die das System aus dem Nullzustand $\mathbf{x}[0] = \mathbf{0}$ nach $\mathbf{x}[N]$ bringt. Gilt dies für alle Zustände, so ist das System **erreichbar.**

Für n Abtastschritte ist die zugehörige Steuerfolge nach (4.1.4) eindeutig gegeben durch

$$\mathbf{u}_n = [\mathbf{b}, \mathbf{Ab} \ldots \mathbf{A}^{n-1}\mathbf{b}]^{-1}\mathbf{x}[n] \tag{4.1.15}$$

und die Ungleichung (4.1.12) ist die Erreichbarkeitsbedingung. Für den Standardfall $\det\mathbf{A} \neq 0$ bedingen sich Steuerbarkeit und Erreichbarkeit gegenseitig.

Es sei aber hier darauf hingewiesen, daß sich die beiden Eigenschaften für $\det\mathbf{A} = 0$ unterscheiden können.

Aus der Erreichbarkeits-Bedingung (4.1.12) folgt stets die Steuerbarkeit. Die Umkehrung gilt jedoch nur dann, wenn alle Null-Eigenwerte von **A** erreichbar sind, d.h. nach dem HAUTUS-Test falls

$$\text{rang}[\mathbf{A},\mathbf{b}] = n \ , \qquad (4.1.16)$$

wie die beiden folgenden Beispiele illustrieren:

Beispiel 1

$$\mathbf{A} = \begin{bmatrix} 0 & 1 \\ 0 & 0 \end{bmatrix}, \quad \mathbf{b} = \begin{bmatrix} 0 \\ 1 \end{bmatrix}, \quad \text{rang}\,[\mathbf{A},\mathbf{b}] = 2 \qquad (4.1.17)$$

$$[\mathbf{b},\ \mathbf{Ab}] = \begin{bmatrix} 0 & 1 \\ 1 & 0 \end{bmatrix}, \quad \text{erreichbar.}$$

$$\mathbf{x}[k+2] = 0 \quad \text{für} \quad u[k] \equiv 0\ , \quad \text{steuerbar.}$$

Beispiel 2

$$\mathbf{A} = \begin{bmatrix} 0 & 1 \\ 0 & 0 \end{bmatrix}, \quad \mathbf{b} = \begin{bmatrix} 1 \\ 0 \end{bmatrix}, \quad \text{rang}[\mathbf{A},\mathbf{b}] = 1 \qquad (4.1.18)$$

$$[\mathbf{b},\ \mathbf{Ab}] = \begin{bmatrix} 1 & 0 \\ 0 & 0 \end{bmatrix}, \quad \text{nicht erreichbar.}$$

$$\mathbf{x}[k+2] = 0 \quad \text{für} \quad u[k] \equiv 0\ , \quad \text{steuerbar.}$$

Bei den praktisch interessierenden Fällen ist entweder $\mathbf{A} = e^{\mathbf{F}T}$ und damit $\det\mathbf{A} \neq 0$, oder die Nulleigenwerte, die sich bei Totzeit ergeben (siehe Anhang D), sind erreichbar. Wir werden daher im folgenden den feinen Unterschied zwischen Steuerbarkeit und Erreichbarkeit nicht betonen und - wie in der regelungstechnischen Literatur üblich - nur von der Steuerbarkeit sprechen. In diesem Sinne werden die Gln. (4.1.9) und (4.1.12) als Steuerbarkeitsbedingungen bezeichnet. □

Für kontinuierliche Systeme gelten die entsprechenden Steuerbarkeits-Bedingungen mit **F** und **g**, (3.1.1), anstelle von **A** und **b**. Es ergibt sich hier die Frage, ob sich die Eigenschaft der Steuerbarkeit ändert, wenn man einen Abtaster mit Halteglied vor das kontinuierliche System schaltet, d.h. nach Abschnitt 3.1 zum diskreten System übergeht. Dieses Problem wurde von JURY [57.3] untersucht. KALMAN [60.4] hat es in den folgenden Zusammenhang mit der Steuerbarkeit gebracht:

Das diskrete System ist dann und nur dann steuerbar, wenn

1. der kontinuierliche Teil steuerbar ist und

2. $\exp s_i T \neq \exp s_j T$ für $s_i \neq s_j$ (4.1.19)

   d.h. wenn verschiedene Eigenwerte s_i, s_j des kontinuierlichen Systems auch verschiedene Eigenwerte $\exp s_i T$, $\exp s_j T$ des diskreten Systems zur Folge haben.

Die zweite Bedingung wird z.B. verletzt, wenn das kontinuierliche System komplexe Eigenwerte $s_1 = \sigma + j\omega_1$ und $s_2 = \sigma + j\omega_2$ mit gleichem Realteil hat und die Tastperiode so gewählt wird, daß $(\omega_1 - \omega_2)T = \pm q 2\pi$, $q = 1, 2, 3 \ldots$ ist. Bei einem konjugiert komplexen Polpaar $s_{1,2} = \sigma \pm j\omega$ müßte also speziell $T = q\pi/\omega$ gewählt werden. In der Nähe dieser Tastperiode ist das System schlecht steuerbar.

Die Erklärung für dieses Phänomen ist, daß für $s_i \neq s_j$ die Teilsysteme $\exp s_i T$ und $\exp s_j T$ nicht zu einem JORDAN-Block der **A**-Matrix gehören können. Sind diese Eigenwerte von **A** aber untereinander gleich, so ist **A** nicht zyklisch und damit nicht mit einer Eingangsgröße steuerbar, siehe Abschnitt 2.3.4.

Beispiel: Verladebrücke
Die Verladebrücke ist gemäß (2.3.18) bei kontinuierlicher Eingangsgröße steuerbar. Bei einer treppenfrömigen Eingangsgröße kann diese Eigenschaft verloren gehen. Für welche Last ist dies der Fall? Die Eigenwerte sind $s_{1,2} = 0$ und $s_{3,4} = \pm j\omega_L$, $\omega_L^2 = g(m_L + m_K)/\ell m_K$, siehe (2.3.2). Die Steuerbarkeits-Bedingung (4.1.19) wird verletzt für

$$T = q\pi/\omega_L \quad , \quad q = 1, 2, 3 \ldots$$

$$\omega_L^2 = \left(\frac{q\pi}{T}\right)^2 = \frac{g(m_L + m_K)}{\ell m_K}$$

$$m_L = m_K \left[\left(\frac{q\pi}{T}\right)^2 \times \frac{\ell}{g} - 1\right] \tag{4.1.20}$$

Praktisch wählt man stets $T < \pi/\omega_{Lmax}$, wobei sich ω_{Lmax} bei der Maximallast (Tragfähigkeit) m_{Lmax} ergibt. Für gegebenes T erhält man andererseits die Mindest-Seillänge

$$\ell_{min} = \frac{T^2 g(m_{Lmax} + m_K)}{\pi^2 m_K} \tag{4.1.21}$$

□

Aufgrund des Zusammenhangs (4.1.19) empfiehlt es sich, die Steuerbarkeitsuntersuchung in kontinuierlicher Zeit durchzuführen und dann bei der Wahl der Tastperiode T darauf zu achten, daß die Steuerbarkeit nicht verloren geht. In kontinuierlicher Zeit ist insbesondere die symbolische Rechnung mit physikalischen Streckenparametern wesentlich einfacher.

4.2 Folgen mit endlicher Systemantwort (FES)

Wir betrachten wieder das System (4.1.1) ergänzt durch eine Ausgangsgleichung, also

$$\begin{aligned} \mathbf{x}[k+1] &= \mathbf{A}\mathbf{x}[k] + \mathbf{b}u[k] \\ y[k] &= \mathbf{c}'\mathbf{x}[k] \end{aligned} \tag{4.2.1}$$

Wir untersuchen nun Steuerfolgen u[k], die zunächst aus dem Anfangszustand $\mathbf{x}[0] = \mathbf{0}$ heraus das steuerbare Teilsystem anregen, es dann aber wieder in endlicher Zeit dorthin zurückbringen, also zu einer Systemantwort $\mathbf{x}[k]$ bzw. y[k] von endlicher Dauer führen. Wir nennen solche Steuerfolgen **Folgen mit endlicher Systemantwort** (engl.: finite effect sequences) oder kurz **FES**. Schreibt man (4.1.4) für eine Folgenlänge N + 1, so erhält man

$$\mathbf{x}[N+1] = \mathbf{A}^{N+1}\mathbf{x}[0] + [\mathbf{b},\ \mathbf{A}\mathbf{b}\ \dots\ \mathbf{A}^N\mathbf{b}]\mathbf{u}_{N+1} \tag{4.2.2}$$

$\mathbf{u}_{N+1}$ ist eine FES, wenn sie (4.2.2) mit $\mathbf{x}[0] = \mathbf{x}[N+1] = \mathbf{0}$ erfüllt:

$$\mathbf{0} = [\mathbf{b},\ \mathbf{A}\mathbf{b}\ \dots\ \mathbf{A}^N\mathbf{b}]\mathbf{u}_{N+1} \tag{4.2.3}$$

Abgesehen von der trivialen Lösung $\mathbf{u}_{N+1} \equiv \mathbf{0}$ kann (4.2.3) nur erfüllt werden, wenn N so gewählt wird, daß die Vektoren $\mathbf{b}, \mathbf{A}\mathbf{b} \dots \mathbf{A}^N\mathbf{b}$ linear abhängig sind. Das ist sicher der Fall für N = n, denn dann hat die Matrix in (4.2.3) n Zeilen und n + 1 Spalten, so daß die Spalten linear abhängig sein müssen. Wir können diese lineare Abhängigkeit aufgrund des Satzes von CAYLEY-HAMILTON, (A.7.30), explizit angeben. Es ist nämlich

$$a_0\mathbf{I} + a_1\mathbf{A} + \dots + a_{n-1}\mathbf{A}^{n-1} + \mathbf{A}^n = \mathbf{0} \tag{4.2.4}$$

also nach Rechts-Multiplikation mit **b**

$$[\mathbf{b},\ \mathbf{A}\mathbf{b}\ \dots\ \mathbf{A}^n\mathbf{b}] \begin{bmatrix} a_0 \\ a_1 \\ \vdots \\ a_{n-1} \\ 1 \end{bmatrix} = \mathbf{0} \tag{4.2.5}$$

d.h. die Koeffizienten des charakteristischen Polynoms bilden eine FES

$$\mathbf{u}_{n+1} = \begin{bmatrix} u[n] \\ \vdots \\ u[1] \\ u[0] \end{bmatrix} = \begin{bmatrix} a_0 \\ \vdots \\ a_{n-1} \\ 1 \end{bmatrix} \tag{4.2.6}$$

Mit $\mathbf{x}[0] = \mathbf{0}$ und $u[0] = 1$ wird $\mathbf{x}[1] = \mathbf{b}$. Aus diesem Anfangszustand wird das System durch die Steuerfolge (4.2.6) in den Nullzustand überführt. Wir sind dabei an der kürzestmöglichen Steuerfolge interessiert. $\mathbf{u}_{n+1}$ nach (4.2.6) ist bei einem steuerbaren System die kürzeste mögliche FES, da die Vektoren $\mathbf{b}$, $\mathbf{Ab}$ ... $\mathbf{A}^{n-1}\mathbf{b}$ linear unabhängig sind. Wird dagegen durch $u[0] = 1$ nur ein steuerbares Teilsystem angeregt, so gilt (4.2.6) mit den Koeffizienten des charakteristischen Polynoms des steuerbaren Teilsystems, siehe (2.3.35).

Die z-Transformierte der FES von (4.2.6) ist

$$\begin{aligned} u_z(z) &= 1 + a_{n-1}z^{-1} + \ldots + a_0 z^{-n} \\ &= z^{-n}(z^n + a_{n-1}z^{n-1} + \ldots + a_0) \\ &= z^{-n}P_A(z) \end{aligned} \tag{4.2.7}$$

mit $P_A(z) = \det(z\mathbf{I}-\mathbf{A})$.

Der Verlauf des Zustands $\mathbf{x}[k]$ und des Ausgangs $y[k]$ bei dieser Anregung soll nun im Zeit- und Frequenzbereich berechnet werden.

a) **Zeitbereich**

$$\begin{aligned} \mathbf{x}[0] &= \mathbf{0} \\ \mathbf{x}[1] &= \mathbf{b} \\ \mathbf{x}[2] &= \mathbf{Ab} + a_{n-1}\mathbf{b} \\ \mathbf{x}[3] &= \mathbf{A}^2\mathbf{b} + a_{n-1}\mathbf{Ab} + a_{n-2}\mathbf{b} \\ &\vdots \\ \mathbf{x}[n+1] &= \mathbf{A}^n\mathbf{b} + a_{n-1}\mathbf{A}^{n-1}\mathbf{b} + \ldots + a_0\mathbf{b} \end{aligned} \tag{4.2.8}$$

Nach CAYLEY-HAMILTON ist $\mathbf{x}[n+1] = \mathbf{0}$. Aus $\mathbf{x}[k]$ ergibt sich unmittelbar $y[k] = \mathbf{c}'\mathbf{x}[k]$.

b) **Frequenzbereich**

$$\mathbf{x}_z(z) = (z\mathbf{I}-\mathbf{A})^{-1}\mathbf{b}\, u_z(z)$$

Die Resolvente kann z.B. über den LEVERRIER-Algorithmus wie in (2.3.8) (s durch z ersetzt und F durch A) berechnet werden, siehe (A.7.35)

$$(z\mathbf{I}-\mathbf{A})^{-1} = \frac{\mathbf{D}_{n-1}z^{n-1} + \mathbf{D}_{n-2}z^{n-2} + \ldots + \mathbf{D}_0}{z^n + a_{n-1}z^{n-1} + \ldots + a_0} \tag{4.2.9}$$

$$(z\mathbf{I}-\mathbf{A})^{-1}\mathbf{b} = [\mathbf{D}_{n-1}\mathbf{b}z^{n-1} + \mathbf{D}_{n-2}\mathbf{b}z^{n-2} + \ldots + \mathbf{D}_0\mathbf{b}] \times \frac{1}{P_A(z)} \tag{4.2.10}$$

Bei Anregung mit der FES $u_z(z) = z^{-n}P_A(z)$ entstehen endliche Folgen

$$\mathbf{x}_z(z) = \mathbf{D}_{n-1}\mathbf{b}z^{-1} + \mathbf{D}_{n-2}\mathbf{b}z^{-2} + \ldots + \mathbf{D}_0\mathbf{b}z^{-n} \tag{4.2.11}$$

Bei der Bildung des Ausgangs $y_z(z) = \mathbf{c}'\mathbf{x}_z(z)$ entsteht die z-Übertragungsfunktion

$$h_z(z) = \mathbf{c}'(z\mathbf{I}-\mathbf{A})^{-1}\mathbf{b} = \frac{1}{P_A(z)}\times[\mathbf{c}'\mathbf{D}_{n-1}\mathbf{b}z^{n-1} + \mathbf{c}'\mathbf{D}_{n-2}\mathbf{b}z^{n-2} + \ldots + \mathbf{c}'\mathbf{D}_0\mathbf{b}]$$

$$= \frac{b_{n-1}z^{n-1} + \ldots + b_0}{z^n + a_{n-1}z^{n-1} + \ldots + a_0}$$

$$= \frac{b_{n-1}z^{-1} + \ldots + b_0z^{-n}}{1 + a_{n-1}z^{-1} + \ldots + a_0z^{-n}}$$

$$y_z(z) = h_z(z)u_z(z) = b_{n-1}z^{-1} + \ldots + b_0z^{-n} \tag{4.2.12}$$

d.h. die Antwort auf einen FES-Eingang entspricht direkt dem Zählerpolynom der z-Übertragungsfunktion. Bild 4.1 illustriert die Verläufe von Ein- und Ausgang.

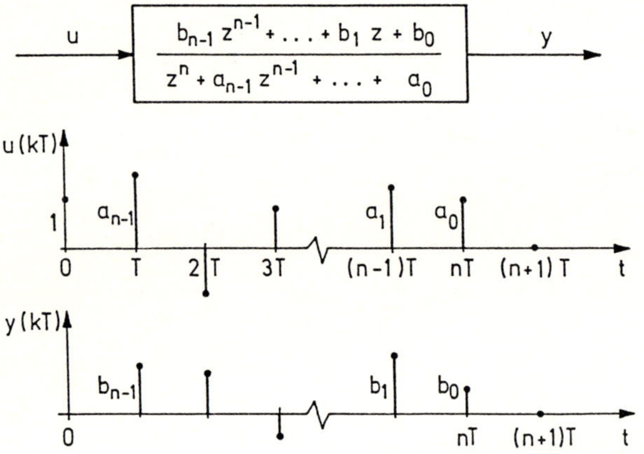

Bild 4.1
Folge mit endlicher Systemantwort (FES)

Die FES bietet damit eine einfache Möglichkeit, die z-Übertragungsfunktion im Experiment zu überprüfen, indem man die Eingangsfolge (4.2.7) auf die reale Regelstrecke gibt. Es braucht dabei sogar nur der Nenner der z-Übertragungsfunktion bekannt zu sein, da die Koeffizienten des Zählerpolynoms gemäß (4.2.12) aus der Antwort am Ausgang direkt abgelesen werden können.

Dieses Verfahren ist robust gegen vernachlässigte Pole mit $|z| \ll 1$, da sie nur die anfängliche Antwort b_{n-1}, b_{n-2} verfälschen, aber $y(kT)$ für $k > n$ weiterhin ungefähr Null ist. Besonders empfindlich verhält sich das Verfahren jedoch bei dominanten und instabilen Polen. Wenn sie nicht genau bestimmt sind, macht sich das in größeren Werten von $|y(kT)|$ für $k > n$ bemerkbar. Dieses Testverfahren bringt also kritische Modellierungsfehler besonders klar zum Vorschein.

Elementare Eigenschaften der FES sind:

1. Multiplikation mit einer Konstanten. Wenn $\mathbf{u}_{N+1}$ eine FES ist, dann aufgrund der Linearität auch $c\mathbf{u}_{N+1}$.

2. Zeitverschiebung. Wenn

$$\mathbf{u}_{N+1}[N] = \begin{bmatrix} u[N] \\ u[N-1] \\ \vdots \\ u[0] \end{bmatrix}$$

   eine FES ist, dann aufgrund der Zeitinvarianz des Systems (4.2.1) auch

$$\mathbf{u}_{N+1}[N+m] = \begin{bmatrix} u[N+m] \\ u[N-1+m] \\ \vdots \\ u[m] \end{bmatrix} \qquad (4.2.13)$$

3. Addition. Wenn $\mathbf{u}_{N+1,1}$ und $\mathbf{u}_{N+1,2}$ FES sind, dann aufgrund der Linearität auch $\mathbf{u}_{N+1,1} + \mathbf{u}_{N+1,2}$.

In der Schreibweise der z-Transformation sind die drei Eigenschaften äquivalent zur Multiplikation von $u_z(z)$ mit einem beliebigen Polynom in z^{-1}, also

$$R(z) = z^{-m}(r_m z^m + r_{m-1} z^{m-1} + \ldots + r_0).$$

Daraus folgt, daß sich beliebig viele FES aus der elementaren FES von (4.2.7) erzeugen lassen als

$$u_z(z) = z^{-n-m}(z^n + a_{n-1}z^{n-1} + \ldots + a_0)(r_m z^m + r_{m-1}z^{m-1} + \ldots + r_0) \qquad (4.2.14)$$

mit beliebigem ganzzahligem m und beliebigen Koeffizienten $r_0 \ldots r_m$. Aufgrund der Beziehung (4.2.12) tritt der gleiche Polynom-Faktor dann auch in der z-Transformierten des Ausgangs $y_z(z)$ auf und kürzt sich bei der Bildung der Übertragungsfunktion $h_z(z)$.

Anmerkung 4.2
Mathematisch gesprochen stellen die FES einen Modul dar [69.1]. Die Menge aller FES wird in der systemtheoretischen Literatur als "Modul der Rückkehr nach Null" [83.2] bezeichnet. Er wurde im Zusammenhang einer algebraischen Systemtheorie in [78.6, 79.7] eingeführt. Die Bedeutung einer Minimalbasis des Moduls wird in [81.11] weiter behandelt. Die Anwendung auf regelungstechnische Syntheseprobleme wurde vom Autor in [77.5] implizit eingeführt und in [84.3] explizit ausgearbeitet. □

Wir wollen nun noch den Einfluß der Schließung des Regelkreises auf die FES untersuchen. Gleichgültig, ob wir eine Zustands- oder Ausgangsvektor-Rückführung ansetzen oder einen dynamischen Kompensator wie in Bild 3.10, in jedem Fall bleibt die minimale FES bezogen auf u und y unverändert, man muß lediglich eine neue FES für den Eingang w berechnen, die die interne FES gerade erzeugt. Beim Kompensator-Regelkreis von Bild 3.10 sind die FES

$$e_z(z) = z^{-n-m}A(z)C(z)$$

$$y_z(z) = z^{-n-m}B(z)D(z)$$

$$w_z(z) = e_z(z)+y_z(z) = z^{-n-m}[A(z)C(z)+B(z)D(z)] = z^{-n-m}\times P(z) \qquad (4.2.15)$$

Am Eingang w muß gerade die Folge eingegeben werden, die dem charakteristischen Polynom des geschlossenen Kreises entspricht. Wird der Regler z.B. in der Regelungs-Normalform nach Bild A.3 implementiert, so ist $x_{R1z}(z) = z^{-n-m}A(z)$, d.h. das charakteristische Polynom des offenen Kreises kann an dieser Stelle direkt aus einem Versuch abgelesen werden, bei dem die Führungsgröße das charakteristische Polynom des geschlossenen Kreises darstellt. Das Zählerpolynom B(z) errechnet sich aus $z^{z+m}y_z(z)/D(z)$.

4.3 Polvorgabe

Ebenso wie bei kontinuierlichen Systemen können alle Eigenwerte eines diskreten Systems genau dann durch eine Zustandsvektor-Rückführung festgelegt werden, wenn es steuerbar ist. Das Problem, einem steuerbaren diskreten System

$$\mathbf{x}[k+1] = \mathbf{A}\mathbf{x}[k] + \mathbf{b}u[k] \tag{4.3.1}$$

durch eine Zustandsvektor-Rückführung

$$u[k] = -\mathbf{k}'\mathbf{x}[k] \tag{4.3.2}$$

ein gewünschtes charakteristisches Polynom

$$P(z) = \det(z\mathbf{I}-\mathbf{A}+\mathbf{b}\mathbf{k}') = p_0 + p_1 z + \ldots + p_{n-1}z^{n-1} + z^n \tag{4.3.3}$$

zu geben, entspricht völlig dem Problem der Polvorgabe bei kontinuierlichen Systemen, wie es in Abschnitt 2.7 gelöst wurde. Entsprechend zu (2.7.13) ist bei Ausgangsvektor-Rückführung $u[k] = -\mathbf{k}_y'\mathbf{y} = -\mathbf{k}'\mathbf{C}\mathbf{x}$

$$\mathbf{p}' = \mathbf{a}' + \mathbf{k}'\mathbf{C}\mathbf{W} \tag{4.3.4}$$

mit $\mathbf{C} = \mathbf{I}$ für Zustandsvektor-Rückführung. $\mathbf{a}$ und $\mathbf{W}$ werden nun aus $\mathbf{A}$ und $\mathbf{b}$ entsprechend gebildet wie $\mathbf{q}$ und $\mathbf{W}$ im kontinuierlichen Fall, siehe (2.7.6) und (2.7.12). Entsprechend zu (2.7.32) lautet hier die Lösung von (4.3.3) nach $\mathbf{k}'$

$$\mathbf{k}' = \mathbf{e}'P(\mathbf{A}) \tag{4.3.5}$$

wobei $\mathbf{e}'$ die letzte Zeile der inversen Steuerbarkeitsmatrix ist, also

$$\mathbf{e}' = [0 \;\ldots\; 0 \quad 1][\mathbf{b},\ \mathbf{A}\mathbf{b} \;\ldots\; \mathbf{A}^{n-1}\mathbf{b}]^{-1}$$

(4.3.5) kann auch in der Form

$$\mathbf{k}' = [\mathbf{p}' \quad 1]\mathbf{E} \tag{4.3.6}$$

geschrieben werden, wobei $\mathbf{p}' = [p_0 \quad p_1 \;\cdots\; p_{n-1}]$ der Koeffizientenvektor des gewünschten charakteristischen Polynoms ist und

$$\mathbf{E} = \begin{bmatrix} \mathbf{e}' \\ \mathbf{e}'\mathbf{A} \\ \cdot \\ \cdot \\ \cdot \\ \mathbf{e}'\mathbf{A}^n \end{bmatrix} \tag{4.3.7}$$

die Polvorgabematrix des diskreten Systems (4.3.1).

Eine besonders ausgezeichnete Polvorgabe ist die, sämtliche Eigenwerte bei z = 0 vorzugeben, d.h. $P(z) = z^n$, $\mathbf{p}' = \mathbf{0}'$ und

$$\mathbf{k}_D' = \mathbf{e}'\mathbf{A}^n \tag{4.3.8}$$

Bei dieser **Deadbeat-Lösung** treten nur endliche Einschwingvorgänge auf, es ist nämlich

$$\mathbf{x}[k+n] = (\mathbf{A}-\mathbf{b}\mathbf{k}_D')^n\mathbf{x}[k] = \mathbf{0} \ , \tag{4.3.9}$$

da nach CAYLEY-HAMILTON die charakteristische Gleichung $P(z) = z^n = 0$ auch von der Matrix selbst erfüllt wird, also $\mathbf{P}(\mathbf{A}-\mathbf{b}\mathbf{k}_D') = (\mathbf{A}-\mathbf{b}\mathbf{k}_D')^n = \mathbf{0}$. Durch die Wahl von $\mathbf{k}' = \mathbf{k}_D'$ ist $(\mathbf{A}-\mathbf{b}\mathbf{k}_D')$ nilpotent vom Grad n geworden.

Da die Lösung von (4.1.13) eindeutig ist, d.h. weil es nur eine Steuerfolge $\mathbf{u}_n$ gibt, die einen gegebenen Anfangszustand $\mathbf{x}[0]$ in n Schritten in den Nullzustand $\mathbf{x}[n] = \mathbf{0}$ überführt, muß auch im geschlossenen Regelkreis mit der Rückführung (4.3.8) die gleiche Steuerfolge auftreten. Dies ist den Gleichungen nicht unmittelbar anzusehen, kann aber wie folgt gezeigt werden:

Man bildet (4.1.13) für n aufeinanderfolgende Anfangszeitpunkte 0, 1 ... n-1 und setzt die so entstehenden Spalten als Matrix nebeneinander, dabei ist $u(k) = 0$ für $k \geq n$, da sich das System dann bereits im Nullzustand befindet.

$$\begin{bmatrix} u[n-1] & 0 & & 0 \\ u[n-2] & u[n-1] & & \\ \vdots & \vdots & \ddots & 0 \\ \vdots & \vdots & & \\ u[0] & u[1] & \cdots & u[n-1] \end{bmatrix} = -[\mathbf{b},\mathbf{A}\mathbf{b}\ldots\mathbf{A}^{n-1}\mathbf{b}]^{-1}\mathbf{A}^n[\mathbf{x}[0],\mathbf{x}[1]\ldots\mathbf{x}[n-1]] \tag{4.3.10}$$

Die Steuerfolge kann anstatt aus der ersten Spalte auch aus der letzten Zeile abgelesen werden.

Damit ist also

$$[u[0],\ u[1]\ \ldots\ u[n-1]] = -\ \mathbf{e}'\mathbf{A}^n[\mathbf{x}[0],\ \mathbf{x}[1]\ \ldots\ \mathbf{x}[n-1]]$$

Dies stimmt mit der Zustandsvektor-Rückführung

$$u[k] = -\ \mathbf{e}'\mathbf{A}^n\mathbf{x}[k] \tag{4.3.11}$$

überein.

Anhand von (4.3.10) kann der Unterschied zwischen einer Steuerung und einer Regelung diskutiert werden. Bei der Steuerung wird nur der Anfangszustand $\mathbf{x}[0]$ und der gewünschte Endzustand $\mathbf{x}[n] = \mathbf{0}$ als bekannt vorausgesetzt. Bereits zum Zeitpunkt $t = kT$ wird die gesamte Steuerfolge $u[0]$, $u[1]$ ... $u[n-1]$ gemäß der ersten Spalte von (4.3.10) vorausberechnet und läuft dann als Steuerung ab. Der Zustand $\mathbf{x}[n] = \mathbf{0}$ wird erreicht, falls zwischenzeitlich keine Störungen eingewirkt haben und $\mathbf{A}$ und $\mathbf{b}$ genau bekannt waren. Falls $\mathbf{A}$ instabil ist, divergiert die Lösung bereits bei kleinsten Störungen von der idealen Lösung. Bei der Zustandsvektor-Rückführung wird $\mathbf{x}[k]$ zum Zeitpunkt $t = kT$ als bekannt vorausgesetzt und nur $u[k]$ gemäß der letzten Zeile von (4.3.10), d.h. (4.3.11) gebildet. Ist $\mathbf{x}[k]$ durch eine Störung verändert worden, so wird der tatsächliche Wert zugrundegelegt. Der Einschwingvorgang verlängert sich dadurch entsprechend. Wirken fortwährend Störungen ein, so ergibt sich zwar kein endlicher Einschwingvorgang mehr, es sind jedoch stets sämtliche Störungen vollständig ausgeregelt, die vor mehr als n Abtastintervallen eingewirkt haben. Bei ungenau bekanntem instabilem $\mathbf{A}$ geht die Lösung immer noch asymptotisch gegen Null, sofern nur alle Eigenwerte von $\mathbf{A} - \mathbf{b}\mathbf{k}_D'$ im Einheitskreis liegen.

Die Deadbeat-Lösung ist besonders vorteilhaft bei Regelstrecken mit reellen Eigenwerten, auch mit Totzeit, wie sie in der Verfahrenstechnik vorkommen, und bei Problemen, bei denen die Stellgrößenbeschränkung keine entscheidende Rolle spielt. Das Beispiel der Verladebrücke, Übung 4.1, zeigt andererseits, daß sie zu unrealistisch großen Kräften und im Beispiel zu großen Wegen der Laufkatze führen kann.

Die Deadbeat-Lösung kann auch unvorteilhaft sein im Hinblick auf die Forderung nach einer großen Stabilitätsreserve ρ. Nach (3.6.15) mit $P(z) = z^n$ wird nämlich mit $C = 1$

$$\rho_m = \min_{\omega} \left| e^{jn\omega T} \Big/ A\left(e^{j\omega T}\right) \right| \qquad (4.3.12)$$

Liegen nun die Pole des offenen Kreises, $A(z) = 0$, weit rechts, so wird ρ an der Stelle $z = -1$, d.h. $\omega T = \pi$, klein.

Beispiel

Wir betrachten den bereits in (3.3.36) untersuchten Dreifach-Integrator $1/s^3$, es ist also $A(z) = (z-1)^3$ und damit

$$\rho = \min_{\omega} \left| e^{j3\omega T} \Big/ \left(e^{j\omega T} - 1\right)^3 \right| = 1/8 = 0{,}125 \qquad (4.3.13)$$

Das System hat nur eine kleine Stabilitätsreserve, obwohl kein Eigenwert nahe am Einheitskreis liegt. Wählt man dagegen als charakteristisches Polynom des geschlossenen Kreises $P(z) = (z-0,5)^3$, so ist die Stabilitätsreserve

$$\rho = \min_{\omega} \left| \left(e^{j\omega T}-0,5\right)^3 \Big/ \left(e^{j\omega T}-1\right)^3 \right| = 27/64 \approx 0,422 \qquad (4.3.14)$$

Bei dieser Lösung ist also die Stabilität robuster gegen kleine Verstärkungs- und Phasenänderungen im Regelkreis. □

Geht man davon aus, daß die Eigenwerte des offenen Kreise, d.h. die Nullstellen von $A(z)$, in der rechten z-Halbebene liegen, so ist es allgemein im Hinblick auf die Stabilitätsreserve ρ ratsam, die Eigenwerte des geschlossenen Kreises rechts vom Punkt $z = 0$ zu plazieren. Auch mit Rücksicht auf die erforderlichen Stellamplituden empfiehlt es sich, die Eigenwerte nur so weit in Richtung $z = 0$ zu verschieben, wie zur Erzielung eines schnellen, gut gedämpften Einschwingvorgangs erforderlich ist. Vorteilhaft ist es hierbei, komplexe Eigenwerte etwa entlang der Kurven für konstantes $\omega_n T$ nach Bild 3.4 in das Innere des Einheitskreises zu verschieben.

Die obigen Betrachtungen zum Zusammenhang zwischen Pollage und Stabilitätsreserve gelten unverändert, wenn die Polvorgabe nicht durch Zustandsvektor-Rückführung (4.3.2) erfolgt, sondern durch dynamische Ausgangsvektor-Rückführung mit Berechnung des Korrekturgliedes gemäß (3.4.12).

Beispiel
Es wird wieder der Dreifach-Integrator, (3.3.36) mit der dort angegebenen z-Übertragungsfunktion für $T = 1$ zugrundegelegt. Bei einer Deadbeat-Regelung, $P(z) = z^5$, ist die z-Übertragungsfunktion des Reglers gemäß (3.4.12)

$$d_z(z) = \frac{\frac{17}{6} + \frac{23}{3}z + \frac{35}{6}z^2}{\frac{17}{36} + \frac{73}{36}z + z^2} \qquad (4.3.15)$$

Der Regler ist instabil mit einem Pol bei $z = -1,759$. Ein weiterer bei $z = -0,2684$ führt zu einer **Beinahe-Kürzung** der Strecken-Nullstelle bei $z = -2 + \sqrt{3} = -0,2679$. Die Stabilitätsreserve ist nur $\rho = 0,1402$, dieser minimale Wert ergibt sich bei $\omega T = 117^\circ$. Auch dieser Regelkreis ist also empfindlich gegen kleine Phasen- und Amplitudenänderungen im offenen Kreis. □

4.4 Steuerbarkeitsgebiete bei beschränkten Stellamplituden

In vielen Regelungssystemen sind die Stellamplituden aufgrund des verwendeten Stellgliedes beschränkt, etwa in der Form

$$|u[k]| \leq 1 \quad \text{für alle } k \tag{4.4.1}$$

Betrachten wir nun das Steuerbarkeitsproblem in N Schritten bei nichtsingulärer **A**-Matrix, so ergibt sich aus (4.1.8)

$$\mathbf{x}[0] = -[\mathbf{A}^{-N}\mathbf{b},\ \mathbf{A}^{1-N}\mathbf{b} \ldots \mathbf{A}^{-1}\mathbf{b}]\mathbf{u}_N \tag{4.4.2}$$

Die Beschränkung (4.4.1) stellt im Raum der Steuerfolgen $\mathbf{u}_N$ (4.1.3) einen Hyperkubus dar. Er wird über (4.4.2) in den Zustandsraum abgebildet und liefert dort das **Steuerbarkeitsgebiet für N Abtastschritte**, d.h. die Menge aller Anfangszustände $\mathbf{x}[0]$, die in N Schritten mit einer nach (4.4.1) beschränkten Stellgröße in den Nullzustand überführt werden können.

Beispiel

$$\dot{\mathbf{x}} = \mathbf{F}\mathbf{x} + \mathbf{g}u = \begin{bmatrix} \sigma & -\omega \\ \omega & \sigma \end{bmatrix}\mathbf{x} + \begin{bmatrix} 1 \\ 0 \end{bmatrix}u \tag{4.4.3}$$

Bei beliebigem Eingangsvektor $\mathbf{g} = [g_1 \quad g_2]'$ kann das System mit

$$\mathbf{z} = \mathbf{T}\mathbf{x} = \frac{1}{g_1^2+g_2^2}\begin{bmatrix} g_1 & g_2 \\ -g_2 & g_1 \end{bmatrix}\mathbf{x} \tag{4.4.4}$$

in die Form (4.4.3) mit dem Zustandsvektor **z** gebracht werden, dabei ist $\mathbf{T}\mathbf{F}\mathbf{T}^{-1} = \mathbf{F}$. Gl.(4.4.3) stellt also alle Systeme zweiter Ordnung mit komplexen Eigenwerten dar. Beim Übergang zu diskreter Zeit ergibt sich nach (3.1.6)

$$\mathbf{x}[k+1] = \mathbf{A}(T)\mathbf{x}[k] + \mathbf{b}(T)u[k]$$

$$\mathbf{A}(T) = e^{\mathbf{F}T} = e^{\sigma T}\begin{bmatrix} \cos\omega T & -\sin\omega T \\ \sin\omega T & \cos\omega T \end{bmatrix}$$

$$\mathbf{b}(T) = \frac{1}{\sigma^2+\omega^2}\begin{bmatrix} e^{\sigma T}(\sigma\cos\omega T + \omega\sin\omega T) - \sigma \\ e^{\sigma T}(\sigma\sin\omega T - \omega\cos\omega T) + \omega \end{bmatrix} \tag{4.4.5}$$

Wir wollen die Frage behandeln, wie der Steuerbarkeitsbereich mit der Zahl der Abtastschritte anwächst. Wir betrachten zunächst zwei Schritte

$$\mathbf{x}[1] = \mathbf{A}\mathbf{x}[0] + \mathbf{b}u[0]$$

$$\mathbf{x}[2] = \mathbf{A}^2\mathbf{x}[0] + \mathbf{A}\mathbf{b}u[0] + \mathbf{b}u[1]$$

Es lassen sich also die Anfangszustände

$$\mathbf{x}[0] = -\mathbf{A}^{-1}\mathbf{b}u[0] - \mathbf{A}^{-2}\mathbf{b}u[1] \tag{4.4.6}$$

mit $|u[0]| \le 1$, $|u[1]| \le 1$ in zwei Schritten in den Nullzustand überführen. Diese Anfangszustände liegen in dem Parallelogramm mit den Ecken $\pm\ \mathbf{A}^{-1}\mathbf{b} \pm \mathbf{A}^{-2}\mathbf{b}$. Es ist in Bild 4.2 schraffiert dargestellt.

Es braucht nur

$$\mathbf{A}^{-1}\mathbf{b} = \frac{1}{\sigma^2+\omega^2}\begin{bmatrix} e^{-\sigma T}(\omega\sin\omega T - \sigma\cos\omega T) + \sigma \\ e^{-\sigma T}(\sigma\sin\omega T + \omega\cos\omega T) - \omega \end{bmatrix} \tag{4.4.7}$$

berechnet zu werden, die weiteren Vektoren $\mathbf{A}^{-2}\mathbf{b}$, $\mathbf{A}^{-3}\mathbf{b}$ usw. ergeben sich durch Drehung um den Winkel ωT und Multiplikation der Länge mit dem Faktor $e^{-\sigma T}$, vgl. Bild 4.2.

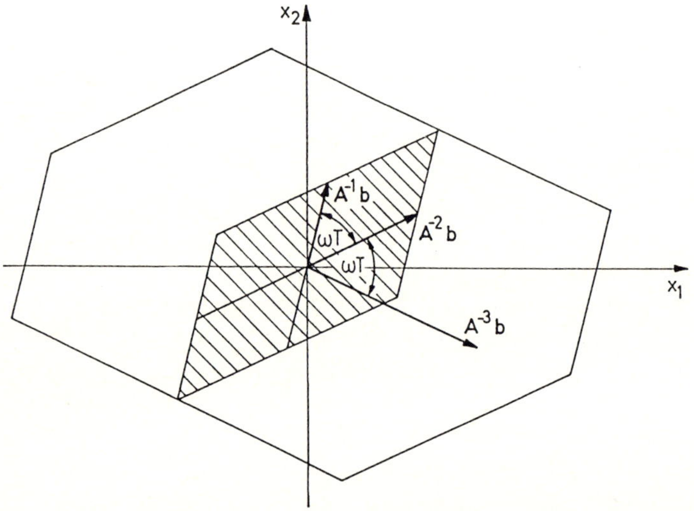

Bild 4.2 Anfangszustände im schraffierten Parallelogramm können in zwei Abtastschritten in den Nullzustand überführt werden, Anfangszustände im Sechseck in drei Abtastschritten.

Geht man nun zu drei Abtastschritten über, so ergibt sich entsprechend

$$\mathbf{x}[0] = -\mathbf{A}^{-1}\mathbf{b}u[0] - \mathbf{A}^{-2}\mathbf{b}u[1] - \mathbf{A}^{-3}\mathbf{b}u[2] \tag{4.4.8}$$

Die Anfangszustände, die in drei Schritten in den Nullzustand überführt werden können, liegen also in dem in Bild 4.2 dargestellten Sechseck mit den Ecken $\mathbf{A}^{-1}\mathbf{b} + \mathbf{A}^{-2}\mathbf{b} \pm \mathbf{A}^{-3}\mathbf{b}$, $- \mathbf{A}^{-1}\mathbf{b} - \mathbf{A}^{-2}\mathbf{b} \pm \mathbf{A}^{-3}\mathbf{b}$, $\mathbf{A}^{-1}\mathbf{b} - \mathbf{A}^{-2}\mathbf{b} - \mathbf{A}^{-3}\mathbf{b}$ und $- \mathbf{A}^{-1}\mathbf{b} + \mathbf{A}^{-2}\mathbf{b} + \mathbf{A}^{-3}\mathbf{b}$.

Entsprechend entsteht bei 4 Schritten ein Achteck usw. Ein Maß für die Größe des Steuerbarkeitsbereichs für N Abtastschritte ist seine Fläche. Sie wurde in der ersten Auflage dieses Buchs ausgerechnet zu

$$\begin{aligned} F_N(T) = 4\,\frac{\|\mathbf{A}^{-1}\mathbf{b}\|^2}{1-e^{-2\sigma T}} \Big[& e^{-\sigma T}(1-e^{-2\sigma T\times(N-1)}) \times|\sin\omega T| \\ & + e^{-2\sigma T}(1-e^{-2\sigma T\times(N-2)})\times|\sin 2\omega T| \\ & \vdots \\ & + e^{-(N-2)\sigma T}(1-e^{-2\sigma T\times 2})\times|\sin(N-2)\omega T| \\ & + e^{-(N-1)\sigma T}(1-e^{-2\sigma T}) \times|\sin(N-1)\omega T|\Big] \end{aligned} \tag{4.4.9}$$

Das Bild 4.2 ist für $\sigma < 0$, also für ein stabiles System, gezeichnet. Dabei nimmt die Länge der Vektoren $\mathbf{A}^{-i}\mathbf{b}$ zu, für $N \to \infty$ wird die gesamte x_1-x_2-Ebene erfaßt, die Reihe (4.4.9) divergiert mit wachsendem N. Bei instabilen Systemen mit $\sigma > 0$ nimmt dagegen die Länge der Vektoren $\mathbf{A}^{-m}\mathbf{b}$ im wesentlichen wie $e^{-\sigma T}$ ab, damit konvergiert $\mathbf{A}^{-N}\mathbf{b}$ gegen Null und F_N in (4.4.9) gegen einen endlichen Wert. Zustände, die außerhalb dieses Steuerbarkeitsbereichs liegen, streben für $u = 0$ so stark vom Nullpunkt weg, daß die beschränkte Stellgröße nicht ausreicht, um sie dorthin zurückzubringen. □

Bei $n = 2$ wurden zunächst die beiden Vektoren $\mathbf{A}^{-1}\mathbf{b}$, $\mathbf{A}^{-2}\mathbf{b}$ benötigt, um die Zustandsebene aufzuspannen. Weitere Vektoren $\mathbf{A}^{-3}\mathbf{b}$, $\mathbf{A}^{-4}\mathbf{b}$ usw. vergrößern dann nur noch den Steuerbarkeitsbereich. Allgemein werden zunächst n linear unabhängige Vektoren $\mathbf{A}^{-1}\mathbf{b}$, $\mathbf{A}^{-2}\mathbf{b}$ ... $\mathbf{A}^{-n}\mathbf{b}$ benötigt, um den Zustandsraum aufzuspannen. Bei einer Beschränkung $|u| \leq 1$ ist der Steuerbarkeitsbereich ein Polyeder mit 2n Ecken, die symmetrisch zum Punkt $\mathbf{x} = \mathbf{0}$ liegen. Weitere Vektoren $\mathbf{A}^{-(n+1)}\mathbf{b}$ ... $\mathbf{A}^{-N}\mathbf{b}$ usw. vergrößern den Steuerbarkeitsbereich, es entsteht ein 2N-Eck.

Der nach (4.1.19) diskutierte Verlust der Steuerbarkeit für $\omega T = q\pi$, $q = 1, 2, 3 \ldots$, wird nun anschaulich: Es werden dann sämtliche Vektoren $\mathbf{A}^{-1}\mathbf{b}$, $\mathbf{A}^{-2}\mathbf{b}$, $\mathbf{A}^{-3}\mathbf{b}$ ... parallel und damit $F_N = 0$. Eine sinnvolle Wahl von T ist in jedem Fall auf $T < \pi/\omega$ beschränkt, siehe Bild 3.3. Es wäre aber auch unvorteilhaft, T in der Nähe von π/ω zu wählen, da das System hier schlecht steuerbar ist. Die Wahl der Tastperiode wird im folgenden Abschnitt diskutiert.

4.5 Wahl der Tastperiode

Die Wahl der Tastperiode stellt einen Kompromiß zwischen verschiedenen Forderungen dar. Für eine große Tastperiode sprechen in erster Linie die Kosten, die mit der Geschwindigkeit der Berechnung von u[k] und der Analog-Digital-Wandlung anwachsen. Hinzu kommt, daß der Bereich im Zustandsraum, in dem ein linearer Regler die meist vorhandenen Beschränkungen der Stellgröße einhält, z.B. der schraffierte Bereich in Bild 4.2, mit T abnimmt. Eine Vernachlässigung dieser Beschränkungen ist also umso weniger zulässig, je kleiner T gewählt wird.

Andererseits ist T auch nach oben hin begrenzt, z.B. durch eine geforderte Mindest-Bandbreite des Regelkreises, die für ein gutes Führungsverhalten erforderlich ist, oder durch den Verlust an Steuerbarkeit bei komplexen Eigenwerten.

Die Untersuchungen über die Steuerbarkeitsbereiche bei beschränkter Stellamplitude bilden die Grundlage für die folgenden Überlegungen zur Wahl der Tastperiode [75.1]. Dabei wird wieder die Fläche bzw. das Hypervolumen des Steuerbarkeitsbereichs als Maß zugrundegelegt. Um jetzt aber verschiedene Tastperioden miteinander vergleichen zu können, gehen wir von einer festen Gesamtzeit τ aus. Diese wird in mehr oder weniger Abtastintervalle $T = \tau/N$ unterteilt. Offensichtlich muß $N \geq n$ sein, damit das Hypervolumen größer als Null werden kann. Mit wachsendem N wird dieses Maß F im wesentlichen anwachsen, zumindest ist

$$F_{mN}(\tau/mN) \geq F_N(\tau/N) \ , \ m = 2, 3, 4 \ldots \tag{4.5.1}$$

da eine Steuerfolge der Schrittlänge τ/N einen Spezialfall der Steuerfolge der Schrittlänge τ/mN darstellt, und zwar den Fall, bei dem jeweils m aufeinanderfolgende Amplitudenwerte untereinander gleich sind. Andererseits kann $F_N(\tau/N)$ mit N (d.h. für $T \to 0$) nicht unbeschränkt anwachsen, es konvergiert vielmehr gegen den Steuerbarkeitsbereich des kontinuierlichen Systems, dessen optimale Stellgröße u(t) immer genauer durch die Treppenkurve u(kT), $kT < t < kT + T$ angenähert wird.

Da die Schrittzahl N direkt ein Maß für den Aufwand an Rechenzeit ist, kann nun beurteilt werden, ob der Zuwachs von $F_N(\tau/N)$ mit wachsendem N den benötigten Mehraufwand an Rechenzeit während der Regelung wert ist.

Beispiel 1
Zur Illustration betrachten wir das Beispiel (4.4.5) mit $\omega = \pi$, $\sigma = -1$. Es wird $\tau = 1$ gewählt, d.h. wir beginnen mit $T = \tau/n = 1/2$, bzw. $\omega/T = \pi/2$, die sinusförmige Schwingung wird nur viermal pro

Periode abgetastet. Für einige Werte von N wird mit (4.4.7) $\mathbf{A}^{-1}\mathbf{b}$ berechnet, damit können die Steuerbarkeitsbereiche in Bild 4.3 gezeichnet werden. Außerdem wird $F_N(\tau/N)$ nach (4.4.9) berechnet und in Bild 4.3f dargestellt.

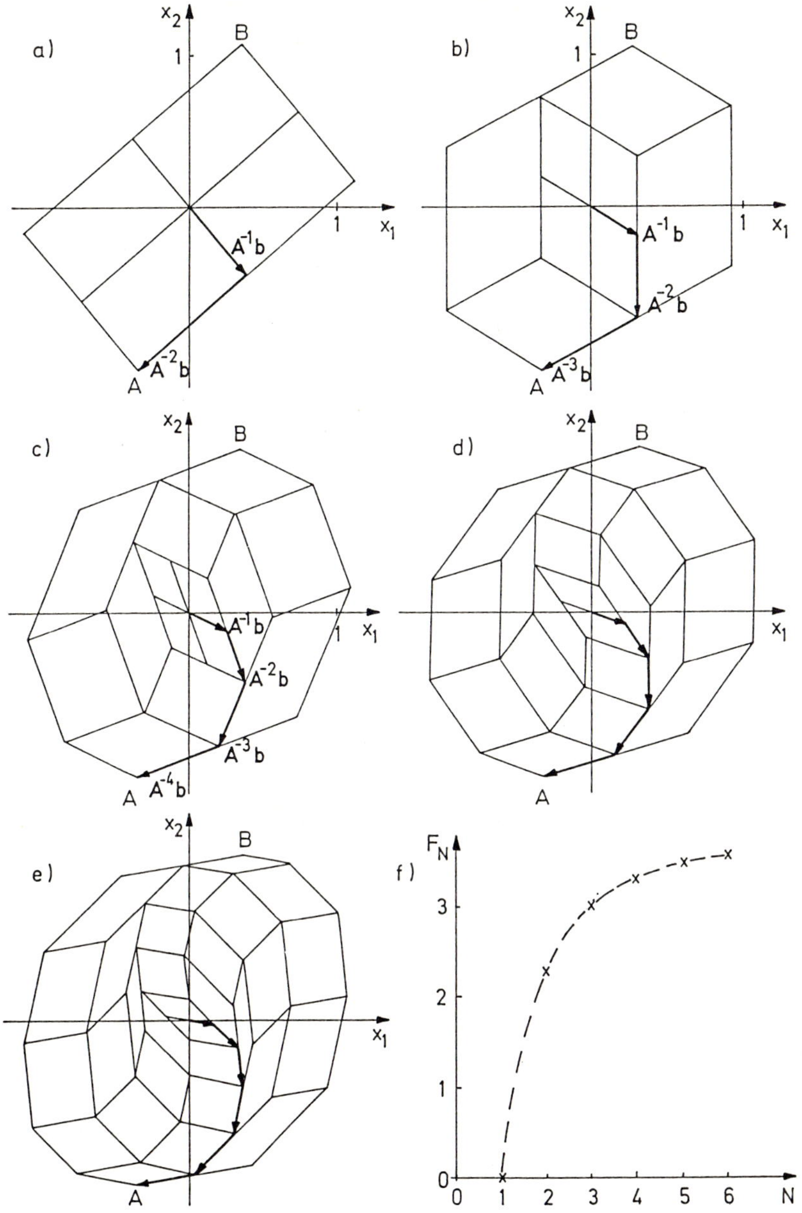

Bild 4.3 Steuerbarkeitsbereich F_N und Schrittzahl N

a) $N = 2,\ T = 0{,}5,\quad \omega T = \pi/2,\ F_2(0{,}5) = 2{,}26$

b) $N = 3,\ T = 0{,}333,\ \omega T = \pi/3,\ F_3(0{,}333) = 2{,}98$

c) $N = 4,\ T = 0{,}25,\quad \omega T = \pi/4,\ F_4(0{,}25) = 3{,}28$

d) $N = 5,\ T = 0{,}2,\quad \omega T = \pi/5,\ F_5(0{,}2) = 3{,}46$

e) $N = 6,\ T = 0{,}167,\ \omega T = \pi/6,\ F_6(0{,}167) = 3{,}54$

Der Punkt A mit den Koordinaten $x_1 = -0{,}342$, $x_2 = -1{,}075$ ist allen Polygonen gemeinsam, hier beginnen Trajektorien, die mit $u[0] = u[1] = \dots u[N-1] = 1$ in der Zeit τ in den Nullpunkt führen. Die dick ausgezogenen Vektoren $\mathbf{A}^{-1}\mathbf{b} + \mathbf{A}^{-2}\mathbf{b} + \dots + \mathbf{A}^{-N}\mathbf{b}$ gehen für $N \to \infty$ in die Trajektorie des kontinuierlichen Systems für $u = 1$, d.h. in die Schaltkurve des zeitoptimalen Systems über. Der andere Teil der Schaltkurve für $u = -1$ liegt symmetrisch zum Nullpunkt und läuft vom Punkt B nach Null. Mit wachsendem N nähert sich das Polygon immer mehr der Isochrone für die Zeit τ für das kontinuierliche System. Man erkennt bereits an den Bildern 4.2a bis e, wie diese Isochrone als Einhüllende aller Figuren aussehen wird, größe Änderungen sind für $N > 6$ nicht zu erwarten. Andererseits wächst aber der Rechenaufwand mit N, da innerhalb der festen Zeit τ der Regelalgorithmus N mal durchlaufen werden muß. Bild 4.2f zeigt, daß es keinen großen Gewinn an Steuerbarkeit mehr gibt, wenn man $N > 4$ wählt, d.h. wenn die Tastperiode kleiner als ein Viertel derjenigen ist, bei der die Steuerbarkeit ganz verloren geht. Dies wäre bei $\omega T = \pi$ der Fall, wenn $\mathbf{A}^{-1}\mathbf{b}$ und $\mathbf{A}^{-2}\mathbf{b}$ parallel sind und damit die Fläche zu Null wird. Hieraus ergibt sich die Empfehlung

$$T \le \pi/4\omega \tag{4.5.2}$$

zu wählen, d.h. so, daß die Eigenwerte z_i unter einem Winkel $\omega T \le \pi/4$ zur positiv reellen Achse der z-Ebene liegen.

Für den Steuerbarkeitsbereich kommt es allerdings nicht nur auf den Winkel ωT zwischen den Vektoren $\mathbf{A}^{-m}\mathbf{b}$, sondern auch auf ihre Länge an. Im Beispiel (4.4.5) ist

$$\|\mathbf{b}\| = \sqrt{\frac{e^{2\sigma T} - 2e^{\sigma T}\cos\omega T + 1}{\sigma^2 + \omega^2}} = \frac{|z_i - 1|}{|s_i|}\ , \quad s_i = \sigma + j\omega\ , \quad z_i = e^{s_i T}$$

$$\|\mathbf{A}^{-m}\mathbf{b}\| = e^{-m\sigma T}\|\mathbf{b}\|\ , \qquad m = 1, 2, 3 \dots \tag{4.5.3}$$

Haben die Eigenwerte von $\mathbf{F}$ einen großen negativen Realteil σ, wird also $e^{-\sigma T}$ groß, so ist der Steuerbarkeitsbereich in der Richtung $\mathbf{A}^{-N}\mathbf{b}$ schmal und langgestreckt, entsprechend wird bei instabilen Systemen mit großen σ auch $e^{-\sigma T}$ klein und der Steuerbarkeitsbereich erstreckt sich im wesentlichen in der Richtung $\mathbf{A}^{-1}\mathbf{b}$. Um diesen Effekt zu vermeiden, muß T so gewählt werden, daß außer $|\omega T|$ auch $|\sigma T|$ nicht zu groß wird. □

Da der Steuerbarkeitsbereich gemäß (4.5.3) wesentlich vom Betrag des Eigenwerts $|s_i| = \sqrt{\sigma^2+\omega^2}$ abhängt, liegt es nahe, die Faustformel (4.5.2) abzuwandeln zu

$$T \leq \pi/4|s_i| \tag{4.5.4}$$

In dieser Form ist sie auch auf reelle Eigenwerte $s_i = \sigma$ sinnvoll anwendbar, wie das folgende Beispiel zeigt.

Beispiel 2

$$\dot{\mathbf{x}} = \begin{bmatrix} -a & 0 \\ 0 & 0 \end{bmatrix}\mathbf{x} + \begin{bmatrix} 1 \\ 1 \end{bmatrix}u \quad , \quad a > 0$$

$$y = [1 \quad 1]\mathbf{x} \tag{4.5.5}$$

Die entsprechende Übertragungsfunktion ist

$$\frac{y_s}{u_s} = \frac{a}{s(s+a)} = \frac{1}{s(1+s/a)}$$

Die Zeitkonstante ist 1/a. Die diskretisierte Zustandsdarstellung lautet

$$\mathbf{x}(kT+T) = \mathbf{A}(T)\mathbf{x}(kT) + \mathbf{b}(T)u(kT)$$

$$\mathbf{A}(T) = \begin{bmatrix} e^{-aT} & 0 \\ 0 & 1 \end{bmatrix} \quad , \quad a\mathbf{b}(T) = \begin{bmatrix} 1-e^{-aT} \\ aT \end{bmatrix}$$

$$a\mathbf{A}^{-1}\mathbf{b} = \begin{bmatrix} e^{aT}-1 \\ aT \end{bmatrix} \quad , \quad a\mathbf{A}^{-2}\mathbf{b} = \begin{bmatrix} e^{aT}(e^{aT}-1) \\ aT \end{bmatrix} \quad \text{etc.}$$

Die Gesamtzeit für die Regelung wird zu $\tau = 3/a$ gewählt, da nach drei Zeitkonstanten die Lösung bereits ohne Regelung auf 5 % ihres Anfangswerts abgeklungen ist. Bild 4.4 zeigt die Menge der Anfangszustände, die in der Zeit τ unter Einhaltung der Beschränkung $|u| \le 1$ in den Ursprung überführt werden können. Wegen der Symmetrie ist nur die obere Halbebene dargestellt. Die Teilbilder a bis d stellen die folgenden Fälle dar

a) $N = 2$, $aT = 1{,}5$ b) $N = 3$, $aT = 1$
c) $N = 4$, $aT = 0{,}75$ d) $N = 5$, $aT = 0{,}6$

Das Beispiel zeigt, daß das Steuerbarkeitsgebiet noch wesentlich anwächst, wenn man mit aT von 1,5 über 1 auf 0,75 geht. Eine weitere Reduktion auf aT = 0,6 hat aber nur noch unwesentliche Auswirkung. Dies stimmt mit der Faustregel von (4.5.4) überein mit
$aT = |s_i|T \le \pi/4 = 0{,}78$.

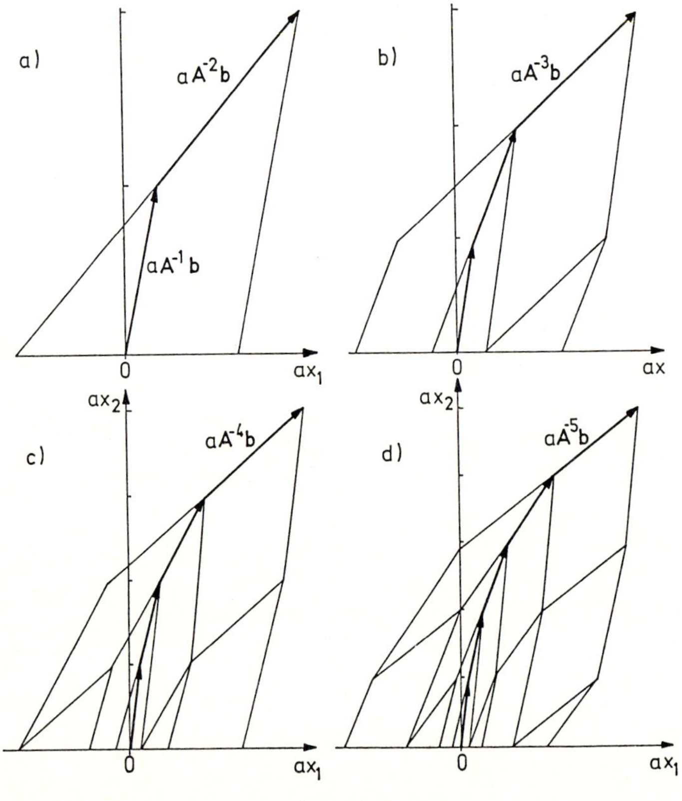

Bild 4.4 Steuerbarkeitsgebiete für
a) aT = 1,5 , b) aT = 1 , c) aT = 0,75 , d) aT = 0,6

Für $n \ge 2$ kann man sich das System in JORDAN-Form transformiert vorstellen. Die vorstehenden Überlegungen müssen dann für jedes Teilsystem gelten, Bedingung (4.5.4) muß also für sämtliche Eigenwerte s_i von **F** erfüllt sein. Damit läßt sich das folgende Rezept für die Wahl der Tastperiode angeben: Man schlage in der s-Ebene den kleinsten Kreis um $s = 0$, der alle Eigenwerte einschließt; sein Radius sei r, dann muß

$$T \leq \pi/4r \tag{4.5.6}$$

gewählt werden. Damit ist sichergestellt, daß alle Eigenwerte in der z-Ebene innerhalb der Kurve

$$z = e^{Ts} = e^{Tr \times e^{j\alpha}} = e^{(\pi/4)e^{j\alpha}} \quad - \pi \leq \alpha \leq \pi \tag{4.5.7}$$

liegen, die in Bild 4.5 dargestellt ist. Es handelt sich um die $\omega_n T = 45^o$-Kurve von Bild 3.4.

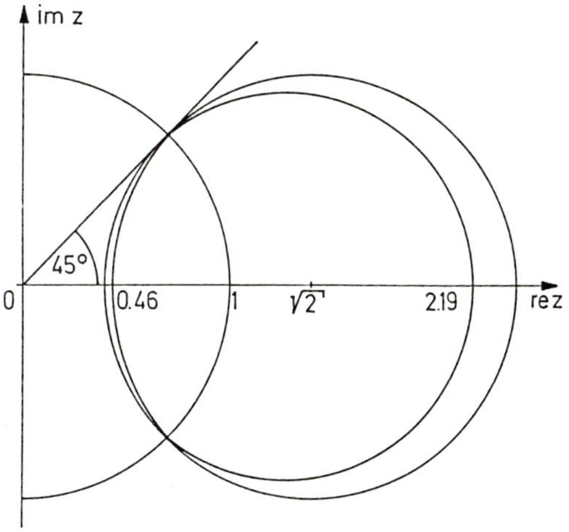

Bild 4.5
Die Tastperiode T muß so gewählt werden, daß die Eigenwerte von **A** in der stark ausgezogenen Kurve liegen. Als Näherung kann der dünn ausgezogene, um $\sqrt{2}$ nach rechts verschobene Einheitskreis benutzt werden (vgl. Anmerkung 4.3).

Für $T \to 0$ gehen alle Eigenwerte $z_i = e^{s_i T}$ gegen $z = 1$. Durch die Kurve (4.5.7) wird eine Umgebung des Punktes $z = 1$ festgelegt, in der alle Eigenwerte des offenen Systems durch geeignete Wahl von T liegen sollen. Liegen Eigenwerte außerhalb, so ist T zu groß gewählt und die Steuerbarkeit wird durch die Abtastung gegenüber dem kontinuierlichen System merklich beeinträchtigt. Liegen alle Eigenwerte wesentlich näher bei $z = 1$, so wird unnötig häufig abgetastet. Dies geht in die benötigte Rechenzeit ein und erschwert es außerdem, trotz beschränkter Stellamplituden mit einem linearen Regelgesetz zu arbeiten. In den Bildern 4.3 und 4.4 werden jeweils nur Zustände im innersten Parallelogramm, das durch $\pm\mathbf{A}^{-1}\mathbf{b}$ und $\pm\mathbf{A}^{-2}\mathbf{b}$ aufgespannt wird, durch ein lineares Regelgesetz zeitoptimal in den Ursprung überführt. Für alle außerhalb dieses Parallelogramms liegenden Anfangszustände ist eine zeitoptimale Regelung nur noch durch ein nichtlineares Regelgesetz zu erreichen. Auch bei der Sprungantwort ist plausibel, daß die im kontinuierlichen System häufig auftretende Stellgrößen-Spitze bei u(0) bei größerem T besser durch einen flächengleichen Impuls mit kleinerer Amplitude ersetzt werden kann, während bei kleinem T und linearem Regelgesetz nach einem großen u(0) häufig bereits ein wesentlich verkleinertes u(T) auftritt. Diese Überlegungen zeigen, daß im Hinblick auf die Verwendung eines linearen Regelgesetzes T nicht zu klein gewählt werden sollte, selbst wenn ein genügend schneller Rechner zur Verfügung steht.

Anmerkung 4.3
Da es sich bei (4.5.7) nur um eine Faustformel handelt, kann die Kurve auch durch den in Bild 4.5 dünn eingetragenen Kreis mit dem Radius 1 um den Punkt $z = \sqrt{2}$ angenähert werden. □

Oft ist es nicht möglich und auch nicht notwendig, die Regelstrecke bei höheren Frequenzen genau zu modellieren, es werden z.B. kleine Zeitkonstanten der Regelstrecke, des Stellglieds oder der Sensoren vernachlässigt oder komplexe Eigenwerte, die von mechanischen Strukturschwingungen herrühren, nicht modelliert. Sie werden damit bei der Wahl der Tastperiode nach (4.5.6) auch nicht berücksichtigt. Es kann daher passieren, daß diese Eigenwerte schlecht steuerbar sind und bei Schließung des Regelkreises nicht leicht verändert werden können. Dies bereitet keine Schwierigkeiten, wenn es sich um negativ reelle Eigenwerte außerhalb des gewählten Kreises um s = 0 handelt. Sie bilden sich ab in reelle Eigenwerte im Intervall $0 < z_i < 0{,}46$, siehe Bild 4.5. Entweder vernachlässigt man sie zunächst beim Entwurf und analysiert ihre Verschiebung nur nachträglich oder man gibt sie unverändert für den geschlossenen Kreis vor, was zu einer harmlosen Kürzungskompensation führt. Pole bei z = 0, die durch Totzeit entstehen, sollten auch bei Schließung des Kreises bei z = 0 belassen werden.

Vernachlässigte komplexe Eigenwerte außerhalb des gewählten Kreises um s = 0 können dagegen im Abtastkreis zu Schwierigkeiten führen. Hat der Frequenzgang $g_S(j\omega)$ der Regelstecke bei Frequenzen ω_1 oberhalb der halben Abtastfrequenz $\omega_A/2 = \pi/T$ noch wesentliche Beträge, so werden diese Anteile im ersten unteren Seitenband $g_S(j\omega_A - j\omega_1)$ der Puls-Amplituden-Modulation, (1.3.4), in das Grundband hineingespiegelt, wo sie zu wesentlichen Änderungen in Betrag und Phase des Frequenzgangs bei der Frequenz $\omega_A - \omega_1$ führen können, siehe Bild 1.6. Der gleiche Effekt tritt bei höherfrequenten Störungen auf, wobei sich insbesondere ein Meßrauschen nachteilig auswirkt, wenn es ungefiltert auf den Abtaster geht. In solchen Fällen ist es wichtig, das in Abschnitt 1.3 beschriebene Anti-Aliasing-Filter vorzusehen.

Durch die vorstehenden Betrachtungen wird die Empfehlung (4.5.6) für die Wahl der Abtastfrequenz wie folgt erweitert:

1. Man wählt in der s-Ebene den kleinsten Kreis um s = 0, der alle wesentlichen Eigenwerte einschließt, die durch die Regelung in ihrer Lage verändert werden sollen. Sein Radius sei r. Man wähle $\omega_A = 8r$, d.h. $T = \pi/4r$.

2. Die Bandbreite des Regelkreises braucht in vielen Fällen nicht größer als $\omega_B = r$ gewählt zu werden. Eine Ausnahme wäre z.B. gegeben, wenn der Regelkreis frei von Meßrauschen ist, aber höherfrequenten Führungsgrößen gut folgen soll. Dies findet meist seine Grenze in den verfügbaren Stellamplituden. In solchen Fällen ist r entsprechend zu vergrößern.

3. Bei Verwendung eines Abtast-Vorfilters mit einer Bandbreite gleich der halben Abtastfrequenz braucht nur dieses im Modell berücksichtigt zu werden, während Eigenwerte außerhalb des Kreises vom Radius r in der s-Ebene vernachlässigt werden können.

4.6 Übungen

4.1 Bei der Verladebrücke sei m_K = 1 t (= 1000 kg), m_L = 3 t, ℓ = 10 m, g = 10 m/s^2, T = $\pi/8$ Sekunden. Berechnen Sie die Steuerfolge, die die Last aus einer Ruheposition 1 m vom Ursprung in vier Abtastschritten in die neue Ruhelage im Ursprung bringt.

4.2 Berechnen Sie die minimale Folge mit endlicher Systemantwort (FES) für die Verladebrücke mit den Zahlenwerten von Übung 4.1 sowie den zugehörigen Verlauf der Zustandsgrößen.

4.3 Bestimmen Sie eine Zustandsvektor-Rückführung, mit der jeder Anfangszustand der Verladebrücke nach Übung 4.1 in vier Abtastschritten in den Nullzustand überführt wird und vergleichen Sie die Stellfolge u[k] mit der Steuerfolge nach Übung 4.1 für den dort angegebenen Anfangszustand.

4.4 Bei dem Regelkreis nach Übung 4.3 wird bei unveränderter Rückführung die Last m_L von 3 t auf 1 t geändert. Bestimmen Sie u[k] für den Anfangszustand $\mathbf{x}' = [1 \quad 0 \quad 0 \quad 0]$.

4.5 Führen Sie für die Verladebrücke nach Übung 4.1 eine "sanfte" Polverschiebung durch, mit der das Pendel eine Dämpfung 0,5 bei unveränderter natürlicher Frequenz erhält (Abbildung dieser Forderung aus der s-Ebene in die z-Ebene). Wählen Sie für die verbleibenden beiden Pole einen doppelten reellen Pol im gleichen Abstand vom Ursprung wie das erste Polpaar. Berechnen Sie die Sprungantwort für den geschlossenen Kreis mit $u = -k[x_1-w_1, x_2, x_3, x_4]$. Vergleichen Sie die maximale Stellamplitude und die Einschwingzeit, bis der Restfehler in der Lastposition unter 5 % bleibt mit der Deadbeat-Lösung aus Übung 4.3.

4.6 Mit den Zahlenwerten aus Übung 4.1 hat das Teilsystem Pendel die Zustandsdarstellung

$$\begin{bmatrix} x_3[k+1] \\ x_4[k+1] \end{bmatrix} = \begin{bmatrix} \cos 2T & 0{,}5\sin 2T \\ -2\sin 2T & \cos 2T \end{bmatrix} \begin{bmatrix} x_3[k] \\ x_4[k] \end{bmatrix} + \begin{bmatrix} 0{,}025(\cos 2T-1) \\ -0{,}05\sin 2T \end{bmatrix} u[k]$$

Konstruieren Sie den Bereich der Anfangszustände $x_3[0]$, $x_4[0]$, die bei einer Beschränkung $|u(t)| \leq 10$ Kilo-Newton (1kN = 1000 kg m/s^2) innerhalb einer Zeit $\tau = \pi/2$ Sekunden in den Nullzustand überführt werden können. Es sei a) $T = \tau/2$, b) $T = \tau/4$, c) $T = \tau/6$.

5 Beobachtbarkeit und Beobachter

In Kapitel 4 wurde als Regler-Struktur eine Zustandsvektor-Rückführung $u = -\mathbf{k}'\mathbf{x}$ zugrundegelegt. In den meisten Regelungssystemen werden nicht alle Komponenten $x_1, x_2 \dots x_n$ des Zustandsvektors gemessen, sei es aus Gründen der Meßbarkeit bestimmter Größen oder der Kosten oder Zuverlässigkeit der Sensoren. Wird nur ein Vektor $\mathbf{y}' = [y_1 \quad y_2 \dots y_s]$ von s linear unabhängigen Ausgangsgrößen gemessen, die mit $\mathbf{x}$ und u über die Meßgleichung

$$\mathbf{y} = \mathbf{C}\mathbf{x} + \mathbf{d}u \quad ; \quad \text{rang}\, \mathbf{C} = s < n \tag{5.1}$$

verknüpft sind, so kann man eine Ausgangsvektor-Rückführung

$$u = -\mathbf{k}_y'\mathbf{y} = -\mathbf{k}_y'\mathbf{C}\mathbf{x} - \mathbf{k}_y'\mathbf{d}u \tag{5.2}$$

$$u = -\frac{1}{1+\mathbf{k}_y'\mathbf{d}} \times \mathbf{k}_y'\mathbf{C}\mathbf{x} \tag{5.3}$$

ansetzen. Im Vergleich mit der Zustandsvektor-Rückführung besteht also (wenn man von dem unwesentlichen skalaren Faktor $1/(1+\mathbf{k}_y'\mathbf{d})$ absieht) der Zusammenhang

$$\mathbf{k}' = \mathbf{k}_y'\mathbf{C} \tag{5.4}$$

ausführlich:

$$[k_1 \dots k_n] = [k_{y1} \dots k_{ys}] \begin{bmatrix} c_1 & \dots & c_{1n} \\ \vdots & & \\ c_{s1} & \dots & c_{sn} \end{bmatrix}$$

Es lassen sich nur solche Rückführungen $\mathbf{k}'$ damit bilden, die als Linearkombinationen der s Zeilen der $\mathbf{C}$-Matrix ausgedrückt werden können, d.h. $\mathbf{k}$ muß in dem durch die Zeilen von $\mathbf{C}$ aufgespannten Unterraum des K-Raumes liegen. Damit kann nicht mehr jede Lage der Eigenwerte vorgegeben werden. Hat $\mathbf{C}$ z.B. nur eine Zeile $\mathbf{c}'$, d.h. wird nur eine Meßgröße zurückgeführt, so können nur Polkombinationen auf der

Wurzelortskurve vorgegeben werden. Wenn dies zu keiner befriedigenden Lösung führt, setzt man bei den klassischen Reglerentwurfsverfahren einen dynamischen Regler an. Hat dieser bei einer Ausgangsgröße y die Ordnung n - 1, so kann dem Regelkreis über (3.4.12) jedes gewünschte charakteristische Polynom gegeben werden. Zu diesem Ergebnis wird man auch geführt, wenn man ein dynamisches System, genannt **Beobachter**, mit u und y als Eingang entwirft, das einen rekonstruierten Wert $\hat{\mathbf{x}}$ liefert, der dann mit der Zustandsvektor-Rückführung zu $u = -\mathbf{k}'\hat{\mathbf{x}}$ zusammengefaßt wird. Dieser Ansatz wurde bereits in Abschnitt 2.5.4 für kontinuierliche Systeme beschrieben. Er führt zu einer Regelkreisstruktur, bei der die zusätzlich eingeführten **Beobachterpole** nicht in die Führungs-Übertragungsfunktion eingehen und damit ohne Kompromisse an das Führungsverhalten in Hinblick auf gute Übereinstimmung $\hat{\mathbf{x}} \approx \mathbf{x}$ und Störgrößen-Unterdrückung gewählt werden können. Ein weiterer Vorteil ist, daß sich dieser strukturelle Ansatz systematisch auf mehrere Meß- und Stellgrößen erweitern läßt.

Als Nachteil solcher Strukturen wird häufig angesehen, daß sie bei hoher Ordnung n der Regelstrecke auch zu einem Regler hoher Ordnung führen. Gerade bei den hier betrachteten Abtastsystemen spielt dies vom Aufwand her jedoch keine wesentliche Rolle mehr, wenn der Regler durch einen Digitalrechner, z.B. einen Mikroprozessor, realisiert wird.

Voraussetzung für die Existenz eines Beobachters ist, daß das System vom Meßvektor $\mathbf{y}$ aus beobachtbar ist. Wir werden uns daher zunächst mit der Frage der Beobachtbarkeit von diskreten Werten $\mathbf{y}(kT)$ aus bzw. von $\mathbf{y}(kT+\gamma T)$, $0 < \gamma < 1$, aus befassen und dabei wieder zunächst einen skalaren Ausgang y betrachten.

5.1 Beobachtbarkeit und Rekonstruierbarkeit

Gegeben sei das diskrete System (zunächst mit nur einer Ausgangsgröße angenommen: $s = 1$)

$$\begin{aligned} \mathbf{x}[k+1] &= \mathbf{A}\mathbf{x}[k] + \mathbf{b}u[k] \\ y[k] &= \mathbf{c}'\mathbf{x}[k] + du[k] \end{aligned} \qquad (5.1.1)$$

für das nur die Eingangsfolge u[k] und die Ausgangsfolge y[k] bekannt bzw. meßbar ist. Aus der rekursiven Lösung der Differenzengleichung nach (4.1.2) ergibt sich am Ausgang y:

$$
\begin{aligned}
y[0] &= \mathbf{c'x}[0] + du[0] \\
y[1] &= \mathbf{c'Ax}[0] + \mathbf{c'b}u[0] + du[1] \\
&\vdots \\
y[N-1] &= \mathbf{c'A}^{N-1}\mathbf{x}[0] + [d,\ \mathbf{c'b},\ \mathbf{c'Ab} \ \dots \ \mathbf{c'A}^{N-2}\mathbf{b}]\mathbf{u}_N
\end{aligned}
\tag{5.1.2}
$$

mit $\mathbf{u}_N$ wie in (4.1.3) definiert. In Matrix-Schreibweise lautet (5.1.2)

$$
\begin{bmatrix} y[0] \\ y[1] \\ \cdot \\ \cdot \\ y[N-1] \end{bmatrix} = \begin{bmatrix} \mathbf{c'} \\ \mathbf{c'A} \\ \cdot \\ \cdot \\ \mathbf{c'A}^{N-1} \end{bmatrix} \mathbf{x}[0] + \begin{bmatrix} 0 & \cdot & \cdot & 0 & d \\ \cdot & & & \cdot & \mathbf{c'b} \\ \cdot & & \cdot & \cdot & \\ 0 & d & \cdot & & \\ d & \mathbf{c'b} & \mathbf{c'Ab} & \cdot & \mathbf{c'A}^{N-2}\mathbf{b} \end{bmatrix} \mathbf{u}_N
\tag{5.1.3}
$$

Ein Zustand $\mathbf{x}[0]$ ist beobachtbar, wenn es ein N gibt, so daß $\mathbf{x}[0]$ aus der Kenntnis der Folgen $y[0] \dots y[N-1]$, $u[0] \dots u[N-1]$ berechnet werden kann. Das System (5.1.1) heißt **beobachtbar**, wenn dies für jeden Zustand $\mathbf{x}[0]$ gilt. Aus (5.1.3) folgt, daß dies genau dann der Fall ist, wenn die Matrix, die $\mathbf{x}[0]$ multipliziert, den vollen Rang n hat.

Für die lineare Abhängigkeit der Zeilen gilt das Gleiche wie für die lineare Abhängigkeit der Spalten der Steuerbarkeitsmatrix, siehe (4.1.11), d.h. wenn die Rang-Bedingung überhaupt für irgendein N erfüllt werden kann, dann ist sie auch für $N = n$ erfüllt, d.h. das System (5.1.1) ist genau dann beobachtbar, wenn

$$
\det \begin{bmatrix} \mathbf{c'} \\ \mathbf{c'A} \\ \vdots \\ \mathbf{c'A}^{n-1} \end{bmatrix} \neq 0
\tag{5.1.4}
$$

Lassen wir nun mehrere Ausgangsgrößen zu ($s > 1$), so ist in (5.1.2) $\mathbf{c'}$ durch $\mathbf{C}$ zu ersetzen und die Beobachtbarkeits-Bedingung lautet

$$
\operatorname{rang} \begin{bmatrix} \mathbf{C} \\ \mathbf{CA} \\ \vdots \\ \mathbf{CA}^{n-1} \end{bmatrix} = n
\tag{5.1.5}
$$

Diese Beobachtbarkeits-Bedingung für ein Paar $(\mathbf{C}, \mathbf{A})$ entspricht völlig der Bedingung für kontinuierliche Systeme $(\mathbf{C}, \mathbf{F})$. Es gilt insbesondere weiterhin die Dualität von Steuerbarkeit und Beobachtbarkeit gemäß (2.3.40). Es kann also wieder der HAUTUS-Test angewendet werden:

Ein Eigenwert z_i von $\mathbf{A}$ ist genau dann beobachtbar, wenn

$$\text{rang}\begin{bmatrix} \mathbf{A} - z_i\mathbf{I} \\ \mathbf{C} \end{bmatrix} = n \qquad (5.1.6)$$

Für eine kausale Operation ist es von Interesse, nicht $\mathbf{x}[0]$ sondern $\mathbf{x}[n-1]$ aus den gegenwärtigen und zurückliegenden Ein- und Ausgangsgrößen zu bestimmen. Hierzu wird das aus (5.1.3) berechnete $\mathbf{x}[0]$ in (4.1.4) (mit N = n-1) eingesetzt:

$$\mathbf{x}[n-1] = \mathbf{A}^{n-1}\mathbf{x}[0] + [\mathbf{b}, \mathbf{Ab} \ldots \mathbf{A}^{n-2}\mathbf{b}]\mathbf{u}_{n-1} \qquad (5.1.7)$$

Mit Vorliegen von y[n-1] und u[n-1] kann also zunächst $\mathbf{x}[0]$ und daraus $\mathbf{x}[n-1]$ berechnet werden. Man bezeichnet ein solches System als **rekonstruierbar.**

Anmerkung 5.1: Rekonstruierbarkeit [69.1]
Offenbar ist jedes beobachtbare System auch rekonstruierbar. Die Umkehrung gilt jedoch nur, wenn alle Null-Eigenwerte beobachtbar sind, d.h. nach (5.1.6), wenn

$$\text{rang}\begin{bmatrix} \mathbf{A} \\ \mathbf{C} \end{bmatrix} = n \qquad (5.1.8)$$

Beispiel

Es sei $\mathbf{A} = \mathbf{0}$. Nach (5.1.7) ist dann $\mathbf{x}[n-1] = \mathbf{b}u[n-2]$, d.h. das System ist rekonstruierbar, aber nicht beobachtbar.

In der Praxis hat $\mathbf{A} = e^{\mathbf{F}T}$ keine Null-Eigenwerte, und Null-Eigenwerte, die von einer Totzeit herrühren (siehe Anhang D) sind üblicherweise beobachtbar. Wir unterscheiden die beiden Eigenschaften daher im folgenden nicht und sprechen nur von der Beobachtbarkeit. □

Für den Übergang vom kontinuierlichen System zum diskreten System gilt, entsprechend wie bei der Steuerbarkeit [60.4]:

Ein diskretes System, das aus einem kontinuierlichen System durch Abtasten und Halten der Eingangsgröße und Abtasten der Ausgangsgröße entsteht, ist genau dann beobachtbar, wenn

1. der kontinuierliche Teil beobachtbar ist und

2. zu verschiedenen Eigenwerten s_i, s_j des kontinuierlichen Systems auch verschiedene Eigenwerte e^{s_iT}, e^{s_jT} des diskreten Systems gehören.

Bei einem konjugiert komplexen Polpaar $s_{1,2} = \sigma \pm j\omega$ ist das System nicht beobachtbar für $T = q\pi/\omega$, $q = 1, 2, 3 \ldots$

Anmerkung 5.2
Die Beobachtbarkeit kann natürlich nicht verloren gehen, wenn der kontinuierliche Ausgang der Regelstrecke $y(kT+\gamma T)$, $0 \leq \gamma < 1$, betrachtet wird. Nach (3.5.20) ist

$$y(kT+\gamma T) = \mathbf{c}'_\gamma \mathbf{x}(kT) + d_\gamma u(kT) \tag{5.1.9}$$

und das System ist von $y(t) = y(kT+\gamma T)$ aus beobachtbar, wenn

$$\det \begin{bmatrix} \mathbf{c}'_\gamma \\ \mathbf{c}'_\gamma \mathbf{A} \\ \cdot \\ \cdot \\ \cdot \\ \mathbf{c}'_\gamma \mathbf{A}^{n-1} \end{bmatrix} = n \quad \text{für ein } \gamma \in [0, \quad 1] \tag{5.1.10}$$

Praktisch ist es einfacher, diese Beobachtbarkeit für das kontinuierliche System zu testen. Ein Beispiel ist in Bild 3.19 und (3.5.23) gegeben. Der Reglerpol bei $z = -0{,}718$ kürzt die Nullstelle der Streckenübertragungsfunktion, d.h. für $\gamma = 0$ ist dieser Eigenwert von $y(kT)$ aus nicht beobachtbar, wohl aber vom kontinuierlichen Ausgang $y(t) = y(kT+\gamma T)$ aus. Entwurfsverfahren (z.B. zur Entkopplung), die Eigenwerte vom Ausgang her nicht beobachtbar machen, sind also bei Abtastsystemen nicht sinnvoll. □

5.2 Der Beobachter

Der Zustand kann durch Lösen von (5.1.3) mit $N = n$ und (5.1.7) bei jedem beobachtbaren System berechnet werden. Es ist jedoch effizienter, ihn mit einem rekursiven Algorithmus zu berechnen, der als dynamisches System verwirklicht wird.

Gegeben sei die Regelstrecke

$$\begin{aligned} \mathbf{x}[k+1] &= \mathbf{A}\mathbf{x}[k] + \mathbf{B}\mathbf{u}[k] \\ \mathbf{y}[k] &= \mathbf{C}\mathbf{x}[k] \end{aligned} \tag{5.2.1}$$

Für die Herleitung der Beobachtergleichungen nehmen wir hier ein System mit mehreren Eingangsgrößen in $\mathbf{u}$ und Ausgangsgrößen in $\mathbf{y}$ an.

Es soll nun ein Beobachter entworfen werden, d.h. ein lineares dynamisches System mit den an der Regelstrecke meßbaren Größen $\mathbf{u}[k]$ und $\mathbf{y}[k]$ als Eingang, das einen Schätzwert $\hat{\mathbf{x}}$ für den Zustand $\mathbf{x}$ rekonstruiert. Damit ergibt sich als möglicher Ansatz

$$\hat{\mathbf{x}}[k+1] = \mathbf{F}\hat{\mathbf{x}}[k] + \mathbf{G}\mathbf{u}[k] + \mathbf{H}\mathbf{y}[k] \qquad (5.2.2)$$

Wie LUENBERGER [64.8, 66.2] gezeigt hat, kann man $\mathbf{F}$, $\mathbf{G}$ und $\mathbf{H}$ so wählen, daß $\hat{\mathbf{x}}[k]$ asymptotisch gegen $\mathbf{x}[k]$ geht. Man stellt sich dabei vor, daß eine Störgröße auf die Regelstrecke (5.2.1) eingewirkt hat, nicht aber auf das System (5.2.2). Dadurch ist zu Beginn des betrachteten Vorgangs $\hat{\mathbf{x}}[0] \neq \mathbf{x}[0]$. Wir führen den Rekonstruktionsfehler

$$\tilde{\mathbf{x}} := \mathbf{x} - \hat{\mathbf{x}} \qquad (5.2.3)$$

ein und subtrahieren (5.2.2) von (5.2.1).

$$\mathbf{x}[k+1] = \mathbf{F}\mathbf{x}[k] + (\mathbf{A}-\mathbf{F})\mathbf{x}[k] \quad + \mathbf{B}\mathbf{u}[k] \qquad (5.2.1)$$

$$\hat{\mathbf{x}}[k+1] = \mathbf{F}\hat{\mathbf{x}}[k] + \mathbf{H}\mathbf{C}\mathbf{x}[k] \quad + \mathbf{G}\mathbf{u}[k] \qquad (5.2.2)$$

$$\tilde{\mathbf{x}}[k+1] = \mathbf{F}\tilde{\mathbf{x}}[k] + (\mathbf{A}-\mathbf{F}-\mathbf{H}\mathbf{C})\mathbf{x}[k] + (\mathbf{B}-\mathbf{G})\mathbf{u}[k] \qquad (5.2.4)$$

Der Rekonstruktionsfehler $\tilde{\mathbf{x}}[k]$ soll gegen Null gehen, das wird durch die folgenden drei Forderungen erreicht:

1. $\mathbf{F} = \mathbf{A} - \mathbf{H}\mathbf{C}$ (5.2.5)
2. $\mathbf{G} = \mathbf{B}$ (5.2.6)
3. Die damit entstehende homogene Differenzengleichung des Rekonstruktionsfehlers

   $$\tilde{\mathbf{x}}[k+1] = (\mathbf{A}-\mathbf{H}\mathbf{C})\tilde{\mathbf{x}}[k] \qquad (5.2.7)$$

   muß asymptotisch stabil sein.

Durch die Festlegung $\mathbf{G} = \mathbf{B}$ wird erreicht, daß der Schätzfehler $\tilde{\mathbf{x}}$ von $\mathbf{u}$ aus nicht steuerbar ist, d.h. wenn $\tilde{\mathbf{x}}[k]$ zu Null geworden ist, dann wird durch die Einwirkung der Stellgrößen kein Schätzfehler erzeugt. Das System (5.2.2) erhält mit (5.2.5) und (5.2.6) die Form

$$\begin{aligned}\hat{\mathbf{x}}[k+1] &= (\mathbf{A}-\mathbf{HC})\hat{\mathbf{x}}[k] + \mathbf{Bu}[k] + \mathbf{Hy}[k] \\ &= \mathbf{A}\hat{\mathbf{x}}[k] + \mathbf{Bu}[k] + \mathbf{H}(\mathbf{y}[k]-\mathbf{C}\hat{\mathbf{x}}[k]) \\ &= \mathbf{A}\hat{\mathbf{x}}[k] + \mathbf{Bu}[k] + \mathbf{HC}\tilde{\mathbf{x}}[k]\end{aligned} \quad (5.2.8)$$

Dieses System ist ein **Beobachter** für die Regelstrecke (5.2.1). Der Beobachter ist also ein Modell der Regelstrecke, das durch den meßbaren Schätzfehler $\mathbf{C}\tilde{\mathbf{x}}$ angetrieben wird, Bild 5.1. $\tilde{\mathbf{y}} = \mathbf{C}\tilde{\mathbf{x}}$ wird als **Innovation** bezeichnet. Ein solcher Beobachter wurde zuerst von KALMAN [60.4] angegeben.

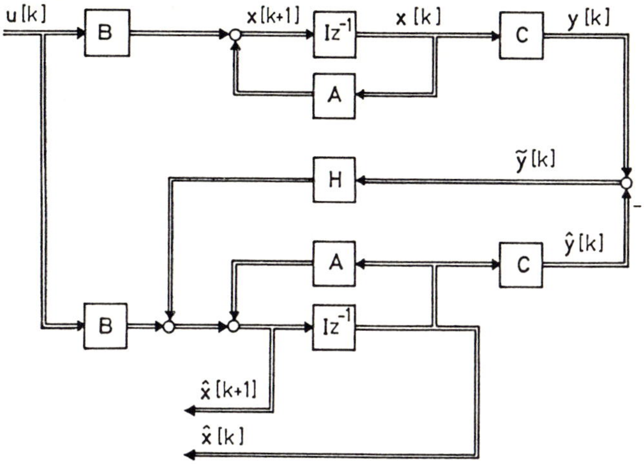

Bild 5.1 Regelstrecke und Beobachter

Die Differenz $\tilde{\mathbf{y}} = \mathbf{C}\tilde{\mathbf{x}}$ zwischen dem vorausberechneten Schätzwert $\hat{\mathbf{y}} = \mathbf{C}\hat{\mathbf{x}}$ und dem tatsächlich eintreffenden Meßwert $\mathbf{y}$ wird zu Null, wenn die Zustände von Beobachter und Regelstrecke übereinstimmen. Der Beobachter arbeitet dann nur noch von $\mathbf{u}$ angetrieben als Modell der Regelstrecke.

Wenn das System beobachtbar ist, dann kann durch Wahl der Matrix $\mathbf{H}$ der Fehlergleichung (5.2.7) eine gewünschte Dynamik gegeben werden. Man gibt n reelle oder konjugiert komplexe **Beobachterpole** $z_1 \ldots z_n$ als Nullstellen des charakteristischen Polynoms

$$Q(z) = q_0 + q_1 z + \ldots + q_{n-1} z^{n-1} + z^n = (z-z_1)(z-z_2)\ldots(z-z_n) \quad (5.2.9)$$

der Fehlergleichung vor, d.h. man bestimmt bei gegebenem $\mathbf{A}$, $\mathbf{C}$ und $Q(z)$ die Verstärkungsmatrix $\mathbf{H}$ des Beobachters derart, daß

$$\det(z\mathbf{I}-\mathbf{A}+\mathbf{HC}) = Q(z) \quad (5.2.10)$$

Die Frage, wie die Beobachterpole z_i zweckmäßig gewählt werden, wird in Abschnitt 5.5 diskutiert. Die Auflösung der Gl. (5.2.10) nach **H** entspricht weitgehend der Polvorgabe im Mehrgrößenfall, d.h. für eine Zustandsvektor-Rückführung $\mathbf{u} = -\mathbf{Kx}$. Dabei muß **K** so gewählt werden daß

$$\det(z\mathbf{I}-\mathbf{A}+\mathbf{BK}) = P(z) \tag{5.2.11}$$

Für den Eingrößenfall $\mathbf{K} = \mathbf{k}'$, $\mathbf{B} = \mathbf{b}$ und steuerbares Paar $(\mathbf{A}, \mathbf{b})$ ist die Lösung eindeutig, siehe (4.3.5). Im Mehrgrößenfall haben wir in (5.2.11) mehr Unbekannte als Gleichungen und die Lösung ist nicht mehr eindeutig. Dieser Fall wird in Kapitel 7 ausführlicher behandelt. Damit ist dann auch zugleich das Problem (5.2.10) gelöst. Transponiert man nämlich die Matrix in dieser Gleichung

$$\det(z\mathbf{I}-\mathbf{A}'+\mathbf{C}'\mathbf{H}') = Q(z) \tag{5.2.12}$$

so zeigt der Vergleich mit (5.2.11), daß dort lediglich **A** durch **A'**, **B** durch **C'**, **K** durch **H'** und P(z) durch Q(z) ersetzt werden müssen, um (5.2.12) zu erhalten.

Im Falle nur einer Meßgröße $y = \mathbf{c}'\mathbf{x}$ ist **H** ein Spalten-n-Vektor **h** und (5.2.10) und (5.2.12) lauten

$$\det(z\mathbf{I}-\mathbf{A}+\mathbf{hc}') = \det(z\mathbf{I}-\mathbf{A}'+\mathbf{ch}') = Q(z) \tag{5.2.13}$$

Die Lösung ist nach (4.3.5)

$$\mathbf{h}' = \mathbf{f}'\mathbf{Q}(\mathbf{A}') = [0 \ \dots \ 0 \quad 1][\mathbf{c}, \mathbf{A}'\mathbf{c} \ \dots \ (\mathbf{A}')^{n-1}\mathbf{c}]^{-1}\mathbf{Q}(\mathbf{A}')$$

$$\mathbf{h} = \mathbf{Q}(\mathbf{A})\mathbf{f} = \mathbf{Q}(\mathbf{A})\begin{bmatrix}\mathbf{c}' \\ \mathbf{c}'\mathbf{A} \\ \cdot \\ \cdot \\ \cdot \\ \mathbf{c}'\mathbf{A}^{n-1}\end{bmatrix}^{-1}\begin{bmatrix}0 \\ \cdot \\ \cdot \\ \cdot \\ 0 \\ 1\end{bmatrix} \tag{5.2.14}$$

Man berechnet den Parametervektor **h** des Beobachters, indem man die Dynamik-Matrix **A** in das charakteristische Polynom Q nach (5.2.9) einsetzt und mit **f**, das ist die letzte Spalte der invertierten Beobachtbarkeits-Matrix, nachmultipliziert.

Entsprechend zu (4.3.6) kann **h** auch mit Hilfe des Koeffizientenvektors $\mathbf{q} = [q_0 \quad q_1 \ \dots \ q_{n-1}]'$ des gewünschten charakteristischen Polynoms ausgedrückt werden als

$$\mathbf{h} = \mathbf{F}\begin{bmatrix} \mathbf{q} \\ 1 \end{bmatrix}, \quad \mathbf{F} = [\mathbf{f}, \mathbf{Af} \ldots \mathbf{A}^n\mathbf{f}] \tag{5.2.15}$$

Anmerkung 5.3

Entsprechend zur Bestimmung eines Regelgesetzes über die Regelungs-Normalform kann man auch bei der Festlegung der Beobachterpole die Beobachter-Normalform der Zustandsgleichungen der Regelstrecke nach (A.3.23) benutzen. In dieser Form lautet die Gleichung des Beobachters

$$\hat{\mathbf{x}}_F[k+1] = \begin{bmatrix} 0 & & & -a_0-h_{F1} \\ 1 & & & \vdots \\ & \ddots & & \vdots \\ 0 & & 1 & -a_{n-1}-h_{Fn} \end{bmatrix} \hat{\mathbf{x}}_F[k] + \mathbf{b}_F u[k] + \begin{bmatrix} h_{F1} \\ \vdots \\ \vdots \\ h_{Fn} \end{bmatrix} y[k] \tag{5.2.16}$$

Seine charakteristische Gleichung ist

$$(a_0+h_{F1}) + (a_1+h_{F2})z + \ldots + (a_{n-1}+h_{Fn})z^{n-1} + z^n = 0 \tag{5.2.17}$$

Durch Koeffizientenvergleich mit (5.2.10) erhält man die Komponenten des gesuchten Parametervektors $\mathbf{h}_F$, nämlich

$$h_{Fi} = q_{i-1} - a_{i-1}, \quad i = 1, 2 \ldots n \tag{5.2.18}$$

Beispiel: Verladebrücke

Bei der Verladebrücke mit den Zahlenwerten nach Übung **4.1** hat das Teilsystem **Pendel** die Zustandsdarstellung

$$\begin{bmatrix} x_3[k+1] \\ x_4[k+1] \end{bmatrix} = \begin{bmatrix} 1/\sqrt{2} & 1/2\sqrt{2} \\ -\sqrt{2} & 1/\sqrt{2} \end{bmatrix} \begin{bmatrix} x_3[k] \\ x_4[k] \end{bmatrix} + \begin{bmatrix} (1/\sqrt{2}-1)/40 \\ -1/20\sqrt{2} \end{bmatrix} u[k] \tag{5.2.19}$$

Aus der Messung von $u[k]$ und dem Seilwinkel $x_3[k]$ soll die Seilwinkelgeschwindigkeit x_4 durch einen Beobachter mit dem charakteristischen Polynom $Q(z) = q_0 + q_1 z + z^2$ rekonstruiert werden. In (5.2.14) ist

$$\begin{bmatrix} \mathbf{c}' \\ \mathbf{c}'\mathbf{A} \end{bmatrix} \mathbf{f} = \begin{bmatrix} 0 \\ 1 \end{bmatrix}$$

$$\begin{bmatrix} 1 & 0 \\ 1/\sqrt{2} & 1/2\sqrt{2} \end{bmatrix} \begin{bmatrix} f_1 \\ f_2 \end{bmatrix} = \begin{bmatrix} 0 \\ 1 \end{bmatrix}, \quad \mathbf{f} = \begin{bmatrix} 0 \\ 2\sqrt{2} \end{bmatrix}$$

(5.2.15) lautet hier

$$\mathbf{h} = \begin{bmatrix} h_1 \\ h_2 \end{bmatrix} = \begin{bmatrix} 0 & 1 & \sqrt{2} \\ 2/\sqrt{2} & 2 & 0 \end{bmatrix} \begin{bmatrix} q_0 \\ q_1 \\ 1 \end{bmatrix} = \begin{bmatrix} q_1 + \sqrt{2} \\ q_0 2/\sqrt{2} + 2q_1 \end{bmatrix}$$

Die Gleichung des Beobachters ist also

$$\begin{bmatrix} \hat{x}_3[k+1] \\ \hat{x}_4[k+1] \end{bmatrix} = \begin{bmatrix} 1/\sqrt{2} & 1/2\sqrt{2} \\ -\sqrt{2} & 1/\sqrt{2} \end{bmatrix} \begin{bmatrix} \hat{x}_3[k] \\ \hat{x}_4[k] \end{bmatrix} + \begin{bmatrix} (1/\sqrt{2} - 1)/40 \\ -1/20\sqrt{2} \end{bmatrix} u[k] +$$

$$+ \begin{bmatrix} q_1 + \sqrt{2} \\ q_0 2/\sqrt{2} + 2q_1 \end{bmatrix} (x_3[k] - \hat{x}_3[k]) \qquad (5.2.20)$$

□

Bei Systemen mit mehreren Meßgrößen besteht eine vorteilhafte Möglichkeit darin, den einzelnen Meßgrößen Teilsysteme zuzuordnen, deren Zustand durch einen Teilbeobachter aus der jeweiligen Meßgröße bestimmt wird. Hierzu kann die Zustandsdarstellung der Regelstrecke zunächst durch eine Transformation in die Beobachter-Normalform (dual zu (A.4.1)) gebracht werden. Dann können einzelne Beobachter für Teilsysteme mit einem Ausgang unter Berücksichtigung der Kopplungen unter den Teilsystemen die Zustände der Teilsysteme rekonstruieren.

Beispiel

Bei der Verladebrücke ist die Zuordnung von Teilsystemen zu den Meßgrößen unmittelbar ersichtlich. Der oben bestimmte Teilbeobachter für das Pendel kann durch einen zweiten Teilbeobachter für die Laufkatze mit der Meßgröße x_1 = Laufkatzenposition ergänzt werden.

In den Zustandsgleichungen der Verladebrücke wurden von Übung 2.1 an die Koordinaten x_1^* = Position des Schwerpunkts und x_2^* = Geschwindigkeit des Schwerpunkts benutzt. Es kann aber nicht am gemeinsamen Schwerpunkt von Laufkatze und Last gemessen werden, sondern an der Laufkatze selbst. Transformiert man nun die oben angegebenen Zahlenwerte zurück auf die Laufkatzenkoordinaten x_1, x_2, so erhält man

$$\mathbf{x}[k+1] = \mathbf{A}\mathbf{x}[k] + \mathbf{b}u[k]$$

$$\mathbf{A} = \begin{bmatrix} 1 & \pi/8 & 7{,}5(1-1/\sqrt{2}) & 7{,}5(\pi/8-1/2\sqrt{2}) \\ 0 & 1 & 7{,}5\sqrt{2} & 7{,}5(1-1/\sqrt{2}) \\ 0 & 0 & 1/\sqrt{2} & 1/2\sqrt{2} \\ 0 & 0 & -\sqrt{2} & 1/\sqrt{2} \end{bmatrix} \qquad (5.2.21)$$

$$\mathbf{b} = \begin{bmatrix} \pi^2-96(1/\sqrt{2}-1)/512 \\ (\pi+6\sqrt{2})/32 \\ (1/\sqrt{2}-1)/40 \\ -1/20\sqrt{2} \end{bmatrix}$$

Für das Teilsystem Laufkatze mit den Zustandsgrößen x_1 und x_2 und Messung x_1 ergibt sich aus der Beobachtbarkeitsmatrix

$$\begin{bmatrix} \mathbf{c}' \\ \mathbf{c}'\mathbf{A} \end{bmatrix} \mathbf{f} = \begin{bmatrix} 1 & 0 \\ 1 & \pi/8 \end{bmatrix} \begin{bmatrix} f_1 \\ f_2 \end{bmatrix} = \begin{bmatrix} 0 \\ 1 \end{bmatrix}, \quad \mathbf{f} = \begin{bmatrix} 0 \\ 8/\pi \end{bmatrix}$$

Das charakteristische Polynom $\tilde{Q}(z) = \tilde{q}_0 + \tilde{q}_1 z + z^2$ erhält der Beobachter mit dem Rückführvektor

$$\mathbf{h} = \begin{bmatrix} 0 & 1 & 2 \\ 8/\pi & 8/\pi & 8/\pi \end{bmatrix} \begin{bmatrix} \tilde{q}_0 \\ \tilde{q}_1 \\ 1 \end{bmatrix} = \begin{bmatrix} \tilde{q}_1 + 2 \\ (\tilde{q}_0+\tilde{q}_1+1)8/\pi \end{bmatrix}$$

Die Kopplungsterme von den Zustandsgrößen x_3 und x_4 werden mit den entsprechenden rekonstruierten Werten $\hat{x}_3$ und $\hat{x}_4$ gebildet, die beim Entwurf des Teilbeobachters wie u behandelt werden:

$$\begin{bmatrix} \hat{x}_1[k+1] \\ \hat{x}_2[k+1] \end{bmatrix} = \begin{bmatrix} 1 & \pi/8 \\ 0 & 1 \end{bmatrix} \begin{bmatrix} \hat{x}_1[k] \\ \hat{x}_2[k] \end{bmatrix} + \begin{bmatrix} 7{,}5(1-1/\sqrt{2}) & 7{,}5(\pi/8-1/2\sqrt{2}) \\ 7{,}5\sqrt{2} & 7{,}5(1-1/\sqrt{2}) \end{bmatrix} \begin{bmatrix} \hat{x}_3[k] \\ \hat{x}_4[k] \end{bmatrix}$$

$$+ \begin{bmatrix} [\pi^2-96(1/\sqrt{2}-1)]/512 \\ (\pi+6\sqrt{2})/32 \end{bmatrix} u[k] + \begin{bmatrix} \tilde{q}_1 + 2 \\ (\tilde{q}_0+\tilde{q}_1+1)8/\pi \end{bmatrix} (x_1[k]-\hat{x}_1[k]) \qquad (5.2.22)$$

Die beiden Teilbeobachter (5.2.20) und (5.2.22) können nun zu einem Gesamt-Beobachter zusammengefaßt werden:

$$\hat{\mathbf{x}}[k+1] = \mathbf{A}\hat{\mathbf{x}}[k] + \mathbf{b}u[k] + \begin{bmatrix} \tilde{q}_1 + 2 & 0 \\ (\tilde{q}_0+\tilde{q}_1+1)8/\pi & 0 \\ 0 & q_1+\sqrt{2} \\ 0 & q_0 2\sqrt{2}+2q_1 \end{bmatrix} \begin{bmatrix} x_1[k]-\hat{x}_1[k] \\ x_3[k]-\hat{x}_3[k] \end{bmatrix} \qquad (5.2.23)$$

Das charakteristische Polynom des Beobachters ist $Q(z)\tilde{Q}(z) = (q_0 + q_1 z + z^2)(\tilde{q}_0 + q_1 z + z^2)$. Dieses Polynom kann auch mit anderen **H**-Matrizen in (5.2.23) erreicht werden, die anstelle der vier Nullen zusätzliche Kopplungen zwischen den beiden Beobachtern einführen. Davon ist jedoch keine prinzipielle Verbesserung zu erwarten.

5.3 Separation

In den Kapiteln 4 und 7 werden Ergebnisse über die Polvorgabe durch eine Zustandsvektor-Rückführung $\mathbf{u} = -\mathbf{Kx}$ erarbeitet. Da $\mathbf{x}$ nicht meßbar ist, wird es nun durch den rekonstruierten Wert $\hat{\mathbf{x}} = \mathbf{x} - \tilde{\mathbf{x}}$ ersetzt. Außerdem wird bei $\mathbf{u}$ die Führungsgröße $\mathbf{w}$ eingeführt:

$$\mathbf{u}[k] = -\mathbf{K}\hat{\mathbf{x}}[k] + \mathbf{D}_w\mathbf{w}[k] = -\mathbf{Kx}[k] + \mathbf{K}\tilde{\mathbf{x}}[k] + \mathbf{D}_w\mathbf{w}[k] \tag{5.3.1}$$

(5.2.1), (5.2.7) und (5.3.1) werden nun zur Zustandsgleichung des Regelkreises zusammengefaßt

$$\begin{bmatrix} \mathbf{x}[k+1] \\ \tilde{\mathbf{x}}[k+1] \end{bmatrix} = \begin{bmatrix} \mathbf{A-BK} & \mathbf{BK} \\ \mathbf{0} & \mathbf{A-HC} \end{bmatrix} \begin{bmatrix} \mathbf{x}[k] \\ \tilde{\mathbf{x}}[k] \end{bmatrix} + \begin{bmatrix} \mathbf{BD}_w \\ \mathbf{0} \end{bmatrix} \mathbf{w}[k] \tag{5.3.2}$$

Diese Gleichung ermöglicht zwei wichtige Schlüsse

1. Da die Dynamik-Matrix eine blockweise Dreiecksmatrix ist, ergibt sich ihre charakteristische Gleichung zu

   $$\det(z\mathbf{I}-\mathbf{A}+\mathbf{BK}) \times \det(z\mathbf{I}-\mathbf{A}+\mathbf{HC}) = P(z) \times Q(z) \tag{5.3.3}$$

   d.h. die bei der Zustandsrückführung **K** und beim Beobachterentwurf **H** festgelegten Eigenwerte sind Eigenwerte des Gesamtsystems. Durch diese Eigenschaft der **Separation** wird nachträglich die Rechtfertigung für den Ersatz von $\mathbf{x}$ durch $\hat{\mathbf{x}}$ im Regelgesetz gegeben. Der Separationssatz für ein WIENER- oder KALMAN-Filter anstelle des Beobachters wird in [56.2, 61.2] begründet.

2. Der Rekonstruktionsfehler $\tilde{\mathbf{x}}$ ist nicht von der Führungsgröße $\mathbf{w}$ aus steuerbar. Damit gehen die Beobachterpole in $Q(z)$ nicht in die Führungs-Übertragungsfunktion ein, es ist für $\tilde{\mathbf{x}}[k] = \mathbf{0}$

   $$\mathbf{y}_z = \mathbf{C}(z\mathbf{I}-\mathbf{A}+\mathbf{BK})^{-1}\mathbf{BD}_w\mathbf{w}_z \tag{5.3.4}$$

Die Pole der Führungs-Übertragungsmatrix sind also nur von **K**, nicht aber von **H** abhängig. Die Beobachter-Matrix **H** kann demnach auch noch während des Betriebes an die tatsächlich auftretenden Störungen angepaßt werden, ohne daß sich das Führungsverhalten ändert.

5.4 Modifizierte und reduzierte Beobachter

Der Beobachter nach Bild 5.1 hat bei Rückführung von $\hat{\mathbf{x}}[k]$ den Nachteil, daß bei Einwirkung einer Störung, die sich zum Zeitpunkt k in $\mathbf{y}[k]$ erstmals bemerkbar macht, in $\hat{\mathbf{x}}[k]$ und damit in der daraus gebildeten Rückführung $\mathbf{u}[k] = -\mathbf{K}\hat{\mathbf{x}}[k]$ erst zum Zeitpunkt k+1 eine Wirkung auftritt; es wird also ein Abtastintervall verschenkt, das bereits genutzt werden könnte, um der Störung entgegenzuwirken. Dies ist auch in Bild 5.1 an dem zusätzlichen Prädiktor-Ausgang $\hat{\mathbf{x}}[k+1]$ zu erkennen. Wenn man die Rechenzeit vernachlässigt, wie es bereits in Abschnitt 1.1 erläutert wurde, dann steht zum Zeitpunkt kT bereits der Schätzwert $\hat{\mathbf{x}}(kT+T)$ zur Verfügung.

Eine **erste** empirische Möglichkeit, diese **Vorhersage** auszunutzen, besteht darin, einen im Betrieb justierbaren Parameter α einzuführen, mit dem eine lineare Interpolationsgröße

$$\bar{\mathbf{x}}[k] = (1-\alpha)\hat{\mathbf{x}}[k] + \alpha\hat{\mathbf{x}}[k+1] \tag{5.4.1}$$

gebildet und zurückgeführt werden kann, siehe Bild 5.2.

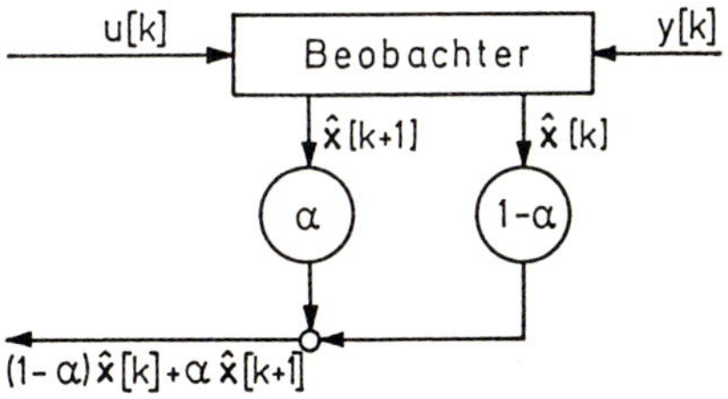

Bild 5.2
Lineare Interpolation zwischen momentanem und vorhergesagtem Schätzwert

Durch Einstellen von α zwischen 0 (Beobachter) und 1 (Prädiktor) läßt sich die Prädiktionszeit so verändern, daß die vernachlässigten Totzeiten durch Rechenzeit, D/A- und A/D-Wandlung, Stellglieder und Sensoren kompensiert werden. Die Prädiktion ($\alpha = 1$) liefert im geschlossenen Kreis eine zusätzliche Phasenreserve von einem Winkel ωT bei der Frequenz ω, die Phasenverzögerungen durch ein Anti-Aliasing-

Filter oder durch vernachlässigte Zeitkonstanten von Regelstrecke, Stellglied und Sensor entgegenwirkt. Die Amplitude des Frequenzgangs bleibt unbeeinflußt.

Eine **zweite** Möglichkeit, den Zeitverlust um ein Abtastintervall zu vermeiden, ist die, in dem Ansatz von (5.2.2) $\mathbf{y}[k]$ durch $\mathbf{y}[k+1]$ zu ersetzen, also

$$\begin{aligned}\hat{\mathbf{x}}[k+1] &= \mathbf{F}\hat{\mathbf{x}}[k] + \mathbf{G}\mathbf{u}[k] + \mathbf{H}\mathbf{y}[k+1] \\ &= \mathbf{F}\hat{\mathbf{x}}[k] + \mathbf{G}\mathbf{u}[k] + \mathbf{H}\mathbf{C}(\mathbf{A}\mathbf{x}[k] + \mathbf{B}\mathbf{u}[k])\end{aligned} \qquad (5.4.2)$$

Dies ist der **aktuelle Beobachter** (current estimator). Anstelle von (5.2.4) erhält man damit

$$\tilde{\mathbf{x}}[k+1] = \mathbf{F}\tilde{\mathbf{x}}[k] + (\mathbf{A}-\mathbf{F}-\mathbf{H}\mathbf{C}\mathbf{A})\mathbf{x}[k] + (\mathbf{B}-\mathbf{G}-\mathbf{H}\mathbf{C}\mathbf{B})\mathbf{u}[k] \qquad (5.4.3)$$

$\tilde{\mathbf{x}}$ geht asymptotisch gegen Null, wenn

1. $\mathbf{F} = (\mathbf{I}-\mathbf{H}\mathbf{C})\mathbf{A}$ (5.4.4)

2. $\mathbf{G} = (\mathbf{I}-\mathbf{H}\mathbf{C})\mathbf{B}$ und (5.4.5)

3. die so entstehende Fehler-Differenzengleichung

$$\tilde{\mathbf{x}}[k+1] = (\mathbf{I}-\mathbf{H}\mathbf{C})\mathbf{A}\tilde{\mathbf{x}}[k] \qquad (5.4.6)$$

stabil ist.

Mit $\mathbf{F}$ und $\mathbf{G}$ nach (5.4.4) und (5.4.5) lautet die Beobachtergleichung (5.4.2)

$$\hat{\mathbf{x}}[k+1] = (\mathbf{I}-\mathbf{H}\mathbf{C})(\mathbf{A}\hat{\mathbf{x}}[k] + \mathbf{B}\mathbf{u}[k]) + \mathbf{H}\mathbf{y}[k+1] \qquad (5.4.7)$$

$$(\mathbf{I}-\mathbf{H}\mathbf{C})^{-1}(\hat{\mathbf{x}}[k+1]-\mathbf{H}\mathbf{y}[k+1]) = \mathbf{A}\hat{\mathbf{x}}[k] + \mathbf{B}\mathbf{u}[k]$$

Mit der neuen Variablen

$$\hat{\mathbf{a}} = (\mathbf{I}-\mathbf{H}\mathbf{C})^{-1}(\hat{\mathbf{x}}-\mathbf{H}\mathbf{y}) \qquad (5.4.8)$$

wird daraus

$$\begin{aligned}\hat{\mathbf{a}}[k+1] &= \mathbf{A}\{(\mathbf{I}-\mathbf{H}\mathbf{C})\hat{\mathbf{a}}[k] + \mathbf{H}\mathbf{y}[k]\} + \mathbf{B}\mathbf{u}[k] \\ \hat{\mathbf{x}}[k] &= (\mathbf{I}-\mathbf{H}\mathbf{C})\hat{\mathbf{a}}[k] \quad + \mathbf{H}\mathbf{y}[k]\end{aligned} \qquad (5.4.9)$$

Das zugehörige Blockschaltbild ist in Bild 5.3 dargestellt.

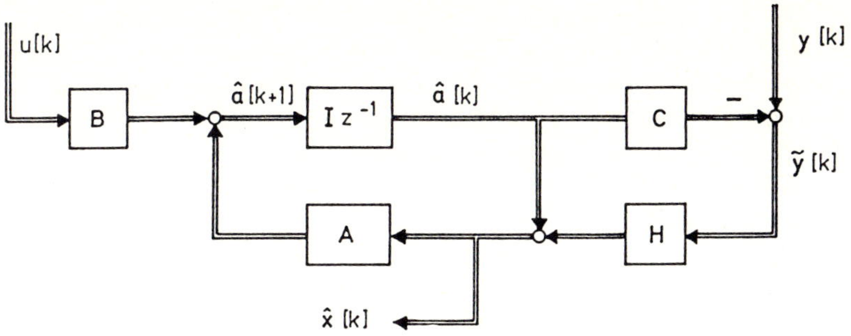

Bild 5.3 Der aktuelle Beobachter

Eine **dritte** Möglichkeit zur Vermeidung des Zeitverlusts um ein Abtastintervall besteht schließlich darin, $\mathbf{y}[k]$ am Beobachter vorbei direkt zurückzuführen. Die Ordnung des Beobachters kann dann reduziert werden, da nur noch die zu $\mathbf{y}$ komplementären Zustandsgrößen im Beobachter rekonstruiert werden müssen. Diese n - s komplementären Zustandsgrößen $\mathbf{z}$ stehen mit $\mathbf{x}$ und $\mathbf{y}$ in dem Zusammenhang

$$\begin{bmatrix}\mathbf{z}\\ \mathbf{y}\end{bmatrix} = \mathbf{Tx} \quad , \quad \det \mathbf{T} \neq 0 \tag{5.4.10}$$

Wie im Anhang A.6 gezeigt wird, kann ein System mit s linear unabhängigen Ausgangsgrößen $\mathbf{y}$ stets durch eine Transformation $\mathbf{T}$ nach (5.4.10) auf **Sensorkoordinaten** transformiert werden. Es erhält damit die Gestalt

$$\mathbf{z}[k+1] = \mathbf{Pz}[k] + \mathbf{Qy}[k] + \mathbf{Du}[k] \tag{5.4.11}$$

$$\mathbf{y}[k+1] = \mathbf{Rz}[k] + \mathbf{Sy}[k] + \mathbf{Eu}[k] \tag{5.4.12}$$

Dabei ist

$$\mathbf{TAT}^{-1} = \begin{bmatrix}\mathbf{P} & \mathbf{Q}\\ \mathbf{R} & \mathbf{S}\end{bmatrix} \quad , \quad \mathbf{TB} = \begin{bmatrix}\mathbf{D}\\ \mathbf{E}\end{bmatrix} \tag{5.4.13}$$

Wie GOPINATH [69.5] gezeigt hat, ist dabei $(\mathbf{P},\mathbf{R})$ beobachtbar und es kann, wie auch schon bei LUENBERGER [64.8, 66.2], für $\mathbf{z}$ ein reduzierter Beobachter der Ordnung n-s verwendet werden.

Anmerkung 5.4
Bei der Aufstellung der Systemgleichungen aus physikalischen Grundgesetzen liegt es nahe, die gemessenen Größen von vornherein als Zustandsgrößen einzuführen. Die angegebene Transformation entfällt damit. Werden z.B. bei der Verladebrücke die Positionen x_1 und x_3 gemessen, so bilden die Geschwindigkeiten $x_2 = \dot{x}_1$ und $x_4 = \dot{x}_3$ den komplementären Vektor **z** und man erhält (5.4.11) durch einfaches Umsortieren der Zustandsgrößen. □

Der reduzierte Beobachter wird als lineares System der Ordnung n - s angesetzt:

$$\hat{\mathbf{v}}[k+1] = \mathbf{L}\hat{\mathbf{v}}[k] + \mathbf{M}\mathbf{y}[k] + \mathbf{N}\mathbf{u}[k] \qquad (5.4.14)$$

$$\hat{\mathbf{z}}[k] = \hat{\mathbf{v}}[k] + \mathbf{H}\mathbf{y}[k] \qquad (5.4.15)$$

Es sollen wieder die Matrizen **L**, **M**, **N** und **H** so bestimmt werden, daß der Rekonstruktionsfehler $\tilde{\mathbf{z}} = \mathbf{z} - \hat{\mathbf{z}}$ asymptotisch gegen Null geht [76.1]. Man bildet dazu $\hat{\mathbf{z}}[k+1]$ gemäß (5.4.15) und setzt darin $\hat{\mathbf{v}}[k+1]$ nach (5.4.14) und $\mathbf{y}[k+1]$ nach (5.4.12) ein:

$$\hat{\mathbf{z}}[k+1] = \mathbf{L}\hat{\mathbf{v}}[k] + \mathbf{M}\mathbf{y}[k] + \mathbf{N}\mathbf{u}[k] + \mathbf{HRz}[k] + \mathbf{HSy}[k] + \mathbf{HEu}[k]$$

$\hat{\mathbf{v}}[k]$ wird nach (5.4.15) eingesetzt:

$$\hat{\mathbf{z}}[k+1] = \mathbf{L}\hat{\mathbf{z}}[k] + \mathbf{HRz}[k] + (\mathbf{M}+\mathbf{HS}-\mathbf{LH})\mathbf{y}[k] + (\mathbf{N}+\mathbf{HE})\mathbf{u}[k] \qquad (5.4.16)$$

Die Differenzengleichung des Rekonstruktionsfehlers erhält man durch Subtraktion dieser Beziehung von der um + **Lz** - **Lz** erweiterten Gleichung (5.4.11)

$$\begin{array}{lllll} \mathbf{z}[k+1] = \mathbf{Lz}[k] & + (\mathbf{P}-\mathbf{L})\mathbf{z}[k] & + \mathbf{Qy}[k] & + \mathbf{Du}[k] \\ \hat{\mathbf{z}}[k+1] = \mathbf{L}\hat{\mathbf{z}}[k] & + \mathbf{HRz}[k] & + (\mathbf{M}+\mathbf{HS}-\mathbf{LH})\mathbf{y}[k] & + (\mathbf{N}+\mathbf{HE})\mathbf{u}[k] \\ \hline \tilde{\mathbf{z}}[k+1] = \mathbf{L}\tilde{\mathbf{z}}[k] & + (\mathbf{P}-\mathbf{HR}-\mathbf{L})\mathbf{z}[k] & + (\mathbf{Q}-\mathbf{M}-\mathbf{HS}+\mathbf{LH})\mathbf{y}[k] & + (\mathbf{D}-\mathbf{N}-\mathbf{HE})\mathbf{u}[k] \end{array}$$

(5.4.17)

$\tilde{\mathbf{z}}$ geht asymptotisch gegen Null, wenn alle Eingangsgrößen **z**, **y** und **u** mit Null multipliziert werden und die Eigenwerte von **L** im Einheitskreis liegen. Daraus ergibt sich

1. $\mathbf{L} = \mathbf{P} - \mathbf{HR}$ (5.4.18)

2. $\mathbf{M} = \mathbf{Q} - \mathbf{HS} + \mathbf{LH}$ (5.4.19)

3. $\mathbf{N} = \mathbf{D} - \mathbf{HE}$ (5.4.20)

4. $\mathbf{H}$ wird so gewählt, daß die Fehlergleichung

$$\tilde{\mathbf{z}}[k+1] = (\mathbf{P}-\mathbf{HR})\tilde{\mathbf{z}}[k] \tag{5.4.21}$$

   stabil ist.

Damit ist der Beobachterentwurf wieder auf die Lösung der Gleichung

$$\det(z\mathbf{I}-\mathbf{P}+\mathbf{HR}) = Q(z) \tag{5.4.22}$$

nach $\mathbf{H}$, also das Problem von (5.2.10) zurückgeführt, der einzige Unterschied ist die reduzierte Dimension der Matrizen und Ordnung des Polynoms $Q(z)$.

Die Beobachtergleichungen lauten nun

$$\begin{aligned} \hat{\mathbf{v}}[k+1] &= (\mathbf{P}-\mathbf{HR})(\hat{\mathbf{v}}[k]+\mathbf{Hy}[k]) + (\mathbf{Q}-\mathbf{HS})\mathbf{y}[k] + (\mathbf{D}-\mathbf{HE})\mathbf{u}[k] \\ \hat{\mathbf{z}}[k] &= \hat{\mathbf{v}}[k] + \mathbf{Hy}[k] \\ \hat{\mathbf{x}}[k] &= \mathbf{T}^{-1}\begin{bmatrix}\hat{\mathbf{z}}[k]\\ \mathbf{y}[k]\end{bmatrix} \end{aligned} \tag{5.4.23}$$

In Bild 5.4 ist das Blockschaltbild des reduzierten Beobachters dargestellt.

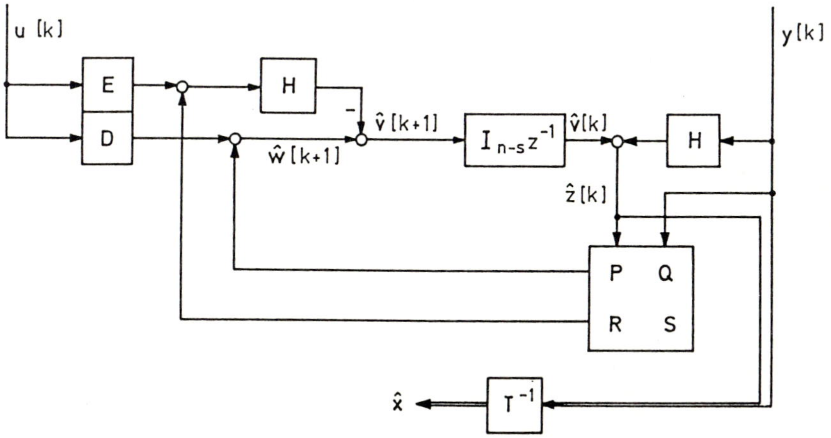

Bild 5.4 Reduzierter Beobachter

Innerhalb der vernachlässigten Rechenzeit muß die Multiplikation $\mathbf{Hy}[k]$ und Addition zu $\hat{\mathbf{v}}[k]$ erfolgen sowie die Multiplikation mit $\mathbf{T}^{-1}$. Alle anderen Rechenoperationen können bereits vor dem Zeitpunkt kT erledigt sein. $\mathbf{T}^{-1}$ wird dabei mit der Zustandsvektor-Rückführmatrix $\mathbf{K}$ zusammengefaßt zu $\mathbf{KT}^{-1}$, so daß während des Betriebs nur eine Matrix-Multiplikation erforderlich ist.

Anmerkung 5.5

Man kann den reduzierten Beobachter auch herleiten, indem man den aktuellen Beobachter für Sensorkoordinaten ansetzt. Aus Bild 5.3 wird damit Bild 5.5 mit

$$\hat{\mathbf{a}} = \begin{bmatrix} \hat{\mathbf{w}} \\ \hat{\mathbf{y}} \end{bmatrix} \tag{5.4.24}$$

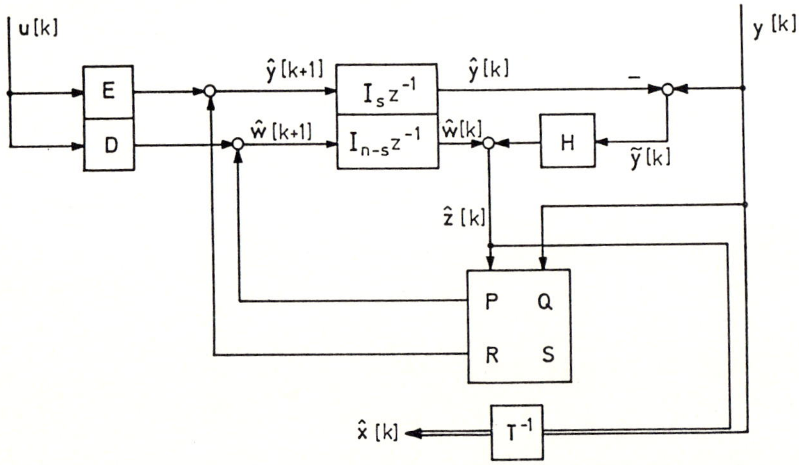

Bild 5.5 Der aktuelle Beobachter für Sensorkoordinaten

In dieser Zwischenform wird $\hat{\mathbf{y}}[k]$ zwar noch als interne Größe des Beobachters gebildet, aber es geht nicht mehr in $\hat{\mathbf{x}}$ ein. Der zur Bildung von $\hat{\mathbf{z}}[k]$ benötigte Term $\mathbf{H}\hat{\mathbf{y}}[k]$ kann gemäß (5.4.12) auch gebildet werden als

$$\mathbf{H}\hat{\mathbf{y}}[k+1] = \mathbf{H}(\mathbf{R}\hat{\mathbf{z}}[k] + \mathbf{Sy}[k] + \mathbf{Eu}[k]) \tag{5.4.25}$$

Die Verzögerung zu $\mathbf{H}\hat{\mathbf{y}}[k]$ wird erreicht, indem dieser Ausdruck bereits am Eingang der Verzögerungselemente für $\hat{\mathbf{w}}$ eingegeben wird. Man kommt damit zu dem Blockschaltbild 5.4, in dem die s Verzögerungselemente $\mathbf{I}_s z^{-1}$ für $\hat{\mathbf{y}}$ weggelassen sind. (In Bild 5.4 tritt $\mathbf{H}$ zweimal auf, dies muß bei Veränderung von $\mathbf{H}$ während des Betriebs beachtet werden!)

Dieser Vergleich zeigt, daß der aktuelle Beobachter keine prinzipiellen Untersschiede zum reduzierten Beobachter aufweist. Ein Vorteil des aktuellen Beobachters ist allerdings, daß sich bei großem $\mathbf{H}$ Ungenauigkeiten von $\mathbf{S}$ und $\mathbf{R}$ weniger auswirken. □

Die Separation von Polvorgabe und Beobachter-Polvorgabe gilt auch bei Verwendung des Beobachters reduzierter Ordnung. Es ist gemäß (5.4.11) und (5.4.12)

$$\begin{bmatrix} \mathbf{z}[k+1] \\ \mathbf{y}[k+1] \end{bmatrix} = \begin{bmatrix} \mathbf{P} & \mathbf{Q} \\ \mathbf{R} & \mathbf{S} \end{bmatrix} \begin{bmatrix} \mathbf{z}[k] \\ \mathbf{y}[k] \end{bmatrix} + \begin{bmatrix} \mathbf{D} \\ \mathbf{E} \end{bmatrix} \mathbf{u}[k] \qquad (5.4.26)$$

In der Zustandsvektor-Rückführung

$$\mathbf{u}[k] = -[\mathbf{K}_z \quad \mathbf{K}_y] \begin{bmatrix} \hat{\mathbf{z}}[k] \\ \mathbf{y}[k] \end{bmatrix} + \mathbf{D}_w \mathbf{w}[k] \qquad (5.4.27)$$

wird $\hat{\mathbf{z}} = \mathbf{z} - \tilde{\mathbf{z}}$ aus dem reduzierten Beobachter, (5.4.23), anstelle des unbekannten Zustands $\mathbf{z}$ zurückgeführt, d.h.

$$\mathbf{u}[k] = -\mathbf{K}_z \mathbf{z}[k] + \mathbf{K}_z \tilde{\mathbf{z}}[k] - \mathbf{K}_y \mathbf{y}[k] + \mathbf{D}_w \mathbf{w}[k] \qquad (5.4.28)$$

Für den Rekonstruktionsfehler $\tilde{\mathbf{z}}$ gilt (5.4.21).

Durch Zusammenfassen der Gln. (5.4.26), (5.4.28) und (5.4.21) erhält man für den geschlossenen Regelkreis

$$\begin{bmatrix} \mathbf{z}[k+1] \\ \mathbf{y}[k+1] \\ \tilde{\mathbf{z}}[k+1] \end{bmatrix} = \begin{bmatrix} \mathbf{P}-\mathbf{D}\mathbf{K}_z & \mathbf{Q}-\mathbf{D}\mathbf{K}_y & \mathbf{D}\mathbf{K}_z \\ \mathbf{R}-\mathbf{E}\mathbf{K}_z & \mathbf{S}-\mathbf{E}\mathbf{K}_y & \mathbf{E}\mathbf{K}_z \\ \mathbf{0} & \mathbf{0} & \mathbf{P}-\mathbf{H}\mathbf{R} \end{bmatrix} \begin{bmatrix} \mathbf{z}[k] \\ \mathbf{y}[k] \\ \tilde{\mathbf{z}}[k] \end{bmatrix} + \begin{bmatrix} \mathbf{D} \\ \mathbf{E} \\ \mathbf{0} \end{bmatrix} \mathbf{D}_w \mathbf{w}[k] \qquad (5.4.29)$$

Es sind also wiederum die durch Zustandsvektor-Rückführung $\mathbf{K}_z$, $\mathbf{K}_y$ festgelegten Pole und die durch $\mathbf{H}$ festgelegten Beobachterpole die Eigenwerte des Gesamtsystems, und $\mathbf{P} - \mathbf{H}\mathbf{R}$ geht nicht in die Führungsübertragungsfunktion ein, da $\tilde{\mathbf{z}}$ nicht von $\mathbf{w}$ aus steuerbar ist.

5.5 Wahl der Beobachterpole

Der Lösungsverlauf des Rekonstruktionsfehlers nach (5.2.7) bzw. (5.4.21) ist durch die Beobachterpole bestimmt, die mit der Wahl der Matrix $\mathbf{H}$ festgelegt werden.

Ein besonders rasches Abklingen des Rekonstruktionsfehlers in einem endlichen Einschwingvorgang wird mit einem **Deadbeat-Beobachter** erreicht, d.h. durch Vorgabe aller Beobachterpole bei $z = 0$. Die Wirkungsweise eines solchen Beobachters kann am besten in der Beobachter-Normalform (A.3.23) veranschaulicht werden. Die Zustandsdarstellung einer Regelstrecke mit einer Meßgröße sei zunächst in Beobachter-Normalform

$$\mathbf{x}_F[k+1] = \begin{bmatrix} 0 & & & -a_0 \\ 1 & \cdot & & \vdots \\ & & \cdot & \vdots \\ 0 & & 1 & -a_{n-1} \end{bmatrix} \mathbf{x}_F[k] + \begin{bmatrix} b_0 \\ \vdots \\ \vdots \\ b_{n-1} \end{bmatrix} u[k] \qquad (5.5.1)$$

$$y[k] = [0 \;\; . \;.\; . \;\; 0 \quad 1 \quad]\mathbf{x}_F[k]$$

transformiert worden. Bei der Berechnung eines reduzierten Beobachters ist dann in (5.4.11) und (5.4.12)

$$\mathbf{z} = \begin{bmatrix} x_{F1} \\ \vdots \\ \cdot \\ x_{Fn-1} \end{bmatrix}, \quad \mathbf{P} = \begin{bmatrix} 0 & & & 0 \\ 1 & \cdot & & \\ & \cdot & \cdot & \\ 0 & & 1 & 0 \end{bmatrix}, \quad \mathbf{Q} = -\begin{bmatrix} a_0 \\ \vdots \\ \cdot \\ a_{n-2} \end{bmatrix}, \quad \mathbf{D} = \begin{bmatrix} b_0 \\ \vdots \\ \cdot \\ b_{n-2} \end{bmatrix}$$

$$y = x_{Fn}\,, \quad \mathbf{R} = \mathbf{r}' = [\;0 \;\; . \;.\; . \;\; 0 \quad 1\;]\,, \quad S = -a_{n-1}\,, \quad E = b_{n-1}$$

Damit wird

$$\mathbf{P} - \mathbf{hr}' = \begin{bmatrix} 0 & & & -h_1 \\ 1 & \cdot & & \vdots \\ & & \cdot & \vdots \\ 0 & & 1 & -h_{n-1} \end{bmatrix} \qquad (5.5.2)$$

In dieser Form sind die Elemente des Vektors $\mathbf{h}$ unmittelbar die Koeffizienten des charakteristischen Beobachterpolynoms. Den Deadbeat-Beobachter erhält man also hier mit $\mathbf{h} = \mathbf{0}$, $\hat{\mathbf{v}} = \hat{\mathbf{z}}$ aus (5.4.23)

$$\begin{bmatrix} \hat{x}_{F1}[k+1] \\ \vdots \\ \hat{x}_{Fn-1}[k+1] \end{bmatrix} = \begin{bmatrix} 0 & & & 0 \\ 1 & \ddots & & \\ & & \ddots & \\ 0 & & 1 & 0 \end{bmatrix} \begin{bmatrix} \hat{x}_{F1}[k+1] \\ \vdots \\ \hat{x}_{Fn-1}[k] \end{bmatrix} + \begin{bmatrix} b_0 \\ \vdots \\ b_{n-2} \end{bmatrix} u[k] - \begin{bmatrix} a_0 \\ \vdots \\ a_{n-2} \end{bmatrix} y[k] \qquad (5.5.3)$$

$$\hat{\mathbf{x}}_F = \begin{bmatrix} \hat{x}_{F1} \\ \vdots \\ \hat{x}_{Fn-1} \\ y \end{bmatrix}$$

Bild 5.6 veranschaulicht die Wirkungsweise dieses Beobachters.

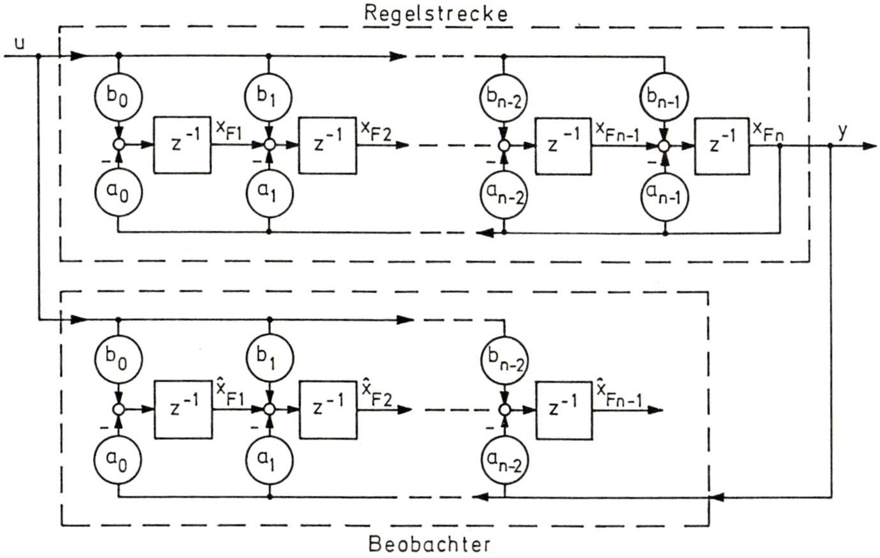

Bild 5.6 Beobachter mit minimaler Einschwingzeit

Im oberen Teil des Bildes ist die Beobachter-Normalform der Regelstrecke dargestellt, d.h. eine besonders geeignete Modelldarstellung, die den von außen an der Regelstrecke festzustellenden Zusammenhang zwischen der Eingangsfolge u[k] und der Ausgangsfolge y[k] beschreibt. Der Beobachter im unteren Teil des Bildes ist tatsächlich so aufgebaut wie gezeichnet, so daß die Schätzwerte $\hat{x}_{F1}$, $\hat{x}_{F2} \ldots \hat{x}_{Fn-1}$ daraus abgegriffen werden können.

Am Eingang des ersten Speicherelements tritt im Beobachter die gleiche Größe $b_0u - a_0y$ auf wie in der Regelstrecke. Wenn zu Anfang $\hat{x}_{F1}[0] \neq x_{F1}[0]$ war, wird also nach einem Abtastintervall

$$\hat{x}_{F1}[1] = x_{F1}[1] \tag{5.5.4}$$

Nach zwei Intervallen wird damit

$$\hat{x}_{F2}[2] = x_{F2}[2] \quad , \quad \hat{x}_{F1}[2] = x_{F1}[2] \tag{5.5.5}$$

und so fort bis nach n-1 Schritten

$$\hat{x}_{Fi}[n-1] = x_{Fi}[n-1] \quad , \; i = 1, 2 \ldots n-1 \quad , \tag{5.5.6}$$

geworden ist, d.h. die Zustände von Beobachter und Regelstrecke stimmen überein. Hierbei wurde vorausgesetzt, daß in dem betrachteten Intervall keine Störgröße auf die Regelstrecke einwirkt. Die Reduktion der Beobachterordnung ist hier besonders deutlich. Man könnte im Beobachter auch durch ein n-tes Speicherelement $\hat{x}_{Fn}$ bilden, ihn also zu einem vollständigen Modell ergänzen. Es würde dann aber erst nach n Schritten $\hat{x}_{Fn}[n] = x_{Fn}[n]$, während nach (5.5.3) $\hat{x}_{Fn}[k] = y[k] = x_{Fn}[k]$ für alle k ist, vorausgesetzt immer, daß kein Meßrauschen bei y auftritt.

Offensichtlich ist es hier nicht möglich, für $\hat{x}_{F1}[0] \neq x_{F1}[0]$ in weniger als n-1 Abtastschritten einen vollständigen Schätzwert des Zustands zu erhalten. Eine schnellere Rekonstruktion des Zustands ist jedoch möglich, wenn mehrere linear unabhängige Meßgrößen $y_1 \ldots y_s$ zur Verfügung stehen. Man ordnet dann jeder Meßgröße ein Teilsystem zu, das von dieser Größe aus beobachtbar ist, und entwirft einen entsprechenden Teilbeobachter. Die benötigte Zahl von Abtastintervallen ist gleich Ordnung des größten Teilsystems minus eins. Welche Wahlmöglichkeiten man bei der Ordnung der Teilsysteme hat, wird in Kapitel 7 behandelt. Es wird aber hier bereits deutlich, daß die Teilsysteme so gut wie möglich gleiche Ordnung haben sollten. Dadurch wird die Beobachterstruktur festgelegt, die die schnellste Rekonstruktion erlaubt. Die Verallgemeinerung von (5.5.1) auf den Fall mehrerer Meßgrößen ist die duale Form zu der Regelungs-Normalform für Mehrgrößensysteme (A.4.1).

Die Leistungsfähigkeit eines Beobachters kann nun aber nicht allein an der Dauer des Rekonstruktionsvorgangs bei ideal ungestörten Signalen beurteilt werden. Man muß auch berücksichtigen, daß Störungen auf die Regelstrecke und auf die Messungen einwirken. Die kontinuierliche Regelstrecke sei

$$\dot{\mathbf{x}}(t) = \mathbf{F}\mathbf{x}(t) + \mathbf{G}\mathbf{u}(t) + \mathbf{z}_s(t)$$
$$\mathbf{y}(t) = \mathbf{C}\mathbf{x}(t) + \mathbf{z}_m(t) \qquad (5.5.7)$$

Wir bezeichnen $\mathbf{z}_s(t)$ als Strecken-Störung und $\mathbf{z}_m$ als Meß-Störung. Nach Diskretisierung mit

$$\mathbf{s}[k] = \int_0^T e^{\mathbf{F}v}\mathbf{z}_s(kT+T-v)dv$$ erhält man

$$\mathbf{x}[k+1] = \mathbf{A}\mathbf{x}[k] + \mathbf{B}\mathbf{u}[k] + \mathbf{s}[k]$$
$$\mathbf{y}[k] = \mathbf{C}\mathbf{x}[k] + \mathbf{z}_m[k] \qquad (5.5.8)$$

Durch Hinzufügen der Störgrößen $\mathbf{s}[k]$ und $\mathbf{z}_m[k]$ ändert sich die Fehler-Differenzengleichung (5.2.7) in

$$\tilde{\mathbf{x}}[k+1] = (\mathbf{A}-\mathbf{H}\mathbf{C})\tilde{\mathbf{x}}[k] + \mathbf{s}[k] - \mathbf{H}\mathbf{z}_m[k] \qquad (5.5.9)$$

Lassen sich die Störungen als stochastische Prozesse mit bekannter Kovarianzmatrix beschreiben, so kann ein KALMAN-BUCY-Filter [60.2, 61.1] zur Bestimmung eines Schätzwertes $\hat{\mathbf{x}}$ benutzt werden. Es hat die gleiche Struktur wie ein Beobachter der Ordnung n, Bild 5.1, jedoch ist die $\mathbf{H}$-Matrix zeitvariabel, das optimale $\mathbf{H}[k]$ wird als Lösung einer Matrix-RICCATI-Differenzen-Gleichung bestimmt. Für stationäre Verhältnisse erhält man eine konstante $\mathbf{H}$-Matrix und damit die günstigste Lage der Beobachterpole. Praktisch hat man jedoch meist nicht so genaue Kenntnisse über die Art der Störungen. Anstatt mit Annahmen hierüber zu spielen, kann man auch direkt mit den Beobachterpolen spielen. (5.5.9) liefert hierzu einige qualitative Anhaltspunkte, die sich am besten anhand von Extremfällen verdeutlichen lassen. Es wird dabei angenommen, daß die hochfrequenten Wirkungen der Störungen außerhalb der Bandbreite des Regelungssystems bereits durch ein Anti-Aliasing-Filter vor dem Abtaster für $\mathbf{y}(t)$ beseitigt worden sind. Die folgende Diskussion bezieht sich also auf die Wirkungen von $\mathbf{s}[k]$ und $\mathbf{z}_m[k]$ im Frequenzband bis $\omega_A/2$. Hier muß ein Kompromiß zwischen schneller Zustands-Rekonstruktion und guter Ausfilterung des Meßrauschens geschlossen werden.

Angenommen, $\mathbf{s}[k] \equiv \mathbf{0}$, das Meßrauschen $\mathbf{z}_m$ sei aber so groß, daß es die Messung $\mathbf{y}$ fast unbrauchbar macht. In diesem Fall empfiehlt es sich, $\hat{\mathbf{x}}$

in einem Beobachter n-ter Ordnung zu rekonstruieren. Es wird dann nur $\hat{\mathbf{x}}$, nicht aber y, zurückgeführt. Der Beobachter, siehe Bild 5.1, arbeitet mit sehr kleinen Rückführungen in $\mathbf{H}$ fast wie ein parallel geschaltetes Modell. $\mathbf{H}$ wird nur benötigt, um die Schätzfehlerdynamik zu stabilisieren. Ist also $\mathbf{A}$ bereits genügend stabil, so brauchen die Eigenwerte von $\mathbf{A} - \mathbf{HC}$ nicht verändert zu werden. Wird im Extremfall $\mathbf{H} = \mathbf{0}$ gesetzt, so liefert die Rückführung von $\hat{\mathbf{x}}[k]$ eine reine Steuerung der Regelstrecke.

Ein anderer Extremfall ist gegeben für $\mathbf{z}_m = \mathbf{0}$, aber erhebliche Störungen $\mathbf{s}$. Hier kommt es darauf an, daß der Beobachter schnell dem Einfluß der Störungen auf die Zustände der Regelstrecke folgt. Es kann also ein Deadbeat-Beobachter benutzt werden. Da kein Meßrauschen vorliegt, kann $\mathbf{y}$ ungefiltert zurückgeführt werden und der zu $\mathbf{y}$ komplementäre Zustand $\mathbf{z}$ wird mit einem reduzierten Beobachter rekonstruiert. Es ergibt sich also ein System wie in Bild. 5.6. Aufgrund der fortwährend einwirkenden Streckenstörungen $\mathbf{s}$ wird eine Übereinstimmung der Zustände von Regelstrecke und Beobachter nie erreicht. Der Fehler hängt aber entsprechend der Beobachter-Ordnung nur von der Streckenstörung in den letzten Abtastintervallen ab, der Einfluß aller weiter zurückliegenden Streckenstörungen ist vollständig ausgeregelt.

Praktische Fälle werden zwischen diesen beiden Extremen liegen, d.h. man verschiebt durch die Wahl von $\mathbf{H}$ die Beobachter-Eigenwerte gegenüber denen der Regelstrecke $\mathbf{A}$ näher an den Nullpunkt $z = 0$ heran, ohne daß man ihn ganz erreichen muß. Dabei folgt man wieder in etwa den Linien für konstantes $\omega_n T$ in Bild 3.4. Der Stellgrößenbeschränkung bei der Polvorgabe entspricht beim dualen Beobachterproblem das Meßrauschen.

Da hier nur über die Anzahl k der Abtastintervalle, nicht aber über die Echtzeit $t = kT$ im zugrundeliegenden kontinuierlichen Modell gesprochen wurde, muß ausdrücklich vor dem Irrtum gewarnt werden, man könne den Zustand durch $T \to 0$ und einen Deadbeat-Beobachter beliebig schnell rekonstruieren. Ein Extremfall soll das verdeutlichen: Wenn y sich entsprechend der Dynamik der Regelstrecke nur langsam ändert, aber sehr häufig abgetastet wird, unterscheiden sich aufeinanderfolgende Werte von $\mathbf{y}[k]$ nur geringfügig, das Ergebnis der Rechnungen kann also bereits durch ein kleines überlagertes Meßrauschen stark verfälscht werden. Im Grenzfall $T \to 0$ nähert sich der Deadbeat-Beobachter einem mehrfachen Differenzierer, der gerade höherfrequentes Rauschen stark anhebt.

Man kann allerdings in Systemen mit geringem Meßrauschen und langem Tastintervall T zur Erzeugung von $\hat{\mathbf{x}}(kT)$ einen Beobachter verwenden, der mit einem Vielfachen der Abtastfrequenz arbeitet, z.B. mit einer Tastperiode T/N. Vom Beobachterausgang wird dann nur jeder N-te Wert für die Rückführung benutzt. Durch die Verkleinerung der Tastperiode ist $\mathbf{A} = e^{\mathbf{F}T}$ durch $\mathbf{A}^{1/N} = e^{\mathbf{F}T/N}$ zu ersetzen und die Rekonstruktionsfehlergleichung (5.2.7) wird

$$\tilde{\mathbf{x}}(kT+T) = (\mathbf{A}^{1/N} - \mathbf{H}^{*}\mathbf{C})^{N}\tilde{\mathbf{x}}(kT) \qquad (5.5.10)$$

Maßgebend für die Dynamik des Rekonstruktionsfehlers ist also die N-te Potenz der für $\mathbf{A}^{1/N} - \mathbf{H}^{*}\mathbf{C}$ vorgegebenen Eigenwerte. Um hiermit nicht in die linke z-Halbebene zu geraten, sollten vorzugsweise nur positiv reelle Eigenwerte für $\mathbf{A}^{1/N} - \mathbf{H}^{*}\mathbf{C}$ vorgegeben werden. Dieser Fall kann interessant sein, wenn man z.B. aus Gründen der Stellgrößenbeschränkung die Regelungs-Tastperiode T nicht verkleinern will, andererseits aber bei ungestörten Messungen schnell beobachten kann.

5.6 Störgrößenbeobachter

Den bisherigen Überlegungen im Zusammenhang mit den Störgrößen $\mathbf{s}$ und z_m in (5.5.8) lag die Annahme zugrunde, daß man über die Art dieser Störungen gar nichts weiß. Dies entspricht dem Fall des weißen Rauschens, bei dem aus s[i], i = k-1, k-2 ... keine Schlüsse auf s[k] möglich sind. Nun treten aber in der Praxis Fälle auf, in denen man bessere Annahmen über das Störspektrum machen kann. Dies können deterministische Störungen sein, z.B. sprungförmige Laständerungen in einem Walzwerksantrieb oder periodische Störungen mit bekannter Frequenz wie bei den störenden Vibrationen, die von einem Hubschrauber-Rotor mit geregelter Drehzahl auf die Hubschrauber-Zelle ausgeübt werden. Oder vertikale Störbeschleunigungen auf einen Zug, der über eine aufgeständerte, girlandenförmig durchhängende Fahrbahn fährt; hier ergibt sich die Frequenz aus Fahrgeschwindigkeit und Stützabstand. Es kann sich auch um stochastische Störungen handeln, die man sich entstanden denken kann aus weißem Rauschen, dessen Spektrum durch ein Formfilter verändert, z.B. tiefpaßgefiltert, wurde. Beispiel: Böen, die auf ein Flugzeug wirken.

Da diese Störungen nicht abgetastet werden, wirken sie kontinuierlich als Störgröße $z_s(t)$ auf die Regelstrecke ein, ihre Gleichung in kontinuierlicher Zeit ist

$$\dot{\mathbf{x}} = \mathbf{Fx} + \mathbf{Gu} + \mathbf{z}_s$$
$$\mathbf{y} = \mathbf{Cx} \tag{5.6.1}$$

Es wird nun angenommen, daß die Störgröße $\mathbf{z}_s$ als Lösung einer bekannten Differentialgleichung

$$\dot{\mathbf{q}} = \mathbf{Dq} + \mathbf{\delta}_q$$
$$\mathbf{z}_s = \mathbf{Mq} \tag{5.6.2}$$

dargestellt werden kann, auf deren Eingang $\mathbf{\delta}_q$ weißes Rauschen, d.h. einzelne, voneinander unabhängige Impulse wirken. Da über $\mathbf{\delta}_q$ nichts weiter bekannt ist, wird es gleich seinem Erwartungswert Null gesetzt und man interessiert sich nur für die Bestimmung des Zustands $\mathbf{q}$, der unter Einwirkung des zurückliegenden Verlaufs von $\mathbf{\delta}_q$ entstanden ist. (5.6.2) kann z.B. als Integrator sprungförmige Störgrößen z_s mit unbekannter Amplitude und unbekanntem Zeitpunkt des Auftretens darstellen. Bei einer periodischen Störung ist (5.6.2) ein Oszillator bekannter Frequenz, d.h. $\mathbf{D}$ hat entsprechende rein imaginäre Eigenwerte. Amplitude und Phasenlage der Komponenten von $\mathbf{z}_s$ hängen dann von dem noch unbekannten Zustand $\mathbf{q}$ ab.

Der Beobachter kann nun so erweitert werden, daß er auch den Zustandsvektor $\mathbf{q}$ rekonstruiert. Man faßt dazu die kontinuierliche Regelstrecke von (5.6.1) mit dem Störgenerator (5.6.2) zusammen zu

$$\begin{bmatrix}\dot{\mathbf{x}}\\ \dot{\mathbf{q}}\end{bmatrix} = \begin{bmatrix}\mathbf{F} & \mathbf{M}\\ \mathbf{0} & \mathbf{D}\end{bmatrix}\begin{bmatrix}\mathbf{x}\\ \mathbf{q}\end{bmatrix} + \begin{bmatrix}\mathbf{G}\\ \mathbf{0}\end{bmatrix}\mathbf{u}$$
$$\mathbf{y} = [\mathbf{C} \quad \mathbf{0}]\begin{bmatrix}\mathbf{x}\\ \mathbf{q}\end{bmatrix} \tag{5.6.3}$$

Es wird vorausgesetzt, daß dieses System von $\mathbf{y}$ aus beobachtbar ist. Man diskretisiert das System und berechnet den zugehörigen Beobachter wie in den vorhergehenden Abschnitten dargestellt.

Durch diesen Störgrößenbeobachter wird die Rekonstruktion von $\mathbf{x}$ verbessert und außerdem ein Wert $\hat{\mathbf{q}}$ rekonstruiert, der als Störgrößenaufschaltung auf $\mathbf{u}$ zurückgeführt werden kann. Damit kann zwar die Dynamik des Störgenerators nicht beeinflußt werden, da er nicht steuerbar ist, es kann aber die Wirkung von $\mathbf{z}_s$ auf die Regelstrecke vermindert werden.

Beispiel

Auf den Eingang der schon früher behandelten Regelstrecke 1/s(s+1) wirken sprungförmige Störgrößen zu unbekannten Zeitpunkten und mit unbekannter Amplitude. Bild 5.7 zeigt das Blockschaltbild.

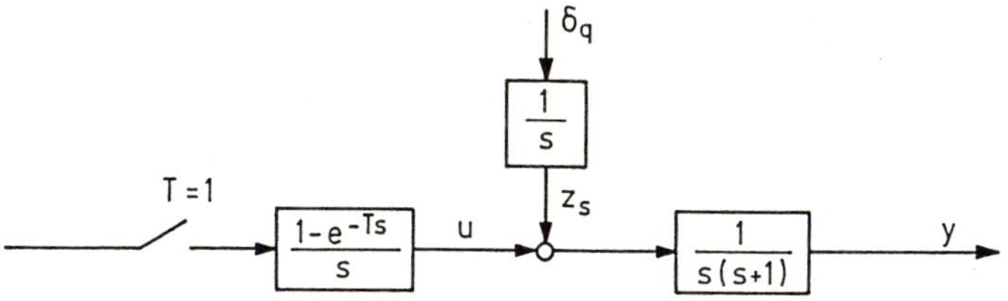

Bild 5.7 Berücksichtigung einer sprungförmigen Störgröße z_s

Nach (3.1.14) und (5.6.3) mit

$$D = 0 \;, \quad \mathbf{M} = \begin{bmatrix} 0 \\ 1 \end{bmatrix} \;, \qquad \text{ist}$$

$$\begin{bmatrix} \dot{\mathbf{x}}_s \\ \\ \dot{z}_s \end{bmatrix} = \begin{bmatrix} 0 & 1 & 0 \\ 0 & -1 & 1 \\ 0 & 0 & 0 \end{bmatrix} \begin{bmatrix} \mathbf{x} \\ \\ z_s \end{bmatrix} + \begin{bmatrix} 0 \\ 1 \\ 0 \end{bmatrix} u + \begin{bmatrix} 0 \\ 0 \\ 0 \end{bmatrix} \delta_q$$

$$y = [1 \quad 0 \quad 0] \begin{bmatrix} \mathbf{x}_s \\ z_s \end{bmatrix} \qquad (5.6.4)$$

Diskretisiert man mit T = 1 und setzt den Erwartungswert $E\{\delta_q\} = 0$ für δ_q ein, so erhält man

$$\begin{bmatrix} \mathbf{x}[k+1] \\ z_s[k+1] \end{bmatrix} = e^{\mathbf{F}T} \begin{bmatrix} \mathbf{x}[k] \\ z_s[k] \end{bmatrix} + \int_0^T e^{\mathbf{F}\tau} \mathbf{g} d\tau u[k]$$

$$= \begin{bmatrix} 1 & 0,632 & 0,368 \\ 0 & 0,368 & 0,632 \\ 0 & 0 & 1 \end{bmatrix} \begin{bmatrix} \mathbf{x}[k] \\ z_s[k] \end{bmatrix} + \begin{bmatrix} 0,368 \\ 0,632 \\ 0 \end{bmatrix} u[k] \qquad (5.6.5)$$

Der Beobachter reduzierter Ordnung wird nun gemäß Gl. (5.4.23) bestimmt. In (5.4.11) und (5.3.12) ist $y = x_1$, $\mathbf{z} = [x_2 \quad z_s]'$

$$\mathbf{P} = \begin{bmatrix} 0,368 & 0,632 \\ 0 & 1 \end{bmatrix} \qquad \mathbf{Q} = \begin{bmatrix} 0 \\ 0 \end{bmatrix} \qquad \mathbf{D} = \begin{bmatrix} 0,632 \\ 0 \end{bmatrix}$$

$$\mathbf{R} = [0,632 \quad 0,368] \qquad S = 1 \qquad E = 0,368$$

Einen Beobachter mit minimaler Einschwingzeit erhält man aus (5.4.22) mit

$$\det(z\mathbf{I}-\mathbf{P}+\mathbf{hR}) = Q(z) = z^2$$

Nach (5.2.14) muß dazu

$$\mathbf{h} = \mathbf{Q}(\mathbf{P}) \begin{bmatrix}\mathbf{R}\\ \mathbf{RP}\end{bmatrix}^{-1} \begin{bmatrix}0\\1\end{bmatrix} = \mathbf{P}^2 \begin{bmatrix}0,632 & 0,368\\ 0,233 & 0,768\end{bmatrix}^{-1} \begin{bmatrix}0\\1\end{bmatrix} = \begin{bmatrix}1,244\\1,582\end{bmatrix}$$

gewählt werden. Der reduzierte Beobachter ist dann nach (5.4.23)

$$\hat{\mathbf{v}}[k+1] = \begin{bmatrix}-0,418 & 0,175\\ -1 & 0,418\end{bmatrix}\hat{\mathbf{v}}[k] - \begin{bmatrix}1,488\\2,165\end{bmatrix}y[k] + \begin{bmatrix}0,175\\0,582\end{bmatrix}u[k]$$

$$\hat{\mathbf{z}}[k] = \begin{bmatrix}\hat{x}_2[k+1]\\ \hat{z}_s[k+1]\end{bmatrix} = \hat{\mathbf{v}}[k] + \begin{bmatrix}1,244\\1,582\end{bmatrix}y[k] \qquad (5.6.6)$$

□

5.7 Rekonstruktion einer Linearkombination der Zustandsgrößen

Im Abschnitt 5.3 haben wir den Beobachter mit der Zustandsvektor-Rückführung zu einem dynamischen Regler zusammengefaßt. Für den Regelkreis ist es dabei nicht wesentlich, ob im Regler sämtliche Zustände rekonstruiert werden. Benötigt wird lediglich die Linearkombination $\mathbf{K}\hat{\mathbf{x}}$ in (5.3.1) bzw. $\mathbf{K}_z\hat{\mathbf{z}}$ in (5.4.27). Da wir uns mit den strukturellen Eigenschaften von Mehrgrößensystemen erst im siebenten Kapitel befassen werden, soll hier nur das Prinzip für Regelstrecken mit einer Stellgröße und s Meßgrößen $\mathbf{y} = [y_1 \ldots y_s]'$ erläutert werden.

Wie LUENBERGER [71.7] gezeigt hat, kann die Regelstrecke

$$\begin{aligned}\mathbf{x}[k+1] &= \mathbf{Ax}[k] + \mathbf{b}u[k]\\ \mathbf{y}[k] &= \mathbf{Cx}[k]\end{aligned} \qquad (5.7.1)$$

durch Transformation in die Beobachter-Normalform, d.h. die duale Form zu (A.4.1), in s Teilsysteme zerlegt werden, die jeweils von einer Linearkombination der y_i aus beobachtbar sind. Dabei ist die Ordnung der Teilsysteme gleich den Beobachtbarkeits-Indizes, $\nu_1 \ldots \nu_s$, siehe Abschnitt (7.1.4). Es genügt an dieser Stelle zu wissen, daß die Summe der Beobachtbarkeits-Indizes bei einem beobachtbaren System gleich der Systemordnung ist, d.h. $\nu_1 + \nu_2 + \ldots + \nu_s = n$ und daß die Ordnung des größten Teilsystems gleich dem größten Beobachtbarkeits-Index

$$\nu = \max_i \nu_i \tag{5.7.2}$$

ist. Dieser ist für ein beobachtbares Paar ($\mathbf{A}$, $\mathbf{C}$) definiert als die kleinste ganze Zahl ν für die

$$\text{rang}\begin{bmatrix} \mathbf{C} \\ \mathbf{CA} \\ \cdot \\ \cdot \\ \cdot \\ \mathbf{CA}^{\nu-1} \end{bmatrix} = n \tag{5.7.3}$$

Diese Zerlegung der Regelstrecke in Teilsysteme erlaubt es nun, s einzelne Beobachter parallel arbeiten zu lassen, die jeweils nur eine Meßgröße y_i bzw. Linearkombination v_i von Meßgrößen benötigen und den Zustand des zugehörigen Teilsystems rekonstruieren, siehe Bild 5.8.

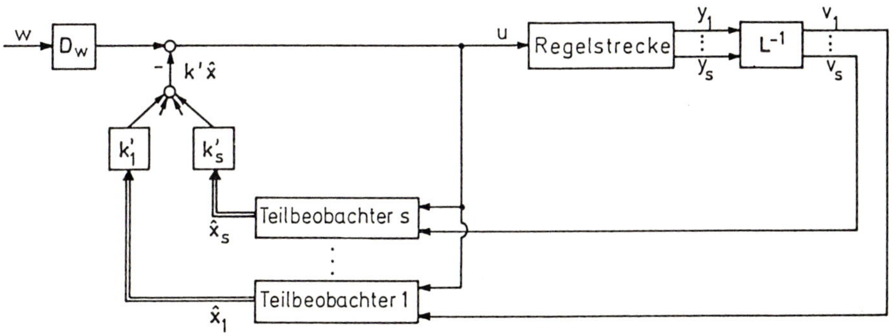

Bild 5.8 Teilbeobachter für die in Teilsysteme zerlegte Regelstrecke

Bei Verwendung von reduzierten Beobachtern haben diese die Ordnungen ν_1-1, ν_2-1 ... ν_s-1, der größte hat also die Ordnung $\nu-1$. Gibt man allen Teilbeobachtern voneinander verschiedene Beobachterpole, so läßt sich der Gesamtbeobachter der Ordnung n-s nicht weiter reduzieren. Man kann jedoch auch $\nu-1$ Eigenwerte für den größten Teilbeobachter in Form eines Polynoms Q(s) vorgeben und allen anderen Teilbeobachtern eine Untermenge dieser Eigenwerte geben. Aus den s+1 Übertragungsfunktionen von u und v_i nach $\mathbf{k}'\hat{\mathbf{x}}$, i = 1, 2 ... s, kann dann bei $\mathbf{k}'\hat{\mathbf{x}}$ das kleinste gemeinsame Vielfache aller Nenner herausgezogen werden, dies ist gerade Q(s), so daß sich der gesamte Beobachter als System der Ordnung $\nu-1$ realisieren läßt, z.B. indem die verschiedenen Zählerpolynome in der Beobachter-Normalform, Bild A.5, realisiert werden.

Wir fassen das Ergebnis dieser Überlegungen zusammen zu dem folgenden Satz:

> Jede Linearkombination $\mathbf{k}'\mathbf{x}$ der Zustandsgrößen läßt sich mit einem Beobachter der Ordnung $\nu-1$ rekonstruieren, wobei ν der Beobachtbarkeitsindex von $(\mathbf{A}, \mathbf{C})$ ist. (5.7.4)

Bei Verwendung des schneller arbeitenden Beobachters kann z.B. sinnvollerweise in (5.5.10) $N = \nu-1$ gewählt werden, so daß sich ein gesamter Deadbeat-Einschwingvorgang des Beobachters während eines Regelungs-Tastintervalls T abspielt. Eine solche Lösung ist jedoch nur dann sinnvoll, wenn praktisch kein Meßrauschen auftritt.

5.8 Übungen

5.1 Berechnen Sie für die Verladebrücke nach (5.2.21)

mit $\mathbf{y} = \begin{bmatrix} 1 & 0 & 0 & 0 \\ 0 & 0 & 1 & 0 \end{bmatrix}\mathbf{x}$ einen reduzierten Beobachter

in Form von zwei reduzierten Teilbeobachtern für die Teilsysteme Pendel und Laufkatze. Diskutieren Sie die Entwurfsmöglichkeiten, die über die Vorgabe der Beobachterpole hinaus bestehen.

5.2 Geben Sie dem Beobachter nach Übung 5.1 Eigenwerte bei $z = 0$ und berechnen Sie $\tilde{\mathbf{x}}[k]$ für den Anfangszustand $\hat{x}_2[0] = 0$, $\hat{x}_4[0] = 0$, $\mathbf{x}[0] = 0{,}1\times[1 \quad 1 \quad 1 \quad 1]'$, $u[k] \equiv 0$.

5.3 Auf die Verladebrücke wirke eine konstante Windkraft in der Bewegungsebene von Bild 2.1 ein. Diese wirkt sich als Kraft f auf die Last und 0,2 f auf die Laufkatze in Richtung von x_1 aus. Bestimmen Sie einen Störgrößenbeobachter, der aus x_1 und x_3 die Größen $\hat{\mathbf{x}}$ und $\hat{f}$ rekonstruiert.

5.4 Bei der Verladebrücke soll Laufkatzenposition x_1 und Seilwinkel x_3 gemessen werden. Kombinieren Sie die beiden Teilbeobachter erster Ordnung nach Übung 5.2 mit Eigenwerten bei $z = 0$ mit der Zustandsvektor-Rückführung aus Übung 4.5 und geben Sie eine Realisierung als Regler erster Ordnung an.

6 Regelkreissynthese

In den vorangehenden Kapiteln wurden die wichtigsten Aspekte der Analyse und Synthese von Abtast-Regelkreisen behandelt, wir wollen diese Elemente nun im Zusammenhang betrachten und dabei verschiedene Fälle untersuchen, z.B. Führungsgröße und Regelgröße einzeln bekannt oder nur ihre Differenz, Störgrößen meßbar oder nicht etc. Die Separations-Eigenschaft von Regelkreisen mit Beobachter-Zustands-Rückführung ist nicht von der Zustandsdarstellung abhängig, es wird gezeigt, wie der gleiche Regler auch durch Synthese mit Polynom-Gleichungen berechnet werden kann.

6.1 Entwurfsprobleme bei Abtast-Regelkreisen

Es sollen zunächst die in typischen Regelungssystemen auftretenden Variablen und ihr gewünschtes Zusammenwirken für Mehrgrößensysteme dargestellt werden. Wir nehmen an, die Regelstrecke sei linear und durch die folgende Differentialgleichung beschrieben:

$$\begin{aligned} \dot{\mathbf{x}}(t) &= \mathbf{F}\mathbf{x}(t) + \mathbf{G}\mathbf{u}(t) + \mathbf{z}_s(t) \\ \mathbf{y}(t) &= \mathbf{C}\mathbf{x}(z) + \mathbf{z}_m(t) \end{aligned} \tag{6.1.1}$$

Die Regelgröße (oder Aufgabengröße)

$$\bar{\mathbf{y}}(t) = \mathbf{L}\mathbf{x}(t) \tag{6.1.2}$$

ist nicht immer in den Meßgrößen $\mathbf{y}$ enthalten.

Ziel der Regelung ist es, die Regelgröße einer Führungsgröße $\mathbf{w}(t)$ möglichst gut folgen zu lassen und zwar trotz der Einwirkung der Störgröße $\mathbf{z}_s$ auf die Regelstrecke und trotz des Meßrauschens $\mathbf{z}_m$. Definitionsgemäß haben $\bar{\mathbf{y}}$ und $\mathbf{w}$ die gleiche Anzahl von Elementen und offensichtlich ist dies auch die Mindestanzahl von Stellgrößen in $\mathbf{u}$, denn andernfalls hätte man bereits im stationären Fall mehr Forderungen an $\bar{\mathbf{y}}$ als Unbekannte in $\mathbf{u}$. Eine häufige Forderung ist, daß das

Ziel der Regelung mit kleinen Stellamplituden $|u_i|$ erreicht werden soll. Bei der Diskretisierung der Regelstrecke (6.1.1) ist zu beachten, daß die Störgröße $\mathbf{z}_s$ nicht abgetastet und gehalten wird. Es ist

$$\begin{aligned} \mathbf{x}[k+1] &= \mathbf{A}\mathbf{x}[k] + \mathbf{B}\mathbf{u}[k] + \mathbf{s}[k] \\ \mathbf{y}[k] &= \mathbf{C}\mathbf{x}[k] + \mathbf{z}_m[k] \\ \bar{\mathbf{y}}[k] &= \mathbf{L}\mathbf{x}[k] \end{aligned} \tag{6.1.3}$$

wobei $\mathbf{s}[k]$ entsprechend wie in (3.1.5) gebildet wird zu

$$\mathbf{s}[k] = \int_0^T e^{\mathbf{F}v}\mathbf{z}_s(kT+T-v)dv \tag{6.1.4}$$

Es seien $(\mathbf{A}, \mathbf{B})$ steuerbar und $(\mathbf{A}, \mathbf{C})$ beobachtbar.

Es gibt keine allgemeingültige Entwurfsprozedur für alle Regelungssysteme. Es kann dem Entwurfs-Ingenieur aber helfen, sich anhand der folgenden Checkliste eine Prozedur für sein spezielles Problem zusammenzustellen.

6.1.1 Das Modell und seine Unsicherheit

Die Dynamik der Regelstrecke wird entweder aus physikalischen Prinzipien modelliert oder anhand von Messungen identifiziert. Das so erhaltene Simulationsmodell ist häufig für den Entwurf zu komplex. Es wird zu einem linearen, zeitinvarianten System nicht zu hoher Ordnung vereinfacht.

Dabei sollte eine Beschreibung der unsicheren Parameter mitgeführt werden, z.B. in Form repräsentativer Betriebsfälle oder eines strukturierten parametrischen Modells mit Angabe der möglichen Parameterbereiche (z.B. Last und Seillänge der Verladebrücke). Es stellt sich damit das Problem des simultanen Reglerentwurfs für eine Familie von Regelstrecken, das z.B. mit dem in den Abschnitten 2.6.3 und 3.7 eingeführten Parameterraum-Verfahren angegangen werden kann [83.5].

Wenn eine solche Beschreibung als strukturierte Unsicherheit nicht möglich ist, bleibt noch die Möglichkeit, von einem Modell P mit nominalen Parameterwerten auszugehen und eine Struktur für die Störungen D so anzunehmen, daß für D = 0 das nominale Übertragungsverhalten resultiert. Bild 6.1 zeigt drei typische Ansätze für diesen Zweck.

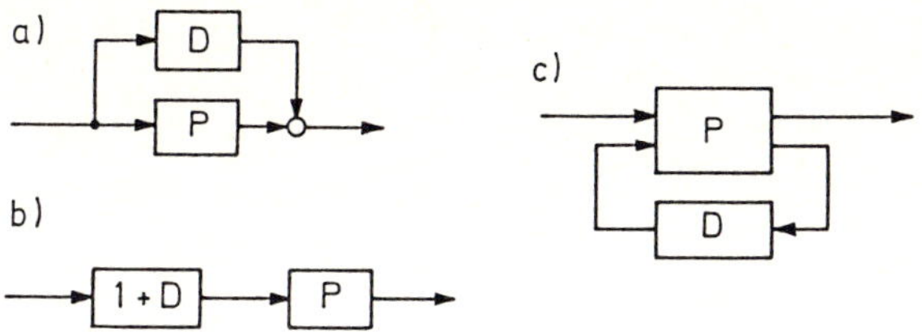

Bild 6.1
Nominale Regelstrecke P mit a)additiver, b) multiplikativer, c) Rückführungs-Modellunsicherheit D

Eine additive Unsicherheit kann z.B. unmodellierte höherfrequente Schwingungen in mechanischen Strukturen repräsentieren, siehe Bild 1.7. Der multiplikative Ansatz ist besser geeignet für vernachlässigte Stellglied- oder Sensor-Dynamik. Der Rückführungsansatz erlaubt es, die Unsicherheit der Lage von Eigenwerten der Regelstrecke zu modellieren. Es gibt in der neueren regelungstechnischen Literatur viele Arbeiten zur Robustheitsanalyse und darauf aufbauenden Synthese, die von der Frage ausgehen, wie groß D werden darf, ohne daß die Stabilität des Regelkreises verlorengeht, z.B. [85.1].

6.1.2 Pole und Nullstellen

Man berechnet die Nullstellen und Pole der Regelstrecke. Gibt es instabile oder ungenügend gedämpfte Eigenwerte, die durch die Rückführung mehr ins Stabilitätsgebiet in der s- bzw. z-Ebene verschoben werden müssen? Müssen bei einem zu trägen System reelle Eigenwerte aus der Nähe von $s = 0$ bzw. $z = 0$ nach links verschoben werden? Wo liegt der Schwerpunkt der Eigenwerte von Strecke und Stellglied? Wenn er stark nach links verschoben werden muß, darf die Stellglieddynamik nicht im Entwurf vernachlässigt werden, siehe Abschnitt 2.6.4.

Bei kontinuierlicher Regelung können die Nullstellen allenfalls durch Kürzung in der linken s-Halbebene beseitigt und durch andere Nullstellen ersetzt werden. Bei diskreter Regelung ist eine solche Kürzung von Nullstellen innerhalb des Einheitskreises der z-Ebene zwar ebenfalls möglich, wirkt sich aber in unerwünschten Schwingungen zwischen den Abtastzeitpunkten aus. Will man diese Kürzungen in der Nähe des Einheitskreises vornehmen, ist es daher wichtig, auch den Lösungsverlauf zwischen den Abtastzeitpunkten zu analysieren. Im übrigen muß man sich mit den durch die Regelstrecke gegebenen Nullstellen außerhalb des Einheitskreises und im Inneren nahe am Einheitskreis abfinden.

6.1.3 Beobachtbarkeitsanalyse, Sensorauswahl

Die Beobachtbarkeit der Regelstrecke wird analysiert. Gibt es Parameterwerte der Regelstrecke, bei denen sie schlecht beobachtbar ist? (Beispiel: Bei leerem Lasthaken ist der Seilwinkel bei der Verladebrücke schlecht aus der Position der Laufkatze beobachtbar, (2.3.41)). Man wäge die Möglichkeiten ab, eine benötigte Rückführgröße durch einen Sensor zu messen oder bei guter Beobachtbarkeit von anderen Sensoren aus durch einen Beobachter zu rekonstruieren. Bei großer Modellunsicherheit ist es vorteilhafter, die gewünschte Rückführgröße durch ein Filter angenähert zu bilden. Häufig lassen sich z.B. in mechanischen Systemen Positionen einfacher messen als die zugehörigen Geschwindigkeiten. Zudem müssen die Positionen ohnehin gemessen werden, da sie nicht von den Geschwindigkeiten aus beobachtbar sind. In diesem Fall kann man etwa mit einem Tiefpaß-Differenzierer mit der Übertragungsfunktion

$$d(s) = \frac{s\omega_0^2}{s^2 + \sqrt{2}\omega_0 s + \omega_0^2} \tag{6.1.5}$$

mit geeignet gewählter Bandbreite ω_0 das Geschwindigkeitssignal auch bei beliebiger Modellunsicherheit angenähert gewinnen. Sollen mehrere Geschwindigkeiten auf diese Weise gebildet werden, so addiert man die mit den Rückführverstärkungen gewichteten Positionen bereits am Eingang des Filters (6.1.5). Bild 6.2 zeigt für das Beispiel eines spurgeführten Busses die angenäherte Bildung der Rückführgröße $k_2\dot{d}_R + k_1\dot{d}_F$ aus den Abstands-Signalen d_R und d_F.

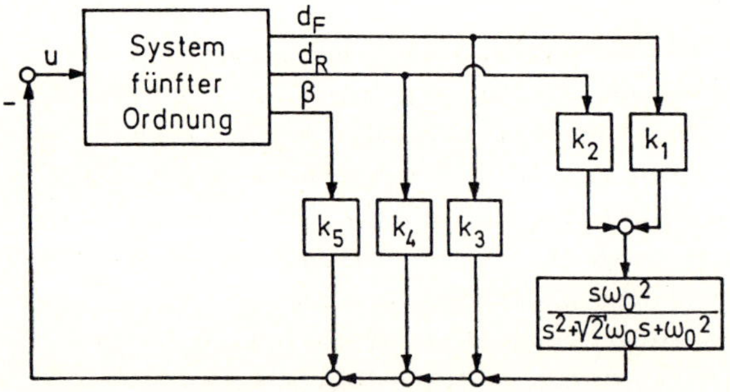

Bild 6.2 Annäherung der Geschwindigkeits-Rückführung durch einen Tiefpaß-Differenzierer

Wesentliche Faktoren bei der Auswahl geeigneter Sensoren sind: Beobachtbarkeit der Regelstrecke, Genauigkeit, Bandbreite, Meßrauschen, Meßbereich, Zuverlässigkeit, Kosten und Verfügbarkeit der infrage kommenden Sensoren und Möglichkeit, sie durch eine Rückführdynamik zu ersetzen. Auch der Zusammenhang mit Redundanzproblemen ist wichtig. Die Fehlererkennung wird jedenfalls durch die Verwendung gleichartiger Sensoren vereinfacht [84.4].

6.1.4 Steuerbarkeitsanalyse, Stellgliedauswahl

Die Steuerbarkeit der Regelstrecke wird analysiert und die geeigneten Stellglieder werden ausgewählt. Die einzelnen Fragestellungen sind dual zu denen bei der Beobachtbarkeit. Die Stellgliedsättigung spielt nun eine vergleichbare Rolle wie vorher das Meßrauschen.

Wesentliche Faktoren bei der Auswahl der Stellglieder sind: Gute Steuerbarkeit der Regelstrecke bei allen zulässigen Werten der Streckenparameter, Bandbreite, Sättigung der Stellgröße und Stellgeschwindigkeit, Linearität, dynamischer Bereich, Zuverlässigkeit, Kosten, Energiebedarf und Art der Energiezufuhr (elektrisch, hydraulisch, pneumatisch, gasbeheizt, Gasausstoß durch Düsen etc.) sowie die Verfügbarkeit der infrage kommenden Stellglieder.

Wenn die Regelstrecke stabil ist, empfiehlt es sich, zunächst für den offenen Kreis einige Trajektorien der Zustandsgrößen der Regelstrecke unter dem Einfluß extremal möglicher Stellgrößen mit dem detaillierten Simulationsmodell zu simulieren. Wenn sie für die Anforderungen im Betrieb der Regelstrecke nicht schnell genug sind, dann kann auch das beste Regelgesetz nicht helfen, es muß vielmehr ein leistungsfähigeres Stellglied vorgesehen werden. Bei instabilen Strecken sollte auch abgeschätzt werden, ob das endliche Stabilitätsgebiet, das sich durch die Stellglied-Beschränkung ergibt, ausreicht, siehe Abschnitt 4.4. Die Simulationen können auch Situationen aufzeigen, in denen kritische Zustandsgrößengrenzen erreicht werden. Schließlich kann untersucht werden, ob hochfrequente Strukturschwingungen des Simulationsmodells angeregt werden. Gegebenenfalls ist ein Stellglied geringer Bandbreite die bessere Wahl oder die Bandbreite des geschlossenen Kreises muß beim Reglerentwurf begrenzt werden.

6.1.5 Bandbreite, Tastperiode, Anti-Aliasing-Filter

Als nächstes sollte eine Entscheidung über die Bandbreite des geschlossenen Kreises und die Tastperiode T getroffen werden. Einen guten Anhaltspunkt gibt die Faustregel am Ende von Abschnitt 4.5: Man schlägt in der s-Ebene den kleinsten Kreis, der alle wesentlichen Eigenwerte und Signalpole der Führungsgröße enthält. Sein Radius sei r. Dann wird $T = \pi/4r$ gewählt. Die Abtast-Kreisfrequenz ist damit $\omega_A = 8r$. Dadurch ist sichergestellt, daß durch die Abtastung keine nennenswerte Verschlechterung der Steuerbarkeit gegenüber dem kontinuierlichen System eintritt.

Signalpole des Meßrauschens und Eigenwerte höherfrequenter Strukturschwingungen mit einem Abstand größer als $\omega_A/2 = 4r$ von $s = 0$ müssen durch ein Anti-Aliasing-Filter unterdrückt werden, siehe Abschnitt 1.3, da sonst ihre Seitenbandfrequenzen in die Bandbreite des Regelkreises hineingespiegelt werden. Wenn die genannten Störungen in einem geringeren Abstand als $\omega_A/2 = 4r$ von $s = 0$ auftreten, muß beim Entwurf des Reglers die Bandbreite, bei der T_s und S_s nach den Gln. (2.5.3) und (2.5.4) gleich groß werden, als Kompromiß aus den beiden folgenden Forderungen gewählt werden:

a) hohe Bandbreite (= schnelles Folgen mit guter Genauigkeit trotz Streckenstörungen),

b) gute Unterdrückung von Meßrauschen und höherfrequenten Modellierungsfehlern.

Es muß auf jeden Fall vermieden werden, daß Störungen in diesem mittleren Frequenzbereich hoch verstärkt direkt auf das Stellglied gegeben werden.

Nach Festlegung der Tastperiode T wird das Modell der Regelstrecke diskretisiert (siehe Abschnitt 3.1 für Zustandsmodelle, Abschnitt 3.3 für Übertragungsfunktionen). Die Abhängigkeit des diskreten Modells von Streckenparametern und Tastperiode wird damit so unübersichtlich, daß ab hier nur noch numerisch gerechnet werden kann.

6.1.6 Ansatz der Reglerstruktur

Es kann nun die Reglerstruktur festgelegt werden. Die erste Frage hierbei ist, welche Größen als Eingangsgrößen für den Regler zur Verfügung stehen. Wird nur die Regelabweichung $\mathbf{e} = \mathbf{w} - \mathbf{y}$ gemessen (z.B. der Relativabstand einer Roboterhand oder eines Flugkörpers von einem Ziel), so ist die einfache Regelkreisstruktur nach Bild 3.10 die einzige Wahl. Vielfältigere Möglichkeiten ergeben sich, wenn $\mathbf{y}$ und $\mathbf{w}$ separat verfügbar sind:

a) Proportionale Zustandsvektor-Rückführung, siehe Abschnitt 7.3.

b) Proportionale Ausgangsvektor-Rückführung, siehe Abschnitt 7.4. Hiermit kann nicht jede Pollage vorgegeben werden, wie das Beispiel der Wurzelortskurve für Systeme mit einer Ausgangsgröße zeigt.

c) Dynamische Zustandsvektor-Rückführung. Mit der proportionalen Zustandsvektor-Rückführung lassen sich alle Pole festlegen, bei Systemen mit mehreren Stellgrößen hat man darüberhinaus noch weitere Entwurfsfreiheitsgrade. Es besteht also normalerweise kein Anlaß, mit einer Rückführdynamik noch weitere freie Parameter einzuführen. Es gibt jedoch (konstruierte) Beispiele, bei denen zwei Regelstreckenmodelle (z.B. für zwei Betriebsfälle) mit einer proportionalen Zustandsvektor-Rückführung nicht simultan stabilisiert werden können, wohl aber mit einer dynamischen Zustandsvektor-Rückführung.

d) Dynamische Ausgangsvektor-Rückführung. Der Eingrößen-Regelkreis von Bild 3.10 ist ein Beispiel dafür, wie durch Hinzunahme einer Rückführdynamik eine beliebige Polvorgabe möglich wird. In der Zustandsdarstellung kann man dieses Problem auf das der proportionalen Ausgangsvektor-Rückführung für ein um die m Reglerzustände $\mathbf{r}$ erweitertes System reduzieren. Ohne Rückführung lauten die Gleichungen von Regelstrecke und Regler

$$\begin{bmatrix} \mathbf{x}[k+1] \\ \mathbf{r}[k+1] \end{bmatrix} = \begin{bmatrix} \mathbf{A} & \mathbf{0} \\ \mathbf{0} & \mathbf{0} \end{bmatrix} \begin{bmatrix} \mathbf{x}[k] \\ \mathbf{r}[k] \end{bmatrix} + \begin{bmatrix} \mathbf{B} & \mathbf{0} \\ \mathbf{0} & \mathbf{I}_m \end{bmatrix} \begin{bmatrix} \mathbf{u}[k] \\ \mathbf{u}_R[k] \end{bmatrix} \tag{6.1.6}$$

Die Größen $\mathbf{y} = \mathbf{Cx}$ und $\mathbf{r}$ werden nun auf $\mathbf{u}$ und $\mathbf{u}_R$ zurückgeführt mit

$$\begin{bmatrix} \mathbf{u}[k] \\ \mathbf{u}_R[k] \end{bmatrix} = \begin{bmatrix} -\mathbf{D}_y\mathbf{C} & \mathbf{C}_R \\ -\mathbf{B}_y\mathbf{C} & \mathbf{A}_R \end{bmatrix} \begin{bmatrix} \mathbf{x}[k] \\ \mathbf{r}[k] \end{bmatrix} + \begin{bmatrix} \mathbf{D}_w \\ \mathbf{B}_w \end{bmatrix} \mathbf{w}[k] \tag{6.1.7}$$

Der geschlossene Kreis hat dann die Zustandsdarstellung

$$\begin{bmatrix} \mathbf{x}[k+1] \\ \mathbf{r}[k+1] \end{bmatrix} = \begin{bmatrix} \mathbf{A}-\mathbf{BD}_y\mathbf{C} & \mathbf{BC}_R \\ -\mathbf{B}_y\mathbf{C} & \mathbf{A}_R \end{bmatrix} \begin{bmatrix} \mathbf{x}[k] \\ \mathbf{r}[k] \end{bmatrix} + \begin{bmatrix} \mathbf{BD}_w \\ \mathbf{B}_w \end{bmatrix} \mathbf{w}[k] \tag{6.1.8}$$

in der die Matrizen $\mathbf{D}_y$, $\mathbf{C}_R$, $\mathbf{B}_R$, $\mathbf{A}_R$, $\mathbf{D}_w$, $\mathbf{B}_w$ beliebig gewählt werden können, sofern sie nur die passende Dimension haben.

Es genügt also, in den folgenden Abschnitten nur proportionale Rückführungen zu betrachten.

e) Beobachter-Zustands-Rückführung.
Dies ist eine spezielle Form der dynamischen Ausgangsvektor-Rückführung, bei der die Separation gilt, siehe Abschnitt 5.3. Damit können Stör- und Führungs-Übertragungsfunktion weitgehend unabhängig voneinander festgelegt werden.

f) Zusätzliche Rückführung der Innovation.
Bei den Beobachtern nach den Bildern 5.1, 5.3 und 5.5 steht die Innovation $\tilde{\mathbf{y}} = \mathbf{y}-\hat{\mathbf{y}} = \mathbf{C}(\mathbf{x}-\hat{\mathbf{x}}) = \mathbf{C}\tilde{\mathbf{x}}$ zur Verfügung. $\tilde{\mathbf{y}}$ ist nicht von der Führungsgröße $\mathbf{w}$ aus steuerbar, d.h. die Führungs-Übertragungsfunktion bleibt unverändert, wenn man $\tilde{\mathbf{y}}$ über eine beliebige Dynamik $\tilde{\mathbf{C}}(z\mathbf{I}-\tilde{\mathbf{A}})^{-1}\tilde{\mathbf{B}}$ auf $\mathbf{u}$ zurückführt. Diese zusätzliche Rückführung ist in Bild 6.3 dargestellt. Dort sind auch die Störgrößen $\mathbf{s}[k]$ und $\mathbf{z}_m[k]$ aus (6.1.3) berücksichtigt.

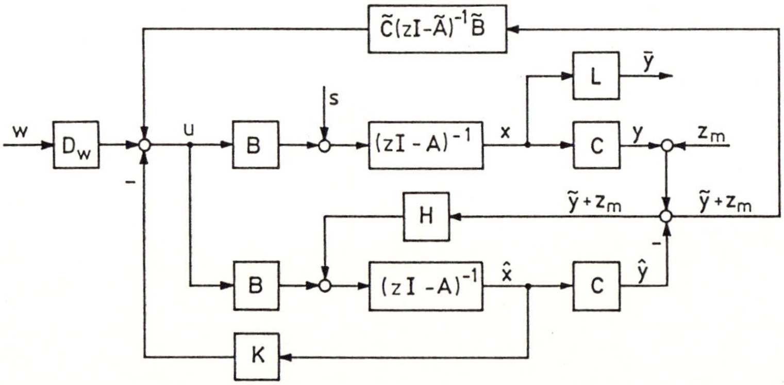

Bild 6.3 Regelstrecke und Beobachter mit Rückführung von rekonstruiertem Zustand $\hat{\mathbf{x}}$ und Innovation $\tilde{\mathbf{y}}$

Die Zustandsgleichung (5.3.2) des Gesamtsystems erweitert sich nun zu

$$\begin{bmatrix} \mathbf{x}[k+1] \\ \tilde{\mathbf{x}}[k+1] \\ \mathbf{v}[k+1] \end{bmatrix} = \begin{bmatrix} \mathbf{A}-\mathbf{BK} & \mathbf{BK} & \mathbf{B}\tilde{\mathbf{C}} \\ \mathbf{0} & \mathbf{A}-\mathbf{HC} & \mathbf{0} \\ \mathbf{0} & \tilde{\mathbf{B}}\mathbf{C} & \mathbf{A} \end{bmatrix} \begin{bmatrix} \mathbf{x}[k] \\ \tilde{\mathbf{x}}[k] \\ \mathbf{v}[k] \end{bmatrix} + \begin{bmatrix} \mathbf{BD}_w & \mathbf{0} & \mathbf{I} \\ \mathbf{0} & -\mathbf{H} & \mathbf{I} \\ \mathbf{0} & \tilde{\mathbf{B}} & \mathbf{0} \end{bmatrix} \begin{bmatrix} \mathbf{w}[k] \\ \mathbf{z}_m[k] \\ \mathbf{s}[k] \end{bmatrix} \quad (6.1.9)$$

Die Zustände $\tilde{\mathbf{x}}$ und $\mathbf{v}$ sind von $\mathbf{w}$ aus nicht steuerbar und gehen daher nicht in die Führungs-Übertragungsfunktion ein, es ist

$$\bar{\mathbf{y}}_z = \mathbf{L}(z\mathbf{I}-\mathbf{A}+\mathbf{BK})^{-1}\mathbf{BD}_w\mathbf{w}_z \quad (6.1.10)$$

Die Stör-Übertragungsfunktionen sind

$$\bar{\mathbf{y}}_z = [\mathbf{L} \quad \mathbf{0} \quad \mathbf{0}] \begin{bmatrix} z\mathbf{I}-\mathbf{A}+\mathbf{BK} & -\mathbf{BK} & -\mathbf{B}\tilde{\mathbf{C}} \\ \mathbf{0} & z\mathbf{I}-\mathbf{A}+\mathbf{HC} & \mathbf{0} \\ \mathbf{0} & -\tilde{\mathbf{B}}\mathbf{C} & z\mathbf{I}-\tilde{\mathbf{A}} \end{bmatrix}^{-1} \begin{bmatrix} \mathbf{0} & \mathbf{I} \\ -\mathbf{H} & \mathbf{I} \\ \tilde{\mathbf{B}} & \mathbf{0} \end{bmatrix} \begin{bmatrix} \mathbf{z}_{mz} \\ \mathbf{s}_z \end{bmatrix} \tag{6.1.11}$$

Sie haben neben den Regelungspolen von $(z\mathbf{I}-\mathbf{A}+\mathbf{BK})^{-1}$ als weitere Pole die frei wählbaren Eigenwerte von $(\mathbf{A}-\mathbf{HC})$ und $\tilde{\mathbf{A}}$.

g) Störgrößen-Aufschaltung.
Erweiterte Reglerstrukturen werden möglich, wenn auch Streckenstörungen $\mathbf{s}[k]$ meßbar sind und zurückgeführt werden. Es sei

$$\mathbf{s} = \begin{bmatrix} \mathbf{s}_1 \\ \mathbf{s}_2 \end{bmatrix}$$

wobei $\mathbf{s}_1$ meßbar und $\mathbf{s}_2$ nicht meßbar ist. $\mathbf{s}_1$ kann dann als Eingangsgröße des Reglers angesetzt werden.

Bei den hier betrachteten linearen Regelstrecken empfiehlt es sich, auch die Reglerstruktur linear anzusetzen, um die Theorie der linearen Systeme für den geschlossenen Regelkreis anwenden zu können. Ein digitaler Regler der Ordnung m wird also wie folgt angesetzt:

$$\begin{aligned} \mathbf{r}[k+1] &= \mathbf{A}_R\mathbf{r}[k] - \mathbf{B}_y\mathbf{y}[k] + \mathbf{B}_w\mathbf{w}[k] + \mathbf{B}_s\mathbf{s}_1[k] \\ \mathbf{u}[k] &= \mathbf{C}_R\mathbf{r}[k] - \mathbf{D}_y\mathbf{y}[k] + \mathbf{D}_w\mathbf{w}[k] + \mathbf{D}_s\mathbf{s}_1[k] \end{aligned} \tag{6.1.12}$$

Dabei können m^2 Koeffizienten der auftretenden Matrizen durch Wahl einer kanonischen Form zu Null oder Eins normiert werden. Die übliche Vorzeichenumkehr im Regelkreis kommt durch die Rückführung von $-\mathbf{y}$ zum Ausdruck.

Es können nun drei Übertragungswege im Regler getrennt betrachtet werden:

1. Die **Rückführung** von $-\mathbf{y}$ nach $\mathbf{u}$ mit der Übertragungsmatrix

$$\mathbf{R}_z(z) = \mathbf{C}_R(z\mathbf{I}-\mathbf{A}_R)^{-1}\mathbf{B}_y + \mathbf{D}_y \tag{6.1.13}$$

Die Rückführung hat drei Aufgaben:

a) für die wünschenswerte Lage der Eigenwerte des Regelkreises zu sorgen (**Schöne Stabilisierung**),

b) den Einfluß der Störgrößen $\mathbf{s}_2$ und $\mathbf{z}_m$ auf $\bar{\mathbf{y}}$ möglichst gering zu machen (**Störgrößenkompensation**)

c) den Einfluß von Parameteränderungen, vernachlässigter Dynamik und Nichtlinearität der Regelstrecke gering zu halten (**Robuste Regelung**).

2. **Vorfilter** von $\mathbf{w}$ nach $\mathbf{u}$ mit der Übertragungsmatrix

$$\mathbf{V}_z(z) = \mathbf{C}_R(z\mathbf{I}-\mathbf{A}_R)^{-1}\mathbf{B}_w + \mathbf{D}_w \tag{6.1.14}$$

Nachdem durch die schöne Stabilisierung sichergestellt ist, daß sich $\bar{\mathbf{y}}$ als Summe von schnell abklingenden und gut gedämpften Lösungstermen darstellt, kann nun durch die Wahl des Vorfilters daraus eine wünschenswerte Antwort auf ein typisches Testsignal zuammengestellt werden. Am häufigsten werden diese Forderungen anhand der Sprungantwort von $\mathbf{w}$ nach $\bar{\mathbf{y}}$ dargestellt. Im Mehrgrößenfall kann hier z.B. die Entkopplung gefordert werden, d.h. eine Anregung bei der i-ten Komponente von $\mathbf{w}$ soll sich möglichst nur in der i-ten Komponente von $\bar{\mathbf{y}}$ bemerkbar machen.

3. **Störgrößenaufschaltung** von $\mathbf{s}_1$ nach $\mathbf{u}$ mit der Übertragungsfunktion

$$\mathbf{S}_z(z) = \mathbf{C}_R(z\mathbf{I}-\mathbf{A}_R)^{-1}\mathbf{B}_s + \mathbf{D}_s \tag{6.1.15}$$

Sie hat die Aufgabe, den Einfluß der meßbaren Störgröße $\mathbf{s}_1$ auf $\bar{\mathbf{y}}$ möglichst zu eliminieren. Sie kann allerdings nur selten angewendet werden, da die meisten Störgrößen nicht meßbar sind.

Damit wird

$$\mathbf{u}_z(z) = -\mathbf{R}_z(z)\mathbf{y}_z(z) + \mathbf{V}_z(z)\mathbf{w}_z(z) + \mathbf{S}_z(z)\mathbf{s}_{1z}(z) \tag{6.1.16}$$

Das so entstehende Regelungssystem wird durch Bild 6.4 illustriert.

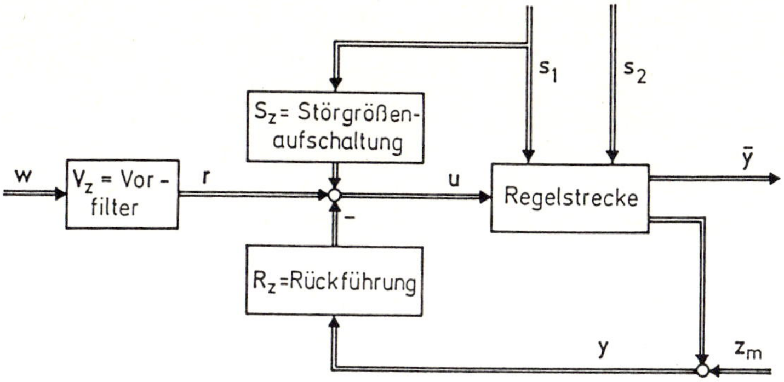

Bild 6.4 Lineare Regelungs-Struktur

Die Pole der drei Übertragungsmatrizen $\mathbf{S}_z$, $\mathbf{V}_z$ und $\mathbf{R}_z$ sind Eigenwerte der Dynamik-Matrix $\mathbf{A}_R$ des Reglers. Man kann die Struktur so einschränken, daß es verschiedene Gruppen von Eigenwerten von $\mathbf{A}_R$ sind, die im bei $\mathbf{u}$ offenen Kreis nur von $\mathbf{s}_1$, $\mathbf{w}$ bzw. $\mathbf{y}$ steuerbar sind. Damit kann man den drei Anteilen des Reglers voneinander verschiedene Pole geben. Zweckmäßiger ist es jedoch, die durch die Rückführung $\mathbf{R}_z$ hinzukommenden Eigenwerte des geschlossenen Kreise durch den Separationsansatz nicht von $\mathbf{w}$ oder $\mathbf{s}_1$ steuerbar zu machen, siehe Bild 6.5.

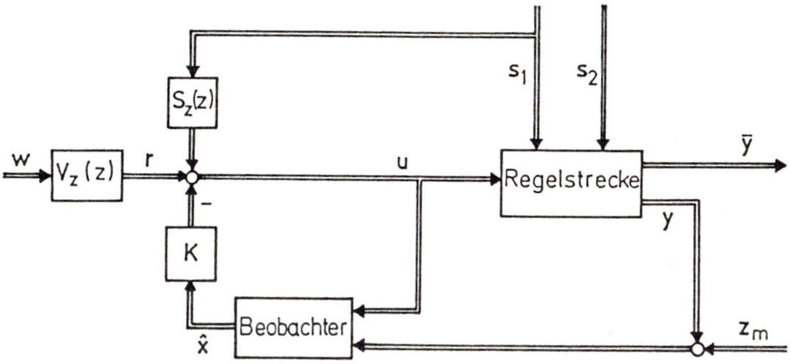

Bild 6.5 Regelungssystem mit Beobachter

6.1.7 Eingangsgrößen-Generator, internes Modell

Weiter ist von Interesse, was über die externen Eingangsgrößen bekannt ist. Die Trennungslinie zwischen einem System und seiner Umgebung ist generell nicht wohldefiniert. Trotzdem muß man sie bei der mathematisch-physikalischen Modellierung ziehen. Für den Entwurf ist es vorteilhaft, alle bekannten dynamischen Elemente als Teil der Regelstrecke zu interpretieren. Außer der steuerbaren und beobachtbaren

Stellglied- und Sensordynamik gehört hierzu die nicht steuerbare Dynamik eines Eingangsgrößen-Generators nach (5.6.2). Wenn eine Eingangsgrößen-Modellierung möglich ist, gibt es zwei Alternativen für die Reglerstruktur. Bei der ersten wird der Zustand des Störgrößen-Generators in einem Störgrößenbeobachter rekonstruiert und als Störgrößenaufschaltung zurückgeführt. Die zweite Möglichkeit ist, ein internes Modell des Eingangsgrößen-Generators in den Regelkreis einzubeziehen. An der Stelle seiner Pole erzeugt dieses Element eine unendliche Verstärkung im Regelkreis und damit die Regelabweichung Null bei dieser speziellen Frequenz. Der am häufigsten angewendete Fall ist der Integralregler für sprungförmige Führungs- oder Störgrößen, siehe Abschnitt 3.4.3. Ein separater Integrator ist nicht erforderlich, wenn die Regelstrecke bereits einen Pol bei $s = 0$ hat und eine sprungförmige Störgröße danach angreift, z.B. bei einem integrierend wirkenden hydraulischen Stellglied.

Bei der Verwendung eines internen Modells ist ein wichtiger Unterschied zwischen der analogen und digitalen Realisierung des Modells zu beachten: Der kontinuierliche Ausgang $y(t)$ kann fehlerfrei für alle t nur einem Signal folgen, dessen Pole auch Pole des kontinuierlichen Teils nach dem Halteglied sind. Die Integration im Halteglied zählt hierbei mit zur Strecke. Realisiert man dagegen das interne Modell im digitalen Regler, so kann $y(t)$ nur zu den Abtastzeitpunkten der Führungsgröße fehlerfrei folgen.

Beispiel 1

Die Übertragungsfunktion der Regelstrecke sei $\hat{g}_s(s) = 1/(s+1)$. Ihre Eingangsgröße wird mit einer Tastperiode $T = 2$ abgetastet und gehalten. Bei einer Regelkreiskonfiguration nach Bild 3.10 habe der Regler einen doppelten Pol bei $z = 1$. Die Führungsgröße sei $w(t) = t/2$, d.h. sie hat einen doppelten Pol bei $s = 0$, bzw. diskretisiert bei $z = 1$. Sofern der Regelkreis stabil ist, wird nach dem Endwertsatz der z-Transformation $\lim_{k\to\infty} e(kT) = 0$. Bild 6.6 zeigt den stationären Verlauf von $u(t)$ und $y(t)$. $y(t)$ stimmt nur zu den Abtastzeitpunkten mit $w(t)$ überein.

Für $w(t) = t/2$ kann der stationäre Fehler nur dann zu Null gemacht werden, wenn man mindestens eine der beiden Integrationen kontinuierlich ausführt, z.B. mit $\hat{g}_s(s) = (b_0+b_1s)/s(s+1)$ und einem einfachen Pol des Reglers bei $z = 1$.

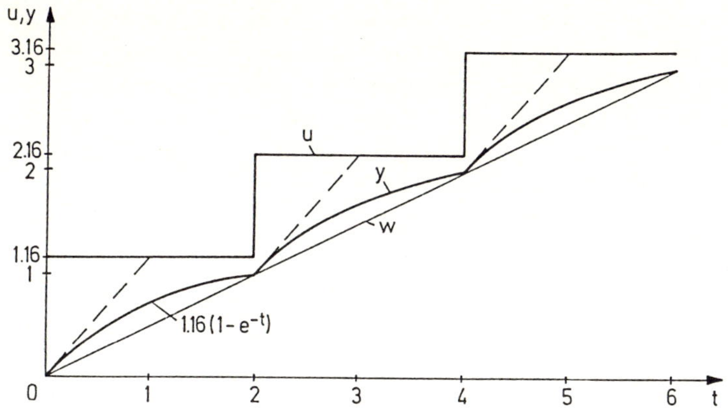

Bild 6.6 Der stationäre Fehler $e(t) = w(t) - y(t)$ wird nur zu den Abtastzeitpunkten $t = kT$ gleich Null

Beispiel 2

Bei dem Regelkreis von Bild 3.11 sei die Führungsgröße $w(t)$ eine Sinusschwingung mit der bekannten Frequenz $\omega = 1$ aber unbekannter Amplitude und Phasenlage. Ein stationär auch zwischen den Abtastzeitpunkten genaues Folgen von $y(t)$ ist nur zu erreichen, wenn das interne Modell $1/(s^2+1)$ analog ausgeführt wird. Ein solches **Notch-Glied** ist in Bild 6.7 angesetzt worden.

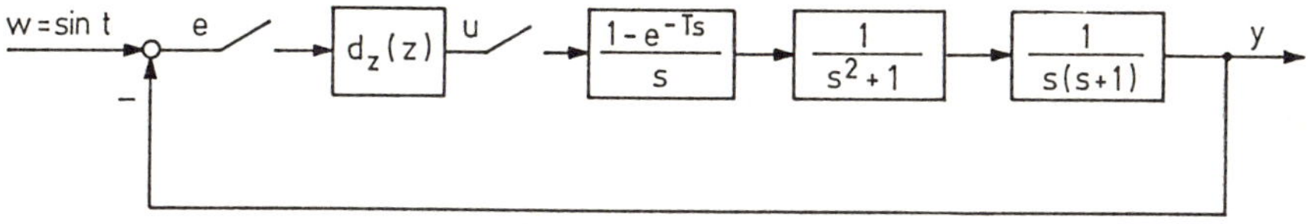

Bild 6.7 Analoges internes Modell des Führungsgrößen-Generators

Die z-Übertragungsfunktion $h_z(z)$ des kontinuierlichen Teils ist

$$\frac{z-1}{z}\,\mathcal{Z}\left\{\frac{1}{(s^2+1)s^2(s+1)}\right\} = \frac{0{,}028z^3 + 0{,}284z^2 + 0{,}243z + 0{,}018}{(z^2 - 1{,}083z + 1)(z - 1)(z - 0{,}368)} \tag{6.1.17}$$

Bei einer Reglerordnung m wird die Ordnung des Gesamtsystems 4 + m, d.h. 4 + m Koeffizienten der charakteristischen Gleichung müssen festgelegt werden. Der Regler hat 2 m + 1 freie Parameter. Aus

2 m + 1 = 4 + m folgt m = 3. Ein endlicher Einschwingvorgang wird mit der charakteristischen Gleichung $z^7 = 0$ erreicht. Aus dieser Bedingung ergibt sich wieder ein lineares Gleichungssystem. Die Lösung liefert den Regler

$$d_z(z) = \frac{-2,05 + 8,77z - 10,80z^2 + 5,81z^3}{0,099 + 1,402z + 2,286z^2 + z^3} \tag{6.1.18}$$

Wenn bei einem kontinuierlichen Teil $g_s(s)$ der Ordnung n und einem diskreten Regler der Ordnung m die charakteristische Gleichung zu $z^{n+m} = 0$ festgelegt wurde, ergibt sich allgemein für das Ausgangssignal des Haltegliedes

$$u_z(z) = \frac{\text{Zähler } d_z(z) \times \text{Nenner } h_z(z)}{z^{n+m}} w_z(z) \tag{6.1.19}$$

Wenn die Pole von $w_s(s)$ in $g_s(s)$ nachgebildet werden, kürzen sie sich auch in $h_z(z)$ und $w(z)$ in (6.1.19), d.h. $u_z(z)$ ist ein endliches Polynom, nach Beendigung des Einschwingvorganges ist $u(t) \equiv 0$. Die Stellgröße am Eingang der Regelstrecke wird vom kontinuierlichen Teil des Reglers geliefert. Ihr sind daher keine Seitenbandfrequenzen mehr überlagert, d.h. auch die Regelgröße folgt im stationären Verlauf nicht nur zu den Abtastzeitpunkten, sondern kontinuierlich exakt der Führungsgröße. Das System nach Bild 6.7 folgt nach einem endlichen Einschwingvorgang den Führungsgrößen $w(t) = 1(t)$, t, e^{-t} und sin t.

□

6.1.8 Spezifikationen und Entwurfsmethoden

Die verwendete Regler-Entwurfsmethode hängt einerseits von der Form des Streckenmodells ab (z.B. Zustandsmodell, Frequenzgangmessung, Messung der Sprungantwort, Identifikation einer skalaren Differenzengleichung), andererseits aber auch von der Form, in der die Spezifikationen für den geschlossenen Kreis vorgegeben sind.

Eine anschauliche Form der Spezifikation bezieht sich auf typische Trajektorien, z.B. die Antwort auf eine sprung- oder rampenförmige Führungsgröße oder einen Störgrößensprung. Die stationäre Genauigkeit hängt primär von der Reglerstruktur ab, wie im vorhergehenden Abschnitt dargestellt wurde. Für die Einschwingvorgänge vom Anfangszustand Null in den stationären Zustand bei der Sprungantwort y(t) können z.B. die folgenden Größen spezifiziert werden:

a) Der Wert $y(T)$ nach einem Abtastintervall. Für festes T hängt das maximale $y(T)$ von der maximal verfügbaren Stellamplitude $|u|$ ab. Wenn diese Beschränkung unkritisch ist, kann ein Deadbeat-Verhalten vorgegeben werden.

b) Das maximale Überschwingen $\max_t y(t)$ hängt wesentlich von der Dämpfung der dominanten Eigenwerte ab. Für ein dominantes Polpaar ist nach Bild 2.16 eine Dämpfung $\zeta = 1/\sqrt{2}$ vorteilhaft. Die Dämpfung sollte jedoch größer sein, wenn eine Nullstelle im gleichen oder geringerem Abstand von $s = 0$ liegt, siehe Bild 2.17. Andererseits kann die Dämpfung geringer sein, wenn in der genannten Lage ein weiterer Pol liegt, Bild 2.18. Weiter vom Ursprung entfernte zusätzliche Pole und Nullstellen haben nur einen Einfluß auf den anfänglichen Verlauf vor dem maximalen Überschwingen. Eine höhere Dämpfung wird verlangt, wenn ein Überschwingen ganz vermieden werden soll (z.B. darf die Temperatur in einem Triebwerk aufgrund von Eigenschaften des verwendeten Materials bei einem Anstieg des Schubs auf seinen Maximalwert nicht überschwingen). Andererseits genügt für die Dämpfung der kurzperiodischen Anstellwinkelschwingung eines Flugzeugs bereits eine Dämpfung $\zeta > 0,35$.

Dies sind natürlich nur qualitative Anhaltspunkte, der Wert des maximalen Überschwingens läßt sich nur durch Simulation bestimmen, diese ist aber bei Abtastsystemen mit verhältnismäßig großen Schrittweiten T weniger aufwendig, als bei der numerischen Integration von Differentialgleichungen mit kleiner Schrittweite.

c) Die Einschwingzeit t_s ist die Zeit, die benötigt wird, bis $y(t)$ bis auf eine vorgegebene Fehlertoleranz genau den stationären Wert erreicht hat. Sie hängt wesentlich vom kleinsten negativen Realteil aller Eigenwerte ab, wie durch Bild 2.14 illustriert wird.

d) Der Zeitmaßstab der Sprungantwort eines Systems zweiter Ordnung ist umgekehrt proportional zu ω_n, das ist der Abstand der Pole vom Ursprung. Siehe hierzu die Maßstäbe der Bilder 2.16 bis 2.18.

Für das System zweiter Ordnung von (2.6.5) werden in [80.1] die folgenden groben Näherungen angegeben:

$$\begin{aligned} \zeta &\approx 0,6[2 - \max y(t)] \qquad (\text{für } \max y(t) > 1,1) \\ \omega_n &\approx 2,5/t_r \\ \zeta\omega_n &\approx 4,6/t_s \end{aligned} \tag{6.1.20}$$

Die Einschwingzeit t_s bezieht sich auf einen Restfehler von 1 %, die Anstiegszeit t_r auf die Zeit für den Anstieg von 10 % auf 90 % des Endwerts. Bild 2.15 zeigt, daß $\zeta\omega_n$ der negative Realteil der Pole ist. Man kann von (6.1.20) als Anfangsschätzung für den ersten Entwurfsschritt ausgehen, hierfür den tatsächlichen Verlauf durch Simulation bestimmen und die in a bis d angegebenen Tendenzen zur Verbesserung der Eigenwertlage in weiteren Entwurfsschritten benutzen.

Die vorstehenden Überlegungen beziehen sich zunächst auf Systeme in kontinuierlicher Zeit, sie können aber sinngemäß auf Abtastsysteme angewendet werden, wenn die Eigenwerte deutlich in der rechten z-Halbebene liegen. Nach Bild 3.3 unterscheiden sich die kontinuierlichen und diskreten Lösungsverläufe dann nicht wesentlich. Das gilt nicht mehr für die Deadbeat-Lösung mit allen Eigenwerten bei $z = 0$. Sie sollte auf jeden Fall als Vergleichsfall herangezogen werden, indem man eine Lösung daran mißt, um welche Faktoren die Einschwingzeit länger und die maximale Stellamplitude kleiner ist. In Übung 4.5 wird z.B. mit einer um den Faktor 56 kleineren Stellamplitude ein fünfmal längerer Einschwingvorgang als bei der Deadbeat-Lösung erreicht.

Andere Entwurfsspezifikationen benutzen die Stabilitätsreserve ρ im Frequenzbereich, die in den Abschnitten 2.6.2 und 3.6.3 behandelt wurden. In Mehrgrößensystemen kann die Stabilitätsreserve verallgemeinert werden zum Minimum über ω von den singulären Werten der Rückführdifferenz [81.15].

Stabilitätsreserven im Frequenzbereich ergeben sich auch beim Entwurf einer Zustandsvektor-Rückführung durch Minimieren eines quadratischen Kriteriums [60.6, 71.8, 72.5].

$$J = \int_0^\infty (\mathbf{x}'\mathbf{Q}\mathbf{x} + \mathbf{u}'\mathbf{R}\mathbf{u})dt \qquad (6.1.21)$$

Die Rückführ-Matrix erhält man durch Lösen einer RICCATI-Gleichung. Durch (6.1.21) werden die Elemente der Matrizen **Q** und **R** als freie Entwurfsparameter eingeführt. Die Wirkung der Diagonalelemente von **Q** und **R** ist einsehbar:

Eine Vergrößerung der Gewichtung im Vergleich zu anderen Diagonalelementen resultiert in geringer Energie der zugehörigen Komponente von **y** bzw. **u**. Es lassen sich allerdings durch die anderen Elemente von **Q** und **R** viele Modifikationen erzielen, wobei der Einfluß der Entwurfsparameter nur im Probierverfahren feststellbar ist. Wir empfehlen daher den RICCATI-Entwurf nur dort, wo sich ein Kriterium (6.1.21) auf natürliche Weise aus den Entwurfsanforderungen ergibt. Bei Abtastsystemen ist auch zu beachten, daß die Stabilitätsreserven im Frequenzbereich nicht gelten [78.2]. Bild 3.30 illustriert, daß es bei Abtastsystemen keine unendlichen Amplitudenreserven geben kann, da das Stabilitätsgebiet endlich ist.

Sowohl die Polvorgabe als auch der RICCATI-Entwurf lösen nur ein Ersatzproblem, das mit den eigentlichen Entwurfsspezifikationen nur mehr oder weniger entfernt zusammenhängt. Bei Eingrößensystemen ist die Polvorgabe eindeutig überlegen, da sie

1. einfacher auszurechnen ist,

2. die Pollage in anschaulicherer Beziehung zum Zeitverlauf steht als das quadratische Kriterium und

3. die Pollage in einfacher und eindeutiger Weise die Zustandsvektor-Rückführung bestimmt.

Bei Mehrgrößensystemen gibt es auch gute Gründe zugunsten des RICCATI-Entwurfs. Die Berechnung der Rückführmatrix ist nicht viel aufwendiger als im Eingrößenfall, sie läuft nach dem gleichen Formalismus, d.h. mit den gleichen Rechenprogrammen ab, während die Verallgemeinerung der Polvorgabe auf verschiedene Weisen durchgeführt werden kann, die jeweils zusätzliche freie Entwurfsparameter einführen oder diese nur im Interesse einer einfachen Lösbarkeit festlegen. Wir behandeln den RICCATI-Entwurf deshalb erst in Kapitel 7 über Mehrgrößensysteme. Dort wird aber auch eine Verallgemeinerung der Polvorgabe über Folgen endlicher Systemantwort (FES) durchgeführt, die eine anschauliche Interpretation erlaubt.

Die Polgebietsvorgabe mit dem in Abschnitt 3.7 nur kurz eingeführten Parameterraum-Verfahren berücksichtigt die Tatsache, daß sich aus den Entwurfsspezifikationen keine eindeutige geforderte Pollage ergibt, sondern nur ein wünschenswertes Polgebiet Γ. Damit können insbesondere Kompromisse zwischen Eigenwertlagen und Stellgliedamplituden erreicht werden und es kann Robustheit erzielt werden gegenüber großen Unsicherheiten der Streckenparameter, Sensor- und Stellgliedausfällen, Realisierungs-Ungenauigkeiten und Verstärkungs-Reduktion [83.5]. Der Entwurfsingenieur lernt dabei auf anschauliche Weise, welche Konflikte zwischen den Entwurfsspezifikationen bestehen und wo er sie leicht übertreffen kann.

6.1.9 Entwurfsanalyse

Jede Synthesemethode betont bestimmte Entwurfsforderungen und vernachlässigt andere. Es ist daher erforderlich, den entworfenen Regelkreis im Hinblick auf die vernachlässigten Forderungen zu analysieren. So wird man für jeden Frequenzgang- oder RICCATI-Entwurf die resultierenden Eigenwerte berechnen. RICCATI-Entwurf kann zu hohen Bandbreiten führen, die im Hinblick auf Modellierungs-Ungenauigkeiten bei hohen Frequenzen unerwünscht sind. Bei einem Polvorgabe-Entwurf wird man die Stabilitätsreserve im Frequenzbereich überprüfen.

Sprungantworten werden in beiden Fällen zur Beurteilung des Entwurfs herangezogen. Die Wirkung einer Stellglied-Nichtlinearität auf die Stabilität kann mit dem Kreiskriterium nach Abschnitt 3.6.4 analysiert werden. Mit dem Parameterraum-Verfahren kann auch die Robustheit der Stabilität oder Γ-Stabilität im Raum von Streckenparametern analysiert werden [87.3]. Manche Entwurfsforderungen lassen sich auch erst durch entsprechende Auswerteprogramme überprüfen, z.B. frequenzgewichtete Komfortkriterien für Fahrzeuge.

6.1.10 Verfeinerung des Entwurfs

Die Entwurfsanalyse wird häufig ergeben, daß der Regelkreis bezüglich einiger Kriterien bereits gut ist, bezüglich anderer aber noch unbefriedigend. Die Verfeinerung mit den vorher verwendeten Entwurfsmethoden kann zu einem mühsamen Probierverfahren werden. Eine systematische Verbesserung einzelner Kriterien - ohne daß sich die bereits guten Werte über vorgegebne Grenzen hinaus verschlechtern - ist mit dem Entwurf mit vektoriellen Gütekriterien möglich [83.4].

6.1.11 Entwurfsverifikation am Simulationsmodell

Bis hierher wurde der Entwurf mit dem in Abschnitt 6.1.1 erwähnten vereinfachten Entwurfsmodell durchgeführt. Wenn als Ergebnis einer sorgfältigen Modellierung ein realitätsnäheres, komplexeres Simulationsmodell aufgestellt wurde, kann der entworfene Regler in seinem Zusammenspiel mit diesem Simulationsmodell analysiert und weiter verfeinert werden. Dabei können auch Hardwarekomponenten wie Stellglieder, Sensoren und der digitale Regler in die Simulation einbezogen und getestet werden.

6.1.12 Feinjustierung im Betrieb

Bei der Realisierung des Reglers kann man einzelne von Hand einstellbare Reglerparameter vorsehen, die der Operateur der Anlage während des Betriebs nachstellen kann. Wichtig ist dabei, daß diese Parameter einen klar begrenzten und erkennbaren Effekt haben, es darf z.B. bei keiner der möglichen Einstellungen Instabilität auftreten. Geeignete Strukturen sind z.B. der PID-Regler (Abschnitt 1.4), einstellbare Beobachterpole (Bild 6.9), einstellbare Vorhersagezeit des Beobachters (Bild 5.2), einstellbare Bandbreite des Anti-Aliasing-Filters (Abschnitt 1.3) und einstellbare Vorfilter (Abschnitt 6.4).

6.2 Synthese mit Polynomial-Gleichungen

Wir hatten bereits im Abschnitt 3.4.2 für Eingrößensysteme festgestellt, daß die Polvorgabe mit einem dynamischen Regler auch durch einen Regleransatz, Ausrechnen des charakteristischen Polynoms und Koffizientenvergleich mit dem gewünschen charakteristischen Polynom erfolgen kann. Dies führte auf das lineare Gleichungssystem (3.4.12) für die Reglerkoeffizienten. Dabei wurde, entsprechend dem reduzierten Beobachter bei Regelstrecken mit einer Meßgröße, die Reglerordnung mit $n - 1$ angesetzt.

Aufgrund der weiteren Untersuchungen zur Beobachter-Zustandsrückführung wissen wir, daß bei diesem Entwurf durch eine geeignete Struktur des Regelungssystems erreicht werden kann, daß nur n Eigenwerte des geschlossenen Kreises von der Führungsgröße aus steuerbar sind. Damit kann erreicht werden, daß der Einschwingvorgang nach einem Sprung von w in n Abtastschritten exakt abgeklungen ist. In der Regelkreiskonfiguration nach Bild 3.10 konnte diese Eigenschaft (z.B. in (3.4.17)) nur durch die Kürzung eines Pols der Regelstrecke erreicht werden, der damit auch Eigenwert des geschlossenen Kreises wurde, und z.B. durch Störgrößen angeregt wird. Für Regelstrecken mit mehreren Meßgrößen wissen wir außerdem aufgrund von Satz (5.7.4), daß die Reglerordnung nur mit ν-1 angesetzt werden muß.

Diese Erkenntnisse aus der Untersuchung von Regelkreisen mit Beobachtern wollen wir nun zu einem entsprechenden Regleransatz im Frequenzbereich ausnutzen, der es wiederum gestattet, durch Polynom-Koeffizientenvergleich ein lineares Gleichungssystem für die Reglerparameter aufzustellen. Diese Vorgehensweise ist insbesondere dann zu empfehlen, wenn für die Regelstrecke eine Beschreibung in Form ihrer Übertragungsmatrix vorliegt.

Eine eingehende Untersuchung über die Berechnung von **Kontroll-Beobachtern** mit Hilfe eines linearen Gleichungssystems wurde von GRÜBEL [77.3] durchgeführt. Dort wird auch die Frage untersucht, welche Einschränkungen bei der Polvorgabe bestehen, wenn die Reglerordnung kleiner als ν-1 angesetzt wird. Die folgende Darstellung lehnt sich an die Arbeiten von CHEN [69.4] und WOLOVICH [71.6, 74.1, 81.1] an. Sie wird hier für den Eingrößenfall ausgeführt, ihre Verallgemeinerung auf den Mehrgrößenfall wird in Anmerkung 6.3 diskutiert.

Die Regelstrecke habe eine Stellgröße und eine Meßgröße, sie werde durch ihre z-Übertragungsfunktion

$$y_z(z) = h_z(z)u_z(z)$$

$$h_z(z) = \frac{B(z)}{A(z)} = \frac{b_0 + b_1 z + \ldots + b_{n-1}z^{n-1}}{a_0 + a_1 z + \ldots + a_{n-1}z^{n-1} + z^n} \qquad (6.2.1)$$

beschrieben. Die Reglerstruktur wird gemäß Bild 6.8 angesetzt, wobei K, H, Q, L und M Polynome in z sind. Die Störgröße s wirke auf den Ausgang der Regelstrecke.

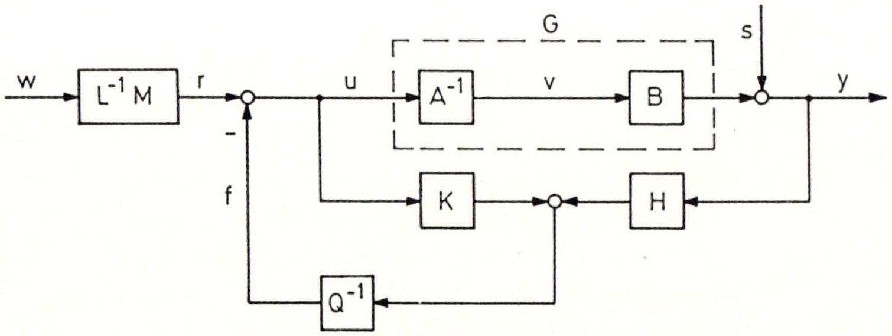

Bild 6.8 Darstellung einer Struktur mit Beobachter und Zustandsvektor-Rückführung mit Hilfe von Polynomen in z

Für die Größen in Bild 6.8 ergibt sich im Frequenzbereich nun der Zusammenhang

$$y = Bv + s \qquad (6.2.2)$$

v wird bestimmt aus Kreis-Schließungsbedingung bei u

$$u = Av = r - Q^{-1}(KA + HB)v - Q^{-1}Hs$$

$$(QA + KA + HB)v = Qr - Hs \qquad (6.2.3)$$

$$v = (QA + KA + HB)^{-1}(Qr - Hs)$$

und in (6.2.2) eingesetzt

$$y = B(QA + KA + HB)^{-1}Qr + [I - B(QA + KA + HB)^{-1}H]s \qquad (6.2.4)$$

Die Übertragungsfunktion von r nach y ist

$$\frac{y}{r} = B(QA + KA + HB)^{-1}Q \qquad (6.2.5)$$

Wenn sie von Q unabhängig gemacht wird, dann erhalten die durch Q dem System hinzugefügten Eigenwerte die Bedeutung von Beobachterpolen. Dazu müssen K und H so gewählt werden, daß KA + HB den Links-Faktor Q enthält, d.h.

$$KA + HB = QD \qquad (6.2.6)$$

mit einem noch zu wählenden Polynom D. Dann wird nämlich

$$\frac{y}{r} = B[Q(A + D)]^{-1}Q = B(A + D)^{-1}Q^{-1}Q = B(A + D)^{-1}$$

Der Nenner dieser Übertragungsfunktion entspricht dem durch Polvorgabe vorzugebenden Polynom

$$P = A + D \qquad (6.2.7)$$

Da P und A vom Grade n sind, ist eine beliebige Polvorgabe möglich durch Festlegung von

$$D(z) = d_0 + d_1 z + \ldots + d_{n-1}z^{n-1} \quad , \quad d_i = p_i - a_i \qquad (6.2.8)$$

d.h. der Differenz zwischen den charakteristischen Polynomen des geschlossenen und offenen Kreises. Durch Verwendung des Vorfilters L^{-1} erhält man schließlich die Führungs-Übertragungsfunktion

$$f = \frac{y}{w} = B(A + D)^{-1}L^{-1}M \qquad (6.2.9)$$

Der Reglerentwurf mit Polvorgabe P(z) und charakteristischem Polynom Q(z) des Beobachters reduziert sich damit auf die Lösung der Synthesegleichung (6.2.6). Dazu muß zunächst vorausgesetzt werden, daß A und B teilerfremd sind. Andernfalls müßte nämlich Q oder D den gemeinsamen Faktor von A und B enthalten und wäre damit nicht mehr frei vorgebbar.

Regelungstechnisch gesprochen bedeutet eine gemeinsame Nullstelle von A und B, daß ein Teilsystem mit diesem Eigenwert nicht steuerbar oder nicht beobachtbar ist. Damit kann dieser Eigenwert auch nicht durch Rückführung verschoben werden, er tritt als Nullstelle von QD = Q(P-A) und damit als Nullstelle des charakteristischen Polynoms QP des geschlossenen Kreises auf. Daß die Voraussetzung "A, B teilerfremd" nicht nur notwendig, sondern auch hinreichend für die Lösbarkeit der Synthesegleichung ist, ergibt sich aus dem EUKLIDischen Algorithmus, z.B. [53.3, 80.2]. Danach gibt es nämlich für teilerfremde Polynome A, B stets Polynome K*, H*, so daß

$$K^*A + H^*B = 1 \tag{6.2.10}$$

Multipliziert man diese Gleichung mit QD und setzt K = QDK*, H = QDH*, so ergibt sich (6.2.6).

Anmerkung 6.1
Die Polynomgleichung $K(z)A(z) + H(z)B(z) = C(z)$ mit gegebenem A, B und C wird als DIOPHANTische Gleichung bezeichnet nach DIOPHANTOS von Alexandria, der sich im dritten Jahrhundert mit dem mathematisch ähnlichen Problem befaßte, ganzzahlige Lösungen für die Gleichung $ka + hb = c$ zu finden, wobei a, b und c gegebene ganze Zahlen sind. KUČERA [79.2] macht Gebrauch von der Theorie der diophantischen Gleichungen für die Synthese von diskreten Regelungssystemen. □

Aus der Theorie der reduzierten Beobachter wissen wir, daß eine Lösung mit einem charakteristischen Beobachterpolynom vom Grade n - 1 existiert, wir können also die Beobachterpole durch Wahl eines Polynoms

$$Q(z) = q_0 + q_1 z + \dots + q_{n-2} z^{n-2} + z^{n-1} \tag{6.2.11}$$

festlegen. Das Zählerpolynom H(z) sollte vom gleichen Grade sein, damit der Regler kein Abtastintervall verschenkt, d.h. es wird angesetzt

$$H(z) = h_0 + h_1 z + \dots + h_{n-1} z^{n-1} \tag{6.2.12}$$

Die ausmultiplizierten Polynome HB und QD sind vom Grade 2n-2. Das gleiche gilt für KA, wenn

$$K(z) = k_0 + k_1 z + \dots + k_{n-2} z^{n-2} \tag{6.2.13}$$

angesetzt wird. Damit lautet die Synthesegleichung

$$(k_0+\ldots+k_{n-2}z^{n-2})(a_0+\ldots+z^n) + (h_0+\ldots+h_{n-1}z^{n-1})(b_0+\ldots+b_{n-1}z^{n-1}) =$$

$$= (q_0+\ldots+z^{n-1})(d_0+\ldots+d_{n-1}z^{n-1}) \qquad (6.2.14)$$

Durch Ausmultiplizieren und Koeffizientenvergleich ergibt sich die Matrixgleichung

$$\mathbf{S}(A,\ B) \times \mathbf{v}(K,\ H) = \mathbf{w}(Q,\ D) \qquad (6.2.15)$$

aus der die 2n - 1 Reglerkoeffizienten in K und H berechnet werden können.

Ausführlich geschrieben lautet (6.2.15)

$$\left[\begin{array}{cccc|cccc}
1 & & & 0 & 0 & & 0 & b_{n-1} \\
a_{n-1} & \ddots & & & & & \cdot & b_{n-2} \\
 & \ddots & \ddots & & & \cdot & \cdot & \\
 & & \ddots & 1 & 0 & \cdot & \cdot & b_1 \\
a_1 & & \ddots & a_{n-1} & b_{n-1} & & \cdot & b_0 \\
a_0 & \ddots & & & b_{n-2} & \cdot & \cdot & 0 \\
 & \ddots & \ddots & & & \cdot & \cdot & \\
0 & & \ddots & a_1 & b_1 & \cdot & & \\
0 & 0 & & a_0 & b_0 & 0 & \cdot\ \cdot & 0
\end{array}\right]
\left[\begin{array}{c}
k_{n-2} \\ k_{n-3} \\ \vdots \\ k_0 \\ \hline h_0 \\ h_1 \\ \vdots \\ \\ h_{n-1}
\end{array}\right]
=
\left[\begin{array}{ccccc}
0 & & & & 1 \\
 & & & \cdot & q_{n-2} \\
 & & \cdot & \cdot & \\
0 & 1 & \cdot & & q_1 \\
1 & \cdot & & \cdot & q_0 \\
q_{n-2} & & \cdot & \cdot & 0 \\
 & \cdot & \cdot & & \\
q_1 & \cdot & & & \\
q_0 & 0 & & & 0
\end{array}\right]
\left[\begin{array}{c}
d_0 \\ d_1 \\ \cdot \\ \cdot \\ \cdot \\ d_{n-1}
\end{array}\right]$$

S(A, B) ist genau dann regulär, wenn A und B teilerfremd sind, dies ist nämlich gerade die Bedingung von SYLVESTER für die Überprüfung von Polynomen auf Teilerfremdheit.

Setzt man nun (6.2.6) in (6.2.4) und (6.2.3) ein, so ergibt sich

$$y = B(A+D)^{-1}r + [1 - B(A+D)^{-1}Q^{-1}H]s \qquad (6.2.16)$$

$$u = A(A+D)^{-1}r - A(A+D)^{-1}Q^{-1}Hs \qquad (6.2.17)$$

Q tritt im Nenner der Stör-Übertragungsfunktion von s nach y auf, die Nullstellen von Q sollten daher rasch abklingenden, gut gedämpften Einschwingvorgängen entsprechen. Es ist wiederum eine teilweise voneinander unabhängige Festlegung des Stör- und Führungsverhaltens möglich, da das charakteristische Beobachter-Polynom Q nur in das Störverhalten eingeht und das Vorfilter $r = L^{-1}Mw$ nur in das Führungsverhalten. Die Nullstellen der Regelstrecke, d.h. von B, treten auch in der Führungs-Übertragungsfunktion auf. Sie können nur durch Kürzung gegen A + D oder L beseitigt werden, dies erfordert jedoch größere Stellamplituden, da die Regelstrecke in einem Frequenzbereich zur Übertragung gezwungen wird, in der sie aufgrund der Nullstellen "nicht will". Neue Nullstellen können durch M hinzugefügt werden.

Für Systeme mit einem Eingang und einem Ausgang kann nun die Polynom-Synthese wie folgt zusammengefaßt werden:

1. Es wird das Nennerpolynom P der Führungs-Übertragungsfunktion vorgegeben und mit dem Nennerpolynom A der Regelstrecke das Differenzpolynom D = P - A gebildet.
2. Die Beobachterpole werden durch Q festgelegt.
3. Aus (6.2.14) bzw. (6.2.15) werden die Polynome K und H berechnet.
4. Die Führungsgrößen-Übertragungsfunktion kann noch durch das Vorfilter $L^{-1}M$ beeinflußt werden.

Die bei der Polynom-Synthese möglichen Kürzungen werden in Abschnitt 6.3 behandelt.

Anmerkung 6.2 (FES-Interpretation)
Bezeichnet man das Rückführsignal mit f, siehe Bild 6.8, so ist

$$u = r - f \quad \text{bzw.} \quad f = r - u \tag{6.2.18}$$

Wie in Abschnitt 4.2 diskutiert, tritt eine Folge endlicher Systemantwort (FES) im Regelkreis auf, wenn man eine Folge auf den Eingang r gibt, die dem charakteristischen Polynom des geschlossenen Kreises entspricht, also

$$r_z(z) = z^{-n}P(z) \tag{6.2.19}$$

Damit entsteht im Regelkreis

$$u_z(z) = z^{-n}A(z) \quad , \quad y_z(z) = z^{-n}B(z) \tag{6.2.20}$$

Aus (6.2.18) erhält man das Rückführsignal

$$f_z(z) = z^{-n}[P(z) - A(z)]$$

und mit (6.2.7)

$$f_z(z) = z^{-n}D(z) \tag{6.2.21}$$

Das Differenzpolynom D(z) entspricht also gerade dem Rückführsignal beim FES-Experiment. Das Signal am Eingang des Q^{-1}-Elements in Bild 6.8 ist dann $z^{-n}D(z)Q(z)$. Der Kreis schließt sich mit

$$K(z)u_z(z) + H(z)y_z(z) = K(z)A(z)z^{-n} + H(z)B(z)z^{-n} = D(z)Q(z)z^{-n} \tag{6.2.22}$$

Dies entspricht genau der Synthesegleichung (6.2.6). Aus $v_z(z) = A^{-1}(z)u(z)$ ergibt sich $v_z(z) = z^{-n}$, die Folge besteht also aus nur einem Impuls bei $t = nT$, d.h.

$$v(kT) = \begin{cases} 1 & k = n \\ 0 & k \neq n \end{cases} \tag{6.2.23}$$

□

Beispiel
Bei der Regelstrecke von (3.3.23) ist

$$h_z(z) = \frac{B(z)}{A(z)} = \frac{0{,}368(z + 0{,}718)}{(z - 1)(z - 0{,}368)} = \frac{0{,}368z + 0{,}264}{z^2 - 1{,}368z + 0{,}368} \tag{6.2.24}$$

Es wird ein Deadbeat-Regler erster Ordnung mit $P(z) = z^2$, d.h. $D(z) = P(z) - A(z) = 1{,}368z - 0{,}368$ entworfen. Der Beobachterpol bei $z = -q_0$, $-1 < q_0 < 1$, sei noch frei. (6.2.15) wird damit

$$\begin{bmatrix} 1 & 0 & 0{,}368 \\ -1{,}368 & 0{,}368 & 0{,}264 \\ 0{,}368 & 0{,}264 & 0 \end{bmatrix} \begin{bmatrix} k_0 \\ h_0 \\ h_1 \end{bmatrix} = \begin{bmatrix} 0 & 1 \\ 1 & q_0 \\ q_0 & 0 \end{bmatrix} \begin{bmatrix} -0{,}368 \\ 1{,}368 \end{bmatrix}$$

$$\begin{bmatrix} k_0 \\ h_0 \\ h_1 \end{bmatrix} = \begin{bmatrix} 0{,}276 & -0{,}385 & 0{,}536 \\ -0{,}385 & 0{,}536 & 3{,}039 \\ 1{,}967 & 1{,}046 & -1{,}457 \end{bmatrix} \begin{bmatrix} 0 & 1 \\ 1 & q_0 \\ q_0 & 0 \end{bmatrix} \begin{bmatrix} -0{,}368 \\ 1{,}368 \end{bmatrix}$$

$$\begin{bmatrix} k_0 \\ h_0 \\ h_1 \end{bmatrix} = \begin{bmatrix} 0{,}518 - 0{,}724q_0 \\ -0{,}724 - 0{,}385q_0 \\ 2{,}306 + 1{,}967q_0 \end{bmatrix} \tag{6.2.25}$$

Bild 6.9 zeigt den Regelkreis bei Verwendung der Beobachter-Normalform des Reglers.

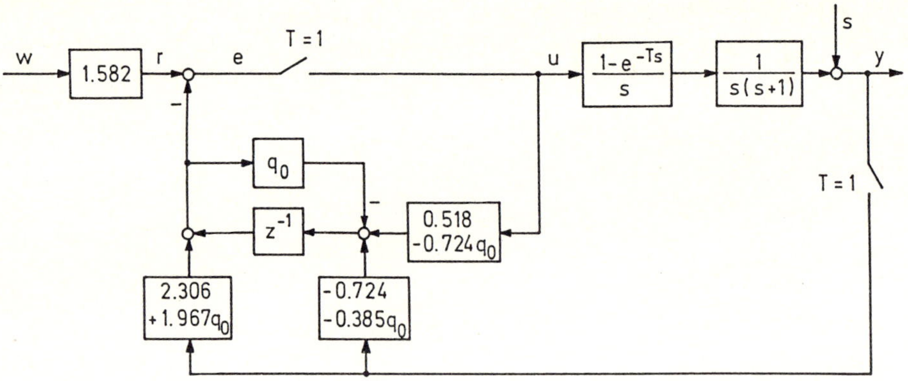

Bild 6.9 Regelungssystem mit **Deadbeat**-Führungsverhalten und im Intervall $-1 < q_0 < 1$ wählbarem Beobachterpol, der nur die Stör-Übertragungsfunktion von s nach y beeinflußt, nicht aber die Führungs-Übertragungsfunktion von w nach y.

Es ist $u(kT) = e(kT)$, die z-Übertragungsfunktion von r nach u wird nach (6.2.17)

$$\frac{u_z}{r_z} = A(A+D)^{-1} = \frac{(z-1)(z-0{,}368)}{z^2} \tag{6.2.26}$$

Auf die Wahl des Vorfilters $L^{-1}M$ wird in Abschnitt 6.4 eingegangen.

Anmerkung 6.3

Die Polynom-Synthese läßt sich auch auf Mehrgrößensysteme mit r Stellgrößen und s Meßgrößen erweitern. Die Herleitung in (6.2.2) bis (6.2.9) wurde bereits so geschrieben, daß sie unverändert auch für Polynom-Matrizen anstelle von Polynomen gilt.

Man geht von einer Faktorisierung der z-Übertragungsmatrix aus.

$$\begin{aligned} \mathbf{y}_z(z) &= \mathbf{H}_z(z)\mathbf{u}_z(z) \\ \mathbf{H}_z(z) &= \mathbf{B}(z)\mathbf{A}^{-1}(z) \end{aligned} \tag{6.2.27}$$

Die Polynommatrizen $\mathbf{B}(z)$ und $\mathbf{A}(z)$ haben die Dimension $s \times r$ bzw. $r \times r$. Dabei müssen $\mathbf{A}$ und $\mathbf{B}$ **rechts teilerfremd** sein, d.h. daß eine Faktorisierung in

$$\mathbf{A}(z) = \mathbf{A}^*(z)\mathbf{G}(z) \quad , \quad \mathbf{B}(z) = \mathbf{B}^*(z)\mathbf{G}(z) \tag{6.2.28}$$

mit einem gemeinsamen **rechten Teiler** $\mathbf{G}(z)$ nur mit einer unimodularen Matrix $\mathbf{G}(z)$ möglich ist, das ist eine Polynommatrix, deren Determinante eine von Null verschiedene Konstante ist, also nicht von z abhängt.

Man bezeichnet eine solche Faktorisierung als minimale Matrix-Quotienten-Darstellung. Diese Faktorisierung ist nicht eindeutig, genauer gesagt: Ist $(\mathbf{A}(z), \mathbf{B}(z))$ eine minimale Quotienten-Darstellung von $\mathbf{H}_z(z)$, so gehen alle anderen möglichen minimalen Quotienten-Darstellungen daraus durch Rechtsmultiplikation mit einer beliebigen unimodularen $r\times r$-Polynommatrix $\mathbf{T}(z)$ hervor: $(\mathbf{A}(z)\mathbf{T}(z), \mathbf{B}(z)\mathbf{T}(z))$. Für die Frage, wie die Bedingung "$\mathbf{A}(z)$ und $\mathbf{B}$ rechts teilerfremd" überprüft werden kann und gegebenenfalls der größte gemeinsame Teiler herausdividiert wird, wird auf die Literatur [70.5, 74.1, 80.2, 81.2] sowie auf den die Faktorisierung in (7.2.30) verwiesen.

Es ergibt sich formal eine der Gl. (6.2.6) entsprechende Synthesegleichung zwischen Polynommatrizen. Ihre Dimensionen sind in der folgenden Darstellung der Gleichung angezeigt:

$$r\,\overset{r}{\boxed{\mathbf{K}}} \times \overset{r}{\boxed{\mathbf{A}}}\,r + r\,\overset{s}{\boxed{\quad\mathbf{H}\quad}} \times \overset{r}{\boxed{\mathbf{B}}}\,s = r\,\overset{r}{\boxed{\mathbf{Q}}} \times \overset{r}{\boxed{\mathbf{D}}}\,r \qquad (6.2.29)$$

Damit läßt sich das Syntheseproblem auf die Lösung dieser Polynomgleichung zurückführen [71.6]. Auch interne Modelle für die Stör- und Führungsgrößen können in den Entwurf einbezogen werden [81.1]. Der Grad der einzelnen in $\mathbf{K}$, $\mathbf{H}$, $\mathbf{Q}$ und $\mathbf{D}$ anzusetzenden Polynome hängt eng mit der Steuerbarkeits- und Beobachtbarkeitsstruktur der Regelstrecke zusammen, die in Kapitel 7 behandelt wird. Wir begnügen uns hier mit der Feststellung, daß jeder Ansatz für $\mathbf{K}$, $\mathbf{H}$, $\mathbf{Q}$ und $\mathbf{D}$, der Gl. (6.2.29) erfüllt und bei dem $\mathbf{K}$, $\mathbf{H}$, $\mathbf{Q}$ realisierbar ist, zu einem Regelungssystem führt, dessen Übertragungsmatrix den Nenner $\det[\mathbf{A}(z) + \mathbf{D}(z)]$ hat und dessen Beobachterpole die Nullstellen von $\det \mathbf{Q}(z)$ sind. □

Die in der vorangegangenen Anmerkung dargestellte allgemeine Gültigkeit der Polynom-Synthese soll hier nur noch für den Fall der bereits vorher behandelten Systeme mit einer Stellgröße ($r = 1$) und mehreren linear unabhängigen Meßgrößen (Rang $C = s > 1$) weiter ausgeführt werden. Hierbei ist $A(z)$ das kleinste gemeinsame Vielfache aller Nenner der s-Übertragungsfunktionen von u nach $\mathbf{y}$. $\mathbf{B}(z)$ ist ein Spaltenvektor aus den s entsprechenden Zählerpolynomen. $D(z)$ ist wie vorher die Differenz zwischen gewünschtem und gegebenem charakteristischen Polynom. Die Reglerordnung wird durch den Grad ρ des Ansatzes für

$$Q(z) = q_0 + q_1 z + \ldots + q_{\rho-1} z^{\rho-1} + z^{\rho} \qquad (6.2.30)$$

festgelegt. K(z) ist wie vorher vom Grade $\rho - 1$, d.h.

$$K(z) = k_0 + k_1 z + \dots + k_{\rho-1} z^{\rho-1} \tag{6.2.31}$$

H(z) ist ein Zeilenvektor aus s Polynomen vom Grade ρ, d.h.

$$\mathbf{H}(z) = [(h_{10} + \dots + h_{1\rho} z^{\rho}) \dots (h_{s0} + \dots + h_{s\rho} z^{\rho})] \tag{6.2.32}$$

Die Erweiterung des Gleichungssystems (6.2.15) um die zusätzlichen **B**-und **H**-Elemente führt zu einer unterbestimmten Gleichung, d.h. es gibt beliebig viele Lösungen. Man kann diese Tatsache ausnutzen, um die Ordnung des Reglers zu reduzieren. Wir wissen z.B. nach Abschnitt 5.4, daß ein Regler der Ordnung ν-1 (ν = Beobachtbarkeitsindex) existiert, so daß die Synthesegleichung (6.2.29) für $\rho = \nu-1$ noch mindestens eine Lösung liefern muß. Bei weiterer Reduktion der Reglerordnung lassen sich dann allerdings nicht mehr beliebige Pole und Beobachterpole vorgeben.

Wenn man die Kenntnisse über die Beobachtbarkeitsstruktur beim Ansatz berücksichtigt, ist die Berechnung eines Reglers über die Polynom-Synthese, (6.2.29), wesentlich einfacher als die Berechnung im Zustandsraum. Dies gilt ganz besonders, wenn die Regelstrecke durch ihre Übertragungsmatrix $\mathbf{H}_z(z)$ beschrieben ist. Zur Berechnung von Polvorgabe-Reglern minimaler Ordnung siehe auch [69.6, 70.7].

6.3 Pol-Nullstellen-Kürzungen

Die Wirkung von Pol-Nullstellen-Kürzungen bei kontinuierlichen Systemen wurde bereits in Abschnitt 2.3.7 diskutiert. Diese Ergebnisse sind unmittelbar auf diskrete Systeme übertragbar, sie sollen aber hier auch für den Verlauf der Ausgangsgrößen zwischen den Abtastzeitpunkten und in Bezug auf die Polynom-Synthese von Regelungssystemen erweitert werden.

Die kanonische Zerlegung der Regelstrecke in vier Teilsysteme, die sich nach ihrer Steuerbarkeit bzw. Beobachtbarkeit unterscheiden, kann völlig entsprechend wie in (2.3.47) auch für Abtastsysteme durchgeführt werden. Praktisch wird man die Tastperiode nie so wählen, daß die Steuerbarkeit oder Beobachtbarkeit durch die Diskretisierung verlorengeht, siehe Abschnitte 4.1 und 5.1. Unter dieser Voraussetzung bleibt auch die Zerlegung von (2.3.47) unverändert. Eine solche Zerlegung kann auch für den geschlossenen Kreis durchgeführt werden. Alle Pole, die durch Kürzung aus der Übertragungsfunktion verschwinden, gehören demnach nicht mehr zum steuerbaren und beobachtbaren Teilsystem. Das gilt z.B. im Übergang von (6.2.5) nach (6.2.7) bei der Kürzung der Beobachterpole. Die Nullstellen von Q sind die Eigenwerte des Teilsystems, das von w aus nicht steuerbar, von y aus aber beobachtbar ist. Diese Kürzung ist also erwünscht und findet aufgrund der Vorgabe von Q in einer gewünschten Lage in der z-Ebene statt. Es sind auch andere Kürzungen gegen Nullstellen von A oder B möglich. Wo das in der z-Ebene erfolgt, wird allerdings dann durch die gegebene Regelstrecke diktiert. Es sind daher einige Fallunterscheidungen erforderlich. Wir gehen dazu von der Polynom-Synthesegleichung

$$KA + HB = QD \tag{6.3.1}$$

aus, die durch Addition von QA auf beiden Seiten und Einsetzen von $D + A = P$ folgendermaßen geschrieben werden kann:

$$(Q + K)A + HB = QP \tag{6.3.2}$$

In dieser Form steht auf der rechten Seite das charakteristische Polynom QP des geschlossenen Kreises. Hier sollen nun verschiedene Möglichkeiten der Kürzung von Polen und Nullstellen der Regelstrecke diskutiert werden.

a) **Kürzung von Polen der Regelstrecke**

Diese Kürzung tritt auf, wenn man einen Eigenwert des offenen Kreises, d.h. eine Nullstelle von A, unverändert für den geschlossenen Kreis vorgibt, d.h. als Nullstelle von Q oder P. Da A und B teilerfremd sind, folgt aus (6.3.2), daß H ebenfalls diese Nullstelle haben muß. Die entsprechenden Eigenwerte der Regelstrecke sind von dem Rückführungs-Anteil Hy in Bild 6.8 aus nicht beobachtbar. Sie sind damit auch von dem Rückführsignal $Q^{-1}(Ku + Hy)$ aus nicht beobachtbar und können deshalb bei Schließung des Kreises nicht verändert werden.

Es können nun noch zwei Fälle unterschieden werden, je nachdem, ob die Kürzung in P oder Q erfolgt. Die **Kürzung in P** entspricht der Polvorgabe durch Zustandsvektor-Rückführung. Nach (4.3.5) ist

$$u = -\mathbf{k}'\mathbf{x} = -\mathbf{e}'P(\mathbf{A})\mathbf{x} = -\mathbf{e}'(\mathbf{A}-z_1\mathbf{I})(\mathbf{A}-z_2\mathbf{I})\dots(\mathbf{A}-z_n\mathbf{I})\mathbf{x} \tag{6.3.3}$$

Ist einer der vorgegebenen Pole z_i auch Eigenwert von **A**, d.h. des offenen Kreises, so wird detP(**A**) = 0 und es gibt einen Anfangszustand $\mathbf{x}_0 \neq 0$, für den $u \equiv 0$ bleibt. Bei q unverändert vorgegebenen Eigenwerten gibt es, entsprechend dem q-fachen Rangabfall von P(**A**), q Vektoren $\mathbf{x}_{01} \dots \mathbf{x}_{0q}$, die einen nicht beobachtbaren Unterraum aufspannen, in dem $u \equiv 0$ bleibt. Siehe hierzu auch (2.7.39).

Bei der **Kürzung in Q** gibt man Eigenwerte der Regelstrecke unverändert als Beobachterpole vor. Bild 6.8 zeigt, daß diese Eigenwerte des Reglers dann von y aus nicht mehr steuerbar sind. Man kann die Reglerordnung durch Kürzung zwischen H und Q reduzieren. Diese Kürzung müßte dann allerdings auch in K/Q vorgenommen werden, so daß K nicht mehr frei wählbar ist.

In der Regelkreis-Konfiguration von Bild 3.10 mit Rückführung der Regelabweichung e = w - y ist ebenfalls eine Kürzung eines Streckenpols durch eine Reglernullstelle möglich, siehe z.B. (3.4.16). Dort war diese Kürzung allerdings erforderlich, um den Streckenpol bei z = 0,368 aus der Führungs-Übertragungsfunktion herauszunehmen. Damit benötigt z.B. die Deadbeat-Sprungantwort weniger Abtastschritte, vgl. (3.4.15) und (3.4.17), der gekürzte Eigenwert kann aber weiterhin durch Störungen oder Anfangszustände angeregt werden, siehe das Beispiel (3.5.9).

Bei den Regelkreisstrukturen mit Beobachter und Rückführung des rekonstruierten Zustands oder über den Polynomansatz, Bild 6.8, wird auf andere Weise erreicht, daß die Ordnung der Führungs-Übertragungsfunktion gleich der Ordnung der Strecke ist. Die Pole in Q sind in jedem Fall von der Führungsgröße aus nicht steuerbar, ob sie nun mit denen von A identisch sind oder nicht. Daher vereinigt das System von Bild 6.9 die Vorteile beider Regler (3.4.14) und (3.4.16). Es hat eine Deadbeat-Sprungantwort von zwei Schritten wie der Regler (3.4.16), es legt aber für $q_0 = 0$ wie der Regler (3.4.14) alle Eigenwerte nach Null, so daß sämtliche Einschwingvorgänge endlich sind wie in Beispiel (3.5.10). Voraussetzung für die Realisierung dieser Regelkreisstruktur ist natürlich, daß die Regelgröße y und die Führungsgröße w einzeln zur Verfügung stehen.

b) Kürzungen von Nullstellen der Regelstrecke

Diese Kürzung tritt auf, wenn man eine Nullstelle der Regelstrecke als Eigenwert des geschlossenen Kreises, d.h. als Nullstelle von Q oder P, vorgibt. In (6.3.2) mit A, B teilerfremd ist zu sehen, daß diese Nullstelle dann auch in Q + K auftritt. Dies wird verdeutlicht durch die Umwandlung des Blockschaltbildes 6.8 in Bild 6.10.

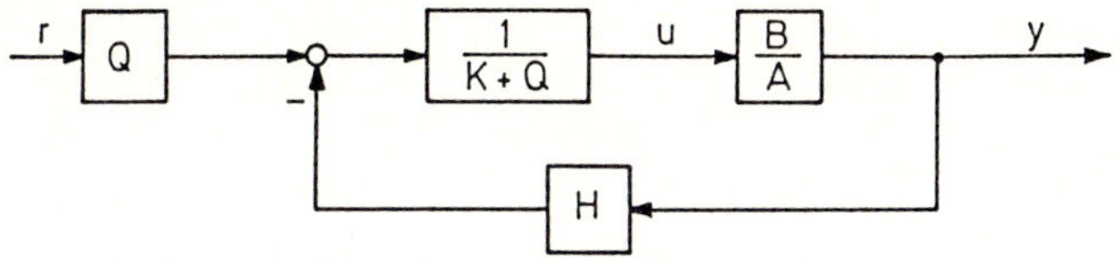

Bild 6.10 Alternative Darstellung des Blockschaltbildes 6.8

Wie bei kontinuierlichen Systemen kann die Kürzung von Strecken-Nullstellen zu großen Stellamplituden $|u|$ führen. Bei Abtastsystemen kommt noch ein weiterer unerwünschter Effekt hinzu: Durch Kürzung tritt die Nullstelle nicht mehr in der Führungs-Übertragungsfunktion auf. Die betreffende Nullstelle von $K + Q$ ist ein Reglereigenwert, der nicht von $y(kT)$ aus beobachtbar ist, wohl aber von $u(kT)$ und $y(kT+\gamma T)$, $0 < \gamma < 1$. Dieser Effekt tritt in allen Regelkreisstrukturen auf. Für die Regelkreis-Konfiguration mit Rückführung der Regelabweichung e mit einem Kürzungsregler wie z.B. (3.5.23) wurde bereits in Bild 3.19 die nachteilige Wirkung illustriert. Bei Beobachter- und Polynomvorgabe-Strukturen sind diese Reglereigenwerte zwar nicht von der Führungsgröße aus steuerbar, können aber durch Störungen und Anfangszustände angeregt werden und führen dann zu unerwünschten versteckten Schwingungen zwischen den Abtastzeitpunkten.

Zusammenfassend läßt sich feststellen, daß Pol-Nullstellen-Kürzungen in Beobachter- oder Polynomvorgabe-Strukturen keine Vorteile bringen. Sofern die Kürzungen im **schönen** Stabilitätsgebiet Γ gemäß Bild 3.25 erfolgen, in dem man ohnehin die Nullstellen von P und Q vorgibt, schaden sie aber auch nichts. Die Kürzungen führen zu einer Vereinfachung der Synthesegleichungen (6.3.1) bzw. (6.3.2).

6.4 Führungs-Übertragungsfunktion und Vorfilter

Die Antwort des Systems von Bild 6.8 auf einen Sprung der Führungsgröße w ist $y_z(z) = f_z(z)w_z(z)$, wobei f_z die Führungs-Übertragungsfunktion nach (6.2.9) ist:

$$f_z(z) = B(z)[A(z) + D(z)]^{-1}L(z)^{-1}M(z) \tag{6.4.1}$$

Zunächst einmal wird Genauigkeit des stationären Zustands bei einer sprungförmigen Führungsgröße verlangt. Nach dem Endwertsatz (B.8.1) verlangt dies $f_z(1) = 1$. Falls A(1) und B(1) genügend genau bekannt sind, kann dies durch einen konstanten Vorfaktor

$$\frac{M}{L} = \frac{A(1) + D(1)}{B(1)} \tag{6.4.2}$$

erreicht werden. Häufig ist jedoch A(1) und B(1) nicht genügend genau bekannt. Robustheit der stationären Genauigkeit gegenüber solcher Parameter-Unsicherheit läßt sich durch einen Integralanteil des Reglers erreichen, wie bereits in Bild 3.14 gezeigt. Die darin enthaltene Rückführung $d_z(z)$ kann auch mit Hilfe der Struktur von Bild 6.8 entworfen werden. Man erhält dann das Regelungssystem von Bild 6.11.

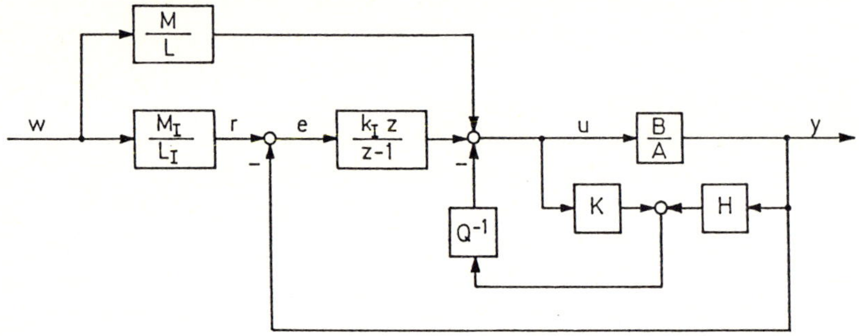

Bild 6.11 Reglerstruktur mit I-Regler ($M_I(1)/L_I(1) = 1$).

Diese Struktur wird von WOLOVICH [81.1] ausführlich untersucht und erweitert auf allgemeinere interne Modelle von Signalgeneratoren für Stör- und Führungsgrößen sowie auf den Mehrgrößenfall. Viele Regelstrecken enthalten bereits eine Integration, z.B. mechanische Systeme, bei denen u eine Kraft und y eine Position oder Geschwindigkeit ist. Dann wird der Integralanteil des Reglers für das Führungsverhalten nicht benötigt. Wir verfolgen daher hier nur den einfacheren Fall mit $k_I = 0$ und (6.4.1).

Für die Einschwingvorgänge von Null zum stationären Wert ist ein wesentlicher Schritt bereits getan durch die Vorgabe von Polen, die schnellen und gut gedämpften Lösungstermen in y(kT) entsprechen. Das Führungsverhalten hängt außerdem noch von den Nullstellen von f_z ab. In (6.2.9) ist zu sehen, daß der geschlossene Kreis die gleichen Nullstellen wie der offene Kreis hat, nämlich die von B(z). Diese Nullstellen können bei der Polvorgabe gekürzt werden, aber nur, soweit die Stellamplituden und der Lösungsverlauf zwischen den Abtastzeitpunkten dies zulassen. Angenommen, die Strecke hat m_0 endliche Nullstellen außerhalb des Einheitskreises, diese bilden den Faktor $B_0(z)$

in $B(z) = B_0(z)B_i(z)$, grad $B_0(z) = m_0$, grad $B_i(z) = m_i$. Dann kann $B_0(z)$ nicht gekürzt werden. Auch der Polüberschuß p = grad $A(z)$ - grad $B(z) = n - (m_0+m_i)$ kann nicht reduziert werden. In Regelstrecken ohne Totzeit ist normalerweise $p = 1$. (Wir vernachlässigen hier die pathologische Wahl der Tastperiode, siehe Bild 3.8). Dann ist die "beste" realisierbare Führungs-Übertragungsfunktion $f_z(z) = B_0(z)/z^{m_0+p}$, z.B. $f_z(z) = 1/z$ für $m_0 = 0$, $p = 1$. Das Beispiel von Bild 3.19 zeigt jedoch, daß sich der Begriff "beste" Übertragungsfunktion nur auf die Abtastzeitpunkte bezieht. Schlecht gedämpfte Pole in $L(z)$ oder $P(z) = A(z) + D(z)$, die zur Kürzung von $B_i(z)$ erforderlich werden, sind zwar von $y(kT)$ aus nicht beobachtbar, wohl aber von $u(kT)$ und $y(kT+\gamma T)$ $0 < \gamma < 1$, aus. Es ist daher realistischer, alle Nullstellen außerhalb eines gewünschten schönen Stabilitätsgebiets Γ nach Bild 3.25 dem Faktor $B_0(z)$ zuzuordnen und m_0 und m_i entsprechend zu definieren.

Geht man von der Zustandsdarstellung der Regelstrecke aus, so ist der stationäre Zustand gekennzeichnet durch

$$\mathbf{x}[k+1] = \mathbf{x}[k] = \mathbf{x}_{st} \qquad (6.4.3)$$

$$\mathbf{x}_{st} = \mathbf{A}\mathbf{x}_{st} + \mathbf{b}u_{st}$$

$$\mathbf{x}_{st} = (\mathbf{I}-\mathbf{A})^{-1}\mathbf{b}u_{st}$$

$$y_{st} = \mathbf{c}'\mathbf{x}_{st} = \mathbf{c}'(\mathbf{I}-\mathbf{A})^{-1}\mathbf{b}u_{st} = h(1)u_{st} \qquad (6.4.4)$$

Bei Regelstrecken ohne Integration ist $h(1)$ endlich und die stationäre Stellgröße ist

$$u_{st} = \frac{1}{h(1)} y_{st} \qquad (6.4.5)$$

Bei Regelstrecken mit Integration ist $u_{st} = 0$ und der stationäre Zustand erfüllt die Gleichung

$$(\mathbf{I}-\mathbf{A})\mathbf{x}_{st} = \mathbf{0} \qquad (6.4.6)$$

$$y_{st} = \mathbf{c}'\mathbf{x}_{st}$$

Ein ausgezeichneter Einschwingvorgang bei Abtastsystemen ist die **Deadbeat**-Lösung. Dabei wird der stationäre Zustand $\mathbf{x}_{st}$ nach endlicher Zeit NT erreicht: $\mathbf{x}(NT) = \mathbf{x}_{st}$. (Manchmal wird in der Literatur auch der Fall $y(NT) = y_{st}$ als Deadbeat-Lösung bezeichnet, ohne daß sich das System in einem stationären Zustand befindet, d.h. $\mathbf{x}(NT + \gamma T) \neq \mathbf{x}_{st}$ für $0 < \gamma < T$. Wir schließen diesen Fall jedoch aus.)

Wie in (4.3.9) gezeigt wurde, läßt sich die Deadbeat-Lösung durch Vorgabe sämtlicher Eigenwerte bei $z = 0$ erreichen und erfordert bei einer Zustandsvektor-Rückführung genau n Abtastschritte, d.h. der stationäre Zustand wird nach sovielen Abtastintervallen erreicht, wie die Ordnung der Regelstrecke angibt. Eine Verkürzung dieser Zeit ist nicht möglich, denn erst für n Schritte existiert eine Deadbeat-Steuerfolge nach (4.1.15). Für weniger als n Schritte existiert keine Deadbeat-Steuerfolge und damit auch keine Reglerstruktur, die sie durch Rückführung erzeugen könnte.

Es kann aber der Fall eintreten, daß die n-Schritt-Deadbeat-Steuerfolge zu große Stellamplituden erfordert und man einen oder mehrere Abtastschritte hinzugeben will, um die Stellamplituden zu verkleinern. Solche Steuerfolgen der Länge $N > n$ existieren in beliebiger Zahl, nämlich sämtliche $\mathbf{u}_N$, die (4.1.4) erfüllen. Jede solche Steuerfolge läßt sich auch durch Rückführungen und Vorfilter erzeugen, man muß allerdings die Ordnung des Gesamtsystems, das von der Führungsgröße w aus steuerbar ist, auf N erhöhen. Bei der Reglerstruktur mit Rückführung der Regelabweichung nach Bild 3.10 ist die Systemordnung $n + m$, wobei m die Kompensatorordnung ist.

Für $m = n - 1$ ergibt die Vorgabe des charakteristischen Polynoms z^{2n-1} eine eindeutige Lösung von (3.4.12) mit $2n - 1$ Abtastschritten. Erhöht man m, so ist der Regler nach (3.4.12) unterbestimmt, es gibt beliebig viele Lösungen. Bei Verwendung einer Reglerstruktur mit Beobachter-Zustands-Rückführung nach Bild 6.5 bzw. 6.8 ist nur ein Teilsystem der Ordnung n vom Eingang r des geschlossenen Kreises aus steuerbar, die Ordnung des Gesamtsystems läßt sich aber durch das Vorfilter von w nach r erhöhen.

Angenommen, man hat eine nichtminimale Deadbeat-Steuerfolge

$$\begin{aligned} \mathbf{u}_N &= [u[N-1], u[N-2] \ldots u[0]]' \\ u_z(z) &= u[0] + u[1]z^{-1} + \ldots + u[N-1]z^{1-N} \end{aligned} \tag{6.4.7}$$

gefunden, die (4.1.4) mit $\mathbf{x}[0] = \mathbf{0}$ erfüllt, also

$$\mathbf{x}[N] = [\mathbf{b}, \mathbf{Ab} \ldots \mathbf{A}^{N-1}\mathbf{b}]\mathbf{u}_N \tag{6.4.8}$$

Man möchte sie durch einen Regler mit Beobachter-Zustands-Rückführung erzeugen. Das gewünschte $u_z(z)$ muß (6.2.17) (mit $s \equiv 0$) genügen:

$$u_z = A(A+D)^{-1}r_z = A(A+D)^{-1}L^{-1}Mw_z \tag{6.4.9}$$

Durch Deadbeat-Polvorgabe wird

$$P(z) = A(z) + D(z) = z^n \ , \quad (A+D)^{-1} = z^{-n} \tag{6.4.10}$$

durch Rückführung erzeugt. Der Führungsgrößensprung hat die z-Transformierte $w_z = z/(z-1)$. Damit wird (6.4.9)

$$u_z(z) = A(z)L^{-1}(z)M(z)z^{1-n}/(z-1) \tag{6.4.11}$$

und das benötigte Vorfilter hat die z-Übertragungsfunktion

$$\frac{M(z)}{L(z)} = \frac{(z-1)z^{n-1}}{A(z)} \times u_z(z) \tag{6.4.12}$$

Beispiel

Die Regelstrecke $1/s(s+1)$ mit Abtaster und Halteglied hat nach (3.3.21) die z-Übertragungsfunktion

$$h_z(z) = \frac{(T-1+e^{-T})z + (1-Te^{-T}-e^{-T})}{(z-1)(z-e^{-T})} \tag{6.4.13}$$

Durch Partialbruchzerlegung erhält man

$$h_z(z) = \frac{T}{z-1} - \frac{1-e^{-T}}{z-e^{-T}} \tag{6.4.14}$$

Nach (A.2.11) ist die zugehörige Zustandsdarstellung in Diagonalform

$$\mathbf{x}(kT+T) = \begin{bmatrix} 1 & 0 \\ 0 & e^{-T} \end{bmatrix} \mathbf{x}(kT) + \begin{bmatrix} T \\ e^{-T}-1 \end{bmatrix} u(kT) \tag{6.4.15}$$

Der stationäre Zustand $\mathbf{x}(NT)$ für einen Einheitssprung als Führungsgröße ergibt sich mit (6.4.6) aus

$$(\mathbf{I}-\mathbf{A})\mathbf{x}(NT) = \begin{bmatrix} 0 & 0 \\ 0 & 1-e^{-T} \end{bmatrix} \begin{bmatrix} x_1(NT) \\ x_2(NT) \end{bmatrix} = \begin{bmatrix} 0 \\ 0 \end{bmatrix}$$

$$\mathbf{c}'\mathbf{x}(NT) = [1 \quad 1] \begin{bmatrix} x_1(NT) \\ x_2(NT) \end{bmatrix} = 1$$

Man erhält $\mathbf{x}(NT) = [1 \quad 0]'$. Alle Lösungen u_{N-1} von (6.4.8) sind Deadbeat-Steuerfolgen, d.h. in unserem Beispiel die Lösungen von

$$\begin{bmatrix}1\\0\end{bmatrix} = \begin{bmatrix} T & T & \dots & T \\ e^{-T}-1 & e^{-T}(e^{-T}-1) & \dots & e^{-(N-1)T}(e^{-T}-1)\end{bmatrix} \begin{bmatrix} u(NT-T) \\ \cdot \\ \cdot \\ u(0)\end{bmatrix} \qquad (6.4.16)$$

oder vereinfacht

$$u(0) + u(T) + \dots + u(NT-T) = 1/T \qquad (6.4.17)$$

$$e^{-(N-1)T}u(0) + e^{-(N-2)T}u(1) + \dots + e^{-T}u(NT-2T) + u(NT-T) = 0$$

Wir berechnen einige interessante Deadbeat-Steuerfolgen und erzeugen sie durch Deadbeat-Rückführung und Vorfilter.

Folge 1: $N = n = 2$

Die Lösung von (6.4.17) ist eindeutig:

$$u(0) = \frac{1}{T(1-e^{-T})}, \quad u(T) = \frac{-e^{-T}}{T(1-e^{-T})} \qquad (6.4.18)$$

Für $T \to 0$ geht $u(0)$ gegen Unendlich und $u(T)$ gegen minus Unendlich. Im Grenzfall des kontinuierlichen Systems muß die Ableitung einer δ-Funktion auf den Eingang u gegeben werden, um das System schlagartig in den gewünschten Zustand zu bringen. Dieser Grenzfall und ebenso sehr kleine Tastperioden T sind also praktisch nicht brauchbar. Bild 6.12a zeigt den Verlauf von u und y für $T = 1$.

Es ist $u_z(z) = 1{,}582 - 0{,}582z^{-1} = 1{,}582(z - 0{,}368)/z$

$$y_z(z) = 0{,}582z^{-1} + z^{-2} + z^{-3} + \dots$$

Aus (6.4.12) ergibt sich das Vorfilter zu

$$\frac{M}{L} = \frac{z(z-1) \times 1{,}582(z-0{,}368)}{(z-1)(z-0{,}368)z} = 1{,}582 \qquad (6.4.19)$$

Zusammen mit einer Deadbeat-Polvorgabe durch Rückführung des Beobachter-Zustands ergibt sich Bild 6.9.

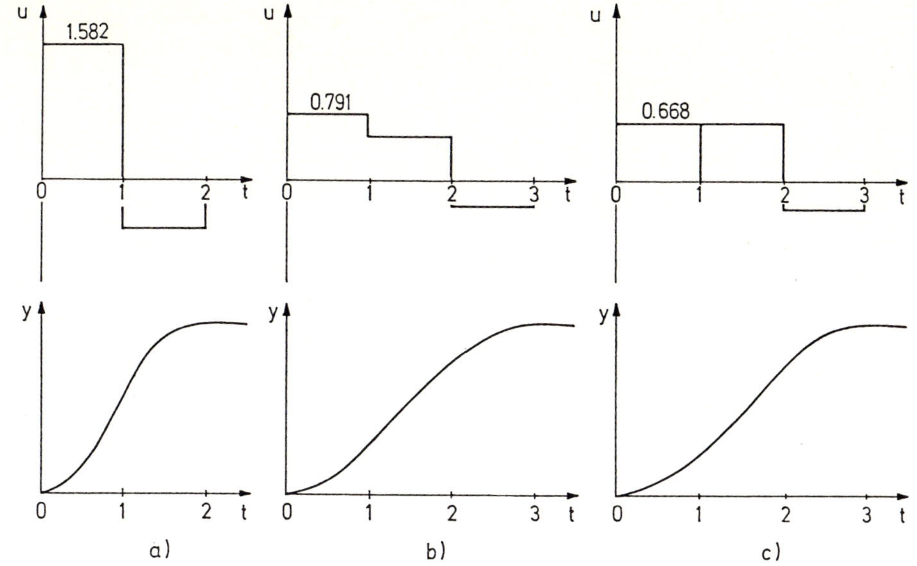

Bild 6.12 Deadbeat-Steuerfolgen a) N = 2, b) N = 3, minimale Stellenergie, c) N = 3, minimale Stellamplituden

Folge 2: N = 3, Minimale Stellenergie

Für N = 3 lautet (6.4.17):

$$\begin{aligned} u(0) + \quad u(T) + u(2T) &= 1/T \\ e^{-2T}u(0) + e^{-T}u(T) + u(2T) &= 0 \end{aligned} \qquad (6.4.20)$$

Die Minimierung der **Stellenergie** $u(0)^2 + u(T)^2 + u(2T)^2$ ergibt

$$u(0) = \frac{e^T}{2T(e^T-1)}, \quad u(T) = \frac{1}{2T}, \quad u(2T) = \frac{1}{2T(1-e^T)} \qquad (6.4.21)$$

$$u_z(z) = \frac{e^T z^{-2}}{2T(e^T-1)} [z^2 + (1-e^{-T})z - e^{-T}]$$

$$= \frac{e^T z^{-2}}{2T(e^T-1)} (z + 1)(z - e^{-T})$$

und für T = 1

$$u_z(z) = 0{,}791z^{-2}(z + 1)(z - 0{,}368)$$

$$= 0{,}791 + 0{,}5z^{-1} - 0{,}292z^{-2} \tag{6.4.22}$$

$$y_z(z) = 0{,}291z^{-1} + 0{,}791z^{-2} + z^{-3} + z^{-4} + \ldots$$

Der Verlauf von u und y ist in Bild 6.12b dargestellt.

Das erforderliche Vorfilter erhält man aus (6.4.12)

$$\frac{M(z)}{L(z)} = \frac{(z - 1)z}{(z - 1)(z - 0{,}368)} \times \frac{0{,}791(z + 1)(z - 0{,}368)}{z^2}$$

$$= \frac{0{,}791(z + 1)}{z} \tag{6.4.23}$$

Es wird anstelle des Vorfaktors 1,582 in Bild 6.9 eingeschaltet.

Folge 3: N = 3, Minimale Stellamplitude

Die Minimierung von $\max\{|u(0)|, |u(T)|, u(2T)|\}$ ergibt für $T > 0{,}48$

$$u(0) = u(T) = \frac{e^{2T}}{(2e^{2T}-e^{T}-1)T} \quad , \quad u(2T) = \frac{-(e^{T}+1)}{(2e^{2T}-e^{T}-1)T} \tag{6.4.24}$$

und für T = 1: $u_z(z) = 0{,}668 + 0{,}668z^{-1} - 0{,}336z^{-2}$

$$= 0{,}668z^{-2}(z + 1{,}368)(z - 0{,}368) \tag{6.4.25}$$

$$y_z(z) = 0{,}246z^{-1} + 0{,}759z^{-2} + z^{-3} + z^{-4} + \ldots$$

Bild 6.12c zeigt den Verlauf von u und y. Das erforderliche Vorfilter ist

$$\frac{M(z)}{L(z)} = \frac{0{,}668(z + 1{,}368)}{z} \tag{6.4.26}$$

Folge 4: N = 3, $|u| \le 1$, Minimales T

Die Forderung, daß die minimale Gesamtzeit 3T für den Einschwingvorgang mit $|u| \le 1$ erreicht werden soll, führt für die Führungsgröße 1(t) auf

$$T = 0{,}76 \quad , \quad u(0) = u(T) = 1 \quad , \quad u(2T) = -0{,}684 \tag{6.4.27}$$

Die Gesamtzeit ist 3T = 2,28 Zeiteinheiten. Diese liegt nahe bei der zeitoptimalen Lösung für $|u| \leq 1$ und beliebige Umschaltzeitpunkte, nämlich

$$u(t) = \begin{cases} 1 & \text{für } 0 < t < 1{,}585 \\ -1 & \text{für } 1{,}585 < t < 2{,}170 \end{cases} \tag{6.4.28}$$

Die Lösung (6.4.27) kann durch Erhöhung von N nicht mehr wesentlich verbessert werden. Für N = 4 ist die entsprechende Lösung z.B.

$$u(0) = u(T) = u(2T) = 0{,}927 \quad , \quad u(3T) = -1 \tag{6.4.29}$$

und die Gesamtzeit 4T = 2,25 Zeiteinheiten. Für die Lösungen (6.4.27) und (6.4.29) muß der Deadbeat-Regelkreis mit der geänderten Tastperiode neu berechnet werden.

6.5 Störgrößen-Kompensation

Nachdem die Rückführung und das Vorfilter behandelt worden sind, soll nun der dritte Anteil des Regelungssystems von Bild 6.4 eingeführt werden, nämlich die Störgrößenaufschaltung. Wir nehmen zunächst an, daß eine meßbare Störgröße $\mathbf{q}$ über eine bekannte Matrix $\mathbf{M}$ als Störgröße $\mathbf{s} = \mathbf{Mq}$ auf die Regelstrecke einwirkt

$$\mathbf{x}[k+1] = \mathbf{Ax}[k] + \mathbf{Bu}[k] + \mathbf{Mq}[k] \tag{6.5.1}$$

Wir bilden nun die Stellgröße $\mathbf{u}$ als Summe von zwei Anteilen

$$\mathbf{u} = \mathbf{u}_R + \mathbf{u}_S \tag{6.5.2}$$

Dabei wird der Anteil $\mathbf{u}_R$ wie bisher durch die Rückführung gebildet. Der Anteil $\mathbf{u}_S$ hat dagegen die Aufgabe, der Störgröße $\mathbf{q}$ entgegenzuwirken [71.9]. Den Eingang $\mathbf{r}$ von der Führungsgröße können wir in dieser Untersuchung gleich Null setzen. Es wird

$$\mathbf{x}[k+1] = \mathbf{Ax}[k] + \mathbf{Bu}_R[k] + \mathbf{Bu}_S[k] + \mathbf{Mq}[k] \tag{6.5.3}$$

$\mathbf{u}_S$ wird so bestimmt, daß die gegenüber dem bisher behandelten System hinzukommenden Terme

$$\mathbf{e} = \mathbf{Bu}_S + \mathbf{Mq} \tag{6.5.4}$$

zu Null werden oder - falls das nicht möglich ist - zumindest

$$V(\mathbf{u}_S) = \mathbf{e}'\mathbf{e} = (\mathbf{B}\mathbf{u}_S + \mathbf{M}\mathbf{q})'(\mathbf{B}\mathbf{u}_S + \mathbf{M}\mathbf{q}) \tag{6.5.5}$$

zu einem Minimum wird. Dazu wird der Gradient von V nach $\mathbf{u}_S$ zu Null gesetzt:

$$\frac{dV}{d\mathbf{u}_S} = 2\mathbf{B}'(\mathbf{B}\mathbf{u}_S + \mathbf{M}\mathbf{q}) = 0 \tag{6.5.6}$$

Wir setzen voraus, daß die r Stellgrößen, $r \le n$, linear unabhängig sind, d.h. die $n{\times}r$-Matrix $\mathbf{B}$ hat den Rang r. Damit ist die $r{\times}r$-Matrix $\mathbf{B}'\mathbf{B}$ regulär und (6.5.6) kann nach $\mathbf{u}_S$ aufgelöst werden:

$$\mathbf{u}_S[k] = -(\mathbf{B}'\mathbf{B})^{-1}\mathbf{B}'\mathbf{M}\mathbf{q}[k] \tag{6.5.7}$$

Es handelt sich tatsächlich um ein Minimum, da die nochmalige Ableitung die positiv definite Matrix 2 $\mathbf{B}'\mathbf{B}$ ergibt.

Aus der gemessenen Störgröße $\mathbf{q}[k]$ kann also durch die Störgrößenaufschaltung (6.5.7) ein zusätzlicher Anteil $\mathbf{u}_S[k]$ zur Stellgröße gebildet werden, der den Einfluß von $\mathbf{q}[k]$ auf $\mathbf{x}[k+1]$ minimiert.

Ist $\mathbf{q}$ nicht meßbar, aber durch einen Störgrößengenerator modellierbar, so kann $\mathbf{q}$ durch einen entsprechenden rekonstruierten Wert aus einem Störgrößenbeobachter nach Abschnitt 5.6 ersetzt werden.

Beispiel
Das Beispiel nach Bild 5.7 soll zum Regelungssystem vervollständigt werden. Die Regelstrecke einschließlich Störungsmodell ist durch (5.6.5) gegeben, der Beobachter durch (5.6.6). Für die Rückführung zugänglich sind die Größen x_1, $\hat{x}_2$ und $\hat{z}_s$.

Der Kreis wird geschlossen durch

$$u[k] = u_R[k] + u_S[k]$$

$$u_R[k] = -\mathbf{k}'\begin{bmatrix} x_1[k] \\ \hat{x}_2[k] \end{bmatrix} + Vw[k] \tag{6.5.8}$$

$$u_S[k] = -k_S\hat{z}_s[k] \tag{6.5.9}$$

$\mathbf{k}' = [k_1 \quad k_2]$ wird durch Zustandsvektor-Rückführung bestimmt, z.B. bei einer Deadbeat-Lösung nach (4.3.8) $\mathbf{k}' = [1,582 \quad 1,243]$. Im stationären Zustand ist $\hat{x}_2 = 0$, $u_R = -\mathbf{k}'\hat{\mathbf{x}} = 0$ und $x_1 = y = w$, d.h. nach Gl. (6.5.8) $u_R = 0 = -1,582w + Vw$, d.h. $V = 1,582$.

Für die Ausregelung der sprungförmigen Störung am Eingang der Strecke wird nach (6.5.7) der zweite Anteil der Stellgröße $u_S = -\hat{z}_s$ gesetzt. Das Regelgesetz lautet damit

$$u[k] = -[1,582 \quad 1,243 \quad 1]\mathbf{y}^*[k] + 1,582w[k] \qquad (6.5.10)$$

$$\mathbf{y}^* = [x_1 \quad \hat{x}_2 \quad \hat{z}_s]'$$

Zur Kontrolle wird die Zustandsgleichung des geschlossenen Kreises gebildet. Dabei vereinfachen sich die Rechnungen, wenn die Beobachterfehler $\tilde{x}_2 = x_2 - \hat{x}_2$ und $\tilde{z}_s = z_s - \hat{z}_s$ anstelle von $\hat{x}_2$ und $\hat{z}_s$ als Zustandsgrößen eingeführt werden. (5.4.29) lautet hier

$$\begin{bmatrix} z_s[k+1] \\ x_2[k+1] \\ x_1[k+1] \\ \tilde{z}_s[k+1] \\ \tilde{x}_2[k+1] \end{bmatrix} = \begin{bmatrix} 1 & 0 & 0 & 0 & 0 \\ 0 & -0,418 & -1 & 0,632 & 0,785 \\ 0 & 0,175 & 0,418 & 0,368 & 0,457 \\ 0 & 0 & 0 & 0,418 & -1 \\ 0 & 0 & 0 & 0,175 & 0,418 \end{bmatrix} \begin{bmatrix} z_s[k] \\ x_2[k] \\ x_1[k] \\ \tilde{z}_s[k] \\ \tilde{x}_2[k] \end{bmatrix} + \begin{bmatrix} 0 \\ 1 \\ 0,582 \\ 0 \\ 0 \end{bmatrix} w[k]$$

$$y[k] = [0 \quad 0 \quad 1 \quad 0 \quad 0 \quad]\, \mathbf{x}^*[k] \qquad (6.5.11)$$

mit $\mathbf{x}^* = [z_s \ , \ x_2 \ , \ x_1 \ , \ \tilde{z}_s \ , \ \tilde{x}_2]'$

$$\mathbf{x}^*[k+2] = \begin{bmatrix} 1 & 0 & 0 & 0 & 0 \\ 0 & 0 & 0 & -0,231 & -1,745 \\ 0 & 0 & 0 & 0,501 & -0,231 \\ 0 & 0 & 0 & 0 & 0 \\ 0 & 0 & 0 & 0 & 0 \end{bmatrix} \mathbf{x}^*[k] + \begin{bmatrix} 0 \\ -1 \\ 0,418 \\ 0 \\ 0 \end{bmatrix} w[k] + \begin{bmatrix} 0 \\ 1 \\ 0,582 \\ 0 \\ 0 \end{bmatrix} w[k+1]$$

$$\mathbf{x}^*[k+3] = \begin{bmatrix} 1 & 0 & 0 & 0 & 0 \\ 0 & 0 & 0 & 0 & 0 \\ 0 & 0 & 0 & 0 & 0 \\ 0 & 0 & 0 & 0 & 0 \\ 0 & 0 & 0 & 0 & 0 \end{bmatrix} \mathbf{x}^*[k] + \begin{bmatrix} 0 \\ -1 \\ 0,418 \\ 0 \\ 0 \end{bmatrix} w[k+1] + \begin{bmatrix} 0 \\ 1 \\ 0,582 \\ 0 \\ 0 \end{bmatrix} w[k+2]$$

Daraus folgt:

1. Die Zustände x_1 und x_2 der Regelstrecke hängen nach zwei Abtastschritten nicht mehr von ihrem Anfangszustand ab, sondern nur noch von der Führungsgröße w und vom Anfangs-Schätzfehler.

2. Ist der Anfangs-Schätzfehler Null, so erreichen die Zustände x_1 und x_2 der Regelstrecke zwei Abtastschritte nach einem Führungsgrößen-Sprung den stationären Zustand $x_1 = 1$, $x_2 = 0$.

3. Nach einem Anfangs-Schätzfehler bzw. einem Störgrößen-Sprung werden zwei Abtastschritte benötigt, bis der Schätzfehler beseitigt ist. Nach einem weiteren Abtastschritt ist die Regelstrecke im Nullzustand.

Bei allen betrachteten Anregungen ergibt sich damit die minimale Einschwingzeit.

Die praktische Realisierung vereinfacht sich, indem man Beobachter plus Rückführverstärkungen der Beobachter-Zustände in Beobachter-Normalform darstellt. (6.5.10) wird zunächst geschrieben als

$$u[k] = 1{,}582\{w[k] - x_1[k] - [0{,}786 \quad 0{,}632][\hat{x}_2[k] \quad \hat{z}_s[k]]'\}$$

und mit (5.6.6)

$$u[k] = 1{,}582\{w[k] - 2{,}979x_1[k] - [0{,}786 \quad 0{,}632]\hat{v}[k]\} \qquad (6.5.12)$$

Der letzte Term $u_v[k] = [0{,}786 \quad 0{,}632]\hat{v}[k]$ wird über den Beobachter (5.6.6) gebildet

$$\hat{v}[k+1] = \begin{bmatrix} -0{,}418 & 0{,}175 \\ -1 & 0{,}418 \end{bmatrix}\hat{v}[k] - \begin{bmatrix} 1{,}488 \\ 2{,}165 \end{bmatrix}y[k] + \begin{bmatrix} 0{,}175 \\ 0{,}582 \end{bmatrix}u[k] \qquad (6.5.13)$$

$$u_v[k] = [\ 0{,}786 \quad 0{,}632]\hat{v}[k]$$

und transformiert in die Beobachter-Normalform (A.3.23)

$$\hat{v}_F[k+1] = \begin{bmatrix} 0 & 0 \\ 1 & 0 \end{bmatrix}\hat{v}_F[k] + \begin{bmatrix} -2{,}539 \\ 0{,}560 \end{bmatrix}y[k] + \begin{bmatrix} -0{,}230 \\ -0{,}402 \end{bmatrix}u[k]$$

$$u_v[k] = [\ 0 \quad 1]\hat{v}_F[k]$$

$$u[k] = u_v[k] + 1{,}582(w[k] - 2{,}979y[k])$$

Bild 6.13 zeigt das gesamte Regelungssystem.

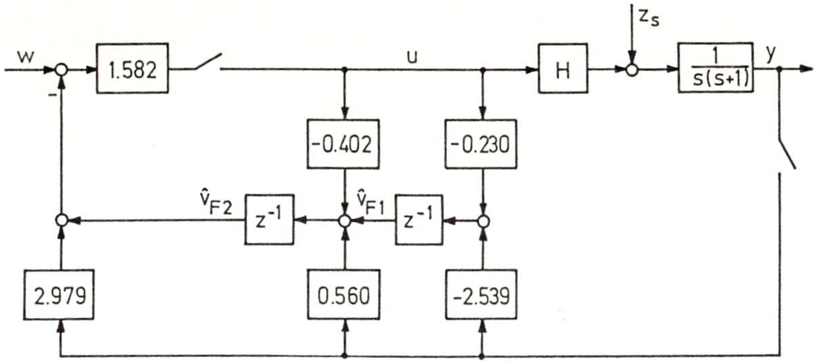

Bild 6.13 Regelungssystem mit minimaler Einschwingzeit. Es werden zwei Abtastintervalle nach einem Sprung von w und drei Abtastintervalle nach einem Sprung von z_s für den Einschwingvorgang benötigt.

6.6 Übungen

6.1 Berechnen Sie für die Regelstrecke von Bild 6.14 einen Abtastregler mit einer Tastperiode T = 1 so, daß nach Einschalten der Cosinus-Störung zum Zeitpunkt t = 0 nach einem endlichen Einschwingvorgang y(t) identisch Null wird.

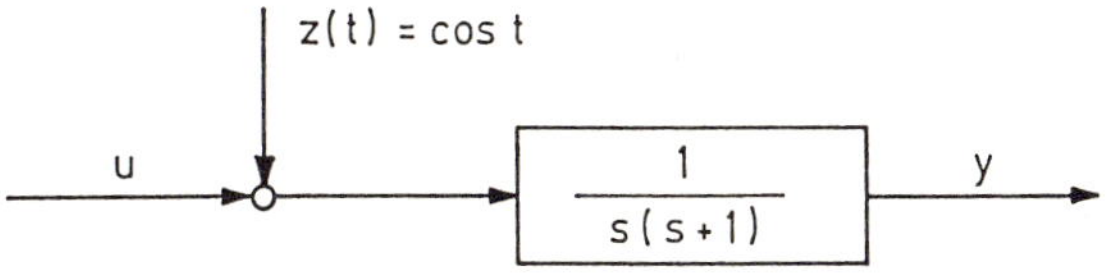

Bild 6.14
Übung zur Störgrößen-Kompensation

6.2 Gegeben ist die Differenzengleichung einer Regelstrecke

$$\mathbf{x}[k+1] = \begin{bmatrix} 0 & -0,3 \\ 1 & 1,3 \end{bmatrix} \mathbf{x}[k] + \begin{bmatrix} -1 \\ 2 \end{bmatrix} u[k]$$

$$y[k] = [0 \quad 1\,]\, \mathbf{x}[k]$$

a) Bestimmen Sie eine Zustandsvektor-Rückführung so, daß der stabile Eigenwert unverändert bleibt. Wie hängen die beiden Rückführverstärkungen von der Wahl des zweiten reellen Pols ab?

b) Berechnen Sie einen Beobachter erster Ordnung mit einem Eigenwert bei z = 0,2 und schließen Sie den Kreis über die Zustandsvektor-Rückführung nach a). Berechnen Sie **x**[k], k = 1, 2, 3 für **x**[0] = [1 1]' und Anfangszustand Null des Beobachters.

c) Diskutieren Sie die Wirkung der Pol-Nullstellen-Kürzung in a).

6.3 Die kontinuierliche Regelstrecke **Dreifach-Integration** mit einer Zustands-Darstellung

$$\dot{\mathbf{x}} = \begin{bmatrix} 0 & 1 & 0 \\ 0 & 0 & 1 \\ 0 & 0 & 0 \end{bmatrix} \mathbf{x} + \begin{bmatrix} 0 \\ 0 \\ 1 \end{bmatrix} u$$

$$y = [1 \quad 0 \quad 0]\mathbf{x}$$

soll durch einen Beobachter zweiter Ordnung mit der Tastperiode $T = 0{,}5$ und eine Zustandsvektor-Rückführung $u(kT) = -\mathbf{k}'\hat{\mathbf{x}}(kT) + w(kT)$ mit a) $T = 0{,}5$, b) $T = 1$, geregelt werden. Alle Eigenwerte sollen bei $z = 0$ liegen. Berechnen Sie die Antworten u und y auf einen Sprung der Führungsgröße w beim Anfangszustand $\mathbf{x}[0] = [0 \ -1 \ \ -1]'$, Beobachter-Anfangszustand ist Null.

6.4 Eine Regelstrecke mit zwei Meßgrößen y_1 und y_2 hat die z-Übertragungsfunktionen

$$\mathbf{y}_z(z) = \begin{bmatrix} \dfrac{z}{(z+1)(z-1)} \\ \dfrac{z}{(z+1)(z+1)} \end{bmatrix} u_z(z)$$

Berechnen Sie einen Regler möglichst niedriger Ordnung, so daß sämtliche Eigenwerte des geschlossenen Kreises bei $z = 0$ liegen. Kann man diesen Regler so wählen, daß y_1 nur proportional, d.h. ohne Dynamik, zurückgeführt wird?

6.5 Berechnen Sie über die Polynom-Synthese für die Verladebrücke einen Regler erster Ordnung, der eine Polvorgabe bei $z_{1,2} = 0{,}4876 \pm j0{,}3026$, $z_{3,4} = 0{,}75$ bewirkt und einen Beobachterpol bei $z = 0$ hat, der nicht in die Führungs-Übertragungsfunktion eingeht. Vergleichen Sie Ergebnis, Lösungsweg und Rechenaufwand mit den Schritten, die zur Lösung der Übung 5.4 geführt haben.

6.6 Ihnen wird der folgende Abtastregelkreis zur Beurteilung vorgelegt:

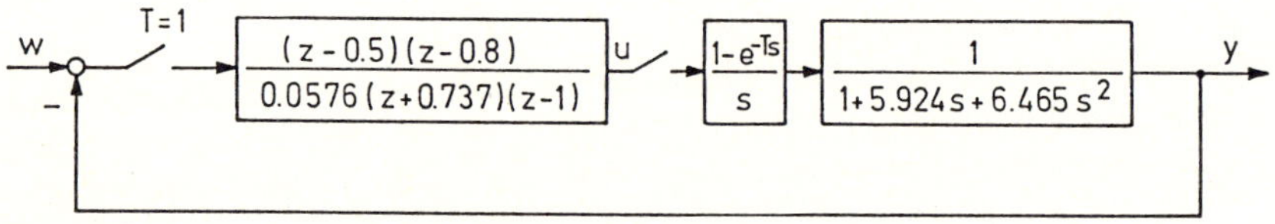

Bild 6.15 Zu beurteilender Regelkreis

Für einen Einheitssprung $w(t) = 1(t)$ berechnen Sie a) $y(kT)$, b) $u(kT)$, c) $y(kT + 0{,}5T)$. Ist der Regler brauchbar?

6.7 Berechnen Sie für die Regelstrecke von Übung 6.6 durch Polynom-Synthese einen Abtastregler, der dem System Eigenwerte bei $z = 0$ gibt. Bestimmen Sie ein Vorfilter so, daß die Sprungantwort des geschlossenen Kreises eine maximale Stellamplitude von $|u| = 5$ nicht überschreitet.

6.8 Reduzieren Sie durch eine Störgrößenkompensation den Einfluß der in Übung 5.3 beschriebenen Wind-Störgröße auf die Verladebrücke.

7 Mehrgrößensysteme

In den beiden letzten Jahrzehnten sind viele Veröffentlichungen über lineare Systeme mit mehreren Ein- und Ausgangsgrößen, d.h. Mehrgrößensysteme, erschienen. Immer abstraktere Schreibweisen und Definitionen sind sowohl im Frequenzbereich als auch für die Zustandsdarstellung und andere neu entwickelte Formalismen eingeführt worden. Es ist nicht das Ziel dieses letzten Kapitels, diese Ergebnisse zusammenfassend darzustellen. Die eigentliche Motivation für dieses Kapitel ist die Beobachtung, daß die praktisch wichtigsten Konzepte in einer einfachen Sprache klar und anwendbar gemacht werden können, wenn man sich auf zeitdiskrete Systeme beschränkt. Dies gilt insbesondere für die Theorie der Folgen endlicher Systemantwort (Finite Effect Sequences = FES), die in diesem Kapitel für den Mehrgrößenfall entwickelt und für die Modellüberprüfung und Synthese angewendet wird. Deshalb erscheint dieses Thema als passender Abschluß für ein Buch über Abtastsysteme.

Außerdem wird die weitverbreitete Methode der quadratisch optimalen Lösung über die Lösung einer RICCATI-Gleichung behandelt.

7.1 Steuerbarkeits- und Beobachtbarkeits-Struktur

7.1.1 Steuerfolgen

In den bisherigen Kapiteln dieses Buches wurden vorwiegend Systeme mit nur einer Stellgröße u behandelt. Die wesentlichen Ergebnisse werden hier erweitert auf den Fall, daß r Stellgrößen u_1, u_2 ... u_r zur Verfügung stehen mit $r \le n$. Wir fassen sie zum Eingangsvektor $\mathbf{u} = [u_1, u_2 \ldots u_r]'$ zusammen. Die Zustandsdarstellung in kontinuierlicher Zeit lautet damit

$$\dot{\mathbf{x}} = \mathbf{F}\mathbf{x} + \mathbf{G}\mathbf{u} \tag{7.1.1}$$

Die Diskretisierung von (7.1.1) ergibt nach Abschnitt 3.1

$$\mathbf{x}[k+1] = \mathbf{A}\mathbf{x}[k] + \mathbf{B}\mathbf{u}[k] \tag{7.1.2}$$

A und **B** werden berechnet über

$$\mathbf{R} = \int_0^T e^{\mathbf{F}v} dv = T \sum_{m=0}^{\infty} \frac{1}{(m+1)!} \mathbf{F}^m T^m$$

$$\mathbf{A} = e^{\mathbf{F}T} = \mathbf{I} + \mathbf{F}\mathbf{R}\,, \quad \text{d.h. } \det \mathbf{A} \neq 0,$$

$$\mathbf{B} = \mathbf{R}\mathbf{G} \tag{7.1.3}$$

Es sei Rang **B** = r, das heißt, die Stellgrößen unterscheiden sich in ihrer Wirkung. Die Lösung der Differenzengleichung (7.1.2) für N Abtastintervalle ergibt sich rekursiv wie folgt

$$\begin{aligned}
\mathbf{x}[1] &= \mathbf{A}\mathbf{x}[0] + \mathbf{B}\mathbf{u}[0] \\
\mathbf{x}[2] &= \mathbf{A}^2\mathbf{x}[0] + \mathbf{A}\mathbf{B}\mathbf{u}[0] + \mathbf{B}\mathbf{u}[1] \\
&\;\;\vdots \\
\mathbf{x}[N] &= \mathbf{A}^N\mathbf{x}[0] + \mathbf{A}^{N-1}\mathbf{B}\mathbf{u}[0] + \mathbf{A}^{N-2}\mathbf{B}\mathbf{u}[1] + \ldots + \mathbf{B}\mathbf{u}[N-1]
\end{aligned} \tag{7.1.4}$$

Man faßt die Steuerfolge zu dem Vektor

$$\mathbf{u}_N := \begin{bmatrix} \mathbf{u}[N-1] \\ \mathbf{u}[N-2] \\ \vdots \\ \mathbf{u}[0] \end{bmatrix} \tag{7.1.5}$$

zusammen und schreibt (7.1.4) in der Form

$$\mathbf{x}[N] = \mathbf{A}^N\mathbf{x}[0] + [\mathbf{B}, \mathbf{A}\mathbf{B} \ldots \mathbf{A}^{N-1}\mathbf{B}]\mathbf{u}_N \tag{7.1.6}$$

Das System kann aus einem gegebenen Anfangszustand $\mathbf{x}[0]$ genau dann in jeden gewünschten Endzustand $\mathbf{x}[N] = \mathbf{x}_E$ überführt werden, wenn

$$\text{rang}\,[\mathbf{B}, \mathbf{A}\mathbf{B} \ldots \mathbf{A}^{N-1}\mathbf{B}] = n \tag{7.1.7}$$

Diese Beziehung haben wir bereits als (4.1.4) für den Eingrößenfall mit einem Spaltenvektor **b** anstelle der Matrix **B** untersucht. Die in (4.1.11) gezeigte Rangbeziehung gilt nun für die Untermatrizen: Wenn $\mathbf{A}^i\mathbf{B}$ linear abhängig ist von $\mathbf{B}, \mathbf{A}\mathbf{B} \ldots \mathbf{A}^{i-1}\mathbf{B}$, dann gilt das Gleiche auch für $\mathbf{A}^{i+1}\mathbf{B}$. Daraus folgt, daß der Rang der Matrix in (7.1.7) mit

N = n sein Maximum erreicht haben muß. Die notwendige und hinreichende Bedingung für die Steuerbarkeit des Systems (7.1.2) ist also

$$\text{rang}\,[\mathbf{B},\ \mathbf{AB}\ \dots\ \mathbf{A}^{n-1}\mathbf{B}] = n \tag{7.1.8}$$

Anmerkung 7.1
Wie in Abschnitt 4.1 diskutiert wurde, ist (7.1.8) streng genommen die Bedingung für Erreichbarkeit. Aus der Erreichbarkeit folgt die Steuerbarkeit. Die Umkehrung gilt allerdings nur, wenn die Null-Eigenwerte erreichbar sind, d.h. nach dem HAUTUS-Kriterium

$$\text{rang}\,[\mathbf{A},\mathbf{B}] = n \tag{7.1.9}$$

Wenn **A** durch Diskretisierung eines kontinuierlichen Systems - auch mit Totzeit - entsteht, ist diese Bedingung erfüllt, wir sprechen daher hier nur von der Steuerbarkeit. □

Im steuerbaren Eingrößenfall führte die Festlegung N = n auf eine eindeutige Steuerfolge, im steuerbaren Mehrgrößenfall dagegen läßt die Gleichung

$$\mathbf{x}[n] - \mathbf{A}^n\mathbf{x}[0] = [\mathbf{B},\ \mathbf{AB}\ \dots\ \mathbf{A}^{n-1}\mathbf{B}]\mathbf{u}_n \tag{7.1.10}$$

viele Lösungen $\mathbf{u}_n$ zu. Die Untersuchung dieser Lösungsvielfalt führt zu interessanten Erkenntnissen über die Steuerbarkeitsstruktur von Mehrgrößensystemen, wir werden sie daher genauer betrachten.

Wir verwenden zunächst nur die Stellgröße, die als u_1 bezeichnet wurde, und die zugehörige Spalte $\mathbf{b}_1$ von **B**. Würde man z.B. alle Elemente von **A** und $\mathbf{b}_1$ von einem Zufallszahlen-Generator erzeugen lassen, so wäre $(\mathbf{A},\mathbf{b}_1)$ mit Wahrscheinlichkeit Eins steuerbar. Das gleiche gilt für die anderen Stellgrößen $u_2 \dots u_r$. Man sagt: "Generisch" ist das System von jeder einzelnen Stellgröße aus vollständig steuerbar, d.h. die Vektoren $\mathbf{b}_i$, $\mathbf{Ab}_i \dots \mathbf{A}^{n-1}\mathbf{b}_i$ sind generisch linear unabhängig, lineare Abhängigkeiten zwischen diesen Vektoren sind singuläre Fälle.

Die Regelungssysteme, die wir praktisch zu untersuchen haben, werden jedoch nicht vom Zufallszahlen-Generator erzeugt, sie können durchaus eine Struktur haben, in der bestimmte Verbindungen grundsätzlich nicht auftreten. So ist z.B. im offenen Kreis eine Stellglieddynamik nur von der zugehörigen Stellgröße aus steuerbar. Durch Vernachlässigung kleiner Kopplungseffekte kann manchmal ein System insgesamt in zwei getrennt steuerbare Teilsysteme zerlegt werden, z.B. bei der Längs-

und Seitenbewegung eines Flugzeugs oder bei der Dreiachsstabilisierung eines Satelliten mit zueinander orthogonal angebrachten Gasdüsenpaaren.

Mechanische Systeme mit Kräften als Eingangsgröße $\mathbf{u}$ werden durch eine Matrix-Differentialgleichung zweiter Ordnung beschrieben:

$$\mathbf{M}\ddot{\mathbf{z}} + \mathbf{D}\dot{\mathbf{z}} + \mathbf{S}\mathbf{z} = \mathbf{E}\mathbf{u}$$

Darin ist $\mathbf{M}$ = Massenmatrix, $\mathbf{D}$ = Dämpfungsmatrix, $\mathbf{S}$ = Steifigkeitsmatrix. Als Zustandsvektor führt man $\mathbf{x} = \begin{bmatrix} \mathbf{z} \\ \dot{\mathbf{z}} \end{bmatrix}$ ein, und bildet die Matrix-Differentialgleichung erster Ordnung

$$\dot{\mathbf{x}} = \begin{bmatrix} \mathbf{0} & \mathbf{I} \\ -\mathbf{M}^{-1}\mathbf{S} & -\mathbf{M}^{-1}\mathbf{D} \end{bmatrix}\mathbf{x} + \begin{bmatrix} \mathbf{0} \\ -\mathbf{M}^{-1}\mathbf{E} \end{bmatrix}\mathbf{u} = \mathbf{F}\mathbf{x} + \mathbf{G}\mathbf{u} \tag{7.1.11}$$

Nur wenn rang $\mathbf{M}^{-1}\mathbf{E} = n/2$, ist auch rang $[\mathbf{G}, \mathbf{F}\mathbf{G}] = n$.

Strukturelle Effekte drücken sich in Nullen und Einsen in $(\mathbf{F}, \mathbf{G})$ aus, die exakt gelten, also nicht durch $\pm\,\epsilon$ bzw. $1 \pm \epsilon$ ersetzt werden dürfen. Sie können allerdings verdeckt sein, z.B. durch eine Basistransformation $\mathbf{x}^* = \mathbf{T}\mathbf{x}$, in der Summen und Produkte von ganzen und reellen Zahlen gebildet werden und damit nur noch reelle Zahlen übrigbleiben. Auch die Diskretisierung nach (7.1.3) verdeckt solche Null-oder Eins-Terme. Es empfiehlt sich daher, die Steuerbarkeitsstruktur im kontinuierlichen System zu untersuchen und die Tastperiode T nach den Regeln von Abschnitt 4.5 so zu bestimmen, so daß kein Teilsystem die Steuerbarkeit durch Abtastung verliert.

Neben der strukturell bedingten Steuerbarkeit bzw. Nicht-Steuerbarkeit von Teilsystemen gibt es auch den singulären Fall, bei dem durch spezielle numerische Werte die Steuerbarkeit verlorengeht. Bei der Verladebrücke mit Abtaster und Halteglied am Eingang geht z.B. nach (4.1.20) die Steuerbarkeit verloren für

$$\frac{T^2 g(m_L + m_K)}{\pi^2 \ell m_K} = q^2 \;,\; q = 1,\ 2,\ 3\ \ldots \tag{7.1.12}$$

Auch bei sehr klein gewählter Tastperiode T gibt es stets eine praktisch mögliche kleine Seillänge ℓ, die für (7.1.12) erfüllt ist. Ein weiterer singulärer Fall kann sich durch die Vorgehensweise beim Entwurf ergeben: Wenn bei Kaskadenregelungen in einem unterlagerten Regelkreis eine Kürzungskompensation durch entsprechende Wahl von Nullstellen des Teil-Reglers durchgeführt wurde, dann sind die gekürzten Pole der Teil-Regelstrecke nominell nicht steuerbar, werden es aber bei Parameteränderungen der Regelstrecke. Generell sollte man möglichst die Nähe solcher numerischen Singularitäten vermeiden, die strukturell bedingten muß man allerdings beim Entwurf von vornherein berücksichtigen.

Wie erkennt man nun die Ordnungen der steuerbaren Teilsysteme bei einem gegebenen Paar $(\mathbf{F}, \mathbf{G})$ bzw. $(\mathbf{A}, \mathbf{B})$? Gezeigt wird dies zunächst am folgenden

Beispiel

$$\mathbf{A} = \begin{bmatrix} 1 & 1 & 0 & 0 & 0 \\ 0 & 1 & 1 & 0 & 1 \\ -1 & 1 & 1 & 0 & -1 \\ 0 & 0 & 1 & 1 & 1 \\ 1 & -1 & 0 & 0 & 2 \end{bmatrix}, \quad \mathbf{B} = \begin{bmatrix} 1 & -1 & -2 \\ 2 & -1 & -1 \\ 1 & -1 & -1 \\ 1 & 0 & -1 \\ 1 & 1 & 1 \end{bmatrix} \tag{7.1.13}$$

Wir untersuchen zunächst nur die Steuerbarkeit von u_1 aus mit Hilfe der Steuerbarkeitsmatrix

$$\mathbf{S}_1 = [\mathbf{b}_1, \mathbf{A}\mathbf{b}_1, \mathbf{A}^2\mathbf{b}_1, \mathbf{A}^3\mathbf{b}_1, \mathbf{A}^4\mathbf{b}_1, \mathbf{A}^5\mathbf{b}_1] = \begin{matrix} \begin{bmatrix} 1 & 3 & 7 & 13 & 21 & 31 \\ 2 & 4 & 6 & 8 & 10 & 12 \\ 1 & 1 & 1 & -1 & -9 & -31 \\ 1 & 3 & 5 & 7 & 9 & 11 \\ 1 & 1 & 1 & 3 & 11 & 33 \end{bmatrix} \\ \begin{matrix} * & * & * & * & 0 & 0 \end{matrix} \end{matrix}$$

Durch einen Stern (*) sind die linear unabhängigen Spalten gekennzeichnet, die sich ergeben, wenn man die Auswahl von links beginnt. Die Null (0) kennzeichnet linear abhängige Spalten, hier ist

$$[\mathbf{b}_1, \mathbf{A}\mathbf{b}_1, \mathbf{A}^2\mathbf{b}_1, \mathbf{A}^3\mathbf{b}_1, \mathbf{A}^4\mathbf{b}_1] \begin{bmatrix} 2 \\ -7 \\ 9 \\ -5 \\ 1 \end{bmatrix} = \mathbf{0}$$

Der Rang der Steuerbarkeitsmatrix ist vier, es ist also ein Teilsystem vierter Ordnung von u_1 aus steuerbar. Nach (2.3.36) kann man aus den Linearkoeffizienten unmittelbar das charakteristische Polynom des Teilsystems hinschreiben, es ist

$$P_1(z) = 2 - 7z + 9z^2 - 5z^3 + z^4$$

Für den hier benutzten Auswahlvorgang aus den Spalten der Steuerbarkeitsmatrix führen wir die Schreibweise "reg $\mathbf{S}$" ein. reg $\mathbf{X}$ bezeichnet die Matrix, die aus $\mathbf{x}$ dadurch entsteht, daß man von links beginnend alle linear abhängigen Vektoren eliminiert. Der **reguläre Teil der Steuerbarkeitsmatrix** ist hier also

$$\text{reg } \mathbf{S}_1 = [\mathbf{b}_1, \mathbf{A}\mathbf{b}_1, \mathbf{A}^2\mathbf{b}_1, \mathbf{A}^3\mathbf{b}_1]$$

Entsprechend erhält man für die zweite Stellgröße

$$[\mathbf{b}_2, \mathbf{A}\mathbf{b}_2, \mathbf{A}^2\mathbf{b}_2, \mathbf{A}^3\mathbf{b}_2]\begin{bmatrix}\mathbf{p}_2\\1\end{bmatrix} = \begin{bmatrix}-1 & -2 & -3 & -4\\-1 & -1 & -1 & -1\\-1 & -2 & -3 & -4\\0 & 0 & 0 & 0\\1 & 2 & 3 & 4\end{bmatrix}\begin{bmatrix}-1\\3\\-3\\1\end{bmatrix} = \mathbf{0}$$
$$\begin{matrix}* & * & * & 0\end{matrix}$$

Die weiteren Spalten $\mathbf{A}^4\mathbf{b}_2$ und $\mathbf{A}^5\mathbf{b}_2$ der Steuerbarkeitsmatrix wurden hier gar nicht erst gebildet, da bereits $\mathbf{A}^3\mathbf{b}_2$ linear abhängig von den links davon stehenden Vektoren ist. Die zweite Stellgröße steuert ein Teilsystem dritter Ordnung mit dem charakteristischen Polynom $P_2(z) = -1 + 3z - 3z^2 + z^3$. Der reguläre Teil der Steuerbarkeitsmatrix ist

$$\text{reg } \mathbf{S}_2 = [\mathbf{b}_2, \mathbf{A}\mathbf{b}_2, \mathbf{A}^2\mathbf{b}_2]$$

Die entsprechenden Beziehungen für die dritte Stellgröße lauten

$$[\mathbf{b}_3, \mathbf{A}\mathbf{b}_3, \mathbf{A}^2\mathbf{b}_3, \mathbf{A}^3\mathbf{b}_3]\begin{bmatrix}\mathbf{p}_3\\1\end{bmatrix} = \begin{bmatrix}-2 & -3 & -4 & -5\\-1 & -1 & -1 & -1\\-1 & -1 & 0 & 3\\-1 & -1 & -1 & -1\\1 & 1 & 0 & -3\end{bmatrix}\begin{bmatrix}-2\\5\\-4\\1\end{bmatrix} = \mathbf{0}$$
$$\begin{matrix}* & * & * & 0\end{matrix}$$

Wir versuchen nun, das System mit Hilfe der Stellgrößen u_1 und u_2 zu steuern. Dazu prüfen wir zunächst, ob das Gesamtsystem von u_1 und u_2 aus steuerbar ist. Es genügt hierzu, den Rang von [reg $\mathbf{S}_1$, reg $\mathbf{S}_2$] zu prüfen, da die nicht hierin enthaltenen Spalten nicht zum Rang beitragen können. Es ist

$$[\mathbf{b}_1,\ \mathbf{A}\mathbf{b}_1,\ \mathbf{A}^2\mathbf{b}_1,\ \mathbf{A}^3\mathbf{b}_1 \ \vdots\ \mathbf{b}_2,\ \mathbf{A}\mathbf{b}_2,\ \mathbf{A}^2\mathbf{b}_2] =$$

$$= \left[\begin{array}{cccc|ccc} 1 & 3 & 7 & 13 & -1 & -2 & -3 \\ 2 & 4 & 6 & 8 & -1 & -1 & -1 \\ 1 & 1 & 1 & -1 & -1 & -2 & -3 \\ 1 & 3 & 5 & 7 & 0 & 0 & 0 \\ 1 & 1 & 1 & 3 & 1 & 2 & 3 \end{array}\right]$$

Der Rang dieser Matrix ist fünf, das System ist also steuerbar. Mit anderen Worten: Das von u_1 aus nicht steuerbare Teilsystem erster Ordnung ist von u_2 aus steuerbar, das von u_2 aus nicht steuerbare Teilsystem zweiter Ordnung ist von u_1 aus steuerbar.

Auch bei der Berechnung von Steuerfolgen können wir uns in (7.1.6) von vornherein auf N = 4 beschränken.

$$\mathbf{x}[4] - \mathbf{A}^4\mathbf{x}[0] = [\mathbf{b}_1,\ \mathbf{b}_2,\ \mathbf{A}\mathbf{b}_1,\ \mathbf{A}\mathbf{b}_2,\ \mathbf{A}^2\mathbf{b}_1,\ \mathbf{A}^2\mathbf{b}_2,\ \mathbf{A}^3\mathbf{b}_1,\ \mathbf{A}^3\mathbf{b}_2]\mathbf{u}_4$$

$$\mathbf{u}_4 = [u_1[3],\ u_2[3],\ u_1[2],\ u_2[2],\ u_1[1],\ u_2[1],\ u_1[0],\ u_2[0]]'$$

Unter den vielen Steuerfolgen, die diese Gleichung erfüllen, suchen wir nun nach denjenigen, die möglichst rasch zu Null werden. Möglichkeiten hierzu sind beispielsweise

1) $u_2[3] = u_2[2] = u_2[1] = 0$. Es wird im wesentlichen mit u_1 gesteuert, $u_2[0]$ muß in Anspruch genommen werden, da ein Teilsystem erster Ordnung nicht von u_1 aus steuerbar ist.

2) $u_1[3] = u_1[2] = 0$, $u_2[3] = 0$. Es wird vorwiegend mit u_2 gesteuert, $u_2[3]$ erweitert jedoch die Möglichkeiten nicht, da $\mathbf{b}_2$, $\mathbf{A}\mathbf{b}_2$, $\mathbf{A}^2\mathbf{b}_2$, $\mathbf{A}^3\mathbf{b}_2$ linear abhängig sind. Die Steuerterme $u_1[0]$ und $u_1[1]$ werden benötigt zur Steuerung des Teilsystems zweiter Ordnung, das von u_2 aus nicht steuerbar ist.

3) $u_1[3] = 0$, $u_2[3] = u_2[2] = 0$. Bei gleicher Gesamtdauer von 3 Abtastschritten wie im Fall 2 wird hier u_1 etwas mehr in Anspruch genommen. □

Es muß im Einzelfall geprüft werden, welche Steuerfolge am günstigsten erscheint (z.B. unter Berücksichtigung unterschiedlicher Stell-Leistungskosten für u_1 und u_2). Um zu einer eindeutigen Auswahl zu kommen, wird hier vereinbart, daß die Elemente der Steuerfolge in der folgenden Reihenfolge in Anspruch genommen werden:

$$u_1[0],\ u_2[0]\ \ldots\ u_r[0],\ u_1[1],\ u_2[1]\ \ldots \tag{7.1.14}$$

soweit die entsprechenden Vektoren

$$\mathbf{A}^{N-1}\mathbf{b}_1,\ \mathbf{A}^{N-1}\mathbf{b}_2\ \ldots\ \mathbf{A}^{N-1}\mathbf{b}_r,\ \mathbf{A}^{N-2}\mathbf{b}_1,\ \mathbf{A}^{N-2}\mathbf{b}_2\ \ldots \tag{7.1.15}$$

in (7.1.6) linear unabhängig sind.

Anmerkung 7.2
Bei gegebener Numerierung der Stellgrößen ist diese Festlegung eindeutig. Für Permutationen der Numerierung können sich andere Elemente ergeben, allerdings bleibt die Gesamtdauer des Steuerungsvorgangs davon unberührt.

□

Beispiel (Fortsetzung)
In unserem Beispiel entspricht die dritte Möglichkeit dieser Festlegung. Der Steuerungsvorgang wird damit in 3 Intervallen abgeschlossen und (7.1.6) für N = 3 lautet

$$\mathbf{x}[3] - \mathbf{A}^3\mathbf{x}[0] = [\mathbf{b}_1,\ \mathbf{A}\mathbf{b}_1,\ \mathbf{A}^2\mathbf{b}_1]\begin{bmatrix} u_1[2] \\ u_1[1] \\ u_1[0] \end{bmatrix} + [\mathbf{A}\mathbf{b}_2,\ \mathbf{A}^2\mathbf{b}_2]\begin{bmatrix} u_2[1] \\ u_2[0] \end{bmatrix}$$

$$= [\mathbf{b}_1,\ \mathbf{A}\mathbf{B},\ \mathbf{A}^2\mathbf{B}]\begin{bmatrix} u_1[2] \\ \mathbf{u}[1] \\ \mathbf{u}[0] \end{bmatrix}$$

mit $\mathbf{u} = \begin{bmatrix} u_1 \\ u_2 \end{bmatrix}$, $\mathbf{B} = [\mathbf{b}_1,\ \mathbf{b}_2]$

Da die Matrix auf der rechten Seite nichtsingulär ist, kann die Steuerfolge für jeden Anfangs- und Endzustand durch Inversion berechnet werden. Schließlich fragen wir, ob sich der Einschwingvorgang noch weiter verkürzen läßt, wenn man die dritte Stellgröße hinzunimmt. Es ergibt sich bei Prüfung der Vektoren nach (7.1.15)

$$\text{rang}\ [\mathbf{A}^2\mathbf{b}_1,\ \mathbf{A}^2\mathbf{b}_2,\ \mathbf{A}^2\mathbf{b}_3,\ \mathbf{A}\mathbf{b}_1,\ \mathbf{A}\mathbf{b}_3] = 5$$

Da jetzt nur noch zwei Abtastintervalle benötigt werden, kann (7.1.6) geschrieben werden

$$\mathbf{x}[2] - \mathbf{A}^2\mathbf{x}[0] = [\mathbf{b}_1,\ \mathbf{b}_3,\ \mathbf{A}\mathbf{B}]\begin{bmatrix} u_1[1] \\ u_3[1] \\ \mathbf{u}[0] \end{bmatrix} \tag{7.1.16}$$

mit $\mathbf{u} = [u_1,\ u_2,\ u_3]'$, $\mathbf{B} = [\mathbf{b}_1,\ \mathbf{b}_2,\ \mathbf{b}_3]$

Das System wird z.B. aus dem Anfangszustand $\mathbf{x}[0]$ in den Nullzustand $\mathbf{x}[2] = \mathbf{0}$ überführt mit der Steuerfolge

$$\begin{bmatrix} u_1[1] \\ u_3[1] \\ \mathbf{u}\,[0] \end{bmatrix} = -[\mathbf{b}_1,\ \mathbf{b}_3,\ \mathbf{AB}]^{-1}\mathbf{A}^2\mathbf{x}[0]$$

$$\begin{bmatrix} u_1[1] \\ u_3[1] \\ u_1[0] \\ u_2[0] \\ u_3[0] \end{bmatrix} = \begin{bmatrix} 1{,}5 & 0 & -1 & -0{,}5 & 1 \\ -7 & 0 & 5 & 3 & -3 \\ -1{,}5 & 0 & 0{,}5 & 0{,}5 & -1{,}5 \\ 0 & 1 & -0{,}5 & -1 & -0{,}5 \\ 4 & 0 & -2{,}5 & -1 & 1{,}5 \end{bmatrix} \mathbf{x}[0] \qquad (7.1.17)$$

7.1.2 Steuerbarkeitsindizes

Die Untersuchung der zeitoptimalen Steuerfolgen motiviert die folgende Definition:

> Der **maximale Steuerbarkeitsindex** μ eines steuerbaren Paares $(\mathbf{A},\ \mathbf{B})$ ist die kleinste ganze Zahl N für die
>
> $$\text{rang}\ [\mathbf{B},\ \mathbf{AB}\ \ldots\ \mathbf{A}^{N-1}\mathbf{B}] = n \qquad (7.1.18)$$

Offensichtlich benötigt die zeitoptimale Lösung des Steuerungsproblems (7.1.6) mit beliebig vorgegebenem Anfangs- und Endzustand genau μ Abtastschritte. Sie erfüllt

$$\mathbf{x}[\mu] - \mathbf{A}^{\mu}\mathbf{x}[0] = [\mathbf{B},\ \mathbf{AB}\ \ldots\ \mathbf{A}^{\mu-1}\mathbf{B}][\mathbf{u}'[\mu-1]\ \ldots\ \mathbf{u}'[0]]' \qquad (7.1.19)$$

Es kann aber mehrere Lösungen mit dieser Schrittzahl geben. Eindeutig wird die Lösung erst dadurch, daß man in (7.1.18) aus $[\mathbf{A}^{\mu-1}\mathbf{B}\ \ldots\ \mathbf{B}]$ von links beginnend die ersten n linear unabhängigen Vektoren heraussucht, also reg $[\mathbf{A}^{\mu-1}\mathbf{B}\ \ldots\ \mathbf{B}]$ bildet.

Anmerkung 7.3
Die hier gewählte Darstellung struktureller Eigenschaften von Mehrgrößensystemen geht bei der Rangbestimmung von der anschaulichen Vorstellung aus, man würde einen neu hinzukommenden Vektor auf seine lineare Abhängigkeit von den bereits vorher ausgewählten linear unabhängigen Vektoren prüfen, wie man es bei der GRAM-SCHMIDT-Orthonormalisierung [65.3] macht. Es sei aber darauf hingewiesen, daß numerisch effiziente

Verfahren anders vorgehen, z.B. über die Berechnung der singulären Werte [80.9, 81.4] oder über die Transformation in die HESSENBERG-Form, siehe Anhang A.5.

□

Bei der Berechnung zeitoptimaler Steuerungen wird eine Auswahl linear unabhängiger Spalten aus der Steuerbarkeitsmatrix getroffen. Man bildet und prüft die Vektoren zweckmäßigerweise in der Reihenfolge der Spalten von $\mathbf{B}$, $\mathbf{AB} \ldots \mathbf{A}^{\mu-1}\mathbf{B}$. Die so entstehende Matrix der linear unabhängigen Spalten reg $[\mathbf{B}, \mathbf{AB} \ldots \mathbf{A}^{\mu-1}\mathbf{B}]$ enthält die Spalten

$$\begin{array}{llll} \mathbf{b}_1 & \mathbf{b}_2 & \ldots & \mathbf{b}_r \\ \mathbf{Ab}_1 & \mathbf{Ab}_2 & & \mathbf{Ab}_r \\ \vdots & \vdots & & \vdots \\ \mathbf{A}^{\mu_1-1}\mathbf{b}_1 & \mathbf{A}^{\mu_2-1}\mathbf{b}_2 & \ldots & \mathbf{A}^{\mu_r-1}\mathbf{b}_r \end{array} \qquad (7.1.20)$$

Die einzelnen Vektorketten $\mathbf{b}_i$, $\mathbf{Ab}_i \ldots \mathbf{A}^{\mu_i-1}\mathbf{b}_i$ sind lückenlos. Angenommen nämlich, $\mathbf{A}^k\mathbf{b}_i$ sei linear abhängig von seinen Vorgängern, d.h. es existiert $\mathbf{q}$, so daß

$$\mathbf{A}^k\mathbf{b}_i = [\mathbf{B}, \mathbf{AB} \ldots \mathbf{A}^{k-1}\mathbf{B}, \mathbf{A}^k\mathbf{b}_i \ldots \mathbf{A}^k\mathbf{b}_{i-1}]\mathbf{q}$$

Multiplikation dieser Gleichung mit $\mathbf{A}$ ergibt

$$\mathbf{A}^{k+1}\mathbf{b}_i = [\mathbf{AB}, \mathbf{A}^2\mathbf{B} \ldots \mathbf{A}^k\mathbf{B}, \mathbf{A}^{k+1}\mathbf{b}_i \ldots \mathbf{A}^{k+1}\mathbf{b}_{i-1}]\mathbf{q} \qquad (7.1.21)$$

Es ist dann also auch $\mathbf{A}^{k+1}\mathbf{b}_i$ linear abhängig von seinen Vorgängern.

Die bei dem Auswahlvorgang (7.1.20) entstehenden Längen μ_i der Vektorketten werden nun wie folgt definiert:

> Der **Steuerbarkeitsindex** μ_i der Spalte $\mathbf{b}_i$ in $\mathbf{B} = [\mathbf{b}_1, \mathbf{b}_2 \ldots \mathbf{b}_r]$ ist die kleinste ganze Zahl, so daß $\mathbf{A}^{\mu_i}\mathbf{b}_i$ linear abhängig ist von seinen Vorgängern in $[\mathbf{B}, \mathbf{AB} \ldots]$.

Die Steuerbarkeits-Indizes werden auch als **KRONECKER-Indizes** bezeichnet.

Beispiel

Bei dem Beispiel (7.1.13) ist

$$\text{reg}\,[\mathbf{B}, \mathbf{AB}] = [\mathbf{b}_1, \mathbf{b}_2, \mathbf{b}_3, \mathbf{Ab}_1, \mathbf{Ab}_3]$$

d.h. $\mu_1 = 2$, $\mu_2 = 1$, $\mu_3 = 2$. □

BRUNOVSKY [70.1] hat gezeigt, daß die μ_i einen vollständigen Satz von unabhängigen Invarianten unter allen Transformationen

$$(\mathbf{A}, \mathbf{B}) \rightarrow (\mathbf{T}(\mathbf{A}-\mathbf{BK})\mathbf{T}^{-1}, \mathbf{TBM}) \text{ , det } \mathbf{M} \neq 0 \qquad (7.1.22)$$

darstellen. Darin ist $\mathbf{T}$ = Basistransformation im Zustandsraum, $\mathbf{M}$ = Basistranstransformation im Raum der Eingangsgrößen, $\mathbf{K}$ = Zustandsvektor-Rückführung. Vollständigkeit bedeutet, daß es unter den genannten drei Transformationen keine weiteren von den μ_i unabhängigen Invarianten gibt. Unabhängigkeit bedeutet, daß keines der μ_i aus den anderen bestimmt werden kann.

Setzt man allerdings Steuerbarkeit des Systems voraus, dann ist offensichtlich

$$\mu_1 + \mu_2 + \ldots + \mu_r = n \qquad (7.1.23)$$

Weiterhin gilt $\mu = \max_i \mu_i$ (7.1.24)

$$\frac{n}{r} \leq \mu \leq n - r + 1$$

Für die letzte Ungleichung wurde die Voraussetzung rang $\mathbf{B} = r$ benutzt.

7.1.3 α- und β-Parameter, Eingangs-Normierung

In (7.1.20) erhält man für jeden Eingang u_i eine Vektorkette $\mathbf{b}_i$, $\mathbf{Ab}_i \ldots \mathbf{A}^{\mu_i}\mathbf{b}_i$ ist der erste linear abhängige Vektor in dieser Kette, er kann als Linearkombination seiner Vorgänger ausgedrückt werden

$$-\mathbf{A}^{\mu_i}\mathbf{b}_i = [\mathbf{B}, \mathbf{AB} \ldots \mathbf{A}^{\mu_i-1}\mathbf{B} \,\vdots\, \mathbf{A}^{\mu_i}\mathbf{b}_1 \ldots \mathbf{A}^{\mu_i}\mathbf{b}_{i-1}]\begin{bmatrix}\mathbf{a}_i\\ \beta_i\end{bmatrix}$$

oder

$$[\mathbf{B}, \mathbf{AB} \ldots \mathbf{A}^{\mu_i-1}\mathbf{B}]\mathbf{a}_i + \mathbf{A}^{\mu_i}[\mathbf{b}_1 \ldots \mathbf{b}_i]\begin{bmatrix}\beta_i\\ 1\end{bmatrix} = \mathbf{0} \qquad (7.1.25)$$

Dabei können $\mathbf{a}_i$ und β_i dadurch eindeutig festgelegt werden, daß man nur die Vektoren in reg $[\mathbf{B}, \mathbf{AB} \ldots \mathbf{A}^{\mu_i}\mathbf{b}_{i-1}]$ verwendet und die übrigen Elemente in $\mathbf{a}_i$ und β_i zu Null setzt. Es ist also insbesondere das Element $\beta_{ih} = 0$, wenn $\mathbf{A}^{\mu_i}\mathbf{b}_h$ kein regulärer Vektor ist, d.h.

$$\beta_{ih} = 0 \text{ für } \mu_i \geq \mu_h \qquad (7.1.26)$$

POPOV [72.4] hat gezeigt, daß die Größen μ_i, β_i und $\mathbf{a}_i$ für i = 1, 2...r einen vollständigen Satz von unabhängigen Invarianten unter allen Transformationen

$$(\mathbf{A},\mathbf{B}) \rightarrow (\mathbf{TAT}^{-1}, \mathbf{TB}) \tag{7.1.27}$$

darstellen.

Beispiel (Fortsetzung)
Für das System von (7.1.13) gilt

$$\begin{array}{lllll}
\mathbf{b}_1 & = [\ 1 \quad 2 \quad 1 \quad 1 \quad 1]' & & * & \\
\mathbf{b}_2 & = [-1 \quad -1 \quad -1 \quad 0 \quad 1]' & & * & \\
\mathbf{b}_3 & = [-2 \quad -1 \quad -1 \quad -1 \quad 1]' & & * & \\
\mathbf{Ab}_1 & = [\ 3 \quad 4 \quad 1 \quad 3 \quad 1]' & & * & \\
\mathbf{Ab}_2 & = [-2 \quad -1 \quad -2 \quad 0 \quad 2]' & = -0{,}5\mathbf{b}_1+\mathbf{b}_2+\mathbf{b}_3+0{,}5\mathbf{Ab}_1 & 0 & \\
\mathbf{Ab}_3 & = [-3 \quad -1 \quad -1 \quad -1 \quad 1]' & & * & \\
\mathbf{A}^2\mathbf{b}_1 & = [\ 7 \quad 6 \quad 1 \quad 5 \quad 1]' & = -\mathbf{b}_1+2\mathbf{b}_3+2\mathbf{Ab}_1-2\mathbf{Ab}_3 & 0 & \\
\mathbf{A}^2\mathbf{b}_2 & = \ \mathbf{AAb}_2 & & 0 & \\
\mathbf{A}^2\mathbf{b}_3 & = [-4 \quad -1 \quad 0 \quad -1 \quad 0]' & = 0{,}5\mathbf{b}_1-3\mathbf{b}_3-0{,}5\mathbf{Ab}_1+3\mathbf{Ab}_3 & 0 & (7.1.28)
\end{array}$$

Der Stern (*) bezeichnet wieder die linear unabhängigen Vektoren, die reg [**B**, **AB** ...] bilden.

(7.1.25) für i = 1, 2, 3 lautet demnach hier

$$[\mathbf{b}_1, \mathbf{b}_2, \mathbf{b}_3, \mathbf{Ab}_1, \mathbf{Ab}_3][1 \quad 0 \quad -2 \quad -2 \quad 2]' + \mathbf{A}^2\mathbf{b}_1 = \mathbf{0}$$

$$[\mathbf{b}_1, \mathbf{b}_2, \mathbf{b}_3][0{,}5 \quad -1 \quad -1]' + [\mathbf{Ab}_1, \mathbf{Ab}_2][-0{,}5 \quad 1]' = \mathbf{0} \tag{7.1.29}$$

$$[\mathbf{b}_1, \mathbf{b}_2, \mathbf{b}_3, \mathbf{Ab}_1, \mathbf{Ab}_3][-0{,}5 \quad 0 \quad 3 \quad 0{,}5 \quad -3]' + \mathbf{A}^2\mathbf{b}_3 = \mathbf{0} \qquad \square$$

Die für die zeitoptimale Steuerung nach (7.1.19) benötigte Auswahl von Vektoren erhält man, indem man die Vektorketten $\mathbf{b}_i$, $\mathbf{Ab}_i$ ... $\mathbf{A}^{\mu_i-1}\mathbf{b}_i$ mit $\mathbf{A}^{\mu-\mu_i}$ multipliziert. (7.1.25) wird damit

$$[\mathbf{A}^{\mu-\mu_i}\mathbf{B}, \mathbf{A}^{\mu-\mu_i+1}\mathbf{B} \ldots \mathbf{A}^{\mu-1}\mathbf{B}]\mathbf{a}_i + \mathbf{A}^{\mu}[\mathbf{b}_1 \ldots \mathbf{b}_i]\begin{bmatrix}\beta_i\\ 1\end{bmatrix} = \mathbf{0} \tag{7.1.30}$$

Unter der bei Abtastsystemen erfüllten Annahme det $\mathbf{A} \neq 0$ ergeben sich aus dieser Gleichung die gleichen $\mathbf{a}_i$ und β_i wie vorher. (7.1.30) wird nun für i = 1, 2, ... r geschrieben und zu einer Matrix-Gleichung zusammengesetzt

$$[\mathbf{B},\ \mathbf{AB}\ldots\mathbf{A}^{\mu-1}\mathbf{B}]\begin{bmatrix} \mathbf{0} & \mathbf{0} & & & & \mathbf{0}\\ \boxed{\mathbf{a}_1} & \boxed{\mathbf{a}_2} & \cdots & \underset{\mu_m=\mu}{\boxed{\mathbf{a}_m}} & \cdots & \boxed{\mathbf{a}_r}\end{bmatrix} + \mathbf{A}^{\mu}\mathbf{B}\times\mathbf{M} = \mathbf{0} \qquad (7.1.31)$$

Darin tritt als Faktor von $\mathbf{A}^{\mu}\mathbf{B}$ die folgende Matrix auf

$$\mathbf{M} := \begin{bmatrix} 1 & \boxed{\beta_2} & \boxed{\beta_3} & & & \boxed{\beta_r}\\ 0 & 1 & & & & \\ \cdot & & 1 & & & \\ \vdots & & & \ddots & & \\ 0 & \cdot & \cdot & \cdot\ 0 & \cdot & 1 \end{bmatrix} \qquad \beta_i = \begin{bmatrix}\beta_{i1}\\ \vdots\\ \beta_{i\,i-1}\end{bmatrix} \qquad (7.1.32)$$

Beispiel (Fortsetzung)
Die zweite der Gln. (7.1.29) wird mit $\mathbf{A}$ multipliziert und mit der ersten und dritten zusammengefaßt zu

$$[\mathbf{B},\ \mathbf{AB}]\begin{bmatrix} 1 & 0 & -0{,}5\\ 0 & 0 & 0\\ -2 & 0 & 3\\ -2 & 0{,}5 & 0{,}5\\ 0 & -1 & 0\\ 2 & -1 & -3 \end{bmatrix} + \mathbf{A}^2\mathbf{B}\underbrace{\begin{bmatrix} 1 & -0{,}5 & 0\\ 0 & 1 & 0\\ 0 & 0 & 1\end{bmatrix}}_{\mathbf{M}} = \mathbf{0} \qquad (7.1.33)$$

Die Steuerbarkeits-Indizes sind $\mu_1 = 2$, $\mu_2 = 1$, $\mu_3 = 2$, nach (7.1.26) ist $\beta_{31} = 0$ wegen $\mu_3 \geq \mu_1$ und $\beta_{32} = 0$ wegen $\mu_3 \geq \mu_2$. □

Wie das Beispiel illustriert, treten β-Koeffizienten nur auf, wenn in der Folge der Steuerbarkeits-Indizes $\mu_1, \mu_2 \ldots \mu_r$ ein Wert kleiner als seine Vorgänger ist. Wenn die μ_i eine monoton anwachsende oder gleichbleibende Folge bilden, ist $\mathbf{M}$ die Einheitsmatrix. Die Dreiecksmatrix $\mathbf{M}$ nach (7.1.32) ist nur in dem speziellen Fall vollbesetzt, daß die μ_i eine monoton fallende Folge bilden.

POPOV [72.4] hat gezeigt, daß die μ_i und die β-Parameter einen vollständigen Satz von unabhängigen Invarianten unter einer Transformation

$$(\mathbf{A},\mathbf{B}) \rightarrow (\mathbf{T}(\mathbf{A}-\mathbf{BK})\mathbf{T}^{-1},\ \mathbf{TB}) \tag{7.1.34}$$

bilden. Bei der Berechnung einer Zustandsvektor-Rückführung **K** machen sie den Lösungsweg unübersichtlich. Es empfiehlt sich daher, die β-Parameter hier schon zu eliminieren, indem man eine Transformation auf einen normierten Eingangsvektor

$$\mathbf{v} := \mathbf{M}^{-1}\mathbf{u} \quad , \quad \mathbf{u} = \mathbf{Mv} \tag{7.1.35}$$

durchführt. Diese Eingangs-Transformation wird durch das Blockschaltbild 7.1 veranschaulicht.

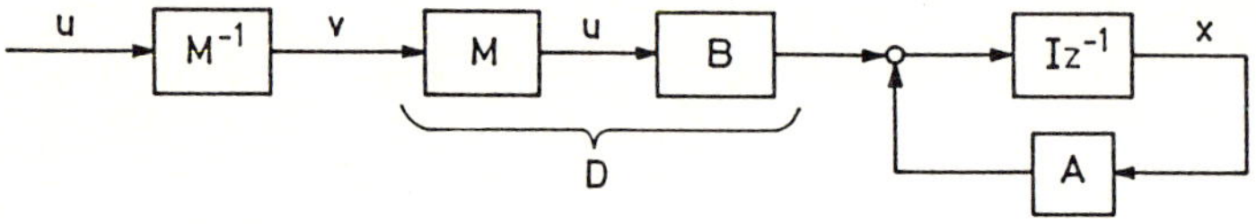

Bild 7.1 Eingangs-Transformation

Die normierte Eingangs-Matrix ist

$$\mathbf{D} := \mathbf{BM} = [\mathbf{d}_1,\ \mathbf{d}_2\ \ldots\ \mathbf{d}_r] \tag{7.1.36}$$

Anstelle der Eingangsgröße **u** betrachten wir nun während des Entwurfs die normierte Eingangsgröße **v** und kehren erst im Ergebnis wieder zum tatsächlichen Eingangsvektor zurück.

(7.1.31) kann damit umgeformt werden in

$$[\mathbf{D},\ \mathbf{AD}\ \ldots\ \mathbf{A}^{\mu-1}\mathbf{D}]\begin{bmatrix} \mathbf{0} & \mathbf{0} & & \boxed{} & & \mathbf{0} \\ & & \ldots & & \ldots & \boxed{} \\ \boxed{\alpha_1} & \boxed{\alpha_2} & & \boxed{\alpha_m} & & \boxed{\alpha_r} \end{bmatrix} + \mathbf{A}^{\mu}\mathbf{D} = \mathbf{0}$$

$$\mu_m = \mu \tag{7.1.37}$$

wobei die Elemente von

$$\alpha_i := \begin{bmatrix} \mathbf{M}^{-1} & & \mathbf{0} \\ & \ddots & \\ \mathbf{0} & & \mathbf{M}^{-1} \end{bmatrix} \mathbf{a}_i \ , \quad i = 1,\ 2\ \ldots\ r \tag{7.1.38}$$

als **α-Parameter** definiert werden.

Anmerkung 7.4
Man beachte, daß in manchen Veröffentlichungen die a-Parameter von (7.1.25) als α-Parameter bezeichnet werden. In der Anwendung auf die Regelkreis-Synthese werden nur die in (7.1.38) definierten α-Parameter benutzt. □

Wegen des eindeutigen Zusammenhangs zwischen $\{\mu_i, \beta_i, \mathbf{a}_i, i = 1, 2...r\}$ und $\{\mu_i, \beta_i, \alpha_i, i = 1, 2 ... r\}$ bilden auch die Größen μ_i, α_i, β_i für $i = 1, 2 ... r$ einen vollständigen Satz von unabhängigen Invarianten unter allen Transformationen $(\mathbf{A},\mathbf{B}) \rightarrow (\mathbf{TAT}^{-1}, \mathbf{TB})$. Die i-te Spalte von (7.1.37) kann entsprechend zu (7.1.25) geschrieben werden als

$$[\mathbf{D}, \mathbf{AD} \ldots \mathbf{A}^{\mu_i-1}\mathbf{D}]\alpha_i + \mathbf{A}^{\mu_i}\mathbf{d}_i = \mathbf{0} \qquad (7.1.39)$$

Die Abhängigkeit von $\mathbf{A}^{\mu_i}\mathbf{d}_1 \ldots \mathbf{A}^{\mu_i}\mathbf{d}_{i-1}$ ist durch die Eingangstransformation eliminiert worden. Die α-Parameter werden mit dreifachem Index als α_{ijk} bezeichnet, wobei

$$\mathbf{A}^{\mu_i}\mathbf{d}_i + \sum_{j=1}^{r} \sum_{k=0}^{\mu_i-1} \alpha_{ijk}\mathbf{A}^k\mathbf{d}_j = \mathbf{0} \qquad (7.1.40)$$

Aufgrund der Auswahl linear unabhängiger Spalten gem. (7.1.20) ist darin

$$\alpha_{ijk} = 0 \quad \text{für} \quad k \geq \mu_j \qquad (7.1.41)$$

Beispiel (Fortsetzung)
Bei dem Beispiel (7.1.13) ist nach (7.1.33)

$$\mathbf{D} = \mathbf{BM} = \begin{bmatrix} 1 & -1 & -2 \\ 2 & -1 & -1 \\ 1 & -1 & -1 \\ 1 & 0 & -1 \\ 1 & 1 & 1 \end{bmatrix} \begin{bmatrix} 1 & -0,5 & 0 \\ 0 & 1 & 0 \\ 0 & 0 & 1 \end{bmatrix} = \begin{bmatrix} 1 & -1,5 & -2 \\ 2 & -2 & -1 \\ 1 & -1,5 & -1 \\ 1 & -0,5 & -1 \\ 1 & 0,5 & 1 \end{bmatrix}$$

$\mathbf{d}_1 = [\,1 \quad 2 \quad 1 \quad 1 \quad 1\,]'$ *

$\mathbf{d}_2 = [\,-1,5 \quad -2 \quad -1,5 \quad -0,5 \quad 0,5\,]'$ *

$\mathbf{d}_3 = [\,-2 \quad -1 \quad -1 \quad -1 \quad 1\,]'$ *

$\mathbf{Ad}_1 = [\,3 \quad 4 \quad 1 \quad 3 \quad 1\,]'$ *

$\mathbf{Ad}_2 = [\,-3,5 \quad -3 \quad -2,5 \quad -1,5 \quad 1,5\,]', -\mathbf{d}_2-\mathbf{d}_3+\mathbf{Ad}_2 = \mathbf{0}$ 0

$\mathbf{Ad}_3 = [\,-3 \quad -1 \quad -1 \quad -1 \quad 1\,]'$ *

$\mathbf{A}^2\mathbf{d}_1 = [\,7 \quad 6 \quad 1 \quad 5 \quad 1\,]', \ \mathbf{d}_1-2\mathbf{d}_3-2\mathbf{Ad}_1+2\mathbf{Ad}_3+\mathbf{A}^2\mathbf{d}_1 = \mathbf{0}$ 0

$\mathbf{A}^2\mathbf{d}_2 = \mathbf{A} \times \mathbf{Ad}_2, \ -\mathbf{Ad}_2 - \mathbf{Ad}_3 + \mathbf{A}^2\mathbf{d}_2 = \mathbf{0}$ 0

$\mathbf{A}^2\mathbf{d}_3 = [\,-4 \quad -1 \quad 0 \quad -1 \quad 0\,]', -0,5\mathbf{d}_1+3\mathbf{d}_3+0,5\mathbf{Ad}_1-3\mathbf{Ad}_3+\mathbf{A}^2\mathbf{d}_3 = \mathbf{0}$ 0

(7.1.39) lautet für Systeme mit $\mu_1 = 2,\ \mu_2 = 1,\ \mu_3 = 2$

$$[\mathbf{d}_1,\ \mathbf{d}_2,\ \mathbf{d}_3,\ \mathbf{A}\mathbf{d}_1,\ \mathbf{A}\mathbf{d}_3]\begin{bmatrix}\alpha_{110}\\ \alpha_{120}\\ \alpha_{130}\\ \alpha_{111}\\ \alpha_{131}\end{bmatrix} + \mathbf{A}^2\mathbf{d}_1 = \mathbf{0}$$

$$[\mathbf{d}_1,\ \mathbf{d}_2,\ \mathbf{d}_3]\begin{bmatrix}\alpha_{210}\\ \alpha_{220}\\ \alpha_{230}\end{bmatrix} + \mathbf{A}\mathbf{d}_2 = \mathbf{0} \tag{7.1.42}$$

$$[\mathbf{d}_1,\ \mathbf{d}_2,\ \mathbf{d}_3,\ \mathbf{A}\mathbf{d}_1,\ \mathbf{A}\mathbf{d}_3]\begin{bmatrix}\alpha_{310}\\ \alpha_{320}\\ \alpha_{330}\\ \alpha_{311}\\ \alpha_{331}\end{bmatrix} + \mathbf{A}^2\mathbf{d}_3 = \mathbf{0}$$

und mit den gegebenen Zahlenwerten ist

$$\begin{array}{lll}
\alpha_{110} = 1 & \alpha_{210} = 0 & \alpha_{310} = -0{,}5\\
\alpha_{120} = 0 & \alpha_{220} = -1 & \alpha_{320} = 0\\
\alpha_{130} = -2 & \alpha_{230} = -1 & \alpha_{330} = 3\\
\alpha_{111} = -2 & & \alpha_{311} = 0{,}5\\
\alpha_{131} = 2 & & \alpha_{331} = -3
\end{array} \tag{7.1.43}$$

7.1.4 Beobachtbarkeits-Struktur

Alle Definitionen dieses Abschnitts können leicht auf den dualen Fall der Beobachtbarkeit eines Paares **A**, **C** übertragen werden. Sein Beobachtbarkeitsindex ν_i ist definiert als die kleinste ganze Zahl, so daß $\mathbf{c}_i'\mathbf{A}^{\nu_i}$ linear abhängig von seinen Vorgängern in $\begin{bmatrix}\mathbf{C}\\ \mathbf{CA}\\ \vdots\end{bmatrix}$ ist.

Entsprechend können die Parameter a, β und α definiert werden, indem man die Steuerbarkeit eines Paares $\bar{\mathbf{A}} = \mathbf{A}'$, $\bar{\mathbf{B}} = \mathbf{C}'$ untersucht. Dann ist

$$[\bar{\mathbf{B}},\ \bar{\mathbf{A}}\bar{\mathbf{B}}\ \ldots\ ] = \begin{bmatrix}\mathbf{C}\\ \mathbf{CA}\\ \vdots\end{bmatrix} \tag{7.1.44}$$

Beobachter für Systeme mit mehreren Meßgrößen wurden bereits in Kapitel 5 behandelt. Das Entwurfsproblem für Beobachter ist exakt dual zu dem Entwurf einer Zustandsvektor-Rückführung. Die Theorie der Synthese gewünschter Eigenschaften wird daher hier nur für den Fall der Steuerbarkeit entwickelt.

7.2 Folgen endlicher Systemantwort (FES)

7.2.1 Bedeutung der FES

Die Folgen endlicher Systemantwort (FES, Finite Effect Sequences) wurden in Abschnitt 4.2 für Systeme mit einer Eingangsgröße eingeführt. Sie haben einerseits Bedeutung als Testsignale zur Modellüberprüfung, die kritische Modellierungsfehler besonders deutlich hervortreten lassen. Zum anderen haben wir für den Eingrößenfall festgestellt, daß man die Polvorgabe durch Zustandsvektor-Rückführung als FES-Vorgabe interpretieren kann. Diese Interpretation läßt sich gut auf Mehrgrößensysteme verallgemeinern. Sie parametrisiert auf anschauliche Weise die Lösungsvielfalt, die sich durch eine Zustandsvektor-Rückführung

$$\mathbf{u} = -\mathbf{K}\mathbf{x} \qquad (7.2.1)$$

erreichen läßt. Die FES steht sowohl zu $\mathbf{K}$ als auch zum charakteristischen Polynom in einem einfachen Zusammenhang. Wir werden auf diese Anwendung für den geschlossenen Kreis in Abschnitt 7.3 zurückkommen. Hier wird zunächst die Berechnung der FES für den offenen Regelkreis behandelt.

7.2.2 Minimale FES

Vom Eingrößenfall her kennen wir den Begriff der minimalen FES. Diese wird dargestellt durch das charakteristische Polynom des steuerbaren Teilsystems.

Beispiel (Fortsetzung)
Im Beispiel von (7.1.13) ist bei Benutzung nur der ersten Stellgröße u_1 die minimale FES

$$u_{z1}(z) = z^{-4}P_1(z) = 1 - 5z^{-1} + 9z^{-2} - 7z^{-3} + 2z^{-4}$$

Wird nur u_2 benutzt, so ist entsprechend

$$u_{z2}(z) = z^{-3}p_2(z) = 1 - 3z^{-1} + 3z^{-2} - z^{-3}$$

und für u_3

$$u_{z3}(z) = z^{-3}p_3(z) = 1 - 4z^{-1} + 5z^{-2} - 2z^{-3} \qquad \square$$

Alle anderen, d.h. nichtminimalen, FES entstehen daraus durch Multiplikation mit einem beliebigen Polynom in z^{-1}.

Entsprechend suchen wir nun eine minimale Basis für alle FES bei gleichzeitiger Benutzung aller Stellgrößen. Schreibt man (7.1.6) für N + 1 statt N und setzt $\mathbf{x}[0] = \mathbf{0}$, $\mathbf{x}[N+1] = \mathbf{0}$, so erhält man entsprechend zu (4.2.3) die FES-Gleichung

$$[\mathbf{B}, \mathbf{AB} \ldots \mathbf{A}^N\mathbf{B}]\mathbf{u}_{N+1} = \mathbf{0} \qquad (7.2.2)$$

für ein beliebiges N. Offenbar muß $N \geq \min_i \mu_i$ sein, damit in der Matrix von (7.2.2) linear abhängige Spalten auftreten.

(7.1.25) zeigt, daß die r Eingangsfolgen

$$\mathbf{u}_{\mu_i+1} = \begin{bmatrix} \mathbf{u}[\mu_i] \\ \cdot \\ \cdot \\ \cdot \\ \cdot \\ \mathbf{u}[1] \\ \mathbf{u}[0] \end{bmatrix} = \begin{bmatrix} \mathbf{a}_i \\ \beta_i \\ 1 \\ 0 \\ \cdot \\ \cdot \\ 0 \end{bmatrix} \left.\vphantom{\begin{matrix} 0 \\ \cdot \\ \cdot \\ 0 \end{matrix}}\right\} r-i \qquad i = 1, 2 \ldots r \qquad (7.2.3)$$

FES sind, die offenbar nicht weiter verkürzt werden können. Da sie nach POPOV [72.4] einen vollständigen Satz von unabhängigen Invarianten unter allen Transformationen $(\mathbf{A}, \mathbf{B}) \rightarrow (\mathbf{TAT}^{-1}, \mathbf{TB})$ bilden, stellen sie auch eine minimale Basis aller FES dar.

Die i-te der r Basis-FES in (7.2.3) beginnt mit

$$\mathbf{u}[0] = \begin{bmatrix} \beta_i \\ 1 \\ 0 \\ \cdot \\ \cdot \\ 0 \end{bmatrix} \qquad (7.2.4)$$

d.h. es müssen mehrere Eingänge gleichzeitig angeregt werden, um sie zu starten. Man kann diesen Nachteil jedoch leicht vermeiden, indem man als Eingang nicht den Stellgrößenvektor $\mathbf{u}$ betrachtet, sondern den normierten Eingangsvektor $\mathbf{v} = \mathbf{M}^{-1}\mathbf{u}$ nach (7.1.32), siehe Bild 7.1. Damit verschwinden die β_i, die nun nur noch in der Eingangs-Transformations-Matrix $\mathbf{M}$ enthalten sind. Für das eingangsnormierte Paar $(\mathbf{A}, \mathbf{D}) = (\mathbf{A}, \mathbf{MB})$ erfüllen die FES die Gleichung

$$[\mathbf{D}, \mathbf{AD} \ldots \mathbf{A}^N\mathbf{D}]\mathbf{v}_{N+1} = \mathbf{0} \qquad (7.2.5)$$

und die minimalen FES sind nach (7.1.36)

$$\mathbf{v}_{\mu_i+1} = \begin{bmatrix} \mathbf{v}[\mu_i] \\ \cdot \\ \cdot \\ \cdot \\ \mathbf{v}[0] \end{bmatrix} = \begin{bmatrix} \alpha_i \\ \mathbf{0} \\ 1 \\ \mathbf{0} \end{bmatrix} \begin{matrix} \\ \Leftarrow \text{ i-1 Nullen} \\ \\ \Leftarrow \text{ r-i Nullen} \end{matrix} \qquad i = 1, 2 \ldots r \qquad (7.2.6)$$

Die i-te Basis-FES beginnt mit einem Einheitsimpuls $v_i[0] = 1$, erst vom nächsten Abtastzeitpunkt an helfen alle Eingangsgrößen zusammen, um den Zustand $\mathbf{x}[1] = \mathbf{d}_i$ möglichst schnell zurück in den Nullzustand zu überführen.

Beispiel (Fortsetzung)
Für das Beispiel von (7.1.13) mit den α-Parametern nach (7.1.43) sind die minimalen FES für den normierten Eingang:

$$\mathbf{v}_1[0] = \begin{bmatrix} 1 \\ 0 \\ 0 \end{bmatrix}, \quad \mathbf{v}_1[1] = \begin{bmatrix} \alpha_{111} \\ 0 \\ \alpha_{131} \end{bmatrix} = \begin{bmatrix} -2 \\ 0 \\ 2 \end{bmatrix}, \quad \mathbf{v}_1[2] = \begin{bmatrix} \alpha_{110} \\ \alpha_{120} \\ \alpha_{130} \end{bmatrix} = \begin{bmatrix} 1 \\ 0 \\ -2 \end{bmatrix}$$

$$\mathbf{v}_2[0] = \begin{bmatrix} 0 \\ 1 \\ 0 \end{bmatrix}, \quad \mathbf{v}_2[1] = \begin{bmatrix} \alpha_{210} \\ \alpha_{220} \\ \alpha_{230} \end{bmatrix} = \begin{bmatrix} 0 \\ -1 \\ -1 \end{bmatrix}$$

$$\mathbf{v}_3[0] = \begin{bmatrix} 0 \\ 0 \\ 1 \end{bmatrix}, \quad \mathbf{v}_3[1] = \begin{bmatrix} \alpha_{311} \\ 0 \\ \alpha_{331} \end{bmatrix} = \begin{bmatrix} 0{,}5 \\ 0 \\ -3 \end{bmatrix}, \quad \mathbf{v}_3[2] = \begin{bmatrix} \alpha_{310} \\ \alpha_{320} \\ \alpha_{330} \end{bmatrix} = \begin{bmatrix} -0{,}5 \\ 0 \\ 3 \end{bmatrix}$$

Die FES lassen sich handlicher als z-Transformierte schreiben, also

$$\mathbf{v}_{z1} = \begin{bmatrix} 1-2z^{-1}+z^{-2} \\ 0 \\ 2z^{-1}-2z^{-2} \end{bmatrix}, \quad \mathbf{v}_{z2} = \begin{bmatrix} 0 \\ 1-z^{-1} \\ -z^{-1} \end{bmatrix}, \quad \mathbf{v}_{z3} = \begin{bmatrix} 0{,}5z^{-1}-0{,}5z^{-2} \\ 0 \\ 1-3z^{-1}+3z^{-2} \end{bmatrix} \qquad (7.2.7)$$

7.2.3 Matrix- und Polynomschreibweise der FES

Im Eingrößenfall haben wir häufig einen Vektor $[\mathbf{a}' \quad 1] = [a_0 \quad a_1 \; \ldots \; a_{n-1} \quad 1]$ aus den Koeffizienten des charakteristischen Polynoms verwendet. Seine Verallgemeinerung auf den Mehrgrößenfall kann nun mit Hilfe der α-Parameter definiert werden als **FES-Matrix** (oder charakteristische Matrix).

$$\mathbf{Q} := \left[\begin{array}{cccc|cccc|c|cccc} \alpha_{110} & \ldots & \alpha_{11\mu_1-1} & 1 & \alpha_{210} & \ldots & & 0 & & \alpha_{r10} & \ldots & \alpha_{r1\mu_r-1} & 0 \\ \alpha_{120} & \ldots & & 0 & \alpha_{220} & \ldots & & 1 & & \cdot & & & \cdot \\ \vdots & & & \vdots & \vdots & & & 0 & \ldots & \vdots & & & \cdot \\ \vdots & & & \vdots & \vdots & & & \vdots & & \vdots & & & 0 \\ \alpha_{1r0} & \ldots & & 0 & \alpha_{2r0} & \ldots & & 0 & & \alpha_{rr0} & \ldots & \alpha_{rr\mu_r-1} & 1 \end{array}\right]$$

$$\underbrace{\qquad\qquad\qquad}_{\mu_1+1} \qquad \underbrace{\qquad\qquad}_{\mu_2+1} \qquad \underbrace{\qquad\qquad\qquad}_{\mu_r+1} \qquad (7.2.8)$$

In der Hauptdiagonalen stehen vollbesetzte Zeilen aus α-Parametern mit einer Eins am Ende. Die Zeilenvektoren außerhalb der Hauptdiagonalen haben nach (7.1.41) die Gestalt

$$\begin{array}{lll} [\alpha_{ij0}, \alpha_{ij1} \ldots \qquad \alpha_{ij\mu_i-1}, \; 0] & \text{wenn} & \mu_j \geq \mu_i \\ [\alpha_{ij0}, \alpha_{ij1} \ldots \alpha_{ij\mu_i-1}, \; 0 \ldots \; 0] & \text{wenn} & \mu_j < \mu_i \end{array} \qquad (7.2.9)$$

Beispiel (Fortsetzung)
Für das Standard-Beispiel mit den Basis-FES von (7.2.7) erhält man

$$\mathbf{Q} = \left[\begin{array}{ccc|cc|ccc} \alpha_{110} & \alpha_{111} & 1 & \alpha_{210} & 0 & \alpha_{310} & \alpha_{311} & 0 \\ \alpha_{120} & 0 & 0 & \alpha_{220} & 1 & \alpha_{320} & 0 & 0 \\ \alpha_{130} & \alpha_{131} & 0 & \alpha_{230} & 0 & \alpha_{330} & \alpha_{331} & 1 \end{array}\right] \qquad (7.2.10)$$

$$\mathbf{Q} = \left[\begin{array}{ccc|cc|ccc} 1 & -2 & 1 & 0 & 0 & -0{,}5 & 0{,}5 & 0 \\ 0 & 0 & 0 & -1 & 1 & 0 & 0 & 0 \\ -2 & 2 & 0 & -1 & 0 & 3 & -3 & 1 \end{array}\right] \qquad (7.2.11)$$

□

Die Elemente der ersten FES erscheinen in den ersten drei Spalten, wobei die erste Zeile die Elemente der Folge am ersten normalisierten Eingang enthält, die mit der rechts stehenden Eins beginnt. Die Folge am zweiten normalisierten Eingang steht in der zweiten Zeile. Alle Elemente einer Spalte beziehen sich auf den gleichen Zeitpunkt des Auftretens dieses Wertes in der FES. Im Eingrößenfall ist $\mathbf{Q} = [\mathbf{q}' \quad 1]$.

Eine alternative Schreibweise ist die polynomiale Schreibweise von (7.2.8). Dabei wird jedes Element mit einer z-Potenz multipliziert, die dem Zeitpunkt seines Auftretens entspricht, d.h. bis auf einen gemeinsamen Faktor z^{-k} werden die FES in z-transformierter Form geschrieben. Man definiert hierzu

$$\mathbf{Z}(z) := \begin{bmatrix} \mathbf{z}_{\mu_1} & & \\ & \ddots & \\ & & \mathbf{z}_{\mu_r} \end{bmatrix}, \quad \mathbf{z}_{\mu_i} = \begin{bmatrix} 1 \\ z \\ \vdots \\ z^{\mu_i} \end{bmatrix} \tag{7.2.12}$$

Aus der FES-Matrix $\mathbf{Q}$ kann damit die **FES-Polynom-Matrix** (oder charakteristische Polynom-Matrix)

$$\mathbf{S}(z) := \mathbf{Q}\mathbf{Z}(z) \tag{7.2.13}$$

gebildet werden. Damit wird α_{ijk} mit z^k multipliziert und jede Blockzeile von $\mathbf{Q}$ entsprechend aufaddiert. Ausführlich geschrieben:

$$\mathbf{QZ} = \begin{bmatrix} q_{11}(z) & \dots & q_{1r}(z) \\ \vdots & & \\ q_{r1}(z) & \dots & q_{rr}(z) \end{bmatrix} \tag{7.2.14}$$

$$q_{ii}(z) = \alpha_{ii0} + \alpha_{ii1}z + \dots + \alpha_{ii\mu_i-1}z^{\mu_i-1} + z^{\mu_i}$$

$$q_{ji}(z) = \begin{cases} \alpha_{ij0} + \alpha_{ij1}z + \dots + \alpha_{ij\mu_i-1}z^{\mu_i-1} & \text{für } \mu_j \geq \mu_i \\ \alpha_{ij0} + \alpha_{ij1}z + \dots + \alpha_{ij\mu_j-1}z^{\mu_j-1} & \text{für } \mu_j < \mu_i \end{cases}$$

Beispiel (Fortsetzung)
Die Polynom-Schreibweise von (7.2.10) ist

$$\mathbf{QZ} = \begin{bmatrix} \alpha_{110} + \alpha_{111}z+z^2 & \alpha_{210} & \alpha_{310} + \alpha_{311}z \\ \alpha_{120} & \alpha_{220}+z & \alpha_{320} \\ \alpha_{130} + \alpha_{131}z & \alpha_{230} & \alpha_{330} + \alpha_{331}z+z^2 \end{bmatrix}$$

und mit Zahlenwerten

$$\mathbf{QZ} = \begin{bmatrix} 1-2z+z^2 & 0 & -0{,}5+0{,}5z \\ 0 & -1+z & 0 \\ -2+2z & -1 & 3-3z+z^2 \end{bmatrix} \tag{7.2.15}$$

□

Der Vorteil der Polynomschreibweise ist, daß sich damit der Zusammenhang mit dem **charakteristischen Polynom** leicht angeben läßt als

$$P_A(z) = \det(z\mathbf{I}-\mathbf{A}) = \det \mathbf{QZ} \tag{7.2.16}$$

Man beachte, daß darin $(z\mathbf{I}-\mathbf{A})$ eine $n \times n$-Matrix ist, während $\mathbf{QZ}$ nur von der Dimension $r \times r$ ist. Ein Beweis der Beziehung (7.2.16) verläuft über die Transformation des Systems in eine kanonische Form von LUENBERGER. Da er recht unübersichtlich ist [77.5], wird er hier weggelassen. Im Eingrößenfall ist $P_A(z) = \mathbf{QZ}$.

Beispiel (Fortsetzung)
Mit dem $\mathbf{QZ}$ von (7.2.15) erhält man

$$P_A(z) = \det \mathbf{QZ} = (z-1)^4(z-2) \tag{7.2.17}$$

Hier wird eine 3×3 Determinante berechnet anstelle einer 5×5 Determinante in $\det(z\mathbf{I}-\mathbf{A})$.

7.2.4 FES-Antwort und Faktorisierung der z-Übertragungsmatrix

In Abschnitt 4.2 hatten wir interessante Eigenschaften der FES-Antwort im Zeit- und Frequenzbereich festgestellt, die wir jetzt auf den Mehrgrößenfall erweitern wollen. Zunächst beziehen wir die FES wieder auf die Stellgrößen $\mathbf{u} = \mathbf{M}\mathbf{v}$.

Beispiel (Fortsetzung)
Aus (7.2.7) und (7.1.33) ergibt sich

$$[\mathbf{u}_{z1}, \mathbf{u}_{z2}, \mathbf{u}_{z3}] = \mathbf{M}\,[\mathbf{v}_{z1}, \mathbf{v}_{z2}, \mathbf{v}_{z3}]$$

$$= \begin{bmatrix} 1 & -0{,}5 & 0 \\ 0 & 1 & 0 \\ 0 & 0 & 1 \end{bmatrix} \begin{bmatrix} 1-2z^{-1}+z^{-2} & 0 & 0{,}5z^{-1}-0{,}5z^{-2} \\ 0 & 1-z^{-1} & 0 \\ 2z^{-1}-2z^{-2} & -z^{-1} & 1-3z^{-1}+3z^{-2} \end{bmatrix}$$

$$= \begin{bmatrix} 1-2z^{-1}+z^{-2} & -0{,}5+0{,}5z^{-1} & 0{,}5z^{-1}-0{,}5z^{-2} \\ 0 & 1-z^{-1} & 0 \\ 2z^{-1}-2z^{-2} & -z^{-1} & 1-3z^{-1}+3z^{-2} \end{bmatrix} \tag{7.2.18}$$

□

a) **Zeitbereich**

Wir stellen die einzelnen FES und die Antworten spaltenweise zu einer Matrix zusammen, also

$$\mathbf{X} = [\mathbf{x}_1,\ \mathbf{x}_2 \ldots \mathbf{x}_r]\ ,\quad \mathbf{U} = [\mathbf{u}_1,\ \mathbf{u}_2 \ldots \mathbf{u}_r] \qquad (7.2.19)$$

Entsprechend zu (4.2.8) erhält man

$$\begin{aligned} \mathbf{X}[0] &= \mathbf{0} \\ \mathbf{X}[1] &= \mathbf{BU}[0] \\ \mathbf{X}[2] &= \mathbf{ABU}[0] + \mathbf{BU}[1] \\ &\vdots \\ \mathbf{X}[\mu+1] &= \mathbf{A}^{\mu}\mathbf{BU}[0] + \mathbf{A}^{\mu-1}\mathbf{BU}[1] + \ldots + \mathbf{BU}[\mu] \end{aligned} \qquad (7.2.20)$$

Beispiel (Fortsetzung)
Für unser Standardbeispiel ist die FES-Antwort in $\mathbf{x}$

$$[\mathbf{x}_1[0],\ \mathbf{x}_2[0];\ \mathbf{x}_3[0]] = [\mathbf{0} \quad \mathbf{0} \quad \mathbf{0}]$$

$$[\mathbf{x}_1[1],\ \mathbf{x}_2[1],\ \mathbf{x}_3[1]] = \mathbf{BU}[0] = \begin{bmatrix} 1 & -1 & -2 \\ 2 & -1 & -1 \\ 1 & -1 & -1 \\ 1 & 0 & -1 \\ 1 & 1 & 1 \end{bmatrix} \begin{bmatrix} 1 & -0,5 & 0 \\ 0 & 1 & 0 \\ 0 & 0 & 1 \end{bmatrix}$$

$$= \begin{bmatrix} 1 & -1,5 & -2 \\ 2 & -2 & -1 \\ 1 & -1,5 & -1 \\ 1 & -0,5 & -1 \\ 1 & 0,5 & 1 \end{bmatrix}$$

$$[\mathbf{x}_1[2],\ \mathbf{x}_2[2],\ \mathbf{x}_3[2]] = \mathbf{ABU}[0] + \mathbf{BU}[1]$$

$$= \begin{bmatrix} 1 & 1 & 0 & 0 & 0 \\ 0 & 1 & 1 & 0 & 1 \\ -1 & 1 & 1 & 0 & -1 \\ 0 & 0 & 1 & 1 & 1 \\ 1 & -1 & 0 & 0 & 2 \end{bmatrix} \begin{bmatrix} 1 & -1,5 & -2 \\ 2 & -2 & -1 \\ 1 & -1,5 & -1 \\ 1 & -0,5 & -1 \\ 1 & 0,5 & 1 \end{bmatrix} + \begin{bmatrix} 1 & -1 & -2 \\ 2 & -1 & -1 \\ 1 & -1 & -1 \\ 1 & 0 & -1 \\ 1 & 1 & 1 \end{bmatrix} \begin{bmatrix} -2 & 0,5 & 0,5 \\ 0 & -1 & 0 \\ 2 & -1 & -3 \end{bmatrix}$$

$$= \begin{bmatrix} -3 & 0 & 3,5 \\ -2 & 0 & 3 \\ -3 & 0 & 2,5 \\ -1 & 0 & 2,5 \\ 1 & 0 & -1,5 \end{bmatrix}$$

$$[\mathbf{x}_1[3],\ \mathbf{x}_2[3],\ \mathbf{x}_3[3]] = \mathbf{A}^2\mathbf{B}\mathbf{U}[0] + \mathbf{A}\mathbf{B}\mathbf{U}[1] + \mathbf{B}\mathbf{U}[2]$$

$$= [\,0\ ,\ 0\ ,\ 0\,]$$

$$\mathbf{X}_z(z) = \begin{bmatrix} z^{-1}-3z^{-2} & -1,5z^{-1} & -2z^{-1}+3,5z^{-2} \\ 2z^{-1}-2z^{-2} & -2z^{-1} & -z^{-1}+3z^{-2} \\ z^{-1}-3z^{-2} & -1,5z^{-1} & -z^{-1}+2,5z^{-2} \\ z^{-1}-z^{-2} & -0,5z^{-1} & -z^{-1}+2,5z^{-2} \\ z^{-1}+z^{-2} & 0,5z^{-1} & z^{-1}-1,5z^{-2} \end{bmatrix} \qquad (7.2.21)$$

b) **Frequenzbereich**

(4.2.9) gilt unverändert, also

$$(z\mathbf{I}-\mathbf{A})^{-1} = \frac{\mathbf{D}_{n-1}z^{n-1} + \mathbf{D}_{n-2}z^{n-2} + \ldots + \mathbf{D}_0}{z^n + a_{n-1}z^{n-1} + \ldots + a_0} \qquad (7.2.22)$$

Die FES-Antwort in $\mathbf{x}$ ist

$$\mathbf{X}_z(z) = (z\mathbf{I}-\mathbf{A})^{-1}\mathbf{B}\mathbf{U}_z(z) \qquad (7.2.23)$$

Um nur mit positiven z-Potenzen rechnen zu müssen, wird jede Spalte $\mathbf{x}_{zi}(z)$ bzw. $\mathbf{u}_{zi}(z)$ in (7.2.23) mit dem Faktor z^{μ_i} multipliziert. Wir schreiben

$$\bar{\mathbf{x}}_{zi} = z^{\mu_i}\mathbf{x}_{zi}\ ,\ \bar{\mathbf{u}}_{zi} = z^{\mu_i}\mathbf{u}_{zi} \qquad (7.2.24)$$

$$[\bar{\mathbf{x}}_{z1},\ \bar{\mathbf{x}}_{z2}\ \ldots\ \bar{\mathbf{x}}_{zr}] = (z\mathbf{I} - \mathbf{A})^{-1}\mathbf{B}[\bar{\mathbf{u}}_{z1},\ \bar{\mathbf{u}}_{z2}\ \ldots\ \bar{\mathbf{u}}_{zr}] \qquad (7.2.25)$$

Wir haben damit eine minimale Polynom-Faktorisierung erhalten, nämlich

$$(z\mathbf{I} - \mathbf{A})^{-1}\mathbf{B} = [\bar{\mathbf{x}}_{z1},\ \bar{\mathbf{x}}_{z2}\ \ldots\ \bar{\mathbf{x}}_{zr}][\bar{\mathbf{u}}_{z1},\ \bar{\mathbf{u}}_{z2}\ \ldots\ \bar{\mathbf{u}}_{zr}]^{-1}$$

$$= \bar{\mathbf{X}}_z \times \bar{\mathbf{U}}_z^{-1} \qquad (7.2.26)$$

wobei $\bar{\mathbf{X}}_z$ und $\bar{\mathbf{U}}_z$ Polynommatrizen sind. $\bar{\mathbf{U}}_z$ steht mit der FES-Polynom-Darstellung von (7.2.15) in dem Zusammenhang

$$\bar{\mathbf{U}}_z(z) = \mathbf{M}\mathbf{Q}\mathbf{Z}(z) \qquad (7.2.27)$$

Beispiel (Fortsetzung)
Im Standardbeispiel ist nach (7.2.21) und (7.2.18)

$$\bar{\mathbf{X}}_z = \begin{bmatrix} z-3 & -1,5 & -2z+3,5 \\ 2z-2 & -2 & -z+3 \\ z-3 & -1,5 & -z+2,5 \\ z-1 & -0,5 & -z+2,5 \\ z+1 & 0,5 & z-1,5 \end{bmatrix} \tag{7.2.28}$$

$$\bar{\mathbf{U}}_z = \begin{bmatrix} z^2-2z+1 & -0,5z+0,5 & 0,5z-0,5 \\ 0 & z-1 & 0 \\ 2z-2 & -1 & z^2-3z+3 \end{bmatrix} \tag{7.2.29}$$

□

Nimmt man noch eine Ausgangsgleichung $\mathbf{y} = \mathbf{Cx}$ hinzu, so liefert (7.2.26) die Polynomfaktorisierung der z-Übertragungsmatrix $\mathbf{H}_z(z)$ in der Form

$$\mathbf{H}_z(z) = \mathbf{C}(z\mathbf{I} - \mathbf{A})^{-1}\mathbf{B} = \mathbf{C}\bar{\mathbf{X}}_z \times \bar{\mathbf{U}}_z^{-1} \tag{7.2.30}$$

Es ist

$$\mathbf{y}_z(z) = \mathbf{H}_z(z)\mathbf{u}_z(z) \tag{7.2.31}$$

Beispiel (Fortsetzung)
Das Standardbeispiel wird ergänzt durch eine Ausgangsgleichung

$$\mathbf{y} = \begin{bmatrix} -1 & 0 & 3 & 1 & 3 \\ 2 & -1 & 0,5 & 1 & 2,5 \\ 2 & -1 & 1 & 0 & 3 \end{bmatrix} \mathbf{x} = \mathbf{Cx} \tag{7.2.32}$$

Es ist

$$\mathbf{CB} = \begin{bmatrix} 6 & 1 & 1 \\ 4 & 1 & -2 \\ 4 & 1 & -1 \end{bmatrix} \tag{7.2.33}$$

Alle Elemente von **CB** sind ungleich Null, d.h. die Wirkung eines Impulses an einem der Eingänge ist ein Abtastintervall, später an allen Ausgängen zu erkennen, siehe (3.3.3).

Die z-Übertragungsmatrix und ihre Polynom-Faktorisierung lauten:

$$\mathbf{H}_z(z) = \begin{bmatrix} \frac{6z^2-12z+4}{(z-1)^3} & \frac{z}{(z-1)^2} & \frac{z}{(z-1)^2} \\ \frac{4}{z-2} & \frac{1}{z-1} & \frac{-2}{z-2} \\ \frac{4z2-10z+8}{(z-1)^2(z-2)} & \frac{1}{z-1} & \frac{-z}{(z-1)(z-2)} \end{bmatrix} \tag{7.2.34}$$

$$\mathbf{C}\bar{\mathbf{X}}_z(z) = \begin{bmatrix} 6z-4 & -2 & z+2 \\ 4z-4 & -1 & -2z+4 \\ 4z-4 & -1 & -z+2 \end{bmatrix} \tag{7.2.35}$$

$$\bar{U}_z(z) = \begin{bmatrix} z^2-2z+1 & -0,5z+0,5 & 0,5z-0,5 \\ 0 & z-1 & 0 \\ 2z-2 & -1 & z^2-3z+3 \end{bmatrix} \qquad (7.2.36)$$

Man überprüft die Beziehung durch Vergleich der beiden Seiten von $\mathbf{H}_z(z)\mathbf{U}_z(z) = \mathbf{C}\bar{\mathbf{X}}_z(z)$. □

Mit der faktorisierten Darstellung der z-Übertragungsmatrix nach (7.2.30) läßt sich unmittelbar die in Abschnitt 6.2 dargestellte Synthese mit Polynomialgleichungen auf den Mehrgrößenfall verallgemeinern. In dem Ansatz von Bild 6.8 entspricht $\mathbf{BA}^{-1} = (\mathbf{C}\bar{\mathbf{X}}_z)\times\mathbf{U}_z^{-1}$. Die Synthesegleichung (6.2.6) ist dann eine Beziehung zwischen Polynommatrizen, siehe auch Anmerkung 6.3.

7.3 Zustandsvektor-Rückführung

Nach den Ergebnissen von BRUNOVSKY und POPOV ändert eine Basistransformation $(\mathbf{A},\mathbf{B}) \rightarrow (\mathbf{TAT}^{-1}, \mathbf{TB})$ die Parameter μ, α und β nicht. Läßt man dagegen auch eine Zustandsvektor-Rückführung zu, d.h. $(\mathbf{A},\mathbf{B}) \rightarrow (\mathbf{T(A-BK)T}^{-1}, \mathbf{TB})$, so ist nur μ und β invariant. D.h. eine Zustandsvektor-Rückführung $\mathbf{u} = -\mathbf{Kx}$ ändert nur die α-Parameter. Die α-Parameter und damit die FES-Polynom-Matrix sind also geeignet, um den geschlossenen Kreis zu spezifizieren.

Wir schließen nun den Regelkreis durch eine Zustandsvektor-Rückführung

$$\mathbf{u} = -\mathbf{Kx} + \mathbf{Vw} \qquad (7.3.1)$$

Der Entwurf von $\mathbf{K}$ wird vereinfacht, wenn wir ihn auf den normierten Eingang $\mathbf{v} = \mathbf{M}^{-1}\mathbf{u}$ beziehen, d.h.

$$\mathbf{v} = -\mathbf{M}^{-1}\mathbf{Kx} + \mathbf{M}^{-1}\mathbf{Vw} \qquad (7.3.2)$$

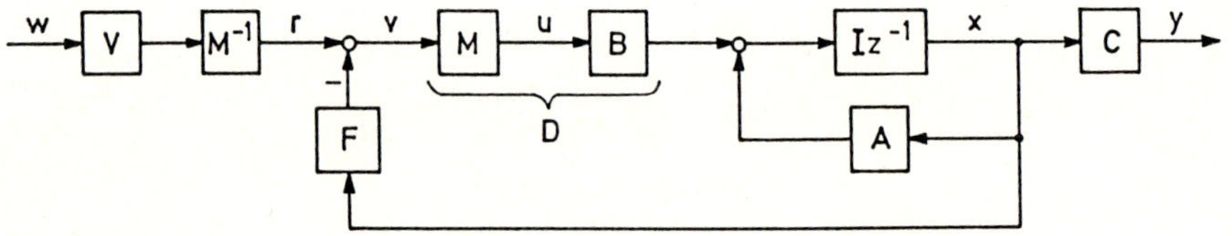

Bild 7.2 Zustandsvektor-Rückführung $\mathbf{F}$ zum normierten Eingang $\mathbf{v}$ ist äquivalent zur Zustandsvektor-Rückführung $\mathbf{K} = \mathbf{MF}$ zum Stellgrößenvektor $\mathbf{u}$.

Zunächst wird $\mathbf{F} := \mathbf{M}^{-1}\mathbf{K}$ entworfen und im Ergebnis $\mathbf{K} = \mathbf{MF}$ berechnet. Bild 7.2 zeigt die Struktur des Regelkreises mit normiertem Eingangsvektor $\mathbf{v}$ der Regelstrecke.

Die β-Parameter des geschlossenen Kreises können nur durch $\mathbf{V}$ beeinflußt werden. In vielen Fällen ist es naheliegend, $\mathbf{V} = \mathbf{M}$ zu wählen und damit alle β-Parameter des geschlossenen Kreises zu Null zu machen. Wählt man dagegen $\mathbf{V} = \mathbf{I}$, so bleiben die β-Parameter unverändert. In der folgenden Diskussion beziehen wir uns nur auf den Entwurf der Rückführung $\mathbf{F}$ und betrachten $\mathbf{r} = \mathbf{M}^{-1}\mathbf{V}\mathbf{w}$ als Eingangsgröße des geschlossenen Kreises.

7.3.1 FES-Vorgabe

Das normierte Problem ist nun: Gegeben

$$\mathbf{x}[k+1] = \mathbf{A}\mathbf{x}[k] + \mathbf{D}\mathbf{v}[k] \tag{7.3.3}$$

Gesucht ist eine Zustandsvektor-Rückführung

$$\mathbf{v}[k] = -\mathbf{F}\mathbf{x}[k] + \mathbf{r}[k]$$

so daß der geschlossene Kreis mit Eingang $\mathbf{r}[k]$ die folgende FES-Matrix erhält

$$\mathbf{Q}_g = \left[\begin{array}{ccc|ccc|ccc}
\pi_{110} \cdots & \pi_{11\mu_i-1} & 1 & \pi_{210} \cdots\cdot & & 0 & \cdots\cdot & \pi_{r1\mu_r-1} & 0 \\
\cdot & & 0 & \cdot & & 1 & \cdot & & \\
\cdot & & \cdot & \cdot & & 0 & \cdot & & \cdot \\
\vdots & & \vdots & \vdots & & \vdots & \vdots & & \vdots \\
\cdot & & \cdot & \cdot & & \cdot & \cdot & & 0 \\
\pi_{1r0} \cdots & & 0 & \pi_{2r0} \cdots\cdot & & 0 & \cdots\cdot & \pi_{rr\mu_r-1} & 1
\end{array}\right] \tag{7.3.4}$$

Der Index g bezeichnet den geschlossenen Kreis. Dessen α-Parameter sind hier mit π bezeichnet. An die Stelle von jedem α_{ijk} in (7.2.8) tritt also das entsprechende π_{ijk}, die Nullen und Einsen bleiben erhalten. Nullen und Einsen sind hier in der allgemeinen Strukturform wie in (7.2.10) gemeint. Beim Einsetzen von Zahlenwerten wie in (7.2.11) können einige der α_{ijk} den Zahlenwert Null oder Eins annehmen. Diese **numerischen Nullen** können selbstverständlich durch Rückführung geändert werden. Zur Unterscheidung bezeichnen wir die Einsen und

Nullen der allgemeinen Strukturform als **strukturelle Nullen** und **Einsen.** Sie sind durch die Steuerbarkeitsstruktur vorgegeben und damit invariant gegenüber einer Zustandsvektor-Rückführung.

In Polynom-Schreibweise wird $\mathbf{Q}_g$ durch $\mathbf{Q}_g\mathbf{Z}(z)$ dargestellt. Im Eingrößenfall ist $\mathbf{Q}_g = [\mathbf{p}' \quad 1]$ und $\mathbf{Q}_g\mathbf{Z}(z) = P(z)$.

Im Eingrößenfall gilt die Polvorgabe-Formel (4.3.6)

$$\mathbf{k}' = [\mathbf{p}' \quad 1]\mathbf{E} = \mathbf{Q}_g\mathbf{E} \tag{7.3.5}$$

Ihre Verallgemeinerung auf den Mehrgrößenfall lautet

$$\mathbf{F} = \mathbf{Q}_g\mathbf{E} \tag{7.3.6}$$

wobei die Matrix $\mathbf{E}$ im Mehrgrößenfall folgende Gestalt hat

$$\mathbf{E} := \begin{bmatrix} \mathbf{E}_1 \\ \cdot \\ \cdot \\ \cdot \\ \mathbf{E}_r \end{bmatrix}, \quad \mathbf{E}_i := \begin{bmatrix} \mathbf{e}_i' \\ \mathbf{e}_i'\mathbf{A} \\ \cdot \\ \cdot \\ \mathbf{e}_i'\mathbf{A}^{\mu_i} \end{bmatrix} \tag{7.3.7}$$

und der Vektor $\mathbf{e}_i'$ wird folgendermaßen gebildet: Man ordnet die Spalten von reg [$\mathbf{B}$, $\mathbf{AB}$ ...], siehe (7.1.20), zu der Matrix

$$\mathbf{R} := [\mathbf{b}_1, \mathbf{A}\mathbf{b}_1 \ldots \mathbf{A}^{\mu_1 - 1}\mathbf{b}_1 \vdots \mathbf{b}_2 \ldots \vdots\vdots \ldots \mathbf{A}^{\mu_r - 1}\mathbf{b}_r] \tag{7.3.8}$$

Durch Inversion erhält man in der gleichen Block-Unterteilung

$$\mathbf{R}^{-1} = \begin{bmatrix} \mathbf{S}_1 \\ \cdot \\ \cdot \\ \cdot \\ \mathbf{S}_r \end{bmatrix} \tag{7.3.9}$$

und $\mathbf{e}_i'$ ist die letzte Zeile der $\mu_i \times n$ Matrix $\mathbf{S}_i$.

Im Eingrößenfall ergibt sich die Polvorgabe-Matrix $\mathbf{E}$, die in (7.3.5) benutzt wurde. Im Mehrgrößenfall wird $\mathbf{E}$ als **FES-Vorgabe-Matrix** bezeichnet.

Beweis [77.5]
Im Beweis benutzen wir die Tatsache, daß der gegebene offene Kreis $(\mathbf{A},\mathbf{D})$ und der gewünschte geschlossene Kreis $(\mathbf{A}-\mathbf{DF},\mathbf{D})$ die gleichen Steuerbarkeitsindices μ_i, $i = 1, 2 \ldots r$ haben müssen, siehe (7.1.22). Deshalb können beide Systeme durch Basistransformation $\mathbf{T}$ im Zustandsraum und Zustandsvektor-Rückführung $\mathbf{H}$ bzw. $\mathbf{H}_g$ in die gleiche kanonische Form nach BRUNOVSKY, (A.4.15), überführt werden. Die Basistransformation ist die gleiche wie bei der Regelungs-Normalform nach LUENBERGER, d.h. nach (A.4.13)

$$\mathbf{T} := \begin{bmatrix} \mathbf{T}_1 \\ \cdot \\ \cdot \\ \cdot \\ \mathbf{T}_r \end{bmatrix}, \quad \mathbf{T}_i := \begin{bmatrix} \mathbf{e}_i' \\ \mathbf{e}_i'\mathbf{A} \\ \cdot \\ \cdot \\ \cdot \\ \mathbf{e}_i'\mathbf{A}^{\mu_i - 1} \end{bmatrix} \qquad (7.3.10)$$

Man erhält damit

$$\mathbf{TAT}^{-1} = \mathbf{A}_L = \mathbf{A}_B - \mathbf{B}_B\mathbf{H}$$

$$\mathbf{TB} = \mathbf{B}_L = \mathbf{B}_B\mathbf{M}^{-1}$$

bzw. für den normierten Eingang

$$\mathbf{TD} = \mathbf{D}_L = \mathbf{B}_B$$

Dabei ist $(\mathbf{A}_B, \mathbf{B}_B)$ die BRUNOVSKY-Form von (A.4.15)

$$\mathbf{A}_B = \left[\begin{array}{ccc|c|ccc} 0 & 1 & & & & & \\ & \ddots & & & & & \\ & & 1 & \ldots & & \mathbf{0} & \\ 0 & & 0 & & & & \\ \hline & \vdots & & & & & \\ \hline & & & & 0 & 1 & \\ & \mathbf{0} & & & & \ddots & \\ & & & & & & 1 \\ & & & & 0 & & 0 \end{array}\right], \quad \mathbf{B}_B = \left[\begin{array}{ccccc} 0 & & & & \\ \vdots & & & & \\ 0 & & & & \\ 1 & 0 & \cdot & \cdot \; \cdot & 0 \\ \hline & & \vdots & & \\ \hline 0 & & & & 0 \\ & & & & \\ & & & & 0 \\ 0 & & & 0 & 1 \end{array}\right]$$

$$\underbrace{\qquad}_{\mu_1} \quad \ldots \quad \underbrace{\qquad}_{\mu_r} \qquad (7.3.11)$$

und $\mathbf{H}$ enthält die α-Parameter des offenen Kreises gemäß (A.4.1) und (A.4.14)

$$\mathbf{H} = \begin{bmatrix} \mathbf{h}'_{11} & \cdots & \mathbf{h}'_{1r} \\ \vdots & & \\ \mathbf{h}'_{r1} & \cdots & \mathbf{h}'_{rr} \end{bmatrix} \tag{7.3.12}$$

$$\mathbf{h}'_{ii} = [\alpha_{ii0} \quad \alpha_{ii1} \cdots \alpha_{ii\mu_i-1}]$$

$$\mathbf{h}'_{ij} = \begin{cases} [\alpha_{ji0} \quad \alpha_{ji1} \cdots \alpha_{ji\mu_j-1}] & \text{für } \mu_i \geq \mu_j \\ [\alpha_{ji0} \cdots \alpha_{ji\mu_i-1} \quad 0 \ldots 0] & \text{für } \mu_i < \mu_j \end{cases}$$

Die Strecke wird nun beschrieben durch

$$\mathbf{x}_L[k+1] = (\mathbf{A}_B - \mathbf{B}_B\mathbf{H})\mathbf{x}_L[k] + \mathbf{B}_B\mathbf{v}[k]$$

$$\mathbf{x}_L = \mathbf{Tx} \quad , \quad \mathbf{v} = \mathbf{M}^{-1}\mathbf{u} \tag{7.3.13}$$

Im nächsten Schritt wird das System durch eine Rückführung

$$\mathbf{v}[k] = \mathbf{H}\mathbf{x}_L[k] \tag{7.3.14}$$

in die BRUNOVSKY-Form $(\mathbf{A}_B, \mathbf{B}_B)$ gebracht. Dieses "Skelett" des Systems ist allein durch die Steuerbarkeitsindices charakterisiert. Es wird nun wiederbelebt durch neue α-Parameter des geschlossenen Kreises, in (7.3.4) mit π bezeichnet. Man ordnet die π_{ijk} entsprechend wie die α_{ijk} zu einer Matrix $\mathbf{H}_g$ mit den gleichen strukturellen Nullen und Einsen wie $\mathbf{H}$. Die α-Parameter π_{ijk} werden dem System verliehen durch eine Rückführung

$$\mathbf{v}[k] = -(\mathbf{H}_g - \mathbf{H})\mathbf{x}_L[k] \tag{7.3.15}$$

Bezogen auf die ursprünglichen Zustandsgrößen

$$\mathbf{x} = \mathbf{T}^{-1}\mathbf{x}_L$$

$$\mathbf{v}[k] = -(\mathbf{H}_g - \mathbf{H})\mathbf{Tx}[k] = -\mathbf{Fx}[k]$$

Es ist also

$$\mathbf{F} = (\mathbf{H}_g - \mathbf{H})\mathbf{T} \tag{7.3.16}$$

Darin kann $\mathbf{HT}$ noch explizit angegeben und mit dem Term $\mathbf{H}_g\mathbf{T}$ vereinigt werden. $-\mathbf{HT}$ besteht nämlich aus den letzten Block-Zeilen von

$$\mathbf{A}_L\mathbf{T} = \mathbf{TA} \tag{7.3.17}$$

und mit **T** nach (7.3.10)

$$-\mathbf{HT} = \begin{bmatrix} \mathbf{e}_1'\mathbf{A}^{\mu_1} \\ \vdots \\ \mathbf{e}_r'\mathbf{A}^{\mu_r} \end{bmatrix} \tag{7.3.18}$$

Also ist

$$\mathbf{F} = \mathbf{H}_g\mathbf{T} - \mathbf{HT} = \mathbf{H}_g \begin{bmatrix} \mathbf{T}_1 \\ \vdots \\ \mathbf{T}_r \end{bmatrix} + \begin{bmatrix} \mathbf{e}_1'\mathbf{A}^{\mu_1} \\ \vdots \\ \mathbf{e}_r'\mathbf{A}^{\mu_r} \end{bmatrix}$$

$$= \left[\begin{array}{cc|cc|c|cc} \mathbf{h}_{c11}' & 1 & \mathbf{h}_{c12}' & 0 & \dots & \mathbf{h}_{c1r}' & 0 \\ \mathbf{h}_{c21}' & 0 & \mathbf{h}_{c22}' & 1 & & & \\ \vdots & & \vdots & & & \vdots & 0 \\ \mathbf{h}_{cr1}' & 0 & \mathbf{h}_{cr2}' & 0 & \dots & \mathbf{h}_{crr}' & 1 \end{array}\right] \left[\begin{array}{c} \mathbf{T}_1 \\ \mathbf{e}_1'\mathbf{A}^{\mu_1} \\ \hline \mathbf{T}_2 \\ \mathbf{e}_2'\mathbf{A}^{\mu_2} \\ \hline \vdots \\ \hline \mathbf{T}_R \\ \mathbf{e}_r'\mathbf{A}^{\mu_r} \end{array}\right]$$

$$= \mathbf{Q}_g\mathbf{E}$$

Damit ist (7.3.6) bewiesen. □

Man beachte, daß die Transformation in die LUENBERGER- bzw. BRUNOVSKY-Form nur für den Beweis benutzt wurde. Diese Transformation braucht nicht in der Anwendung der Gl. (7.3.6) ausgeführt zu werden. Ein numerisch vorteilhafter Wert zur FES-Vorgabe über die HESSENBERG-Form wird in Anhang A.5 behandelt.

Beispiel (Fortsetzung)
In unserem Standardbeispiel ist nach (7.1.28)

$$\text{reg}\,[\mathbf{B},\mathbf{AB}] = [\mathbf{b}_1, \mathbf{b}_2, \mathbf{b}_3, \mathbf{Ab}_1, \mathbf{Ab}_3]$$

$$\mathbf{R} = [\mathbf{b}_1, \mathbf{Ab}_1 \vdots \mathbf{b}_2 \vdots \mathbf{b}_3, \mathbf{Ab}_3] = \begin{bmatrix} 1 & 3 & -1 & -2 & -3 \\ 2 & 4 & -1 & -1 & -1 \\ 1 & 1 & -1 & -1 & -1 \\ 1 & 3 & 0 & -1 & -1 \\ 1 & 1 & 1 & 1 & 1 \end{bmatrix}$$

$$\begin{bmatrix} e_1' \\ e_2' \\ e_3' \end{bmatrix} = \begin{bmatrix} 0 & 1 & 0 & 0 & 0 \\ 0 & 0 & 1 & 0 & 0 \\ 0 & 0 & 0 & 0 & 1 \end{bmatrix} R^{-1} = \begin{bmatrix} 0 & 0{,}5 & -0{,}75 & 0 & -0{,}25 \\ 0 & -1 & 0{,}5 & 1 & 0{,}5 \\ -1 & 0 & 0{,}5 & 1 & -0{,}5 \end{bmatrix}$$

$$E = \begin{bmatrix} e_1' \\ e_1'A \\ e_1'A^2 \\ \hline e_2' \\ e_2'A \\ \hline e_3' \\ e_3'A \\ e_3'A^2 \end{bmatrix} = \begin{bmatrix} 0 & 0{,}5 & -0{,}75 & 0 & -0{,}25 \\ 0{,}5 & 0 & -0{,}25 & 0 & 0{,}75 \\ 1{,}5 & -0{,}5 & -0{,}25 & 0 & 1{,}75 \\ \hline 0 & -1 & 0{,}5 & 1 & 0{,}5 \\ 0 & -1 & 0{,}5 & 1 & 0{,}5 \\ \hline -1 & 0 & 0{,}5 & 1 & -0{,}5 \\ -2 & 0 & 1{,}5 & 1 & -0{,}5 \\ -4 & 0 & 2{,}5 & 1 & -1{,}5 \end{bmatrix} \tag{7.3.19}$$

$$F = Q_g E = \left[\begin{array}{ccc|cc|ccc} \pi_{110} & \pi_{111} & 1 & \pi_{210} & 0 & \pi_{310} & \pi_{311} & 0 \\ \pi_{120} & 0 & 0 & \pi_{220} & 1 & \pi_{320} & 0 & 0 \\ \pi_{130} & \pi_{131} & 0 & \pi_{230} & 0 & \pi_{330} & \pi_{331} & 1 \end{array}\right] E \tag{7.3.20}$$

□

Ein Test für **E** ergibt sich daraus, daß eine Null-Rückführung $\mathbf{F} = \mathbf{0}$ die FES-Matrix **Q** des offenen Kreises nicht verändert, also

$$QE = 0 \tag{7.3.21}$$

Beispiel (Fortsetzung)
Im obigen Beispiel ist

$$QE = \left[\begin{array}{ccc|cc|ccc} 1 & -2 & 1 & 0 & 0 & -0{,}5 & 0{,}5 & 0 \\ 0 & 0 & 0 & -1 & 1 & 0 & 0 & 0 \\ -2 & 2 & 0 & -1 & 0 & 3 & -3 & 1 \end{array}\right] E = 0$$

7.3.2 Entwurf durch FES-Vorgabe

In diesem Abschnitt werden einige Möglichkeiten diskutiert, FES für den geschlossenen Kreis durch Vorgabe von $\mathbf{Q}_g$ zu spezifizieren. Damit ist zunächst einmal eine Polvorgabe gemäß

$$P(z) = \det \mathbf{Q}_g \mathbf{Z}(z) \tag{7.3.22}$$

verbunden. Hier ist die Situation die gleiche, wie im Eingrößenfall:

Durch richtige Wahl der Tastperiode wird sichergestellt, daß die Eigenwerte des offenen Kreises in dem um $\sqrt{2}$ nach rechts verschobenen Einheitskreis in der z-Ebene liegen, siehe Bild 4.5. Diese Eigenwerte müssen im wesentlichen nach links verschoben und zum Ursprung $z = 0$ hin kontrahiert werden. Wenn Stellgrößenbeschränkungen keine Rolle spielen, stellt die Deadbeat-Lösung mit allen Eigenwerten bei $z = 0$ mit allen $\pi_{ijk} = 0$ einen Idealfall dar.

Da eine gewünschte Determinante $P(z)$ in (7.3.22) durch beliebig viele Polynom-Matrizen $\mathbf{Q}_g\mathbf{Z}(z)$ erzeugt werden kann, gibt es eine entsprechende Vielfalt von Möglichkeiten, die Stellgrößen miteinander zu kombinieren und damit auf sehr unterschiedlichen Wegen zu der gewünschten Polkonfiguration zu kommen. Als Gedankenexperiment kann man sich z.B. vorstellen, daß man die Pole des offenen Kreises gar nicht verändert, also $P(z) = P_A(z)$ als Determinante beibehält, aber $\mathbf{Q}_g$ gegenüber $\mathbf{Q}$ erheblich verändert, so daß entsprechend große Rückführverstärkungen und Stellamplituden auftreten, die aber nur gegeneinander arbeiten.

Mathematisch die bequemste Vorgabe ist die, $\mathbf{Q}_g\mathbf{Z}(z)$ als Diagonalmatrix anzusetzen, da die Polynome in der Hauptdiagonalen damit unmittelbar Faktoren von $P(z)$ sind. Diese Eigenschaft bleibt auch noch erhalten, wenn man $\mathbf{Q}_g\mathbf{Z}(z)$ als Dreiecksmatrix ansetzt, also Kopplungen zwischen den (den normierten Eingangsgrößen v_i zugeordneten) Teilsystemen nur in einer Richtung zuläßt. Solche Ansätze können aber gewaltsam Kopplungen zwischen Teilsystemen beseitigen, die an sich unschädlich oder sogar nützlich sind. Wenn also Stellgrößenbeschränkungen beachtet werden müssen, empfiehlt es sich, die Struktur der Kopplungen zwischen den Teilsystemen teilweise beizubehalten und nur - so weit nötig - zu verändern. Verschiedene Möglichkeiten und Beispiele werden in den folgenden Abschnitten behandelt.

Die Vorgabe sämtlicher Eigenwerte bei $z = 0$ wird als **Deadbeat-Regelung** bezeichnet, denn

$$P(z) = \det(z\mathbf{I} - \mathbf{A} + \mathbf{DF}) = z^n \qquad (7.3.23)$$

impliziert nach CAYLEY-HAMILTON

$$(\mathbf{A} - \mathbf{DF})^n = \mathbf{0}$$

und damit

$$\mathbf{x}[n] = (\mathbf{A} - \mathbf{DF})^n\mathbf{x}[0] = \mathbf{0} \qquad (7.3.24)$$

für alle Anfangszustände $\mathbf{x}[0]$.

Einen schnelleren Deadbeat-Regelvorgang erhält man durch Vorgabe eines Minimalpolynoms z^{μ}. Daraus folgt dann $(\mathbf{A} - \mathbf{DF})^{\mu} = \mathbf{0}$ und der Nullzustand wird bereits in μ Abtastschritten erreicht. Unter den Steuerbarkeitsindex μ kann man mit der Schrittzahl nicht heruntergehen, da dann nach (7.1.19) keine Steuerfolge mehr existiert, d.h. sie kann auch nicht durch eine Rückführung erzeugt werden.

Ein Minimalpolynom z^{μ} wird erreicht, indem man sämtliche α-Parameter zu Null macht, das System ist damit durch eine Basistransformation im Zustandsraum in die BRUNOVSKY-Form nach (7.3.11) transformierbar. Dies ist eine JORDAN-Form mit r JORDAN-Blöcken zum Eigenwert z = 0, die Dimension des größten JORDAN-Blockes und damit die Ordnung des Minimalpolynoms ist μ.

Nach (7.3.4) wird dazu vorgegeben

$$\mathbf{Q}_g\mathbf{Z} = \begin{bmatrix} z^{\mu_1} & 0 & & 0 \\ & z^{\mu_2} & & \\ & & \ddots & \\ 0 & & & z^{\mu_r} \end{bmatrix} \tag{7.3.25}$$

Damit wird in (7.3.6)

$$\mathbf{F}_D = \mathbf{Q}_g\mathbf{E} = \begin{bmatrix} \mathbf{e}_1'\mathbf{A}^{\mu_1} \\ \mathbf{e}_2'\mathbf{A}^{\mu_2} \\ \vdots \\ \mathbf{e}_r'\mathbf{A}^{\mu_r} \end{bmatrix} \tag{7.3.26}$$

und die Zustandsvektor-Rückführung zu den Stellgrößen $\mathbf{u} = \mathbf{Mv} = -\mathbf{MF}_D\mathbf{x} = -\mathbf{K}_D\mathbf{x}$ ist $\mathbf{K}_D = \mathbf{MF}_D$. Diese **Deadbeat-Lösung** mit den kürzestmöglichen Steuerfolgen bei jeder einzelnen Stellgröße wurde zuerst in [68.2] hergeleitet.

Beispiel (Fortsetzung)
In unserem Standardbeispiel mit $\mu_1 = 2$, $\mu_2 = 1$, $\mu_3 = 2$ besteht $\mathbf{F}_D$ aus den Zeilen 3, 5 und 8 der **E**-Matrix aus (7.3.19)

$$\mathbf{F}_D = \begin{bmatrix} 1,5 & -0,5 & -0,25 & 0 & 1,75 \\ 0 & -1 & 0,5 & 1 & 0,5 \\ -4 & 0 & 2,5 & 1 & -1,5 \end{bmatrix} \tag{7.3.27}$$

und für den Eingang $\mathbf{u}$

$$\mathbf{K}_D = \mathbf{MF}_D = \begin{bmatrix} 1 & -0,5 & 0 \\ 0 & 1 & 0 \\ 0 & 0 & 1 \end{bmatrix} \mathbf{F}_D$$

$$= \begin{bmatrix} 1,5 & 0 & -0,5 & -0,5 & 1,5 \\ 0 & -1 & 0,5 & 1 & 0,5 \\ -4 & 0 & 2,5 & 1 & -1,5 \end{bmatrix} \qquad (7.3.28)$$

Die größte Rückführverstärkung hat den Betrag 4. Aufschlußreicher ist die Untersuchung des ungünstigsten Anfangszustands $\mathbf{x}[0] = [x_1[0], x_2[0], x_3[0], x_4[0], x_5[0]]'$ mit $|x_i[0]| \le 1$, $i = 1, 2 \ldots 5$. Hierzu berechnen wir

$$\mathbf{u}[0] = -\mathbf{K}_D\mathbf{x}[0] = \begin{bmatrix} -1,5 & 0 & 0,5 & 0,5 & -1,5 \\ 0 & 1 & -0,5 & -1 & -0,5 \\ 4 & 0 & -2,5 & -1 & 1,5 \end{bmatrix} \mathbf{x}[0] \qquad (7.3.29)$$

$$\mathbf{x}[1] = \begin{bmatrix} -8,5 & 0 & 6 & 3,5 & 4 \\ -7 & 0 & 5 & 3 & -3 \\ -6,5 & 0 & 4,5 & 2,5 & -3,5 \\ -5,5 & 0 & 4 & 2,5 & -2 \\ 3,5 & 0 & -2,5 & -1,5 & 1,5 \end{bmatrix} \mathbf{x}[0]$$

$$\mathbf{u}[1] = \begin{bmatrix} 1,5 & 0 & -1 & -0,5 & 1 \\ 0 & 0 & 0 & 0 & 0 \\ -7 & 0 & 5 & 3 & -3 \end{bmatrix} \mathbf{x}[0]$$

$$\mathbf{x}[2] = \mathbf{0}$$

Tatsächlich ist $u_2[1] = 0$ für alle Anfangszustände, d.h. jede Stellfolge ist so kurz wie möglich, nämlich von der Länge $\mu_1 = 2$, $\mu_2 = 1$ bzw. $\mu_3 = 2$. Für den ungünstigsten Anfangszustand $\mathbf{x}[0] = [-1 \;\; 0 \;\; 1 \;\; 1 \;\; -1]'$ ist die maximale Stellamplitude $u_3[1] = 18$. Der größte Zustandswert $x_1[1] = 22$ ergibt sich beim Anfangszustand $\mathbf{x}[0] = [-1 \;\; 0 \;\; 1 \;\; 1 \;\; 1]'$. □

Beim Entwurf von Abtastsystemen empfiehlt es sich generell, zunächst die Deadbeat-Lösung mit Minimalpolynom z^{μ} zu berechnen. Diese stellt die zeitoptimale Lösung ohne Berücksichtigung von Stell- und Zustandsgrößen-Beschränkungen dar. Im Gegensatz zu kontinuierlichen Systemen ist dies eine Lösung mit endlichen Rückführ-Verstärkungen in $\mathbf{K}_D$. Es ist nicht sinnvoll, Lösungen mit größeren Rückführ-Verstärkungen in Betracht zu ziehen. Häufig werden allerdings die Stellamplituden der **μ-Deadbeat-Lösung** zu groß sein. Das gilt insbesondere für mechanische Systeme, in denen die Stellglieder Kräfte und Momente erzeugen müssen. Entsprechend groß werden dann auch die Zustandsgrößen. Man kann nun entweder versuchen, die Verstärkungen von $\mathbf{K}_D$ zu reduzieren oder man beginnt bei $\mathbf{K} = \mathbf{0}$ mit einer "sanften Regelung" mit kleinen Rückführverstärkungen die Eigenwerte zu verschieben. Beim ersten Weg kann man z.B. zunächst der Deadbeat-Lösung mehr Schritte Zeit lassen.

Beispiel (Fortsetzung)

Im offenen Kreis ist nach (7.2.15)

$$\mathbf{QZ} = \begin{bmatrix} 1-2z+z^2 & 0 & -0,5+0,5z \\ 0 & -1+z & 0 \\ -2+2z & -1 & 3-3z+z^2 \end{bmatrix} \tag{7.3.30}$$

Eine Dreiecksform von $\mathbf{Q}_g\mathbf{Z}$ wird erreicht, wenn man den Term -0,5+0,5z zum Verschwinden bringt und in den verbleibenden Faktoren des charakteristischen Polynoms in der Hauptdiagonalen alle Eigenwerte nach z = 0 legt, d.h. man gibt vor

$$\mathbf{Q}_g\mathbf{Z} = \begin{bmatrix} z^2 & 0 & 0 \\ 0 & z & 0 \\ -2+2z & -1 & z^2 \end{bmatrix} \tag{7.3.31}$$

Es ergibt sich mit (7.3.6)

$$\mathbf{K} = \mathbf{MF} = \mathbf{MQ}_g\mathbf{E}$$

$$\mathbf{K} = \begin{bmatrix} 1 & -0,5 & 0 \\ 0 & 1 & 0 \\ 0 & 0 & 1 \end{bmatrix} \left[\begin{array}{ccc|cc|ccc} 0 & 0 & 1 & 0 & 0 & 0 & 0 & 0 \\ 0 & 0 & 0 & 0 & 1 & 0 & 0 & 0 \\ -2 & 2 & 0 & -1 & 0 & 0 & 0 & 1 \end{array}\right] \left[\begin{array}{ccccc} 0 & 0,5 & -0,75 & 0 & -0,25 \\ 0,5 & 0 & -0,25 & 0 & 0,75 \\ 1,5 & -0,5 & -0,25 & 0 & 1,75 \\ \hline 0 & -1 & 0,5 & 1 & 0,5 \\ 0 & -1 & 0,5 & 1 & 0,5 \\ \hline -1 & 0 & 0,5 & 1 & -0,5 \\ -2 & 0 & 1,5 & 1 & -0,5 \\ -4 & 0 & 2,5 & 1 & -1,5 \end{array}\right]$$

$$= \begin{bmatrix} 1,5 & 0 & -0,5 & -0,5 & 1,5 \\ 0 & -1 & 0,5 & 1 & 0,5 \\ -3 & 0 & 3 & 0 & 0 \end{bmatrix} \tag{7.3.32}$$

Rekursives Einsetzen in die Systemgleichungen für einen allgemein angesetzten Anfangszustand $\mathbf{x}[0]$ ergibt:

$$\mathbf{u}[0] = \begin{bmatrix} -1,5 & 0 & 0,5 & 0,5 & -1,5 \\ 0 & 1 & -0,5 & -1 & -0,5 \\ 3 & 0 & -3 & 0 & 0 \end{bmatrix} \mathbf{x}[0]$$

$$\mathbf{x}[1] = \begin{bmatrix} -6,5 & 0 & 7 & 1,5 & -1 \\ -6 & 0 & 5,5 & 2 & -1,5 \\ -5,5 & 0 & 5 & 1,5 & -2 \\ -4,5 & 0 & 4,5 & 1,5 & -0,5 \\ 2,5 & 0 & -3 & -0,5 & 0 \end{bmatrix} \mathbf{x}[0]$$

$$\mathbf{u}[1] = \begin{bmatrix} 1 & 0 & -1,25 & 0 & 0,25 \\ 0 & 0 & 0 & 0 & 0 \\ -3 & 0 & 6 & 0 & 3 \end{bmatrix} \mathbf{x}[0]$$

$$\mathbf{x}[2] = \begin{bmatrix} -5,5 & 0 & -0,75 & 3,5 & -8,25 \\ -4 & 0 & -1 & 3 & -6 \\ -3,5 & 0 & -0,75 & 2,5 & -5,25 \\ -3,5 & 0 & -0,75 & 2,5 & -5,25 \\ 2,5 & 0 & 0,25 & -1,5 & 3,75 \end{bmatrix} \mathbf{x}[0]$$

$$\mathbf{u}[2] = \begin{bmatrix} 1 & 0 & 0 & -0,5 & 1,5 \\ 0 & 0 & 0 & 0 & 0 \\ -6 & 0 & 0 & 3 & -9 \end{bmatrix} \mathbf{x}[0]$$

$$\mathbf{x}[3] = \begin{bmatrix} 3,5 & 0 & -1,75 & 0 & 5,25 \\ 3 & 0 & -1,5 & 0 & 4,5 \\ 2,5 & 0 & -1,25 & 0 & 3,75 \\ 2,5 & 0 & -1,25 & 0 & 3,75 \\ -1,5 & 0 & 0,75 & 0 & -2,25 \end{bmatrix} \mathbf{x}[0]$$

$$\mathbf{u}[3] = \begin{bmatrix} -0,5 & 0 & 0,25 & 0 & -0,75 \\ 0 & 0 & 0 & 0 & 0 \\ 3 & 0 & -1,5 & 0 & 4,5 \end{bmatrix} \mathbf{x}[0]$$

$$\mathbf{x}[4] = \mathbf{0} \qquad (7.3.33)$$

Der Betrag der größten Rückführverstärkung ist 3. Der Regelungsvorgang benötigt jetzt 4 Abtastintervalle. Für Anfangszustände $|x_i[0]| \le 1$ ist die größte Stellamplitude $u_3[2] = 18$, sie ist ebenso groß wie bei der μ-Deadbeat-Lösung. Eine kleine Verbesserung ergibt sich jedoch bei der maximalen Zustandsgröße, sie ist $x_1[2] = 18$ (statt 22). □

Es wird hier keine allgemeine Systematik für das Vorgehen beim Entwurf entwickelt. Mit der Parametrisierung der Entwurfsmöglichkeiten durch $\mathbf{Q}_g\mathbf{Z}$ werden aber geeignete "Spielparameter" zur Entwicklung problemangepaßter Entwurfsschritte bereitgestellt. Ihr Vorteil gegenüber den Elementen von $\mathbf{K}$ als Spielparametern ist, daß sich das charakteristische Polynom wesentlich einfacher aus $P(z) = \det \mathbf{Q}_g\mathbf{Z}$ bestimmen läßt. Andererseits kann über $\mathbf{K} = \mathbf{M}\mathbf{Q}_g\mathbf{E}$ leicht zurückverfolgt werden, in welchen $\mathbf{Q}_g$-Vorgaben große Rückführverstärkungen in $\mathbf{K}$ ihre Ursache haben.

Beispiel (Fortsetzung)
In den beiden vorhergehenden Deadbeat-Lösungen treten die größten Rückführverstärkungen in der dritten Zeile von $\mathbf{K}$ auf. Um eine Sättigung des Stellgliedes für u_3 zu vermeiden, sollten diese Verstärkungen reduziert werden. Wir wollen aber nach wie vor eine Deadbeat-Lösung mit $P(z) = z^5$ erreichen. Ausgehend von der μ-Deadbeat-Lösung sieht man aus $\mathbf{K} = \mathbf{M}\mathbf{Q}_g\mathbf{E}$, daß $\pi_{131} = \gamma$ der wirkungsvollste Parameter zur Reduzierung der Verstärkungen der dritten Zeile von $\mathbf{K}$ ist. Mit

$$\mathbf{Q}_g\mathbf{Z} = \begin{bmatrix} z^2 & 0 & 0 \\ 0 & z & 0 \\ \gamma z & 0 & z^2 \end{bmatrix}, \quad P(z) = \det \mathbf{Q}_g\mathbf{Z} = z^5 \qquad (7.3.34)$$

erhält man

$$\mathbf{K} = \begin{bmatrix} 1,5 & 0 & -0,5 & -0,5 & 1,5 \\ 0 & -1 & 0,5 & 1 & 0,5 \\ 0,5\gamma-4 & 0 & -0,25\gamma+2,5 & 1 & 0,75\gamma-1,5 \end{bmatrix}$$

Die kleinste maximale Verstärkung erhält man mit $\gamma = 4,4$. Die dritte Zeile von $\mathbf{K}$ wird damit

$$\mathbf{k}_3' = [-1,8 \quad 0 \quad 1,4 \quad 1 \quad 1,8] \qquad (7.3.35)$$

Die maximale Verstärkung konnte also von 4 auf 1,8 reduziert werden. Das Minimalpolynom von $\mathbf{Q}_g\mathbf{Z}$ ist z^3, d.h. die Lösung benötigt 3 Abtastschritte. □

Wie die Beispiele gezeigt haben, bieten sich innerhalb der Deadbeat-Lösungen noch einige Möglichkeiten an, die Verstärkungen zu reduzieren. Bei kleinen Tastperioden T ist es aber manchmal physikalisch nicht sinnvoll, das System in maximal nT Zeiteinheiten in den neuen Zustand zu bringen. Man verschiebt die Eigenwerte dann weniger weit zum Ursprung hin.

Beispiel (Fortsetzung)
Bei unserem Standardbeispiel verschieben wir alle Eigenwerte nach $z = 0{,}5$ mit

$$\mathbf{Q}_g\mathbf{Z} = \begin{bmatrix} (z-0{,}5)^2 & 0 & 0 \\ 0 & z-0{,}5 & 0 \\ 2{,}5z & 0 & (z-0{,}5)^2 \end{bmatrix} \tag{7.3.36}$$

Dann ist

$$\mathbf{K} = \begin{bmatrix} 1 & -0{,}125 & 0{,}3125 & -0{,}25 & 0{,}8125 \\ 0 & -0{,}5 & 0{,}25 & 0{,}5 & 0{,}25 \\ -1 & 0 & 0{,}5 & 0{,}25 & 0{,}75 \end{bmatrix} \tag{7.3.37}$$

Die maximale Verstärkung ist jetzt Eins. Wenn man den Term $2{,}5z$ in $\mathbf{Q}_g\mathbf{Z}$ wegläßt, wird das Minimalpolynom $(z - 0{,}5)^2$ vorgegeben, die maximale Verstärkung wird aber größer. □

Wenn die Rückführverstärkungen klein gehalten werden sollen, kann man auch vom offenen Kreis mit $\mathbf{K} = \mathbf{0}$, $\mathbf{Q}_g = \mathbf{Q}$ ausgehen und die Verstärkungen nur soweit erhöhen, wie erforderlich, um die Eigenwerte in ein gewünschtes Gebiet Γ gemäß Bild 3.4 zu bringen.

Einige Prozeduren, die beim Aufbau einer problem-angepaßten Strategie behilflich sind, werden im folgenden angegeben. Grundgedanke ist jeweils, $\mathbf{Q}_g$ nicht wesentlich gegenüber $\mathbf{Q}$ verändern zu müssen, aber die Eigenwerte zu Γ-stabilisieren. Die Linearität zwischen $\mathbf{Q}_g$ und $\mathbf{K}$ erlaubt dabei ein Zusammensetzen aus mehreren Schritten:

a) Man verschiebt nur die am ungünstigsten liegenden Eigenwerte und läßt die übrigen zunächst unverändert. Dies gelingt oft, wenn $\mathbf{Q}$ einige Nullen enthält.

b) Man verschiebt das gesamte Eigenwertmuster unverändert um die Strecke b in der z-Ebene nach links. Hierzu muß lediglich

$$\mathbf{Q}_g\mathbf{Z}(z) = \mathbf{Q}\mathbf{Z}(z+b) \tag{7.3.38}$$

gesetzt werden.

c) Man zieht das gesamte Eigenwertmuster maßstäblich zum Ursprung hin zusammen. Alle Eigenwerte innerhalb eines Kreises $|z| = R$ werden in einen Kreis $|z| = cR$ verschoben durch Vorgabe von

$$\mathbf{Q}_g\mathbf{Z}(z) = \mathbf{QZ}(z/c)\times\mathbf{C} \tag{7.3.39}$$

Der Koeffizient von z^{μ_i} in den Diagonalelementen wird dabei zu Eins normiert durch die Multiplikation mit

$$\mathbf{C} = \begin{bmatrix} c^{\mu_1} & & & \\ & c^{\mu_2} & & \\ & & \ddots & \\ & & & c^{\mu_r} \end{bmatrix} \tag{7.3.40}$$

Damit wird der Startimpuls jeder FES zu Eins normiert. Für $c < 1$ ergibt sich eine Kontraktion mit dem Effekt, daß jede einzelne FES mit dem Faktor c gedämpft wird, siehe Bild 7.3

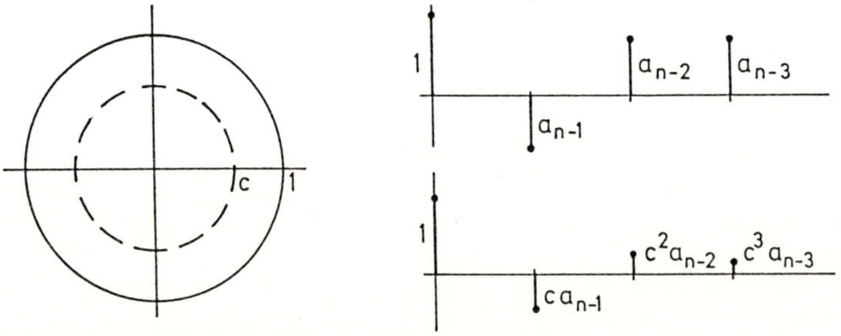

Bild 7.3 Kontraktion aller Eigenwerte um einen Faktor c entspricht einer Dämpfung sämtlicher FES.

Die einzelnen Schritte können beliebig kombiniert werden, z.B. kann man eine Kontraktion zum Punkt $z = d > 0$ hin erreichen, indem man zunächst um d nach links verschiebt, dann nach Null hin kontrahiert und wieder um d nach rechts zurückverschiebt.

Beispiel (Fortsetzung)
Unser Standardbeispiel hat vier Eigenwerte bei $z = 1$ und einen bei $z = 2$. Man kann z.B. im ersten Schritt den Eigenwert von $z = 2$ nach $z = 1$ schieben und die anderen dort liegen lassen durch Vorgabe von

$$\mathbf{Q}_g\mathbf{Z}(z)^{(1)} = \begin{bmatrix} z^2-2z+1 & 0 & 0{,}5z-0{,}5 \\ 0 & z-1 & 0 \\ 2z-2 & 1 & z^2-2z+2 \end{bmatrix} \tag{7.3.41}$$

Nur das 3-3-Element wurde von $z^2 - 3z + 3$ auf $z^2 - 2z + 2$ verändert. Im zweiten Schritt wird der fünffache Eigenwert bei $z = 1$ durch Kontraktion nach $z = 0,8$ verschoben durch Vorgabe von

$$\mathbf{Q}_g\mathbf{Z}(z)^{(2)} = \mathbf{Q}_g\mathbf{Z}(z/0,8)^{(1)}\times\begin{bmatrix}0,8^2 & 0 & 0\\ 0 & 0,8 & 0\\ 0 & 0 & 0,8^2\end{bmatrix}$$

$$= \begin{bmatrix}0,64-1,6z+z^2 & 0 & -0,32+0,4z\\ 0 & -0,8+z & 0\\ -1,28+1,6z & 0,8 & 1,28-1,6z+z^2\end{bmatrix} \tag{7.3.42}$$

Die zugehörige Rückführmatrix ist

$$\mathbf{K} = \begin{bmatrix}0,22 & -0,08 & 0,06 & -0,02 & 0,3\\ 0 & -0,2 & 0,1 & 0,2 & 0,1\\ -1,28 & -1,44 & 1,7 & 1,48 & 0,58\end{bmatrix} \tag{7.3.43}$$

Es stören jetzt die relativ großen Rückführverstärkungen in der dritten Zeile von $\mathbf{K}$. Wir wollen versuchen, sie zu reduzieren, ohne das charakteristische Polynom $P(z) = (z-0,8)^5$ zu ändern. Dies wird am einfachsten sichergestellt, indem man den letzten Term der ersten Zeile von $\mathbf{Q}_g\mathbf{Z}(z)$ zu Null setzt und günstige Werte in der letzten Zeile sucht, d.h.

$$Q_gZ(z) = \begin{bmatrix}0,64-1,6z+z^2 & 0 & 0\\ 0 & -0,8+z & 0\\ a+bz & c & d+ez+z^2\end{bmatrix} \tag{7.3.44}$$

Das charakteristische Polynom ist jetzt $P(z) = (z-0,8)^3(d+ez+z^2)$, es wird $e = -1,6$, $d = 0,64$ gewählt, um alle Eigenwerte bei $z = 0,8$ zu halten. Die dritte Zeile von $\mathbf{K}$ lautet damit

$$\mathbf{k}_3' = \begin{bmatrix}-1,44+0,5b; & 0,5a-c; & 0,42-0,75a; & 0,04+c; & -1,02-0,25a\\ & & -0,25b+0,5c & & +0,75b+0,5c\end{bmatrix}$$

Bei der Minimierung des größten Betrages der 5 Elemente ergeben sich für a und c sehr kleine Werte, die wir zu Null setzen. Für b erhält man den optimalen Wert $b = 1,968$ und damit

$$\mathbf{K} = \begin{bmatrix}0,7 & -0,08 & -0,38 & -0,1 & 0,34\\ 0 & -0,2 & 0,1 & 0,2 & 0,1\\ -0,456 & 0 & -0,072 & 0,04 & 0,456\end{bmatrix} \tag{7.3.45}$$

Die maximale Rückführverstärkung, die auf das Stellglied für u_3 geht, wurde von 1,48 auf 0,456 vermindert, ohne daß sich die Eigenwerte geändert haben. □

Eine weitere Verminderung von $\max|k_{ij}|$ ist zweifellos möglich, sollte aber mit einem systematischeren Verfahren (z.B. durch Optimierung vektorieller Gütekriterien [79.4]) angegangen werden. Dabei liegt es nahe, auch andere Kriterien zu benutzen, z.B. die maximalen Stellamplituden oder Zustandgrößen während der Lösung. Die Synthesegleichungen $\mathbf{K} = \mathbf{M}\mathbf{Q}_g\mathbf{E}$ und $P(z) = \det \mathbf{Q}_g\mathbf{Z}(z)$ liefern eine vorteilhafte Parametrierung der möglichen Lösungen, von der aus sowohl die Stabilität als auch die Größe der Rückführverstärkungen einfach während des Entwurfs unter Kontrolle gehalten werden können.

Bemerkenswert an dem Beispiel ist noch, daß wir sowohl ausgehend von der μ-Deadbeat-Lösung als auch von dem offenen Kreis zu ähnlichen Strukturen von $\mathbf{Q}_g\mathbf{Z}$ in (7.3.31) und (7.3.44) gekommen sind.

7.4 Ausgangsvektor-Rückführung

Bei steuerbaren Systemen mit einer Stellgröße kann mit einer Zustandsvektor-Rückführung eine beliebige Polvorgabe durchgeführt werden. Wird dagegen nur ein Ausgangsvektor

$$\mathbf{y} = \mathbf{C}\mathbf{x}\ , \quad \text{rang}\ \mathbf{C} = s < n \tag{7.4.1}$$

proportional zurückgeführt, so werden die Möglichkeiten der Polvorgabe dadurch eingeschränkt. Gl. (2.7.13)

$$\mathbf{p}' = \mathbf{q}' + \mathbf{k}_y'\mathbf{C}\mathbf{W} \tag{7.4.2}$$

gibt an, wie sich der Koeffizientenvektor $\mathbf{p}$ des charakteristischen Polynoms mit einer Ausgangsvektor-Rückführung $u = -\mathbf{k}_y'\mathbf{y} = -\mathbf{k}_y'\mathbf{C}\mathbf{x}$ ändert.

Bei Systemen mit mehreren Stellgrößen gelten diese Aussagen sinngemäß bezogen auf die charakteristische Polynom-Matrix (FES-Matrix). Die Einschränkung durch proportionale Ausgangsvektor-Rückführung kann soweit gehen, daß nicht einmal mehr die Determinante der FES-Polynom-Matrix, also das charakteristische Polynom, beliebig vorgegeben werden kann. Dies ist offensichtlich, wenn das Produkt aus der Zahl r der Stellgrößen und der Zahl s der Meßgrößen kleiner als die Systemordnung ist, $r \times s < n$, da dann mehr Eigenwerte festzulegen sind, als freie Parameter in der Rückführmatrix zur Verfügung stehen.

Die Mehrgrößen-Verallgemeinerung von (7.4.2) folgt aus (7.3.16)

$$\mathbf{F} = (\mathbf{H}_g - \mathbf{H})\mathbf{T} \tag{7.4.3}$$

durch Inversion, d.h.

$$\mathbf{H}_g = \mathbf{H} + \mathbf{F}\mathbf{T}^{-1} \tag{7.4.4}$$

bzw. für die Ausgangsvektor-Rückführung $\mathbf{F} = \mathbf{F}_y\mathbf{C}$

$$\mathbf{H}_g = \mathbf{H} + \mathbf{F}_y\mathbf{C}\mathbf{T}^{-1} \tag{7.4.5}$$

$\mathbf{H}$ bzw. $\mathbf{H}_g$ kann leicht zu $\mathbf{Q}$ bzw. $\mathbf{Q}_g$ ergänzt werden und in Polynom-Schreibweise dargestellt werden als

$$\begin{aligned} \mathbf{Q}\mathbf{Z}_\mu &= \text{diag}\,\{z^{\mu_i}\} + \mathbf{H}\mathbf{Z}_{\mu-1} \\ \mathbf{Q}_g\mathbf{Z}_\mu &= \text{diag}\,\{z^{\mu_i}\} + \mathbf{H}_g\mathbf{Z}_{\mu-1} \end{aligned} \tag{7.4.6}$$

Die Polynomform der Gl. (7.4.5) lautet damit

$$\mathbf{Q}_g\mathbf{Z}_\mu = \mathbf{Q}\mathbf{Z}_\mu + \mathbf{F}_y\mathbf{C}\mathbf{T}^{-1}\mathbf{Z}_{\mu-1} \tag{7.4.7}$$

Demnach ist das charakteristische Polynom des geschlossenen Kreises

$$P(z) = \det \mathbf{Q}_g\mathbf{Z}_\mu = \det(\mathbf{Q}\mathbf{Z}_\mu + \mathbf{F}_y\mathbf{C}\mathbf{T}^{-1}\mathbf{Z}_{\mu-1}) \tag{7.4.8}$$

wobei

$$\mathbf{Z}_{\mu-1} := \begin{bmatrix} \mathbf{z}_{\mu_1-1} & & & \\ & \cdot & & \\ & & \cdot & \\ & & & \mathbf{z}_{\mu_r-1} \end{bmatrix}, \quad \mathbf{z}_{\mu_i-1} := \begin{bmatrix} 1 \\ z \\ \cdot \\ \cdot \\ z^{\mu_i-1} \end{bmatrix} \tag{7.4.9}$$

Bei der Inversion von $\mathbf{T}$ kann man die Rechnung vereinfachen, wenn man beachtet, daß die Zeilen $\mathbf{e}_i'$ von $\mathbf{T}$ durch Inversion von $\mathbf{R}$ berechnet wurden, siehe (7.3.8).

Die Matrix

$$\mathbf{V} := \mathbf{T}\mathbf{R}$$

enthält also r Zeilen der Einheitsmatrix und ist damit einfacher zu invertieren als $\mathbf{T}$. Man erhält schließlich

$$\mathbf{T}^{-1} = \mathbf{R}\mathbf{V}^{-1} \tag{7.4.10}$$

Beispiel (Fortsetzung)
Bei unserem Standardbeispiel wird **T** aus den entsprechenden Zeilen von **E** nach (7.3.19) gebildet:

$$\mathbf{T} = \begin{bmatrix} \mathbf{e}_1' \\ \mathbf{e}_1'\mathbf{A} \\ \mathbf{e}_2' \\ \mathbf{e}_3' \\ \mathbf{e}_3'\mathbf{A} \end{bmatrix} = \begin{bmatrix} 0 & 0{,}5 & -0{,}75 & 0 & -0{,}25 \\ 0{,}5 & 0 & -0{,}25 & 0 & 0{,}75 \\ 0 & -1 & 0{,}5 & 1 & 0{,}5 \\ -1 & 0 & 0{,}5 & 1 & -0{,}5 \\ -2 & 0 & 1{,}5 & 1 & -0{,}5 \end{bmatrix}$$

(7.4.11)

$$\mathbf{V} = \mathbf{TR} = \begin{bmatrix} 0 & 1 & 0 & 0 & 0 \\ 1 & 2 & 0{,}5 & 0 & -0{,}5 \\ 0 & 0 & 1 & 0 & 0 \\ 0 & 0 & 0 & 0 & 1 \\ 0 & -2 & 0 & 1 & 3 \end{bmatrix}$$

$$\mathbf{T}^{-1} = \mathbf{RV}^{-1} = \begin{bmatrix} 1 & 3 & -1 & -2 & -3 \\ 2 & 4 & -1 & -1 & -1 \\ 1 & 1 & -1 & -1 & -1 \\ 1 & 3 & 0 & -1 & -1 \\ 1 & 1 & 1 & 1 & 1 \end{bmatrix} \times \begin{bmatrix} -2 & 1 & -0{,}5 & 0{,}5 & 0 \\ 1 & 0 & 0 & 0 & 0 \\ 0 & 0 & 1 & 0 & 0 \\ 2 & 0 & 0 & -3 & 1 \\ 0 & 0 & 0 & 1 & 0 \end{bmatrix}$$

$$= \begin{bmatrix} -3 & 1 & -1{,}5 & 3{,}5 & -2 \\ -2 & 2 & -2 & 3 & -1 \\ -3 & 1 & -1{,}5 & 2{,}5 & -1 \\ -1 & 1 & -0{,}5 & 2{,}5 & -1 \\ 1 & 1 & 0{,}5 & -1{,}5 & 1 \end{bmatrix}$$

(7.4.12)

Mit diesem $\mathbf{T}^{-1}$ und $\mathbf{QZ}_{\mu}$ von (7.2.15) lautet (7.4.8) für unser Beispiel

$$P(z) = \det \left\{ \begin{bmatrix} 1-2z+z^2 & 0 & -0{,}5+0{,}5z \\ 0 & -1+z & 0 \\ -2+2z & -1 & 3-3z+z^2 \end{bmatrix} + \mathbf{F} \begin{bmatrix} -3+z & -1{,}5 & 3{,}5-2z \\ -2+2z & -2 & 3-z \\ -3+z & -1{,}5 & 2{,}5-z \\ -1+z & -0{,}5 & 2{,}5-z \\ 1+z & 0{,}5 & -1{,}5+z \end{bmatrix} \right\}$$

(7.4.13)

Mit einer gegebenen Ausgangsmatrix **C** kann darin $\mathbf{F} = \mathbf{F}_y\mathbf{C}$ eingesetzt werden.

7.5 Quadratisch optimale Regelung

Ein bei Ein- und Mehrgrößensystemen gleichermaßen schematisch anwendbarer Formalismus zur Berechnung einer zeitvariablen Zustandsvektorrückführung

$$\mathbf{u}(t) = -\mathbf{K}(t)\mathbf{x}(t) \tag{7.5.1}$$

für die Regelstrecke

$$\dot{\mathbf{x}}(t) = \mathbf{F}\mathbf{x}(t) + \mathbf{G}\mathbf{u}(t) \tag{7.5.2}$$

folgt aus der Minimierung des quadratischen Kostenfunktionals

$$J_{t_e} := \mathbf{x}'(t_e)\mathbf{D}\mathbf{x}(t_e) + \int_0^{t_e} \{\mathbf{x}'(t)\mathbf{P}\mathbf{x}(t) + \mathbf{u}'(t)\mathbf{M}\mathbf{u}(t)\}dt \tag{7.5.3}$$

mit $\mathbf{D}$ und $\mathbf{P}$ positiv semidefinit und $\mathbf{M}$ positiv definit. $\mathbf{x}(t)$ soll im Regelungsintervall $0 \le t \le t_e$ von $\mathbf{x}(0) = \mathbf{x}_0$ auf $\mathbf{x}(t_e) \approx 0$ ausgeregelt werden. $\mathbf{K}(t)$ für $0 \le t \le t_e$ in (7.5.1) ergibt sich aus der Lösung einer Matrix-RICCATI-Differentialgleichung, siehe z.B. [71.8, 72.5].

Als Entwurfswerkzeug ist dieser Formalismus auch unter Einbeziehung seiner zahlreichen Verallgemeinerungen nur bedingt tauglich: Die technische Aufgabenstellung muß sich mit dem einen Kostenfunktional (7.5.3) hinreichend genau beschreiben lassen. Häufig liefert aber ein solcher mit allgemein verfügbaren Rechenprogrammen durchführbarer "RICCATI-Entwurf" brauchbare Anhaltspunkte für mögliche Lösungen, die auch als Startwerte für einen Entwurf mit Parameterraum-Methoden oder für die Optimierung mit vektoriellem Gütekriterium dienen können.

7.5.1 Diskrete Systeme

Für diskrete Systeme

$$\mathbf{x}_{k+1} = \mathbf{A}\mathbf{x}_k + \mathbf{B}\mathbf{u}_k \tag{7.5.4}$$

kann entsprechend das folgende Kostenfunktional minimiert werden:

$$J := \mathbf{x}_N'\mathbf{D}_N\mathbf{x}_N + \sum_{k=0}^{N-1} (\mathbf{x}_k'\mathbf{Q}\mathbf{x}_k + \mathbf{u}_k'\mathbf{R}\mathbf{u}_k) \tag{7.5.5}$$

Darin ist $\mathbf{D}_N$ und $\mathbf{Q}$ positiv semidefinit und $\mathbf{R}$ positiv definit. (Die diskrete Zeit wird zur Vereinfachung hier als Index geschrieben. Da im folgenden keine Vektorkomponenten betrachtet werden, ist eine Verwechslung ausgeschlossen.) Das System (7.5.4) mit dem Anfangszustand $\mathbf{x}_0$ soll so in die Nähe des Nullzustands $\mathbf{x}_N \approx 0$ überführt werden, daß die Kostenfunktion (7.5.5) minimal wird. Dieses Problem wurde von KALMAN und KOEPCKE [58.6] gelöst. Das Ergebnis ist das in Parametern und Struktur optimale zeitvariable Regelgesetz

$$\mathbf{u}_k = -\mathbf{K}_k\mathbf{x}_k \tag{7.5.6}$$

Wir leiten im folgenden die Berechnungsvorschriften für $\mathbf{K}_k$ her. Zuerst wird $\mathbf{K}_{N-1}$ für das letzte Intervall berechnet. Der Anteil der Kostenfunktion J ist für dieses Intervall nach (7.5.5)

$$J_{N-1} := \mathbf{x}_N'\mathbf{D}_N\mathbf{x}_N + \mathbf{x}_{N-1}'\mathbf{Q}\mathbf{x}_{N-1} + \mathbf{u}_{N-1}'\mathbf{R}\mathbf{u}_{N-1} \tag{7.5.7}$$

Darin wird $\mathbf{x}_N$ und $\mathbf{u}_{N-1}$ gemäß (7.5.4) und (7.5.6) eingesetzt, d.h.

$$\mathbf{x}_N = (\mathbf{A} - \mathbf{B}\mathbf{K}_{N-1})\mathbf{x}_{N-1}\ ,\quad \mathbf{u}_{N-1} = -\mathbf{K}_{N-1}\mathbf{x}_{N-1} \tag{7.5.8}$$

Man erhält

$$J_{N-1} = \mathbf{x}_{N-1}'\mathbf{D}_{N-1}\mathbf{x}_{N-1} \tag{7.5.9}$$

$$\mathbf{D}_{N-1} = (\mathbf{A} - \mathbf{B}\mathbf{K}_{N-1})'\mathbf{D}_N(\mathbf{A} - \mathbf{B}\mathbf{K}_{N-1}) + \mathbf{Q} + \mathbf{K}_{N-1}'\mathbf{R}\mathbf{K}_{N-1} \tag{7.5.10}$$

Nach dem BELLMANN'schen Prinzip muß die Transition von $\mathbf{x}_{N-1}$ nach $\mathbf{x}_N$ als Teil einer optimalen Transition von $\mathbf{x}_0$ nach $\mathbf{x}_N$ für sich optimal sein. $\mathbf{K}_{N-1}$ muß also so gewählt werden, daß J_{N-1} minimal wird. Dazu schreiben wir $\mathbf{D}_{N-1}$ zunächst in der Form

$$\mathbf{D}_{N-1} = \mathbf{A}_0 - \mathbf{A}_1\mathbf{K}_{N-1} - \mathbf{K}_{N-1}'\mathbf{A}_1' + \mathbf{K}_{N-1}'\mathbf{A}_2\mathbf{K}_{N-1} \tag{7.5.11}$$

mit $\mathbf{A}_0 = \mathbf{A}_0' = \mathbf{A}'\mathbf{D}_N\mathbf{A} + \mathbf{Q}$

$\mathbf{A}_1 = \mathbf{A}'\mathbf{D}_N\mathbf{B}$

$\mathbf{A}_2 = \mathbf{A}_2' = \mathbf{B}'\mathbf{D}_N\mathbf{B} + \mathbf{R}$ positiv definit

Die von $\mathbf{K}_{N-1}$ abhängigen Terme in (7.5.11) werden durch Addition und Subtraktion des Terms $\mathbf{A}_1\mathbf{A}_2^{-1}\mathbf{A}_1'$ zum vollständigen Quadrat ergänzt. Man erhält

$$\mathbf{D}_{N-1} = \mathbf{A}_0 - \mathbf{A}_1\mathbf{A}_2^{-1}\mathbf{A}_1' + (\mathbf{K}_{N-1}'-\mathbf{A}_1\mathbf{A}_2^{-1})\mathbf{A}_2(\mathbf{K}_{N-1}'-\mathbf{A}_1\mathbf{A}_2^{-1})' \tag{7.5.12}$$

Die beiden ersten Terme hängen nicht von $\mathbf{K}_{N-1}$ ab, man erhält das Minimum von J_{N-1} mit

$$\mathbf{K}'_{N-1} = \mathbf{A}_1\mathbf{A}_2^{-1} \text{ d.h. } \mathbf{K}_{N-1} = \mathbf{A}_2^{-1}\mathbf{A}'_1$$

$$\mathbf{K}_{N-1} = (\mathbf{B}'\mathbf{D}_N\mathbf{B} + \mathbf{R})^{-1}\mathbf{B}'\mathbf{D}_N\mathbf{A} \tag{7.5.13}$$

Der Anteil des Kostenfunktionals für das vorletzte Intervall ist nach (7.5.5)

$$J_{N-2} = \mathbf{x}'_{N-1}\mathbf{D}_{N-1}\mathbf{x}_{N-1} + \mathbf{x}'_{N-2}\mathbf{Q}\mathbf{x}_{N-2} + \mathbf{u}'_{N-2}\mathbf{R}\mathbf{u}_{N-2} \tag{7.5.14}$$

Die Minimierung von $J_{N-2} = \mathbf{x}'_{N-2}\mathbf{D}_{N-2}\mathbf{x}_{N-2}$ mit Hilfe von $\mathbf{K}_{N-2}$ stellt wieder das gleiche Problem dar wie im letzten Intervall die Minimierung von J_{N-1} mit Hilfe von $\mathbf{K}_{N-1}$; es muß in (7.5.9), (7.5.10) und (7.5.13) lediglich N durch N-1 ersetzt werden. Denkt man sich dies fortgesetzt für $k = N - 2, N - 3 \ldots 2, 1, 0$, so ist der jeweilige minimale Wert der Kostenfunktion $J_k = \mathbf{x}'_k\mathbf{D}_k\mathbf{x}_k$.

Die Folge der optimalen Verstärkungsmatrizen $\mathbf{K}_k$, $k = N - 1, N - 2 \ldots 2, 1, 0$ wird rekursiv, beginnend mit $\mathbf{D}_N$ berechnet. (7.5.13) lautet dann allgemein

$$\mathbf{K}_k = (\mathbf{B}'\mathbf{D}_{k+1}\mathbf{B} + \mathbf{R})^{-1}\mathbf{B}'\mathbf{D}_{k+1}\mathbf{A} \tag{7.5.15}$$

und (7.5.12)

$$\mathbf{D}_k = (\mathbf{A} - \mathbf{B}\mathbf{K}_k)'\mathbf{D}_{k+1}(\mathbf{A} - \mathbf{B}\mathbf{K}_k) + \mathbf{Q} + \mathbf{K}'_k\mathbf{R}\mathbf{K}_k \tag{7.5.16}$$

(7.5.16) ist eine RICCATI-Differenzengleichung, zusammen mit (7.5.15) liefert sie die optimalen Verstärkungsmatrizen $\mathbf{K}_k$. Diese hängen nicht vom Anfangszustand $\mathbf{x}_0$ der Regelstrecke ab. Die Zustandsvektor-Rückführung nach (7.5.6) ist also optimal für alle Anfangszustände.

Bisher wurde ein endliches Regelungsintervall $0 \le t \le NT$ zugrundegelegt. Wir lassen nun N gegen unendlich gehen und setzen $\mathbf{D}_N = 0$. Die Kostenfunktion wird also

$$J = \sum_{k=0}^{\infty} [\mathbf{x}'_k\mathbf{Q}\mathbf{x}_k + \mathbf{u}'_k\mathbf{R}\mathbf{u}_k] \tag{7.5.17}$$

Im Gegensatz zum endlichen Regelungsintervall müssen hier die instabilen Eigenwerte der Regelstrecke steuerbar sein, damit J endlich bleibt. Dann existiert die stationäre Lösung $\mathbf{K} = \mathbf{K}_\infty$, $\mathbf{D} = \mathbf{D}_\infty$ der RICCATI-Differenzengleichung (7.5.15), (7.5.16) und liefert eine konstante Zustandsvektor-Rückführung $\mathbf{K}$.

Der mit $\mathbf{u} = -\mathbf{Kx}$ geschlossene Kreis ist stabil, wenn die Gewichtungsmatrix $\mathbf{Q} = \mathbf{H'H}$ in (7.5.5) so gewählt wurde, daß die instabilen Eigenwerte von $\mathbf{A}$ über $\mathbf{y}_H = \mathbf{Hx}$ beobachtbar sind.

Im stationären Fall wird (7.5.16) mit $\mathbf{D} = \mathbf{D'}$, $\mathbf{R} = \mathbf{R'}$

$$\begin{aligned} \mathbf{D} &= (\mathbf{A} - \mathbf{BK})'\mathbf{D}(\mathbf{A} - \mathbf{BK}) + \mathbf{Q} + \mathbf{K'RK} \\ &= \mathbf{A'DA} - \mathbf{K'B'DA} - \mathbf{A'DBK} + \mathbf{Q} + \mathbf{K'}(\mathbf{B'DB} + \mathbf{R})\mathbf{K} \end{aligned} \qquad (7.5.18)$$

Darin ist gemäß (7.5.15)

$$\mathbf{K} = (\mathbf{B'DB} + \mathbf{R})^{-1}\mathbf{B'DA} \qquad (7.5.19)$$

Eingesetzt in (7.5.18) ergibt dies

$$\begin{aligned} \mathbf{D} &= \mathbf{A'DA} - 2\mathbf{A'DB}(\mathbf{B'DB} + \mathbf{R})^{-1}\mathbf{B'DA} + \mathbf{Q} + \mathbf{A'DB}(\mathbf{B'DB} + \mathbf{R})^{-1}\mathbf{B'DA} \\ &= \mathbf{A'DA} - \mathbf{A'DB}(\mathbf{B'DB} + \mathbf{R})^{-1}\mathbf{B'DA} + \mathbf{Q} \\ \mathbf{D} &= \mathbf{A'}[\mathbf{D} - \mathbf{DB}(\mathbf{B'DB} + \mathbf{R})^{-1}\mathbf{B'D}]\mathbf{A} + \mathbf{Q} \end{aligned} \qquad (7.5.20)$$

Zur Lösung dieser algebraischen RICCATI-Differenzengleichung gibt es effiziente numerische Verfahren [79.6].

7.5.2 Abtastsysteme

Mit dem Kostenfunktional (7.5.5) wurde der Zustand $\mathbf{x}_k = \mathbf{x}(kT)$ nur zu den Abtastzeitpunkten gewichtet. Wenn das diskrete System (7.5.4) ein Abtastsystem beschreibt, das durch Diskretisierung der zeitkontinuierlichen Regelstrecke (7.5.2) entstanden ist, kann man auch bei einer Abtastregelung den Zustand kontinuierlich gewichten, d.h. das Kostenfunktional (7.5.3) minimieren. Es erhält hier die Gestalt

$$J = \mathbf{x}'(NT)\mathbf{D}_N\mathbf{x}(NT) + \sum_{k=0}^{N-1} \left\{ \int_0^1 \mathbf{x}'(kT+\gamma T)\mathbf{P}\mathbf{x}(kT+\gamma T)d\gamma + T\mathbf{u}'(kT)\mathbf{M}\mathbf{u}(kT) \right\} \qquad (7.5.21)$$

Darin ist gemäß (3.5.16)

$$\mathbf{x}(kT+\gamma T) = \mathbf{A}_\gamma \mathbf{x}(kT) + \mathbf{B}_\gamma \mathbf{u}(kT) \qquad (7.5.22)$$

$$\text{mit} \quad \mathbf{A}_\gamma = e^{\mathbf{F}\gamma T}, \quad \mathbf{B}_\gamma = \int_0^{\gamma T} e^{\mathbf{F}v} dv\mathbf{G}$$

Eingesetzt in (7.5.21) ergibt sich in Index-Schreibweise $\mathbf{x}_k = \mathbf{x}(kT)$

$$J = \mathbf{x}_N' D_N \mathbf{x}_N + \sum_{k=0}^{N-1} (\mathbf{x}_k' \bar{\mathbf{P}} \mathbf{x}_k + \mathbf{x}_k' \mathbf{S} \mathbf{u}_k + \mathbf{u}_k' \mathbf{S}' \mathbf{x}_k + \mathbf{u}_k' \bar{\mathbf{M}} \mathbf{u}_k) \qquad (7.5.23)$$

mit

$$\bar{\mathbf{P}} := \int_0^1 \mathbf{A}_\gamma' \mathbf{P} \mathbf{A}_\gamma d\gamma \qquad \text{positiv semidefinit}$$

$$\mathbf{S} := \int_0^1 \mathbf{A}_\gamma' \mathbf{P} \mathbf{B}_\gamma d\gamma \qquad (7.5.24)$$

$$\bar{\mathbf{M}} := \int_0^1 \mathbf{B}_\gamma' \mathbf{P} \mathbf{B}_\gamma d\gamma + T\mathbf{M} \qquad \text{positiv definit}$$

Die Minimierung von J nach (7.5.23) läßt sich leicht auf die Minimierung von J nach (7.5.5) zurückführen, indem man in (7.5.23)

$$\mathbf{u}_k = -\bar{\mathbf{M}}^{-1} \mathbf{S}' \mathbf{x}_k + \mathbf{v}_k \qquad (7.5.25)$$

setzt. Dann wird nämlich

$$J = \mathbf{x}_N' D_N \mathbf{x}_N + \sum_{k=0}^{N-1} \{ (\mathbf{x}_k' (\bar{\mathbf{P}} - \mathbf{S} \bar{\mathbf{M}}^{-1} \mathbf{S}') \mathbf{x}_k + \mathbf{v}_k' \bar{\mathbf{M}} \mathbf{v}_k \} \qquad (7.5.26)$$

Diese Aufgabe, J zu minimieren, entspricht genau der, für ein Ersatzsystem

$$\mathbf{x}_{k+1} = \mathbf{A}^* \mathbf{x}_k + \mathbf{B} \mathbf{v}_k \quad , \quad \mathbf{A}^* := \mathbf{A} - \mathbf{B} \bar{\mathbf{M}}^{-1} \mathbf{S}' \qquad (7.5.27)$$

das Kostenfunktional

$$J = \mathbf{x}_N' D_N \mathbf{x}_N + \sum_{k=0}^{N-1} (\mathbf{x}_k' \mathbf{Q} \mathbf{x}_k + \mathbf{u}_k' \mathbf{R} \mathbf{u}_k) \qquad (7.5.28)$$

zu minimieren, wobei

$$\mathbf{Q} := \bar{\mathbf{P}} - \mathbf{S} \bar{\mathbf{M}}^{-1} \mathbf{S}' \quad ; \quad \mathbf{R} := \bar{\mathbf{M}} \qquad (7.5.29)$$

Aus dem resultierenden Regelgesetz des Ersatzsystems

$$\mathbf{v}_k = -\mathbf{K}_k^* \mathbf{x}_k \tag{7.5.30}$$

folgt dann für das Originalsystem mit (7.5.25)

$$\mathbf{u}_k = -(\bar{\mathbf{M}}^{-1}\mathbf{S}' + \mathbf{K}_k^*)\mathbf{x}_k = -\mathbf{K}_k\mathbf{x}_k \tag{7.5.31}$$

Entsprechend wie in Abschnitt 7.5.1 kann man wieder zur stationären Lösung übergehen, um eine konstante Rückführung zu erhalten, die das Gütefunktional

$$J = \int_0^\infty (\mathbf{x}'\mathbf{P}\mathbf{x} + \mathbf{u}'\mathbf{M}\mathbf{u})dt \tag{7.5.32}$$

minimiert.

Die nötigen Rechenschritte sind im folgenden rezeptartig zusammengestellt:

1. Man wähle die Abtastperiode T.

2. Man wähle die Gewichtungsmatrizen $\mathbf{P}$ und $\mathbf{M}$ in (7.5.32).

3. Man berechne $\bar{\mathbf{P}}$, $\mathbf{S}$ und $\bar{\mathbf{M}}$ nach (7.5.24) und daraus $\mathbf{Q}$ und $\mathbf{R}$ in (7.5.29), sowie $\mathbf{A}^*$ nach (7.5.27).

4. In der RICCATI-Gleichung (7.5.20) wird $\mathbf{A} = \mathbf{A}^*$ gesetzt und aus dieser Gleichung wird mit einem geeigneten Rechenprogramm $\mathbf{D}$ berechnet.

5. (7.5.19) lautet hier

$$\mathbf{K}^* = (\mathbf{B}'\mathbf{D}\mathbf{B} + \mathbf{R})^{-1}\mathbf{B}'\mathbf{D}\mathbf{A}^* \tag{7.5.33}$$

6. Für das ursprüngliche System $(\mathbf{A},\mathbf{B})$ ergibt sich $\mathbf{K}$ gemäß (7.5.31) zu

$$\mathbf{K} = \mathbf{K}^* + \bar{\mathbf{M}}^{-1}\mathbf{S}' \tag{7.5.34}$$

7. Beurteilung des Abtastregelungssystems durch Simulation. Wenn es nicht zufriedenstellt, neuer Versuch im Schritt 2 (Wahl von $\mathbf{P}$ und $\mathbf{M}$).

Der RICCATI-Entwurf in kontinuierlicher Zeit liefert bei vollständig meßbarem Zustand eine Phasenreserve von $\pm 60^\circ$, eine unendliche Verstärkungsreserve und eine Verstärkungs-Reduktions-Reserve von 50 %. Alle Reserven gelten bei jeweils einer Stellgröße unter der Voraussetzung, daß keine Phasen- und Verstärkungs-Änderungen bei den anderen Stellgrößen auftreten. Wie in [78.2] gezeigt wurde, gelten diese Reserven leider nicht im diskreten Fall. Beispiele zeigen, daß die Verstärkungs-Reserven wesentlich geringer sein können. Eine unendliche Verstärkungs-Reserve gibt es grundsätzlich bei Abtastsystemen nicht, da der Einheitskreis und seine Abbildung in den K-Raum endlich sind, siehe z.B. Bild 3.30.

Der RICCATI-Entwurf wird daher hier für Abtastsysteme nur dann empfohlen, wenn die technische Aufgabenstellung ein quadratisches Kriterium und die Wahl der Gewichtungsmatrizen **P** und **M** in (7.5.32) nahelegen.

7.6 Übungen

7.1 Zu untersuchen ist das System

$$\mathbf{x}[k+1] = \begin{bmatrix} 5 & -1 & 2 \\ -2 & -2 & 6 \\ 4 & -3 & 7 \end{bmatrix} \mathbf{x}[k] + \begin{bmatrix} 0 & 1 \\ 1 & 5 \\ 1 & 6 \end{bmatrix} \mathbf{u}[k]$$

Bestimmen Sie

a) die Steuerbarkeits-Indizes μ_1, μ_2,

b) eine Steuerfolge, die das System zeitoptimal in den Nullzustand überführt,

c) die charakteristische Polynom-Matrix,

d) eine Zustandsvektor-Rückführung für die zeitoptimale Überführung in den Nullzustand,

e) eine Zustandsvektor-Rückführung **K**, die **A** - **BK** das Minimalpolynom $(z - 0{,}4)^2$ gibt.

7.2 Kann bei dem System von Übung 7.1 eine beliebige Polvorgabe mit einer Rückführmatrix

$$\mathbf{K} = \begin{bmatrix} k_{11} & 0 & k_{13} \\ k_{21} & 0 & k_{23} \end{bmatrix}$$

durchgeführt werden?

7.3 Geben Sie dem System von (7.1.13) durch Zustandsvektor-Rückführung ein charakteristisches Polynom $(z - 0{,}5)^2$. Überprüfen Sie die Eigenwerte des geschlossenen Kreises bei Ausfall von jeweils einem der drei Stellglieder, d.h. Nullsetzen der entsprechenden Zeile von **K**. Vergleichen Sie die Robustheit gegenüber Stellgliedausfall bei dieser Rückführung und bei der Rückführung nach (7.3.37).

7.4 Gegeben sei das System

$$\mathbf{x}[k+1] = \begin{bmatrix} 1 & 1 \\ 0 & 1 \end{bmatrix} \mathbf{x}[k] + \begin{bmatrix} 1 & 1 \\ 0 & 2 \end{bmatrix} \mathbf{u}[k]$$

Die Zustandsvektor-Rückführung kann drei Konfigurationen annehmen:

a) nominal

$$\mathbf{K} = \begin{bmatrix} k_{11} & k_{12} \\ k_{21} & k_{22} \end{bmatrix}$$

b) Ausfall des Stellgliedes 1

$$\mathbf{K}_1 = \begin{bmatrix} 0 & 0 \\ k_{21} & k_{22} \end{bmatrix}$$

c) Ausfall des Stellgliedes 2

$$\mathbf{K}_2 = \begin{bmatrix} k_{11} & k_{12} \\ 0 & 0 \end{bmatrix}$$

Gesucht ist **K**, so daß nominal ein doppelter Eigenwert bei $z = 0{,}4$ vorgegeben wird und in den beiden Ausfallsituationen die Eigenwerte in einem kleinen Kreis Γ_r aus der Kreisfamilie von Bild 3.26 liegen.

Anhang A Kanonische Formen und weitere Resultate der Matrizen-Theorie

A.1 Lineare Transformationen

Lineare Transformationen

$$\mathbf{x}^* = \mathbf{T}\mathbf{x}, \ \det \mathbf{T} \neq 0 \tag{A.1.1}$$

können benutzt werden, um ein System (**A**, **B**, **C**) in eine kanonische Darstellung

$$\mathbf{A}^* = \mathbf{T}\mathbf{A}\mathbf{T}^{-1}, \ \mathbf{B}^* = \mathbf{T}\mathbf{B}, \ \mathbf{C}^* = \mathbf{C}\mathbf{T}^{-1} \tag{A.1.2}$$

zu überführen. Bei dieser Änderung der Basis im Zustandsraum spielt es keine Rolle, ob **A**, **B**, **C** ein kontinuierliches oder diskretes System beschreibt. Bei voll besetzten Matrizen **A**, **B**, **C** ist die Gesamtzahl der darin auftretenden Koeffizienten $n^2 + nr + sn = n(n + r + s)$. Durch die Wahl der n^2 Elemente von **T** können in **A***, **B***, **C*** n^2 Koeffizienten zu Null oder Eins festgelegt werden, so daß die restlichen $n(r + s)$ Koeffizienten ausreichen, um das System zu beschreiben. Sie werden im "generischen" Fall auch benötigt, d.h. wenn das System von jedem Eingang aus steuerbar und von jedem Ausgang aus beobachtbar ist. Im nichtgenerischen Fall drückt sich eine fehlende Verbindung zwischen einem Zustand und einem der Ein- oder Ausgänge durch Null-Koeffizienten aus, die die Steuerbarkeits- und Beobachtbarkeits-Struktur sichtbar machen. Dies hilft beim Verständnis solcher Eigenschaften und daraus resultierender Entwurfsmöglichkeiten, bedeutet aber nicht, daß die kanonische Form als Teil des Entwurfsvorgangs tatsächlich ausgerechnet werden muß. Auch die Diagonal- und JORDAN-Form wird gern in Beweisführungen und zum Verständnis bestimmter Phänomene benutzt, aber nur selten praktisch ausgerechnet.

Eine Beschreibung mit der minimalen Anzahl von Koeffizienten ist besonders dann wichtig, wenn das mathematische Modell der Regelstrecke nicht aus physikalischen Gesetzmäßigkeiten aufgestellt werden kann, sondern aus dem gemessenen Ein-Ausgangs-Verhalten bestimmt werden muß (Identifizierung). Bei Beschreibung durch die minimale Parameterzahl im Modellansatz ist dies die Suche eines Punktes im Raum der Modellparameter. Bei nichtminimaler Beschreibung wäre es die Suche nach einem Unterraum, in dem beliebig viele richtige Lösungen liegen, die sich nur durch eine Transformation **T** der Basis des Zustandsraums voneinander unterscheiden. Dies hat wesentlichen Einfluß auf die Konvergenz von Identifizierungs-Algorithmen.

Kanonische Formen können auch Rechenvereinfachungen bringen, insbesondere die HESSENBERG- und SCHUR-Formen [78.1, 79.6, 80.4].

In diesem Anhang werden die wichtigsten kanonischen Formen und die Bestimmung von **T** aus (**A**, **B**, **C**) zusammengestellt. Bei steuerbaren oder beobachtbaren Systemen kann die Transformations-Matrix **T** aus dem Zusammenhang der Steuerbarkeits-Matrizen

$$[\mathbf{B}^*,\ \mathbf{A}^*\mathbf{B}^* \ldots] = \mathbf{T}[\mathbf{B},\ \mathbf{AB} \ldots] \qquad (A.1.3)$$

oder der Beobachtbarkeits-Matrizen

$$\begin{bmatrix} \mathbf{C}^* \\ \mathbf{C}^*\mathbf{A}^* \\ \vdots \end{bmatrix} \mathbf{T} = \begin{bmatrix} \mathbf{C} \\ \mathbf{CA} \\ \vdots \end{bmatrix} \qquad (A.1.4)$$

berechnet werden. Im Eingrößenfall:

$$\mathbf{T} = [\mathbf{b}^* \ldots \mathbf{A}^{*n-1}\mathbf{b}^*][\mathbf{b} \ldots \mathbf{A}^{n-1}\mathbf{b}]^{-1} = \mathbf{S}^*\mathbf{S}^{-1} \qquad (A.1.5)$$

oder

$$\mathbf{T} = \begin{bmatrix} \mathbf{c}^{*\prime} \\ \vdots \\ \mathbf{c}^{*\prime}\mathbf{A}^{*n-1} \end{bmatrix}^{-1} \begin{bmatrix} \mathbf{c}' \\ \vdots \\ \mathbf{c}'\mathbf{A}^{n-1} \end{bmatrix} = \mathbf{B}^{*-1}\mathbf{B} \qquad (A.1.6)$$

In (A.1.5) ist es meist einfacher, die kanonische Form der Steuerbarkeitsmatrix $\mathbf{S}^*$ zu invertieren und

$$\mathbf{S} = \mathbf{T}^{-1} = \mathbf{S}\mathbf{S}^{*-1} \qquad (A.1.7)$$

zu berechnen.

A.2 Diagonal- und JORDAN-Form

Es wird zunächst der Fall behandelt, daß alle Eigenwerte $z_1, z_2 \dots z_n$ des Systems voneinander verschieden sind. In diesem Fall existiert die Diagonalform der Zustandsgleichungen. Sie lautet

$$\mathbf{x}_D[k+1] = \Lambda\mathbf{x}_D[k] + \mathbf{b}_D u[k] \text{ mit } \Lambda := \begin{bmatrix} z_1 & 0 & \dots & 0 \\ 0 & z_2 & & \\ \vdots & & \ddots & 0 \\ 0 & \dots & 0 & z_n \end{bmatrix} \tag{A.2.1}$$

$$y[k] = \mathbf{c}_D'\mathbf{x}_D[k]$$

Die wichtigsten Eigenschaften dieser Form sind:

1. Die charakteristische Gleichung ist

$$\det(z\mathbf{I}-\Lambda) = (z - z_1)(z - z_2) \dots (z - z_n) \tag{A.2.2}$$

2. Die Steuerbarkeitsmatrix lautet

$$\mathbf{S}_D = \begin{bmatrix} b_{D1} & 0 & \dots & 0 \\ 0 & b_{D2} & & \\ \vdots & & \ddots & \\ 0 & \dots & 0 & b_{Dn} \end{bmatrix} \begin{bmatrix} 1 & z_1 & \dots & z_1^{n-1} \\ 1 & z_2 & \dots & z_2^{n-1} \\ \vdots & \vdots & & \vdots \\ 1 & z_n & \dots & z_n^{n-1} \end{bmatrix} \tag{A.2.3}$$

Der zweite Faktor wird als **VANDERMOND'sche Matrix** bezeichnet, sie ist regulär, wenn alle z_i voneinander verschieden sind [65.3]. Das System ist also steuerbar, wenn alle Komponenten des Vektors $\mathbf{b}_D$ ungleich Null sind. Entsprechend ist das System beobachtbar, wenn alle Komponenten des Vektors $\mathbf{c}_D'$ ungleich Null sind.

Durch die Transformation in die Diagonalform wird das System in n Teilsysteme erster Ordnung mit den Eigenwerten $z_1, z_2 \dots z_n$ zerlegt. Das System ist dann und nur dann steuerbar bzw. beobachtbar, wenn jedes Teilsystem vom Eingang u aus angeregt werden kann bzw. zu dem meßbaren Ausgangssignal y beiträgt.

3. Jedes System (**A**, **B**, **C**) mit voneinander verschiedenen Eigenwerten kann mit $\mathbf{x} = \mathbf{T}^{-1}\mathbf{x}_D = \mathbf{S}\mathbf{x}_D$ in die Diagonalform transformiert werden. Es ist

$$\mathbf{AS} = \mathbf{S}\Lambda \tag{A.2.4}$$

Wenn $\mathbf{S}$ mit Hilfe seiner Spalten-Vektoren $\mathbf{s}_i$ geschrieben wird, erhält man

$$\mathbf{A}[\mathbf{s}_1, \mathbf{s}_2 \ldots \mathbf{s}_n] = [\mathbf{s}_1, \mathbf{s}_2 \ldots \mathbf{s}_n] \begin{bmatrix} z_1 & 0 & \ldots & 0 \\ 0 & z_2 & & \\ \vdots & & \ddots & \\ 0 & & \ldots & z_n \end{bmatrix}$$

$$= [z_1\mathbf{s}_1, z_2\mathbf{s}_2 \ldots z_n\mathbf{s}_n] \tag{A.2.5}$$

Es ist also

$$\mathbf{A}\mathbf{s}_i = z_i\mathbf{s}_i \tag{A.2.6}$$

d.h. $\mathbf{s}_i$ ist der Eigenvektor von $\mathbf{A}$, der zum Eigenwert z_i gehört. $\mathbf{S}$ entsteht durch Nebeneinanderstellen der Eigenvektoren. $\mathbf{S}$ ist regulär, da die zu verschiedenen Eigenwerten gehörenden Eigenvektoren stets linear unabhängig sind [65.3]. Wegen $\det(z_i\mathbf{I}-\mathbf{A}) = 0$ ist durch (A.2.6) nur die Richtung des Eigenvektors $\mathbf{s}_i$ festgelegt, seine Länge kann beliebig gewählt werden. Man legt sie zweckmäßigerweise so fest, daß in $\mathbf{b}_D$ oder $\mathbf{c}'_D$ nur Einsen und Nullen auftreten.

Anmerkung A.1
Man kann sich den Eigenvektor $\mathbf{s}_i$ als einen besonderen Anfangszustand $\mathbf{x}[0] = \mathbf{s}_i$ des Systems $\mathbf{x}[k+1] = \mathbf{A}\mathbf{x}[k]$ vorstellen, der die Eigenschaft hat, daß sich seine Richtung durch Multiplikation mit $\mathbf{A}$ nicht ändert, d.h. $\mathbf{x}[1] = z_i\mathbf{x}[0]$ ist nur eine mit dem Faktor z_i gestreckte oder gestauchte Kopie von $\mathbf{x}[0]$. Der Anfangszustand $\mathbf{s}_i$ regt also nur die Eigenschwingungsform z_i des Systems an.

Beispiel:
Das System

$$\mathbf{x}[k+1] = \begin{bmatrix} 1 & 1 & 2 \\ -1 & 1 & -2 \\ 0 & 0 & 1 \end{bmatrix} \mathbf{x}[k] + \begin{bmatrix} 2 \\ 4 \\ 1 \end{bmatrix} u[k] = \mathbf{A}\mathbf{x}[k] + \mathbf{b}u[k]$$

$$y[k] = [\,1 \quad 2 \quad 4\,]\mathbf{x}[k] = \mathbf{c}'\mathbf{x}[k] \tag{A.2.7}$$

hat die charakteristische Gleichung

$$\det(z\mathbf{I}-\mathbf{A}) = z^3 - 3z^2 + 4z - 2 = 0$$

mit den Eigenwerten

$$z_1 = 1,\ z_2 = 1 + j,\ z_3 = 1 - j$$

Den zu z_1 gehörigen Eigenvektor $\mathbf{s}_1$ erhält man aus

$$(\mathbf{A}-z_1\mathbf{I})\mathbf{s}_1 = 0$$

$$\begin{bmatrix} 0 & -1 & -2 \\ 1 & 0 & 2 \\ 0 & 0 & 0 \end{bmatrix} \begin{bmatrix} s_{11} \\ s_{21} \\ s_{31} \end{bmatrix} = \begin{bmatrix} 0 \\ 0 \\ 0 \end{bmatrix}$$

Aus den beiden ersten Zeilen folgt $s_{11} = s_{21} = -2s_{31}$, der Eigenvektor ist also

$$\mathbf{s}_1 = s_{11} \begin{bmatrix} 1 \\ 1 \\ -0{,}5 \end{bmatrix}$$

Entsprechend erhält man für z_2 und z_3

$$\mathbf{s}_2 = s_{12} \begin{bmatrix} 1 \\ j \\ 0 \end{bmatrix},\quad \mathbf{s}_3 = s_{13} \begin{bmatrix} 1 \\ -j \\ 0 \end{bmatrix}$$

Damit wird die Transformationsmatrix

$$\mathbf{S} = [\mathbf{s}_1,\ \mathbf{s}_2,\ \mathbf{s}_3] = \begin{bmatrix} 1 & 1 & 1 \\ 1 & j & -j \\ -0{,}5 & 0 & 0 \end{bmatrix} \begin{bmatrix} s_{11} & 0 & 0 \\ 0 & s_{12} & 0 \\ 0 & 0 & s_{13} \end{bmatrix} \tag{A.2.8}$$

Es ist also

$$\mathbf{b}_D = \mathbf{S}^{-1}\mathbf{b} = \begin{bmatrix} 1/s_{11} & 0 & 0 \\ 0 & 1/s_{12} & 0 \\ 0 & 0 & 1/s_{13} \end{bmatrix} \begin{bmatrix} 0 & 0 & -2 \\ 0{,}5 & -0{,}5j & 1-j \\ 0{,}5 & 0{,}5j & 1+j \end{bmatrix} \begin{bmatrix} 2 \\ 4 \\ 1 \end{bmatrix} = \begin{bmatrix} -2/s_{11} \\ (2-3j)/s_{12} \\ (2+3j)/s_{13} \end{bmatrix}$$

$$\mathbf{c}_D' = \mathbf{c}'\mathbf{S} = [s_{11},\ (1+2j)s_{12},\ (1-2j)s_{13}]$$

Da alle Komponenten von $\mathbf{b}_D$ und $\mathbf{c}_D'$ ungleich Null sind, ist unmittelbar abzulesen, daß das System vollständig steuerbar und beobachtbar ist.

Will man z.B. in $\mathbf{b}_D$ nur Einsen haben, so wählt man $s_{11} = -2$, $s_{12} = 2-3j$ und $s_{13} = 2+3j$. Die Diagonalform der Zustandsgleichung lautet dann

$$\mathbf{x}_D[k+1] = \begin{bmatrix} 1 & 0 & 0 \\ 0 & 1+j & 0 \\ 0 & 0 & 1-j \end{bmatrix} \mathbf{x}_D[k] + \begin{bmatrix} 1 \\ 1 \\ 1 \end{bmatrix} u[k]$$

$$y[k] = [-2 \quad 8+j \quad 8-j]\mathbf{x}_D[k] \tag{A.2.9}$$

Anmerkung A.2

Bei steuerbaren Systemen kann die Transformationsmatrix **S** auch mit Hilfe der Gln. (A.1.7) und (A.2.3) bestimmt werden.
Mit $b_{D1} = b_{D2} = \ldots = b_{Dn} = 1$ wird

$$\mathbf{S} = \mathbf{S}\mathbf{S}_D^{-1} = \mathbf{S} \begin{bmatrix} 1 & z_1 & \ldots & z_1^{n-1} \\ \cdot & \cdot & & \cdot \\ \cdot & \cdot & & \cdot \\ \cdot & \cdot & & \cdot \\ 1 & z_n & \ldots & z_n^{n-1} \end{bmatrix}^{-1} \tag{A.2.10}$$

Im Beispiel (A.2.7) also

$$\mathbf{S} = \begin{bmatrix} 2 & 8 & 10 \\ 4 & 0 & -10 \\ 1 & 1 & 1 \end{bmatrix} \begin{bmatrix} 1 & 1 & 1 \\ 1 & 1+j & 2j \\ 1 & 1-j & -2j \end{bmatrix}^{-1}$$

$$= \begin{bmatrix} 2 & 8 & 10 \\ 4 & 0 & -10 \\ 1 & 1 & 1 \end{bmatrix} \begin{bmatrix} 2 & -0{,}5+0{,}5j & -0{,}5-0{,}5j \\ -2 & 1 -0{,}5j & 1 +0{,}5j \\ 1 & -0{,}5 & -0{,}5 \end{bmatrix}$$

$$= \begin{bmatrix} -2 & 2-3j & 2+3j \\ -2 & 3+2j & 3-2j \\ 1 & 0 & 0 \end{bmatrix}$$

Entsprechendes gilt für beobachtbare Systeme. □

Es besteht ein einfacher Zusammenhang zwischen der Diagonalform und der z-Übertragungsfunktion des Systems:

$$h_z(z) = \mathbf{c}_D'(z\mathbf{I}-\Lambda)^{-1}\mathbf{b}_D = \frac{c_{D1}b_{D1}}{z-z_1} + \frac{c_{D2}b_{D2}}{z-z_2} + \ldots + \frac{c_{Dn}b_{Dn}}{z-z_n} \tag{A.2.11}$$

Zu einer gegebenen teilerfremden Übertragungsfunktion $h_z(z)$ mit einfachen Polen bei z_1, z_2 ... z_n kann damit die Diagonalform leicht bestimmt werden. Da die Übertragungsfunktion nur den steuerbaren Teil des Systems beschreibt, kann keine Komponente des $\mathbf{b}_D$-Vektors Null sein, man kann sie also alle auf Eins normieren. c_{Di} ist dann das Residuum von $h_z(z)$ an der Stelle z_i

$$c_{Di} = \operatorname{res} h_z(z)\big|_{z=z_i} = \lim_{z \to z_i} (z-z_i) h_z(z) \tag{A.2.12}$$

Mit anderen Worten: Die Darstellung in Diagonalform entspricht einer Partialbruchzerlegung der Übertragungsfunktion.

Anmerkung A.3

Hier und in den folgenden Abschnitten wird verschiedentlich eine Realisierung einer z-Übertragungsfunktion in Form einer Zustandsdarstellung durchgeführt. Es sei daran erinnert, daß damit stets nur das Teilsystem B in Bild 2.7 im Zustandsraum beschrieben wird.

□

Ein Vorteil der Diagonalform des kontinuierlichen Systems ist, daß die Transitionsmatrix

$$e^{\Lambda t} = \begin{bmatrix} e^{s_1 t} & 0 & . & . & . & 0 \\ 0 & . & & & & \\ . & & . & & & \\ . & & & . & & \\ . & & & & . & \\ 0 & . & . & . & . & e^{s_n t} \end{bmatrix} \tag{A.2.13}$$

sehr einfach berechnet werden kann. Es wurde bereits in Abschnitt 3.1 darauf hingewiesen, daß der Übergang vom kontinuierlichen System zum Abtastsystem dadurch ausgeführt werden kann, daß man das kontinuierliche System zunächst in die Diagonalform (bzw. JORDAN-Form) bringt und dann die Berechnung von $\mathbf{A} = e^{\mathbf{F}T}$ sehr einfach wird.

Wir wenden uns nun dem allgemeineren Fall zu, daß **mehrfache Eigenwerte** auftreten. Wie man aus (A.2.5) und (A.2.6) sieht, ist eine Transformation in Diagonalform genau dann möglich, wenn die **A**-Matrix n linear unabhängige Eigenvektoren hat. Dieser Fall kann auch bei mehrfachen Eigenwerten auftreten. Dann ist das Systen nach (A.2.3) jedoch nicht vollständig steuerbar. Eine entsprechende

Überlegung zeigt, daß es auch nicht vollständig beobachtbar ist. Es tritt vielmehr ein Teilsystem vom Typ D auf. Ein Beispiel für diesen Fall ist das System von Bild 2.8c. Bei der Partialbruchzerlegung treten zwei parallele Blöcke mit dem gleichen Nenner z-d auf. Die entsprechenden beiden Zustandsgrößen x_1 und x_2 können nicht unabhängig voneinander gesteuert oder beobachtet werden.

Beispiel

Das System

$$\mathbf{x}[k+1] = \begin{bmatrix} 1 & 0 & 0 \\ 1 & 1 & 1 \\ -1 & 0 & 0 \end{bmatrix} \mathbf{x}[k] + \begin{bmatrix} 1 \\ 1 \\ 1 \end{bmatrix} u[k] = \mathbf{Ax}[k] + \mathbf{b}u[k]$$

$$y[k] = [\,2 \quad 2 \quad 1\,]\mathbf{x}[k] = \mathbf{c}'\mathbf{x}[k] \tag{A.2.14}$$

wird mit der Transformation

$$\mathbf{x} = \mathbf{S}_D\mathbf{x}_D = \begin{bmatrix} 0 & 1 & -2 \\ -2 & 3 & 1 \\ 2 & -1 & 2 \end{bmatrix} \mathbf{x}_D \tag{A.2.15}$$

in die folgende Form gebracht:

$$\mathbf{x}_D[k+1] = \begin{bmatrix} 0 & 0 & 0 \\ 0 & 1 & 0 \\ 0 & 0 & 1 \end{bmatrix} \mathbf{x}_D[k] + \begin{bmatrix} 1 \\ 1 \\ 0 \end{bmatrix} u[k]$$

$$y[k] = [\,-2 \quad 7 \quad 0\,]\mathbf{x}_D[k] \tag{A.2.16}$$

In dieser Darstellung ist die kanonische Zerlegung des Systems nach Bild 2.7 unmittelbar ablesbar. Das letzte Teilsystem mit dem Eigenwert 1 ist vom Typ D, da es weder vom Eingang u aus steuerbar ist: $b_{D3} = 0$, noch vom Ausgang y aus beobachtbar ist: $c_{D3} = 0$. Für den Entwurf eines Regelungssystems interessiert nur das System zweiter Ordnung vom Typ B mit dem Zustandsvektor
$\mathbf{x}^* = [x_{D1}, x_{D2}]'$

$$\mathbf{x}^*[k+1] = \begin{bmatrix} 0 & 0 \\ 0 & 1 \end{bmatrix} \mathbf{x}^*[k] + \begin{bmatrix} 1 \\ 1 \end{bmatrix} u[k]$$

$$y[k] = [\,-2 \quad 7\,]\mathbf{x}^*[k] \tag{A.2.17}$$

□

Allgemein folgt aus (A.2.3), daß jedes System in Diagonalform mit zwei gleichen Eigenwerten $z_i = z_j$ nicht mit einer Eingangsgröße steuerbar ist, es ist auch nicht mit einer Ausgangsgröße beobachtbar. In diesem Fall können die beiden identischen Teilsysteme nicht unabhängig voneinander vom Eingang aus beeinflußt werden, und ihre Beiträge zum Ausgangssignal sind nicht unterscheidbar.

Wichtiger ist der Fall, daß ein System mit mehrfachen Eigenwerten nicht in die Diagonalform transformiert werden kann, weil die **A**-Matrix nur m ($m < n$) linear unabhängige Eigenvektoren hat. In diesem Fall kann das System stets in die **JORDAN-Form** mit der Dynamik-Matrix

$$\mathbf{J} = \begin{bmatrix} \mathbf{J}_1 & \mathbf{0} & \cdots & \mathbf{0} \\ \mathbf{0} & \ddots & & \\ \vdots & & \ddots & \\ \mathbf{0} & \cdots & & \mathbf{J}_m \end{bmatrix}, \quad \mathbf{J}_i = \begin{bmatrix} z_i & 1 & \cdots & 0 \\ 0 & \ddots & \ddots & \\ \vdots & & \ddots & 1 \\ 0 & \cdots & & z_i \end{bmatrix} \qquad \text{(A.2.18)}$$

transformiert werden. Die in der Hauptdiagonalen auftretenden Untermatrizen $\mathbf{J}_i$ werden als **JORDAN-Blöcke** bezeichnet. Wenn ein JORDAN-Block die Dimension Eins hat, besteht er nur aus dem Eigenwert z_i. Sind alle z_i untereinander verschieden, so wird **J** als **zyklisch** bezeichnet. Die zugrundeliegende Theorie wird z.B. in den Büchern von GANTMACHER [65.3] und ZURMÜHL [61.5] ausführlich dargestellt. Es soll hier lediglich gezeigt werden, wie die JORDAN-Form berechnet werden kann. Zu jedem Eigenwert z_i gehört mindestens ein Eigenvektor $\mathbf{s}_i$, der aus

$$(\mathbf{A}-z_i\mathbf{I})\mathbf{s}_i = 0 \qquad \text{(A.2.19)}$$

berechnet wird. Wenn (A.2.19) für einen p-fachen Eigenwert weniger als p Eigenvektoren liefert, dann ist mindestens einer dieser Eigenvektoren Anfang einer Kette von **verallgemeinerten Eigenvektoren** $\mathbf{s}_{i+1}, \mathbf{s}_{i+2} \ldots \mathbf{s}_{i+k_i-1}$, die aus den Bedingungen

$$\begin{aligned} (\mathbf{A}-z_i\mathbf{I})\mathbf{s}_{i+1} &= \mathbf{s}_i \\ &\vdots \\ (\mathbf{A}-z_i\mathbf{I})\mathbf{s}_{i+k_i-1} &= \mathbf{s}_{i+k_i-2} \end{aligned} \qquad \text{(A.2.20)}$$

berechnet werden. Zu einem p-fachen Eigenwert existieren insgesamt p Eigenvektoren und verallgemeinerte Eigenvektoren. Diese bilden entsprechend wie bei der Diagonalform die Spalten der Matrix **S**, mit der ein System in die JORDAN-Form transformiert wird. Zu jedem Eigenvektor gehört ein JORDAN-Block $\mathbf{J}_i$. Die Dimension dieses JORDAN-Blocks ist gleich der Anzahl k_i der zugehörigen linear unabhängigen Vektoren $\mathbf{s}_i, \mathbf{s}_{i+1} \ldots \mathbf{s}_{i+k_i-1}$.

Es ist

$$\mathbf{AS} = \mathbf{SJ}$$

$$\mathbf{A}[\mathbf{s}_1, \mathbf{s}_2 \ldots \mathbf{s}_{k_1} \vdots \ldots \mathbf{s}_n] = [\mathbf{s}_1, \mathbf{s}_2 \ldots \mathbf{s}_{k_1} \vdots \ldots \mathbf{s}_n] \left[\begin{array}{cccc|ccc} \multicolumn{4}{c|}{\overbrace{\hphantom{z_1\ 1\ \ \ 0}}^{k_1}} & & & \\ z_1 & 1 & & 0 & & & \\ 0 & z_1 & \ddots & & & \mathbf{0} & \\ & & \ddots & 1 & & & \\ 0 & & & z_1 & & & \\ \hline & & & & \mathbf{J}_2 & & \\ & \mathbf{0} & & & & \ddots & \\ & & & & & & \mathbf{J}_m \end{array}\right] \quad \text{(A.2.21)}$$

Die Spalten ergeben - übereinstimmend mit (A.2.19) und (A.2.20) -

$$\begin{aligned} \mathbf{As}_1 &= z_1 \mathbf{s}_1 \\ \mathbf{As}_2 &= \mathbf{s}_1 + z_1 \mathbf{s}_2 \\ &\vdots \\ \mathbf{As}_{k_1} &= \mathbf{s}_{k_1-1} + z_1 \mathbf{s}_{k_1} \end{aligned} \quad \text{(A.2.22)}$$

Die Struktur der JORDAN-Form hängt also von der Länge der Ketten von verallgemeinerten Eigenvektoren ab, die man zu einem Eigenvektor findet.

Beispiel

$$\mathbf{x}[k+1] = \begin{bmatrix} 1 & 1 & 0 & 0 & 0 \\ 0 & 1 & 1 & 0 & 1 \\ -1 & 1 & 1 & 0 & -1 \\ 0 & 0 & 1 & 1 & 1 \\ 1 & -1 & 0 & 0 & 2 \end{bmatrix} \mathbf{x}[k] + \begin{bmatrix} 1 \\ 2 \\ 1 \\ 1 \\ 1 \end{bmatrix} u[k]$$

$$= \mathbf{Ax}[k] + \mathbf{b}u[k]$$

$$y[k] = [\,1 \quad 1 \quad 1 \quad 1 \quad 3\,]\mathbf{x}[k] = \mathbf{c}'\mathbf{x}[k] \quad \text{(A.2.23)}$$

$$\det(z\mathbf{I}-\mathbf{A}) = (z-1)^4(z-2)$$

Für den Eigenwert $z_1 = 1$ erhält man

$$\mathbf{s}_j = s_{1j}\begin{bmatrix}1\\0\\1\\0\\-1\end{bmatrix} + s_{4j}\begin{bmatrix}0\\0\\0\\1\\0\end{bmatrix}$$

d.h. es gibt zwei Eigenvektoren in der hierdurch festgelegten Ebene und folglich zwei JORDAN-Blöcke mit dem Eigenwert $z_1 = 1$.

Wenn man nur die Dynamik-Matrix in die JORDAN-Form $\mathbf{J} = \mathbf{S}^{-1}\mathbf{AS}$ bringen will, kann man von den beiden Eigenvektoren [1 0 1 0 -1]' und [0 0 0 1 0]' ausgehen und bei beiden versuchen, verallgemeinerte Eigenvektoren zu finden. Da wir jedoch auch einen der Vektoren $\mathbf{b}_J$ oder $\mathbf{c}_J$ in eine einfache Form bringen wollen, soll die Rechnung so allgemein wie möglich durchgeführt werden. Der erste verallgemeinerte Eigenvektor $\mathbf{s}_2 = [v_1, v_2, v_3, v_4, v_5]'$ berechnet sich aus

$$(\mathbf{A}-\mathbf{I})\mathbf{s}_2 = \mathbf{s}_1$$

$$\begin{bmatrix}0 & 1 & 0 & 0 & 0\\0 & 0 & 1 & 0 & 1\\-1 & 1 & 0 & 0 & -1\\0 & 0 & 1 & 0 & 1\\1 & -1 & 0 & 0 & 1\end{bmatrix}\begin{bmatrix}v_1\\v_2\\v_3\\v_4\\v_5\end{bmatrix} = \begin{bmatrix}s_{1j}\\0\\s_{1j}\\s_{4j}\\-s_{1j}\end{bmatrix}$$

Die Zeilen 2 und 4 sind nur dann gleichzeitig zu erfüllen, wenn $s_{4j} = 0$, d.h. nur zu dem Eigenvektor

$$\mathbf{s}_1 = s_{11}\begin{bmatrix}1\\0\\1\\0\\-1\end{bmatrix}$$

existiert eine Kette von verallgemeinerten Eigenvektoren. Der erste ist

$$\mathbf{s}_2 = s_{12}\begin{bmatrix}1\\0\\1\\0\\-1\end{bmatrix} + s_{11}\begin{bmatrix}0\\1\\0\\0\\0\end{bmatrix} + s_{42}\begin{bmatrix}0\\0\\0\\1\\0\end{bmatrix}$$

Eine Lösung für $(\mathbf{A}-\mathbf{I})\mathbf{s}_3 = \mathbf{s}_2$ existiert genau dann, wenn $s_{42} = s_{11}$, sie lautet

$$\mathbf{s}_3 = s_{13}\begin{bmatrix}1\\0\\1\\0\\-1\end{bmatrix} + s_{11}\begin{bmatrix}0\\0\\1\\0\\0\end{bmatrix} + s_{12}\begin{bmatrix}0\\1\\0\\0\\0\end{bmatrix} + s_{43}\begin{bmatrix}0\\0\\0\\1\\0\end{bmatrix}$$

Die Gleichung $(\mathbf{A}-\mathbf{I})\mathbf{s}_4 = \mathbf{s}_3$ liefert keinen weiteren verallgemeinerten Eigenvektor. Eine Lösung $\mathbf{s}_4$ würde nur für $s_{11} = 0$, d.h. $\mathbf{s}_1 = \mathbf{0}$ existieren. Zu dem vierfachen Eigenwert $z_1 = 1$ ergibt sich also eine Eigenvektorkette $\mathbf{s}_1$, $\mathbf{s}_2$, $\mathbf{s}_3$ und ein weiterer linear unabhängiger Eigenvektor

$$\mathbf{s}_4 = s_{14}\begin{bmatrix}1\\0\\1\\0\\-1\end{bmatrix} + s_{44}\begin{bmatrix}0\\0\\0\\1\\0\end{bmatrix}, \quad s_{44} \neq 0$$

Man erhält also zum Eigenwert $z_1 = 1$ zwei JORDAN-Blöcke mit den Dimensionen 3 und 1.

Zu dem weiteren Eigenwert $z_2 = 2$ ergibt sich aus $(\mathbf{A}-2\mathbf{I})\mathbf{s}_5 = 0$ der Eigenvektor

$$\mathbf{s}_5 = s_{55}\begin{bmatrix}0\\0\\-1\\0\\1\end{bmatrix}$$

Die Transformationsmatrix ist also

$$\mathbf{S} = \begin{bmatrix} s_{11} & s_{12} & s_{13} & s_{14} & 0 \\ 0 & s_{11} & s_{12} & 0 & 0 \\ s_{11} & s_{12} & s_{13}+s_{11} & s_{14} & -s_{55} \\ 0 & s_{11} & s_{43} & s_{44} & 0 \\ -s_{11} & -s_{12} & -s_{13} & -s_{14} & s_{55} \end{bmatrix}$$

$$= \begin{bmatrix} 1 & 0 & 0 & 0 & 0 \\ 0 & 1 & 0 & 0 & 0 \\ 1 & 0 & 1 & 0 & -1 \\ 0 & 0 & 0 & 1 & 0 \\ -1 & 0 & 0 & 0 & 1 \end{bmatrix} \begin{bmatrix} s_{11} & s_{12} & s_{13} & s_{14} & 0 \\ 0 & s_{11} & s_{12} & 0 & 0 \\ 0 & 0 & s_{11} & 0 & 0 \\ 0 & s_{11} & s_{43} & s_{44} & 0 \\ 0 & 0 & 0 & 0 & s_{55} \end{bmatrix} \qquad (A.2.24)$$

Aufgrund der gefundenen Struktur kann die JORDAN-Matrix unmittelbar angegeben werden:

$$\mathbf{J} = \mathbf{S}^{-1}\mathbf{A}\mathbf{S} = \left[\begin{array}{ccc|c|c} z_1 & 1 & 0 & 0 & 0 \\ 0 & z_1 & 1 & 0 & 0 \\ 0 & 0 & z_1 & 0 & 0 \\ \hline 0 & 0 & 0 & z_1 & 0 \\ \hline 0 & 0 & 0 & 0 & z_2 \end{array}\right] \tag{A.2.25}$$

Wenn nur die JORDAN-Form der Dynamik-Matrix gewünscht wird, dann können die Koeffizienten der **S**-Matrix in (A.2.24) beliebig gewählt werden, sofern **S** dabei nichtsingulär bleibt. Setzt man z.B. $s_{12} = s_{13} = s_{14} = s_{43} = 0$, $s_{11} = s_{44} = s_{55} = 1$, so wird

$$\mathbf{x}_J[k+1] = \begin{bmatrix} 1 & 1 & 0 & 0 & 0 \\ 0 & 1 & 1 & 0 & 0 \\ 0 & 0 & 1 & 0 & 0 \\ 0 & 0 & 0 & 1 & 0 \\ 0 & 0 & 0 & 0 & 2 \end{bmatrix} \mathbf{x}_J[k] + \begin{bmatrix} 1 \\ 2 \\ 2 \\ -1 \\ 2 \end{bmatrix} u[k]$$

$$y[k] = [-1 \quad 2 \quad 1 \quad 1 \quad 2]\mathbf{x}_J[k] \tag{A.2.26}$$

Es ist zweckmäßig, die freien Koeffizienten der **S**-Matrix so festzulegen, daß auch $\mathbf{b}_J = \mathbf{S}^{-1}\mathbf{b}$ oder $\mathbf{c}_J' = \mathbf{c}'\mathbf{S}$ eine möglichst einfache Form erhalten. Um zu erkennen, welche Formen möglich sind, werden zunächst noch einige allgemeine Resultate benötigt.

□

1. Entsprechend wie bei der Diagonalform kann man leicht zeigen, daß das System nur dann von einem Eingang aus steuerbar und von einem Ausgang aus beobachtbar sein kann, wenn alle JORDAN-Blöcke verschiedene Eigenwerte haben, d.h. wenn das System zyklisch ist. Bei mehreren JORDAN-Blöcken mit gleichem Eigenwert kann man bei allen bis auf den größten durch Wahl von **S** dafür sorgen, daß sie nicht mit dem Eingang oder nicht mit dem Ausgang verbunden sind. Bei dem betrachteten Beispiel kann man $b_{J4} = 0$ oder $c_{J4} = 0$ vorschreiben.

   Wenn man in dem charakteristischen Polynom einer Matrix jeden Eigenwert nur mit der Vielfachheit berücksichtigt, die der Dimension des größten zugehörigen JORDAN-Blocks entspricht, dann erhält man das **Minimalpolynom** der Matrix. Im Beispiel ist das charakteristische Polynom $(z-1)^4(z-2)$ und das Minimalpolynom $(z-1)^3(z-2)$. Die in der Praxis vorkommenden Systeme sind fast ausnahmslos zyklisch, so daß charakteristisches Polynom und Minimalpolynom übereinstimmen.

2. Das durch einen JORDAN-Block gekennzeichnete Teilsystem ist dann und nur dann steuerbar, wenn das letzte Element im zugehörigen **b**-Vektor ungleich Null ist. Das ergibt sich aus der Steuerbarkeitsmatrix eines Systems

$$\mathbf{x}[k+1] = \begin{bmatrix} z & 1 & & 0 \\ 0 & z & \ddots & \\ & & \ddots & 1 \\ 0 & & & z \end{bmatrix} \mathbf{x}[k] + \begin{bmatrix} b_1 \\ \vdots \\ b_n \end{bmatrix} u[k] = \mathbf{A}\mathbf{x}[k] + \mathbf{b}u[k]$$

Sie lautet

$$\mathbf{S}_J = [\mathbf{b}, \mathbf{Ab} \ldots \mathbf{A}^{n-1}\mathbf{b}] = \begin{bmatrix} b_1 & b_2 & & & b_n \\ b_2 & & & . & 0 \\ . & & . & & \\ . & . & & & \\ . & b_n & & & \\ b_n & 0 & & & 0 \end{bmatrix} \begin{bmatrix} 1 & z & z^2 & & & & z^{n-1} \\ 0 & 1 & 2z & & & & . \\ 0 & 0 & 1 & . & & & . \\ . & & & . & . & & . \\ . & & & & . & . & . \\ . & & & & & . & (n-1)z \\ 0 & . & . & . & . & 0 & 1 \end{bmatrix}$$

(A.2.27)

und ist dann und nur dann nichtsingulär, wenn $b_n \neq 0$. Für einen steuerbaren JORDAN-Block kann daher $b_1 = b_2 = \ldots = b_{n-1} = 0,\ b_n = 1$ vorgeschrieben werden [71.1]. Da im Beispiel der erste und dritte JORDAN-Block steuerbar ist, kann man

$$\mathbf{b}_J = \begin{bmatrix} 0 \\ 0 \\ 1 \\ 0 \\ 1 \end{bmatrix} \qquad \text{(A.2.28)}$$

wählen.

3. Entsprechendes gilt für die Beobachtbarkeit. Sie ist für einen JORDAN-Block dann und nur dann gegeben, wenn das erste Element im zugehörigen **c'**-Vektor ungleich Null ist. Statt (A.2.28) kann man im betrachteten Beispiel mit beobachtbarem ersten und dritten JORDAN-Block auch

$$\mathbf{c}_J' = [1 \quad 0 \quad 0 \quad 0 \quad 1]$$

vorschreiben. Mit dieser Wahl von c_J' soll das Beispiel fortgeführt werden.

Beispiel (Fortsetzung)
Es ist $\mathbf{c}'\mathbf{S} = \mathbf{c}_J'$ mit $\mathbf{c}'$ nach (A.2.23) und $\mathbf{S}$ nach (A.2.24)

$$[-1 \quad 1 \quad 1 \quad 1 \quad 2] \begin{bmatrix} s_{11} & s_{12} & s_{13} & s_{14} & 0 \\ 0 & s_{11} & s_{12} & 0 & 0 \\ 0 & 0 & s_{11} & 0 & 0 \\ 0 & s_{11} & s_{43} & s_{44} & 0 \\ 0 & 0 & 0 & 0 & s_{55} \end{bmatrix} = [1 \quad 0 \quad 0 \quad 0 \quad 1]$$

Daraus folgt $s_{11} = -1$, $s_{12} = -2$, $s_{55} = 0{,}5$, $s_{44} = s_{14}$, $s_{13} = s_{43}-3$. In diesem Fall eines nichtzyklischen Systems sind die Koeffizienten s_{14} und s_{43}, die die Aufteilung der beiden Teilsysteme mit dem Eigenwert $z_1 = 1$ bewirken, nicht festgelegt. Bei zyklischen Systemen hat $\mathbf{S}$ nur n freie Parameter, die durch die Vorgabe von $\mathbf{c}_J'$ eindeutig festgelegt sind. In unserem Beispiel können die freien Parameter benutzt werden, um $b_{J4} = 0$ zu erreichen. $\mathbf{b}_J$ errechnet sich aus $\mathbf{b} = \mathbf{S}\mathbf{b}_J$:

$$\begin{bmatrix} 1 \\ 2 \\ 1 \\ 1 \\ 1 \end{bmatrix} = \begin{bmatrix} -1 & -2 & s_{43}-3 & s_{14} & 0 \\ 0 & -1 & -2 & 0 & 0 \\ -1 & -2 & s_{43}-4 & s_{14} & -0{,}5 \\ 0 & -1 & s_{43} & s_{14} & 0 \\ 1 & 2 & 3-s_{43} & -s_{14} & 0{,}5 \end{bmatrix} \begin{bmatrix} b_{J1} \\ b_{J2} \\ b_{J3} \\ b_{J4} \\ b_{J5} \end{bmatrix}$$

Setzt man $b_{J4} = 0$, so kann s_{14} beliebig, z.B. $s_{14} = 1$, festgelegt werden. s_{43} wird dann so bestimmt, daß die fünf Gleichungen miteinander verträglich sind. Man erhält $s_{43} = -1{,}5$ und $\mathbf{b}_J = [4 \quad 2 \quad -2 \quad 0 \quad 4]'$. Die kanonische Form der Zustandsgleichungen lautet also

$$\mathbf{x}[k+1] = \begin{bmatrix} 1 & 1 & 0 & 0 & 0 \\ 0 & 1 & 1 & 0 & 0 \\ 0 & 0 & 1 & 0 & 0 \\ 0 & 0 & 0 & 1 & 0 \\ 0 & 0 & 0 & 0 & 2 \end{bmatrix} \mathbf{x}[k] + \begin{bmatrix} 4 \\ 2 \\ -2 \\ 0 \\ 4 \end{bmatrix} u[k]$$

$$y[k] = [1 \quad 0 \quad 0 \quad 0 \quad 1]\mathbf{x}[k] \tag{A.2.29}$$

□

Bild A.1 veranschaulicht die JORDAN-FORM. In dieser Form kann das System z.B. mit einem Analogrechner simuliert werden.

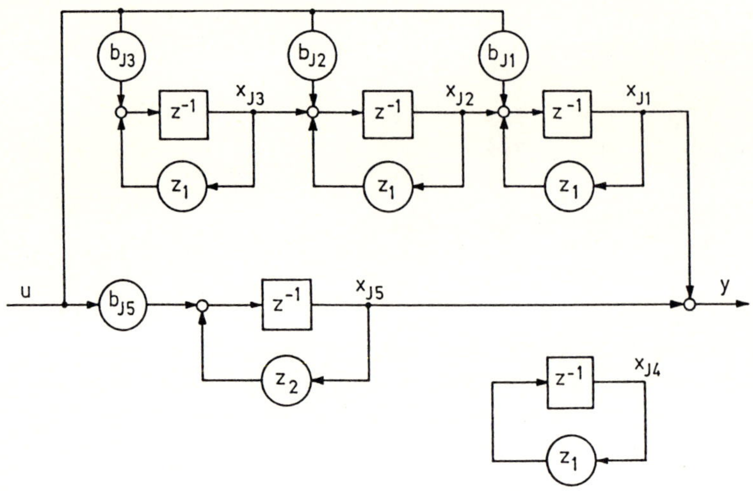

Bild A.1 JORDAN-Normalform (A.2.29) des Systems (A.2.23)

Durch die Transformation eines Systems in die JORDAN-Form kann die kanonische Zerlegung nach Bild 2.7 durchgeführt werden. In unserem Beispiel tritt ein Teilsystem vom Typ B mit dem charakteristischen Polynom $(z-1)^3(z-2)$ und ein Teilsystem vom Typ D mit dem charakteristischen Polynom z-1 auf. Für die Regelung interessiert nur das Teilsystem B mit dem Zustandsvektor $\mathbf{x}^* := [x_{J1}, x_{J2}, x_{J3}, x_{J5}]'$

$$\mathbf{x}^*[k+1] = \begin{bmatrix} 1 & 1 & 0 & 0 \\ 0 & 1 & 1 & 0 \\ 0 & 0 & 1 & 0 \\ 0 & 0 & 0 & 2 \end{bmatrix} \mathbf{x}^*[k] + \begin{bmatrix} 4 \\ 2 \\ -2 \\ 4 \end{bmatrix} u[k]$$

$$y[k] = [\,1 \quad 0 \quad 0 \quad 1\,]\mathbf{x}^*[k] \tag{A.2.30}$$

Die Bildung der JORDAN-Form entspricht der Partialbruchzerlegung der Übertragungsfunktion. Dies soll wieder für das gleiche Beispiel gezeigt werden. Für **A**, **b** und **c'** nach (A.2.23) erhält man die Übertragungsfunktion

$$h_z(z) = \mathbf{c}'(z\mathbf{I}-\mathbf{A})^{-1}\mathbf{b}$$

$$= \frac{2(z-1)(4z^3 - 13z^2 + 12z-2)}{(z-1)^4(z-2)} \tag{A.2.31}$$

Wie in Abschnitt 2.3 diskutiert wurde, tritt der nicht steuerbare bzw. nicht beobachtbare Teil des Systems mit dem Eigenwert $z = 1$ nicht in der Ein-Ausgangs-Beschreibung $h_z(z)$ des Systems auf, in (A.2.31) kürzt sich ein Faktor $(z-1)$ im Zähler und Nenner heraus. Die Partialbruchzerlegung des verbleibenden Ausdrucks ergibt

$$h_z(z) = \frac{8z^3 - 26z^2 + 24z - 4}{(z-1)^3(z-2)}$$

$$= \frac{4}{z-2} + \frac{4}{z-1} + \frac{2}{(z-1)^2} - \frac{2}{(z-1)^3} \qquad \text{(A.2.32)}$$

Diese Darstellung entspricht dem steuerbaren und beobachtbaren Teil von Bild A.1, d.h. (A.2.30).

Allgemein erhält man die JORDAN-Form des steuerbaren und beobachtbaren Teilsystems, indem man $h_z(z)$ nach Faktorisierung des Nenners in Partialbrüche zerlegt:

$$h_z(z) = \frac{b_0 + b_1 z + \ldots + b_{n-1}z^{n-1}}{(z-z_1)^{n_1}(z-z_2)^{n_2}\ldots(z-z_m)^{n_m}}, \quad n_1 + n_2 + \ldots + n_m = n$$

$$= \frac{A_{11}}{z-z_1} + \frac{A_{12}}{(z-z_1)^2} + \ldots + \frac{A_{1n_1}}{(z-z_1)^{n_1}} + \frac{A_{21}}{z-z_2} + \ldots + \frac{A_{mn_m}}{(z-z_m)^{n_m}}$$

(A.2.33)

Die zugehörige JORDAN-Form ist

$$\mathbf{x}[k+1] = \left[\begin{array}{cccc|ccc||ccc} \multicolumn{4}{c|}{\overbrace{\qquad\qquad}^{n_1}} & & & & & & \\ z_1 & 1 & & 0 & & & & & & 0 \\ 0 & z_1 & \ddots & & & & & & & \\ \vdots & & \ddots & 1 & & & & & & \\ 0 & & & z_1 & & & & & & \\ \hline & & & & z_2 & & & & & \\ & & & & & \ddots & & & & \\ \hline\hline & & & & & & & \ddots & & \\ 0 & & & & & & & & & z_m \end{array}\right]\mathbf{x}[k] + \left[\begin{array}{c} A_{11} \\ A_{12} \\ \vdots \\ A_{1n_1} \\ \hline A_{21} \\ \vdots \\ \hline\hline \vdots \\ A_{mn_m} \end{array}\right]u[k]$$

$$y[k] = [1 \quad 0 \ldots 0 \;|\; 1 \quad 0 \,.\, \| \ldots 0\,]\,\mathbf{x}[k] \qquad \text{(A.2.34)}$$

oder

$$
\mathbf{x}[k+1] = \left[\begin{array}{cccc|c||c}
z_1 & 1 & & 0 & & 0 \\
0 & z_1 & \ddots & & & \\
\vdots & & \ddots & 1 & & \\
0 & & & z_1 & & \\
\hline
 & & & & z_2 & \\
 & & & & \ddots & \\
\hline\hline
 & & & & & \ddots \\
0 & & & & & z_m
\end{array}\right] \mathbf{x}[k] + \left[\begin{array}{c}
0 \\ 0 \\ \vdots \\ 1 \\ \hline 0 \\ \vdots \\ \hline\hline \vdots \\ 1
\end{array}\right] u[k]
$$

$$
y[k] = [A_{1n_1} \; \ldots \; A_{11} | A_{2n_2} \ldots \| \ldots A_{m1}]\mathbf{x}[k] \qquad \text{(A.2.35)}
$$

Ein Nachteil der Diagonal- und JORDAN-Form ist, daß bei komplexen Eigenwerten darin komplexe Koeffizienten auftreten. Dies ist unvorteilhaft bei der Programmierung auf einem Rechner und bei geometrischen Veranschaulichungen für Systeme zweiter und dritter Ordnung.

Man kann jedoch die beiden JORDAN-Blöcke mit konjugiert komplexen Eigenwerten zu einem reellen Teilsystem zusammenfassen. Es sei

$$
\begin{bmatrix} \mathbf{x}_1[k+1] \\ \mathbf{x}_1^*[k+1] \end{bmatrix} = \begin{bmatrix} \mathbf{J}_1 & \mathbf{0} \\ \mathbf{0} & \mathbf{J}_1^* \end{bmatrix} \begin{bmatrix} \mathbf{x}_1[k] \\ \mathbf{x}_1^*[k] \end{bmatrix} + \begin{bmatrix} \mathbf{b}_1 \\ \mathbf{b}_1^* \end{bmatrix} u = \begin{bmatrix} \mathbf{P}+j\mathbf{Q} & \mathbf{0} \\ \mathbf{0} & \mathbf{P}-j\mathbf{Q} \end{bmatrix} \begin{bmatrix} \mathbf{x}_1[k] \\ \mathbf{x}_1^*[k] \end{bmatrix} + \begin{bmatrix} \mathbf{b}_1 \\ \mathbf{b}_1^* \end{bmatrix} u
$$

wobei * die komplex konjugierte Variable bezeichnet.

Mit der Substitution $\mathbf{x}_1 = \mathbf{x} + j\mathbf{y}$, $\mathbf{x}_1^* = \mathbf{x} - j\mathbf{y}$ wird

$$
\begin{bmatrix} \mathbf{x}[k+1] + j\mathbf{y}[k+1] \\ \mathbf{x}[k+1] - j\mathbf{y}[k+1] \end{bmatrix} = \begin{bmatrix} \mathbf{P}+j\mathbf{Q} & \mathbf{0} \\ \mathbf{0} & \mathbf{P}-j\mathbf{Q} \end{bmatrix} \begin{bmatrix} \mathbf{x}[k] + j\mathbf{y}[k] \\ \mathbf{x}[k] - j\mathbf{y}[k] \end{bmatrix} + \begin{bmatrix} \mathbf{b}_1 \\ \mathbf{b}_1^* \end{bmatrix} u
$$

Bildet man die Summe und Differenz der beiden Zeilen, so erhält man die reelle Darstellung

$$
\begin{bmatrix} \mathbf{x}[k+1] \\ \mathbf{y}[k+1] \end{bmatrix} = \begin{bmatrix} \mathbf{P} & -\mathbf{Q} \\ \mathbf{Q} & \mathbf{P} \end{bmatrix} \begin{bmatrix} \mathbf{x}[k] \\ \mathbf{y}[k] \end{bmatrix} + 0{,}5 \begin{bmatrix} \mathbf{b}_1 + \mathbf{b}_1^* \\ -j(\mathbf{b}_1 - \mathbf{b}_1^*) \end{bmatrix} u \qquad \text{(A.2.36)}
$$

Für eine Ausgangsbeziehung

$$
[\mathbf{c}_1' \quad \mathbf{c}_1^*] \begin{bmatrix} \mathbf{x}_1[k] \\ \mathbf{x}_1^*[k] \end{bmatrix} = [\mathbf{c}_x' \quad \mathbf{c}_y'] \begin{bmatrix} \mathbf{x}[k] \\ \mathbf{y}[k] \end{bmatrix}
$$

erhält man durch Koeffizientenvergleich

$$c'_x = c_1 + c_1^*$$

$$c'_y = j(c'_1 - x_1^{*\prime})$$

Beispiel
Die reelle Version des Systems (A.2.9) ist

$$\mathbf{x}_{DR}[k+1] = \begin{bmatrix} 1 & 0 & 0 \\ 0 & 1 & -1 \\ 0 & 1 & 1 \end{bmatrix} \mathbf{x}_{DR}[k] + \begin{bmatrix} 1 \\ 1 \\ 0 \end{bmatrix} u[k] \, , \; \mathbf{x}_{DR} = \begin{bmatrix} x_{D1} \\ rex_{D2} \\ imx_{D2} \end{bmatrix}$$

$$y[k] = [-2 \quad 16 \quad -2]\mathbf{x}_{DR}[k]$$ □

Für prinzipielle Betrachtungen ist es andererseits vorteilhaft, nur die Beziehung

$$\mathbf{x}_1[k+1] = \mathbf{J}_1\mathbf{x}_1[k] \tag{A.2.37}$$

zu benutzen, die das System vollständig beschreibt. Erst nach Lösung des gesamten Regelungsproblems geht man wieder zu Real- und Imaginärteil über. Ein Beispiel für die Anwendung bei der Lageregelung eines rotationssymmetrischen Satelliten ist in [69.2] zu finden. Dort werden zwei Winkel und zwei Winkelgeschwindigkeiten zu je einer komplexen Größe zusammengefaßt. Die Transformation dieses zeitvariablen Systems in die Diagonalform ermöglicht es, bei der Schwenkung eines drallstabilisierten Satelliten den Weg des Drallvektors und der darum nutierenden Spinachse besonders einfach zu berechnen und Regelgesetze herzuleiten.

Bei Verwendung **mehrerer Ein- und Ausgangsgrößen** kann auch ein nichtzyklisches System steuerbar und beobachtbar sein [68.3]. Am einfachsten ist dies über den HAUTUS-Test, (2.3.25), zu prüfen [72.2]. Danach ist ein Eigenwert z_i der Matrix **A** genau dann steuerbar, wenn

$$\text{rang}[\mathbf{A} - z_i\mathbf{I}, \; \mathbf{B}] = n$$

Beispiel
In dem Beispiel von (A.2.29) ist für $z_1 = 1$

$$\mathbf{A}_J - z_1\mathbf{I} = \begin{bmatrix} 0 & 1 & 0 & 0 & 0 \\ 0 & 0 & 1 & 0 & 0 \\ 0 & 0 & 0 & 0 & 0 \\ 0 & 0 & 0 & 0 & 0 \\ 0 & 0 & 0 & 0 & 1 \end{bmatrix} \tag{A.2.38}$$

Da die dritte und vierte Zeile Null ist, also rang $[\mathbf{A}_J - z_1\mathbf{I}] = 3$, wird mindestens eine zusätzliche Spalte der **B**-Matrix, d.h. zwei Stellgrößen, benötigt. Die Eingangs-Matrix sei

$$\mathbf{B}_J = \begin{bmatrix} b_{11} & b_{12} \\ b_{21} & b_{22} \\ b_{31} & b_{32} \\ b_{41} & b_{42} \\ b_{51} & b_{52} \end{bmatrix}$$

offenbar muß $\det\begin{bmatrix} b_{31} & b_{32} \\ b_{41} & b_{42} \end{bmatrix} = b_{31}b_{42} - b_{32}b_{41} \neq 0$ sein,

damit rang$[\mathbf{A}_J - z_i\mathbf{I}, \mathbf{B}_J] = 5$. Entsprechend muß in einer Meßmatrix

$$\mathbf{C}_J = \begin{bmatrix} c_{11} & c_{12} & c_{13} & c_{14} & c_{15} \\ c_{21} & c_{22} & c_{23} & c_{24} & c_{25} \end{bmatrix}$$

$c_{11}c_{24} - c_{21}c_{14} \neq 0$ sein, um das System beobachtbar zu machen.

Zur Illustration der möglichen kanonischen Formen der **C**-Matrix wird das Beispiel von (A.2.23) durch Einführung je einer zweiten Eingangs- und Ausgangsgröße erweitert.

$$\mathbf{x}[k+1] = \begin{bmatrix} 1 & 1 & 0 & 0 & 0 \\ 0 & 1 & 1 & 0 & 1 \\ -1 & 1 & 1 & 0 & -1 \\ 0 & 0 & 1 & 1 & 1 \\ 1 & -1 & 0 & 0 & 2 \end{bmatrix} \mathbf{x}[k] + \begin{bmatrix} 1 & 2 \\ 2 & 1 \\ 1 & 3 \\ 1 & 1 \\ 1 & 1 \end{bmatrix} \mathbf{u}[k]$$

$$\mathbf{y}[k] = \begin{bmatrix} 1 & 1 & 1 & 1 & 3 \\ 2 & 1 & 1 & 2 & 1 \end{bmatrix} \mathbf{x}[k] = \mathbf{Cx}[k] \qquad \text{(A.2.39)}$$

Mit der Transformations-Matrix (A.2.24) wird

$$\mathbf{C}_J = \mathbf{CS} = \begin{bmatrix} -1 & 1 & 1 & 1 & 2 \\ 2 & 1 & 1 & 2 & 0 \end{bmatrix} \begin{bmatrix} s_{11} & s_{12} & s_{13} & s_{14} & 0 \\ 0 & s_{11} & s_{12} & 0 & 0 \\ 0 & 0 & s_{11} & 0 & 0 \\ 0 & s_{11} & s_{43} & s_{44} & 0 \\ 0 & 0 & 0 & 0 & s_{55} \end{bmatrix}$$

(A.2.40)

Es ist $c_{J25} = 0$, d.h. das Teilsystem mit dem Eigenwert $z_2 = 2$ ist nur von y_1 aus beobachtbar. Wir normieren $c_{J15} = 1$ durch die Festlegung $s_{55} = 0{,}5$. Das Teilsystem dritter Ordnung ist sowohl von y_1 aus als auch von y_2 aus beobachtbar. Man kann daher entweder in der ersten oder in der zweiten Zeile der $\mathbf{C}_J$-Matrix die Koeffizienten 1, 0, 0 erzeugen. Sie treten in der ersten Zeile auf für $s_{11} = -1$, $s_{12} = -2$, $s_{13} = s_{43} - 3$. Damit ist

$$\mathbf{C}_J = \begin{bmatrix} 1 & 0 & 0 & s_{44}-s_{14} & 1 \\ -2 & -7 & 4s_{43}-9 & 2(s_{44}+s_{14}) & 0 \end{bmatrix}$$

Wählt man dagegen $s_{11} = 0{,}5$, $s_{12} = -0{,}75$, $s_{13} = 0{,}125 - s_{43}$, so ergibt sich

$$\mathbf{C}_J = \begin{bmatrix} -0{,}5 & 1{,}75 & -0{,}375+2s_{43} & s_{44}-s_{14} & 1 \\ 1 & 0 & 0 & 2(s_{44}+s_{14}) & 0 \end{bmatrix}$$

Das System ist beobachtbar, wenn die erste und vierte Spalte der $\mathbf{C}_J$-Matrix linear unabhängig sind. Es ist

$$\det\begin{bmatrix} -0{,}5 & s_{44}-s_{14} \\ 1 & 2(s_{44}+s_{14}) \end{bmatrix} = -2s_{44} \neq 0 \text{ , da } \mathbf{S} \text{ regulär.}$$

Das Teilsystem erster Ordnung mit dem Eigenwert $z_1 = 1$ ist also beobachtbar. In diesem speziellen Fall eines nichtzyklischen Systems ist jedoch die Zuordnung zu y_1 oder y_2 oder zu beiden Ausgangsgrößen nicht eindeutig. Das liegt daran, daß nach Bild A.1 ein identisches Teilsystem auch in dem ersten JORDAN-Block enthalten ist. Man kann durch Wahl von $s_{14} = s_{44} = 0{,}25$ oder $s_{44} = -s_{14} = 0{,}5$ entweder c_{J14} oder c_{J24} zu Null machen und die jeweils andere Größe zu Eins normieren. Aus dem gleichen Grund kann hier speziell auch noch s_{43} so festgelegt werden, daß $c_{J23} = 0$ bzw. $c_{J13} = 0$ wird.

Allgemein können bei beliebiger Steuerbarkeitsstruktur n Koeffizienten der Matrix $\mathbf{C}_J$ (bzw. $\mathbf{B}_J$) zu Null oder Eins festgelegt werden. Hat das System m JORDAN-Blöcke, $m \leq n$, so ist die Gesamtzahl der zur Beschreibung des Systems benötigten Parameter: m Koeffizenten der Dynamik-Matrix $\mathbf{A}$, $n \times r$ Koeffizienten der Stell-Matrix $\mathbf{B}$ und $n \times (s-1)$ Koeffizienten der Meß-Matrix $\mathbf{C}$, insgesamt also $n(r+s-1)+m$ Parameter. Der ungünstigste Fall bezüglich der Zahl der benötigten Parameterzahl ist die Diagonalform mit $m = n$. Daraus ergibt sich der Satz: Jedes lineare System der Ordnung n mit r Eingangs- und s Ausgangsgrößen kann durch maximal

$$n(r+s) \tag{A.2.41}$$

Parameter charakterisiert werden. Dabei wird hier allerdings vorausgesetzt, daß die Struktur der JORDAN-Form, in der die Parameter stehen, bekannt ist. Die maximale Parameterzahl tritt auf, wenn jede Eingangsgröße das gesamte System steuert und jede Ausgangsgröße das gesamte System beobachtet.

Die Beobachtbarkeits- und Steuerbarkeitsstruktur des Systems ist in der JORDAN-Form einfach abzulesen. Sind in (A.2.27) die k letzten Elemente des **b**-Vektors Null, d.h. $b_n = b_{n-1} = \dots = b_{n-k+1} = 0$, $b_{n-k} \neq 0$, so ist rang $\mathbf{S}_J = n-k$, d.h. die zugehörige Eingangsgröße steuert ein Teilsystem der Ordnung n-k.

Die numerische Berechnung der JORDAN-Form wird in [81.14] behandelt.

A.3 FROBENIUS-Formen

Die FROBENIUS-Form einer Matrix **A** ist

$$\mathbf{A}_F = \mathbf{T}\mathbf{A}\mathbf{T}^{-1} = \begin{bmatrix} 0 & 1 & & 0 \\ & & \ddots & \\ & & & 1 \\ -a_0 & -a_1 & \dots & -a_{n-1} \end{bmatrix} \tag{A.3.1}$$

Sie enthält die Koeffizienten des charakteristischen Polynoms

$$P_A(z) = \det(z\mathbf{I}-\mathbf{A}) = a_0 + a_1 z + \dots + a_{n-1}z^{n-1} + z^n \tag{A.3.2}$$

In den nächsten Abschnitten wird die Steuerbarkeits- und Regelungs-Normalform sowie die dazu dualen Formen für den Fall der Beobachtbarkeit behandelt. Alle vier Formen benutzen die FROBENIUS-Form.

A.3.1 Steuerbarkeits-Normalform

$$\mathbf{A}_s = \mathbf{S}^{-1}\mathbf{A}\mathbf{S} = \begin{bmatrix} 0 & \dots & 0 & -a_0 \\ 1 & & & -a_1 \\ & \ddots & & \vdots \\ 0 & & 1 & -a_{n-1} \end{bmatrix}, \quad \mathbf{b}_s = \mathbf{S}^{-1}\mathbf{b} = \begin{bmatrix} 1 \\ 0 \\ \vdots \\ 0 \end{bmatrix} \tag{A.3.3}$$

$$\mathbf{c}_s' = \mathbf{c}'\mathbf{S} = [c_{s1}, \ c_{s2} \ \dots \ c_{sn}]$$

Die Steuerbarkeitsmatrix dieser Form ist die Einheitsmatrix

$$\mathbf{S_s} = [\mathbf{b_s}, \mathbf{A_s b_s}, \dots \mathbf{A_s}^{n-1}\mathbf{b_s}] = \mathbf{I}_n \tag{A.3.4}$$

Diese Form existiert also nur bei steuerbaren Systemen. Jedes steuerbare System ($\mathbf{A}$, $\mathbf{b}$) kann mit $\mathbf{x} = \mathbf{T}^{-1}\mathbf{x_s} = \mathbf{S}\mathbf{x_s}$ in die Steuerbarkeits-Normalform transformiert werden, wobei $\mathbf{S} = \mathbf{T}^{-1}$ gemäß (A.1.7) und (A.3.4) die Steuerbarkeitsmatrix der ursprünglichen Form ist:

$$\mathbf{S} = S = [\mathbf{b}, \mathbf{Ab}, \dots \mathbf{A}^{n-1}\mathbf{b}] \tag{A.3.5}$$

Der Ausgangsvektor ist

$$\mathbf{c_s'} = \mathbf{c'S} = [\mathbf{c'b}, \mathbf{c'Ab}, \dots \mathbf{c'A}^{n-1}\mathbf{b}] \tag{A.3.6}$$

Der Vergleich mit (3.3.3) zeigt, daß $\mathbf{c_s'}$ mit Hilfe der Gewichtsfolge des Systems in der folgenden Form geschrieben werden kann

$$\mathbf{c_s'} = [h[1], h[2], \dots h[n]] \tag{A.3.7}$$

Die zur Beschreibung des Systems benutzten 2n Parameter sind demnach die n Koeffizienten der charakteristischen Gleichung und n Werte der Gewichtsfolge.

Bei einem direkten Durchgriff $y = \mathbf{c'x}+du$ kommt noch der Term $d = h[0]$ hinzu. Die Steuerbarkeits-Normalform wird durch Bild A.2 veranschaulicht. Diese Schaltung ist - ebenso wie die folgenden Normalformen - zur Simulation des Systems am Analog- oder Digitalrechner geeignet, da nur reelle Koeffizienten auftreten.

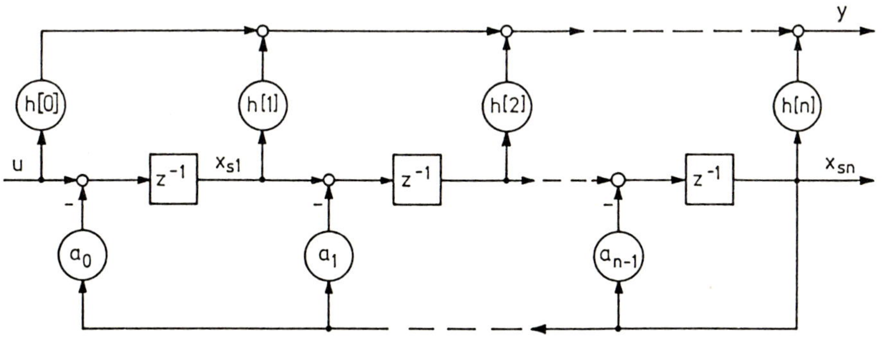

Bild A.2 Steuerbarkeits-Normalform

A.3.2 Regelungs-Normalform

$$\mathbf{A}_R = \mathbf{S}^{-1}\mathbf{A}\mathbf{S} = \begin{bmatrix} 0 & 1 & & 0 \\ & & \ddots & \\ & & & 1 \\ -a_0 & -a_1 & \cdots & -a_{n-1} \end{bmatrix}, \quad \mathbf{b}_R = \mathbf{S}^{-1}\mathbf{b} = \begin{bmatrix} 0 \\ \vdots \\ 0 \\ 1 \end{bmatrix}$$

$$\mathbf{c}_R' = \mathbf{c}'\mathbf{S} \quad = [b_0, b_1 \ldots b_{n-1}] \tag{A.3.8}$$

Auch diese Form hat die charakteristische Gleichung (A.3.2). Die Steuerbarkeitsmatrix hat die Gestalt

$$\mathbf{S}_R = \begin{bmatrix} 0 & \cdots & 0 & 1 \\ & & \cdot & x \\ & \cdot^{\cdot^{\cdot}} & & \\ 0 & 1 & & \\ 1 & x & \cdots & x \end{bmatrix}, \quad \mathbf{S}_R^{-1} = \begin{bmatrix} a_1 & a_2 & \cdots & a_{n-1} & 1 \\ a_2 & & \cdot^{\cdot^{\cdot}} & & 0 \\ & \cdot^{\cdot^{\cdot}} & & & \\ a_{n-1} & \cdot & & & \\ 1 & 0 & \cdots & & 0 \end{bmatrix} \tag{A.3.9}$$

Sie ist nichtsingulär, d.h. diese Form existiert nur bei steuerbaren Systemen.

Es besteht ein einfacher Zusammenhang zwischen der Regelungs-Normalform und der z-Übertragungsfunktion des Systems. Die Ausrechnung der z-Übertragungsfunktion nach (3.3.16) mit d = 0 ergibt

$$h_z(z) = \mathbf{c}_R'(z\mathbf{I}-\mathbf{A}_R)^{-1}\mathbf{b}_R = \frac{b_0 + b_1 z + \ldots + b_{n-1}z^{n-1}}{a_0 + a_1 z + \ldots + a_{n-1}z^{n-1} + z^n} \tag{A.3.10}$$

Der Ausgangsvektor $\mathbf{c}_R'$ besteht aus den Koeffizienten des Zählerpolynoms der z-Übertragungsfunktion, wenn alle Kürzungen von Polen und Nullstellen in (A.3.10) bereits ausgeführt sind, dann kann mit den Parametern von $h_z(z)$ die Regelungs-Normalform der Zustandsdarstellung des steuerbaren und beobachtbaren Teilsystems unmittelbar hingeschrieben werden. Falls im Zähler der z-Übertragungsfunktion noch ein Glied $b_n z^n$ hinzukommt, lautet die Meßgleichung

$$y[k] = [b_0-a_0b_n, \; b_1-a_1b_n, \; \ldots \; b_{n-1}-a_{n-1}b_n]\mathbf{x}_R[k] + b_n u[k] \tag{A.3.11}$$

$$= \mathbf{c}_R'\mathbf{x}_R[k] + du[k]$$

Die Regelungs-Normalform wird durch Bild A.3 veranschaulicht.

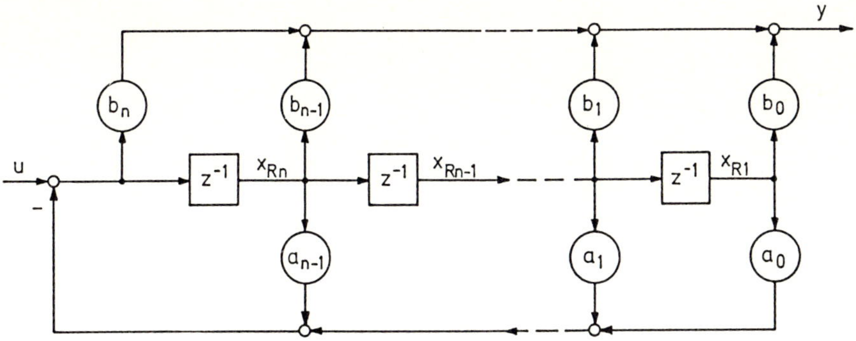

Bild A.3 Regelungs-Normalform

Der Name Regelungs-Normalform leitet sich daraus ab, daß eine Rückführung der Zustände $\mathbf{x}_R$ elementweise die einzelnen Koeffizienten a_i des charakteristischen Polynoms verändert.

Die Transformationsmatrix **S** ist nach (A.1.7) und (A.3.9)

$$\mathbf{S} = \mathbf{S}\mathbf{S}_R^{-1} = [\mathbf{b},\ \mathbf{Ab} \dots \mathbf{A}^{n-1}\mathbf{b}] \begin{bmatrix} a_1 & a_2 & \cdot & \cdot & a_{n-1} & 1 \\ a_2 & & \cdot & \cdot & \cdot & 0 \\ \cdot & \cdot & \cdot & & & \\ a_{n-1} & \cdot & & & & \\ 1 & 0 & \cdot & \cdot & \cdot & 0 \end{bmatrix} \tag{A.3.12}$$

Die Berechnung der Transformationsmatrix wird besonders einfach, wenn man die Spalten von $\mathbf{S} = [\mathbf{s}_1,\ \mathbf{s}_2 \dots \mathbf{s}_n]$ rekursiv berechnet [66.1]. Es ist

$$\mathbf{AS} = \mathbf{SA}_R$$

$$[\mathbf{As}_1,\ \mathbf{As}_2,\ \dots \mathbf{As}_n] = [\mathbf{s}_1,\ \mathbf{s}_2,\ \dots \mathbf{s}_n] \begin{bmatrix} 0 & 1 & \cdot & \cdot & \cdot & 0 \\ \cdot & & \cdot & & & \\ \cdot & & & \cdot & & \\ \cdot & & & & \cdot & 1 \\ -a_0 & -a_1 & \cdot & \cdot & \cdot & -a_{n-1} \end{bmatrix}$$

$$= [-a_0\mathbf{s}_n,\ \mathbf{s}_1 - a_1\mathbf{s}_n,\ \dots \mathbf{s}_{n-1} - a_{n-1}\mathbf{s}_n] \tag{A.3.13}$$

Die Rechnung beginnt mit
$\mathbf{s}_n = \mathbf{b}$ (dies folgt aus $\mathbf{b} = \mathbf{Sb}_R = [\mathbf{s}_1 \dots \mathbf{s}_n][0 \dots 1]' = \mathbf{s}_n$), dann wird $\mathbf{s}_{n-1}$ aus der letzten Spalte von (A.3.13) berechnet und so fort. Die erste Spalte liefert eine Kontrolle. Man erhält

$$
\begin{aligned}
\mathbf{s}_n &= \mathbf{b} \\
\mathbf{s}_{n-1} &= \mathbf{A}\mathbf{s}_n + a_{n-1}\mathbf{s}_n \\
\mathbf{s}_{n-2} &= \mathbf{A}\mathbf{s}_{n-1} + a_{n-2}\mathbf{s}_n \\
&\vdots \\
\mathbf{s}_1 &= \mathbf{A}\mathbf{s}_2 + a_1\mathbf{s}_n \\
\mathbf{0} &= \mathbf{A}\mathbf{s}_1 + a_0\mathbf{s}_n \quad \text{(Kontrolle)}
\end{aligned}
\tag{A.3.14}
$$

Die a_i und $\mathbf{s}_i$ können mit dem LEVERRIER-Algorithmus, (A.7.36), berechnet werden:

$$
\begin{aligned}
& & \mathbf{D}_{n-1} &= \mathbf{I} & \mathbf{s}_n &= \mathbf{D}_{n-1}\mathbf{b} \\
a_{n-1} &= - \text{ spur } \mathbf{A}\mathbf{D}_{n-1}, & \mathbf{D}_{n-2} &= \mathbf{A}\mathbf{D}_{n-1}+a_{n-1}\mathbf{I}, & \mathbf{s}_{n-1} &= \mathbf{D}_{n-2}\mathbf{b} \\
a_{n-2} &= -\frac{1}{2} \text{ spur } \mathbf{A}\mathbf{D}_{n-2}, & \mathbf{D}_{n-3} &= \mathbf{A}\mathbf{D}_{n-2}+a_{n-2}\mathbf{I}, & \mathbf{s}_{n-2} &= \mathbf{D}_{n-3}\mathbf{b} \\
&\vdots \\
a_1 &= -\frac{1}{n-1} \text{ spur } \mathbf{A}\mathbf{D}_1, & \mathbf{D}_0 &= \mathbf{A}\mathbf{D}_1+a_1\mathbf{I}, & \mathbf{s}_1 &= \mathbf{D}_0\mathbf{b} \\
a_0 &= -\frac{1}{n} \text{ spur } \mathbf{A}\mathbf{D}_0, & \mathbf{0} &= \mathbf{A}\mathbf{D}_0+a_0\mathbf{I} & & \text{(Kontrolle)}
\end{aligned}
\tag{A.3.15}
$$

A.3.3 Beobachtbarkeits-Normalform

Dies ist die duale Form zur Steuerbarkeits-Normalform (A.3.3) mit

$$\mathbf{A}_B = \mathbf{A}_s', \quad \mathbf{b}_B = \mathbf{c}_s, \quad \mathbf{c}_B = \mathbf{b}_s \tag{A.3.16}$$

Die Beobachtbarkeits-Matrix ist die Einheitsmatrix $\mathcal{B}_B = \mathbf{I}$, diese Form existiert daher nur bei beobachtbaren Systemen und die Transformationsmatrix $\mathbf{T}$ für $\mathbf{A}_B = \mathbf{T}\mathbf{A}\mathbf{T}^{-1}$ erhält man nach (A.1.4)

$$\mathbf{T} = \mathcal{B} = \begin{bmatrix} \mathbf{c}' \\ \mathbf{c}'\mathbf{A} \\ \vdots \\ \mathbf{c}'\mathbf{A}^{n-1} \end{bmatrix} \tag{A.3.17}$$

Bild A.4 zeigt das Blockschaltbild der Beobachtbarkeits-Normalform.

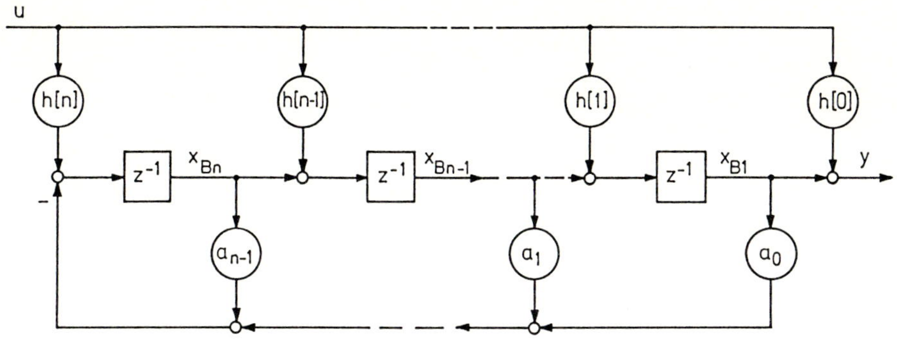

Bild A.4 Beobachtbarkeits-Normalform

Die Beobachtbarkeits-Normalform ist besonders vorteilhaft für das Problem der minimalen Realisierung [66.3, 71.4]. Dabei ist eine gemessene Impulsantwort h[k], k = 0, 1, 2, 3 ..., eines linearen zeitdiskreten Systems gegeben. Mit einer Zustandsdarstellung besteht nach (3.3.3) der Zusammenhang

$$y[k] = h[k] = \mathbf{c}'\mathbf{A}^{k-1}\mathbf{b}\ , \quad k = 1, 2, 3 \ldots\ , \quad y[0] = h[0] = d \tag{A.3.18}$$

Gesucht ist eine minimale Realisierung, d.h. ein steuerbares und beobachtbares Tripel $\mathbf{c}'$, $\mathbf{A}$, $\mathbf{b}$. Offensichtlich ist die Lösung nicht eindeutig, da $\mathbf{c}'\mathbf{T}^{-1}$, $\mathbf{TAT}^{-1}$, $\mathbf{Tb}$ mit beliebigem nichtsingulärem $\mathbf{T}$ ebenfalls eine Realisierung ist. Man kann also eine geeignete kanonische Form wählen, in der nur die minimale Anzahl von Parametern auftritt, nämlich 2n (ohne d). In der Beobachtbarkeits-Normalform hat man unmittelbar

$$\mathbf{b}_B = \begin{bmatrix} h[1] \\ h[2] \\ \vdots \\ h[n] \end{bmatrix} , \quad \mathbf{c}_B' = [1 \quad 0 \ldots 0] \tag{A.3.19}$$

$\mathbf{A}_B$ ist durch das charakteristische Polynom bestimmt. Man erhält dies aus der HANKEL-Matrix

$$\mathbf{H}_n = \begin{bmatrix} h[1] & h[2] \ldots h[n+1] \\ h[2] & \\ \vdots & \\ h[n] & h[2n] \end{bmatrix} = \begin{bmatrix} \mathbf{c}_B' \\ \mathbf{c}_B'\mathbf{A}_B \\ \vdots \\ \mathbf{c}_B'\mathbf{A}_B{}^{n-1} \end{bmatrix} [\mathbf{b}_B, \ \mathbf{A}_B\mathbf{b}_B \ \ldots \ \mathbf{A}_B{}^n\mathbf{b}_B] \tag{A.3.20}$$

$$= \mathcal{B}_B[\mathbf{S}_B, \ \mathbf{A}_B^n\mathbf{b}_B]$$

Darin ist $\mathbf{B}_B = \mathbf{I}$ und nach CAYLEY-HAMILTON, Gl. (A.7.30),

$$[\mathbf{S}_B,\ \mathbf{A}_B^n\mathbf{b}_B]\begin{bmatrix}\mathbf{a}\\1\end{bmatrix} = [\mathbf{b}_B,\ \mathbf{A}_B\mathbf{b}_B\ldots\mathbf{A}_B^n\mathbf{b}_B][a_0 \quad a_1\ldots a_{n-1} \quad 1]' = \mathbf{0} \qquad (A.3.21)$$

Mit (A.3.20) ist also

$$\mathbf{H}_n\begin{bmatrix}\mathbf{a}\\1\end{bmatrix} = \mathbf{0} \qquad (A.3.22)$$

Aus dieser Gleichung kann der Koeffizientenvektor $\mathbf{a}$ des charakteristischen Polynoms und damit $\mathbf{A}_B$ bestimmt werden.

Diese minimale Realisierung in Beobachtbarkeits-Normalform kann auf den Fall der Mehrgrößensysteme erweitert werden [71.4] sowie auf störungsfreie Ein-Ausgangs-Messungen mit beliebigem Eingang [69.5, 71.3].

A.3.4 Beobachter(Filter)-Normalform

Die Beobachter- (oder Filter-) Normalform ist dual zur Regelungs-Normalform (A.3.8), d.h.

$$\mathbf{A}_F = \mathbf{A}_R',\quad \mathbf{b}_F = \mathbf{c}_R,\quad \mathbf{c}_F = \mathbf{b}_R \qquad (A.3.23)$$

Sie kann berechnet werden, indem man das Paar ($\mathbf{A}'$, $\mathbf{c}$) in Regelungs-Normalform transformiert. Bild A.5 illustriert diese Form, hier mit einem direkten Durchgriff $b_n = d$, also einer Ausgangsbeziehung $y = \mathbf{c}_F'\mathbf{x}_F + du$.

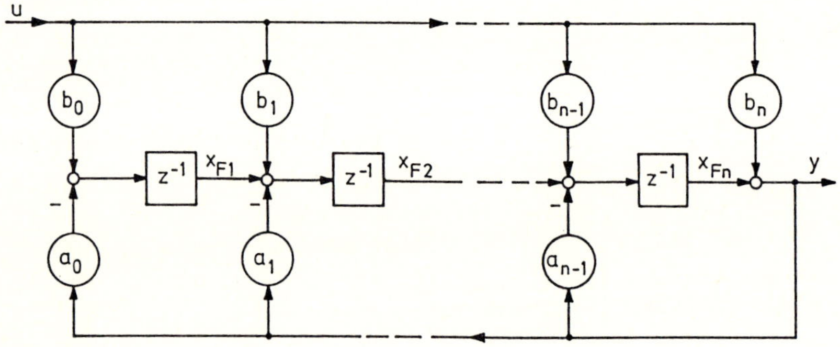

Bild A.5 Beobachter-Normalform

Es besteht der gleiche einfache Zusammenhang zwischen der z-Übertragungsfunktion und der Beobachter-Normalform wie bei der Regelungs-Normalform, (A.3.10).

Die Beobachter-Normalform wurde z.B. in Bild 5.6 für die Erklärung des Deadbeat-Beobachters benutzt. Sie ist auch geeignet zur Implementierung von Reglern mit mehreren Eingängen, denen jeweils ein Zählerpolynom zugeordnet ist. Diese werden entsprechend wie u in Bild A.5 eingeführt. Alle Übertragungsfunktionen haben einen gemeinsamen Nenner. Ein solcher Regler wurde z.B. in Bild 6.8 angesetzt und in (6.2.15) ausgerechnet.

A.4 LUENBERGER- und BRUNOVSKY-Formen

A.4.1 Allgemeine Bemerkungen zu Mehrgrößen-Normalformen

Die bisher behandelten Formen lassen sich auf den Mehrgrößenfall erweitern. Einfach ist diese Erweiterung bei der JORDAN-Form, wie im Beispiel (A.2.39) gezeigt wurde. Dabei ändert sich die Dynamik-Matrix $\mathbf{J} = \mathbf{TAT}^{-1}$ nicht.

Bei der FROBENIUS-Form hat man die Möglichkeit, Teilsysteme und ihre Verkopplungen sichtbar zu machen, indem **A** aus einzelnen FROBENIUS-Blöcken zusammengesetzt wird. In den LUENBERGER-Formen werden die Teilsysteme den einzelnen Eingangs- bzw. Ausgangsgrößen zugeordnet. Unter den vielen Möglichkeiten, dies zu tun, sind zwei Strategien von besonderem Interesse, die hier für die Zuordnung zu den Eingangsgrößen diskutiert werden sollen:

a) **einseitige Kopplungen**

Man beginnt mit einem der Eingänge und transformiert das von diesem Eingang aus steuerbare Teilsystem in Steuerbarkeits- oder Regelungs-Normalform. Man wählt den nächsten Eingang und ordnet ihm das Teilsystem zu, das durch die Hinzunahme dieses Eingangs zusätzlich steuerbar wird. Es treten Kopplungsterme von diesem zweiten in das erste Teilsystem hinein auf, aber nicht umgekehrt. Durch die Kopplungsterme wird berücksichtigt, daß ein Teil des ersten Teilsystems vom zweiten Eingang aus steuerbar sein kann. Insgesamt entsteht so eine Dreiecks-Blockstruktur der **A**-Matrix. Die Hauptdiagonale besteht aus FROBENIUS-Blöcken. Deren charakteristische Polynome sind Faktoren des charakteristischen Polynoms des Gesamtsystems. Näheres zu diesen Formen ist in [67.4, 68.4, 70.2] zu finden.

b) **zweiseitige Kopplungen**

Man teilt jedem Eingang ein Teilsystem zu und versucht, sie der Ordnung nach möglichst gleich groß zu machen. Daraus ergeben sich die Steuerbarkeitsindices μ_i als Ordnungen der Teilsysteme. Die Teilsysteme sind nun in beiden Richtungen gekoppelt und die FROBENIUS-Blöcke in der Hauptdiagonalen repräsentieren nicht mehr das charakteristische Polynom des Gesamtsystems. Eine wichtige Form von diesem Typ wird im folgenden Abschnitt vorgestellt.

A.4.2 Regelungs-Normalform nach LUENBERGER

Gegeben sei ein steuerbares Paar $(\mathbf{A}, \mathbf{B})$ mit den Steuerbarkeitsindices $\mu_1, \mu_2 \ldots \mu_r$. LUENBERGER [67.4] hat eine Transformation $\mathbf{A}_L = \mathbf{TAT}^{-1}$, $\mathbf{B}_L = \mathbf{TB}$ hergeleitet, bei der $\mathbf{A}_L$ FROBENIUS-Blöcke der Dimension μ_i auf seiner Hauptdiagonalen hat. Die Koeffizienten von $\mathbf{A}_L$ sind die α-Parameter und die von $\mathbf{B}_L$ die β-Parameter, siehe (7.1.38) und (7.1.25).

$$\mathbf{A}_L = \begin{bmatrix} \mathbf{A}_{11} & \cdots & \mathbf{A}_{1r} \\ \vdots & & \vdots \\ \mathbf{A}_{r1} & & \mathbf{A}_{rr} \end{bmatrix}, \quad \mathbf{B}_L = \begin{bmatrix} \mathbf{D}_1 \\ \vdots \\ \mathbf{D}_r \end{bmatrix} \mathbf{M}^{-1} =: \mathbf{DM}^{-1} \tag{A.4.1}$$

$$\mathbf{A}_{ii} = \begin{bmatrix} 0 & 1 & & \\ & & \ddots & \\ & & & 1 \\ \hline & & -\mathbf{h}_{ii}' & \end{bmatrix}, \quad \mathbf{A}_{ij} = \begin{bmatrix} & \\ & \mathbf{0} & \\ \hline & -\mathbf{h}_{ij}' & \end{bmatrix} \quad \text{für } i \neq j$$

$$\mathbf{h}_{ii}' = [\alpha_{ii0} \quad \alpha_{ii1} \quad \cdots \quad \alpha_{ii\mu_i-1}]$$

$$\mathbf{h}_{ij}' = \begin{cases} [\alpha_{ji0} \quad \alpha_{ji1} \quad \cdots \quad \alpha_{ji\mu_j-1}] & \mu_i \geq \mu_j \\ [\alpha_{ji0} \cdots \alpha_{ji\mu_i-1} \quad 0 \ldots 0] & \mu_i < \mu_j \end{cases}$$

$$\mathbf{D}_i = \begin{bmatrix} \mathbf{0} \\ \mathbf{i}_i' \end{bmatrix}, \quad \mathbf{M} = \begin{bmatrix} 1 & \boxed{\beta_2} & \boxed{\beta_3} & \cdots & \boxed{\beta_r} \\ 0 & 1 & & & \\ & & 1 & & \\ & & & \ddots & \\ 0 & & & & 1 \end{bmatrix}$$

$\mathbf{i}_i'$ ist die i-te Zeile der $r \times r$ Einheitsmatrix.

$$\boldsymbol{\beta}_i = \begin{bmatrix} \beta_{i1} \\ \vdots \\ \beta_{i\mu_i-1} \end{bmatrix} \quad \text{mit } \beta_{ij} = 0 \text{ für } \mu_i \geq \mu_j$$

Wesentliche Eigenschaften dieser Form sind:

1. Parameter

Sie zeigt direkt die Steuerbarkeits-Indices μ_i und die α- und β-Parameter. Es sei

$$\mathbf{D} = \begin{bmatrix} \mathbf{D}_1 \\ \vdots \\ \mathbf{D}_r \end{bmatrix} = [\mathbf{d}_1 \ \dots \ \mathbf{d}_r] \tag{A.4.2}$$

Die α-Parameter des Paares $\mathbf{A}_L$, $\mathbf{D}$ erfüllen

$$\sum_{j=1}^{r} \sum_{k=0}^{\mu_i-1} \alpha_{ijk}\mathbf{A}_L^k\mathbf{d}_j + \mathbf{A}_L^{\mu_i}\mathbf{d}_i = 0 \tag{A.4.3}$$

Diese Beziehung ist identisch mit (7.1.40). Setzt man nun $\mathbf{B}_L = \mathbf{D}\mathbf{M}^{-1}$ bzw. $\mathbf{D} = \mathbf{B}_L\mathbf{M}$ ein, so entstehen die a- und β-Parameter in

$$\sum_{i=1}^{r} \sum_{k=0}^{\mu_i-1} a_{ijk}\mathbf{A}_L^k\mathbf{b}_{Lj} + \sum_{j=1}^{i} \beta_{ij}\mathbf{A}_L^{\mu_i}\mathbf{b}_{Lj} = 0 \tag{A.4.4}$$

Beispiel

Es sei $\mu_1 = 3$, $\mu_2 = 2$, $\mu_3 = 1$. Bei einer solchen monoton fallenden Folge von Steuerbarkeitsindices treten sämtliche β-Parameter auf, siehe (7.1.26).

$$\mathbf{A}_L = \left[\begin{array}{ccc|cc|c} 0 & 1 & 0 & 0 & 0 & 0 \\ 0 & 0 & 1 & 0 & 0 & 0 \\ -\alpha_{110} & -\alpha_{111} & -\alpha_{112} & -\alpha_{210} & -\alpha_{211} & -\alpha_{310} \\ \hline 0 & 0 & 0 & 0 & 1 & 0 \\ -\alpha_{120} & -\alpha_{121} & 0 & -\alpha_{220} & -\alpha_{221} & -\alpha_{320} \\ \hline -\alpha_{130} & 0 & 0 & -\alpha_{230} & 0 & -\alpha_{330} \end{array}\right] \tag{A.4.5}$$

$$\mathbf{B}_L = \begin{bmatrix} 0 & 0 & 0 \\ 0 & 0 & 0 \\ 1 & 0 & 0 \\ \hline 0 & 0 & 0 \\ 0 & 1 & 0 \\ \hline 0 & 0 & 1 \end{bmatrix} \begin{bmatrix} 1 & \beta_{21} & \beta_{31} \\ 0 & 1 & \beta_{32} \\ 0 & 0 & 1 \end{bmatrix}^{-1} = \mathrm{DM}^{-1}$$

Man verifiziert leicht, daß

$$\mathbf{A}_L^3\mathbf{d}_1 = -\alpha_{110}\mathbf{d}_1-\alpha_{111}\mathbf{A}_L\mathbf{d}_1-\alpha_{112}\mathbf{A}_L^2\mathbf{d}_1-\alpha_{120}\mathbf{d}_2-\alpha_{121}\mathbf{A}_L\mathbf{d}_2-\alpha_{130}\mathbf{d}_3$$

$$\mathbf{A}_L^2\mathbf{d}_2 = -\alpha_{210}\mathbf{d}_1-\alpha_{211}\mathbf{A}_L\mathbf{d}_1-\alpha_{220}\mathbf{d}_2-\alpha_{221}\mathbf{A}_L\mathbf{d}_2-\alpha_{230}\mathbf{d}_3$$

$$\mathbf{A}_L\mathbf{d}_1 = -\alpha_{310}\mathbf{d}_1-\alpha_{320}\mathbf{d}_2-\alpha_{330}\mathbf{d}_3$$

Und mit $\mathbf{D} = \mathbf{B}_L\mathbf{M}$

$$\mathbf{D} = [\mathbf{d}_1 \quad \mathbf{d}_2 \quad \mathbf{d}_3] = [\mathbf{b}_{L1} \quad \mathbf{b}_{L2} \quad \mathbf{b}_{L3}] \begin{bmatrix} 1 & \beta_{21} & \beta_{31} \\ 0 & 1 & \beta_{32} \\ 0 & 0 & 1 \end{bmatrix}$$

$$[\mathbf{B}_L, \mathbf{A}_L\mathbf{B}_L, \mathbf{A}_L^2\mathbf{B}_L]\mathbf{a}_1 + \mathbf{A}_L^3\mathbf{b}_{L1} = 0$$

$$[\mathbf{B}_L, \mathbf{A}_L\mathbf{B}_L]\mathbf{a}_2 + \beta_{21}\mathbf{A}_L^2\mathbf{b}_{L1} + \mathbf{A}_L^2\mathbf{b}_{L2} = 0$$

$$\mathbf{B}_L\mathbf{a}_3 + \beta_{31}\mathbf{A}_L^2\mathbf{b}_{L1} + \beta_{32}\mathbf{A}_L\mathbf{b}_{L2} + \mathbf{A}_L\mathbf{b}_{L3} = 0$$

mit

$$\mathbf{a}_1 = [a_{110} \quad a_{120} \quad a_{130} \quad a_{111} \quad a_{121} \quad 0 \quad a_{112} \quad 0 \quad 0]'$$

$$\mathbf{a}_2 = [a_{210} \quad a_{220} \quad a_{230} \quad a_{211} \quad a_{221} \quad 0]'$$

$$\mathbf{a}_3 = [a_{310} \quad a_{320} \quad a_{330}]'$$

Die $\mathbf{a}_i$ stehen mit den $\boldsymbol{\alpha}_i$ in der Beziehung nach (7.1.38).

$$\mathbf{a}_1 = \begin{bmatrix} \mathbf{M} & & \\ & \mathbf{M} & \\ & & \mathbf{M} \end{bmatrix} \boldsymbol{\alpha}_1 , \quad \mathbf{a}_2 = \begin{bmatrix} \mathbf{M} & \\ & \mathbf{M} \end{bmatrix} \boldsymbol{\alpha}_2 , \quad \mathbf{a}_3 = \mathbf{M}\boldsymbol{\alpha}_3$$ □

Die $\mathbf{a}_i$ sind die von POPOV [72.4] definierten Invarianten. Diese Invarianten sind in Tabelle A.1 zusammengestellt:

Unter diesen Transformationen mit $\det \mathbf{M} \neq 0$	bilden die folgenden Größen einen vollständigen Satz von unabhängigen Invarianten $i = 1, 2 \ldots m$	Referenz	
$\mathbf{T(A-BK)T^{-1}}$, **TBM**	μ_i (ungeordnet)	BRUNOVSKY [70.1]	(A.4.6)
$\mathbf{T(A-BK)T^{-1}}$, **TB**	μ_i , β_i	POPOV [72.4]	(A.4.7)
$\mathbf{TAT^{-1}}$, **TB**	μ_i , β_i , a_i	POPOV [72.4]	(A.4.8)

Tabelle A.1 Invarianten von (**A**, **B**)

Zwischen den Parametersätzen (μ_i, β_i, a_i) und (μ_i, β_i, α_i) besteht eine eindeutige Beziehung. Die Invarianz (A.4.8) gilt also auch für den zweiten Parametersatz. Wenn also für ein steuerbares Paar (**A**, **B**) die α- und β-Parameter aus den linearen Abhängigkeiten zwischen den Spalten von [**B**, **AB**...] bestimmt worden sind, kann die LUENBERGER-Form (A.4.1) fast unmittelbar hingeschrieben werden, es ist lediglich die Inversion der $r \times r$ Dreiecksmatrix **M** erforderlich.

2. Charakteristisches Polynom

Man erhält das charakteristische Polynom von $\mathbf{A}_L$ wie folgt: Es sei

$$\mathbf{z}_j = [1, z \ldots z^j]'$$

$$\mathbf{Z} = \begin{bmatrix} \mathbf{z}_{\mu_1} & & & \\ & \ddots & & \\ & & \ddots & \\ & & & \mathbf{z}_{\mu_m} \end{bmatrix}, \quad \mathbf{Q} = \left[\begin{array}{cc|cc|c|cc} \mathbf{h}'_{11} & 1 & \mathbf{h}'_{12} & 0 & & \mathbf{h}'_{1r} & 0 \\ \mathbf{h}'_{21} & 0 & \mathbf{h}'_{22} & 1 & & & \\ \vdots & & \vdots & & \cdots & \vdots & \\ \mathbf{h}'_{r1} & 0 & \mathbf{h}'_{r2} & 0 & & \mathbf{h}'_{rr} & 1 \end{array}\right] \qquad (A.4.9)$$

Dann ist

$$\det(z\mathbf{I}-\mathbf{A}_L) = \det \mathbf{QZ} \qquad (A.4.10)$$

Die Berechnung der Determinante der $n \times n$ Matrix $(z\mathbf{I}-\mathbf{A}_L)$ wird damit auf die Berechnung der Determinante der $r \times r$ Matrix QZ reduziert, wobei $r \leq n$ ist.

3. Transformations-Matrix

Die Transformations-Matrix **T** für $\mathbf{A}_L = \mathbf{TAT}^{-1}$, $\mathbf{B}_L = \mathbf{TB}$ wurde von LUENBERGER [67.4] hergeleitet:
Man ordnet die Spalten von reg[**B**, **AB** ...] zu der nichtsingulären n×n Matrix

$$\mathbf{R} := [\mathbf{b}_1, \mathbf{Ab}_1 \ldots \mathbf{A}^{\mu_1-1}\mathbf{b}_1, \mathbf{b}_2, \ldots, \ldots, \ldots \mathbf{A}^{\mu_r-1}\mathbf{b}_r] \tag{A.4.11}$$

Ihre Inverse hat die Struktur

$$\mathbf{R}^{-1} = \begin{bmatrix} \mathbf{S}_1 \\ \vdots \\ \mathbf{S}_r \end{bmatrix} \tag{A.4.12}$$

Die letzte Zeile der $\mu_i \times n$ Matrix $\mathbf{S}_i$ sei $\mathbf{e}_i'$. Dann ist

$$\mathbf{T} = \begin{bmatrix} \mathbf{T}_1 \\ \vdots \\ \mathbf{T}_r \end{bmatrix}, \quad \mathbf{T}_i = \begin{bmatrix} \mathbf{e}_i' \\ \mathbf{e}_i'\mathbf{A} \\ \vdots \\ \mathbf{e}_i'\mathbf{A}^{\mu_i-1} \end{bmatrix} \tag{A.4.13}$$

4. Inverse Transformationsmatrix

Im Eingrößenfall, (A.3.9), war es vorteilhaft, die Spalten der inversen Transformationsmatrix $\mathbf{S} = \mathbf{T}^{-1}$ rekursiv zu bilden. Diese Prozedur wurde in [73.3] auf den Mehrgrößenfall verallgemeinert. Sie ist der Gleichung (A.3.13) ähnlich, es wird aber vorausgesetzt, daß die α- und β-Parameter bekannt sind und nicht nur die Koeffizienten des charakteristischen Polynoms.

A.4.3 BRUNOVSKY-Form

Die bis hierher im Anhang A behandelten Normalformen benutzten nur eine Basis-Transformation im Zustandsraum, also $(\mathbf{A}, \mathbf{B}) \rightarrow (\mathbf{TAT}^{-1}, \mathbf{TB})$. In diesem Abschnitt lassen wir auch eine Eingangs-Transformation $\mathbf{B} \rightarrow \mathbf{BM}$ und eine Zustandsvektor-Rückführung $\mathbf{A} \rightarrow \mathbf{A}-\mathbf{BK}$ zu. Nach (A.4.6) sind dann nur noch die Steuerbarkeitsindices μ_i invariant und eine kanonische Form kann allein durch diese ganzen Zahlen spezifiziert werden. Streng genommen ist nur die ungeordnete Menge der μ_i invariant, da eine Eingangs-Transformation auch eine Permutation der Eingangsgrößen erlaubt. Diese Möglichkeit wird hier jedoch nicht weiter diskutiert.

Ausgehend von der LUENBERGER-Form (A.4.1) geht man in zwei Schritten vor:

1. Es wird eine Eingangs-Transformation mit der Matrix $\mathbf{M}$ nach (A.4.1) durchgeführt. Für den normalisierten Eingangsvektor $\mathbf{v} := \mathbf{M}^{-1}\mathbf{u}$ ist die Eingangsmatrix $\mathbf{D} = \mathbf{B}_L\mathbf{M}$. Damit werden alle β-Parameter zu Null.

2. Man führt die folgende Rückführung ein:

   $\mathbf{u} = -\mathbf{Kx}$, d.h. $\mathbf{v} = \mathbf{M}^{-1}\mathbf{Kx} = \mathbf{Fx}$ mit

$$\mathbf{F} = \mathbf{H} := \begin{bmatrix} \mathbf{h}'_{11} & \cdots & \mathbf{h}'_{1r} \\ \vdots & & \vdots \\ \mathbf{h}'_{r1} & \cdots & \mathbf{h}'_{rr} \end{bmatrix} \tag{A.4.14}$$

   Die Rückführung macht alle α-Parameter zu Null und die resultierende Form ist

$$\mathbf{A}_B = \begin{bmatrix} \mathbf{A}_{11} & \cdots & \mathbf{A}_{1r} \\ \vdots & & \vdots \\ \mathbf{A}_{r1} & \cdots & \mathbf{A}_{rr} \end{bmatrix}, \quad \mathbf{B}_B = \begin{bmatrix} \mathbf{D}_1 \\ \vdots \\ \mathbf{D}_r \end{bmatrix} \tag{A.4.15}$$

$$\mathbf{A}_{ii} = \begin{bmatrix} 0 & 1 & & & \\ \cdot & & \cdot & & \\ \cdot & & & \cdot & \\ \cdot & & & \cdot & 1 \\ 0 & & & & 0 \end{bmatrix}, \quad \mathbf{A}_{ij} = \mathbf{0} \text{ für } i \neq j , \quad \mathbf{D}_i = \begin{bmatrix} \mathbf{0} \\ \mathbf{i}'_i \end{bmatrix}$$

   $\mathbf{i}'_i$ ist die i-te Zeile der Einheitsmatrix.

$(\mathbf{A}_B, \mathbf{B}_B)$ wird als BRUNOVSKY-Form bezeichnet. Die dargestellte Vorgehensweise zur Erzeugung der BRUNOVSKY-Form wurde in [68.2] im Zusammenhang der zeitoptimalen Deadbeat-Lösung eingeführt.

Die BRUNOVSKY-Form wurde hier als Sonderfall von LUENBERGERs Block-FROBENIUS-Form dargestellt. Man kann sie jedoch auch als JORDAN-Form interpretieren, bei der alle Eigenwerte bei Null liegen und r JORDAN-Blöcke von den Dimensionen $\mu_1, \mu_2 \ldots \mu_r$ entstehen. Daraus sieht man:

Das Minimalpolynom von $\mathbf{A}_B$ ist z^{μ}, wobei μ der maximale Steuerbarkeitsindex ist.

A.5 HESSENBERG- und NOUR ELDIN-Formen

Die bisher im Anhang A eingeführten Normalformen dienten in erster Linie der Illustration von strukturellen Eigenschaften und Parametern. Beim Entwurf von Regelungssystemen benötigt man nicht die Normalform selbst, sondern die Transformationsmatrix, die zu dieser Form führt. In diesem Abschnitt werden nun rechnerisch vorteilhafte Formen behandelt sowie Prozeduren, die sowohl die Normalform, als auch die Transformationsmatrix liefern.

A.5.1 HESSENBERG-Form, Elementar-Transformationen

Die HESSENBERG-Form eines Paars $(\mathbf{A}, \mathbf{b})$ ist

$$[\mathbf{A}_H \vdots \mathbf{b}_H] = \left[\begin{array}{cccc|c} x & \textcircled{n} & 0 & 0 & 0 \\ x & x & \textcircled{n-1} & & \\ & & \ddots & 0 & \\ & & & \textcircled{2} & 0 \\ & & & & \\ x & & & x & \textcircled{1} \end{array}\right] \qquad (A.5.1)$$

Das x bezeichnet ein beliebiges Element. Die eingekreisten Elemente sind bei einem steuerbaren System ungleich Null. Die Steuerbarkeitsmatrix von $\mathbf{A}_H$, $\mathbf{b}_H$ ist nämlich

$$\mathbf{S}_H = [\mathbf{b}_H, \mathbf{A}_H\mathbf{b}_H \ldots \mathbf{A}_H^{n-1}\mathbf{b}_H] = \begin{bmatrix} 0 & & & 0 & \textcircled{n!} \\ & & & \cdot & x \\ & & \cdot & & \\ 0 & \textcircled{12} & & & \\ \textcircled{1} & x & & & x \end{bmatrix} \qquad (A.5.2)$$

Schreibweise: $\textcircled{12} = \textcircled{1} \times \textcircled{2}$, $\textcircled{n!} = \textcircled{1} \times \textcircled{2} \times \ldots \times \textcircled{n}$

$\mathbf{S}_H$ ist genau dann nichtsingulär, wenn die Elemente $\textcircled{1}$, $\textcircled{2} \ldots \textcircled{n}$ nicht Null sind. Angenommen, die Elemente $\textcircled{1}$, $\textcircled{2} \ldots \textcircled{i}$ sind ungleich Null und $\textcircled{i+1} = 0$, dann ist rang $\mathbf{S}_H = i$, ein Teilsystem der Ordnung i ist steuerbar. Die Reduktion von $(\mathbf{A}, \mathbf{b})$ auf die Form (A.5.1) endet dann mit

$$\left[\begin{array}{ccccc|cccc|c}
x & . & . & . & x & 0 & . & . & & 0 \\
. & & & & . & & & & & . \\
. & & & & . & & & & & . \\
. & & & & . & & & & & . \\
x & & & & x & 0 & 0 & & & \\
\hline
x & . & . & . & x & x & \textcircled{i} & . & & . \\
. & & & & . & & & \ddots & . & . \\
. & & & & . & & & & \textcircled{2} & 0 \\
. & & & & . & & & & & \\
x & . & . & . & x & x & . & . & x & \textcircled{1}
\end{array}\right] \qquad \text{(A.5.3)}$$

Damit wird das steuerbare Teilsystem mit den Zuständen $x_{n-i+1} \cdots x_n$ von dem nichtsteuerbaren Teilsystem mit den Zuständen $x_1 \ldots x_{n-1}$ abgespalten.

Die Form (A.5.1) bzw. (A.5.3) erhält man durch Elementar-Transformationen, ähnlich wie bei der Gauß-Elimination [78.1, 80.4]:

1. Man wählt das größte Element b_i von **b** als Pivot-Element. (Dabei wird angenommen, daß (**A**, **b**) bereits **balanciert** ist, d.h. die Größenordnungen der Elemente unterscheiden sich nicht zu sehr.)
2. b_i wird das $\textcircled{1}$-Element in (A.5.1) durch einen Permutationsschritt mit

$$\mathbf{P}_1 = \begin{bmatrix} 1 & & & & & & \\ & \ddots & & & & & \\ & & 1 & & & & \\ & & & 0 & & & 1 \\ & & & & 1 & & \\ & & & & & \ddots \; 1 & \\ & & & 1 & & & 0 \end{bmatrix} \Leftarrow \text{i-te Zeile}, \; \mathbf{P}_1^{-1} = \mathbf{P}_1 \qquad \text{(A.5.4)}$$

3. In ($\mathbf{P}_1\mathbf{A}\mathbf{P}_1$, $\mathbf{P}_1\mathbf{b}$) wird ein passend gewähltes Vielfaches der letzten Zeile von allen anderen Zeilen subtrahiert, so daß deren Elemente in der letzen Spalte verschwinden.

$$\left[\begin{array}{c|c} & 0 \\ & \vdots \\ \mathbf{A}^{(1)} & \vdots \\ & 0 \\ & b_i \end{array}\right] \qquad \text{(A.5.5)}$$

Dies wird durch eine Eliminations-Matrix erreicht:

$$\mathbf{G}_1 = \begin{bmatrix} 1 & & -\ell_1 \\ & \ddots & \vdots \\ & & . \; -\ell_{n-1} \\ 0 & & 1 \end{bmatrix}, \quad \mathbf{G}_1^{-1} = \begin{bmatrix} 1 & & \ell_1 \\ & \ddots & \vdots \\ & & . \; \ell_{n-1} \\ 0 & & 1 \end{bmatrix} \qquad \text{(A.5.6)}$$

Darin sind alle $|\ell_i| \le 1$.
Es ist nun $\mathbf{A}^{(1)} = \mathbf{G}_1\mathbf{P}_1\mathbf{A}\mathbf{P}_1^{-1}\mathbf{G}_1^{-1}$, $\mathbf{b}^{(1)} = \mathbf{G}_1\mathbf{P}_1\mathbf{b}$.

Die letzte Zeile und die letzte Spalte werden nicht weiter verändert.

4. Man verfährt nun genauso mit der nach Wegstreichen der letzten Spalte und letzten Zeile verbleibenden Matrix, d.h. man wählt aus der letzten Spalte von $\mathbf{A}^{(1)}$ das größte Element der Zeilen 1 bis n - 1 usw.

5. Wenn in einem der Schritte das größte Element unterhalb einer kleinen numerischen Genauigkeitsschranke liegt, dann endet der Prozeß mit der Form von (A.5.3), andernfalls wird die Form (A.5.1) erreicht, wobei alle ⓧ-Elemente ungleich Null sind und das System steuerbar ist.

Bezogen auf das Paar (**A**, **b**) schreitet die Transformation folgendermaßen fort:

$$\mathbf{A}^{(0)} = \mathbf{A}\ ,\ \mathbf{b}^{(0)} = \mathbf{b}$$

$$\mathbf{A}^{(i)} = \mathbf{T}_i\mathbf{A}^{(i-1)}\mathbf{T}_i^{-1}\ ,\ \mathbf{b}^{(i)} = \mathbf{T}_i\mathbf{b}^{(i-1)} \qquad \text{(A.5.7)}$$

$$\mathbf{T}_i = \mathbf{G}_i\mathbf{P}_i$$

Dabei ist $\mathbf{P}_i^{-1} = \mathbf{P}_i$ und Inversion von $\mathbf{G}_i$ bedeutet lediglich Vorzeichenumkehr der ℓ-Elemente. Die gesamte Transformationsmatrix setzt sich zusammen aus

$$\mathbf{T}_H = \mathbf{T}_n \times \mathbf{T}_{n-1} \times \ldots \times \mathbf{T}_1 \qquad \text{(A.5.8)}$$

Wenn auch eine Ausgangsmatrix **C** zu transformieren ist, wird

$$\mathbf{C}^{(0)} = \mathbf{C}\ ,\ \mathbf{C}^{(i)} = \mathbf{C}^{(i-1)}\mathbf{T}_i^{-1} \qquad \text{(A.5.9)}$$

Man kann die HESSENBERG-Form $\mathbf{A}_H$ noch weiter auf die FROBENIUS-Form $\mathbf{A}_F$ reduzieren, siehe (A.3.1). In dieser Reduktion hat man keine Alternative zu den Pivot-Elementen ①, ② ... ⓝ in (A.5.1), so daß die Transformation nicht numerisch stabilisiert werden kann. In der Literatur über numerische Eigenwertprobleme [65.1, 80.4] wird betont, daß die Transformation in die FROBENIUS-Form kein hilfreicher Schritt auf dem Wege zur Berechnung der Eigenwerte ist. Die Nullstellen eines Polynoms können sehr empfindlich auf kleine Änderungen der charakteristischen Polynom-Koeffizienten in der FROBENIUS-Form reagieren. Daher ist das Eigenwertproblem für $\mathbf{A}_F$ meist schlechter konditioniert als das für die ursprüngliche Matrix **A** oder die zugehörige HESSENBERG-Form $\mathbf{A}_H$.

Der Regelungstechniker ist zwar auch an dem Analyse-Problem der Eigenwert-Berechnung interessiert, aber mehr noch an dem Synthese-Problem der **Polvorgabe.** Die Polvorgabe über ACKERMANNs Formel, (2.7.32), wird numerisch besonders vorteilhaft in Verbindung mit der Transformation in die HESSENBERG-Form. Die Zustandsvektor-Rückführung wird berechnet als

$$u = -\mathbf{k}'\mathbf{x} = -\mathbf{k}_H'\mathbf{x}_H = -\mathbf{k}_H'\mathbf{T}_H\mathbf{x} \tag{A.5.10}$$

Darin ist

$$\mathbf{k}_H' = \mathbf{e}_H'P(\mathbf{A}_H) \quad , \quad \mathbf{e}_H' = [e_1 \; \ldots \; e_n] \tag{A.5.11}$$

$\mathbf{e}_H'$, die letzte Zeile der inversen Steuerbarkeits-Matrix (A.5.2) bestimmt man aus

$$\mathbf{e}_H'\mathbf{S}_H = [0 \; \ldots \; 0 \quad 1]$$

Es folgt

$$\mathbf{e}_H' = [e_1 \quad 0 \; \ldots \; 0] \tag{A.5.12}$$

$$\text{mit } e_1 = \frac{1}{\textcircled{n!}} = \frac{1}{\textcircled{1} \times \textcircled{2} \times \ldots \times \textcircled{n}}$$

In der Form von (2.7.48) lautet ACKERMANNs Formel

$$\mathbf{k}_H' = [\mathbf{p}' \quad 1] \begin{bmatrix} \mathbf{e}_H' \\ \mathbf{e}_H'\mathbf{A}_H \\ \cdot \\ \vdots \\ \mathbf{e}_H'\mathbf{A}_H \end{bmatrix} = [\mathbf{p}' \quad 1] \begin{bmatrix} 1/\textcircled{n!} & 0 & & 0 \\ x & 1/\textcircled{(n-1)!} & & \\ \cdot & & \cdot & \\ \vdots & & \cdot & 1/\textcircled{1} \\ x & \cdot & \cdot \; \cdot & x \end{bmatrix} \tag{A.5.13}$$

Beim Ausmultiplizieren von $P(z) = (z-z_1)\times(z-z_2)\times\ldots\times(z-z_n)$ können Koeffizienten extrem unterschiedlicher Größenordnung entstehen (Beispiel: $P(z) = (z - 0{,}1)^{10}$). Es ist dann vorteilhafter, die Polvorgabe-Formel in ihrer faktorisierten Form zu benutzen, siehe Gl. (2.7.34). Also

$$\mathbf{k}_H' = \mathbf{e}_H'P(\mathbf{A}_H) = \mathbf{e}_H'(a_0\mathbf{I}+b_0\mathbf{A}_H+\mathbf{A}_H^2)(a_1\mathbf{I}+b_1\mathbf{A}_H+\mathbf{A}_H^2)\ldots(c\mathbf{I}+\mathbf{A}_H) \tag{A.5.14}$$

wobei der Term $(c\mathbf{I}+\mathbf{A}_H)$ nur bei ungeradem n auftritt.

Der Rückführvektor **k** für die ursprünglichen Zustandsgrößen ist nach (A.5.10) $\mathbf{k} = -\mathbf{k}_H\mathbf{T}_H = \mathbf{e}_H'P(\mathbf{A}_H)\mathbf{T}_H$.

A.5.2 HESSENBERG- NOUR ELDIN-Form (HN-Form)

Eine Verallgemeinerung von (A.5.1) für den Mehrgrößenfall wurde von NOUR ELDIN [81.6] hergeleitet, dies ist die **HN-Form.**

Anmerkung A.4
NOUR ELDIN nennt dies die erste HN-Form. Die zweite ist eine Verallgemeinerung der FROBENIUS-Formen und die dritte HN-Form führt die strukturellen Nullen darin ein, dies sind die gleichen Nullelemente, wie in der LUENBERGER-Form, (A.4.1) bzw. bei den α-Parametern, siehe (7.1.41). Aus den gleichen Gründen wie im Eingrößenfall können jedoch dabei die numerischen Vorteile der HESSENBERG-Form verlorengehen. Wir behandeln daher hier nur die erste dieser Formen und nennen sie kurz HN-Form. □

Es wird jetzt die Matrix $[\mathbf{A}, \mathbf{b}_r, \ldots \mathbf{b}_1]$ auf HESSENBERG-Form gebracht

$$[\mathbf{A}_H, \mathbf{b}_{Hr} \ldots \mathbf{b}_{H1}] = \left[\begin{array}{cccccccc|cccc}
x & \textcircled{n} & & 0 & & & & 0 & 0 & & & 0 \\
\vdots & & \ddots & & & & & & & & & \\
\vdots & & & \textcircled{x} & 0 & & & & & & & \\
\vdots & & & & \ddots & \textcircled{x} & 0 & & & & & \\
 & & & & & \ddots & \ddots & \ddots & & & & \\
 & & & & & & & 0 & & & & \\
 & & & & & & & \textcircled{r+1} & & & & \\
 & & & & & & & x & \textcircled{r} & & & \\
 & & & & & & & \vdots & x & \ddots & & 0 \\
 & & & & & & & \vdots & \vdots & & \ddots & \\
x & & & & & & & x & x & \cdots & x & \textcircled{1}
\end{array}\right] \qquad (A.5.15)$$

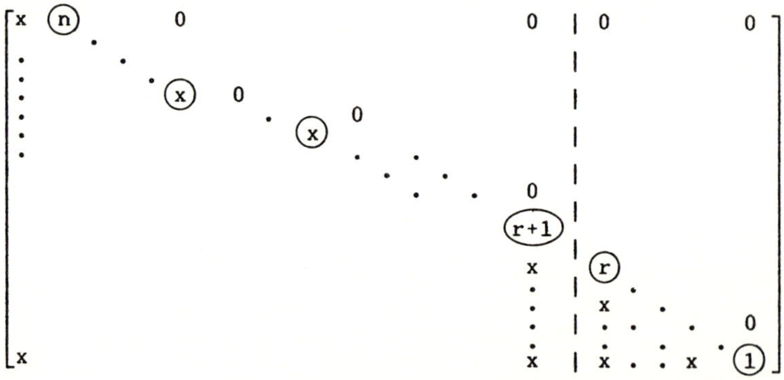

Wenn kein Eingang in seiner Wirkung durch die anderen Eingänge ersetzt werden kann, ist rang **B** = r und die Elemente $\textcircled{1}$, $\textcircled{2} \ldots \textcircled{r}$ sind ungleich Null. Die letzte Spalte von **A** wird wie im Fall einer Eingangsgröße reduziert. Sind alle verbliebenen Elemente der letzten Spalte bereits Null, so wird auch das mit $\textcircled{r+1}$ bezeichnete Element zu Null und man geht zur vorletzten Spalte über, in der man ein Pivot-Element sucht usw. Die Interpretation folgt unmittelbar aus der Steuerbarkeitsmatrix

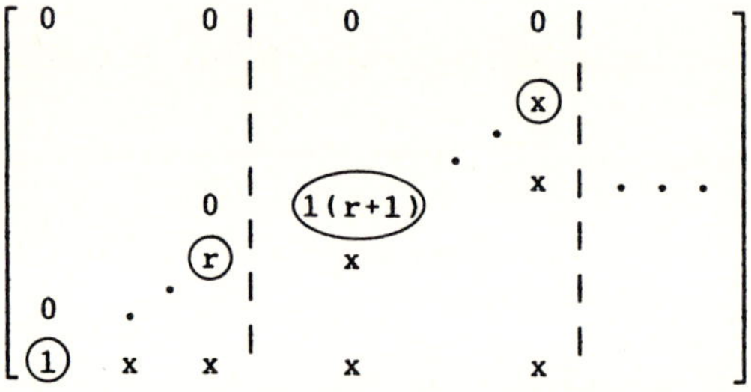

$$[\mathbf{B}_H, \mathbf{A}_H\mathbf{B}_H \ldots] = \left[\begin{array}{ccc|ccc|c}
0 & & 0 & 0 & & 0 & \\
 & & & & & \textcircled{x} & \\
 & & & & \cdot & & \\
 & & 0 & \textcircled{1(r+1)} & & x & \cdots \\
 & & \textcircled{r} & x & & & \\
 & \cdot & & & & & \\
0 & & & & & & \\
\textcircled{1} & x & x & x & & x &
\end{array}\right] \qquad (A.5.16)$$

Wenn $\textcircled{r+1} = 0$, dann ist $\text{rang}[\mathbf{B}_H, \mathbf{A}_H\mathbf{b}_{H1}] = \text{rang}\,[\mathbf{B}_H]$, d.h. der erste Steuerbarkeitsindex ist $\mu_1 = 1$. In diesem Fall wird das Pivot-Element der vorletzten Spalte mit $\textcircled{r+1}$ bezeichnet. Dieser Teil der $\mathbf{A}_H$-Matrix ist dann

$$\begin{array}{ccc|c} 0 & & 0 & 0 \\ \textcircled{r+1} & \leftarrow & 0 \nwarrow & 0 \\ x & & x & \textcircled{r} \end{array} \qquad (A.5.17)$$

Damit gehört $\mathbf{A}_H\mathbf{b}_{H1}$ nicht zu $\text{reg}[\mathbf{B}_H, \mathbf{A}_H\mathbf{B}_H \ldots]$, das gleiche gilt dann auch für alle $\mathbf{A}_H^k\mathbf{b}_{H1}$, $k = 2, 3 \ldots$, diese Vektoren brauchen für die Steuerbarkeitsmatrix nicht gebildet zu werden. Der Fall von (A.5.17) mit $\textcircled{r+1} \neq 0$ bedeutet, daß $\mathbf{A}_H\mathbf{b}_{H2}$ linear unabhängig von seinen Vorgängern ist und

$$\text{reg}[\mathbf{B}_H, \mathbf{A}_H\mathbf{B}_H \ldots] = [\mathbf{B}_H, \mathbf{A}_H\mathbf{b}_{H2} \ldots] = \left[\begin{array}{cccc|cc} 0 & & & & 0 & \\ & & & & 0 & \\ & & & 0 & \textcircled{2(r+1)} & \ldots \\ & & & \textcircled{r} & x & \\ 0 & \cdot & \cdot & & \vdots & \\ \textcircled{1} & \cdot & x & & x & \end{array}\right]$$

(A.5.18)

Die durch die Pfeile gekennzeichneten Elemente in (A.5.17) werden als HESSENBERG-Kette bezeichnet. Im obigen Beispiel ist diese

$$\underbrace{\textcircled{1}\ \textcircled{2} \ldots \textcircled{r}}_{\text{1. Teil}} \ \vdots\ \underbrace{0\ \textcircled{r+1} \ldots}_{\text{2. Teil}} \ \vdots\ \underbrace{\qquad\qquad}_{\text{3. Teil}} \qquad (A.5.19)$$

Sie zeigt $\mu_1 = 1$ an. Im dritten Teil der Kette wird das erste Element nicht mehr wiederholt.

Wenn das System steuerbar ist, können höchstens r-1 Nullen in der HESSENBERG-Kette von $\textcircled{1}$ bis $\textcircled{n}$ auftreten. Wenn die r-te Null bereits vor $\textcircled{n}$ erreicht wird, dann endet der Prozeß wie in (A.5.3) und die links verbleibenden Spalten beschreiben das nicht steuerbare Teilsystem. Die Plätze der Nullen in der HESSENBERG-Kette bestimmen die Steuerbarkeits-Indices des steuerbaren Teilsystems.

Beispiel
Es sei n = 8, r = 3

Eingang	1	2	3	1	2	3	1	3	1	1
Spalte der Steuerbarkeitsmatrix	b_1	b_2	b_3	Ab_1	Ab_2	Ab_3	A^2b_1	A^2b_3	A^3b_1	A^4b_1
HESSENBERG-Kette	①	②	③	④	0	⑤	⑥	0	⑦	⑧
Steuerbarkeitsindices					$\mu_2=1$			$\mu_3=2$		$\mu_1=5$

(A.5.20)

In dieser Tabelle ist die Anzahl der von Null verschiedenen Elemente unter einem Eingang der zugehörige Steuerbarkeitsindex. Die Form von $\mathbf{A}_H$, $\mathbf{B}_H$ für diesen Fall ist

$$\mathbf{A}_H = \begin{bmatrix} x & \textcircled{8} & 0 & 0 & 0 & 0 & 0 & 0 \\ x & x & \textcircled{7} & 0 & 0 & 0 & 0 & 0 \\ x & x & x & x & \textcircled{6} & 0 & 0 & 0 \\ x & x & x & x & x & \textcircled{5} & 0 & 0 \\ x & x & x & x & x & x & x & \textcircled{4} \\ x & x & x & x & x & x & x & x \\ x & x & x & x & x & x & x & x \\ x & x & x & x & x & x & x & x \end{bmatrix}, \quad \mathbf{B}_H = \begin{bmatrix} 0 & 0 & 0 \\ 0 & 0 & 0 \\ 0 & 0 & 0 \\ 0 & 0 & 0 \\ 0 & 0 & 0 \\ 0 & 0 & \textcircled{3} \\ 0 & \textcircled{2} & x \\ \textcircled{1} & x & x \end{bmatrix} \qquad (A.5.21)$$

□

(A.5.16) erlaubt auch eine numerisch effiziente Bestimmung der α- und β-Parameter des Systems, und damit der Folgen endlicher Systemantwort (FES), siehe Abschnitt 7.2. Für die FES-Vorgabe wird die Matrix $\mathbf{E}$ in (7.3.7) benötigt. Die Vektoren $\mathbf{e}_i'$, i = 1, 2 ... r, nach (7.3.9) können wiederum vorteilhaft über die HN-Form bestimmt werden.

Beispiel (Fortsetzung)
Bei dem Beispiel von (A.5.21) ist

$$\text{reg}[\mathbf{B}_H, \mathbf{A}_H\mathbf{B}_H \ldots] = [\mathbf{B}_H \vdots \mathbf{A}_H\mathbf{b}_{H1}, \mathbf{A}_H\mathbf{b}_{H3} \vdots \mathbf{A}_H^2\mathbf{b}_{H1} \vdots \mathbf{A}_H^3\mathbf{b}_{H1} \vdots \mathbf{A}_H^4\mathbf{b}_{H1}]$$

$$= \left[\begin{array}{ccc|cc|c|c|c} 0 & 0 & 0 & 0 & 0 & 0 & 0 & \textcircled{14678} \\ 0 & 0 & 0 & 0 & 0 & 0 & \textcircled{1467} & x \\ 0 & 0 & 0 & 0 & 0 & \textcircled{146} & x & x \\ 0 & 0 & 0 & 0 & \textcircled{35} & x & x & x \\ 0 & 0 & 0 & \textcircled{14} & x & x & x & x \\ 0 & 0 & \textcircled{3} & x & x & x & x & x \\ 0 & \textcircled{2} & x & x & x & x & x & x \\ \textcircled{1} & x & x & x & x & x & x & x \end{array}\right] \qquad (A.5.22)$$

Die Vektoren $\mathbf{e}'_{H1}$, $\mathbf{e}'_{H2}$, $\mathbf{e}'_{H3}$ sind die Zeilen 5, 6 und 8 von $\mathbf{R}_H^{-1}$, wobei

$$\mathbf{R}_H = [\mathbf{b}_{H1},\ \mathbf{A}_H\mathbf{b}_{H1}\ \dots\ \mathbf{A}_H^4\mathbf{b}_{H1} \,\vdots\, \mathbf{b}_{H2} \,\vdots\, \mathbf{b}_{H3}\ \ \mathbf{A}_H\mathbf{b}_{H3}]$$

Es ist also

$$\begin{bmatrix} \mathbf{e}'_{H1} \\ \mathbf{e}'_{H2} \\ \mathbf{e}'_{H3} \end{bmatrix} \left[\begin{array}{ccccc|c|cc} 0 & 0 & 0 & 0 & \textcircled{14678} & 0 & 0 & 0 \\ 0 & 0 & 0 & \textcircled{1467} & x & 0 & 0 & 0 \\ 0 & 0 & \textcircled{146} & x & x & 0 & 0 & 0 \\ 0 & 0 & x & x & x & 0 & 0 & \textcircled{35} \\ 0 & \textcircled{14} & x & x & x & 0 & 0 & x \\ 0 & x & x & x & x & 0 & \textcircled{3} & x \\ 0 & x & x & x & x & \textcircled{2} & x & x \\ \textcircled{1} & x & x & x & x & x & x & x \end{array}\right] = \begin{bmatrix} 0 & 0 & 0 & 0 & 1 & 0 & 0 & 0 \\ 0 & 0 & 0 & 0 & 0 & 1 & 0 & 0 \\ 0 & 0 & 0 & 0 & 0 & 0 & 0 & 1 \end{bmatrix}$$

$$\begin{bmatrix} \mathbf{e}'_{H1} \\ \mathbf{e}'_{H2} \\ \mathbf{e}'_{H3} \end{bmatrix} = \begin{bmatrix} 1/\textcircled{14678} & 0 & 0 & 0 & 0 & 0 & 0 & 0 \\ x & x & x & x & x & x & 1/\textcircled{2} & 0 \\ x & x & x & 1/\textcircled{35} & 0 & 0 & 0 & 0 \end{bmatrix} \qquad (A.5.23)$$

Die FES-Vorgabe-Matrix ist damit

$$\mathbf{E}_H = \left[\begin{array}{c} \mathbf{e}'_{H1} \\ \mathbf{e}'_{H1}\mathbf{A}_H \\ \mathbf{e}'_{H1}\mathbf{A}_H^2 \\ \mathbf{e}'_{H1}\mathbf{A}_H^3 \\ \mathbf{e}'_{H1}\mathbf{A}_H^4 \\ \mathbf{e}'_{H1}\mathbf{A}_H^5 \\ \hline \mathbf{e}'_{H2} \\ \mathbf{e}'_{H2}\mathbf{A}_H \\ \hline \mathbf{e}'_{H3} \\ \mathbf{e}'_{H3}\mathbf{A}_H \\ \mathbf{e}'_{H3}\mathbf{A}_H^2 \end{array}\right] = \left[\begin{array}{cccccccc} 1/\textcircled{14678} & 0 & 0 & 0 & 0 & 0 & 0 & 0 \\ x & 1/\textcircled{1467} & 0 & 0 & 0 & 0 & 0 & 0 \\ x & x & 1/\textcircled{146} & 0 & 0 & 0 & 0 & 0 \\ x & x & x & x & 1/\textcircled{14} & 0 & 0 & 0 \\ x & x & x & x & x & x & x & 1/\textcircled{1} \\ x & x & x & x & x & x & x & x \\ \hline x & x & x & x & x & x & 1/\textcircled{2} & 0 \\ x & x & x & x & x & x & x & x \\ \hline x & x & x & 1/\textcircled{35} & 0 & 0 & 0 & 0 \\ x & x & x & x & x & 1/\textcircled{3} & 0 & 0 \\ x & x & x & x & x & x & x & x \end{array}\right]$$

(A.5.24)

□

Die Verallgemeinerung von (A.5.14) erhält man, indem man die Polynom-Form der FES-Matrix des geschlossenen Kreises

$$\mathbf{Q}_g\mathbf{Z} = \begin{bmatrix} q_{11}(z) & \dots & q_{1r}(z) \\ \vdots & & \\ q_{r1}(z) & \dots & q_{rr}(z) \end{bmatrix} \tag{A.5.25}$$

in faktorisierter Form vorgibt als

$$\mathbf{Q}_g\mathbf{Z} = (\mathbf{Q}_g\mathbf{Z})_1(\mathbf{Q}_g\mathbf{Z})_2 \ \dots \ (\mathbf{Q}_g\mathbf{Z})_\mu \tag{A.5.26}$$

und $\mathbf{Q}_g\mathbf{E}_H$ nach (7.3.6) wie in [77.4] umgeschrieben wird als

$$\mathbf{Q}_g\mathbf{E}_H = \begin{bmatrix} \mathbf{e}'_{H1}\mathbf{q}_{11}(\mathbf{A}_H) & + \dots + & \mathbf{e}'_{Hr}\mathbf{q}_{1r}(\mathbf{A}_H) \\ & \vdots & \\ \mathbf{e}'_{H1}\mathbf{q}_{r1}(\mathbf{A}_H) & + \dots + & \mathbf{e}'_{Hr}\mathbf{q}_{rr}(\mathbf{A}_H) \end{bmatrix} \tag{A.5.27}$$

$$\mathbf{K} = \mathbf{M}\mathbf{Q}_g\mathbf{E} = \mathbf{M}\mathbf{Q}_g\mathbf{E}_H\mathbf{T}_H \tag{A.5.28}$$

A.6 Sensor-Koordinaten

Beim Entwurf von reduzierten Beobachtern und Ausgangsvektor-Rückführungen, auch beim Entwurf auf Robustheit gegen Sensorausfall, ist es übersichtlicher, den Zustandsvektor so zu wählen, daß er die Meßgrößen $\mathbf{y}$ direkt enthält, d.h. in der $\mathbf{C}$-Matrix enthält jede Zeile nur eine Eins und sonst Nullen. Bei der Modellierung nach physikalischen Gesetzen wird man meist die Zustandsgrößen bereits entsprechend wählen. Wenn die Gleichungen der Regelstrecke jedoch in einer anderen Form vorliegen, dann können sie wie folgt auf die beschriebenen **Sensorkoordinaten** transformiert werden. Wenn rang $\mathbf{C} = s$ ist, dann kann $\begin{bmatrix}\mathbf{A}\\ \mathbf{C}\end{bmatrix}$ durch elementare Transformationen reduziert werden auf

$$\begin{bmatrix}\mathbf{A}_E\\ \mathbf{C}_E\end{bmatrix} = \left[\begin{array}{c|c} \mathbf{A}_{11} & \mathbf{A}_{12} \\ \mathbf{A}_{21} & \mathbf{A}_{22} \\ \hline \mathbf{0} & \begin{matrix} \otimes & x & \cdot & x \\ & \ddots & & \vdots \\ 0 & & & \otimes \end{matrix} \end{array}\right] \begin{matrix} \} \ n-s \\ \} \ s \\ \\ \Leftarrow C_2 \\ \end{matrix} \tag{A.6.1}$$

$$\underbrace{\qquad\qquad}_{n-s} \quad \underbrace{\qquad\qquad}_{s}$$

Transformiert man nun mit

$$\mathbf{T} = \begin{bmatrix} \mathbf{I}_{n-s} & \mathbf{0} \\ \mathbf{0} & \mathbf{C}_2 \end{bmatrix}, \quad \mathbf{T}^{-1} = \begin{bmatrix} \mathbf{I}_{n-s} & \mathbf{0} \\ \mathbf{0} & \mathbf{C}_2^{-1} \end{bmatrix} \tag{A.6.2}$$

so erhält das System die Gestalt

$$\mathbf{A}_s = \mathbf{T}\mathbf{A}_E\mathbf{T}^{-1} = \begin{bmatrix} \mathbf{A}_{11} & \mathbf{A}_{12}\mathbf{C}_2^{-1} \\ \mathbf{C}_2\mathbf{A}_{21} & \mathbf{C}_2\mathbf{A}_{22}\mathbf{C}_2^{-1} \end{bmatrix} = \begin{bmatrix} \mathbf{P} & \mathbf{Q} \\ \mathbf{R} & \mathbf{S} \end{bmatrix} \tag{A.6.3}$$

$$\mathbf{B}_s = \mathbf{T}\begin{bmatrix} \mathbf{B}_1 \\ \mathbf{B}_2 \end{bmatrix} = \begin{bmatrix} \mathbf{B}_1 \\ \mathbf{C}_2\mathbf{B}_2 \end{bmatrix} = \begin{bmatrix} \mathbf{D} \\ \mathbf{E} \end{bmatrix}$$

$$\mathbf{C}_s = [\,0 \quad \mathbf{C}_2\,]\mathbf{T}^{-1} = [\,0 \quad \mathbf{I}_s\,]$$

A.7 Weitere Resultate der Matrizen-Theorie

Dieser Abschnitt ist eine Sammlung einiger häufig gebrauchter Resultate der Matrizen-Theorie. Die mathematische Fundierung findet der Leser in der Literatur über angewandte lineare Algebra und Matrizen-Theorie, es wird auch auf den Anhang in [80.2] hingewiesen.

A.7.1 Schreibweisen

Wir betrachten eine **Matrix**

$$\mathbf{A} = \begin{bmatrix} a_{11} & \cdots & a_{1m} \\ \vdots & & \\ a_{n1} & \cdots & a_{nm} \end{bmatrix} \tag{A.7.1}$$

A' bezeichnet die **Transponierte** von **A**, die Elemente von **A'** sind $\tilde{a}_{ij} = a_{ji}$. (Wenn die a_{ij} komplex sind, muß die HERMITe'sche Transponierte benutzt werden, d.h. in der transponierten Matrix werden die konjugiert komplexen Elemente verwendet. Von der JORDAN-Form abgesehen behandeln wir jedoch nur Vektoren und Matrizen mit reellen Elementen in diesem Buch).

Wir sind hauptsächlich an quadratischen Matrizen mit m = n interessiert sowie an Spaltenvektoren mit m = 1. Ein Spaltenvektor ist eine Darstellung eines Vektors bezogen auf eine bestimmte Basis in einem

Vektorraum. Eine lineare Transformation $\mathbf{x}^* = \mathbf{T}\mathbf{x}$ ist gleichbedeutend mit einer Änderung der Basis des Vektorraums. **Spaltenvektoren a** und **Zeilenvektoren a'** werden geschrieben als

$$\mathbf{a} = \begin{bmatrix} a_1 \\ \vdots \\ a_n \end{bmatrix}, \quad \mathbf{a}' = [a_1 \; \dots \; a_n] \qquad (A.7.2)$$

Wir nennen dies einen n-Vektor, da der Vektor in einem n-dimensionalen Vektorraum lebt (der Vektor selbst ist eindimensional). Wir sind weiterhin interessiert an Blockmatrizen

$$\tilde{\mathbf{A}} = \begin{bmatrix} \mathbf{A} & \mathbf{D} \\ \mathbf{C} & \mathbf{B} \end{bmatrix} \qquad (A.7.3)$$

wobei **A** und **B** quadratisch sind.

A.7.2 Multiplikation

Das **Skalarprodukt** von zwei n-Vektoren **a** und **b** ist definiert als der Skalar

$$\mathbf{a}'\mathbf{b} = [a_1 \; \dots \; a_n] \begin{bmatrix} b_1 \\ \vdots \\ b_n \end{bmatrix} = a_1 b_1 + a_2 b_2 + \dots + a_n b_n \qquad (A.7.4)$$

Das Skalarprodukt ist kommutativ, d.h. $\mathbf{a}'\mathbf{b} = \mathbf{b}'\mathbf{a}$. Die **Euklidische Norm** eines Vektors ist

$$\|\mathbf{a}\| = \sqrt{\mathbf{a}'\mathbf{a}} = \sqrt{a_1^2 + a_2^2 + \dots + a_n^2} \qquad (A.7.5)$$

a und **b** sind **orthogonal**, wenn $\mathbf{a}'\mathbf{b} = 0$, $\mathbf{a} \neq 0$, $\mathbf{b} \neq 0$.

Bei der Multiplikation von Matrizen $\mathbf{AB} = \mathbf{C}$ ist das Element c_{ij} das Skalarprodukt der i-ten Zeile von **A** mit der j-ten Spalte von **B**.

Das **dyadische Produkt** (oder Matrix-Produkt) von einem n-Vektor **a** und einem m-Vektor **b** ist die n×m-Matrix

$$\mathbf{a}\mathbf{b}' = \begin{bmatrix} a_1 \\ \vdots \\ a_n \end{bmatrix} [b_1 \; \dots \; b_m] = \begin{bmatrix} a_1 b_1 & \dots & a_1 b_m \\ \vdots & & \\ a_n b_1 & \dots & a_n b_m \end{bmatrix} \qquad (A.7.6)$$

A.7.3 Determinante

Die **Determinante** einer 2×2-Matrix ist

$$\det\begin{bmatrix} a_{11} & a_{12} \\ a_{21} & a_{22} \end{bmatrix} = \begin{vmatrix} a_{11} & a_{12} \\ a_{21} & a_{22} \end{vmatrix} = a_{11}a_{22} - a_{12}a_{21} \tag{A.7.7}$$

Determinanten von quadratischen Matrizen höherer Dimension können nach der LAPLACE-Entwicklung berechnet werden:

$$\det \mathbf{A} = \sum_{j=1}^{n} a_{ij}\gamma_{ij} \quad \text{für } i = 1, 2 \ldots n \tag{A.7.8}$$

Der **Kofaktor** γ_{ij} zu a_{ij} ist definiert als

$$\gamma_{ij} = (-1)^{i+j}\det \mathbf{M}_{ij} \tag{A.7.9}$$

wobei $\mathbf{M}_{ij}$ die (n-1)×(n-1)-Matrix ist, die man aus **A** erhält, indem man die i-te Zeile und j-te Spalte von **A** wegläßt. Durch wiederholte Anwendung von (A.7.8) kommt man schließlich zu einer 2×2 Matrix $\mathbf{M}_{ij}$, die nach (A.7.7) berechnet wird.

Die Berechnung von det **A** wird durch die folgenden elementaren Operationen vereinfacht:

1. Wenn $\tilde{\mathbf{A}}$ aus **A** entsteht, indem man ein Vielfaches einer Zeile zu einer anderen Zeile addiert, dann ist $\det \tilde{\mathbf{A}} = \det \mathbf{A}$.
2. Wenn $\tilde{\mathbf{A}}$ aus **A** entsteht, indem man zwei Zeilen von **A** vertauscht, dann ist $\det \tilde{\mathbf{A}} = -\det \mathbf{A}$.
3. Wenn $\tilde{\mathbf{A}}$ aus **A** entsteht, indem man eine Zeile mit einem skalaren Faktor c multipliziert, dann ist $\det \tilde{\mathbf{A}} = c \det \mathbf{A}$. Daraus folgt $\det[c\mathbf{A}] = c^n \det \mathbf{A}$.
4. Es ist $\det \mathbf{A}' = \det \mathbf{A}$, d.h. alle oben genannten Operationen können auch auf Spalten anstelle von Zeilen angewandt werden.

Die Determinante einer unteren Dreiecksmatrix ($a_{ij} = 0$ für $i < j$) oder einer oberen Dreiecksmatrix ($a_{ij} = 0$ für $i > j$) ist das Produkt der Diagonalelemente, also $a_{11}a_{22} \cdots a_{nn}$. Wenn **A** eine blockweise Dreiecksmatrix ist, dann gilt die Aussage für die Determinanten der Blöcke in der Hauptdiagonalen, z.B.

$$\det\begin{bmatrix}\mathbf{A} & \mathbf{D}\\ \mathbf{0} & \mathbf{B}\end{bmatrix} = \det \mathbf{A} \times \det \mathbf{B} \qquad \text{(A.7.10)}$$

Die Determinante des Produkts von zwei quadratischen Matrizen ist das Produkt der Determinanten der beiden Matrizen, d.h.

$$\det \mathbf{AB} = \det \mathbf{A} \times \det \mathbf{B} \qquad \text{(A.7.11)}$$

Wenn **A** eine n×m-Matrix und **B** eine m×n-Matrix ist, dann gilt

$$\det[\mathbf{I}_n+\mathbf{AB}] = \det[\mathbf{I}_m+\mathbf{BA}] \qquad \text{(A.7.12)}$$

wobei $\mathbf{I}_n$ bzw. $\mathbf{I}_m$ die n×n bzw. m×m-**Einheitsmatrix** ist (a_{ij} = 1 für i = j, a_{ij} = 0 für i ≠ j). Im speziellen Fall m = 1

$$\det(\mathbf{I}_n+\mathbf{ab'}) = 1+\mathbf{b'a} = 1+\mathbf{a'b} \qquad \text{(A.7.13)}$$

A.7.4 Spur

Die **Spur** einer Matrix ist die Summe der Diagonalelemente, d.h.

$$\text{spur } \mathbf{A} = a_{11} + a_{22} + \ldots + a_{nn} \qquad \text{(A.7.14)}$$

Für das dyadische Produkt gilt

$$\text{spur } \mathbf{ab'} = \mathbf{a'b} \qquad \text{(A.7.15)}$$

Setzt man **a'b** in (A.7.13) ein, so erhält man

$$\det(\mathbf{I}_n+\mathbf{ab'}) = 1 + \text{spur } \mathbf{ab'} \qquad \text{(A.7.16)}$$

Wenn **A** eine n×m-Matrix ist und **B** eine m×n-Matrix, dann gilt

$$\text{spur } \mathbf{AB} = \text{spur } \mathbf{BA} \qquad \text{(A.7.17)}$$

A.7.5 Rang

Der **Nullraum** oder **Kern** einer n×m-Matrix **A** ist der Raum aller Lösungen **x** der Gleichung

$$\mathbf{Ax} = \mathbf{0} \qquad \text{(A.7.18)}$$

Die m Spalten von **A** sind **linear unabhängig**, wenn außer **x** = **0** kein **x** existiert, das (A.7.18) erfüllt. **A** hat dann vollen Spaltenrang. Der **Spaltenrang** von **A** ist gleich der Anzahl der linear unabhängigen Spalten. Entsprechende Definitionen für den **Zeilenrang** beziehen sich auf die Gleichung

$$\mathbf{x}'\mathbf{A} = \mathbf{0} \tag{A.7.19}$$

Für jede Matrix ist der Zeilenrang gleich dem Spaltenrang, es genügt daher, nur vom **Rang** einer Matrix zu sprechen.

Eine quadratische Matrix der Dimension $n \times n$ hat den Rang n (d.h. vollen Rang) genau dann, wenn $\det \mathbf{A} \neq 0$. Man bezeichnet sie dann als **nichtsingulär** (oder **regulär**). Der Rang des Produkts von zwei Matrizen erfüllt

$$\text{rang } \mathbf{AB} \leq \min\{\text{rang } \mathbf{A} \text{ , rang } \mathbf{B}\} \tag{A.7.20}$$

$$\text{rang } \mathbf{AB} = \text{rang } \mathbf{A}, \text{ wenn } \det \mathbf{B} \neq 0 \tag{A.7.21}$$

Ein dyadisches Produkt **ab'** hat den Rang Eins.

A.7.6 Inverse

Die **Inverse** einer nichtsingulären Matrix **A** wird $\mathbf{A}^{-1}$ geschrieben. Sie erfüllt

$$\mathbf{AA}^{-1} = \mathbf{A}^{-1}\mathbf{A} = \mathbf{I} \tag{A.7.22}$$

Die Inverse des Produkts von zwei nichtsingulären Matrizen **A** und **B** ist

$$(\mathbf{AB})^{-1} = \mathbf{B}^{-1}\mathbf{A}^{-1} \tag{A.7.23}$$

Die Inverse der Blockmatrix $\tilde{\mathbf{A}}$ von (A.7.3) ist (wenn $\mathbf{A}^{-1}$ existiert)

$$\begin{bmatrix} \mathbf{A} & \mathbf{D} \\ \mathbf{C} & \mathbf{B} \end{bmatrix}^{-1} = \begin{bmatrix} \mathbf{A}^{-1}+\mathbf{E}\Delta^{-1}\mathbf{F} & -\mathbf{E}\Delta^{-1} \\ -\Delta^{-1}\mathbf{F} & \Delta^{-1} \end{bmatrix} \tag{A.7.24}$$

wobei $\Delta = \mathbf{B} - \mathbf{CA}^{-1}\mathbf{D}$, $\mathbf{E} = \mathbf{A}^{-1}\mathbf{D}$ und $\mathbf{F} = \mathbf{CA}^{-1}$. Die Determinante der obigen Blockmatrix ist

$$\det\begin{bmatrix} \mathbf{A} & \mathbf{D} \\ \mathbf{C} & \mathbf{B} \end{bmatrix} = \det \mathbf{A} \times \det[\mathbf{B}-\mathbf{CA}^{-1}\mathbf{D}] = \det \mathbf{B} \times \det[\mathbf{A}-\mathbf{DB}^{-1}\mathbf{C}] \tag{A.7.25}$$

Für nichtsinguläre Matrizen $\mathbf{A}$ und $\mathbf{C}$ gilt die folgende Inversionsformel

$$(\mathbf{A}+\mathbf{BCD})^{-1} = \mathbf{A}^{-1}-\mathbf{A}^{-1}\mathbf{B}(\mathbf{DA}^{-1}\mathbf{B}+\mathbf{C}^{-1})^{-1}\mathbf{DA}^{-1} \qquad (A.7.26)$$

Die Inverse einer Matrix $\mathbf{A}$ kann nach der CRAMERschen Regel berechnet werden:

$$\mathbf{A}^{-1} = \frac{\text{adj } \mathbf{A}}{\det \mathbf{A}} \qquad (A.7.27)$$

wobei adj $\mathbf{A}$ die adjunkte Matrix zu $\mathbf{A}$ mit den Elementen γ_{ji} ist, d.h. adj $\mathbf{A} = [\gamma_{ij}]'$ (man beachte die Transponierung!), und γ_{ij} ist der in (A.7.9) definierte Kofaktor von a_{ij}.

A.7.7 Eigenwerte

Das **charakteristische Polynom** einer quadratischen Matrix $\mathbf{A}$ ist definiert als

$$P_A(\lambda) = \det(\lambda\mathbf{I}-\mathbf{A}) = a_0 + a_1\lambda + \ldots + a_{n-1}\lambda^{n-1} + \lambda^n \qquad (A.7.28)$$

λ ist eine skalare komplexe Variable. Bei kontinuierlichen Systemen wird sie mit s gleichgesetzt, bei zeitdiskreten Systemen mit z.

Die **Eigenwerte** λ_i, i = 1,2...n, von $\mathbf{A}$ sind die Wurzeln des charakteristischen Polynoms, d.h. sie erfüllen

$$P_A(\lambda) = (\lambda-\lambda_1)(\lambda-\lambda_2)\ldots(\lambda-\lambda_n) \qquad (A.7.29)$$

$P_A(\lambda) = 0$ wird als **charakteristische Gleichung** bezeichnet.

Der **Satz von CAYLEY-HAMILTON** besagt, daß jede quadratische Matrix ihre charakteristische Gleichung erfüllt, d.h.

$$\begin{aligned} \mathbf{P}_A(\mathbf{A}) &= a_0\mathbf{I} + a_1\mathbf{A} + \ldots + a_{n-1}\mathbf{A}^{n-1} + \mathbf{A}^n \\ &= (\mathbf{A}-\lambda_1\mathbf{I})(\mathbf{A}-\lambda_2\mathbf{I})\ldots(\mathbf{A}-\lambda_n\mathbf{I}) \\ &= \mathbf{0} \qquad (A.7.30) \end{aligned}$$

Man beachte, daß $\lambda^0 = 1$ bei der Bildung des Matrixpolynoms $\mathbf{P}_A(\mathbf{A})$ zu $\mathbf{A}^0 = \mathbf{I}$ wird.

Für manche Matrizen **A** existieren Polynome $Q_A(\mathbf{A})$ von geringerem Grad als n, so daß $Q_A(\mathbf{A}) = \mathbf{0}$ ist. Das Polynom von niedrigstem Grad, das diese Eigenschaft hat, heißt **Minimalpolynom.** Das Minimalpolynom kann in der JORDAN-Form **J** der Matrix **A** abgelesen werden. Wir stellen zunächst fest, daß für jede nichtsinguläre Matrix **T** aus $P_A(\mathbf{A}) = \mathbf{0}$ bzw. $Q_A(\mathbf{A}) = \mathbf{0}$ folgt, daß $\mathbf{T}P_A(\mathbf{A})\mathbf{T}^{-1} = P_A(\mathbf{TAT}^{-1}) = \mathbf{0}$ bzw. $\mathbf{T}Q_A(\mathbf{A})\mathbf{T}^{-1} = Q_A(\mathbf{TAT}^{-1}) = \mathbf{0}$. Mit anderen Worten: Das charakteristische Polynom und das Minimalpolynom sind invariant unter einer Basistransformation im Zustandsraum. Wir können die Diskussion also auf die JORDAN-Form beziehen. Wenn zu jedem Eigenwert nur ein JORDAN-Block gehört (siehe Abschnitt A.2), dann ist das Minimalpolynom gleich dem charakteristischen Polynom. Eine Matrix mit dieser Eigenschaft wird als **zyklisch** bezeichnet. Gibt es dagegen mehrere JORDAN-Blocks zu einem Eigenwert, dann erscheint dieser Eigenwert im Minimalpolynom nur mit der Vielfachheit, die der Dimension des größten zugehörigen JORDAN-Blocks entspricht.

Die Matrix **A** ist **nilpotent** vom Index α, wenn

$$\mathbf{A}^{\alpha} = \mathbf{0} \tag{A.7.31}$$

Nach dem Satz von CAYLEY-HAMILTON, (A.7.30), ist $\mathbf{A}^n = \mathbf{0}$, wenn alle Eigenwerte von **A** gleich Null sind. Für nichtzyklische Matrizen mit allen Eigenwerten bei Null kann (A.7.31) mit $\alpha < n$ erfüllt werden, wobei α der Grad des Minimalpolynoms ist.

Die **singulären Werte** $\sigma_i (i = 1, 2 \ldots n)$ einer quadratischen Matrix **A** sind die nichtnegativen Quadratwurzeln der Eigenwerte von **A'A**. Sie sind stets reell. Wenn σ_{min} und σ_{max} den kleinsten bzw. größten singulären Wert einer Matrix **A** bezeichnen, dann gilt für die Eigenwerte λ_i von **A**

$$\sigma_{min} \le |\lambda_i| \le \sigma_{max} \tag{A.7.32}$$

Eigenvektoren und verallgemeinerte Eigenvektoren werden im Zusammenhang der JORDAN-Form in Abschnitt A.2 behandelt.

Das charakteristische Polynom der JORDAN-Form zeigt, daß

$$\det \mathbf{A} = \lambda_1 \lambda_2 \ldots \lambda_n = (-1)^n a_0 \tag{A.7.33}$$

$$\text{spur } \mathbf{A} = \lambda_1 + \lambda_2 + \ldots + \lambda_n = -a_{n-1}$$

Allgemein lautet der Zusammenhang zwischen den Koeffizienten des charakteristischen Polynoms und der Spur von **A**, $\mathbf{A}^2$ etc. nach **BOCHERs Formel**

$$
\begin{aligned}
a_{n-1} &= -\mathrm{spur}\,\mathbf{A} \\
a_{n-2} &= -\frac{1}{2}\,(a_{n-1}\,\mathrm{spur}\,\mathbf{A} + \mathrm{spur}\,\mathbf{A}^2) \\
a_{n-3} &= -\frac{1}{3}\,(a_{n-2}\,\mathrm{spur}\,\mathbf{A} + a_{n-1}\,\mathrm{spur}\,\mathbf{A}^2 + \mathrm{spur}\,\mathbf{A}^3) \\
&\vdots \\
a_0 &= -\frac{1}{n}\,(a_1\,\mathrm{spur}\,\mathbf{A} + a_2\,\mathrm{spur}\,\mathbf{A}^2 + \ldots + a_{n-1}\,\mathrm{spur}\,\mathbf{A}^{n-1} + \mathrm{spur}\,\mathbf{A}^n) \\
&= \det(-\mathbf{A}) \quad \text{(Kontrolle)}
\end{aligned}
\tag{A.7.34}
$$

A.7.8 Resolvente

Die **Resolvente** einer quadratischen Matrix **A** ist

$$
(\lambda\mathbf{I}-\mathbf{A})^{-1} = \frac{\mathrm{adj}(\lambda\mathbf{I}-\mathbf{A})}{\det(\lambda\mathbf{I}-\mathbf{A})} = \frac{\mathbf{D}(\lambda)}{P_A(\lambda)}
\tag{A.7.35}
$$

Die Koeffizienten des charakteristischen Polynoms $P_A(\lambda) = a_0 + a_1\lambda + \ldots + a_{n-1}\lambda^{n-1} + \lambda^n$ und der Polynom-Matrix $\mathbf{D}(\lambda) = \mathbf{D}_0 + \mathbf{D}_1\lambda + \ldots + \mathbf{D}_{n-1}\lambda^{n-1}$ können mit dem **LEVERRIER-Algorithmus** berechnet werden. (Er ist auch bekannt als Algorithmus von SOURIAU oder FADDEEVA oder FRAME).

$$
\begin{aligned}
& & \mathbf{D}_{n-1} &= \mathbf{I} \\
a_{n-1} &= -\,\mathrm{spur}\,\mathbf{A}\mathbf{D}_{n-1} & \mathbf{D}_{n-2} &= \mathbf{A}\mathbf{D}_{n-1} + a_{n-1}\mathbf{I} \\
a_{n-1} &= -\frac{1}{2}\,\mathrm{spur}\,\mathbf{A}\mathbf{D}_{n-2} & \mathbf{D}_{n-3} &= \mathbf{A}\mathbf{D}_{n-2} + a_{n-2}\mathbf{I} \\
&\vdots & &\vdots \\
a_1 &= -\frac{1}{n-1}\,\mathrm{spur}\,\mathbf{A}\mathbf{D}_1 & \mathbf{D}_0 &= \mathbf{A}\mathbf{D}_1 + a_1\mathbf{I} \\
a_0 &= -\frac{1}{n}\,\mathrm{spur}\,\mathbf{A}\mathbf{D}_0 & \text{"}\mathbf{D}_{-1}\text{"} &= \mathbf{A}\mathbf{D}_0 + a_0\mathbf{I} = \mathbf{0} \quad \text{(Kontrolle)}
\end{aligned}
\tag{A.7.36}
$$

Die letzte Matrix, formal geschrieben als "$\mathbf{D}_{-1}$", ist die Nullmatrix. Diese Beziehung liefert eine Kontrolle. Bei symbolischer Rechnung muß sie exakt erfüllt sein, bei numerischer Rechnung liefert sie eine Abschätzung der Abrundungsfehler. Die Gleichungen für die Matrizen $\mathbf{D}_i$ können auch wie folgt geschrieben werden:

$$
\begin{aligned}
\mathbf{D}_{n-1} &= \mathbf{I} \\
\mathbf{D}_{n-2} &= \mathbf{A} + a_{n-1}\mathbf{I} \\
\mathbf{D}_{n-3} &= \mathbf{A}^2 + a_{n-1}\mathbf{A} + a_{n-2}\mathbf{I} \\
&\vdots \\
\mathbf{D}_0 &= \mathbf{A}^{n-1} + a_{n-1}\mathbf{A}^{n-2} + \ldots + a_1\mathbf{I} \\
"\mathbf{D}_{-1}" &= \mathbf{A}^n + a_{n-1}\mathbf{A}^{n-1} + \ldots + a_0\mathbf{I} = \mathbf{0}
\end{aligned}
\qquad (A.7.37)
$$

Die letzte Zeile ist identisch mit dem Satz von CAYLEY-HAMILTON, (A.7.30).

A.7.9 Funktionen

Wir betrachten eine Funktion f(a) (a = skalar) mit der Reihenentwicklung

$$f(a) = \sum_{i=0}^{\infty} \alpha_i a^i \qquad (A.7.38)$$

Die entsprechende Matrix-Funktion **f(A)** ist definiert durch

$$\mathbf{f}(\mathbf{A}) = \sum_{i=0}^{\infty} \alpha_i \mathbf{A}^i \qquad (A.7.39)$$

Für jede n×n-Matrix **A** existieren Koeffizienten c_i, so daß

$$\mathbf{f}(\mathbf{A}) = c_0\mathbf{I} + c_1\mathbf{A} + \ldots + c_{n-1}\mathbf{A}^{n-1} \qquad (A.7.40)$$

Ein zusätzlicher Term $c_n A^n$ könnte nach CAYLEY-HAMILTON durch die Terme in (A.7.40) ausgedrückt werden, entsprechend $c_{n+1}\mathbf{A}^{n+1}$ usw. Damit ist die endliche Folge (A.7.40) gleich der unendlichen Folge von (A.7.39).

Die Koeffizienten c_i, i = 0, 1 ... n, werden aus der Bedingung berechnet, daß (A.7.40) nicht nur durch die Matrix **A** erfüllt wird, sondern auch durch ihre Eigenwerte [63.1, 65.3]. Bei voneinander verschiedenen Eigenwerten λ_j erhält man n Gleichungen der Form

$$f(\lambda_j) = c_0 + c_1\lambda_j + \ldots + c_{n-1}\lambda_j^{n-1} \qquad (A.7.41)$$

Wenn ein p-facher Eigenwert auftritt, wird (A.7.41) p-1 mal nach λ_j differenziert:

$$\frac{df(\lambda_j)}{d\lambda_i} = c_1 + 2c_2\lambda_j + 3c_3\lambda_j^2 + \ldots + (n-1)c_{n-1}\lambda_j{}^{n-2}$$

$$\frac{d^2f(\lambda_j)}{d\lambda_i} = 2c_2 + 6c_3\lambda_j + \ldots + (n-1)(n-2)c_{n-1}\lambda_j{}^{n-3} \qquad \text{(A.7.42)}$$

usw.

A.7.10 Bahn und Steuerbarkeit von (A, b)

Die **Bahn** eines n-Vektors **b** bezüglich einer n×n Matrix **A** ist die Vektorfolge

$$\text{bahn}(\mathbf{A}, \mathbf{b}) = [\mathbf{b}, \mathbf{Ab}, \mathbf{A}^2\mathbf{b}\ldots] \qquad \text{(A.7.43)}$$

Wenn $\mathbf{A}^i\mathbf{b}$ linear abhängig von seinen Vorgängern ist, dann sind auch alle weiteren Vektoren $\mathbf{A}^j\mathbf{b}$, $j > i$ linear abhängig von den Vorgängern. Der Rang von bahn(**A**, **b**) ist also gleich der Anzahl der linear unabhängigen Vektoren in der Folge **b**, **Ab**, $\mathbf{A}^2\mathbf{b}$ vor dem ersten linear abhängigen, siehe (4.1.11).

Das Paar (**A**, **b**) ist **steuerbar**, wenn bahn(**A**, **b**) vollen Rang hat. Dann ist

$$\text{rang}[\mathbf{b}, \mathbf{Ab} \ldots \mathbf{A}^{n-1}\mathbf{b}] = n \qquad \text{(A.7.44)}$$

$$\det[\mathbf{b}, \mathbf{Ab} \ldots \mathbf{A}^{n-1}\mathbf{b}] \neq 0 \qquad \text{(A.7.45)}$$

A.7.11 Eigenwert-Vorgabe

Für ein gegebenes steuerbares Paar (**A**, **b**) untersuchen wir nun die Eigenwerte von **A**-**bk'**, wobei **k** ein beliebiger n-Vektor ist. Das charakteristische Polynom von **A**-**bk'** ist

$$\begin{aligned} P(\lambda) &= \det(\lambda\mathbf{I}-\mathbf{A}+\mathbf{bk}') \\ &= p_0 + p_1\lambda + \ldots + p_{n-1}\lambda^{n-1} + \lambda^n \\ &= [\mathbf{p}' \quad 1]\boldsymbol{\lambda}_n \, , \quad \boldsymbol{\lambda}_n := [1, \lambda, \lambda^2 \ldots \lambda^n]' \end{aligned} \qquad \text{(A.7.46)}$$

Die Beziehung $\mathbf{p} = \mathbf{p}(\mathbf{k})$ ist gegeben durch

$$\mathbf{p}' = \mathbf{a}' + \mathbf{k}'\mathbf{W} \tag{A.7.47}$$

Darin ist $\mathbf{a}$ der Koeffizientenvektor von $P_A(\lambda) = \det(\lambda\mathbf{I}-\mathbf{A})$ und

$$\mathbf{W} = [\mathbf{D}_0\mathbf{b},\ \mathbf{D}_1\mathbf{b}\ \ldots\ \mathbf{D}_{n-1}\mathbf{b}] \tag{A.7.48}$$

Substituiert man (A.7.37), so erhält man

$$\mathbf{W} = [\mathbf{b},\ \mathbf{Ab}\ldots\mathbf{A}^{n-1}\mathbf{b}] \begin{bmatrix} a_1 & a_2 & & a_{n-1} & 1 \\ a_2 & & \cdot & \cdot & 0 \\ & \cdot & \cdot & & \\ a_{n-1} & \cdot & & & \\ 1 & 0 & & & 0 \end{bmatrix} \tag{A.7.49}$$

Die inverse Beziehung $\mathbf{k} = \mathbf{k}(\mathbf{p})$ ergibt sich aus (A.7.47) zu

$$\mathbf{k}' = (\mathbf{p}' - \mathbf{a}')\mathbf{W}^{-1} \tag{A.7.50}$$

$\mathbf{W}^{-1}$ existiert gemäß (A.7.44) genau dann, wenn $(\mathbf{A},\ \mathbf{b})$ steuerbar ist.

$\mathbf{k} = \mathbf{k}(\mathbf{p})$ kann auch über **ACKERMANNs Formel** berechnet werden [72.1].

$$\mathbf{k}' = \mathbf{e}'\mathbf{P}(\mathbf{A}) \tag{A.7.51}$$

$$\mathbf{e}' := [0\ \ldots\ 0 \quad 1][\mathbf{b},\ \mathbf{Ab}\ \ldots\ \mathbf{A}^{n-1}\mathbf{b}]^{-1} \tag{A.7.52}$$

Beweis
Man entwickelt $\mathbf{H}^k = (\mathbf{A}-\mathbf{bk}')^k$ in Ausdrücke der Form $\mathbf{A}^k$ und $\mathbf{A}^i\mathbf{bk}'\mathbf{H}^j$ und bestimmt $\mathbf{P}(\mathbf{H}) = p_0\mathbf{H}^0 + p_1\mathbf{H}^1 + \ldots + p_{n-1}\mathbf{H}^{n-1} + \mathbf{H}^n$.

$$\begin{array}{lll|l} \mathbf{H}^0 & = & \mathbf{A}^0 & \times\ p_0 \\ \mathbf{H}^1 & = & \mathbf{A}^1-\mathbf{bk}' & \times\ p_1 \\ \mathbf{H}^2 & = & \mathbf{A}^2-\mathbf{Abk}'-\mathbf{bk}'\mathbf{H} & \times\ p_2 \\ \vdots & & & \vdots \\ \mathbf{H}^n & = & \mathbf{A}^n-\mathbf{A}^{n-1}\mathbf{bk}'-\mathbf{A}^{n-2}\mathbf{bk}'\mathbf{H} - \ldots - \mathbf{bk}'\mathbf{H}^{n-1} & \times\ 1 \\ \hline \end{array}$$

$$\mathbf{P}(\mathbf{H}) = \mathbf{P}(\mathbf{A}) - [\mathbf{b},\ \mathbf{Ab}\ \ldots\ \mathbf{A}^{n-1}\mathbf{b}] \begin{bmatrix} \vdots \\ \vdots \\ \mathbf{k}' \end{bmatrix} \tag{A.7.53}$$

Wenn $P(\lambda)$ das charakteristische Polynom ist, das für $\mathbf{A}-\mathbf{bk}'$ vorgegeben werden soll, dann ist nach dem Satz von CAYLEY-HAMILTON, (A.7.30),

$\mathbf{P(H)} = \mathbf{0}$. Die letzte Zeile von (A.7.53) liefert

$$\mathbf{k}' = [0 \ \dots \ 0 \quad 1][\mathbf{b}, \mathbf{Ab} \dots \mathbf{A}^{n-1}\mathbf{b}]^{-1}\mathbf{P(A)} \tag{A.7.54}$$

□

Es seien $\lambda_1, \lambda_2 \dots \lambda_n$ die vorgegebenen Eigenwerte für $\mathbf{A}-\mathbf{bk}'$, dann folgt aus (A.7.51)

$$\mathbf{k}' = \mathbf{e}'(\mathbf{A}-\lambda_1\mathbf{I})(\mathbf{A}-\lambda_2\mathbf{I})\dots(\mathbf{A}-\lambda_n\mathbf{I}) \tag{A.7.55}$$

Die Form (A.7.55) ist besonders geeignet, wenn man die Empfindlichkeit der Zustandsvektor-Rückführung gegenüber Änderungen der vorgegebenen Pole untersuchen will. Es ist

$$\frac{\partial \mathbf{k}'}{\partial \lambda_1} = -\mathbf{e}'(\mathbf{A}-\lambda_2\mathbf{I}) \ \dots \ (\mathbf{A}-\lambda_n\mathbf{I}) \tag{A.7.56}$$

und für $\mathbf{k}' = \mathbf{e}'(a\mathbf{I}+b\mathbf{A}+\mathbf{A}^2)\mathbf{R(A)}$

$$\frac{\partial \mathbf{k}'}{\sigma a} = \mathbf{e}'\mathbf{R(A)} \quad , \quad \frac{\partial \mathbf{k}'}{\sigma b} = \mathbf{e}'\mathbf{AR(A)} \tag{A.7.57}$$

Wenn das charakteristische Polynom bereits ausmultipliziert ist und den Koeffizientenvektor $\mathbf{p}$ nach (A.7.46) hat, dann kann (A.7.51) auch geschrieben werden als

$$\mathbf{k}' = [\mathbf{p}' \quad 1]\mathbf{E} \tag{A.7.58}$$

Darin ist

$$\mathbf{E} := \begin{bmatrix} \mathbf{e}' \\ \mathbf{e}'\mathbf{A} \\ \cdot \\ \cdot \\ \cdot \\ \mathbf{e}'\mathbf{A}^n \end{bmatrix} \tag{A.7.59}$$

die **Polvorgabe-Matrix**. Die Zeilen der Matrix $\mathbf{E}$ werden jeweils durch Multiplikation der vorhergehenden Zeile mit $\mathbf{A}$ berechnet, nicht etwa durch die aufwendigere Berechnung von $\mathbf{A}^2, \mathbf{A}^3 \dots$

Eigenschaften der Polvorgabematrix $\mathbf{E}$ sind

1. $\mathbf{E}$ ist eine vollständige Beschreibung für ein steuerbares Paar $(\mathbf{A}, \mathbf{b})$, d.h. $\mathbf{E}$ und $(\mathbf{A}, \mathbf{b})$ können eindeutig ineinander umgerechnet werden. Für $(\mathbf{A}, \mathbf{b}) \rightarrow \mathbf{E}$ folgt dies aus den Gln. (A.7.59) und (A.7.52). Der umgekehrte Schluß ergibt sich aus dem Vergleich der Polvorgabe-Gleichungen (A.7.50) und (A.7.58). Danach ist

$$\mathbf{k}' = [\mathbf{p}' \quad 1]\mathbf{E} = [\mathbf{p}' \quad 1]\begin{bmatrix} \mathbf{W}^{-1} \\ -\mathbf{a}'\mathbf{W}^{-1} \end{bmatrix} \tag{A.7.60}$$

Da diese Beziehung für beliebiges $\mathbf{p}$ gilt, ist

$$\mathbf{E} = \begin{bmatrix} \mathbf{W}^{-1} \\ -\mathbf{a}'\mathbf{W}^{-1} \end{bmatrix} \tag{A.7.61}$$

Aus $\mathbf{E}$ können also $\mathbf{a}$ und $\mathbf{W}$ berechnet werden. Damit kann eine Realisierung $(\mathbf{A}_R, \mathbf{b}_R)$ in Regelungs-Normalform, (A.3.8) hingeschrieben und mit Hilfe von $\mathbf{W}$ transformiert werden in $\mathbf{A} = \mathbf{W}\mathbf{A}_R\mathbf{W}^{-1}$, $\mathbf{b} = \mathbf{W}\mathbf{b}_R$.

2. Einen einfachen Test für die Berechnung von $\mathbf{E}$ liefert die Beziehung

$$\mathbf{E}\mathbf{b} = \begin{bmatrix} \mathbf{e}'\mathbf{b} \\ \mathbf{e}'\mathbf{A}\mathbf{b} \\ \cdot \\ \cdot \\ \cdot \\ \mathbf{e}'\mathbf{A}^n\mathbf{b} \end{bmatrix} = \begin{bmatrix} 0 \\ \cdot \\ \cdot \\ 0 \\ 1 \\ \text{spur } \mathbf{A} \end{bmatrix} \tag{A.7.62}$$

Dies folgt aus der Definition von $\mathbf{e}'$, (A.7.52), danach ist nämlich

$$\mathbf{e}'\mathbf{A}^i\mathbf{b} = \begin{cases} 0 & i = 0, 1 \ldots n-2 \\ 1 & i = n-1 \end{cases}$$

und nach dem Satz von CAYLEY-HAMILTON und (A.7.34)

$$\begin{aligned} \mathbf{e}'\mathbf{A}^n\mathbf{b} &= - a_{n-1}\mathbf{e}'\mathbf{A}^{n-1}\mathbf{b} - a_{n-2}\mathbf{e}'\mathbf{A}^{n-2}\mathbf{b} - \ldots - a_0\mathbf{e}'\mathbf{A}^0\mathbf{b} \\ &= - a_{n-1} \\ &= \text{spur } \mathbf{A} \end{aligned}$$

(A.7.62) liefert eine einfache Kontrolle für die numerische Genauigkeit, mit der $\mathbf{E}$ berechnet wurde. $\mathbf{e}'\mathbf{A}^n$ kann auch auf andere Weise überprüft werden: Für

$$\mathbf{k}' = \mathbf{e}'\mathbf{A}^n \tag{A.7.63}$$

wird nach (A.7.58) $\mathbf{p}' = 0$, d.h. es wird das charakteristische Polynom $P(\lambda) = \lambda^n$ vorgegeben. Man berechnet

$$\det(\lambda \mathbf{I}-\mathbf{A}+\mathbf{b}\mathbf{e}'\mathbf{A}^n) = [\tilde{\mathbf{p}}' \quad 1]\lambda_n \tag{A.7.64}$$

Bei exakter Rechnung muß $\tilde{\mathbf{p}} = \mathbf{0}$ sein. Die Abweichung ist ein Maß für die Rechengenauigkeit. Stattdessen kann man auch die Eigenwerte von $\mathbf{A}-\mathbf{b}\mathbf{e}'\mathbf{A}^n$ mit einem Eigenwert-Programm berechnen, sie müssen sämtlich bei $\lambda = 0$ liegen.

3. Für den durch eine Zustandsvektor-Rückführung $u = -\mathbf{k}'\mathbf{x}$ geschlossenen Kreis $(\mathbf{H}, \mathbf{b}) = (\mathbf{A}-\mathbf{b}\mathbf{k}', \mathbf{b})$ gilt

$$\mathbf{e}_H'[\mathbf{b}, \mathbf{H}\mathbf{b} \ldots \mathbf{H}^{n-1}\mathbf{b}] = [0 \ldots 0 \quad 1]$$

Einsetzen der ersten Spalte in die zweite usw. liefert

$$\mathbf{e}_H'[\mathbf{b}, \mathbf{A}\mathbf{b} \ldots \mathbf{A}^{n-1}\mathbf{b}] = [0 \ldots 0 \quad 1]$$

d.h.

$$\mathbf{e}_H' = \mathbf{e}' \tag{A.7.65}$$

Der Polvorgabevektor $\mathbf{e}'$ ist also invariant gegenüber einer Zustandsvektor-Rückführung. Im Falle numerischer Schwierigkeiten kann demnach $\mathbf{e}'$ auch für einen mit $\mathbf{k}'$ geschlossenen Kreis berechnet werden. Weiter folgt damit für die Polvorgabematrix

$$\mathbf{E}_H = \begin{bmatrix} \mathbf{e}' \\ \mathbf{e}'\mathbf{H} \\ \vdots \\ \mathbf{e}'\mathbf{H}^{n-1} \\ \mathbf{e}'\mathbf{H}^n \end{bmatrix} = \begin{bmatrix} \mathbf{e}' \\ \mathbf{e}'\mathbf{A} \\ \vdots \\ \mathbf{e}'\mathbf{A}^{n-1} \\ \mathbf{e}'\mathbf{A}^n-\mathbf{k}' \end{bmatrix} \tag{A.7.66}$$

Dies ergibt sich zeilenweise aus

$$\begin{aligned}
\mathbf{e}'\mathbf{H} &= \mathbf{e}'(\mathbf{A}-\mathbf{b}\mathbf{k}') = \mathbf{e}'\mathbf{A} \\
\mathbf{e}'\mathbf{H}^2 &= \mathbf{e}'\mathbf{A}(\mathbf{A}-\mathbf{b}\mathbf{k}') = \mathbf{e}'\mathbf{A}^2 \\
&\vdots \\
\mathbf{e}'\mathbf{H}^{n-1} &= \mathbf{e}'\mathbf{A}^{n-2}(\mathbf{A}-\mathbf{b}\mathbf{k}') = \mathbf{e}'\mathbf{A}^{n-1} \\
\mathbf{e}'\mathbf{H}^n &= \mathbf{e}'\mathbf{A}^{n-1}(\mathbf{A}-\mathbf{b}\mathbf{k}') = \mathbf{e}'\mathbf{A}^n - \mathbf{e}'\mathbf{A}^{n-1}\mathbf{b}\mathbf{k}' = \mathbf{e}'\mathbf{A}^n - \mathbf{k}'
\end{aligned}$$

Damit kann in aufeinanderfolgenden Entwurfsschritten $\mathbf{k}'$ zusammengesetzt werden aus $\mathbf{k}' = \mathbf{k}'_{(1)} + \mathbf{k}'_{(2)} + \mathbf{k}'_{(3)} + \ldots$ Nach Schließung des ersten Kreises durch $\mathbf{k}_{(1)}$ erhält man die neue Polvorgabematrix, indem man $\mathbf{k}_{(1)}$ von der letzten Zeile der alten $\mathbf{E}$-Matrix subtrahiert. Damit wird $\mathbf{k}_{(2)}$ berechnet usw.

Praktisch wichtig ist auch der Fall, daß $\mathbf{k}'$ in (A.7.47) nicht beliebig gewählt werden kann. Bei Rückführung eines Ausgangssignals $\mathbf{y} = \mathbf{Cx}$ muß $\mathbf{k}$ z.B. die Gestalt

$$\mathbf{k}' = \mathbf{k}_y'\mathbf{C} \tag{A.7.67}$$

haben, und aus (A.7.47) folgt

$$\mathbf{p}' = \mathbf{a}' + \mathbf{k}_y'\mathbf{CW} \tag{A.7.68}$$

d.h. $\mathbf{p}'$ kann nur noch in dem affinen Unterraum gewählt werden, der durch die Zeilen von $\mathbf{CW}$ aufgespannt wird.

In dem Spezialfall, daß nur eine skalare Ausgangsgröße y zurückgeführt wird, lassen sich die möglichen Lagen der Eigenwerte durch eine Wurzelortskurve in der λ-Ebene darstellen.

A.7.12 Wurzelortskurven

Steht nur eine Ausgangsgröße $y = \mathbf{c}'\mathbf{x}$ zur Rückführung zur Verfügung, so lautet (A.7.68)

$$\mathbf{p}' = \mathbf{a}' + k_y\mathbf{c}'\mathbf{W} \tag{A.7.69}$$

Mit veränderlicher Rückführverstärkung k_y kann sich $\mathbf{p}'$ nur noch entlang dieser Geraden im P-Raum bewegen. Die Nullstellen des charakteristischen Polynoms

$$P(\lambda) = [\mathbf{p}' \quad 1]\lambda_n = [\mathbf{a}' \quad 1]\lambda_n + k_y\mathbf{c}'\mathbf{W}\lambda_{n-1} \tag{A.7.70}$$

$$P(\lambda) = P_A(\lambda) + k_yR(\lambda) \tag{A.7.71}$$

bewegen sich dann entlang der **Wurzelortskurven** in der s-Ebene.

Dabei ist $R(\lambda) = \mathbf{c}'\mathbf{W}\lambda_{n-1}$ das Zählerpolynom der Übertragungsfunktion

$$g_\lambda = \frac{y_\lambda}{u_\lambda} = \frac{R(\lambda)}{P_A(\lambda)} = \frac{r_0 + r_1\lambda + \ldots + r_{n-1}\lambda^{n-1}}{a_0 + a_1\lambda + \ldots + a_{n-1}\lambda^{n-1} + \lambda^n} \tag{A.7.72}$$

Die einfachste Schließung des Regelkreises durch $u_\lambda = k_y(w_\lambda - y_\lambda)$ liefert dann die Führungs-Übertragungsfunktion

$$f_s = \frac{y_\lambda}{w_\lambda} = \frac{k_y g_\lambda}{1+k_y g_\lambda} \tag{A.7.73}$$

und die charakteristische Gleichung

$$1 + k_y g_\lambda = 1 + k_y R(\lambda)/P_A(\lambda) = 0 \tag{A.7.74}$$

bzw. (A.7.71).

Die Wurzelortskurve **(WOK)** ist der geometrische Ort der Wurzeln der Gl. (A.7.71) in Abhängigkeit von dem reellen Parameter k_y. Die WOK und die Regeln für ihre Konstruktion wurden von EVANS [48.1] angegeben.

Der Grad des Zählerpolynoms von g_λ sei m. Man faßt k_y mit r_m zur Kreisverstärkung $K = k_y r_m$ zusammen. (A.7.74) kann damit geschrieben werden als

$$k_y \frac{R(\lambda)}{P_A(\lambda)} = K \frac{(\lambda-\lambda_{01})(\lambda-\lambda_{02})\ldots(\lambda-\lambda_{0m})}{(\lambda-\lambda_{p1})(\lambda-\lambda_{p2})\ldots(\lambda-\lambda_{pn})} = -1 \tag{A.7.75}$$

Man interessiert sich meist nur für positive Verstärkungen $K > 0$. Die Gleichung (A.7.75) wird nach Absolutbetrag und Winkel aufgeteilt

$$K = \frac{\prod_{i=1}^{n} |\lambda-\lambda_{pi}|}{\prod_{i=1}^{m} |\lambda-\lambda_{0i}|} \tag{A.7.76}$$

$$\sum_{i=1}^{m} \mathrm{arc}(\lambda-\lambda_{0i}) - \sum_{i=1}^{n} \mathrm{arc}(\lambda-\lambda_{pi}) = \pm\, i \times 180^\circ, \quad i = 1, 3, 5 \ldots \tag{A.7.77}$$

Die Winkelbeziehung (A.7.77) beschreibt die WOK, der K-Wert für einen Punkt λ auf der WOK kann gemäß (A.7.76) aus den Abständen zu den Nullstellen und Polen bestimmt werden.

Bereits eine Skizze des prinzipiellen Verlaufs der WOK gibt oft Auskunft darüber, ob die einfachste Schließung des Regelkreises über (A.7.73) es ermöglicht, alle Eigenwerte etwa in das erwünschte Gebiet Γ zu bringen. Wenn dies nicht möglich ist, kann man durch eine dynamische Rückführung Pole und Nullstellen zu g_λ hinzufügen. Für eine solche Skizze sind die folgenden Konstruktionsregeln der WOK sehr hilfreich, die auch den entsprechenden Rechnerprogrammen zugrundeliegen.

1. Die WOK besteht aus n Zweigen, die mit K = 0 bei den Polen λ_{pi} beginnen und für $k \to \infty$ in die m Nullstellen im Endlichen und n - m Nullstellen im Unendlichen einlaufen.

2. Die n - m ins Unendliche verlaufenden WOK-Zweige haben Asymptoten mit den Neigungswinkeln

$$\alpha_i = (2i+1)\times 180^{o}/(n-m) \quad , \quad i = 0, 1 \dots n-m-1 \tag{A.7.78}$$

   Die Asymptoten schneiden sich auf der reellen Achse in dem gemeinsamen Punkt

$$\lambda_0 = \frac{\sum_{i=1}^{n} Re\{\lambda_{pi}\} - \sum_{i=1}^{m} Re\{\lambda_{oi}\}}{n - m} \tag{A.7.79}$$

   Dieser kann als gemeinsamer Schwerpunkt aller Pole und Nullstellen interpretiert werden, wenn die Pole mit der Masse 1 und die Nullstellen mit der Masse -1 belegt werden.

3. Die WOK ist symmetrisch zur reellen Achse. Ein Punkt σ der reellen Achse gehört zur WOK, wenn eine ungerade Anzahl von reellen Polen und Nullstellen rechts von σ liegt. Verbindet ein solcher reeller WOK-Zweig zwei Pole oder zwei Nullstellen, so muß ein Verzweigungspunkt dazwischen liegen, bei dem WOK-Zweige die reelle Achse verlassen.

4. Liefert ein Punkt der WOK eine mehrfache Nullstelle von $P(\lambda)$, so ist er ein Verzweigungspunkt der WOK, es ist dort

$$\frac{d}{d\lambda} g_{\lambda}(\lambda) = 0 \tag{A.7.80}$$

   oder

$$\frac{d}{d\lambda} \ln g_{\lambda}(\lambda) = \frac{d}{d\lambda} \left[\sum_{i=1}^{m} \ln(\lambda-\lambda_{0i}) - \sum_{i=1}^{n} \ln(\lambda-\lambda_{pi}) \right] = 0$$

$$\sum_{i=1}^{m} \frac{1}{\lambda-\lambda_{0i}} = \sum_{i=1}^{n} \frac{1}{\lambda-\lambda_{pi}} \tag{A.7.81}$$

Diese Beziehung ist vorteilhaft zur überschlägigen Bestimmung des Verzweigungspunktes, indem alle weit entfernt liegenden Pole und Nullstellen in (A.7.81) vernachlässigt werden.

In einem Verzweigungspunkt mit p-facher Nullstelle von P(s) bilden die WOK-Zweige Winkel von $180^o/p$ miteinander. Der Verzweigungspunkt kann auch am Anfang der WOK bei einem mehrfachen Pol oder am Ende bei einer mehrfachen Nullstelle liegen. Außer diesen Verzweigungspunkten gibt es keinen Schnitt von mehreren WOK-Zweigen. In der Umgebung eines Verzweigungspunktes ergibt sich eine große Empfindlichkeit der Eigenwerte bei kleinen Änderungen von Systemparametern.

5. Der Winkel, unter dem die WOK einen Pol verläßt oder in eine Nullstelle einläuft, ergibt sich daraus, daß die Phasenwinkelbeiträge von sämtlichen übrigen Singularitäten durch den Anfangs- oder Endwinkel zu

$$\pm\, i \times 180^o \;, \quad i = 1, 3, 5 \ldots \qquad \text{(A.7.82)}$$

ergänzt werden müssen.

6. Bei kontinuierlichen Systemen ist $\lambda = s$ und man interessiert sich für die relative Lage der WOK zur imaginären Achse. Der Schnitt mit der imaginären Achse bei imaginärem Wert kann aus der HURWITZ-Bedingung $\Delta_{n-1} = 0$ bestimmt werden, siehe (C.1.3). Der Schnitt bei $\lambda = 0$ ergibt sich aus $P(0) = 0$. Bei diskreten Systemen ist $\lambda = z$ und man interessiert sich für die relative Lage der WOK zum Einheitskreis. Der Schnitt der WOK mit dem Einheitskreis bei komplexen Werten kann aus der Bedingung $\det(\mathbf{X}-\mathbf{Y}) = 0$, siehe (C.2.9), bestimmt werden, die reellen Schnitte bei $z = 1$ und $z = -1$ ergeben sich aus $P(1) = 0$ und $P(-1) = 0$.

7. Wenn der Polüberschuß $n - m$ mindestens zwei beträgt, kann der Schwerpunkt aller Pole nicht verändert werden. Es ist nämlich dann

$$\begin{aligned} P(\lambda) &= P_A(\lambda) + k_y R(\lambda) \\ &= \lambda^2 + a_{n-1}\lambda^{n-1} + (a_{n-2} + k_y r_{n-2})\lambda^{n-2} + \ldots + (a_0 + k_y r_0) \end{aligned} \qquad \text{(A.7.83)}$$

a_{n-1} ist also unverändert Koeffizient des charakteristischen Polynoms, $p_{n-1} = a_{n-1}$. Andererseits ist $a_{n-1} = -\sum_{i=1}^{n} \lambda_{pi}$, also ist $-a_{n-1}/n$ der Schwerpunkt der Pole. Ein spezieller Fall hiervon ist die Stellglied-Dynamik, siehe Abschnitt 2.6.4.

8. Bei einer Konfiguration von einer Nullstelle und zwei Polen, die nicht als reelle Pole links und rechts der Nullstelle liegen, ist der komplexe Teil der WOK ein Kreis, dessen Mittelpunkt die Nullstelle ist. Bei komplexen Polen beginnt der WOK-Kreis dort, bei zwei reellen Polen ist der Kreisradius durch den zwischen den beiden Polen liegenden Verzweigungspunkt bestimmt.

Falls die Wurzelortskurve genauer berechnet werden muß, benutzt man dazu ein Rechenprogramm. Dieses geht vom letzten berechneten Punkt des WOK-Zweiges einen Schritt in Richtung der Tangente und dann auf einer Niveaulinie von $|g_\lambda|$ soweit, bis die Bedingung Winkel = 180°, d.h. die WOK, wieder erreicht ist.

Eine ausführliche Darstellung der Wurzelortskurven wird z.B. in [80.8] gegeben.

Anhang B Die Rechenregeln der z-Transfomation

B.1 Schreibweisen und Voraussetzungen

Die z-Transformation ist definiert durch

$$f_z(z) = \mathfrak{Z}\{f_k\} := \sum_{k=0}^{\infty} f_k z^{-k} \qquad \text{(B.1.1)}$$

Ausgehend von dieser Definition werden im folgenden die wichtigsten Rechenregeln der z-Transformation angegeben und verifiziert. Ausführliche Darstellungen dieser und anderer Regeln finden sich in vielen Büchern, z.B. [64.1, 64.7]. Zum Vergleich werden den Regeln der z-Transformation jeweils die entsprechenden Regeln der LAPLACE-Transformation gegenübergestellt.

Nach (B.1.1) ist die z-Transformierte eine Potenzreihe in z^{-1}, sie wird in der Literatur auch als **diskrete LAPLACE-Transformation**, **erzeugende Funktion** oder **DIRICHLET-Transformation** bezeichnet. Die Glieder der zu transformierenden Folge f_k können komplex sein. Es wird bei allen folgenden Betrachtungen vorausgesetzt, daß $f_k = 0$ für $k < 0$, auch wenn dies nicht ausdrücklich betont ist.

Bei der Anwendung der z-Transformation auf Abtastsysteme werden Folgen untersucht, bei denen die Glieder der Folge äquidistanten Zeitpunkten im Abstand der Tastperiode T zugeordnet sind, es ist also $f_k = f(kT)$ oder $f_k(\gamma) = f(kT+\gamma T)$, $0 \leq \gamma < 1$. Wenn die Tastperiode T zahlenmäßig festgelegt ist, braucht sie nicht weiter als Parameter mitgeführt zu werden. Wir führen für diesen Fall die folgenden Schreibweisen ein:

$$f(kT) = f[k], \quad f(kT+\gamma T) = f[k+\gamma] \qquad \text{(B.1.2)}$$

$$f_z(z) = \sum_{k=0}^{\infty} f_k z^{-k} = \sum_{k=0}^{\infty} f[k] z^{-k} \qquad \text{(B.1.3)}$$

$$f_{z\gamma}(z) = \sum_{k=0}^{\infty} f_k(\gamma) z^{-k} = \sum_{k=0}^{\infty} f[k+\gamma] z^{-k}, \quad 0 \le \gamma < 1 \qquad (B.1.4)$$

Beispiel 1

$$f_k = e^{akT} \qquad (B.1.5)$$

$$f_z(z) = \sum_{k=0}^{\infty} e^{akT} z^{-k} = \sum_{k=0}^{\infty} c^k \text{ mit } c = e^{aT} z^{-1}$$

Die Summenformel der geometrischen Reihe erhält man leicht aus

$$x(N) = \sum_{k=0}^{N} c^k = 1+c+c^2+\ldots+c^N \qquad (a)$$

$$c \times x(N) = c+c^2+\ldots+c^N+c^{N+1} \qquad (b)$$

$$(1-c) \times x(N) = 1 - c^{N+1} \qquad (a) - (b)$$

und für $c \neq 1$

$$x(N) = \frac{1-c^{N+1}}{1-c}$$

Für $|c| < 1$ ist

$$\sum_{k=0}^{\infty} c^k = \lim_{N\to\infty} x(N) = \frac{1}{1-c}$$

Es ist also

$$f_z(z) = \mathfrak{Z}\{e^{akT}\} = \frac{z}{z-e^{aT}} \quad \text{für } |z| > |e^{aT}| \qquad (B.1.6)$$

Für reelles a tritt also ein Pol auf der positiv-reellen Achse der z-Ebene auf. Mit $a > 0$ ist die Folge f_k anwachsend, der Pol liegt bei $z > 1$, mit $a = 0$ ist die Folge konstant

$$f_z(z) = \mathfrak{Z}\{1(kT)\} = \frac{z}{z-1} \qquad (B.1.7)$$

d.h. der Pol liegt bei $z = 1$, und bei abklingenden Folgen mit $a < 0$ liegt der Pol im Intervall $0 < z < 1$. Beispiele sind in Bild 3.3.a,b,c gezeigt. □

Beispiel 2

$$f_k = e^{akT}\cos(\omega kT+\alpha) = \frac{1}{2}\left(e^{akT+j(\omega kT+\alpha)} + e^{akT-j(\omega kT+\alpha)}\right)$$

Nach (B.1.6) ist

$$f_z(z) = \frac{1}{2}\left(\frac{ze^{j\alpha}}{z-e^{aT+j\omega T}} + \frac{ze^{-j\alpha}}{z-e^{aT-j\omega T}}\right)$$

$$f_z(z) = \frac{z^2\cos\alpha - ze^{aT}\cos(\omega T-\alpha)}{(z-e^{aT+j\omega T})(z-e^{aT-j\omega T})} \tag{B.1.8}$$

Es treten zwei konjugiert komplexe Pole mit dem Betrag e^{aT} und dem Winkel $\pm\ \omega T$ gegenüber der positiv reellen Achse auf. Für $a > 0$ klingt die Schwingung auf, die Pole liegen außerhalb des Einheitskreises der z-Ebene; der Dauerschwingung mit $a = 0$ entspricht ein Polpaar auf dem Einheitskreis und zu der abklingenden Schwingung $a < 0$ gehört ein Polpaar im Einheitskreis. Die Bilder 3.3.h und i veranschaulichen zwei Fälle für $a = 0$ und verschiedene ω.

Für $\omega T = \pi$ kürzt sich ein Pol und eine Nullstelle und es bleibt

$$f_z(z) = \mathfrak{Z}\{e^{akT}\cos(k\pi+\alpha)\} = \cos\alpha\times\mathfrak{Z}\{(-e^{aT})^k\} = \frac{z\cos\alpha}{z+e^{aT}} \tag{B.1.9}$$

wie in Bild 3.3.d dargestellt.

Für $|\omega T| = \pi + \beta$ ergibt sich eine Folge, die ebenso bereits bei $|\omega T| = \pi - \beta$ aufgetreten ist, Bild 3.3.j. Gleiche Folgen haben gleiche Transformierte, auch wenn sie durch Abtastung verschiedener Funktionen entstanden sind.

□

Beispiel 3

Treten nur die ersten Glieder 0 bis N der Folge auf, d.h. $f_k = 0$ für $k > N$, so lautet die z-Transformierte

$$f_z(z) = f_0+f_1z^{-1} + \ldots + f_Nz^{-N} = \frac{f_0z^N+f_1z^{N-1}+\ldots+f_N}{z^N} \tag{B.1.10}$$

Sie hat einen N-fachen Pol bei $z = 0$, Bild 3.3.k. □

B.2 Linearität

$$\mathfrak{Z}\{af_k+bg_k\} = a\mathfrak{Z}\{f_k\} + b\mathfrak{Z}\{g_k\} , \quad a,b \text{ konstant} \tag{B.2.1}$$

Beweis: Folgt unmittelbar durch Einsetzen in die Definitionsgleichung (B.1.1)

LAPLACE-Transformation:

$$\mathcal{L}\{af(t) + bg(t)\} = a\mathcal{L}\{f(t)\} + b\mathcal{L}\{g(t)\} \tag{B.2.2}$$

Beispiel: Aus (B.2.1) folgt, daß die beiden Blockschaltbilder B.1.a und B.1.b gleichwertig sind.

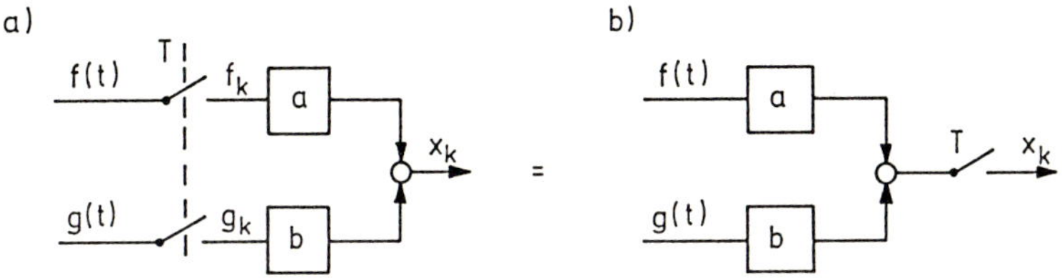

Bild B.1 Zur Linearität der Abtastung

B.3 Rechtsverschiebungssatz

Verschiebt man die Folge f_k auf der Zeitachse um n Abtastintervalle nach rechts, so entspricht das einer Multiplikation der z-Transformierten mit z^{-n}

$$\mathfrak{Z}\{f_{k-n}\} = z^{-n}\mathfrak{Z}\{f_k\}, \quad n \geq 0 \tag{B.3.1}$$

Beweis:

$$\mathfrak{Z}\{f_{k-n}\} = \sum_{k=0}^{\infty} f_{k-n}z^{-k} = z^{-n} \sum_{k=0}^{\infty} f_{k-n}z^{-(k-n)}$$

Substitution m = k-n

$$\mathfrak{Z}\{f_{k-n}\} = z^{-n} \sum_{m=-n}^{\infty} f_m z^{-m} \tag{B.3.2}$$

Da $f_m = 0$ für $m < 0$ ist, gilt

$$\mathfrak{Z}\{f_{k-n}\} = z^{-n} \sum_{m=0}^{\infty} f_m z^{-m} = z^{-n}\mathfrak{Z}\{f_k\} \tag{B.3.3}$$

LAPLACE-Transformation:

$$\mathcal{L}\{f(t-a)\} = f_s(s)e^{-as} \quad , \quad a \geq 0 \tag{B.3.4}$$

Beispiele (1.1.5) und (3.3.28)

B.4 Linksverschiebungssatz

Bei einer Verschiebung auf der Zeitachse nach links werden die ersten Glieder der Folge, die nach der Verschiebung links vom Nullpunkt liegen, abgeschnitten.

$$\mathfrak{Z}\{f_{k+n}\} = z^{n}\left[\mathfrak{Z}\{f_k\} - \sum_{m=0}^{n-1} f_m z^{-m}\right] \quad , \quad n \geq 0 \tag{B.4.1}$$

Beweis:

$$\mathfrak{Z}\{f_{k+n}\} = z^{n} \sum_{k=0}^{\infty} f_{k+n} z^{-(k+n)} \quad , \quad \text{Substitution } m := k + n$$

$$= z^{n} \sum_{m=n}^{\infty} f_m z^{-m}$$

$$= z^{n}\left[\sum_{m=0}^{\infty} f_m z^{-m} - \sum_{m=0}^{n-1} f_m z^{-m}\right]$$

$$= z^{n}\left[\mathfrak{Z}\{f_k\} - \sum_{m=0}^{n-1} f_m z^{-m}\right] \tag{B.4.2}$$

LAPLACE-Transformation:

$$\mathcal{L}\{f(t+a)\} = e^{as}\left[\mathcal{L}\{f(t)\} - \int_0^a f(t)e^{-st}dt\right] \quad , \quad a \geq 0 \tag{B.4.3}$$

Beispiel (3.3.13)

B.5 Dämpfungssatz

$$\mathfrak{Z}\{f[k+\gamma]e^{-a(k+\gamma)T}\} = f_{z\gamma}(ze^{aT})e^{-a\gamma T} \quad , \text{ a konstant} \tag{B.5.1}$$

und speziell für $\gamma = 0$

$$\mathfrak{Z}\{f[k]e^{-akT}\} = f_z(ze^{aT}) \tag{B.5.2}$$

Beweis:

$$\mathfrak{Z}\{f[k+\gamma]e^{-a(k+\gamma)T}\} = e^{-a\gamma T} \sum_{k=0}^{\infty} f[k+\gamma](e^{aT}z)^{-k}$$

Mit der Substitution $z_1 := e^{aT}z$

$$\mathfrak{Z}\{f[k+\gamma]e^{-a(k+\gamma)T}\} = e^{-a\gamma T} \sum_{k=0}^{\infty} f[k+\gamma]z_1^{-k} = e^{-a\gamma T}f_{z\gamma}(z_1)$$

$$= e^{-a\gamma T}f_{z\gamma}(ze^{aT}) \tag{B.5.3}$$

LAPLACE-Transformation:

$$\mathcal{L}\{f(t)e^{-at}\} = f_s(s+a) \quad , \quad a \text{ konstant} \tag{B.5.4}$$

Beispiel (7.3.39)

B.6 Differentiation einer Folge nach einem Parameter

$$\mathfrak{Z}\{\frac{\partial}{\partial a} f_k(a)\} = \frac{\partial}{\partial a} \mathfrak{Z}\{f_k(a)\} \tag{B.6.1}$$

Beweis: Eine Potenzreihe kann in ihrem Konvergenzbereich gliedweise differenziert werden.

LAPLACE-Transformation:

$$\mathcal{L}\{\frac{\partial}{\partial a} f(t,a)\} = \frac{\partial}{\partial a} \mathcal{L}\{f(t,a)\} \tag{B.6.2}$$

Beispiel

$$\mathfrak{Z}\{kTe^{akT}\} = \mathfrak{Z}\{\frac{\partial}{\partial a} e^{akT}\} = \frac{\partial}{\partial a} \mathfrak{Z}\{e^{akT}\}$$

$$= \frac{\partial}{\partial a} \left(\frac{z}{z-e^{aT}}\right) = \frac{Tz\times e^{aT}}{(z-e^{aT})^2}$$

Mit der Schreibweise von (3.3.29) ist also

$$\mathcal{Z}\left\{\frac{1}{(s+a)^2}\right\} = \frac{Tz\times e^{aT}}{(z-e^{aT})^2} \tag{B.6.3}$$

Entsprechend erhält man durch mehrmaliges Differenzieren

$$\mathcal{Z}\{(kT)^r e^{akT}\} = \frac{\partial^r}{\partial a^r}\left(\frac{z}{z-e^{aT}}\right)$$

$$\mathcal{Z}\left\{\frac{n!}{(s+a)^{n+1}}\right\} = \frac{\partial^r}{\partial a^r}\left(\frac{z}{z-e^{aT}}\right) \tag{B.6.4}$$

B.7 Anfangswertsatz

$$f_0 = \lim_{z\to\infty} f_z(z)$$

Beweis:

$$\lim_{z\to\infty} f_z(z) = \lim_{z\to\infty}[f_0+f_1z^{-1}+f_2z^{-2}+\ldots] = f_0 \tag{B.7.1}$$

LAPLACE-Transformation:
Wenn $\lim\limits_{t\to 0} f(t)$ existiert, dann ist

$$\lim_{t\to 0} f(t) = \lim_{s\to\infty} sf_s(s) \tag{B.7.2}$$

Wenn $f_k = 0$ für $0 \le k < n$, so kann man die Folge durch Multiplikation mit z^n um n Abtastintervalle nach links verschieben und erhält

$$f_n = \lim_{z\to\infty} z^n f_z(z) \tag{B.7.3}$$

Beispiel
Eine z-Transformierte habe die Form

$$f_z(z) = \frac{b_nz^n+b_{n-1}z^{n-1}+\ldots+b_0}{z^n+a_{n-1}z^{n-1}+\ldots+a_0} \tag{B.7.4}$$

Es ist $f_0 = b_n$, für $f_0 = b_n = 0$ erhält man $f_1 = b_{n-1}$, falls auch $f_1 = b_{n-1} = 0$, so erhält man $f_2 = b_{n-2}$ usw.

Das bedeutet, daß die Differenz Nennergrad minus Zählergrad (= **Polüberschuß**) angibt, wieviele der ersten Glieder der Folge verschwinden.

B.8 Endwertsatz

Wenn $\lim_{k\to\infty} f_k$ existiert, dann ist

$$\lim_{k\to\infty} f_k = \lim_{z\to 1}(z-1)f_z(z) \tag{B.8.1}$$

Beweis: Die erste Differenz einer Folge f_k ist definiert als

$$\Delta f_n := f_n - f_{n-1} \tag{B.8.2}$$

Die Umkehrung dazu ist die Summation

$$f_k = \sum_{n=0}^{k} \Delta f_n \tag{B.8.3}$$

Der Zusammenhang der z-Transformierten ist

$$\mathfrak{Z}\{\Delta f_n\} = \sum_{n=0}^{\infty} \Delta f_n z^{-n} = (1-z^{-1})f_z(z) = \frac{z-1}{z} f_z(z) \tag{B.8.4}$$

Wenn f_k für $k \to \infty$ einem endlichen Wert zustrebt, dann ist nach (B.8.3)

$$\lim_{k\to\infty} f_k = \sum_{n=0}^{\infty} \Delta f_n = \lim_{z\to 1} \sum_{n=0}^{\infty} \Delta f_n z^{-n} = \lim_{z\to 1}(z-1)f_z(z) \tag{B.8.5}$$

LAPLACE-Transformation:
Wenn $\lim_{t\to\infty} f(t)$ existiert, dann ist

$$\lim_{t\to\infty} f(t) = \lim_{s\to 0} s f_s(s) \tag{B.8.6}$$

Anmerkung B.1:
Es ist wichtig, daß vor Anwendung der Regel (B.8.1) die Existenz des Endwertes sichergestellt ist. Dieser Grenzwert existiert z.B. nicht für $f(kT) = \sin\omega_0 kT$. Die formale Anwendung der Gl. (B.8.1) führt hier auf das falsche Ergebnis $\lim_{k\to\infty} f(kT) = 0$.

Für rationale $f_z(z)$ gilt: $\lim_{k\to\infty} f_k$ existiert, wenn alle Pole z_i von $f_z(z)$ der Bedingung $|z_i| < 1$ genügen, mit Ausnahme eines einfachen Pols bei $z = 1$.

Beispiel (3.4.18)

B.9 Inverse z-Transformation

Die Koeffizienten einer LAURENT-Reihe

$$f_z(z) = \sum_{k=0}^{\infty} f_k z^{-k} \tag{B.9.1}$$

sind nach einem Satz der Funktionentheorie

$$f_k = \mathfrak{Z}^{-1}\{f_z(z)\} = \frac{1}{2\pi j} \oint f_z(z) z^{k-1} dz \tag{B.9.2}$$

Dabei schließt die Kontur des Integrals alle Singularitäten von $f_z(z)z^{k-1}$ ein und wird im Gegenuhrzeigersinn durchlaufen. In den in diesem Buch betrachteten Anwendungsfällen ist $f_z(z)$ stets rational. Das Integral kann dann mit dem Residuensatz von CAUCHY berechnet werden:

$$f_k = \sum_i \operatorname{res}[f_z(z) z^{k-1}]_{z = z_i} \tag{B.9.3}$$

Dabei sind die z_i die Pole von $f_z(z)z^{k-1}$. Die **Residuen** werden folgendermaßen bestimmt:

1. Für einen einfachen Pol bei $z = a$

$$\operatorname{res}[f_z(z) z^{k-1}]_{z=a} = \lim_{z\to a}[(z-a) f_z(z) z^{k-1}] \tag{B.9.4}$$

2. Für einen p-fachen Pol bei $z = a$

$$\operatorname{res}[f_z(z) z^{k-1}]_{z=a} = \frac{1}{(p-1)!} \lim_{z\to a} \frac{d^{p-1}}{dz^{p-1}} \{(z-a)^p f_z(z) z^{k-1}\} \tag{B.9.5}$$

Die Inversion von irrationalen Funktionen $f_z(z)$ wird in [64.1] behandelt.

LAPLACE-Transformation:

$$f(t) = \mathcal{L}^{-1}\{f_s(s)\} = \frac{1}{2\pi j}\int_{\sigma-j\infty}^{\sigma+j\infty} f_s(s)e^{st}ds \tag{B.9.6}$$

σ ist die Konvergenzabszisse von $f_s(s)$.

Beispiel 1

$$f_k = \mathfrak{Z}^{-1}\left\{\frac{-0,4z^2 + 1,08z}{(z+0,5)(z-0,3)^2}\right\} \tag{B.9.7}$$

$$= \text{res}[f_z(z)z^{k-1}]_{z=-0,5} + \text{res}[f_z(z)z^{k-1}]_{z=0,3}$$

$$\text{res}[f_z(z)z^{k-1}]_{z=-0,5} = \frac{-0,4\times 0,25-1,08\times 0,5}{(-0,5-0,3)^2}(-0,5)^{k-1} = 2(-0,5)^k$$

$$\text{res}[f_z(z)z^{k-1}]_{z=0,3} = \lim_{z\to 0,3}\frac{d}{dz}\left[\frac{-0,4z^2+1,08z}{z+0,5}z^{k-1}\right] = (4k-2)0,3^k$$

$$f_k = 2(-0,5)^k + (4k-2)\times 0,3^k \tag{B.9.8}$$

Beispiel 2

Für den Regelkreis von Bild 3.11 wurde in der Wurzelortskurve Bild 3.12 $k_y = 0,326$ als günstiger Wert ermittelt. Bei sprungförmiger Führungsgröße ist damit die z-Transformierte der Regelabweichung

$$e_z(z) = \frac{z^2 - 0,368z}{z^2 - 1,248z + 0,454} \tag{B.9.9}$$

$$e_z(z) = \frac{z(z-0,368)}{(z-0,624-0,254j)(z-0,624+0,254j)} \tag{B.9.10}$$

$$\text{res}[e_z(z)z^{k-1}]_{z = 0,624+0,254j}$$

$$= \frac{(0,624+0,254j-0,368)(0,624+0,254j)^k}{2\times 0,254j}$$

$$= -0,710e^{j2,353}(0,674e^{j0,387})^k \tag{B.9.11}$$

Für z = 0,624 - 0,254j erhält man den konjugiert komplexen Wert als Residuum, die diskrete Sprungantwort ist also

$$y(kT) = 1 - e(kT) = 1 + 0{,}710e^{j2{,}353} \times (0{,}674e^{j0{,}387})^k$$

$$+ 0{,}710e^{-j2{,}353} \times (0{,}674e^{-j0{,}387})^k$$

$$y(kT) = 1 + 1{,}42 \times 0{,}674^k \cos(134{,}8^o + k \times 22{,}2^o) \qquad (B.9.12)$$

Der Verlauf von y(t) ist in Bild 3.16 dargestellt. Die in (3.5.1) angegebene numerische Inversion ist für das praktische Rechnen vorteilhafter, liefert aber nicht den allgemeinen Ausdruck (B.9.12) für die Inverse.

□

Der allgemeine Ausdruck für die Inverse kann auch mit Hilfe der Tabelle am Ende dieses Abschnitts bestimmt werden. Wenn der gesuchte Ausdruck nicht in der Tabelle enthalten ist, empfiehlt sich eine Zerlegung von $f_s(s)$ bzw. $f_z(z)$ in Ausdrücke, die in der Tabelle enthalten sind. Dabei muß es sich nicht immer um eine echte Partialbruchzerlegung handeln. Man zerlegt z.B. $f_z(z)/z$ in Partialbrüche statt $f_z(z)$, da nach Multiplikation beider Seiten mit z Ausdrücke mit einem Faktor z im Zähler entstehen, wie sie in der Tabelle enthalten sind. Außerdem empfiehlt es sich, konjugiert komplexe Glieder zusammenzulassen, da man dann nur mit reellen Koeffizienten zu rechnen braucht. Es werden die gleichen Beispiele wie vorher nochmal mit dieser Vorgehensweise durchgerechnet.

Beispiel 1 wie (B.9.7)

$$f_z(z) = \frac{-0{,}4z^2 + 1{,}08z}{(z+0{,}5)(z-0{,}3)^2}$$

$$\frac{f_z(z)}{z} = \frac{-0{,}4z + 1{,}08}{(z+0{,}5)(z-0{,}3)^2} = \frac{2}{z+0{,}5} - \frac{2}{z-0{,}3} + \frac{1{,}2}{(z-0{,}3)^2}$$

$$f_z(z) = \frac{2z}{z+0{,}5} - \frac{2z}{z-0{,}3} + \frac{4 \times 0{,}3z}{(z-0{,}3)^2}$$

Der erste Ausdruck mit einem Pol auf der negativ reellen Achse ist als Spezialfall unter $e^{-at}\cos\omega_0 t$ zu finden, die beiden anderen Ausdrücke unter e^{-at} und $t \times e^{-at}$. Man erhält, übereinstimmend mit (B.9.8),

$$f_k = 2 \times (-0{,}5)^k - 2 \times 0{,}3^k + 4k \times 0{,}3^k$$

Beispiel 2 wie (B.9.9)
$e_z(z)$ muß in die in der Tabelle enthaltene Form gebracht werden.

$$e_z(z) = \frac{z^2 - 0,368z}{z^2 - 1,248z + 0,454} = \frac{\alpha z e^{-aT}\sin\omega_0 T + \beta(z^2 - ze^{-aT}\cos\omega_0 T)}{z^2 - 2ze^{-aT}\cos\omega_0 T + e^{-2aT}}$$

Der Vergleich ergibt:

$$e^{-aT} = \sqrt{0,454} = 0,674$$

$$\cos\omega_0 T = \frac{1,248}{2\times 0,674} = 0,926$$

$$\sin\omega_0 T = \sqrt{1-\cos^2\omega_0 T} = 0,378$$

$$\omega_0 T = 22,2^{\circ}$$

$$\beta = 1$$

$$\alpha = \frac{-0,368 + 0,674\times 0,926}{0,674\times 0,378} = 1,01$$

Aus der Tabelle entnimmt man, übereinstimmend mit (B.9.12),

$$y(kT) = 1-e(kT) = 1 - 1,01\times 0,674^k \sin k\times 22,2^{\circ} - 0,674^k \cos k\times 22,2^{\circ}$$

$$y(kT) = 1 + 1,42\times 0,674^k \cos(134,8^{\circ} + k\times 22,2^{\circ})$$

B.10 Faltungssatz

Wenn

$$y[n] = \sum_{k=0}^{\infty} u[k]h[n-k], \qquad (B.10.1)$$

dann gilt für die z-Transformierten

$$\mathfrak{Z}\{y[k]\} = \mathfrak{Z}\{u[k]\}\mathfrak{Z}\{h[k]\} \qquad (B.10.2)$$

Beweis:

$$\mathfrak{Z}\{y[k]\} = \sum_{n=0}^{\infty} y[n]z^{-n}$$

$$= \sum_{n=0}^{\infty} \sum_{k=0}^{\infty} u[k]h[n-k]z^{-n}$$

$$= \sum_{k=0}^{\infty} \sum_{n=0}^{\infty} u[k]h[n-k]z^{-n}$$

$$= \sum_{k=0}^{\infty} \sum_{m=-k}^{\infty} u[k]h[m]z^{-k}z^{-m}, \quad m := n-k$$

$$= \sum_{k=0}^{\infty} \sum_{m=0}^{\infty} u[k]h[m]z^{-k}z^{-m} \text{ (Kausalität)}$$

$$= \sum_{k=0}^{\infty} u[k]z^{-k} \times \sum_{m=0}^{\infty} h[m]z^{-m}$$

$$= \mathfrak{Z}\{u[k]\}\times\mathfrak{Z}\{h[k]\}$$

$$y_z(z) = u_z(z)\times h_z(z) \tag{B.10.3}$$

LAPLACE-Transformation:

Wenn

$$y(t) = \int_0^{\infty} u(\tau)g(t-\tau)d\tau \tag{B.10.4}$$

dann gilt für die LAPLACE-Transformierten

$$\mathcal{L}\{y(t)\} = \mathcal{L}\{u(t)\}\times\mathcal{L}\{g(t)\}$$

$$y_s(s) = u_s(s)\times g_s(s)$$

B.11 Komplexe Faltung, PARSEVAL-Gleichung

$$\mathfrak{Z}\{f_k g_k\} = \frac{1}{2\pi j} \oint_C f_z(w)g_z(z/w)w^{-1}dw \tag{B.11.1}$$

wobei der Integrationsweg ein Kreis C ist, der die Pole von $f_z(w)$ von denen von $g_z(z/w)$ trennt. Wir beschränken uns von vornherein auf rationale Funktionen f_z und g_z, die hier allein interessieren.

Beweis:
Mit (B.9.2) ist

$$\mathfrak{Z}\{f_k g_k\} = \sum_{k=0}^{\infty} f_k g_k z^{-k} = \sum_{k=0}^{\infty} \frac{1}{2\pi j} \oint f_z(w) w^{k-1} dw g_k z^{-k}$$

$$= \frac{1}{2\pi j} \oint f_z(w) w^{-1} \sum_{k=0}^{\infty} g_k (z/w)^{-k} dw$$

$$= \frac{1}{2\pi j} \oint f_z(w) g_z(z/w) w^{-1} dw \qquad \text{(B.11.2)}$$

LAPLACE-Transformation:

$$\mathcal{L}\{f(t)g(t)\} = \frac{1}{2\pi j} \int_{\sigma-j\infty}^{\sigma+j\infty} f_s(p) g_s(s-p) dp \qquad \text{(B.11.3)}$$

Die Integrationsabszisse σ ist so zu wählen, daß der Integrationsweg die Pole von $f_s(p)$ von denen von $g_s(s-p)$ trennt.

Spezialfall: **PARSEVAL-Gleichung**

Wenn die Pole von $f_z(w)$ im Einheitskreis liegen, erhält man aus (B.11.2) mit $z = 1$, $f_k = g_k$ und Umbenennung der Integrationsvariablen von w in z

$$\sum_{k=0}^{\infty} f_k^2 = \frac{1}{2\pi j} \oint_{EK} f_z(z) f_z(z^{-1}) z^{-1} dz \qquad \text{(B.11.4)}$$

Der Integrationsweg ist der Einheitskreis, der im Gegenuhrzeigersinn durchlaufen wird. Eine numerische Methode für die Ausrechnung der Gl. (B.11.4) wird in [70.9] angegeben.

B.12 Andere Darstellungen von Abtastsignalen im Zeit- und Frequenzbereich

In Abschnitt 1.2 wurde das abgetastete Signal $f^*(t)$ durch die Beziehung (1.2.10) dargestellt:

$$f^*(t) = \sum_{k=-\infty}^{\infty} f(kT)\delta(t-kT) \tag{B.12.1}$$

Mit $f(kT) = 0$ für $k < 0$ ergibt sich durch die LAPLACE-Transformation

$$f_s^*(s) = \sum_{k=0}^{\infty} f(kT)e^{-kTs} = \sum_{k=0}^{\infty} f(kT)z^{-k} \tag{B.12.2}$$

Eine zweite Darstellungsmöglichkeit im Zeitbereich wurde in (1.3.2) angegeben:

$$f^*(t) = f(t) \sum_{k=-\infty}^{\infty} \delta(t-kT) \tag{B.12.3}$$

Nach (B.11.3) kann $f_s^*(s)$ durch komplexe Faltung der beiden LAPLACE-Transformierten $f_s(s)$ und

$$\mathcal{L}\left\{\sum_{k=0}^{\infty} \delta(t-kT)\right\} = \sum_{k=0}^{\infty} e^{-sT} = \frac{1}{1-e^{-sT}} \tag{B.12.4}$$

berechnet werden. Es ist

$$f_s^*(s) = f_s(s) * \frac{1}{1-e^{-sT}}$$

$$= \frac{1}{2\pi j} \int_{\sigma-j\infty}^{\sigma+j\infty} f_s(p) \frac{1}{1-e^{-T(s-p)}} \, dp$$

mit $e^{Ts} = z$ und Ersatz von p durch s folgt

$$f_z(z) = \mathcal{Z}\{f_s(s)\} = \sum_i \operatorname{res}\left[\frac{f_s(s)z}{z-e^{Ts}}\right]_{s=s_i}, \quad s_i = \text{Pole von } f_s(s) \tag{B.12.5}$$

Damit ist ein zweiter Weg zur Berechnung von z-Transformierten gegeben.

Schließlich wurde in (1.3.3) noch eine dritte Darstellungsmöglichkeit angegeben, bei der der periodische Puls aus δ-Funktionen in (B.12.3) durch seine FOURIER-Reihe

$$\delta_T(t) = \sum_{k=-\infty}^{\infty} \delta(t-kT) = \frac{1}{T} \sum_{m=-\infty}^{\infty} e^{-jm\omega_A t}, \quad \omega_A = 2\pi/T \tag{B.12.6}$$

ausgedrückt wird [60.1]. Es ist

$$f^*(t) = \frac{1}{T} f(t) \sum_{m=-\infty}^{\infty} e^{-jm\omega_A t} \tag{B.12.7}$$

und nach dem Dämpfungssatz der LAPLACE-Transformation (B.5.4)

$$f_s^*(s) = \frac{1}{T} \sum_{m=-\infty}^{\infty} f_s(s+jm\omega A) + \frac{f(+0)}{2} \tag{B.12.8}$$

Der Term $f(+0)/2$ kommt hier hinzu, weil die LAPLACE-Transformierte von $f(t)$ in (B.12.7) an der Stelle $t = 0$ den Wert $f(+0)/2$ darstellt. Der Abtastvorgang bzw. die z-Transformation wurde jedoch so definiert, daß an der Stelle $t = 0$ der Wert $f(+0)$ in $f^*(t)$ und $f_s^*(s)$ eingeht, vgl. Anmerkung 1.2.

B.13 Lösunge zwischen den Abtastzeitpunkten

In Abschnitt 3.5.3 wurde der vollständige Lösungsverlauf eines kontinuierlichen Systems mit einem Eingang u, der durch einen Abtaster mit Halteglied erzeugt wird, berechnet. Mit

$$t = kT+\gamma T \quad , \quad 0 \le \gamma < 1 \tag{B.13.1}$$

ergab sich in (3.5.16)

$$\mathbf{x}(kT+\gamma T) = \mathbf{A}_\gamma \mathbf{x}(kT) + \mathbf{b}_\gamma u(kT) \tag{B.13.2}$$

$$y(kT+\gamma T) = \mathbf{c}'\mathbf{x}(kT+\gamma T) + du(kT)$$

$$= \mathbf{c}_\gamma'\mathbf{x}(kT) + d_\gamma u(kT) \tag{B.13.3}$$

Wenn $u_z(z)$ im Frequenzbereich berechnet wurde, empfiehlt es sich, die z-Transformation auf (B.13.3) anzuwenden. In diesem Fall wird die Ausgangsfolge durch eine um γT zeitlich verschobene Abtastung in eine Folge verwandelt, die z-transformiert werden kann

$$y_{z\gamma}(z) = \sum_{k=0}^{\infty} y(kT+\gamma T)z^{-k} = \mathbf{c}_\gamma'\mathbf{x}_z(z) + d_\gamma u_z(z) \tag{B.13.4}$$

Durch Einsetzen von $\mathbf{x}_z$ nach (3.3.13)

$$y_{z\gamma}(z) = \mathbf{c}_\gamma' z(z\mathbf{I}-\mathbf{A})^{-1}\mathbf{x}[0] + [\mathbf{c}_\gamma'(z\mathbf{I}-\mathbf{A})^{-1}\mathbf{b}+d_\gamma]u_z(z) \tag{B.13.5}$$

Darin wird der Ausdruck

$$
\begin{aligned}
h_{z\gamma}(z) &:= \mathbf{c}'_{\gamma}(z\mathbf{I}-\mathbf{A})^{-1}\mathbf{b} + d_{\gamma} \\
&= \mathbf{c}'\mathbf{A}_{\gamma}(z\mathbf{I}-\mathbf{A})^{-1}\mathbf{b} + \mathbf{c}'\mathbf{b}_{\gamma} + d
\end{aligned}
\qquad (B.13.6)
$$

als **erweiterte z-Übertragungsfunktion** bezeichnet, sie geht für $\gamma \to 0$ in die gewöhnliche z-Übertragungsfunktion über.

Geht man von einer s-Übertragungsfunktion $g_s(s)$ des kontinuierlichen Teils aus, so wird analog zu den Gln. (3.3.26) bis (3.3.28) gebildet

$$h_s(s) = \eta_s(s)\times g_s(s) = \frac{1-e^{-Ts}}{s}\, g_s(s)$$

Mit der Sprunganwort $v(t) = \mathcal{L}^{-1}\{g_s(s)/s\}$ der Regelstrecke schreibt sich die Antwort $h(t)$ des kontinuierlichen Teils auf die Impulsantwort $\eta(t) = 1(t) - 1(t-T)$ des Haltegliedes $h(kT+\gamma T) = v(kT+\gamma T) - v(kT+\gamma T-T)$.

Nach dem Rechtsverschiebungssatz der z-Transformation

$$h_{z\gamma}(z) = \mathfrak{Z}\{h(kT+\gamma T)\} = (1-z^{-1})\mathfrak{Z}\{v(kT+\gamma T)\}$$

$$h_{z\gamma}(z) = \frac{z-1}{z}\, \mathfrak{Z}\left\{\mathcal{L}^{-1}\{g_s(s)/s\}_{t=kT+\gamma T}\right\} \qquad (B.13.7)$$

Für diese Operation wird die Schreibweise

$$f_{z\gamma}(z) = \mathcal{Z}_{\gamma}\{f_s(s)\} := \mathfrak{Z}\left\{\mathcal{L}^{-1}\{f_s(s)/s\}_{t=kT+\gamma T}\right\} \qquad (B.13.8)$$

eingeführt, also

$$h_{z\gamma}(z) = \frac{z-1}{z}\, \mathcal{Z}_{\gamma}\{g_s(s)/s\} \qquad (B.13.9)$$

Um $\mathcal{Z}_{\gamma}\{f_s(s)\}$ unmittelbar aus der Tabelle im Anhang B.14 entnehmen zu können, ist dort eine entsprechende Spalte vorgesehen. Für den Anfangszustand $\mathbf{x}[0] = \mathbf{0}$ gilt nach (B.13.5) die Ein-Ausgangs-Beziehung

$$y_{z\gamma}(z) = h_{z\gamma}(z)\times u_z(z) \qquad (B.13.10)$$

Man beachte, daß für u die gewöhnliche z-Transformierte gebildet wird, da $u(kT+\gamma T) = u(kT)$ nicht von γ abhängt.

Beispiel:
In dem Regelkreis von Bild 3.11 sei k_y ersetzt durch den Kürzungsregler nach (3.5.23). Gemäß (3.5.22) ist dann die Führungsübertragungsfunktion $f_z = 1/z$, d.h. der diskrete Ausgang $y(kT)$ folgt um ein Abtastintervall verzögert einem Sprung der Führungsgröße, die Sprungantwort ist $y(0) = 0$, $y(kT) = 1$ für $k = 1, 2, 3...$ Es soll der vollständige Verlauf $y(t)$ der Ausgangsgröße berechnet werden. Nach (B.13.9) ist

$$h_{z\gamma}(z) = \frac{z-1}{z}\, \mathcal{Z}_\gamma \left\{ \frac{1}{s^2(s+1)} \right\}$$

Aus der Tabelle im Anhang B.14 erhält man

$$h_{z\gamma} = \frac{z-1}{z} \times \frac{(\gamma-1+e^{-\gamma})z^3 + (2-\gamma-\gamma e^{-1}-2e^{-\gamma}+e^{-1})z^2 + (e^{-\gamma}-2e^{-1}+\gamma e^{-1})z}{(z-1)^2(z-e^{-1})}$$

$$= \frac{(\gamma-1+e^{-\gamma})z^2 + (2{,}368-1{,}368\gamma-2e^{-\gamma})z + (e^{-\gamma}-0{,}736+0{,}368\gamma)}{(z-1)(z-0{,}368)}$$

(B.13.11)

Der Regler (3.5.23) liefert eine Stellgröße

$$u_z = \frac{d_z}{1+d_z h_z} \times w_z = \frac{(z-0{,}368)(z-1)}{0{,}368z(z+0{,}718)} \times \frac{z}{z-1} = \frac{z-0{,}368}{0{,}368(z+0{,}718)}$$

$$= 2{,}718 - 2{,}952z^{-1} + 2{,}120^{-2} - 1{,}522z^{-3} + 1{,}093z^{-4} - 0{,}785z^{-5} \pm ...$$

Mit (B.13.10) ergibt sich

$$y_{z\gamma} = \frac{(\gamma-1+e^{-\gamma})z^2 + (2{,}368-1{,}368\gamma-2e^{-\gamma})z + (e^{-\gamma}-0{,}736+0{,}368\gamma)}{0{,}368(z-1)(z+0{,}718)}$$

(B.13.12)

Für $\gamma = 0$ und $\gamma = 1$ kürzt sich der Faktor $(z+0{,}718)$, nicht jedoch zwischen den Abtastzeitpunkten für $0 < \gamma < 1$. Die Inversion geschieht, indem $1/(z-1)(z+0{,}718)$ in eine Reihe in z^{-1} ausdividiert wird, die dann mit den Zählertermen multipliziert werden zu der Form

$$y_{z\gamma} = y(\gamma T) + y(T+\gamma T)z^{-1} + y(2T+\gamma T)z^{-2} + ... \qquad \text{(B.13.13)}$$

Der Verlauf von $u(t)$ und $y(t)$ ist in Bild 3.19 dargestellt. □

Die Zusammenhänge zwischen den aus f(t) gebildeten Größen werden durch Bild B.2 veranschaulicht.

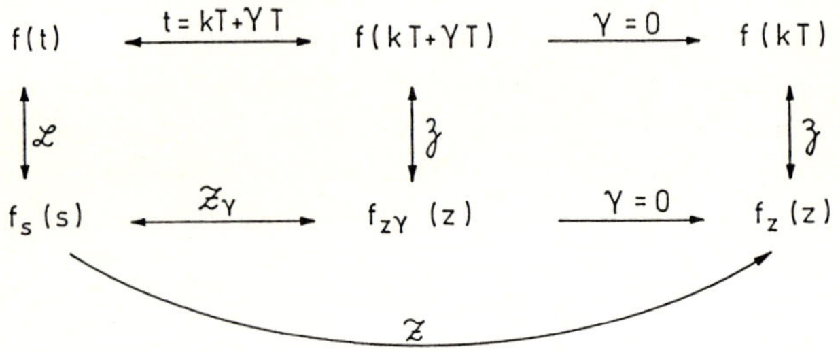

Bild B.2 Zusammenhang der aus f(t) gebildeten Größen und Transformierten

Beim Einsetzen von $\gamma = 0$ geht Information verloren. Der Übergang zu den Ausdrücken der letzten Spalte ist nicht umkehrbar. Alle anderen Zusammenhänge sind eindeutig umkehrbar.

Anmerkung B.1

In der regelungstechnischen Literatur wird üblicherweise die LAPLACE-Transformierte mit Großbuchstaben geschrieben, als $F(s) = \mathcal{L}\{f(t)\}$. Es ist dann irreführend, wenn der gleiche Großbuchstabe auch für die z-Transformierte benutzt wird, also $F(z) = \mathfrak{Z}\{f(kT)\}$. Schlimmer ist es, wenn die z-Transformation nicht auf die Folge f(kT) bzw. $f(kT+\gamma T)$ angewendet wird, sondern auf das Signal f(t) und auf F(s). Man liest manchmal die Schreibweise

$$F(z) = \mathfrak{Z}\{f(t)\} = \mathfrak{Z}\{F(s)\} \tag{B.13.14}$$

Diese Darstellung hat verschiedene Nachteile:

1. F(z) und F(s) sind verschiedene Funktionen, für die das gleiche Symbol benutzt wird.

2. $\mathfrak{Z}\{f(t)\}$ und $\mathfrak{Z}\{F(s)\}$ sind verschiedene Operationen, für die das gleiche Symbol benutzt wird.

3. $\mathfrak{Z}\{f(t)\}$ und $\mathfrak{Z}\{F(s)\}$ sind nicht eindeutig umkehrbar. Zu einer Folge f(kT) gibt es beliebig viele Funktionen f(t), die zu den Zeitpunkten t = kT mit f(kT) übereinstimmen.

4. Da die Operation $\mathfrak{Z}\{f(t)\}$ bereits die Vorschrift für die Bildung der Folge $f(kT)$ enthält, muß für die Folge $f(kT+\gamma T)$ eine besondere Transformation eingeführt werden. Dies ist die **modifizierte z-Transformation** [52.2].

$$F(z,\gamma) = \mathfrak{Z}_{\gamma}\{f(t)\} := z^{-1} \sum_{k=0}^{\infty} f(kT+\gamma T) z^{-k} \tag{B.13.15}$$

Es ist jedoch nicht nötig, diese modifizierte z-Transformation als eine andere Transformation darzustellen und hierfür alle Regeln der z-Transformation nochmals herzuleiten. Es sei deshalb ausdrücklich darauf hingewiesen, daß die Erzeugung einer Folge f_k aus einem Signal $f(t)$ durch Einsetzen von $t = kT$ bzw. $t = kT+\gamma T$ nichts mit der z-Transformation der Folge f_k zu tun hat. Man kann z.B. auch die Folge $f_k = 1/k!$ z-transformieren, zu der keine kontinuierliche Zeitfunktion $f(t)$ definiert ist.

B.14 Tabelle der LAPLACE- und z-Transformation

$f(t)$	$f_s(s) = \mathcal{L}\{f(t)\}$	$f_z(z) = \mathcal{Z}\{f(kT)\}$	$f_{z\gamma}(z) = \mathcal{Z}\{f(kT+\gamma T)\},\ 0 \le \gamma < 1$
1	$\frac{1}{s}$	$\frac{z}{z-1}$	$\frac{z}{z-1}$
t	$\frac{1}{s^2}$	$\frac{Tz}{(z-1)^2}$	$\frac{Tz[\gamma z+(1-\gamma)]}{(z-1)^2}$
t^2	$\frac{2}{s^3}$	$\frac{T^2z(z+1)}{(z-1)^3}$	$\frac{T^2z[\gamma^2z^2+(1+2\gamma-2\gamma^2)z+(1-\gamma)^2]}{(z-1)^3}$
t^3	$\frac{6}{s^4}$	$\frac{T^3z(z^2+4z+1)}{(z-1)^4}$	$\frac{T^3z[\gamma^3z^3+(1+3\gamma+3\gamma^2-3\gamma^3)z^2+(4-6\gamma^2+3\gamma^3)z+(1-\gamma)^3]}{(z-1)^4}$
t^n	$\frac{n!}{s^{n+1}}$	$\lim_{a\to 0} \frac{\partial^n}{\partial a^n}\left\{\frac{z}{z-e^{aT}}\right\}$	$\lim_{a\to 0} \frac{\partial^n}{\partial a^n}\left\{\frac{ze^{a\gamma T}}{z-e^{aT}}\right\}$
e^{-at}	$\frac{1}{s+a}$	$\frac{z}{z-e^{-aT}}$	$\frac{ze^{-a\gamma T}}{z-e^{-aT}}$
te^{-at}	$\frac{1}{(s+a)^2}$	$\frac{Tze^{-aT}}{(z-e^{-aT})^2}$	$\frac{Tze^{-a\gamma T}[\gamma z+(1-\gamma)e^{-aT}]}{(z-e^{-aT})^2}$
t^2e^{-at}	$\frac{2}{(s+a)^3}$	$\frac{T^2ze^{-aT}(z+e^{-aT})}{(z-e^{-aT})^3}$	$\frac{T^2ze^{-a\gamma T}}{(z-e^{-aT})^3}[\gamma^2z^2+(1+2\gamma-2\gamma^2)e^{-aT}z+(1-\gamma)^2e^{-2aT}]$
t^ne^{at}	$\frac{n!}{(s-a)^{n+1}}$	$\frac{\partial^n}{\partial a^n}\left\{\frac{z}{z-e^{aT}}\right\}$	$\frac{\partial^n}{\partial a^n}\left\{\frac{ze^{a\gamma T}}{z-e^{aT}}\right\}$

$f(t)$	$f_s(s) = \mathcal{L}\{f(t)\}$	$f_z(z) = \mathcal{Z}\{f(kT)\}$	$f_{z\gamma}(z) = \mathcal{Z}\{f(kT+\gamma T)\},\ 0 \le \gamma < 1$
$1-e^{-at}$	$\frac{a}{s(s+a)}$	$\frac{(1-e^{-aT})z}{(z-1)(z-e^{-aT})}$	$\frac{(1-e^{-a\gamma T})z^2+(e^{-a\gamma T}-e^{-aT})z}{(z-1)(z-e^{-aT})}$
$at-1+e^{-at}$	$\frac{a^2}{s^2(s+a)}$	$\frac{(aT-1+e^{-aT})z^2+(1-aTe^{-aT}-e^{-aT})z}{(z-1)^2(z-e^{-aT})}$	$\frac{z}{(z-1)^2(z-e^{-aT})}\Big\{(a\gamma T-1+e^{-a\gamma T})z^2 + [aT(1-\gamma-\gamma e^{-aT})+1-2e^{-a\gamma T}+e^{-aT}]z + [e^{-a\gamma T}-aTe^{-aT}(1-\gamma)-e^{-aT}]\Big\}$
$e^{-at}-e^{-bt}$	$\frac{b-a}{(s+a)(s+b)}$	$\frac{z(e^{-aT}-e^{-bT})}{(z-e^{-aT})(z-e^{-bT})}$	$\frac{(e^{-a\gamma T}-e^{-b\gamma T})z^2+(e^{-T(a+b\gamma)}-e^{-T(b+a\gamma)})z}{(z-e^{-aT})(z-e^{-bT})}$
$(a-b)+be^{-at}$ $-ae^{-bt}$	$\frac{ab(a-b)}{s(s+a)(s+b)}$	$\frac{z}{(z-1)(z-e^{-aT})(z-e^{-bT})}\Big\{(a-b-ae^{-bT}+be^{-aT})z + [(a-b)e^{-(a+b)T}-ae^{-aT}+be^{-bT}]\Big\}$	$\frac{(a-b)z}{z-1}+\frac{bze^{-a\gamma T}}{z-e^{-aT}}-\frac{aze^{-b\gamma T}}{z-e^{-bT}}$
$ab(a-b)t$ $+(b^2-a^2)$ $-b^2e^{-at}$ $+a^2e^{-bt}$	$\frac{a^2b^2(a-b)}{s^2(s+a)(s+b)}$	$\frac{ab(a-b)Tz}{(z-1)^2}+\frac{(b^2-a^2)z}{z-1} - \frac{b^2z}{z-e^{-aT}}+\frac{a^2z}{z-e^{-bT}}$	$\frac{ab(a-b)Tz}{(z-1)^2}+\frac{[ab(a-b)\gamma T+b^2-a^2]z}{z-1} - \frac{b^2ze^{-a\gamma T}}{z-e^{-aT}}+\frac{a^2ze^{-b\gamma T}}{z-e^{-bT}}$

$f(t)$	$f_s(s) = \mathcal{L}\{f(t)\}$	$f_z(z) = \mathcal{Z}\{f(kT)\}$	$f_{z\gamma}(z) = \mathcal{Z}\{f(kT+\gamma T)\},\ 0 \le \gamma < 1$
$\sin\omega_0 t$	$\frac{\omega_0}{s^2+\omega_0^2}$	$\frac{z\sin\omega_0 T}{z^2-2z\cos\omega_0 T+1}$	$\frac{z^2\sin\gamma\omega_0 T+z\sin(1-\gamma)\omega_0 T}{z^2-2z\cos\omega_0 T+1}$
$\cos\omega_0 t$	$\frac{s}{s^2+\omega_0^2}$	$\frac{z(z-\cos\omega_0 T)}{z^2-2z\cos\omega_0 T+1}$ Spezialfall $\omega_0 T = \pi : \mathcal{Z}\{(-1)^k\} = \frac{z}{z+1}$	$\frac{z^2\cos\gamma\omega_0 T-z\cos(1-\gamma)\omega_0 T}{z^2-2z\cos\omega_0 T+1}$
$e^{-at}\sin\omega_0 t$	$\frac{\omega_0}{(s+a)^2+\omega_0^2}$	$\frac{ze^{-aT}\sin\omega_0 T}{z^2-2ze^{-aT}\cos\omega_0 T+e^{-2aT}}$	$\frac{[z\sin\gamma\omega_0 T+e^{-aT}\sin(1-\gamma)\omega_0 T]ze^{-a\gamma T}}{z^2-2ze^{-aT}\cos\omega_0 T+e^{-2aT}}$
$e^{-at}\cos\omega_0 t$	$\frac{s+a}{(s+a)^2+\omega_0^2}$	$\frac{z^2-ze^{-aT}\cos\omega_0 T}{z^2-2ze^{-aT}\cos\omega_0 T+e^{-2aT}}$ Spezialfall $\omega_0 T = \pi : \mathcal{Z}\left\{(-e^{-aT})^k\right\} = \frac{z}{z+e^{-aT}}$	$\frac{[z\cos\gamma\omega_0 T-e^{-aT}\cos(1-\gamma)\omega_0 T]ze^{-a\gamma T}}{z^2-2ze^{-aT}\cos\omega_0 T+e^{-2aT}}$

Anhang C Stabilitätskriterien

Eine notwendige und hinreichende Bedingung für die asymptotische Stabilität von diskreten Systemen $\mathbf{x}[k+1] = \mathbf{A}\mathbf{x}[k]$ ist, daß alle Eigenwerte von $\mathbf{A}$ im Absolutbetrag kleiner als Eins sind, d.h. die Wurzeln z_i des charakteristischen Polynoms

$$
\begin{aligned}
P(z) &= \det(z\mathbf{I}-\mathbf{A}) \\
&= p_0 + p_1 z + \dots + p_{n-1} z^{n-1} + z^n \\
&= (z-z_1)(z-z_2) \dots (z-z_n) \qquad \text{(C.1)}
\end{aligned}
$$

müssen im Einheitskreis der z-Ebene liegen. Polynome mit dieser Eigenschaft werden **SCHUR-Polynome** genannt [1917, 1922].

In diesem Anhang sind verschiedene aus der Literatur bekannte Stabilitätskriterien ohne Beweis zusammengestellt.

C.1 Bilineare Transformation auf das HUWITZ-Problem

Bereits HERMITE [1854] wies darauf hin, daß sein Algorithmus zur Prüfung der Nullstellen in einer Halbebene auch auch auf das Problem der Nullstellen in einem Kreis angewendet werden kann, wenn das Polynom zunächst durch eine bilineare Transformation umgerechnet wird. In der regelungstechnischen Literatur wurde dieser Gedanke bei OLDENBOURG und SARTORIUS [1944] zur Stabilitätsprüfung von Abtastregelkreisen benutzt.

Mit der bilinearen Transformation

$$
w := \frac{z-1}{z+1}, \quad z = \frac{1+w}{1-w} \qquad \text{(C.1.1)}
$$

wird das Innere des Einheitskreises der z-Ebene auf die linke w-Halbebene abgebildet. Durch Einsetzen von z in P(z) nach (C.1) erhält man

$$Q(w) = (1-w)^n P\left(\frac{1+w}{1-w}\right) =$$

$$= p_0(1-w)^n + p_1(1+w)(1-w)^{n-1} + \ldots + p_{n-1}(1+w)^{n-1}(1-w) + (1+w)^n$$

$$= q_0 + q_1 w + \ldots + q_{n-1}w^{n-1} + q_n w^n \qquad (C.1.2)$$

P(z) ist genau dann ein SCHUR-Polynom, wenn Q(w) ein HURWITZ-Polynom ist. Dies kann mit den Bedingungen von ROUTH [1877] und HURWITZ [1895, 65.3] geprüft werden. Man setzt zunächst $q_n > 0$ voraus, was gegebenenfalls durch Multiplikation von Q(w) mit Minus Eins erreicht werden kann. Dann werden die HURWITZ-Determinanten

$$\Delta_i = \det \mathbf{H}_i$$

$$\mathbf{H}_i = \begin{vmatrix} q_1 & q_3 & q_5 & \cdots & \\ q_0 & q_2 & q_4 & & \\ 0 & q_1 & q_3 & & \\ 0 & q_0 & q_2 & q_4 & \\ \vdots & & & \ddots & \\ 0 & & & & q_i \end{vmatrix} \qquad (C.1.3)$$

gebildet. Alle Wurzeln von Q(w) haben genau dann negative Realteile, wenn

$$\Delta_1 > 0,\ \Delta_2 > 0 \ \ldots \ \Delta_n > 0 \qquad (C.1.4)$$

Anmerkung C.1

Die HURWITZ-Determinanten in (C.1.3) werden meist in der linken oberen Ecke mit q_{n-1} beginnend geschrieben. Die beiden Formulierungen sind äquivalent, da eine nochmalige Abbildung $v = w^{-1}$ die linke w-Halbebene auf die linke v-Halbebene abbildet. Es ist

$$R(v) = v^n Q(v^{-1}) = q_n + q_{n-1}v + \ldots + q_1 v^{n-1} + q_0 v^n$$

R(v) ist genau dann ein HURWITZ-Polynom, wenn auch Q(w) ein HURWITZ-Polynom ist, d.h. die Reihenfolge der q_i kann umgekehrt werden. □

Eine notwendige Bedingung ergibt sich aus der folgenden Überlegung:

$Q_1(w) = (w+\alpha)$ ist ein HURWITZ-Polynom für $\alpha > 0$

$Q_2(w) = (w^2+\beta w+\gamma)$ ist ein HURWITZ-Polynom für $\beta > 0$, $\gamma > 0$.

Alle HURWITZ-Polynome höheren Grades können aus Faktoren vom Typ $Q_1(w)$ und $Q_2(w)$ durch Multiplikation gebildet werden. d.h. sie haben nur positive Koeffizienten. Eine notwendige Stabilitätsbedingung für das Polynom (C.1.2) ist demnach

$$q_0 > 0,\ q_1 > 0 \ldots q_n > 0 \qquad (C.1.5)$$

Diese Bedingungen beschreiben die konvexe Hülle des Stabilitätsgebiets im Raum der q_i, es gibt daher keine strengeren linearen Ungleichungen in den Polynomkoeffizienten q_i. Wenn die einfach zu prüfenden linearen Bedingungen (C.1.5) erfüllt sind, dann können die nichtlinearen Ungleichungen (C.1.4) reduziert werden. Nach LIENARD und CHIPART [1914] können notwendige und hinreichende Bedingungen dafür, daß das Polynom $Q(w) = q_0 + q_1 w + \ldots + q_{n-1}w + q_n w$, $q_n > 0$, ein HURWITZ-Polynom ist, in einer der folgenden vier Formen angegeben werden [65.3]:

1) $q_0 > 0,\ q_2 > 0 \ldots \quad , \Delta_1 > 0,\ \Delta_3 > 0 \ldots$ (C.1.6)

2) $q_0 > 0,\ q_2 > 0 \ldots \quad , \Delta_2 > 0,\ \Delta_4 > 0 \ldots$ (C.1.7)

3) $q_0 > 0,\ q_1 > 0,\ q_3 > 0 \ldots, \Delta_1 > 0,\ \Delta_3 > 0 \ldots$ (C.1.8)

4) $q_o > 0,\ q_1 > 0,\ q_3 > 0 \ldots, \Delta_2 > 0,\ \Delta_4 > 0 \ldots$ (C.1.9)

Man beachte, daß $q_o > 0$ in allen 4 Formen auftritt, für

$$q_0 = 0 \qquad (C.1.10)$$

liegt eine reelle Wurzel auf der Stabilitätsgrenze bei $w = 0$. Im übrigen können die geradzahligen bzw. ungeradzahligen Koeffizientenbedingungen beliebig mit den geradzahligen bzw. ungeradzahligen HURWITZ-Determinanten kombiniert werden.

Es werden nur etwa halb so viele Determinanten-Ungleichungen wie bei den Bedingungen von HURWITZ benötigt. Als Ungleichung vom höchsten Grade kann stets $\Delta_{n-1} > 0$ gewählt werden, indem man für n gerade die erste oder dritte Form und für n ungerade die zweite oder vierte Form benutzt. Die vorletzte HURWITZ-Determinante Δ_{n-1} hängt mit den Nullstellen $w_1, w_2 \ldots w_n$ von $Q(w) = (w-w_1)(w-w_2) \ldots (w-w_n)$ über die Formel von ORLANDO [1911] zusammen, siehe auch [65.3].

$$\Delta_{n-1} = (-1)^{\frac{n(n-1)}{2}} q_n^{n-1} \prod_{i<k}^{1\ldots n} (w_i+w_k) \qquad (C.1.11)$$

In dem Produkt kommt jedes mögliche Paar von zwei Wurzeln w_i, w_k, $i \neq k$ genau einmal vor. Wenn ein konjugiert komplexes Wurzelpaar auf der imaginären Achse liegt, wird

$$\Delta_{n-1} = 0 \tag{C.1.12}$$

Für das Stabilitätsgebiet im Raum der Polynom-Koeffizienten q_i läßt sich damit feststellen, daß seine Grenzflächen den beiden Gleichungen (C.1.10) und (C.1.12) genügen. Die zusätzlichen Ungleichungen nach HURWITZ bzw. LIENARD-CHIPART dienen der Klassifizierung der durch diese Grenzflächen gebildeten Gebiete. Man beachte allerdings, daß $\Delta_{n-1} = 0$ außer der komplexen Grenze auch Fälle enthält, die nicht auf der Stabilitätsgrenze liegen, z.B. ein reelles Paar w_1, $w_2 = -w_1$.

C.2 SCHUR-COHN-Bedingungen und ihre vereinfachten Formen

SCHUR [1917], COHN [1922] und FUJIWARA [1926] haben sich mit den Bedingungen befaßt, unter denen die Nullstellen eines Polynoms in einem Kreis liegen. Vereinfachungen ergeben sich bei den in der Regelungstechnik interessierenden Polynomen mit reellen Koeffizienten, auf die sich die folgenden Aussagen beziehen.

In der Formulierung von WILF [59.3] lautet das SCHUR-COHN-Kriterium: Die Nullstellen des Polynoms

$$P(z) = p_0 + p_1 z + \ldots + p_{n-1} z^{n-1} + p_n z^n \tag{C.2.1}$$

liegen genau dann sämtlich im Einheitskreis, wenn die symmetrische $n \times n$ Matrix $\mathbf{R}$ mit den Elementen

$$r_{ij} = \sum_{k=1}^{\min(i,j)} p_{n+k-i} p_{n+k-j} - p_{i-k} p_{j-k}, \qquad i, j = 1,2\ldots n \tag{C.2.2}$$

positiv definit ist.

Von ZYPKIN [58.4], JURY und BLANCHARD [61.3] und THOMA [62.3] wurde ein Stabilitätskriterium in der Form des folgenden Reduktionsverfahrens angegeben:

Die Nullstellen des Polynoms (C.2.1) liegen genau dann im Einheitskreis, wenn

$$|p_0| < p_n$$

ist und das Polynom (n-1)ten Grades

$$P_1(z) = \frac{1}{z}\,[p_n P(z) - p_0 P(z^{-1}) z^n] = r_0 + r_1 z + \ldots + r_{n-1} z^{n-1} \qquad (C.2.3)$$

ebenfalls nur Wurzeln im Einheitskreis hat.

Die Koeffizienten von P_1 berechnen sich zu

$$r_{n-1-k} = p_n p_{n-k} - p_0 p_k \,,\; k = 0,1 \,\ldots\, n-1 \qquad (C.2.4)$$

Das Polynom $P_1(z)$ wird entsprechend auf ein Polynom (n-2)ten Grades reduziert usw. Ein Beweis dieses Kriteriums über die LJAPUNOV-Methode wurde von MANSOUR [65.5] gegeben. Das Reduktionsverfahren ist besonders vorteilhaft für die Prüfung numerisch gegebener Polynome, es ist zur Programmierung auf dem Digitalrechner sehr geeignet.

Beim Entwurf von Abtastregelungssystemen hängen die Koeffizienten des charakteristischen Polynoms von freien Parametern, z.B. der Verstärkung im Regelkreis, ab. In diesem Fall möchte man ohne Einsetzen numerischer Werte die Bedingungen für die Koeffizienten $p_0, p_1 \cdots p_n$ möglichst weitgehend vereinfachen. Die einfachste Form erhält man mit der Determinanten-Formulierung, die von JURY [62.2, 62.4, 64.1, 71.5] aus dem SCHUR-COHN-Kriterium entwickelt wurde. Man bildet dabei die $(n-1)\times(n-1)$-Matrizen

$$\mathbf{X} = \begin{bmatrix} p_n & p_{n-1} & \cdot & \cdot & p_2 \\ 0 & p_n & \cdot & & \cdot \\ \cdot & & \cdot & \cdot & \cdot \\ \cdot & & & p_n & p_{n-1} \\ 0 & \cdot & \cdot & 0 & p_n \end{bmatrix}, \quad \mathbf{Y} = \begin{bmatrix} 0 & \cdot & \cdot & 0 & p_0 \\ \cdot & & & p_0 & p_1 \\ \cdot & & \cdot & \cdot & \cdot \\ 0 & p_0 & \cdot & & \cdot \\ p_0 & p_1 & \cdot & \cdot & p_{n-2} \end{bmatrix} \qquad (C.2.5)$$

Die Nullstellen des Polynoms (C.2.1) liegen genau dann im Einheitskreis, wenn

1) $P(1) > 0$ und

(C.2.6)

2) $(-1)^n P(-1) > 0$ und

3) die Determinanten der Matrizen $\mathbf{X} + \mathbf{Y}$ und $\mathbf{X} - \mathbf{Y}$ sowie ihrer inneren Untermatrizen positiv sind. (C.2.7)

Die inneren Untermatrizen (inners) einer quadratischen k×k-Matrix entstehen, indem man die erste und letzte Zeile sowie die erste und letzte Spalte der Matrix wegläßt, das gleiche mit der so entstehenden Matrix wiederholt usw. Ist k gerade, so ist die innerste Untermatrix eine 2×2-Matrix, für k ungerade ist es das in der Mitte der Matrix stehende Element.

JURY und PAVLIDIS [63.4] haben analog zur Formel von ORLANDO (C.1.11) gezeigt, daß

$$\det(\mathbf{X} - \mathbf{Y}) = p_n{}^{n-1} \prod_{i<k}^{1\ldots n} (1 - z_i z_k) \tag{C.2.8}$$

In dem Produkt kommt jedes mögliche Paar von zwei Wurzeln z_i, z_k, $i \neq k$, siehe (C.1), genau einmal vor. Wenn ein konjugiert komplexes Polpaar auf dem Einheitskreis liegt, wird also

$$\det(\mathbf{X} - \mathbf{Y}) = 0 \tag{C.2.9}$$

Man beachte aber, daß $\det(\mathbf{X} - \mathbf{Y}) = 0$ außer für Polynome auf der Stabilitätsgrenze auch bei anderen Polynomen auftritt, z.B. wenn zwei reelle Wurzeln z_i, $z_k = 1/z_i$ auftreten. D.h. wenn $P(z)$ eine Wurzel auf dem Einheitskreis besitzt, muß mindestens eine der drei Bedingungen $P(1) = 0$, $P(-1) = 0$, $\det(\mathbf{X} - \mathbf{Y}) = 0$ erfüllt sein, die Umkehrung gilt jedoch nicht.

Die Bedingung (C.2.9) ist äquivalent zu $\Delta_{n-1} = 0$ von (C.1.11), sie ist jedoch einfacher symbolisch auszurechnen.

Beispiel

$$P(z) = p_0 + p_1 z + p_2 z^2 + z^3$$

Auf dem Einheitskreis ist

$$|\mathbf{X} - \mathbf{Y}| = \begin{vmatrix} 1 & p_2 - p_0 \\ -p_0 & 1 - p_1 \end{vmatrix} = 1 - p_1 + p_0 p_2 - p_0^2 = 0 \tag{C.2.10}$$

mit $|\mathbf{X} - \mathbf{Y}| > 0$ auf der stabilen Seite. Zum Vergleich wird das Polynom $Q(w)$ nach (C.1.2) berechnet.

$$Q(w) = p_0(1-w)^3 + p_1(1+w)(1-w)^2 + p_2(1+w)^2(1-w) + (1+w)^3$$
$$= q_0 + q_1 w + q_2 w^2 + q_3 w^3$$
$$q_0 = P(1) = p_0 + p_1 + p_2 + 1$$
$$q_1 = -3p_0 - p_1 + p_2 + 3$$
$$q_2 = 3p_0 - p_1 - p_2 + 3$$
$$q_3 = -P(-1) = -p_0 + p_1 - p_2 + 1$$

Erst nach mühsamer Rechnung ergibt sich

$$\Delta_2 = \begin{vmatrix} q_1 & q_3 \\ q_0 & q_2 \end{vmatrix} = 8(1 - p_1 + p_0 p_2 - p_0^2)$$

Es ist also $\Delta_2 = 8|\mathbf{X} - \mathbf{Y}|$. □

Die einfachsten Stabilitätsbedingungen kombinieren die Einfachheit der nichtlinearen Ungleichungen, die aus den inneren Unterdeterminanten von $\mathbf{X} - \mathbf{Y}$ folgen mit den linearen Ungleichungen $q_i > 0$, die sich bei der bilinearen Transformation in (C.1.2) ergeben. ANDERSON und JURY [73.1, 81.8] haben das folgende Kriterium hergeleitet, das in seiner Einfachheit und Anzahl der Bedingungen dem LIENARD-CHIPART-Kriterium (C.1.6) bis (C.1.9) entspricht:

Eine notwendige und hinreichende Stabilitätsbedingung ist, daß

1) $\mathbf{X} - \mathbf{Y}$ und alle seine inneren Untermatrizen eine positive Determinante haben und (C.2.11)

2) a) $q_0 > 0,\ q_1 > 0,\ q_3 > 0 \ldots q_n > 0$ oder (C.2.12)

b) $q_0 > 0,\ q_2 > 0,\ q_4 > 0 \ldots q_n > 0$ (C.2.13)

Man beachte, daß die Bedingungen 2) immer die reellen Grenzen $q_0 = P(1) > 0$ und $q_n = (-1)^n P(-1) > 0$ enthalten.

Beispiele

<u>n = 2</u> $P(z) = p_0 + p_1 z + z^2$ ist genau dann stabil, wenn

1) $X - Y = 1 - p_0 > 0$

2) $q_0 = P(1) = p_0 + p_1 + 1 > 0$ (C.2.14)

3) $q_2 = P(-1) = p_0 - p_1 + 1 > 0$

n = 3 $P(z) = p_0 + p_1 z + p_2 z^2 + z^3$ ist genau dann stabil, wenn

1) $|\mathbf{X} - \mathbf{Y}| = 1 - p_1 + p_0 p_2 - p_0^2 > 0$

2) $q_0 = P(1) = p_0 + p_1 + p_2 + 1 > 0$

3) $q_3 = -P(-1) = -p_0 + p_1 - p_2 + 1 > 0$

4) Eine der folgenden Bedingungen ist erfüllt

a) $q_1 = -3p_0 - p_1 + p_2 + 3 > 0$ oder

b) $q_2 = 3p_0 - p_1 - p_2 + 3 > 0$ (C.2.15)

n = 4 $P(z) = p_0 + p_1 z + p_2 z^2 + p_3 z^3 + z^4$ ist genau dann stabil, wenn

$$1)\quad |\mathbf{X} - \mathbf{Y}| = \begin{vmatrix} 1 & p_3 & p_2 - p_0 \\ 0 & 1 - p_0 & p_3 - p_1 \\ -p_0 & -p_1 & 1 - p_2 \end{vmatrix} > 0$$

$$= (1 - p_0)^2(1 - p_2 + p_0) +$$

$$+ (p_3 - p_1)(p_1 - p_0 p_3) > 0$$

2) $1 - p_0 > 0$

3) $q_0 = P(1) = p_0 + p_1 + p_2 + p_3 + 1 > 0$

4) $q_4 = P(-1) = p_0 - p_1 + p_2 - p_3 + 1 > 0$

5) a) $q_1 = -4p_0 - 2p_1 + 2p_3 + 4 > 0$ und

$q_3 = -4p_0 + 2p_1 - 2p_3 + 4 > 0$

oder b) $q_2 = 6p_0 - 2p_2 + 6 > 0$

die Bedingungen 2) und 5a) können verbunden werden zu

$|p_1 - p_3| < 2(1 - p_0)$ (C.2.16)

n = 5 $P(z) = p_0 + p_1 z + p_2 z^2 + p_3 z^3 + p_4 z^4 + z^5$ ist genau dann stabil, wenn

$$1)\quad |\mathbf{X} - \mathbf{Y}| = \begin{vmatrix} 1 & p_4 & p_3 & p_2 - p_0 \\ 0 & 1 & p_4 - p_0 & p_3 - p_1 \\ 0 & -p_0 & 1 - p_1 & p_4 - p_2 \\ -p_0 & -p_1 & -p_2 & 1 - p_3 \end{vmatrix} > 0$$

2) Die innere Determinante ist

$$\begin{vmatrix} 1 & p_4 - p_0 \\ -p_0 & 1 - p_1 \end{vmatrix} = 1 - p_1 + p_0 p_4 - p_0^2 \qquad > 0$$

$$3) \qquad P(1) \quad = p_0 + p_1 + p_2 + p_3 + p_4 + 1 > 0$$

$$4) \qquad -P(1) \quad = -p_0 + p_1 - p_2 + p_3 - p_4 + 1 > 0$$

5) a) $q_1 = -5p_0 - 3p_1 - p_2 + p_3 + 3p_4 + 5 \quad > 0$ und

$q_3 = -10p_0 + 2p_1 - 2p_2 - 2p_3 + 2p_4 - 10 > 0$

oder b) $q_2 = 10p_0 + 2p_1 - 2p_2 - 2p_3 + 2p_4 + 10 > 0$ und

$q_4 = 5p_0 - 3p_1 + p_2 + p_3 - 3p_4 + 5 \quad > 0$

(C.2.17)

C.3 Kritische Stabilitätsbedingungen

Wenn die Koeffizienten des charakteristischen Polynoms stetig von einem skalaren Parameter α abhängen, z.B. von einer Kreisverstärkung oder einem physikalischen Parameter der Regelstrecke, dann kann der Stabilitätstest vereinfacht werden. Es sei

$$P(z,\alpha) = p_0(\alpha) + p_1(\alpha)z + \ldots + p_{n-1}(\alpha)z^{n-1} + z^n \qquad (C.3.1)$$

Bei Änderung von α können Wurzeln von $P(z,\alpha)$ den Einheitskreis auf drei Arten überschreiten:

1) als konjugiert komplexes Paar, dann wird

$$\det [\mathbf{X}(\alpha) - \mathbf{Y}(\alpha)] = 0 \qquad (C.3.2)$$

2) als reelle Wurzel bei $z = 1$, es wird

$$P(1,\alpha) = 0 \qquad (C.3.3)$$

3) als reelle Wurzel bei $z = -1$, es wird

$$P(-1,\alpha) = 0 \qquad (C.3.4)$$

Löst man die drei Gleichungen (C.3.2) bis (C.3.4) nach α auf, so erhält man die Schnittpunkte der Wurzelortskurve mit dem Einheitskreis. Zwischen diesen Schnittpunkten liegen α-Intervalle, in denen keine Wurzel den Einheitskreis überschreitet. Rechnerisch braucht nur in jedem Intervall ein beliebiger Punkt geprüft zu werden, die zugehörige relative Lage der Wurzeln zum Einheitskreis gilt für das ganze Intervall. Ein Beispiel ist in (D.1.23) gegeben.

Anmerkung C.2
Man könnte auch ein numerisch gegebenes Polynom

$$P(z) = [\mathbf{p}' \quad 1]\mathbf{z}_n \;, \; \mathbf{z}_n = [1, \; z \; \dots \; z^n]' \tag{C.3.5}$$

in eine Familie von Polynomen

$$P(z,\alpha) = [\alpha\mathbf{p}' \quad 1]\mathbf{z}_n \tag{C.3.6}$$

einbetten. Dieses ist für $\alpha = 0$ stabil und $P(z)$ ist stabil, wenn $\det [\mathbf{X}(\alpha) - \mathbf{Y}(\alpha)] \neq 0$, $P(1,\alpha) \neq 0$ und $P(-1,\alpha) \neq 0$ für $\alpha \in [0 \; ; \; 1]$. Rechnerisch ist dies zwar aufwendiger als die Prüfung von $P(z)$, man erhält aber mit α eine Vorstellung vom Abstand zwischen $\mathbf{p}$ und der Stabilitätsgrenze.

Praktisch ist man mehr an dem umgekehrten Fall interessiert, nämlich der Stabilitätsprüfung für eine Strecke durch Test der Endpunkte, siehe Abschnitt C.6. Auch hierzu brauchen nur die kritischen Stabilitätsbedingungen herangezogen zu werden.

□

C.4 Notwendige Stabilitätsbedingungen

Da die notwendigen und hinreichenden Stabilitätsbedingungen nichtlinear und damit schwierig allgemein zu behandeln sind, ist man an einfacheren linearen Ungleichungen interessiert, die entweder nur notwendig oder nur hinreichend sind. Hier werden zunächst **notwendige Bedingungen** behandelt.

Man bilde die Polynome

$$\begin{aligned} P_i(z) &= [\mathbf{p}_i' \quad 1]\mathbf{z}_n \qquad\qquad , \quad \mathbf{z}_n = [1 \quad z \; \dots \; z^n]' \\ &= (z+1)^i (z-1)^{n-1} \quad , \quad i = 0, 1 \dots n \end{aligned} \tag{C.4.1}$$

und aus ihren Koeffizienten die Matrix

$$\mathbf{P}_n = \begin{bmatrix} \mathbf{p}_0' & 1 \\ \mathbf{p}_1' & 1 \\ \cdot & \cdot \\ \cdot & \cdot \\ \cdot & \cdot \\ \mathbf{p}_n' & 1 \end{bmatrix} \tag{C.4.2}$$

Die strengste lineare Stabilitätsbedingung für ein Polynom $P(z) = [\mathbf{p}' \quad 1]\mathbf{z}_n$ ist, daß alle Elemente des Vektors

$$\mathbf{m}' = [\mathbf{p}' \quad 1]\mathbf{P}_n \tag{C.4.3}$$

positiv sind. Diese Bedingungen stellen die konvexe Hülle des Stabilitätsgebiets dar [78.6, 83.5]. Sie entsprechen den Bedingungen (C.2.12) und (C.2.13).

Weniger scharfe Bedingungen ergeben sich, wenn man Ungleichungen in den einzelnen Polynom-Koeffizienten wünscht. Durch Ausmultiplizieren von $P(z) = (z-z_1)(z-z_2) \ldots (z-z_n)$, $p_n = 1$, erhält man mit $|z_i| < 1$ die notwendige Bedingung

$$|p_i| < \binom{n}{i} = \frac{n!}{i!(n-i)!} \qquad i = 0, 1 \ldots n-1 \tag{C.4.4}$$

Einige dieser Bedingungen lassen sich noch verschärfen [64.5, 64.6]. Die strengsten Bedingungen, die sich an einzelne Koeffizienten stellen lassen, lauten für Systeme bis fünfter Ordnung:

$$\begin{aligned} n = 2&: \ |p_0| < 1, \quad |p_1| < 2 \\ n = 3&: \ |p_0| < 1, \quad -1 < p_1 < 3, \quad |p_2| < 3 \\ n = 4&: \ |p_0| < 1, \quad |p_1| < 4, \quad -2 < p_2 < 6, \quad |p_3| < 4 \\ n = 5&: \ |p_0| < 1, \quad -3 < p_1 < 5, \quad |p_2| < 10, \quad -2 < p_3 < 10, \quad |p_4| < 5 \end{aligned} \tag{C.4.5}$$

Nützlich können auch Bedingungen an eine Matrix $\mathbf{A}$ sein, die geprüft werden können, ohne daß das charakteristische Polynom $P(z) = \det(z\mathbf{I}-\mathbf{A})$ ausgerechnet werden muß. Bei einer stabilen Matrix muß das Produkt der Eigenwerte im Betrag kleiner als Eins sein, also

$$|\det \mathbf{A}| = |p_0| < 1 \tag{C.4.6}$$

Die Summe der Eigenwerte muß im Betrag kleiner als n sein, also

$$|\mathrm{spur}\,\mathbf{A}| = |p_{n-1}| < n \qquad (C.4.7)$$

Aus $\det(\mathbf{I} \pm \mathbf{A}) = (1 \pm z_1^k)(1 \pm z_2^k) \ldots (1 \pm z_n^k)$ folgt

mit $|z_i| < 1$ die notwendige Bedingung

$$0 < \det(\mathbf{I} \pm \mathbf{A}) < 2^n \;,\; k = 1, 2, 3 \ldots \qquad (C.4.8)$$

Für k = 1 kann sie in der Form

$$0 < P(1) < 2^n \quad , \quad 0 < (-1)^n P(-1) < 2^n \qquad (C.4.9)$$

geschrieben werden.

C.5 Hinreichende Stabilitätsbedingungen

Im folgenden werden einige hinreichende Stabilitätsbedingungen angegeben:

1) $$|p_n| > \sum_{k=0}^{n-1} |p_k| \qquad (C.5.1)$$

Beweis in [62.3].

2) Wenn alle Koeffizienten des Polynoms

$$P(z) = p_0 + p_1 z + \ldots + p_n z^n$$

positiv sind, dann liegen seine Nullstellen in dem ringförmigen Bereich $m \leq |z| \leq M$, wobei m und M die kleinste und größte der folgenden Zahlen sind [51.2]:

$$\frac{p_{n-1}}{p_n} \;,\; \frac{p_{n-2}}{p_{n-1}} \;,\; \ldots \; \frac{p_0}{p_1} \qquad (C.5.2)$$

Für den Einheitskreis mit m = 0, M = 1 erhält man die hinreichende Stabilitätsbedingung

$$0 < p_0 < p_1 < \ldots < p_n \qquad (C.5.3)$$

3) Für $n = 3$ läßt sich eine Schar hinreichender Bedingungen angeben: Für jeden Wert $\alpha \in [0\ ;\ 1]$ gilt die hinreichende Bedingung

$$|p_0 + p_2| - 1 < p_1 < 1 - |2p_0 - \alpha(p_0 + p_2)| \qquad \text{(C.5.4)}$$

Der Fall $\alpha = 0{,}5$ wurde in [83.5] anschaulich verifiziert. Der Fall $\alpha = 1$ liefert eine schärfere Bedingung als (C.5.1).

C.6 Stabilität von Intervall-Systemen

Ein Grundproblem der robusten Regelung ist das folgende: Das Modell der Regelstrecke hängt von einigen unsicheren Parametern $\theta_1 \ldots \theta_m$ ab, die zum Vektor $\boldsymbol{\theta} = [\theta_1,\ \theta_2 \ldots \theta_m]'$ zusammengefaßt werden. Damit können z.B. verschiedene Betriebszustände der Regelstrecke beschrieben werden. Für $\boldsymbol{\theta}$ ist ein Betriebsbereich Ω vorgegeben. Während eines Regelungsvorgangs ist $\boldsymbol{\theta}$ konstant.

Ein Beispiel ist die Verladebrücke von Bild 2.1 mit den unsicheren Parametern $\theta_1 = m_L$ = Lastmasse und $\theta_2 = \ell$ = Seillänge, die in dem in Bild C.1 gezeigten Betriebsbereich liegen.

Bild C.1 Betriebsbereich Ω der Verladebrücke.

Es wird nun ein linearer, konstanter Regler mit dem freien Parametervektor $\mathbf{k}$ angesetzt. Das charakteristische Polynom des geschlossenen Kreises ist dann

$$P(s,\mathbf{k},\boldsymbol{\theta}) = p_0(\mathbf{k},\boldsymbol{\theta}) + p_1(\mathbf{k},\boldsymbol{\theta})s + \ldots + p_{n-1}(\mathbf{k},\boldsymbol{\theta})s^{n-1} + p_n(\boldsymbol{\theta})s^n \qquad \text{(C.6.1)}$$

Es wird vorausgesetzt, daß $p_n(\boldsymbol{\theta}) > 0$ für alle $\boldsymbol{\theta} \in \Omega$, es tritt also im Betriebsbereich keine Ordnungsreduktion ein. Es wird aber nicht durch $p_n(\boldsymbol{\theta})$ dividiert, da sich $p_i(\mathbf{k},\boldsymbol{\theta})$ dann häufig als Polynom in den Elementen von $\boldsymbol{\theta}$ und $\mathbf{k}$ darstellen läßt.

Beispiel: Die Verladebrücke hat mit einer Zustandsvektor-Rückführung $u = -\mathbf{k}'\mathbf{x}$ das charakteristische Polynom (2.7.15). Darin sei $g = 10\ \mathrm{ms}^{-2}$ und die Masse der Laufkatze $m_K = 1$ Tonne. Die Rückführung sei gewählt zu $\mathbf{k}' = [0{,}5 \quad 3 \quad -20 \quad 0]$. Mit der Lastmasse m_L (in Tonnen) und der Seillänge ℓ (in Metern) ergibt sich das charakteristische Polynom

$$[\mathbf{p}' \quad 1]\mathbf{s}_n = \frac{1}{\ell}\, P(s,\ell,m_L)$$

$$= \frac{1}{\ell}\,[5 + 30s + (30 + 0{,}5\ell + 10m_L)s^2 + 3\ell s^3 + \ell s^4] \qquad (C.6.2)$$

Die Koeffizienten von $P(s,\ell,m_L)$ sind linear in ℓ und m_L. □

Beim **Robustheitsentwurf** wird ein **k** gesucht, so daß $p(s,\mathbf{k},\theta)$ für alle $\theta \in \Omega$ stabil ist. Man spricht auch von der **simultanen Stabilisierung einer Modellfamilie**. Häufig geht man hierbei so vor, daß die Modellfamilie zunächst durch einige Extremfälle charakterisiert wird, z.B. die vier Ecken in Bild C.1. Beim Reglerentwurf werden nur diese Repräsentanten berücksichtigt [83.5]. In einer anschließenden **Robustheitsanalyse** kann dann überprüft werden, ob mit dem gewählten Regler auch für das Kontinuum von Zwischenwerten in Ω Stabilität gewährleistet ist. Wenn das nicht der Fall ist, muß der Entwurf unter Hinzunahme neuer Repräsentanten in Ω wiederholt werden. Die genannten Fragestellungen beziehen sich nicht allein auf die linke s-Halbebene; auch der Einheitskreis und andere Gebiete Γ in der komplexen Eigenwertebene sind von Interesse.

In diesem Abschnitt werden einige neuere Resultate zur Stabilitätsanalyse von Intervall-Systemen zusammengestellt. Wir beschränken uns dabei auf algebraische Verfahren, ein grafisches Verfahren wird z.B. in [87.3] behandelt.

Ein wichtiges Ergebnis wurde von KHARITONOV [78.5] bewiesen. Es bezieht sich auf die HURWITZ-Stabilität von Intervall-Polynomen

$$P(s) = p_0 + p_1 s + \ldots + p_{n-1}s^{n-1} + s^n \qquad (C.6.3)$$

wobei die Polynomkoeffizienten p_i, $i = 0, 1 \ldots n-1$ voneinander unabhängig sind und in gegebenen Intervallen liegen:

$$p_i \in [\underline{p}_i \, ; \, \bar{p}_i] \qquad (C.6.4)$$

Sie liegen also im **p**-Raum in einer achsenparallelen "Box".

KHARITONOVs erster Satz

> Eine notwendige und hinreichende Bedingung für die Stabilität der Polynomfamilie (C.6.3), (C.6.4) ist, daß alle 2^n Eckpolynome, bei denen p_i nur Werte aus $\{\underline{p}_i;\ \bar{p}_i\}$ annimmt, stabil sind. (C.6.5)

Damit ist ein **endlicher** Test für ein Kontinuum von Polynomen gegeben. Sehr bemerkenswert ist, daß anstelle von 2^n Polynomen nur vier davon geprüft werden müssen. Dies ist

KHARITONOVs zweiter Satz

> Eine notwendige und hinreichende Bedingung für die Stabilität der Polynomfamilie (C.6.3), (C.6.4) ist, daß die folgenden vier Polynome stabil sind:

$$P_1(s) = \bar{p}_0 + \underline{p}_1 s + \underline{p}_2 s^2 + \bar{p}_3 s^3 + \bar{p}_4 s^4 + \underline{p}_5 s^5 \ldots$$

$$P_2(s) = \bar{p}_0 + \bar{p}_1 s + \underline{p}_2 s^2 + \underline{p}_3 s^3 + \bar{p}_4 s^4 + \bar{p}_5 s^5 \ldots$$

$$P_3(s) = \underline{p}_0 + \bar{p}_1 s + \bar{p}_2 s^2 + \underline{p}_3 s^3 + \underline{p}_4 s^4 + \bar{p}_5 s^5 \ldots$$

$$P_4(s) = \underline{p}_0 + \underline{p}_1 s + \bar{p}_2 s^2 + \bar{p}_3 s^3 + \underline{p}_4 s^4 + \underline{p}_5 s^5 \ldots \qquad \text{(C.6.6)}$$

Für Polynome vom Grade $n \leq 5$ haben ANDERSON, JURY und MANSOUR [87.1] die folgende Vereinfachung bewiesen:

> Notwendige und hinreichende Bedingung für die Stabilität der Polynomfamilie (C.6.3), (C.6.4) ist
>
> 1) Alle $\underline{p}_i > 0$
>
> 2)

n	Bedingungen
1	keine weiteren
2	" "
3	$P_1(s)$ stabil
4	$P_1(s)$, $P_2(s)$ stabil
5	$P_1(s)$, $P_2(s)$, $P_3(s)$ stabil

(C.6.7)

Für $n \geq 6$ müssen alle vier Polynome nach (C.6.6) geprüft werden.

Wie BOSE [85.2] gezeigt hat, gelten die Aussagen (C.6.6) bzw. (C.6.7) unverändert, wenn das Polynom nicht monisch wie in (C.6.3) angenommen wird, sondern als

$$P(s) = p_0 + p_1 s + \dots + p_{n-1} s^{n-1} + p_n s^n \qquad (C.6.8)$$

Bei diskreten Systemen ist die Lage der Nullstellen des charakteristischen Polynoms

$$P(z) = p_0 + p_1 z + \dots + p_n z^n \qquad (C.6.9)$$

relativ zum Einheitskreis für die Stabilität entscheidend. Eine achsenparallele Box wie in (C.6.4) ist in diesem Fall ungeeignet. In [87.2] wird gezeigt, daß KHARITONOVs erster Satz (C.6.5) zwar für $n \le 3$ sinngemäß noch gilt, nicht mehr jedoch für größere n. Nach KRAUS, ANDERSON und MANSOUR [88.1] läßt sich das Gegenstück zu KHARITONOVs erstem Satz formulieren für ein Polytop, dessen Kanten nicht parallel zu den p-Achsen sind, sondern in jeder Schnittebene p_i-p_{n-i} unter 45° bzw. 135° zu diesen stehen, wie in Bild C.2. Ein **Polytop** im Koeffizientenraum ist die konvexe Hülle einer Menge von m Punkten, also

$$P = \left\{ P(s) = \sum_{i=1}^{m} r_i P_i(s) \;\middle|\; \sum_{i=1}^{m} r_i = 1 \,, \quad r_i \ge 0 \right\}$$

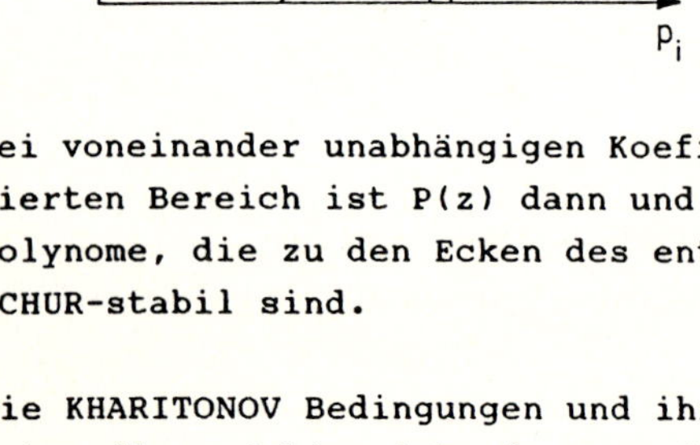

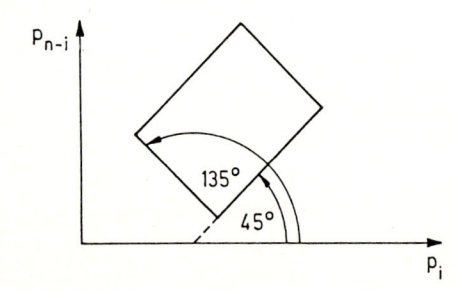

Bild C.2
Einschachtelung der Koeffizienten des charakteristischen Polynoms eines diskreten Systems

Bei voneinander unabhängigen Koeffizienten in dem in Bild C.2 definierten Bereich ist P(z) dann und nur dann SCHUR-stabil, wenn alle Polynome, die zu den Ecken des entsprechenden Polytops gehören, SCHUR-stabil sind.

Die KHARITONOV Bedingungen und ihr diskretes Gegenstück sind nur dann notwendig und hinreichend, wenn die Polynom-Koeffizienten voneinander unabhängig sind, d.h. wenn jeder Punkt im Polytop einen möglichen Betriebsfall darstellt, für den Stabilität nachgewiesen werden muß. In praktisch interessierenden Fällen sind die Polynomkoeffizienten meist von einigen physikalischen Parametern abhängig. Dann sind die Ergebnisse zu Intervall-Polynomen nur noch hinreichend aber nicht mehr notwendig, d.h. sie führen zu konservativen Resultaten.

Beispiel:

$$P(s,\theta) = 2 + \theta s + (4-\theta)s^2 + s^3 \qquad \theta \in \Omega = [1\ ;\ 3] \qquad (C.6.10)$$

Diese Polynomfamilie ist stabil, da $p_o > 0$, $p_1 > 0$, $p_2 > 0$ und $p_1 p_2 - p_0 = -\theta^2 + 4\theta - 2 > 0$ für alle $\theta \in \Omega$, siehe auch Bild C.3.

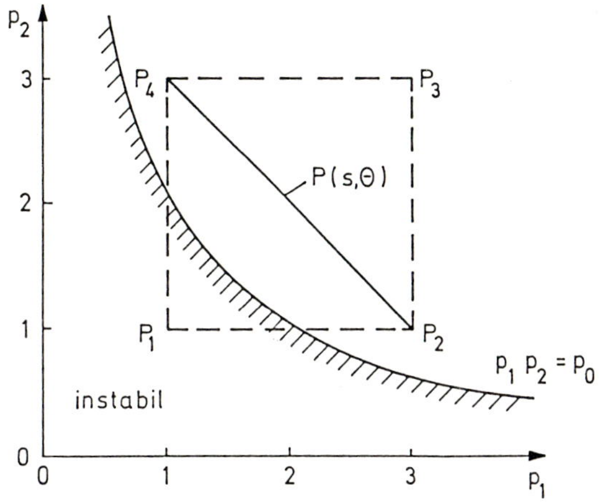

Bild C.3
Abhängige Koeffizienten. $P(s,\theta)$ ist stabil. Die KHARITONOV-Bedingungen zeigen dies jedoch nicht an.

Betrachtet man (C.6.10) als Intervall-Polynom und prüft die KHARITONOV-Bedingungen, so ergibt sich, daß das Eckpolynom $P_1(s) = 2 + s + s^2 + s^3$ instabil ist, d.h. die hinreichende Stabilitätsbedingung nach (C.6.7) ist nicht erfüllt. □

Für den Fall, daß die Polynomkoeffizienten linear von unsicheren Parametern abhängen, die ihrerseits in einem Polytop liegen, ergibt sich auch im Koeffizientenraum ein Polytop. Hierfür wurde von BARTLETT, HOLLOT, HUANG [88.2] gezeigt, daß das gesamte Polytop dann und nur dann stabil ist, wenn seine exponierten Kanten (d.h. Kanten, die Teil der konvexen Hülle sind, nicht jedoch Verbindungslinien zweier Kanten, die innerhalb des Polytops verlaufen) stabil sind.

Beispiel:
Bei der Verladebrücke nach (C.6.2) sei

$$\underline{m}_L = 0{,}1 \quad , \quad \bar{m}_L = 2 \quad , \quad \underline{\ell} = 4 \quad , \quad \bar{\ell} = 20$$

Die vier Ecken A bis D des Betriebsbereichs in Bild C.1 bilden sich ab in P_A bis P_D im Koeffizientenraum:

$$P_A(s) = P(s, \underline{\ell}, \underline{m}_L) = 5 + 30s + 33s^2 + 12s^3 + 4s^4$$

$$P_B(s) = P(s, \underline{\ell}, \bar{m}_L) = 5 + 30s + 52s^2 + 12s^3 + 4s^4$$

$$P_C(s) = P(s, \bar{\ell}, \bar{m}_L) = 5 + 30s + 60s^2 + 60s^3 + 20s^4$$

$$P_D(s) = P(s, \bar{\ell}, \underline{m}_L) = 5 + 30s + 41s^2 + 60s^3 + 20s^4 \qquad \text{(C.6.11)}$$

Aufgrund der Linearität der Polynomkoeffizienten in ℓ und m_L bildet sich das in einer Ebene liegende Polytop ABCD in das ebene Polytop $P_AP_BP_CP_D$ ab. Dieses ist genau dann stabil, wenn die vier exponierten Kanten stabil sind, also

$$P_{AB}(s,\alpha) = \alpha P_A(s) + (1-\alpha)P_B(s) \qquad \alpha \in [0 ; 1]$$

$$P_{BC}(s,\beta) = \beta P_B(s) + (1-\beta)P_C(s) \qquad \beta \in [0 ; 1]$$

$$P_{CD}(s,\gamma) = \gamma P_C(s) + (1-\gamma)P_D(s) \qquad \gamma \in [0 ; 1]$$

$$P_{DA}(s,\delta) = \delta P_D(s) + (1-\delta)P_A(s) \qquad \delta \in [0 ; 1] \qquad \text{(C.6.12)}$$

Die Kanten $P_A - P_C$ und $P_B - P_D$ sind nicht exponiert und müssen daher nicht geprüft werden. (Vier beliebige Polynome würden als Polytop ein Tetraeder bilden, bei dem alle sechs Kanten exponiert sind.) □

Aufgrund des Kantensatzes muß die Stabilität für jede exponierte Kante nur für ein eindimensionales Kontinuum

$$P(s,\alpha) = \alpha P_1(s) + (1-\alpha)P_2(s), \quad \alpha \in [0 ; 1] \qquad \text{(C.6.13)}$$

geprüft werden. Dazu müssen die Ecken $P_1(s)$ und $P_2(s)$ stabil sein sowie $P(s,\alpha)$ im offenen Intervall $\alpha \in (0 ; 1)$.

Selbstverständlich kann ebenso der Fall behandelt werden, daß $P_1(s)$ und $P_2(s)$ Wurzeln auf der imaginären Achse der s-Ebene haben, also gerade nicht mehr stabil sind.

Für die Stabilitätsprüfung einer Kante bieten sich verschiedene Methoden an:

1) Man dividiert (C.6.13) durch α und führt die neue Variable

$$k := \frac{1-\alpha}{\alpha} \tag{C.6.14}$$

ein. Die Wurzelortskurve für

$$P_1(s) + kP_2(s) \ , \ k \in (0 \ ; \ \infty) \tag{C.6.15}$$

muß insgesamt in der linken s-Halbebene verlaufen.

2) Für einen Wert von α sei $P(s,\alpha)$ stabil (z.B. $P_1(s)$ stabil oder $P_2(s)$ stabil). Die komplexe Stabilitätsgrenze wird genau dann nicht überschritten, wenn gemäß der kritischen Stabilitätsbedingung (C.1.11)

$$\Delta_{n-1}(\alpha) \neq 0 \quad \text{für} \quad \alpha \in (0 \ ; \ 1) \tag{C.6.16}$$

Eine reelle Wurzel kann die Stabilitätsgrenze nicht überschreiten, denn für $P_1(0) > 0$, $P_2(0) > 0$
ist auch $P(0,\alpha) = \alpha P_1(0) + (1-\alpha)P_2(0) > 0$
für alle $\alpha \in (0 \ ; \ 1)$.

Beispiel:
Für die Kante $P_A - P_B$ nach (C.6.11) ergibt sich

$$\Delta_3 = \det\left\{\alpha\begin{bmatrix}30 & 12 & 0\\ 5 & 33 & 4\\ 0 & 30 & 12\end{bmatrix} + (1-\alpha)\begin{bmatrix}30 & 12 & 0\\ 5 & 52 & 4\\ 0 & 30 & 12\end{bmatrix}\right\}$$

$$= \begin{vmatrix}30 & 12 & 0\\ 5 & 52-19\alpha & 4\\ 0 & 30 & 12\end{vmatrix} = 14400 - 6840\alpha$$

$\Delta_3 = 0$ für $\alpha = 2{,}11$, d.h. $\Delta_3 \neq 0$ für $\alpha \in (0 \ ; \ 1)$, die Kante $P_A - P_B$ ist stabil. Entsprechend ergibt sich auch für die anderen Kanten in (C.6.11) Stabilität, so daß die geregelte Verladebrücke im gegebenen Betriebsbereich stabil ist. □

3) Von BIALAS [85.3] und FU, BARMISH [87.4] wurde die Kantenprüfung wie folgt hergeleitet:
Sei $\mathbf{S}(P)$ eine Stabilitätsmatrix des Polynoms P, die auf der Stabilitätsgrenze die Determinante Null hat. Die Autoren verwenden die letzte HURWITZ-Matrix, $\mathbf{S} = \mathbf{H}_n$. Aufgrund des Satzes von ORLANDO, (C.1.11), kann man jedoch einfacher die vorletzte nehmen, d.h. $\mathbf{S} = \mathbf{H}_{n-1}$. Es ist

$$\mathbf{S}[\alpha P_1 + (1-\alpha)P_2] = \alpha\mathbf{S}(P_1) + (1-\alpha)\mathbf{S}(P_2) \tag{C.6.17}$$

Die Kante $P_1 - P_2$ ist genau dann stabil, wenn P_1 und P_2 stabil sind und $\mathbf{S}[\alpha P_1 + (1-\alpha)P_2]$ für alle $\alpha \in (0\ ;\ 1)$ nichtsingulär ist. Die rechte Seite von (C.6.17) wird durch α dividiert und mit $\mathbf{S}^{-1}(P_2)$ multipliziert. Es muß also

$$\mathbf{S}(P_1)\mathbf{S}^{-1}(P_2) - \frac{\alpha-1}{\alpha}\,\mathbf{I} \tag{C.6.18}$$

für alle $\alpha \in (0\ ;\ 1)$ nichtsingulär sein. Dies ist aber ein Eigenwertproblem mit dem Eigenwert $\lambda := (\alpha-1)/\alpha$, $\lambda \in (-\infty\ ;\ 0)$. Damit ist die Kante $P_1 - P_2$ genau dann stabil, wenn $\mathbf{S}(P_1)\mathbf{S}^{-1}(P_2)$ keine negativ reellen Eigenwerte besitzt.

Beispiel

Es wird wieder die Kante $P_A - P_B$ nach (C.6.11) überprüft.

$$\mathbf{S}(P_1)\mathbf{S}^{-1}(P_2) = \begin{bmatrix} 30 & 12 & 0 \\ 5 & 33 & 4 \\ 0 & 30 & 12 \end{bmatrix} \begin{bmatrix} 30 & 12 & 0 \\ 5 & 52 & 4 \\ 0 & 30 & 12 \end{bmatrix}^{-1}$$

$$= \frac{1}{14400} \begin{bmatrix} 14400 & 0 & 0 \\ 1140 & 7560 & 2280 \\ 0 & 0 & 14400 \end{bmatrix}$$

$$= \begin{bmatrix} 1 & 0 & 0 \\ 0{,}07917 & 0{,}525 & 0{,}1583 \\ 0 & 0 & 1 \end{bmatrix}$$

mit den Eigenwerten $\lambda_{1,2} = 1$, $\lambda_3 = 0{,}525$. Die Kante ist stabil, da $\mathbf{S}(P_1)\mathbf{S}^{-1}(P_2)$ keinen negativ reellen Eigenwert hat. Aus $\lambda = (\alpha-1)/\alpha$ ergibt sich $\alpha = 1/(1-\lambda)$, z.B. für $\lambda = \lambda_3$ ist $\alpha = 2{,}11$, wie bei der Berechnung über (C.6.16). □

Für Rechnungen von Hand ist (C.6.13) vorteilhafter. Bei Benutzung des Rechners muß dabei jedoch erst symbolisch das Polynom in α gebildet werden. Bei der Berechnung über (C.6.18) brauchen dagegen nur für numerisch gegebene Matrizen Inversion und Eigenwert-Berechnung mit Standard-Software ausgeführt zu werden und es entfallen die symbolischen Rechnungen. Numerisch kann schließlich auch das verallgemeinerte Eigenwertproblem für $\mathbf{S}(P_1) - \lambda\mathbf{S}(P_2)$ behandelt werden.

Bemerkenswert ist, daß der Kantensatz von BARTLETT, HOLLOT, HUANG nicht nur für die linke s-Halbebene gilt, sondern für jedes einfach zusammenhängende Gebiet Γ in der komplexen Ebene. Für das charakteristische Polynom eines Abtastsystems kann man also entsprechend die Kanten eines Polytops prüfen. Für die Kante $P_1 - P_2$ mit SCHUR-stabilen Ecken P_1 und P_2 ergeben sich die entsprechenden Stabilitätstests wie in kontinuierlicher Zeit, d.h.

1) die Wurzelortskurve $P_1(z) + kP_2(z)$, $k \in (0\ ;\ \infty)$ muß innerhalb des Einheitskreises verlaufen,

2) für die Stabilitätsmatrix $\mathbf{S}(P) = \mathbf{X}(P) - \mathbf{Y}(P)$, siehe (C.2.8) muß gelten

$$\det \mathbf{S}[\alpha P_1 + (1-\alpha)P_2] \neq 0 \quad \text{für} \quad \alpha \in (0\ ;\ 1) \tag{C.6.19}$$

Die Bedingungen $P(1) > 0$ und $(-1)^n P(-1) > 0$ sind von vornherein für die Kante garantiert, da sie für $\alpha = 0$ und $\alpha = 1$ erfüllt sind,

3) die Matrix $\mathbf{S}(P_1)\mathbf{S}^{-1}(P_2)$ darf keine negativ reellen Eigenwerte haben [88.3].

Aufgrund der Diskretisierung treten physikalische Parameter θ in der Form $e^{\theta T}$ in den Koeffizienten von $P(z)$ auf. Die vorausgesetzte Linearität der Polynomkoeffizienten in θ ist also normalerweise nicht gegeben. Die Koeffizienten eines Regleransatzes können allerdings linear in die Polynomkoeffizienten eingehen.

Beispiel [88.3]
Gegeben sei das Polytop von Polynomen

$$P(z,a,b) = (-0{,}825 + 0{,}225a + 0{,}1b) + (0{,}895 + 0{,}025a + 0{,}09b)z + (-2{,}475 + 0{,}675a + 0{,}3b)z^2 + z^3$$

mit $\Omega = \{a,b \mid a \in [1\ ;\ 5]\ ,\ b \in [1\ ;\ 2]\}$

Die vier Eckpolynome sind

$$P_1(z) = P(z,5,2)\ ,\quad P_3(z) = P(z,5,1)$$
$$P_2(z) = P(z,1,2)\ ,\quad P_4(z) = P(z,1,1)$$

Alle Ecken sind SCHUR-stabil. Die Stabilitäts-Matrix ist nach (C.2.5)

$$\mathbf{S}(P) = \mathbf{X} - \mathbf{Y} = \begin{bmatrix} p_3 & p_2 - p_0 \\ -p_0 & p_3 - p_1 \end{bmatrix}$$

Für die vier Ecken erhält man

$$\mathbf{S}(P_1) = \begin{bmatrix} 1 & 1 \\ -0{,}5 & -0{,}2 \end{bmatrix}, \quad \mathbf{S}(P_3) = \begin{bmatrix} 1 & 0{,}8 \\ -0{,}4 & -0{,}11 \end{bmatrix}$$

$$\mathbf{S}(P_2) = \begin{bmatrix} 1 & -0{,}8 \\ 0{,}4 & -0{,}1 \end{bmatrix}, \quad \mathbf{S}(P_4) = \begin{bmatrix} 1 & -1 \\ 0{,}5 & -0{,}01 \end{bmatrix}$$

Die Kante $P_1 - P_2$ ist nach 2) stabil, wenn

$$\det \mathbf{S}[\alpha P_1 + (1-\alpha)P_2] \neq 0 \quad \text{für} \quad \alpha \in (0\ ;\ 1)$$

$$\begin{vmatrix} 1 & -0{,}8+1{,}8\alpha \\ 0{,}4-0{,}9\alpha & -0{,}1-0{,}1\alpha \end{vmatrix} = 0{,}22 - 1{,}54\alpha + 1{,}62\alpha^2$$

Die Kante ist nicht stabil, es treten Nullstellen auf für $\alpha_A = 0{,}776$, $\alpha_B = 0{,}175$. In diesem Teilungsverhältnis wird die Kante $P_1 - P_2$ von der komplexen Stabilitätsgrenze geschnitten bei

$$a_A = 5\alpha_A + 1(1-\alpha_A) = 4{,}10$$

$$a_B = 5\alpha_B + 1(1-\alpha_B) = 1{,}70$$

Siehe Bild C.4.

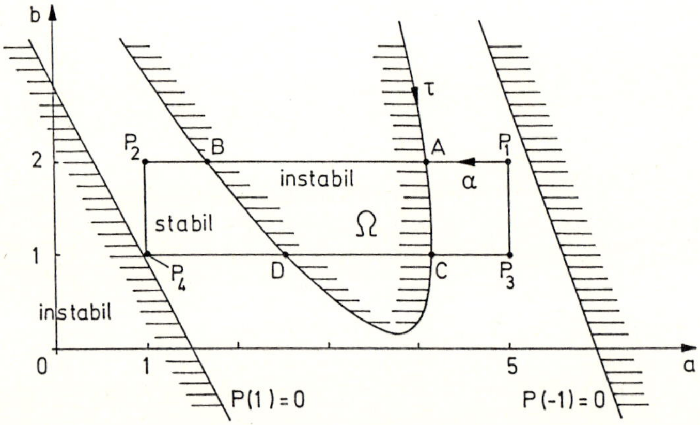

Bild C.4 Das Polytop mit den Ecken P_1, P_2, P_3, P_4, das dem Betriebsbereich Ω entspricht, ist nicht vollständig stabil. Die Schnittpunkte A, B, C, D der Polytopkanten mit der Stabilitätsgrenze für komplexe Eigenwerte können auf verschiedene Weise bestimmt werden.

Alternativ berechnet man nach 3)

$$\mathbf{S}(P_1)\mathbf{S}^{-1}(P_2) = \frac{1}{0{,}22}\begin{bmatrix} -0{,}5 & 1{,}8 \\ 0{,}13 & -0{,}6 \end{bmatrix}$$

mit den Eigenwerten $\lambda_A = -0{,}290$ und $\lambda_B = -4{,}711$. Aus diesen erhält man wieder $\alpha_A = 1/(1-\lambda_A) = 0{,}776$, $\alpha_B = 1/(1-\lambda_B) = 0{,}175$.

Für die Kante $P_4 - P_2$ erhält man

$$\mathbf{S}(P_4)\mathbf{S}^{-1}(P_2) = \frac{1}{0{,}22}\begin{bmatrix} 0{,}3 & -0{,}2 \\ -0{,}046 & 0{,}390 \end{bmatrix}$$

mit den Eigenwerten $\lambda_1 = 2{,}050$ und $\lambda_2 = 1{,}087$. Da kein negativ reeller dabei ist, ist diese Kante stabil.

Für die Kante $P_1 - P_3$ ist

$$\mathbf{S}(P_1)\mathbf{S}^{-1}(P_3) = \frac{1}{0{,}21}\begin{bmatrix} 0{,}29 & 0{,}2 \\ -0{,}025 & 0{,}2 \end{bmatrix}$$

Die Eigenwerte $\lambda_{1,2} = 1{,}167 \pm j0{,}260$ sind komplex, die Kante ist stabil.

Für die Kante $P_4 - P_3$ ist

$$\mathbf{S}(P_4)\mathbf{S}^{-1}(P_3) = \frac{1}{0{,}21}\begin{bmatrix} -0{,}51 & -1{,}8 \\ -0{,}059 & -0{,}41 \end{bmatrix}$$

Die Eigenwerte $\lambda_C = -3{,}761$ und $\lambda_D = -0{,}621$ sind negativ reell, die Kante ist nicht stabil. Sie schneidet die Stabilitätsgrenze bei $\alpha_C = 1/(1-\lambda_C) = 0{,}210$ bzw. $a_C = 1\alpha_C + 5(1-\alpha_C) = 4{,}16$ sowie bei $\alpha_D = 1/(1-\lambda_D) = 0{,}617$ bzw. $a_D = 1\alpha_D + 5(1-\alpha_D) = 2{,}53$.

Bild C.4 zeigt auch die tatsächliche Stabilitätsgrenze, die sich aus zwei reellen Grenzen $P(1) = 0$ und $P(-1) = 0$ und der hier allein interessierenden Stabilitätsgrenze für komplexe Eigenwerte zusammensetzt. Zu ihrer Berechnung wäre es nicht zweckmäßig, $\det[\mathbf{X}(a,b) - \mathbf{Y}(a,b)] = p_3^2 - p_3 p_1 + p_0 p_2 - p_0^2 = 0$ zu setzen, da darin Terme wie a^2, ab und b^2 auftreten. Vorteilhafter ist eine implizite Form mit dem freien Parameter τ = Realteil von z. Mit dem Parameterraum-Verfahren [83.5, 87.3] erhält man

$$\begin{bmatrix} a \\ b \end{bmatrix} = \begin{bmatrix} 3,592 \\ 0,169 \end{bmatrix} + \begin{bmatrix} -5,071 \\ 1,409 \end{bmatrix}\tau + \begin{bmatrix} -11,268 \\ 25,352 \end{bmatrix}\tau^2 \quad , \quad \tau \in [-1 \; ; \; 1]$$

Für b = 2 wird $\tau_A = -0,298$, $\tau_B = 0,242$ und für b = 1 $\tau_C = -0,211$ und $\tau_D = 0,155$. Die Indizes der τ-Werte entsprechen wieder den Punkten A, B, C, D in Bild C.4.

Auf unterschiedlichen Wegen führt dieses Beispiel immer wieder auf die Lösung einer quadratischen Gleichung in α, λ oder τ. Das Beispiel illustriert außerdem, daß nur eine gerade Anzahl von Schnittpunkten einer Kante mit der Stabilitätsgrenze für komplexe Eigenwerte auftreten kann, da die Ecken voraussetzungsgemäß auf der gleichen Seite dieser Hyperfläche liegen.

Anhang D Spezielle Abtastprobleme

Wir haben uns im Hauptteil des Textes auf den einfachsten und zugleich praktisch wichtigsten Fall beschränkt, daß die Eingangsgröße eines rationalen kontinuierlichen Übertragungssystems durch einen Abtaster mit Halteglied erzeugt wird. In diesem Anhang sollen nun auch andere Fälle behandelt bzw. auf die bereits gelösten Problemformulierungen zurückgeführt werden. Dazu gehören insbesondere

- kontinuierliche Übertragungssysteme mit Totzeit,
- Glättung der vom Halteglied erzeugten treppenförmigen Stellgrößen und
- Systeme mit nichtsynchronen oder nichtidealen Abtastern sowie Abtastern mit unterschiedlicher Tastperiode.

D.1 Totzeitsysteme

Bei Transportvorgängen in Regelungssystemen treten Laufzeiten von einem Eingangssignal $x_e(t)$ zu einem Ausgangssignal $x_a(t)$ auf, es ist

$$x_a(t) = x_e(t-\theta) \quad , \quad \theta > 0 \tag{D.1.1}$$

und nach dem Rechtsverschiebungssatz der LAPLACE-Transformation

$$x_{as}(s) = e^{-\theta s} x_{es}(s) \tag{D.1.2}$$

θ wird als **Totzeit** bezeichnet.

Als Beispiel sei die Fernsteuerung der Bewegungen des sowjetischen Fahrzeugs Lunochod auf der Oberfläche des Mondes genannt. Für die Übertragung der Befehle und Rückmeldung der Aktionen zur Erde wird jeweils etwas mehr als eine Sekunde Laufzeit benötigt. Auch bei Raumfahrzeugen, die sich wesentlich näher an der Erde befinden, treten durch die Signalübertragung über geostationäre Relais-Satelliten Signal-Laufzeiten in dieser Größenordnung auf.

Zur Beschreibung des Zustands zum Zeitpunkt t muß der Inhalt des Totzeitelements, also

$$x_e(\tau) \ , \quad t-\theta < \tau < t \tag{D.1.3}$$

bekannt sein, da er einen Einfluß auf den künftigen Lösungsverlauf hat. Ein Zustand vom Typ der Gl. (D.1.3) läßt sich allgemein nicht durch ein endlich-dimensionales Zustandsmodell exakt erfassen. Wohl kann man $x_e(\tau)$ durch eine endliche Zahl von Amplitudenwerten angenähert beschreiben. Wenn $x_e(t)$ durch ein Halteglied erzeugt wird, läßt es sich jedoch durch einen Amplitudenwert pro Abtastintervall exakt darstellen, siehe [77.2, 80.1].

Bei einer Totzeit θ am Eingang eines Abtastsystems ist

$$\mathbf{x}(t) = \mathbf{F}\mathbf{x}(t) + \mathbf{g}u(t-\theta) \ , \ u(t) = u(kT) \text{ für } kT < t < kT+T \tag{D.1.4}$$

Die Lösung ist

$$\mathbf{x}(t) = e^{\mathbf{F}(t-t_0)}\mathbf{x}(t_0) + \int_{t_0}^{t} e^{\mathbf{F}(t-\tau)}\mathbf{g}u(\tau-\theta)d\tau$$

und mit $t = kT+T \ , \quad t_0 = kT$

$$\mathbf{x}(kT+T) = e^{\mathbf{F}T}\mathbf{x}(kT) + \int_{kT}^{kT+T} e^{\mathbf{F}(kT+T-\tau)}\mathbf{g}u(\tau-\theta)d\tau \tag{D.1.5}$$

Wir betrachten zunächst den Fall, daß die Totzeit θ kleiner als das Abtastintervall T ist. Im Integrationsintervall ist dann

$$u(\tau-\theta) = \begin{cases} u(kT-T) & \text{für } \ kT < \tau < kT+\theta \\ u(kT) & \text{für } \ kT+\theta < \tau < kT+T \end{cases} \tag{D.1.6}$$

$$\mathbf{x}(kT+T) = e^{\mathbf{F}T}\mathbf{x}(kT) + \int_{kT}^{kT+\theta} e^{\mathbf{F}(kT+T-\tau)}\mathbf{g}d\tau u(kT-T) + \int_{kT+\theta}^{kT+T} e^{\mathbf{F}(kT+T-\tau)}\mathbf{g}d\tau u(kT)$$

$$= e^{\mathbf{F}T}\mathbf{x}(kT) + \int_{T-\theta}^{T} e^{\mathbf{F}v}\mathbf{g}dv u(kT-T) + \int_{0}^{T-\theta} e^{\mathbf{F}v}\mathbf{g}dv u(kT)$$

Mit der Schreibweise von (3.1.7)

$$\mathbf{A}(T) = e^{\mathbf{F}T} \quad , \quad \mathbf{b}(T) = \int_0^T e^{\mathbf{F}v} dv \mathbf{g} \tag{D.1.7}$$

$$\mathbf{x}(kT+T) = \mathbf{A}(T)\mathbf{x}(kT) + [\mathbf{b}(T) - \mathbf{b}(T-\theta)]u(kT-T) + \mathbf{b}(T-\theta)u(kT)$$

Für den zurückliegenden Wert des Eingangssignals, der in den weiteren Lösungsverlauf eingeht, wird die Zustandsgröße $u_1(kT) = u(kT-T)$ eingeführt.

$$\begin{bmatrix} \mathbf{x}(kT+T) \\ u_1(kT+T) \end{bmatrix} = \begin{bmatrix} \mathbf{A} & \mathbf{b}_1 \\ \mathbf{0} & 0 \end{bmatrix} \begin{bmatrix} \mathbf{x}(kT) \\ u_1(kT) \end{bmatrix} + \begin{bmatrix} \mathbf{b}_2 \\ 1 \end{bmatrix} u(kT) \tag{D.1.8}$$

mit $\mathbf{b}_1 = \mathbf{b}(T) - \mathbf{b}(T-\theta)$, $\mathbf{b}_2 = \mathbf{b}(T-\theta)$. Ist die Tastperiode T gerade gleich der Totzeit θ, so wird $\mathbf{b}(T-\theta) = \mathbf{b}(0) = \mathbf{0}$, $\mathbf{b}_1 = \mathbf{b}$, $\mathbf{b}_2 = \mathbf{0}$. Für $T < \theta \le 2T$ ist in (D.1.8) $u_1[k] = u(kT-2T)$ und $u(kT)$ ist zu ersetzen durch den zusätzlichen Zustand $u_2(kT) = u(kT-T)$, d.h.

$$\begin{bmatrix} \mathbf{x}(kT+T) \\ u_1(kT+T) \\ u_2(kT+T) \end{bmatrix} = \begin{bmatrix} \mathbf{A} & \mathbf{b}_1 & \mathbf{b}_2 \\ \mathbf{0} & 0 & 1 \\ \mathbf{0} & 0 & 0 \end{bmatrix} \begin{bmatrix} \mathbf{x}(kT) \\ u_1(kT) \\ u_2(kT) \end{bmatrix} + \begin{bmatrix} 0 \\ 0 \\ 1 \end{bmatrix} u(kT) \tag{D.1.9}$$

Allgemein wird die Totzeit θ durch ein ganzzahliges Vielfaches der Abtastperiode T und einen Differenzterm γT ausgedrückt:

$$\theta = mT - \gamma T \quad , \quad 0 \le \gamma < 1 \tag{D.1.10}$$

und (D.1.9) wird erweitert zu

$$\begin{bmatrix} \mathbf{x}(kT+T) \\ u_1(kT+T) \\ \vdots \\ \vdots \\ u_m(kT+T) \end{bmatrix} = \begin{bmatrix} \mathbf{A} & \mathbf{b}_1 & \mathbf{b}_2 & 0 & \cdots & 0 \\ \mathbf{0} & 0 & 1 & & & \\ \vdots & & & 1 & & \\ \vdots & & & & \ddots & 1 \\ \mathbf{0} & 0 & & & & 0 \end{bmatrix} \begin{bmatrix} \mathbf{x}(kT) \\ u_1(kT) \\ \vdots \\ \vdots \\ u_m(kT) \end{bmatrix} + \begin{bmatrix} 0 \\ \vdots \\ \vdots \\ 0 \\ 1 \end{bmatrix} u(kT) \tag{D.1.11}$$

$$\mathbf{b}_1 = \mathbf{b}(T) - \mathbf{b}(\gamma T) \quad , \quad \mathbf{b}_2 = \mathbf{b}(\gamma T)$$

Die Eigenwerte der erweiterten Dynamikmatrix sind diejenigen des Teilsystems **A** und zusätzlich m Eigenwerte bei $z = 0$. Bild D.1 illustriert die Gl. (D.1.11)

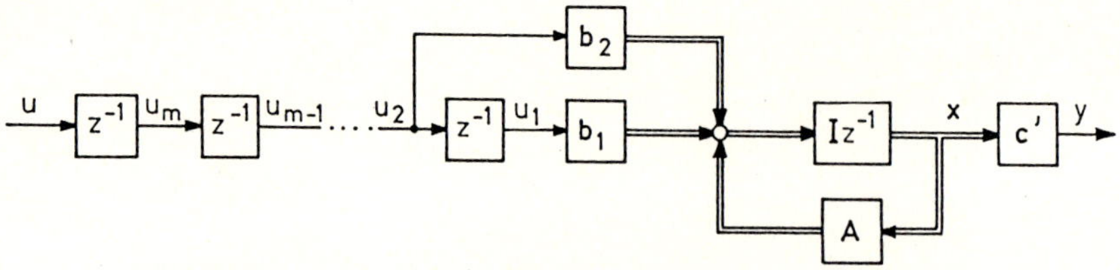

Bild D.1 Abtastsystem mit Totzeit θ am Eingang , $mT-T < \theta \leq mT$

Wenn die Totzeit ein ganzzahliges Vielfaches der Tastperiode ist, also $\theta = mT$, $\gamma T = 0$, dann wird $\mathbf{b}_2 = \mathbf{0}$, $\mathbf{b}_1 = \mathbf{b}$, d.h. dem System $(\mathbf{A}, \mathbf{b}, \mathbf{c})$ wird lediglich eine Kette von m Verzögerungselementen vorgeschaltet.

Die z-Übertragungsfunktion erhält man durch z-Transformation der Gl. (D.1.11) bei Anfangszustand Null

$$
\begin{aligned}
z\mathbf{x}_z &= \mathbf{A}\mathbf{x}_z + \mathbf{b}_1 u_{1z} + \mathbf{b}_2 u_{2z} \\
z u_{1z} &= u_{2z} \\
&\;\;\vdots \\
z u_{mz} &= u_z \\
(z\mathbf{I}-\mathbf{A})\mathbf{x}_z &= (\mathbf{b}_1 + z\mathbf{b}_2) z^{-m} u_z \\
y_z &= \mathbf{c}'(z\mathbf{I}-\mathbf{A})^{-1}(\mathbf{b}_1 + z\mathbf{b}_2) z^{-m} u_z
\end{aligned}
\qquad (D.1.12)
$$

Zusätzlich zu den Polen des Teilsystems $(\mathbf{A}, \mathbf{b}, \mathbf{c})$ treten m Pole bei $z = 0$ auf. Es handelt sich also im Gegensatz zum kontinuierlichen Fall hier wieder um ein rationales System mit rationaler Übertragungsfunktion und endlich-dimensionaler Zustandsdarstellung. Wenn die Totzeit ein ganzzahliges Vielfaches der Tastperiode ist, also $\theta = mT$, wird die z-Übertragungsfunktion $\mathbf{c}'(z\mathbf{I}-\mathbf{A})\mathbf{b}$ lediglich mit z^{-m} multipliziert.

Beispiel

Bei der bereits mehrfach als Beispiel benutzten Regelstrecke nach (3.1.14) soll der Eingang durch eine Totzeit von $\theta = 1{,}25$ Sekunden verzögert sein

$$
\dot{\mathbf{x}}(t) = \begin{bmatrix} 0 & 1 \\ 0 & -1 \end{bmatrix} \mathbf{x}(t) + \begin{bmatrix} 0 \\ 1 \end{bmatrix} u(t-1{,}25) \qquad (D.1.13)
$$

Es ist $T = 1$, d.h. $\theta = m - \gamma$, $m = 2$, $\gamma = 0{,}75$. Nach der Lösung von (3.1.14) ist

$$\mathbf{A}(T) = \begin{bmatrix} 1 & 1 - e^{-T} \\ 0 & e^{-T} \end{bmatrix}$$

$$\mathbf{b}(T) = \begin{bmatrix} T + e^{-T} - 1 \\ 1 - e^{-T} \end{bmatrix}$$

$$\mathbf{b}_1 = \mathbf{b}(T) - \mathbf{b}(\gamma T) = \mathbf{b}(1) - \mathbf{b}(0{,}75) = \begin{bmatrix} e^{-1} - e^{-0{,}75} + 0{,}25 \\ -e^{-1} + e^{-0{,}75} \end{bmatrix}$$

$$\mathbf{b}_2 = \mathbf{b}(\gamma T) = \mathbf{b}(0{,}75) = \begin{bmatrix} e^{-0{,}75} - 0{,}25 \\ 1 - e^{-0{,}75} \end{bmatrix}$$

Damit lautet (D.1.11)

$$\begin{bmatrix} x_1(kT+T) \\ x_2(kT+T) \\ u_1(kT+T) \\ u_2(kT+T) \end{bmatrix} = \begin{bmatrix} 1 & 0{,}632 & 0{,}146 & 0{,}222 \\ 0 & 0{,}368 & 0{,}105 & 0{,}528 \\ 0 & 0 & 0 & 1 \\ 0 & 0 & 0 & 0 \end{bmatrix} \begin{bmatrix} x_1(kT) \\ x_2(kT) \\ u_1(kT) \\ u_2(kT) \end{bmatrix} + \begin{bmatrix} 0 \\ 0 \\ 0 \\ 1 \end{bmatrix} u(kT) \tag{D.1.14}$$

Mit der Meßgleichung $y(kT) = [1 \quad 0]\mathbf{x}(kT)$ wird die z-Übertragungsfunktion (D.1.12)

$$h_z = \frac{1}{(z-1)(z-0{,}368)} [1 \quad 0] \begin{bmatrix} z-0{,}368 & 0{,}632 \\ 0 & z-1 \end{bmatrix} \begin{bmatrix} 0{,}146 + 0{,}222z \\ 0{,}105 + 0{,}528z \end{bmatrix} z^{-2}$$

$$h_z = \frac{0{,}222z^2 + 0{,}397z + 0{,}013}{z^2(z-1)(z-0{,}368)} \tag{D.1.15}$$

□

Ist die Beschreibung des kontinuierlichen Systems im Frequenzbereich gegeben, d.h. durch eine Übertragungsfunktion

$$g_s(s) = g_{rs}(s)e^{-\theta s} \tag{D.1.16}$$

so geht man entsprechend wie in den Gln. (3.3.26) bis (3.3.28) vor.

$$h_s(s) := \frac{1-e^{-Ts}}{s} e^{-\theta s} g_{rs}(s) \tag{D.1.17}$$

Die Sprungantwort des rationalen Teils sei $v(t) = \mathcal{L}^{-1}\{g_{rs}(s)/s\}$.

Damit ist

$$h(t) = \mathcal{L}^{-1} \left\{ \frac{1-e^{-Ts}}{s} e^{-\theta s} g_{rs}(s) \right\} = v(t-\theta) - v(t-\theta-T)$$

$$h_z(z) = \frac{z-1}{z} \times \mathcal{Z}\{v(kT-\theta)\} \tag{D.1.18}$$

Die Totzeit θ wird wie in (D.1.10) ausgedrückt durch
$\theta = mT - \gamma T, \; 0 \le \gamma < 1$

$$h_z(z) = \frac{z-1}{z} z^{-m} \mathfrak{Z}\{v(kT+\gamma T)\}$$

$$= \frac{z-1}{z^{1+m}} \mathfrak{Z}\left\{\mathcal{L}^{-1}\{g_s(s)/s\}_{t=kT+\gamma T}\right\} \quad (D.1.19)$$

und mit der Schreibweise von (B.13.8)

$$h_z(z) = \frac{z-1}{z^{1+m}} \mathcal{Z}_\gamma\{g_s(s)/s\} \quad (D.1.20)$$

Dabei kann $\mathcal{Z}_\gamma\{f_s(s)\}$ unmittelbar aus der Tabelle in Anhang B.14 entnommen werden.

Beispiel
Für den Regelkreis von Bild D.2 soll die Wurzelortskurve skizziert werden.

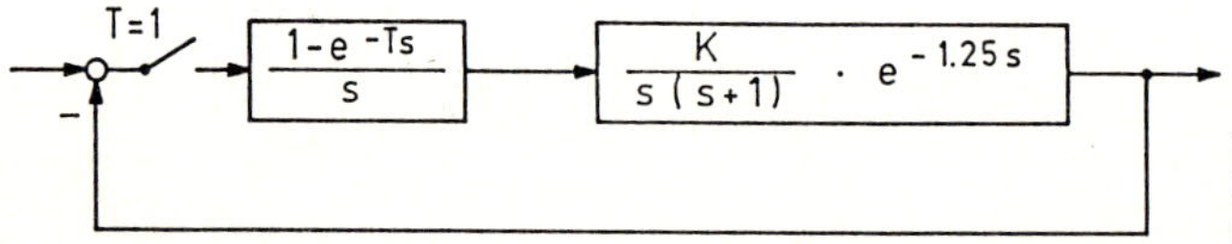

Bild D.2
Abtastregelkreis
mit Totzeit

Es ist m = 2 , γ = 0,75 und bei der Bestimmung von

$$h_z(z) = \frac{z-1}{z^3} \mathcal{Z}_\gamma\left\{\frac{1}{s^2(s+1)}\right\}_{\gamma=0,75}$$

wird - wie im Beispiel von (B.13.11) -

$$h_z(z) = \left.\frac{(\gamma-1+e^{-\gamma})z^2+(2,368-1,368\gamma-2e^{-\gamma})z+e^{-\gamma}-0,736+0,368\gamma)}{z^2(z-1)(z-0,368)}\right|_{\gamma=0,75}$$

$$= \frac{0,222z^2 + 0,397z + 0,013}{z^2(z-1)(z-0,368)} \quad (D.1.21)$$

Das Ergebnis stimmt mit der über die Zustandsdarstellung bestimmten z-Übertragungsfunktion (D.1.15) überein. Der Zähler hat die Faktorisierung $0{,}222(z+0{,}032)(z+1{,}754)$.

Um die Wurzelortskurve skizzieren zu können, reichen die folgenden Überlegungen und einfachen Rechnungen aus:

1. In der Umgebung von $z = 0$ gilt näherungsweise $(z+0{,}03)/z^2$ bei einem Phasenwinkelbeitrag von 2π durch die Pole bei $z = 1$ und $z = 0{,}368$. Die Wurzelortskurve ist also ein kleiner Kreis um $z = -0{,}03$ durch $z = 0$. Für größere Entfernung von $z = 0$ kann näherungsweise $z + 0{,}03$ gegen einen Pol bei $z = 0$ gekürzt werden.

2. Ein weiterer Verzweigungspunkt muß zwischen $z = 0{,}368$ und $z = 1$ liegen.

3. $h_z(z)$ hat eine doppelte Nullstelle bei $z = \infty$, zwei Wurzelortskurvenäste gehen also in die Richtungen $\pm j$. Der Schnitt der Asymptoten mit der reellen Achse bei z_a wird aus der Gleichgewichtsgleichung (A.7.79) zu $z_a = 1{,}577$ bestimmt.

   Hieraus ergibt sich der in Bild D.3 skizzierte Verlauf der Wurzelortskurve.

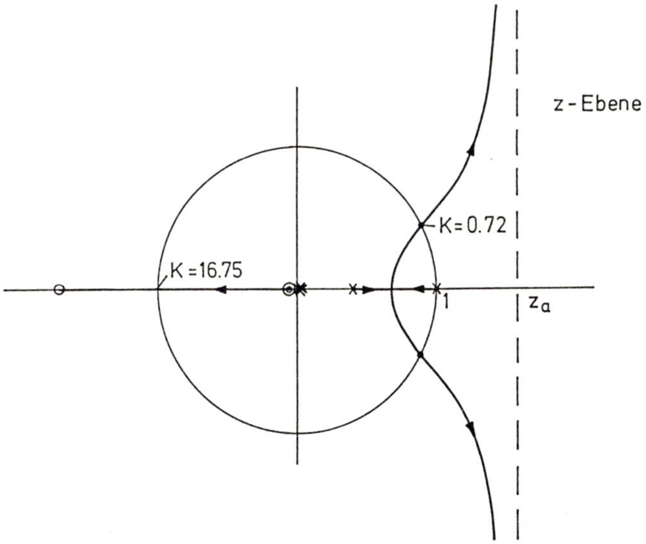

Bild D.3 Skizze der Wurzelortskurve des Regelkreises nach Bild D.2

Die Schnittpunkte der WOK mit dem Einheitskreis können auch algebraisch aus den kritischen Stabilitäts-Bedingungen (C.3.2) bis (C.3.4) berechnet werden. Das charakteristische Polynom des Regelkreises ist

$$P(z) = 0{,}013K + 0{,}397Kz + (0{,}368+0{,}222K)z^2 - 1{,}368z^3 + z^4 \qquad (D.1.22)$$

Die kritischen Stabilitätsbedingungen liefern die folgenden K-Werte:

$$\begin{array}{llll} P(1) = 0 & \text{für} & K = 0 & \\ P(-1) = 0 & \text{für} & K = 16{,}86 & \\ \det(\mathbf{X}-\mathbf{Y}) = 0 & \text{für} & K = -247 & \text{und} \\ & & K = -5{,}5 & \text{und} \\ & & K = 0{,}72 & \end{array} \qquad (D.1.23)$$

Durch Einsetzen eines Zahlenwertes für K zwischen 0 und 0,72 kann man sich vergewissern, daß der Regelkreis für einen Wert in diesem Bereich und damit für den ganzen Bereich stabil ist. Bei K = 0 überschreitet eine Wurzel den Einheitskreis bei z = 1 und bei K = 0,72 überschreitet ein konjugiert komplexes Polpaar den Einheitskreis. Der Regelkreis ist also stabil in dem Bereich der Verstärkungen $0 < K < 0{,}72$.

D.2 Glättung des Halteglied-Ausgangs

Der treppenförmige, d.h. unstetige Ausgang des Haltegliedes kann bei der Ansteuerung mechanischer Systeme zu unerwünscht ruckartiger Arbeitsweise führen. Dieser Effekt kann durch Wahl einer kleinen Tastperiode T gemildert werden, wirkungsvoller ist jedoch die Einschaltung eines kontinuierlichen Integrators nach dem Halteglied.

Bezeichnet man den Eingang der Regelstrecke mit $\bar{u}$, so wird also nun ein neuer Eingang

$$\dot{\bar{u}} = \frac{1}{T} u \qquad (D.2.1)$$

für die um den Integrator erweiterte Regelstrecke $\dot{\mathbf{x}} = \mathbf{F}\mathbf{x} + \mathbf{g}\bar{u}$ eingeführt, und der Regler wird entworfen für das System

$$\begin{bmatrix} \dot{\mathbf{x}} \\ \dot{\bar{u}} \end{bmatrix} = \begin{bmatrix} \mathbf{F} & \mathbf{g} \\ \mathbf{0}' & 0 \end{bmatrix} \begin{bmatrix} \mathbf{x} \\ \bar{u} \end{bmatrix} + \begin{bmatrix} 0 \\ 1/T \end{bmatrix} u \qquad (D.2.2)$$

Die Diskretisierung von (D.2.2) folgt aus der allgemeinen Lösung

$$\mathbf{x}(kT+T) = e^{\mathbf{F}T}\mathbf{x}(kT) + \int_0^T e^{\mathbf{F}\tau}\mathbf{g}\,\bar{u}(kT+T-\tau)d\tau \qquad (D.2.3)$$

mit

$$\bar{u}(kT+T-\tau) = \bar{u}(kT) + (1-\tau/T)u(kT) \qquad (D.2.4)$$

Damit erhält man

$$\mathbf{x}(kT+T) = \mathbf{A}\mathbf{x}(kT) + \mathbf{b}\bar{u}(kT) + \mathbf{b}_I u(kT) \qquad (D.2.5)$$

wobei $\mathbf{A} = e^{\mathbf{F}T}$ und $\mathbf{b} = \int_0^T e^{\mathbf{F}\tau}d\tau\mathbf{g}$ wie in (3.1.6) gebildet werden und

$$\mathbf{b}_I = \int_0^T (1-\tau/T)e^{\mathbf{F}\tau}d\tau\mathbf{g} = \mathbf{b} - \frac{1}{T}\int_0^T \tau e^{\mathbf{F}\tau}d\tau\mathbf{g} \qquad (D.2.6)$$

Die diskrete Zustandsdarstellung wird damit

$$\begin{bmatrix}\mathbf{x}(kT+T)\\ \bar{u}(kT+T)\end{bmatrix} = \begin{bmatrix}\mathbf{A} & \mathbf{b}\\ \mathbf{0}' & 1\end{bmatrix}\begin{bmatrix}\mathbf{x}(kT)\\ \bar{u}(kT)\end{bmatrix} + \begin{bmatrix}\mathbf{b}_I\\ 1\end{bmatrix}u(kT) \qquad (D.2.7)$$

Zur numerischen Berechnung können die üblichen Diskretisierungs-Programme auf (D.2.2) angewendet werden.

Beispiel

Wir betrachten die Regelstrecke von (3.1.14)

$$\dot{\mathbf{x}} = \begin{bmatrix}0 & 1\\ 0 & -1\end{bmatrix}\mathbf{x} + \begin{bmatrix}0\\ 1\end{bmatrix}\bar{u}$$

mit der Tastperiode T = 1 und der diskreten Darstellung

$$\mathbf{x}(kT+T) = \begin{bmatrix}1 & 0{,}632\\ 0 & 0{,}368\end{bmatrix}\mathbf{x}(kT) + \begin{bmatrix}0{,}368\\ 0{,}632\end{bmatrix}\bar{u}(kT) \quad , \quad y = [1 \quad 0]\mathbf{x}$$

Mit der Deadbeat-Rückführung $\bar{u}[k] = -[1{,}582 \quad 1{,}243]\mathbf{x}[k] + 1{,}582w[k]$

ergibt sich beim Anfangszustand Null die Sprungantwort

k	$y[k] = x_1[k]$	$x_2[k]$	$\bar{u}[k]$
0	0	0	1,582
1	0,582	1	-0,582
2	1	0	0

Der Verlauf von $\bar{u}$ und y ist in Bild D.4.b skizziert.

Zum Vergleich wird nun der Regelstrecke ein Integrator vorgeschaltet und eine Deadbeat-Rückführung für das erweiterte System berechnet. (D.2.7) lautet hier

$$\begin{bmatrix} x_1[k+1] \\ x_2[k+1] \\ \bar{u}[k+1] \end{bmatrix} = \begin{bmatrix} 1 & 0,632 & 0,368 \\ 0 & 0,368 & 0,632 \\ 0 & 0 & 1 \end{bmatrix} \begin{bmatrix} x_1[k] \\ x_2[k] \\ \bar{u}[k] \end{bmatrix} + \begin{bmatrix} 0,132 \\ 0,368 \\ 1 \end{bmatrix} u(kT)$$

Man erhält

$$u[k] = -[1,582 \quad 1,385 \quad 1,650] \begin{bmatrix} x_1[k] \\ x_2[k] \\ \bar{u}[k] \end{bmatrix} + 1,582w[k]$$

und beim Anfangszustand Null

k	$y[k] = x_1[k]$	$x_2[k]$	$\bar{u}[k]$	$u[k]$
0	0	0	0	1,582
1	0,209	0,582	1,582	-2,164
2	0,873	0,419	-0,582	0,582
3	1	0	0	0

Der Verlauf von $\bar{u}$ und y ist in Bild D.4.a skizziert.

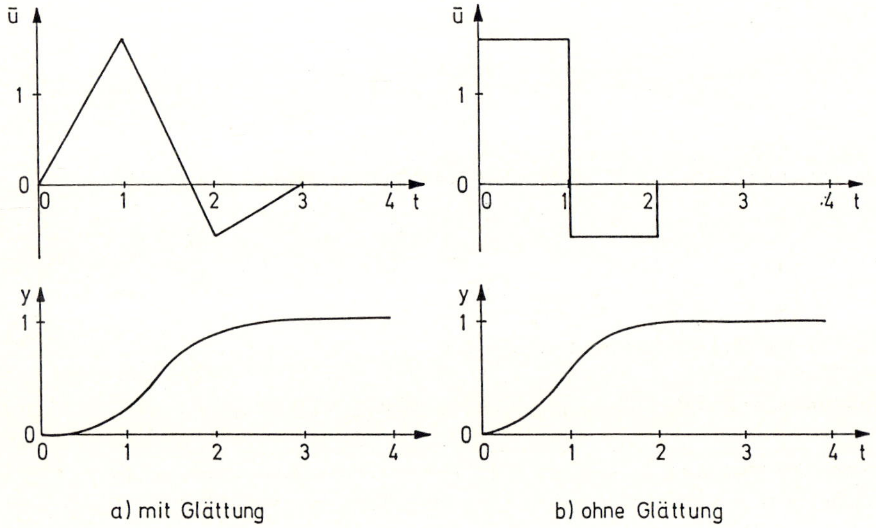

Bild D.4 Vergleich der Deadbeat-Regelvorgänge
a) mit und b) ohne Glättung des Halteglied-Ausgangs

Die Stetigkeit der Stellgröße wird erkauft mit einem um ein Abtastintervall längeren Einschwingvorgang. Als Dreischritt-Lösung ist Bild D.4.a vergleichbar mit der Lösung nach den Bildern 6.12 b) und c). Dort kam es auf eine Beschränkung von $|u|$ an, hier steht die Beschränkung von $|\dot{u}|$ im Vordergrund. Entsprechend kann man mit einer doppelten Integration die Beschränkung von $|\ddot{u}|$ berücksichtigen.

D.3 Systeme mit mehreren Abtastern

In (3.5.18) zeigte sich bereits, daß zur vollständigen Beschreibung des Zustands zwischen den Abtastzeitpunkten auch die in den Haltegliedern gespeicherten Variablen $\mathbf{u}(t)$ als Zustandsgrößen eingeführt werden müssen [59.2]. Dies ist insbesondere notwendig bei der Beschreibung von Systemen mit mehreren nichtsynchronen Abtastern. Der erweitere Zustandsvektor ist

$$\mathbf{z}(t) = \begin{bmatrix} \mathbf{x}(t) \\ \mathbf{u}(t) \end{bmatrix} \tag{D.3.1}$$

Die Zeitpunkte, zu denen irgendein Abtaster schließt, werden der Reihe nach mit t_k, $k = 0, 1, 2 \ldots$ bezeichnet, es ist $t_{k+1} > t_k$. Die erste Differenz dieser Folge liefert die Intervalle $t_{k+1} - t_k = T_k$. Man unterscheidet nun die Abtast-Transition, während der sich keine stetig verlaufende Zustandsgröße ändert, wohl aber ein oder mehrere Halteglied-Inhalte

$$\mathbf{z}(t_k^+) = \begin{bmatrix} \mathbf{I} & 0 \\ 0 & 0 \end{bmatrix} \mathbf{z}(t_k^-) + \begin{bmatrix} 0 \\ \mathbf{I} \end{bmatrix} \mathbf{u}(k) \tag{D.3.2}$$

und die Intervalltransition, bei der sich kein Halteglied-Inhalt ändert:

$$\mathbf{z}(t_{k+1}^-) = \begin{bmatrix} \mathbf{A}(T_k) & \mathbf{b}(T_k) \\ \mathbf{0} & \mathbf{I} \end{bmatrix} \mathbf{z}(t_k^+) \tag{D.3.3}$$

Dabei bezeichnet $f(t_k^+)$ den rechtsseitigen und $f(z_k^-)$ den linksseitigen Grenzwert von $f(t)$ an der Unstetigkeitsstelle $t = t_k$.

Die beiden Formen der Transition wechseln stets miteinander ab, was zu entsprechendem Ausmultiplizieren von Matrizen nach (D.3.2) und (D.3.3) führt. Man wählt ein Hauptintervall, in dem der gesamte Vorgang periodisch ist. Den Anfang des Hauptintervalls legt man zweckmäßigerweise so fest, daß möglichst viele Halteglieder zu diesem Zeitpunkt auf neue Werte gesetzt werden. Die hierzu gehörigen Zustandsgrößen fallen dann nach Ausmultiplizieren aller Einzeltransitionen mit der letzten Abtast-Transition heraus, in der sie auf neue Werte gesetzt werden. Das Mitführen dieser Zustandsgrößen ist jedoch zunächst erforderlich, um eine systematische Buchhaltung über alle Transitionen im Hauptintervall zu ermöglichen.

D.3.1 Nichsynchrone Abtaster mit gleicher Tastperiode

In diesem Abschnitt werden beispielhaft Abtastsysteme mit mehreren Abtastern mit der gleichen Tastperiode T aber unterschiedlichen Abtastzeitpunkten behandelt.

Beispiel 1
Hintereinanderschaltung von Abtastern

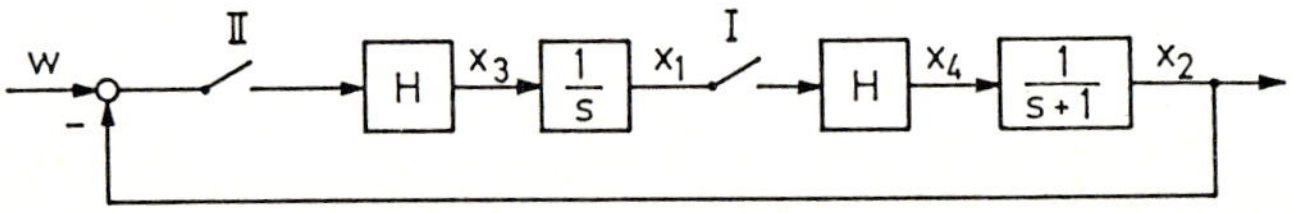

Bild D.5 Regelkreis mit zwei nichtsynchronen Abtastern.
Abtaster I tastet bei t = kT ab,
Abtaster II bei t = kT + τ, k = 0, 1, 2 ...

$$\dot{x}_1 = x_3$$

$$\dot{x}_2 = -x_2 + x_4$$

$$\dot{x}_3 = \dot{x}_4 = 0 \text{ in der Intervall-Transition}$$

$$\dot{\mathbf{x}} = \begin{bmatrix} 0 & 0 & 1 & 0 \\ 0 & -1 & 0 & 1 \\ 0 & 0 & 0 & 0 \\ 0 & 0 & 0 & 0 \end{bmatrix} \mathbf{x} = \mathbf{F}\mathbf{x}$$

$$\mathbf{\Phi}(t) = e^{\mathbf{F}t} = \begin{bmatrix} 1 & 0 & t & 0 \\ 0 & e^{-t} & 0 & 1-e^{-t} \\ 0 & 0 & 1 & 0 \\ 0 & 0 & 0 & 1 \end{bmatrix}$$

Zum Zeitpunkt $t = kT$ findet die erste Abtast-Transition

$x_4(kT^+) = x_1(kT^-)$ bzw. $\mathbf{x}(kT^+) = \mathbf{\Phi}_I \mathbf{x}(kT^-)$ statt, wobei

$$\mathbf{\Phi}_I = \begin{bmatrix} 1 & 0 & 0 & 0 \\ 0 & 1 & 0 & 0 \\ 0 & 0 & 1 & 0 \\ 1 & 0 & 0 & 0 \end{bmatrix}$$

Die zweite Abtast-Transition zur Zeit $t = kT + \tau$ ist

$x_3(kT+\tau^+) = -x_2(kT+\tau^-) + w(kT+\tau)$ bzw.

$\mathbf{x}(kT+\tau^+) = \mathbf{\Phi}_{II} \mathbf{x}(kT+\tau^-) + \mathbf{b}w(kT+\tau)$ mit

$$\mathbf{\Phi}_{II} = \begin{bmatrix} 1 & 0 & 0 & 0 \\ 0 & 1 & 0 & 0 \\ 0 & -1 & 0 & 0 \\ 0 & 0 & 0 & 1 \end{bmatrix} \qquad \mathbf{b} = \begin{bmatrix} 0 \\ 0 \\ 1 \\ 0 \end{bmatrix}$$

Durch Zusammenfassen der Gleichungen für die einzelnen Intervalle erhält man für die Zeitpunkte $t = kT^+$ die Differenzengleichung

$$\begin{aligned} \mathbf{x}(kT+T^+) &= \mathbf{\Phi}_I \mathbf{x}(kT+T^-) \\ &= \mathbf{\Phi}_I \mathbf{\Phi}(T-\tau)\mathbf{x}(kT+\tau^+) \\ &= \mathbf{\Phi}_I \mathbf{\Phi}(T-\tau)[\mathbf{\Phi}_{II} \mathbf{x}(kT+\tau^-) + \mathbf{b}w(kT+\tau)] \end{aligned}$$

$$\mathbf{x}(kT+T^+) = \mathbf{\Phi}_I \mathbf{\Phi}(T-\tau)[\mathbf{\Phi}_{II} \mathbf{\Phi}(\tau)\mathbf{x}(kT^+) + \mathbf{b}w(kT+\tau)] \tag{D.3.4}$$

$$\mathbf{x}(kT+T^+) = \begin{bmatrix} 1 & (\tau-T)e^{-\tau} & \tau & (\tau-T)(1-e^{-\tau}) \\ 0 & e^{-T} & 0 & 1-e^{-T} \\ 0 & -e^{-\tau} & 0 & -1+e^{-\tau} \\ 1 & (\tau-T)e^{-\tau} & \tau & (\tau-T)(1-e^{-\tau}) \end{bmatrix} \mathbf{x}(kT^+) + \begin{bmatrix} T-\tau \\ 0 \\ 1 \\ T-\tau \end{bmatrix} w(kT+\tau) \tag{D.3.5}$$

Zu den betrachteten Zeitpunkten ist $x_4(kT^+) = x_1(kT^+)$; man kann deshalb x_4 in (D.3.5) weglassen und erhält für den Zustandsvektor

$$\mathbf{x}^* = \begin{bmatrix} x_1 \\ x_2 \\ x_3 \end{bmatrix}$$

$$\mathbf{x}^*(kT+T^+) = \begin{bmatrix} 1+(\tau-T)(1-e^{-\tau}) & (\tau-T)e^{-\tau} & \tau \\ 1-e^{-T} & e^{-T} & 0 \\ -1+e^{-\tau} & -e^{-\tau} & 0 \end{bmatrix} \mathbf{x}(kT^+) + \begin{bmatrix} T-\tau \\ 0 \\ 1 \end{bmatrix} w(kT+\tau) \tag{D.3.6}$$

Beispiel 2 Parallelschaltung von Abtastern

Bei Mehrgrößensystemen kommt es vor, daß die Eingänge $u_1(t)$, $u_2(t) \ldots u_r(t)$ nicht synchron, sondern nacheinander zyklisch abgetastet werden, z.B. um mit einem einzigen Analog-Digital-Wandler auszukommen. Es ist dann

$$\begin{aligned}
u_1(t) &= u_1(kT) && kT < t < kT+T \\
u_2(t) &= u_2(kT+T/r) && kT+T/r < t < kT+T+T/r \\
&\vdots \\
u_r(t) &= u_r[kT+T(r-1)/r] && kT+T(r-1)/r < t < kT+T+T(r-1)/r
\end{aligned} \tag{D.3.7}$$

Um die in den Haltegliedern stehenden Werte zu erfassen, führt man den erweiterten Zustandsvektor **z** ein:

$$\mathbf{z} = \begin{bmatrix} \mathbf{x} \\ u_1 \\ \vdots \\ u_r \end{bmatrix} \tag{D.3.8}$$

Es werden dann abwechselnd zwei Typen von Transitionen betrachtet:

1. Übernahme eines neuen **u**-Wertes in ein Halteglied im Intervall $(kT+qT/r)^- < t < (kT+qT/r)^+$ und

2. dynamische Transition im Intervall $(kT+qT/r)^+ < t < [kT+(q+1)T/r]^-$

Durch Ausmultiplizieren der Transitionen erhält man eine Differenzengleichung für das Intervall kT^- bis $kT+T^-$. Die Größe u_1 kann dann wieder eliminiert werden, da $u_1(kT)$ eine gegenwärtige Eingangsgröße ist und damit nicht Teil des Zustandes.

Die Rechnungen werden im folgenden für ein System mit zwei Stellgrößen ausgeführt.

$$\dot{\mathbf{x}} = \mathbf{F}\mathbf{x} + \mathbf{G}\mathbf{u} \tag{D.3.9}$$

$$\mathbf{y} = \mathbf{C}\mathbf{x} = \begin{bmatrix} \mathbf{c}_1{}' \\ \mathbf{c}_2{}' \end{bmatrix} \mathbf{x}$$

Das System habe zwei Eingangsgrößen

$u_1(t) = e_1(kT)$ $\qquad kT < t < kT+T$

$u_2(t) = e_2(kT+T/2)$ $\qquad kT+T/2 < t < kT+T+T/2$

und zwei Ausgangsgrößen y_1 und y_2. Es sei $\mathbf{e} = \mathbf{w} - \mathbf{y}$, wobei $\mathbf{w}$ aus den beiden Führungsgrößen des Regelungssystems besteht. Bild D.6 veranschaulicht das System

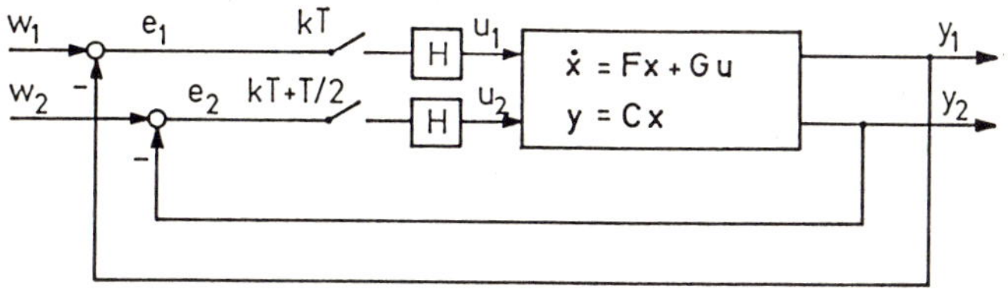

Bild D.6 Zweifach-Regelkreis mit zyklischer Abtastung der Stellgrößen

Für konstantes $\mathbf{u}$ ist die Lösung von (D.3.9)

$$\mathbf{x}(t) = e^{\mathbf{F}(t-t_0)}\mathbf{x}(t_0) + \int_0^{t-t_0} e^{\mathbf{F}\tau} d\tau \mathbf{G}\mathbf{u} \tag{D.3.10}$$

$\mathbf{u}$ ist jeweils für ein Intervall der Länge T/2 konstant, man berechnet also zunächst

$$\mathbf{A} = e^{\mathbf{F}T/2} \text{ und } \mathbf{B} = \int_0^{T/2} e^{\mathbf{F}\tau} d\tau \mathbf{G} = [\mathbf{b}_1 \quad \mathbf{b}_2] \tag{D.3.11}$$

Der Zustandsvektor ist $\mathbf{z} = [\mathbf{x}', u_1, u_2]'$. Es treten vier verschiedene Transitionen auf und zwar

1. Übernahme von $e_1(kT)$ in das erste Halteglied, d.h. $u_1(kT) = e_1(kT)$. $\mathbf{I}_n$ ist die n×n-Einheitsmatrix.

$$\mathbf{z}(kT^+) = \left[\begin{array}{c|cc} \mathbf{I}_n & \multicolumn{2}{c}{\mathbf{0}} \\ \hline & 0 & 0 \\ \mathbf{0} & 0 & 1 \end{array}\right] \mathbf{z}(kT^-) + \left[\begin{array}{cc} \multicolumn{2}{c}{\mathbf{0}} \\ \hline 1 & 0 \\ 0 & 0 \end{array}\right] \mathbf{e}(kT)$$

2. Dynamische Transition im Intervall $kT < t < kT+T/2$

$$\mathbf{z}(kT+T/2^-) = \left[\begin{array}{c|c} \mathbf{A} & \mathbf{B} \\ \hline \mathbf{0} & \mathbf{I}_2 \end{array}\right] \mathbf{z}(kT^+)$$

3. Übernahme von $e_2(kT+T/2)$ in das zweite Halteglied, d.h. $u_2(kT+T/2) = e_2(kT+T/2)$

$$\mathbf{z}(kT+T/2^+) = \left[\begin{array}{c|cc} \mathbf{I}_n & \multicolumn{2}{c}{\mathbf{0}} \\ \hline & 1 & 0 \\ \mathbf{0} & 0 & 0 \end{array}\right] \mathbf{z}(kT+T/2^-) + \left[\begin{array}{cc} \multicolumn{2}{c}{\mathbf{0}} \\ \hline 0 & 0 \\ 0 & 1 \end{array}\right] \mathbf{e}(kT+T/2)$$

4. Dynamische Transition im Intervall $kT+T/2 < t < kT+T$

$$\mathbf{z}(kT+T^-) = \left[\begin{array}{c|c} \mathbf{A} & \mathbf{B} \\ \hline \mathbf{0} & \mathbf{I}_2 \end{array}\right] \mathbf{z}(kT+T/2^+)$$

Setzt man der Reihe nach die dritte, zweite und erste Gleichung in die vierte ein, so ergibt sich

$$\mathbf{z}(kT+T^-) = \left[\begin{array}{c|cc} \mathbf{A}^2 & \mathbf{0} & \mathbf{Ab}_2 \\ \hline \mathbf{0} & \multicolumn{2}{c}{\mathbf{0}} \end{array}\right] \mathbf{z}(kT^-) + \left[\begin{array}{cc} \mathbf{Ab}_1+\mathbf{b}_1 & \mathbf{0} \\ \hline 1 & 0 \\ 0 & 0 \end{array}\right] \mathbf{e}(kT) + \left[\begin{array}{cc} \mathbf{0} & \mathbf{b}_2 \\ \hline 0 & 0 \\ 0 & 1 \end{array}\right] \mathbf{e}(kT+T/2)$$

Aus dieser Gleichung kann die Zustandsgröße u_1 eliminiert werden, da sie zum betrachteten Zeitpunkt $t = kT$ gleich $e_1(kT)$ wird. Mit dem Zustandsvektor $\mathbf{x}^* = [\mathbf{x}', u_2]'$ lautet die Differenzengleichung

$$\mathbf{x}^*(kT+T^-) = \begin{bmatrix} \mathbf{A}^2 & \mathbf{Ab}_2 \\ \hline \mathbf{0} & 0 \end{bmatrix} \mathbf{x}^*(kT^-) + \begin{bmatrix} (\mathbf{A}+\mathbf{I})\mathbf{b}_1 & \mathbf{0} \\ \hline 0 & 0 \end{bmatrix} \mathbf{e}(kT) + \begin{bmatrix} \mathbf{0} & \mathbf{b}_2 \\ \hline 0 & 1 \end{bmatrix} \mathbf{e}(kT+T/2)$$

(D.3.12)

Zur Schließung des Regelkreises wird eingesetzt

$$\mathbf{e}(kT) = \mathbf{w}(kT) - [\mathbf{C} \vdots \mathbf{0}]\mathbf{x}^*(kT^-)$$

$$\mathbf{e}(kT+T/2) = \mathbf{w}(kT+T/2) - [\mathbf{C} \vdots \mathbf{0}]\mathbf{x}^*(kT+T/2^-)$$

$$= \mathbf{w}(kT+T/2) - [\mathbf{C} \vdots \mathbf{0}]\left\{\begin{bmatrix} \mathbf{A} & \mathbf{b}_2 \\ \hline \mathbf{0} & 1 \end{bmatrix} \mathbf{x}^*(kT^-) + \begin{bmatrix} \mathbf{b}_1 & \mathbf{0} \\ \hline 0 & 0 \end{bmatrix} \mathbf{e}(kT)\right\}$$

$$= \mathbf{w}(kT+T/2) - [\mathbf{CA} \vdots \mathbf{Cb}_2]\mathbf{x}^*(kT^-) - [\mathbf{Cb}_1 \vdots \mathbf{0}]\{\mathbf{w}(kT) - [\mathbf{C} \vdots \mathbf{0}]\mathbf{x}^*(kT^-)\}$$

$$= \mathbf{w}(kT+T/2) - \mathbf{Cb}_1 w_1(kT) - [\mathbf{C}(\mathbf{A}-\mathbf{b}_1\mathbf{c}_1{}') \vdots \mathbf{Cb}_2]\mathbf{x}^*(kT^-)$$

Aus (D.3.12) wird damit

$$\mathbf{x}^*(kT+T^-) = \begin{bmatrix} \mathbf{A}^2-(\mathbf{A}+\mathbf{I})\mathbf{b}_1\mathbf{c}_1'-\mathbf{b}_2\mathbf{c}_2'(\mathbf{A}-\mathbf{b}_1\mathbf{c}_1') & \vdots & (\mathbf{A}-\mathbf{b}_2\mathbf{c}_2')\mathbf{b}_2 \\ \hline -\mathbf{c}_2'(\mathbf{A}-\mathbf{b}_1\mathbf{c}_1') & \vdots & -\mathbf{c}_2'\mathbf{b}_2 \end{bmatrix} \mathbf{x}^*(kT^-)$$

$$+ \begin{bmatrix} (\mathbf{A}+\mathbf{I}-\mathbf{b}_2\mathbf{c}_2')\mathbf{b}_1 & \vdots & \mathbf{b}_2 \\ \hline -\mathbf{c}_2'\mathbf{b}_1 & \vdots & 1 \end{bmatrix} \begin{bmatrix} w_1(kT) \\ \hline w_2(kT+T/2) \end{bmatrix} \qquad \text{(D.3.13)}$$

Bis auf die Tatsache, daß w_2 zu einem anderen Zeitpunkt abgetastet wird als w_1, ist das System damit wieder in der Grundform der Zustandsdarstellung.

D.3.2 Abtaster mit unterschiedlicher Tastperiode

In manchen Regelungssystemen treten sowohl schnelle als auch langsame Vorgänge auf, die durch unterschiedliche Sensoren erfaßt und geregelt werden sollen. Schnelle Vorgänge sind z.B. Strukturschwingungen, die durch aktive Dämpfer- und Flatter-Unterdrückungssysteme stabilisiert werden, Vibrationen des Hubschrauberrotors, die durch ein Schwingungsisolationssystem von der Hubschrauberzelle ferngehalten werden, Servo-Stellglieder (z.B. Servolenkung beim Auto) oder die Stromregelung bei einem elektrischen Antrieb. Hierfür sind kleinere Tastperioden erforderlich als für die Regelung der langsameren Vorgänge. Oft empfiehlt es sich, die schnellen Vorgänge in einem inneren Kreis analog zu regeln (z.B. Strom und Drehzahl in einem Roboter-Gelenkantrieb) und nur im äußeren Kreis digital zu regeln (z.B. Position des Antriebs).

Hier soll der Fall behandelt werden, daß die gesamte Regelung digital, aber mit unterschiedlichen Tastperioden ausgeführt ist. Bei einem rationalen Verhältnis der Tastperioden ist das Hauptintervall das kleinste gemeinsame Vielfache aller Tastintervalle. Ein irrationales Verhältnis läßt sich praktisch gar nicht realisieren, es würde zu fastperiodischen Vorgängen führen. Praktisch wählt man die längere Tastperiode T_N als ganzzahliges Vielfaches der kürzeren T, also $T_N = NT$.

Beispiel 1 Kaskadenregelung

Der Regelkreis nach (3.4.25) sei Teil eines übergeordneten Regelkreises, der mit einer Tastperiode $T_N = NT$, also einem ganzzahligen Vielfachen, arbeitet. Es sei in (3.4.25)

$$\mathbf{x}^* = \begin{bmatrix} \mathbf{x} \\ \mathbf{r} \end{bmatrix}, \quad \mathbf{A}^* = \begin{bmatrix} \mathbf{A}-\mathbf{b}\mathbf{c}'d_R & \mathbf{b}\mathbf{c}'_R \\ -\mathbf{b}_R\mathbf{c}' & \mathbf{A}_R \end{bmatrix}, \quad \mathbf{b}^* = \begin{bmatrix} \mathbf{b}d_R \\ \mathbf{b}_R \end{bmatrix}$$

$$\mathbf{x}^*(kT+T) = \mathbf{A}^*\mathbf{x}^*(kT) + \mathbf{b}^*w(kT) \tag{D.3.14}$$

Da w(kT) mit einem Abtastintervall NT erzeugt wurde, ist

$$w(mT) = w(mT+T) = \ldots = w(mT+NT-T), \quad m = iN, \; i = 1, 2, 3 \ldots \tag{D.3.15}$$

$$\begin{aligned}
\mathbf{x}^*(iNT+T) &= \mathbf{A}^*\mathbf{x}^*(iNT) + \mathbf{b}^*w(iNT) \\
\mathbf{x}^*(iNT+2T) &= \mathbf{A}^{*2}\mathbf{x}^*(iNT) + (\mathbf{A}^*\mathbf{b}^* + \mathbf{b}^*)w(iNT) \\
&\vdots \\
\mathbf{x}^*(iNT+NT) &= \mathbf{A}^{*N}\mathbf{x}^*(iNT) + (\mathbf{A}^{*N-1}\mathbf{b}^* + \mathbf{A}^{*N-2}\mathbf{b}^* + \ldots + \mathbf{b}^*)w(iNT)
\end{aligned} \tag{D.3.16}$$

und mit $T_N = NT$

$$\mathbf{x}^*(iT_N+T_N) = \mathbf{A}_N\mathbf{x}^*(iT_N) + \mathbf{b}_N w(iT_N) \qquad (D.3.17)$$

Diese Differenzengleichung kann in die Beschreibung des übergeordneten Regelkreises mit der Tastperiode T_N einbezogen werden.

Beispiel 2 Schneller Beobachter
Wenn kein Meßrauschen vorhanden ist, kann ein Beobachter als schneller Deadbeat-Beobachter mit der Tastperiode T ausgelegt werden. Für die Regelung ist es unter Umständen - z.B. zur Vermeidung von Stellglied-sättigung - vorteilhafter, mit einem Vielfachen dieser Tastperiode, also $T_N = NT$, zu arbeiten. Hier kommt offensichtlich nur ein ganzzahliges Verhältnis der Tastperioden in Betracht, vom Beobachterzustand wird nur jeder N-te Wert zurückgeführt.

D.4 Nichtideale Abtastung

Der wichtigste Fall nichtidealer Abtastung ist ein periodischer Schaltvorgang in einem Regelkreis, siehe Bild D.7.

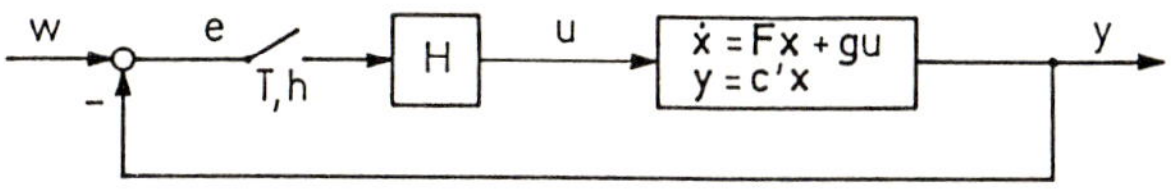

Bild D.7 Regelkreis mit periodisch betätigtem Schalter, Tastperiode T, Schließungsdauer h

Der Schalter mit Halteglied kann z.B. so wie in Bild 1.5 mit $h \gg RC$ ausgeführt sein.

$$u(t) = \begin{cases} e(t) & kT < t < kT+h \\ e(kT+h) & kT+h < t < kT+T \end{cases} \qquad (D.4.1)$$

Im ersten Intervall $kT < t < kT+h$ ist der Schalter geschlossen, es ist

$$\dot{\mathbf{x}} = (\mathbf{F}-\mathbf{g}\mathbf{c}')\mathbf{x} + \mathbf{g}w = \mathbf{F}^*\mathbf{x} + \mathbf{g}w \qquad (D.4.2)$$

Mit $\mathbf{\Phi}_1(\tau) = e^{\mathbf{F}^*\tau}$ wird

$$\mathbf{x}(kT+h) = \mathbf{\Phi}_1(h)\mathbf{x}(kT) + \int_{kT}^{kT+h} \mathbf{\Phi}_1(kT+h-v)\mathbf{g}w(v)dv \qquad (D.4.3)$$

Bei geöffnetem Schalter im zweiten Intervall $kT+h < t < kT+T$ ist

$$\dot{\mathbf{x}} = \mathbf{F}\mathbf{x} + \mathbf{g}[w(kT+h) - \mathbf{c}'\mathbf{x}(kT+h)]$$

Mit $\mathbf{\Phi}_2(v) = e^{\mathbf{F}v}$ und $\mathbf{b}_2(v) = \int_0^v \mathbf{\Phi}_2(\tau)\mathbf{g}d\tau$ ist

$$\mathbf{x}(kT+T) = \mathbf{\Phi}_2(T-h)\mathbf{x}(kT+h) + \mathbf{b}_2(T-h)[w(kT+h)-\mathbf{c}'\mathbf{x}(kT+h)]$$

$$= [\mathbf{\Phi}_2(T-h) - \mathbf{b}_2(T-h)\mathbf{c}']\mathbf{x}(kT+h) + \mathbf{b}_2(T-h)w(kT+h) \qquad (D.4.4)$$

Durch Einsetzen von (D.4.3)

$$\mathbf{x}(kT+T) = [\mathbf{\Phi}_2(T-h)-\mathbf{b}_2(T-h)\mathbf{c}']\mathbf{\Phi}_1(h)\mathbf{x}(kT) + \mathbf{b}_2(T-h)w(kT+h)$$

$$+ [\mathbf{\Phi}_2(T-h) - \mathbf{b}_2(T-h)\mathbf{c}'] \int_{kT}^{kT+h} \mathbf{\Phi}_1(kT+h-v)\mathbf{g}w(v)dv \qquad (D.4.5)$$

Lösungen einiger Übungen

1.1.a) $\frac{Tz}{z-1}$, b) $\frac{T(z+1)}{2(z-1)}$

1.2.a) $\frac{z-1}{Tz}$, b) $\frac{2(z-1)}{T(z+1)}$

1.3 Betrag und Phasenwinkel siehe (1.2.12)

2.1 $\mathbf{F}^*$ wie $\mathbf{F}$, jedoch $f_{23}^* = 0$,

$$g_2^* = 1/(m_K+m_L),\quad g_4^* = -1/m_K\ell$$

$$\mathbf{c}^* = \begin{bmatrix} 1 & 0 & -\ell m_L/(m_L+m_K) & 0 \\ 0 & 0 & 1 & 0 \end{bmatrix}$$

2.2

$$\mathbf{F}_B = \begin{bmatrix} 0 & 1 & 0 & 0 \\ 0 & 0 & 1 & 0 \\ 0 & 0 & 0 & 1 \\ 0 & 0 & -\omega_L^2 & 0 \end{bmatrix},\quad \mathbf{g}_B = \begin{bmatrix} 0 \\ 0 \\ 0 \\ g/m_K\ell \end{bmatrix}$$

$$\mathbf{c}_B' = [1 \quad 0 \quad 0 \quad 0]$$

2.3 $$g_S = \frac{(s^2+g/\ell)/m_K}{s(s^2+\omega_L^2)}$$

2.4 $$\mathbf{A}^* = e^{\mathbf{F}^*t} = \begin{bmatrix} 1 & t & 0 & 0 \\ 0 & 1 & 0 & 0 \\ 0 & 0 & \cos\omega_L t & (\sin\omega_L t)/\omega_L \\ 0 & 0 & -\omega_L \sin\omega_L t & \cos\omega_L t \end{bmatrix}$$

$$\mathbf{A} = \mathbf{T}\mathbf{A}^*\mathbf{T}^{-1},\quad \mathbf{T} = \begin{bmatrix} 1 & 0 & a & 0 \\ 0 & 1 & 0 & a \\ 0 & 0 & 1 & 0 \\ 0 & 0 & 0 & 1 \end{bmatrix},\quad a = \frac{\ell m_L}{m_L+m_K}$$

2.5 Die **E**-Matrix in (2.7.50) erhält eine zusätzliche erste Zeile und letzte Spalte. $k_I = k_5 = p_0\ell m_K/g$.

3.1 **A** wie in Übung 2.4 mit t = T

$$\mathbf{b}^* = \begin{bmatrix} T^2 g_2^*/2 \\ T g_2^* \\ g_4^*(1-\cos\omega_L T)/\omega_L^2 \\ g_4^* \sin\omega_L T \end{bmatrix} \qquad \begin{aligned} g_2^* &= \frac{1}{m_K+m_L} \\ g_4^* &= \frac{-1}{m_K \ell} \\ \mathbf{b} &= \mathbf{T}\mathbf{b}^* \end{aligned}$$

3.2 $T = \pi/4\omega_L$

3.3
$$h_z(z) = \frac{(z+1)\ell}{(m_L+m_K)g}\left[\frac{m_L}{m_L+m_K} \times \frac{1-\cos\omega_L T}{z^2-2z\cos\omega_L T+1} + \frac{T^2 g}{2\ell(z-1)^2}\right]$$

3.4
$$\mathbf{y}_z(z) = \frac{z+1}{z^2-1{,}414z+1}\begin{bmatrix} \dfrac{0{,}0742(z^2-1{,}848z+1)}{(z-1)^2} \\ -0{,}00732 \end{bmatrix} u_z(z)$$

3.5 $$h_z(z) = \frac{0{,}0576z+0{,}0424}{(z-0{,}8)(z-0{,}5)}$$

3.6 $$d_z(z) = \frac{28{,}69z^2-24{,}80z+6{,}11}{(z+0{,}648)(z-1)}$$

3.7 a) Nein

b) Für $k_Y = 7$ liegen die Eigenwerte des geschlossenen Kreises bei $z_{1,2} = 0{,}333 \pm j0{,}533$, $z_{3,4} = 0{,}914 \pm j0{,}111$, $z_5 = -0{,}0975$.

4.1 u[0] = -u[3] = -44,2kN, u[1] = -u[2] = 106,7kN

4.2 u[0] = u[4] = 1, u[2] = u[4] = -3,414, u[3] = 4,828

4.3 Bei Rückführung des Zustandsvektors **x** nach Gl. (2.1.10) ist
k' = [44,28 43,47 283,81 384,3]

4.4

k	u[k] in kN
0	-44,28
1	112,88
2	-89,01
3	-6,19
4	29,53
5	9,50
6	-14,46
7	-3,85
8	6,54

4.5 $\mathbf{k}' = [1{,}9 \quad 5{,}2 \quad 4{,}1 \quad 28]$

Es dauert etwa fünfmal so lange wie bei der Deadbeat-Lösung, bis der Restfehler kleiner als 5 % ist. Es wird aber nur 1/56 der maximalen Stellamplitude benötigt.

4.6 $$\mathbf{A}^{-1}\mathbf{b} = \begin{bmatrix} 0{,}025[\cos 2(i-1)T - \cos 2iT] \\ 0{,}05\,[\sin 2(i-1)T - \sin 2iT] \end{bmatrix}$$

5.1
5.2 $$\hat{\mathbf{v}}[k+1] = \begin{bmatrix} -2{,}547 & 2{,}115 \\ 0 & -2{,}828 \end{bmatrix} \mathbf{y}[k] - \begin{bmatrix} 0{,}204 \\ -0{,}0207 \end{bmatrix} u[k]$$

$$\mathbf{z}[k] = \hat{\mathbf{v}}[k] + \begin{bmatrix} 2{,}547 & 4{,}099 \\ 0 & 2 \end{bmatrix} \mathbf{y}[k]$$

für $\mathbf{L} = \mathbf{0}$

6.1 Ansatz wie in Bild 6.7.

6.2 a) $\mathbf{k}' = [1-a \quad 1-a]$

b) $\hat{v}[k+1] = 0{,}2v[k] - 0{,}08 - 0{,}6u$

$\hat{z}[k] = \hat{v}[k] - 0{,}2y[k]$

6.3 $$\mathbf{x}[k+1] = \begin{bmatrix} 1 & T & T^2/2 \\ 0 & 1 & T \\ 0 & 0 & 1 \end{bmatrix} \mathbf{x}[k] + \begin{bmatrix} T^3/6 \\ T^2/2 \\ T \end{bmatrix} u[k]$$

6.4 $$u_z(z) = w_z(z) - \begin{bmatrix} 0{,}5 \\ \dfrac{-1-1{,}5z}{z} \end{bmatrix} y_z(z)$$

6.5 Der Lösungsweg über die Polynom-Synthese ist einfacher.

6.6 Nein. Versteckte Schwingungen zwischen den Abtastzeitpunkten aufgrund Kürzung der Strecken-Nullstelle bei $z = -0{,}737$. Stark oszillierende Stellamplituden.

7.1 a) $\mu_1 = 2,\ \mu_2 = 1$

c) $\mathbf{QZ} = \begin{bmatrix} -2-3z+z^2 & -4 \\ -6 & -7+z \end{bmatrix}$

d) $\mathbf{K}_D = \begin{bmatrix} -31 & 3 & 0 \\ 6 & -1 & 1 \end{bmatrix}$

e) $\mathbf{K} = \begin{bmatrix} 30{,}04 & 1{,}16 & 1{,}04 \\ 6 & -0{,}6 & 0{,}6 \end{bmatrix}$

7.3 Bei Ausfall von Stellglied 1 oder 2 bleiben zwei bzw. ein Eigenwert des offenen Kreises bei $z = 1$ liegen. Bei Ausfall von Stellglied 3 verschiebt sich ein Eigenwertpaar nach $1{,}5 \pm 0{,}866j$, d.h. der Regelkreis ist in keiner der drei Ausfallsituationen stabil. Das gleiche gilt bei der Rückführung von (7.3.37).

7.4 $\mathbf{K} = \begin{bmatrix} 0{,}278 & 0{,}522 \\ 0{,}020 & 0{,}190 \end{bmatrix}$

bringt die Eigenwerte in jeder der beiden Ausfallsituationen in den Kreis mit Radius $r = 0{,}41$ um den Punkt $z = r = 0{,}41$. Eine Reduktion von r auf 0,4 ist nicht möglich.

Literaturverzeichnis

1854

Hermite, C.: Sur le nombre de racines d'une equation algebrique comprise entre des limites donnees. Journal für Math. (1854), Nr. 52, 39-51 und 397-414.

1877

Routh, E.J.: Stability of a given state of motion. London: 1877. Reprinted London: Taylor and Francis 1975.

1895

Hurwitz, A.: Über die Bedingungen, unter welchen eine Gleichung nur Wurzeln mit negativen reellen Teilen besitzt. Math. Ann. (1895) Nr. 46, 273-284.

1897

Gouy, G.: Über einen Ofen mit konstanter Temperatur. J. Physique (1897) Band 6, Serie 3, 479-483.

1911

Orlando, L.: Sul problema di Hurwitz relative alle parti realli delle radici di un'equazione algebraica. Math. Ann. (1911), Nr. 71, S. 233.

1914

Lienard, A.M., Chipart, A.H.: Über das Vorzeichen des Realteils der Wurzeln einer algebraischen Gleichung. J. Math. Pures et Appl. (1914) Nr. 10, 291-346.

1917

Schur, I.: Über Potenzreihen, die im Inneren des Einheitskreises beschränkt sind. Journal für Math. (1917) Nr. 147, 205-232. (1918) Nr. 148, 122-145.

1922

Cohn, A.: Über die Anzahl der Wurzeln einer algebraischen Gleichung in einem Kreise. Math. Zeitschrift (1922) Nr. 14, 110-148.

1926

Fujiwara, M.: Über die algebraischen Gleichungen, deren Wurzeln in einem Kreise oder in einer Halbebene liegen. Math. Zeitschrift (1926) Nr. 24, 161-169.

1944

Oldenbourg, R.C., Sartorius, H.: Dynamik selbsttätiger Regelungen. München: Oldenbourg 1944 und 1951.

1945

Bode, H.W.: Network analysis and feedback amplifier design. New York: Van Nostrand 1945.

1947

1 James, H.M., Nichols, N.B., Phillips, R.S.: Theory of servomechanisms. New York: McGraw Hill 1947, darin Kapitel 5 "Filters and servo systems with pulsed data" von W. Hurewicz.

2 Neimark, Y.I.: Über das Problem der Verteilung der Wurzeln von Polynomen. Dokl. Akad. Nauk. UdSSR (1947) Nr. 58, S. 357.

1948

1 Evans, W.R.: Graphical analysis of control systems. Trans. AIEE (1948) Nr. 67, 547-551.

2 Neimark, Y.I.: Struktur der D-Zerlegung des Polynomraums und die Diagramme von Vishnegradsky und Nyquist, Dokl. Akad. Nauk. UdSSR (1948) Nr. 59, S. 853.

1949

1 Zypkin, Ja.S.: Theorie der intermittierenden Regelung. Avtomatika i Telemekhanika (1949) Nr. 10, 189-224 und (1950) Nr. 11, 300.

2 Shannon, C.E.: Communication in the presence of noise. Proc. IRE (1949) Nr. 37, 10-21.

3 Marden, M.: The geometry of the zeros of a polynomial in a complex variable. New York: Americ. Math. Soc. 1949, 152-157.

1950

1 Evans, W.R.: Control system synthesis by the root locus method. Trans. AIEE (1950), vol. 69, 66-69.

1951

1 Lawden, D.F.: A general theory of sampling servo systems. Proc. IEE (1951) Nr. 98, pt. IV, 31-36.

2 Perron, O.: Algebra. Band II, Theorie der algebraischen Gleichungen. Berlin: Walter de Gruyter 1951.

1952

1 Ragazzini, J.R., Zadeh, L.A.: The analysis of sampled-data systems. Trans. AIEE (1952) Nr. 71, pt. II, 225-232.

2 Barker, R.H.: The pulse transfer function and its applications to sampling servo systems. Proc. IEE (1952) Nr. 99, pt. IV, 302-317.

1953

1 Linvill, W.K., Salzer, J.M.: Analysis of control systems involving digital computers. Proc. IRE (1953) Nr. 41, 901-906.

2 Linvill, W.K., Sittler, R.W.: Extension of conventional techniques to the design of sampled-data systems. IRE Conv. Rec. (1953), pt. I, 99-104.

3 Birkhoff, G., MacLane, S.: A survey of modern algebra. New York: MaxMillan 1953.

1954

1 Salzer, J.M.: The frequency analysis of digital computers operating in real time. Proc. IRE (1954) Nr. 42, 457-466.

2 Jury, E.I.: Analysis and synthesis of sampled-data control systems. Trans. AIEE (1954) Nr. 73, pt. I, 332-346.

1955

1 Coddington, E.A., Levinson, N.: Theory of ordinary differential equations. New York: McGraw Hill 1955.

1956

1 Zypkin, Ja.S.: Differenzengleichungen der Impuls- und Regeltechnik. Berlin: VEB-Verlag Technik 1956.

2 Simon, H.A.: Dynamic programming under uncertainty with a quadratic criterion function. Econometrica (1956), vol. 24, 74-81.

1957

1 Kalman, R.E.: Optimal nonlinear control of saturating systems by intermittent action. Wescon IRE Convention Record 1957.

2 Gould, L.A., Kaiser, J.F., Newton, G.C.: Analytical design of linear feedback controls. New York: John Wiley 1957.

3 Jury, E.I.: Hidden oscillations in sampled-data control systems. Trans. AIEE (1957), 391-395.

1958

1 Jury, E.I.: Sampled-data control systems. New York: John Wiley 1958.

2 Franklin, G.F., Ragazzini, J.R.: Sampled-data control systems. New York: McGraw Hill 1958.

3 Bertram, J.E., Kalman, R.E.: General synthesis procedure for computer control of single-loop and multi-loop linear systems. Trans. AIEE (1958) Nr. 77, pt II, 602-609.

4 Zypkin, Ja.S.: Theorie der Impulssysteme. Moskau: Staatl. Verlag für physikalisch-mathematische Literatur 1958.

5 Mitrovic, D.: Graphical analysis and synthesis of feedback control systems, I. Theory and Analysis, II. Synthesis, III. Sampled-data feedback control systems. AIEE Trans. PtII (Applications and Industry) 77 (1958), 476-503.

6 Kalman, R.E. Koepke, R.W.: Optimal synthesis of linear sampling control systems using generalized performance indexes. Trans. ASME (1958) Nr. 80, 1820-1826.

1959

1 Tou, J.T.: Digital and sampled-data control systems. New York: McGraw Hill 1959.

2 Bertram, J.E., Kalman, R.E.: A unified approach to the theory of sampling systems. J. of the Franklin Inst. (1959), 405-436.

3 Wilf, H.S.: A stability criterion for numerical integration. J. Assoc. Comp. Mach. (1959) Nr. 6, 363-365.

1960

1 Gelfand, I.M., Schilow, G.E.: Verallgemeinerte Funktionen (Distributionen). Berlin: VEB Deutscher Verlag der Wissenschaften 1960.

2 Kalman, R.E.: A new approach to linear filtering and prediction problems. Trans. ASME, J. Basic Eng. (1960), 35-45.

3 Bertram, J.E., Kalman, R.E.: Control systems analysis and design via the second method of Ljapunov. Trans. ASME, J. Basic Engineering (1960) Nr. 82, 371-400.

4 Kalman, R.E.: On the general theory of control systems. Proc. First International Congress on Automatic Control, Moskau 1960. London: Butterworth 1961, Bd. 1, 481-492.

5 Rissanen, J.: Control system synthesis by analogue computer based on the generalized linear feedback concept. Proc. int. seminar on analog computation applied to the study of chemical processes. Brüssel: Presses Academiques Europeennes, Nov. 1960.

6 Kalman, R.E.: Contributions to the theory of optimal control. Bol. Soc. Mat. Mexicana (1960) Bd. 5, 102-119.

1961

1 Kalman, R.E., Bucy, R.S.: New results in linear filtering and prediction theory. Trans. ASME, J. Basic Eng. (1961), 83 D, 95-108.

2 Joseph, P.D., Tou, J.T.: On linear control theory. AIEE Trans. Appl. and Industry (1961) Bd. 81, 193-196.

3 Blanchard, J., Jury, E.I.: A stability test for linear discrete systems in table form. Proc. IRE (1961) Nr. 49, 1947-1949.

4 Ackermann, J.: Über die Prüfung der Stabilität von Abtast-Regelungen mittels der Beschreibungsfunktion. Regelungstechnik (1961) Nr. 9, 467-471.

5 Zurmühl, R.: Matrizen. Berlin: Springer 1961, Neuauflage Zurmühl/Falk 1987.

1962

1 Bass, R.W., Mendelsohn, P.: Aspects of general control theory. Final Report AFOSR 2754, 1962.

2 Jury, E.I.: On the evaluation of the stability determinants in linear discrete systems. IRE Trans. AC (1962) Nr. 7, 51-55.

3 Thoma, M.: Ein einfaches Verfahren zur Stabilitätsprüfung von linearen Abtastsystemen. Regelungstechnik (1962) Nr. 10, 302-306.

4 Jury, E.I.: A simplified stability criterion for linear discrete systems. Proc. IRE (1962) Nr. 50, 1493-1500 und 1973.

1963

1 Zadeh, L.A., Desoer, C.A.: Linear system theory - the state space approach. New York: McGraw Hill 1963.

2 Kalman, R.E.: Mathematical description of linear dynamical system. J. SIAM on Control (1963) Nr. 1, 152-192.

3 Gilbert, E.G.: Controllability and observability in multivariable control systems. J. SIAM on Control (1963) Nr. 1, 128-151.

4 Jury, E.I., Pavlidis, T.: Stability and aperiodicity constraints for systems design. IEEE Trans. CT (1963) Nr. 10, 137-141.

5 Zypkin, Ja.S.: Fundamentals of the theory of nonlinear pulse control systems. Basel: 2. IFAC Kongreß 1963.

6 Zypkin, Ja.S.: Die absolute Stabilität nichtlinearer Impuls-Regelsysteme. Regelungstechnik (1963) Nr. 11, 145-148.

7 Horowitz, I.M.: Synthesis of feedback systems. New York: Academic Press 1963.

1964

1 Jury, E.I.: Theory and application of the z-transform method. New York: J. Wiley 1964.

2 Langenhop, C.E.: On the stabilization of linear systems. Proc. American Math. Soc. (1964) vol 15, 735-742.

3 Popov, V.M.: Hyperstability and optimality of automatic systems with several control functions. Rev. Roum. Sci. Techn., Sev. Electrotechn. Energ. (1964), vol. 9, 629-690.

4 Oppelt, W.: Kleines Handbuch technischer Regelvorgänge. Weinheim: Verlag Chemie 1964.

5 Mansour, M.: Diskussionsbemerkung zum Aufsatz: Ein Beitrag zur Stabilitätsuntersuchung linearer Abtastsysteme. Regelungstechnik (1964) Nr. 12, 267-268.

6 Ackermann, J.: Eine Bemerkung über notwendige Bedingungen für die Stabilität von linearen Abtastsystemen. Regelungstechnik (1964) Nr. 12, 308-309.

7 Zypkin, Ja.S.: Sampling systems theory. New York: Pergamon Press 1964.

8 Luenberger, D.G.: Observing the state of a linear system. IEEE Trans. on Military Electronics (1964) Nr. 8, 74-80.

9 Kalman, R.E.: When is a linear control system optimal? Trans. ASME (1964) Nr. 86D, 51-60.

<u>1965</u>

1 Wilkinson, J.H.: The algebraic eigenvalue problem. Oxford: Clarendon Press 1965,

2 Bass, R.W., Gura, I.: High order system design via state-space considerations. Preprints Joint Automatic Control Conference (1965), 311-318.

3 Gantmacher, F.R.: Matrizenrechnung. VEB Deutscher Verlag der Wissenschaften, Teil I (1965) und Teil II (1966).

4 Brockett, R.W.: Poles, zeros and feedback: state space interpretation. IEEE Trans. AC (1965) Nr. 10, 129-135.

5 Mansour, M.: Die Stabilität linearer Abtastsysteme und die zweite Methode von Ljapunov, Regelungstechnik (1965), Nr. 13, 592-596.

<u>1966</u>

1 Chidambara, M.R., Johnson, C.D., Rane, D.S., Tuel, W.G.: On the transformation to phase-variable canonical form. IEEE Trans. AC (1966) Nr. 11, 607-610.

2 Luenberger, D.G.: Observers for multivariable systems. IEEE Trans. AC (1966) Nr. 11, 190-197.

3 Ho, B.L., Kalman, R.E.: Effective construction of linear state-variable models from input/output functions. Regelungstechnik (1966) Nr. 14, 545-548.

4 Ackermann, J. Beschreibungsfunktionen für die Analyse und Synthese von nichtlinearen Abtast-Regelkreisen. Regelungstechnik (1966) Nr. 14, 497-544.

<u>1967</u>

1 Wonham, W.M.: On pole assignment in multi-input controllable systems. IEEE Trans. AC (1967), vol. 12, 660-665.

2 Jury, E.I.: A note on multirate sampled-data systems. IEEE Trans. AC (1967), vol. 12, 319-320.

3 Anderson, B.D.O., Luenberger, D.G.: Design of multi-variable feedback systems. Proc. IEE (1967) Nr. 114, 395-399.

4 Luenberger, D.G.: Canonical forms for multivariable systems. IEEE Trans. AC (1967) Nr. 12, 290-293.

1968

1 Ackermann, J.: Anwendung der Wiener-Filtertheorie zum Entwurf von Abtastreglern mit beschränkter Stelleistung. Regelungstechnik (1968) Nr. 16, 353-359.

2 Ackermann, J.: Zeitoptimale Mehrfach-Abtastregelsysteme. Preprints IFAC-Symposium Mehrgrößen-Regelsysteme, Düsseldorf (1968) Band I.

3 Chen, C.T., Desoer, C.A.: A proof of controllability of Jordan form of state equations. IEEE Trans. AC (1968) Nr. 13, 195-196.

4 Bucy, R.S.: Canonical forms for multivariable systems. IEEE Trans. AC (1968) Nr. 13, 567-569.

5 Simon, J.D., Mitter, S.K.: A theory of modal control. Information and Control (1968), vol. 13, 316-353.

1969

1 Arbib, M.A., Falb, P.L., Kalman, R.E.: Topics in mathematical system theory. New York: McGraw Hill 1969.

2 Ackermann, J.: Über die Lageregelung von drallstabilisierten Körpern. Zeitschrift für Flugwissenschaften (1969) Nr. 17, 199-207.

3 Ackermann, J.: Diskussionsbeitrag zur Arbeit von O. Föllinger "Synthese von Mehrfachregelungen mit endlicher Einstellzeit". Regelungstechnik (1969) Nr. 17, 170-173.

4 Chen, C.T.: Design of feedback control systems. Chicago: Proc. Nat. Electronics Conf. (1969), 46-51.

5 Gopinath, B.: On the identification of linear time-invariant systems from input-output data. Bell Syst. Tech. J. (1969) Nr. 48.

6 Pearson, J.B., Ding, C.Y.: Compensator design for multivariable linear systems. IEEE Trans. AC (1969) Nr. 14, 130-139.

7 Hautus, M.L.J.: Controllability and observability condition cf linear autonomous systems. Proc. Kon. Ned. Akad. Wetensch., ser. A (1969) vol. 72, 443-448.

8 Duffin, R.J.: Algorithms for classical stability problems. SIAM Review (1969), vol. 11, 196-213.

1970

1 Brunovsky, P.: A classification of linear controllable systems. Kybernetica (1970), Cislo, 173-188.

2 Bucy, R.S., Ackermann, J.: Über die Anzahl der Parameter von Mehrgrößensystemen. Regelungstechnik (1970) Nr. 18, 451-452.

3 Chen, C.T.: Introduction to linear system theory. New York: Holt, Rinehart and Winston 1970. Neuauflage 1984.

4 Brockett, R.W.: Finite dimensional linear systems. New York: J. Wiley 1970.

5 Rosenbrock, H.H.: State-space and multivariable theory. New York: Y. Wiley 1970.

6 Landgraf, C., Schneider, G.: Elemente der Regelungstechnik. Berlin: Springer 1970.

7 Brasch, F.M., Pearson, J.B.: Pole placement using dynamic compensators. IEEE Trans. AC (1970) Nr. 15, 34-43.

8 Athans, M., Levis, A.H., Schlueter, R.A.: On the behavior of optimal linear sampled-data regulators. Preprints, Joint Automatic Control Conference. Atlanta,: 1970, 659-669.

9 Åström, K.J., Jury, E.I., Agniel, R.: A numerical method for the evaluation of complex integrals. IEEE Trans. AC (1970), vol. 15, 468-471.

1971

1 Wiberg, D.M.: State space and linear systems. New York: McGraw Hill, Schaum's Outline Series 1971.

2 Kalman, R.E.: Kronecker invariants and feedback. Proc. Conf. on Ordinary Differential Equations. NRL Mathematics Research Center, 14.-23. Juni 1971.

3 Ackermann, J.: Die minimale Ein-Ausgangs-Beschreibung von Mehrgrößensystemen und ihre Bestimmung aus Ein-Ausgangs-Messungen. Regelungstechnik (1971) Nr. 19, 203-206.

4 Ackermann, J., Bucy, R.S.: Canonical minimal realization of a matrix of impulse response sequences. Information and Control (1971) Nr. 19, 224-231.

5 Jury, E.I.: The inners approach to some problems in system theory. IEEE Trans. AC (1971) Nr. 16, 233-239.

6 Wolovich, W.A.: A direct frequency domain approach to state feedback and estimation. IEEE Decision and Control Conference. Miami-Florida 1971.

7 Luenberger, D.G.: An introduction to observers. IEEE Trans. AC (1971) Nr. 16, 596-602.

8 Anderson, B.D.O., Moore, J.B.: Linear optimal control. Englewood Cliffs, N.J.: Prentice Hall 1971.

9 Johnson, C.D.: Accomodation of external disturbances in linear regulator and servomechanism problems. IEEE Trans. AC (1971) Nr. 16, 635-644.

1972

1 Ackermann, J.: Der Entwurf linearer Regelungssysteme im Zustandsraum. Regelungstechnik (1972) Nr. 20.

2 Hautus, M.L.J.: Controllability and stabilizability of sampled systems. IEEE Trans. AC (1972) Nr. 17, 528-531.

3 Ackermann, J.: Abtastregelung. Berlin: Springer 1972.

4 Popov, V.M.: Invariant description of linear time-invariant controllable systems, SIAM J. Control (1972), vol. 10, 252-264.

5 Kwakernaak, H., Sivan, R.: Linear optimal control systems. New York: Wiley 1972.

1973

1 Anderson, B.D.O., Jury, E.I.: A simplified Schur-Cohn test. IEEE Trans. AC (1973), Nr. 18., 157-163.

2 Källström, C.: Computing exp(A) and ∫exp(As)ds. Report 7309, Lund Institute of Technology, Division of Automatic Control, März 1973.

3 Jordan, D., Sridar, B.: An efficient algorithm for calculation of the Luenberger canonical form. IEEE Trans. AC (1973), vol. 18, 292-295.

1974

1 Wolovich, W.A.: Linear Multivariable Systems. New York: Springer 1974.

2 Jury, E.I.: Inners and Stability of Dynamic Systems. New York: Wiley 1974.

1975

1 Hirzinger, G., Ackermann, J.: Sampling frequency and controllability region. Computers and Electrical Engineering 1975, vol. 2, 347-351.

1976

1 Ackermann, J.: Einführung in die Theorie der Beobachter. Regelungstechnik (1976), Nr. 24, 217-226.

2 Smith, B.T. et al.: Eispack guide. Lecture Notes in Computer Science, vol. 6. Berlin: Springer 1976.

1977

1 Schneider, G.: Über die Beschreibung von Abtastsystemen im transformierten Frequenzbereich. Regelungstechnik (1977) Nr. 25, Beilage Theorie für den Anwender, Sept., Okt.

2 Hirzinger, G.: Zur Regelung getasteter Totzeitsysteme DFVLR-IB 552-77/38, Dez. 1977.

3 Grübel, G.: Beobachter zur Reglersynthese. Habilitationsschrift, Ruhr-Universität Bochum, Juli 1977.

4 Ackermann, J.: Entwurf durch Polvorgabe. Regelungstechnik (1977), Nr. 25, 173-179 und 209-215.

5 Ackermann, J.: On the synthesis of linear control systems with specified characteristics. Automatica (1977), vol. 13, 89-94.

1978

1 Nour Eldin, H.A.: Berechnung der Matrix-Übertragungsfunktion mittels Hessenbergform. Regelungstechnik (1978), vol. 26, 134-137.

2 Willems, J., von der Voorde, H.: The return difference for discrete-time optimal feedback systems. Automatica (1978), vol. 14, 511-513.

3 Moler, C.B., Van Loan, C.F.: Nineteen dubious ways to compute the exponential of a matrix. SIAM Rev. (1978) Nr. 20, 801-836.

4 Davison, E.J., Gesing, W., Wang, S.H.: An algorithm for obtaining the minimal realization of a linear time-invariant system and determining if a system is stabilizable-detectable. IEEE Trans. AC (1978), Nr. 23, 1048-1054.

5 Kharitonov, V.L.: Asymptotic stability of an equilibrium position of a family of systems of linear differential equations. Differentsial'nye Uraveniya (1978) vol. 14, 2086-2088. (Engl. Übersetzung: Differential Equations, Plenum Publishing Co. 1979).

6 Fam, A.T., Meditch, J.S.: A canonical parameter space for linear system design. IEEE Trans. AC (1978), Nr. 23, 454-458.

1979

1 Heymann, M.: The pole shifting theorem revisited. IEEE Trans. AC (1979), vol. 24, 479-480.

2 Kucera, V.: Discrete linear control - The polynomial equation approach. Chichester: Wiley, 1979.

3 Enright, W.: On the efficient and reliable numerical solution of large linear systems of ordinary differential equations. IEEE Trans. AC (1979), vol. 24, 905-908.

4 Kreisselmeier, G., Steinhauser, R.: Systematische Auslegung von Reglern durch Optimierung eines vektoriellen Gütekriteriums. Regelungstechnik (1979) Nr. 27, 76-79.

5 Kalman, R.E.: On partial realization, transfer functions and canonical forms. Acta Polytechnica Scandinavica Ma 31, Helsinki 1979, 9-32.

6 Laub, A.J.: A Schur method for solving algebraic Riccati equations. IEEE Trans. AC (1979), vol. 24, 913-921.

7 Münzner, H.F., Prätzel-Wolters, D.: Minimal bases of polynomial modules, structural indices and Brunovsky transformations, Int. J. Control (1979), vol 30, 291-318.

1980

1 Franklin, G.F., Powell, J.D.: Digital control of dynamical systems. Reading: Addison-Wesley 1980.

2 Kailath, T.: Linear systems. Englewood Cliffs N.J.: Prentice-Hall 1980.

3 Hickin, J.: Pole assignment in single-input linear systems. IEEE Trans. AC (1980) vol. 25, 282-284.

4 Stoer, J., Bulirsch, R.: Introduction to numerical analysis. New York: Springer 1980.

5 Kagström, B., Ruke, A.: An algorithm for numerical computation of the Jordan normal form of a complex matrix. ACM Trans. Math. Soft. (1980), vol. 6, 398-419.

6 Ackermann, J.: Parameter space design of robust control systems. IEEE Trans. AC (1980), vol. 25, 1058-1072.

7 Steinhauser, R.: Systematische Auslegung von Reglern durch Optimierung eines vektoriellen Gütekriteriums - Durchführung des Reglerentwurfs mit dem Programm REMVG. DFVLR-Mitteilung 80-18.

8 Föllinger, O.: Regelungstechnik. 3. Auflage, Berlin: Elitera, 1980.

9 Klema, V.C., Laub, A.J.: The singular value decomposition: Its computation and some applications. IEEE Trans. AC (1980) vol. 25.

1981

1 Wolovich, W.A.: Multipurpose controllers for multivariable systems. IEEE Trans. AC (1981) vol. 26, 162-170.

2 Patel, R.V.: Computation of matrix fraction descriptions of linear time-invariant systems. IEEE Trans. AC (1981) vol. 26, 148-161.

3 Ackermann, J., Kaesbauer, D.: D-Decomposition in the space of feedback gains for arbitrary pole regions. Preprints VIII IFAC Congress, Kyoto, IV. 12-17.

4 Paige, C.C.: Properties of numerical algorithms related to computing controllability. IEEE Trans. AC (1981) vol. 26, 130-138.

5 O'Reilly, J.: The discrete linear time invariant time-optimal control problem - An overview. Automatica (1981), vol. 17, 363-370.

6 Nour Eldin, H.A., Heister, M.: Zwei neue Zustandsdarstellungsformen zur Gewinnung von Kroneckerindices, Entkopplungsindices und eines Prim-Matrix-Produktes, Regelungstechnik (1980), 420-425 and (1981), 26-30.

7 Van Dooren, P.M.: The generalized eigenstructure problem in linear system theory. IEEE Trans. AC (1981), vol. 26, 111-129.

8 Jury, E.I., Anderson, B.D.O.: A note on the reduced Schur-Cohn criterion. IEEE Trans. AC (1981), vol. 26, 612-614.

9 Tuschak, R.: Relations between transfer and pulse transfer functions of continuous processes, VIII IFAC Congress, Kyoto, IV. 1-5.

10 Keviczky, L., Kumar, K.S.P.: On the applicability of certain optimal control methods, VIII IFAC Congress, Kyoto, IV. 48-53.

11 Hammer, J., Heymann, M.: Causal factorization and linear feedback. SIAM J. Control and Optimization 19 (1981), 445-468.

12 Varga, A.: A Schur method for pole assignment. IEEE Trans. AC (1981), vol. 26, 517-519.

13 Katz, P.: Digital control using microprocessors. London: Prentice Hall Internat. 1981.

14 Walker, R.A.: Computing the Jordan form for control of dynamic systems. Stanford University, SUDAAR report 528, March 1981.

15 Doyle, J.C., Stein, G.: Multivariable feedback design: Concepts for a classical/modern synthesis: IEEE Trans. AC (1981), vol. 26, 4-16.

1982

1 Ackermann, J., Türk, S.: A common controller for a family of plant models. 21st IEEE Conference on Decision and Control, Orlando, Dec. 1982, 240-244.

1983

1 Åström, K.J., Wittenmark, B.: Computer-controlled systems - Theory and design. Englewood Cliffs: Prentice Hall, 1983.

2 Mellichamp, D.A. (Editor): Real-time computing with applications to data acquisitions and control. New York: Van Nostrand Reinhold, 1983.

3 Glasson, D.P.: Development and application of multirate digital control. IEEE Control Systems Magazine (1983), vol. 3, 2-8.

4 Kreisselmeier, G., Steinhauser, R.: Application of vector performance optimization to a robust control loop design for a fighter aircraft. Int. J. of Control (1983), vol. 37, 251-284.

5 Ackermann, J.: Abtastregelung, 2. Auflage, Band II: Entwurf robuster Systeme. Berlin: Springer 1983.

1984

1 Åström, K.J., Hagander, P., Sternby, J.: Zeros of sampled systems. Automatica (1984), vol. 20, 31-38.

2 Phillips, C.L., Nagle, H.: Digital control system analysis and design. Englewood Cliffs: Prentice Hall 1984.

3 Ackermann, J.: Finite-effect sequences - a control oriented system description. Preprints IX IFAC Congress, Budapest, vol. VIII, 59-64.

4 Ackermann, J.: Robustness against sensor failures. Automatica (1984), vol. 20, 211-215.

1985

1 Kwakernaak, H.: Uncertainty models and the design of robust control systems. Kap. 3 in J. Ackermann (Editor): Uncertainty and Control, Berlin: Springer 1985.

2 Bose, N.K.: A system theoretic approach to stability of sets of polynomials. Contemporary Mathematics (1985) vol. 47, 25-34.

3 Bialas, S.: A necessary and sufficient condition for the stability of convex combinations of stable polynomials or matrices. Bulletin of the Polish Academy of Sciences, Technical Sciences, vol. 33, (1985) 472-480.

1987

1 Anderson, B.D.O., Jury, E.I., Mansour, M.: On robust Hurwitz Polynomials. IEEE Trans. AC (1987) vol. 32, 909-913.

2 Cieslik, J.: On possibilities of the extension of Kharitonov's stability test for interval polynomials to the discrete-time case. IEEE Trans. AC (1987) vol. 32, 237-238.

3 Ackermann, J., Münch, R.: Robustness analysis in a plant parameter plane. Proc. 10th IFAC Congress, München 1987, vol. 8, 230-234.

4 Fu, M., Barmish, B.R.: A generalization of Kharitonov's interval polynomial framework to handle linearly dependent uncertainty, Report ECE-87-9, University of Wisconsin-Madison.

1988

1 Kraus, F.J., Anderson, B.D.O., Mansour, M.: Robust Schur polynomial stability and Kharitonov's theorem. Int. J. of Control, to appear.

2 Bartlett, A.C., Hollot, C.V., Huang, L.: Root locations of an entire polytope of polynomials: It suffices to check the edges. J. of Mathematics of Control, Signals and Systems (1988), vol. 1, 61-71.

3 Ackermann, J.E., Barmish, B.R.: Robust Schur stability of a polytope of polynomials. IEEE Trans. AC, to appear.

Sachverzeichnis